广州市科技创新委员会专项基金资助

卵形鲳鲹生物学和养殖技术

Biology and Culture of Ovate Pompano

区又君　李加儿　著

海洋出版社

2017年·北京

内容提要

本书以作者在卵形鲳鲹研究所取得的一系列成果为主线，参考国内外的研究概况，系统地介绍了卵形鲳鲹的分类学与形态特征、形态性状、地理分布和生物学习性、消化生理学、代谢生理学、人工繁殖和育苗、发育生物学、苗种生长的生态环境、养殖技术和养殖模式、消化酶、营养及饲料、种质资源特性与遗传育种、病害及其防控技术等。本书内容翔实，图文并茂，深入浅出，理论联系实际，紧密结合生产，科学性、技术性、实用性和可操作性强。适合水产养殖研究和从业人员使用，也可供各级渔业行政主管部门的科技人员、管理干部和水产院校师生阅读参考。

图书在版编目（CIP）数据

卵形鲳鲹生物学和养殖技术/区又君，李加儿著．—北京：海洋出版社，2017.12
ISBN 978-7-5027-9998-4

Ⅰ.①卵…　Ⅱ.①区…②李…　Ⅲ.①鲹科-海水养殖　Ⅳ.①S965.331

中国版本图书馆 CIP 数据核字（2017）第 312886 号

责任编辑：杨　明
责任印制：赵麟苏
海洋出版社　出版发行
http：//www.oceanpress.com.cn
北京市海淀区大慧寺路 8 号　邮编：100081
北京朝阳印刷厂有限责任公司印刷　新华书店发行所经销
2017 年 12 月第 1 版　2017 年 12 月北京第 1 次印刷
开本：787mm×1092mm　1/16　印张：29.5
字数：612 千字　定价：120.00 元
发行部：62132549　邮购部：68038093　总编室：62114335

前　　言

卵形鲳鲹 *Trachinotus ovatus*（Linnaeus，1758），属鲈形目（Perciformes）、鲹科（Carangidea）、鲳鲹亚科（Trachinotinae）、鲳鲹属（*Trachinotus* Lacepede），俗称金鲳、黄腊鲳、红杉等，为暖水性、广盐性鱼类，分布于印度洋、印度尼西亚、澳洲、日本、美洲的热带及温带的大西洋海岸及中国的黄渤海、东海、南海。体形较大，一般全长可达45~60 cm，大者可达10 kg。生长速度快，在养殖条件下，当年苗养殖4~5个月体重达500 g，当年养殖，当年即可达到上市商品鱼规格；养殖成活率高，一般在90%以上，投入产出比达到1∶2，经济效益显著。卵形鲳鲹具有易于驯化、易于养殖等优良生产性能，几乎能适应任何生态类型的水域养殖。

卵形鲳鲹人工繁殖和育苗研究始自20世纪80年代中叶，并曾列入国家“八五”和“九五”科技攻关计划，20世纪80年代末90年代初，广东、福建等地开始发展养殖并取得成功，1997年在深圳市取得人工繁殖成功，自此卵形鲳鲹人工繁殖和养殖生产在我国东、南沿海迅速发展，成为粤、闽、台、琼、桂和港、澳地区，以及东南亚国家的主要养殖对象，近年已发展到北方沿海和内地养殖，成为我国南方浅海网箱养殖、离岸抗风浪深水网箱养殖、池塘养殖、鱼塭养殖和立体生态养殖的重要鱼类之一，其加工出口也同时得到迅猛发展，成为海水鱼类养殖的龙头品种和代表性种类。

作者于20世纪80年代末开始在国内率先开展卵形鲳鲹的人工繁育研究和养殖生产技术开发，取得了卵形鲳鲹的规模化全人工繁育、养殖研究成功并进行了推广示范，全面、系统地研究了卵形鲳鲹的形态、发育和养殖生物学，构建了由几种复合养殖模式构成的综合生态循环养殖系统。在理论和实践上，从亲鱼养殖、苗种培育、成鱼养殖（池塘、抗风浪网箱、传统网箱、工厂化）、加工、营养、饲料、病害防治、种质和养殖基础生物学等方面全方位系统地研究了卵形鲳鲹的健康养殖技术和工艺流程。2008年开始再次在国内率先开展卵形鲳鲹的良种选育研究，获得生长性状优良的子一代，为此后我国开展卵形鲳鲹的遗传育种研究搭建了良好的技术基础平台。这一系列创新性成果，推动了我国卵形鲳鲹养殖产业的发展。

为了更好地将水产领域的科研成果转化成实用技术，服务于我国的水产养殖事业，针对当前海水鱼类繁养殖生产的需要，结合我们自身的科研实践经验，作者编写了《卵形鲳鲹生物学和养殖技术》一书。

本书作者长期从事海水鱼类人工养殖的技术研究和推广工作，积累了丰富的实践经验。本书大部分内容是作者二十多年来关于卵形鲳鲹的一系列理论和实践的研究成果，部分内容参考了近十几年来国内外进行的卵形鲳鲹养殖的研究资料，系统地介绍了卵形鲳鲹的生物学特性、生态习性、人工繁殖、苗种生产技术、疾病防治等内容。全书内容翔实，图文并茂，深入浅出，理论联系实际，与生产紧密结合，科学性、技术性、实用性和可操作性强，符合水产养殖业一线需求。适合水产养殖科技人员、基层养殖人员、基层水产技术推广人员使用，也可供各级水产行政主管部门的科技人员、管理干部和有关水产院校师生阅读参考。

在卵形鲳鲹的研究过程中，参与了部分研究工作的有（按论文发表年份）：刘匆、柳琪、齐旭东、勾效伟、蔡文超、罗奇、许晓娟、许海东、吉磊、范春燕、王刚、胡玲玲、王 刚、王静香、陈四海、于娜、苏慧、王永翠、刘汝建、曹守花、何永亮、满其蒙、李刘冬、温久福、王鹏飞、王雯、陈世喜、谢木娇、周慧、刘奇奇等，在此对他们付出的辛勤工作和贡献深表谢意。

本书的出版得到广州市科技创新委员会专项（201609010039）基金资助；广东省石鲈科鱼类良种场张建生高级工程师、饶平县西海岸生物科技有限公司林锋经理、饶平县渔政站李松德站长、深圳龙岗区葵涌镇坝光种苗孵化中心李诗良场长、深圳市健作养殖有限公司林哺孙经理、深圳市龙岐庄实业发展有限公司庄怡沛经理、汕尾市城区水产养殖技术推广站彭永强站长、汕尾市城区金鲳水产养殖专业合作社徐如德社长、汕尾市城区罗非水产品养殖专业合作社杨汉经社长等为我们的研究工作提供了大力的支持和帮助。谨此表示衷心的感谢。同时，向本书所利用的文献资料作者表示感谢。

本书涉及的学科和技术领域较广，在撰写过程中，我们力求内容科学性，理论与实践结合，但由于时间和水平的限制水平，书中的错漏和不当之处可能存在，恳请广大读者批评指正。

目　录

第一章　绪论 ……………………………………………………………………………… (1)
第一节　卵形鲳鲹养殖业发展历程、现状及潜力 …………………………………… (1)
一、卵形鲳鲹养殖起步阶段 ……………………………………………………… (1)
二、卵形鲳鲹养殖发展阶段 ……………………………………………………… (3)
三、卵形鲳鲹养殖业全面快速发展阶段 ……………………………………… (4)
第二节　卵形鲳鲹养殖业可持续发展中存在的主要问题及其对策 ……………… (9)
一、注意种质资源保护,开展良种选育 ………………………………………… (9)
二、优化宜渔空间格局,拓展科学发展用海空间 …………………………… (10)
三、宏观调控养殖布局,治理污染从源头抓起 ……………………………… (11)
四、立足国情整体提升养殖技术装备水平 …………………………………… (13)
五、病害应以防为主,防治结合 ………………………………………………… (13)
六、产品质量安全问题值得重视 ………………………………………………… (14)
七、市场行情及容量预测看好 …………………………………………………… (15)
八、专业化分工是可持续发展的内在要求 …………………………………… (16)
九、科技支撑能力急需提升 ……………………………………………………… (16)
十、应用基础研究 ………………………………………………………………… (17)
第三节　世界(国外)卵形鲳鲹养殖业发展现状与趋势 ………………………… (17)
一、文莱 …………………………………………………………………………… (18)
二、菲律宾 ………………………………………………………………………… (18)
三、越南 …………………………………………………………………………… (19)
四、新加坡 ………………………………………………………………………… (19)
五、马来西亚 ……………………………………………………………………… (19)
六、印度尼西亚 …………………………………………………………………… (19)
七、印度 …………………………………………………………………………… (20)
八、墨西哥湾和加勒比海地区 …………………………………………………… (20)
第二章　卵形鲳鲹的分类学与形态特征 ………………………………………… (21)
第一节　卵形鲳鲹的分类学 ……………………………………………………… (21)
一、分类学的位置 ………………………………………………………………… (21)
二、鲹科的描述 …………………………………………………………………… (21)

三、亚科的检索表 …………………………………………………………… (22)
四、鲳鲹亚科 Trachinotinae ………………………………………………… (22)
五、鲳鲹属 *Trachinotus* ………………………………………………………… (22)
第二节 卵形鲳鲹种的描述 ………………………………………………… (23)
第三节 卵形鲳鲹的分类问题 ……………………………………………… (24)
第三章 卵形鲳鲹的形态性状 ……………………………………………… (26)
第一节 骨骼系统 …………………………………………………………… (26)
一、头骨 ……………………………………………………………………… (26)
二、脊椎骨 …………………………………………………………………… (27)
三、附肢骨 …………………………………………………………………… (27)
四、鳞片 ……………………………………………………………………… (28)
第二节 消化系统 …………………………………………………………… (29)
一、卵形鲳鲹消化系统的形态结构 ……………………………………… (29)
二、卵形鲳鲹消化系统的组织学结构 …………………………………… (30)
第三节 呼吸系统 …………………………………………………………… (36)
一、鳃和鳃丝的基本结构 ………………………………………………… (36)
二、鳃丝表面的微细结构 ………………………………………………… (36)
三、鳃小片的形态结构 …………………………………………………… (38)
四、鳃的功能探讨 ………………………………………………………… (38)
第四节 循环系统 …………………………………………………………… (39)
第五节 感觉器官 …………………………………………………………… (41)
一、侧线管系统 ……………………………………………………………… (41)
二、耳石 ……………………………………………………………………… (42)
三、嗅觉器官 ………………………………………………………………… (42)
第六节 排泄系统 …………………………………………………………… (44)
一、成鱼肾脏的外部形态 ………………………………………………… (44)
二、幼鱼肾脏显微结构 …………………………………………………… (45)
三、头肾的显微结构 ……………………………………………………… (45)
四、中肾的显微结构 ……………………………………………………… (45)
五、中肾的超微结构 ……………………………………………………… (46)
六、卵形鲳鲹肾脏的显微和超微结构观察结果分析及功能探讨 ……… (47)
第七节 生殖系统 …………………………………………………………… (49)
第四章 卵形鲳鲹的地理分布和生物学习性 …………………………… (52)
第一节 地理分布与栖息环境 ……………………………………………… (52)
第二节 生物学习性 ………………………………………………………… (52)

第三节　食性与生长 …… (53)
一、食性 …… (53)
二、摄食节律 …… (55)
三、生长 …… (56)
第四节　繁殖习性 …… (58)
一、成熟分裂前期的卵原细胞 …… (58)
二、小生长期或卵黄生成前期的卵母细胞 …… (60)
三、早期卵子发生时的体细胞 …… (60)
第五章　卵形鲳鲹的消化生理学 …… (61)
第一节　卵形鲳鲹消化酶活性的研究 …… (61)
一、卵形鲳鲹成鱼消化酶活性的分布 …… (61)
二、卵形鲳鲹幼鱼消化酶活性的分布 …… (62)
三、卵形鲳鲹成鱼和幼鱼不同消化器官消化酶活性的比较 …… (63)
四、研究结果分析 …… (64)
第二节　盐度和昼夜变化对卵形鲳鲹幼鱼消化酶活性的影响 …… (65)
一、盐度对卵形鲳鲹幼鱼消化酶活性的影响 …… (65)
二、卵形鲳鲹幼鱼消化酶活性的昼夜变化 …… (66)
三、研究结果分析 …… (68)
第三节　pH 对卵形鲳鲹幼鱼和成鱼消化酶活性的影响 …… (69)
一、卵形鲳鲹幼鱼和成鱼体内不同消化器官的 pH 值 …… (69)
二、pH 对幼鱼消化酶活力的影响 …… (69)
三、pH 对成鱼消化酶活力的影响 …… (71)
第四节　养殖水温和酶反应温度对卵形鲳鲹幼鱼酶活性的影响 …… (73)
一、养殖水温对卵形鲳鲹幼鱼消化酶活性的影响 …… (73)
二、酶反应温度对卵形鲳鲹幼鱼消化酶活性的影响 …… (73)
三、研究结果分析 …… (75)
第五节　卵形鲳鲹大规格幼鱼消化酶活性在不同消化器官中的分布及盐度对酶活性影响 …… (76)
一、卵形鲳鲹大规格幼鱼不同器官中消化酶活性的分布 …… (76)
二、盐度对卵形鲳鲹大规格幼鱼消化酶活性的影响 …… (78)
三、研究结果分析 …… (79)
第六节　饥饿对卵形鲳鲹幼鱼存活和消化酶活力的影响 …… (81)
一、饥饿对卵形鲳鲹幼鱼形态、器官、行为、存活和比内脏重的影响 …… (81)
二、饥饿对卵形鲳鲹幼鱼蛋白酶活力的影响 …… (82)
三、饥饿对卵形鲳鲹幼鱼淀粉酶活力的影响 …… (82)

四、饥饿对卵形鲳鲹幼鱼脂肪酶活力的影响 …… (83)
五、研究结果分析 …… (84)
第七节 卵形鲳鲹碱性磷酸酶和酸性磷酸酶的分布及其低温保存 …… (85)
一、卵形鲳鲹碱性磷酸酶(AKP)和酸性磷酸酶(ACP)的分布 …… (85)
二、低温保存和保存时间对磷酸酶活性的影响 …… (86)
三、研究结果分析 …… (89)
第六章 卵形鲳鲹的代谢生理学 …… (91)
第一节 卵形鲳鲹幼鱼的耗氧率和排氨率 …… (91)
一、不同光照条件下体重对卵形鲳鲹幼鱼呼吸和排泄的影响 …… (91)
二、放养密度对卵形鲳鲹幼鱼呼吸和排泄的影响 …… (92)
三、卵形鲳鲹幼鱼耗氧和排氨的昼夜变化 …… (93)
四、窒息点的测定 …… (93)
五、研究结果分析 …… (95)
第二节 环境因子对卵形鲳鲹幼鱼耗氧率和排氨率的影响 …… (96)
一、温度对卵形鲳鲹幼鱼耗氧率和排氨率的影响 …… (96)
二、盐度对卵形鲳鲹幼鱼耗氧率和排氨率的影响 …… (97)
三、pH对卵形鲳鲹幼鱼耗氧率和排氨率的影响 …… (97)
四、流速对卵形鲳鲹幼鱼耗氧率和排氨率的影响 …… (98)
五、不同环境因子对卵形鲳鲹幼鱼氨商和能量代谢率的影响 …… (100)
六、研究结果分析 …… (101)
第三节 卵形鲳鲹胚胎及早期仔鱼耗氧量 …… (102)
一、卵形鲳鲹胚胎各发育时期和早期仔鱼耗氧量的变化 …… (102)
二、温度、盐度、pH对卵形鲳鲹胚胎耗氧量的影响 …… (103)
三、金属离子对卵形鲳鲹早期仔鱼耗氧量的影响 …… (105)
四、研究结果分析 …… (106)
第四节 温度、盐度、pH对卵形鲳鲹幼鱼离体鳃组织耗氧量的影响 …… (108)
一、温度对卵形鲳鲹幼鱼离体鳃组织耗氧量的影响 …… (108)
二、盐度对卵形鲳鲹幼鱼离体鳃组织耗氧量的影响 …… (109)
三、不同pH对卵形鲳鲹幼鱼离体鳃组织耗氧量的影响 …… (110)
四、研究结果分析 …… (111)
第五节 急性和慢性低氧胁迫对卵形鲳鲹鳃器官的影响 …… (113)
一、卵形鲳鲹鳃器官的显微观察 …… (113)
二、低氧胁迫下卵形鲳鲹鳃器官的显微观察 …… (113)
三、低氧胁迫后卵形鲳鲹鳃器官的超微观察(扫描电镜) …… (115)
四、低氧胁迫后卵形鲳鲹鳃的超微观察(透射电镜) …… (115)

五、研究结果分析 …………………………………………………………… (117)
第六节　低氧环境下卵形鲳鲹的氧化应激响应与生理代谢相关指标 ……… (118)
一、慢性低氧胁迫下的存活率 ………………………………………………… (119)
二、低氧胁迫后的氧化应激 …………………………………………………… (119)
三、低氧胁迫后肝脏能量代谢变化 …………………………………………… (120)
四、研究结果分析 ……………………………………………………………… (121)
第七节　急性和慢性低氧胁迫对卵形鲳鲹幼鱼肝脏组织和抗氧化的影响…………
…………………………………………………………………………………… (124)
一、低氧胁迫后卵形鲳鲹幼鱼肝显微结构的变化 …………………………… (125)
二、低氧胁迫后卵形鲳鲹幼鱼肝超微结构的变化 …………………………… (125)
三、低氧胁迫后卵形鲳鲹幼鱼肝抗氧化酶活力的变化 ……………………… (126)
四、研究结果分析 ……………………………………………………………… (128)
第八节　卵形鲳鲹低氧相关基因的克隆、序列分析及其在低氧胁迫下的表达变化 …………………………………………………………………………… (131)
一、RNA 样品质量 ……………………………………………………………… (131)
二、中间片段的克隆,3′RACE,5′RACE ……………………………………… (132)
三、序列拼接验证 ……………………………………………………………… (133)
四、系统进化分析 ……………………………………………………………… (134)
五、低氧胁迫下卵形鲳鲹肝脏和鳃器官中的 LDH-A 和 MMP9 的表达变化
…………………………………………………………………………………… (137)
六、小结 ………………………………………………………………………… (138)
第九节　卵形鲳鲹幼鱼在不同盐度和温度变幅下的窒息点 ………………… (140)
一、盐度变化和温度变化对卵形鲳鲹幼鱼窒息点的影响 …………………… (140)
二、窒息胁迫对卵形鲳鲹鳃超微结构的影响 ………………………………… (142)
三、研究结果分析 ……………………………………………………………… (144)
第七章　卵形鲳鲹人工繁殖和育苗 ………………………………………… (146)
第一节　亲鱼的来源、选择和培育 …………………………………………… (146)
一、在优良品种中进行选择 …………………………………………………… (146)
二、在关键时期进行选择 ……………………………………………………… (146)
三、按照主要性状和综合性状进行选择 ……………………………………… (147)
第二节　亲鱼的培育 …………………………………………………………… (147)
一、海区选择 …………………………………………………………………… (147)
二、网箱的选择 ………………………………………………………………… (148)
三、亲鱼的放养密度 …………………………………………………………… (148)
四、日常管理 …………………………………………………………………… (149)

五、产前强化培育 …………………………………………………………………………（150）
第三节 催产 ……………………………………………………………………………（152）
一、催产季节 ………………………………………………………………………（152）
二、催产剂 …………………………………………………………………………（153）
三、注射剂量 ………………………………………………………………………（154）
四、注射剂的制备 …………………………………………………………………（154）
五、注射方法 ………………………………………………………………………（155）
六、注射次数和时间 ………………………………………………………………（156）
七、发情的观察与判断 ……………………………………………………………（157）
八、效应时间 ………………………………………………………………………（157）
第四节 孵化 ……………………………………………………………………………（158）
第五节 卵形鲳鲹种苗生物学 …………………………………………………………（161）
一、盐度对卵形鲳鲹胚胎发育和早期仔鱼的影响 ………………………………（161）
二、延迟投饵对卵形鲳鲹早期仔鱼阶段摄食、成活及生长的影响 ………………（165）
三、卵形鲳鲹仔鱼的饥饿和补偿生长 ……………………………………………（169）
四、卵形鲳鲹幼鱼对盐度、温度变幅的抗逆性 ……………………………………（174）
第六节 卵形鲳鲹种苗培育 ……………………………………………………………（180）
一、室内水泥池培育 ………………………………………………………………（180）
二、室外土池培育 …………………………………………………………………（182）
第七节 饵料生物培养 …………………………………………………………………（184）
一、小球藻的培养 …………………………………………………………………（184）
二、轮虫的培养 ……………………………………………………………………（187）
三、卤虫休眠卵的孵化和无节幼体的分离 ………………………………………（191）
四、枝角类的培养 …………………………………………………………………（193）
五、桡足类的培养 …………………………………………………………………（195）
第八章 卵形鲳鲹发育生物学 ……………………………………………………（199）
第一节 卵形鲳鲹早期发育特征 ………………………………………………………（199）
一、卵黄囊仔鱼 ……………………………………………………………………（200）
二、尾椎弯曲前仔鱼 ………………………………………………………………（201）
三、尾椎弯曲仔鱼 …………………………………………………………………（201）
四、尾椎弯曲后仔鱼 ………………………………………………………………（201）
五、幼鱼期 …………………………………………………………………………（202）
第二节 卵形鲳鲹早期发育过程中各项生长指标的变化 ……………………………（203）
一、各生长指标与日龄的关系 ……………………………………………………（203）
二、仔鱼体高/全长的比值随日龄的变化 …………………………………………（204）

三、仔鱼卵黄囊吸收与日龄的关系 …………………………………………（204）
四、研究结果分析 ……………………………………………………………（204）
第三节 卵形鲳鲹消化系统的胚后发育 ……………………………………（206）
一、卵形鲳鲹仔鱼前期消化系统发育的形态特征 …………………………（206）
二、卵形鲳鲹消化管的发育 ………………………………………………（206）
三、卵形鲳鲹消化腺的发育 ………………………………………………（209）
四、研究结果分析 ……………………………………………………………（210）
第四节 卵形鲳鲹胚后发育阶段鳃的分化和发育 …………………………（212）
一、卵形鲳鲹鳃结构发育的组织学观察 ……………………………………（212）
二、卵形鲳鲹鳃发育的扫描电镜观察 ………………………………………（213）
三、卵形鲳鲹仔稚鱼全长与鳃丝总数的关系 ………………………………（214）
四、卵形鲳鲹仔稚鱼体质量与鳃丝总数的关系 ……………………………（216）
五、卵形鲳鲹仔稚鱼体质量与单个鳃小片呼吸面积的关系 ………………（216）
六、卵形鲳鲹仔稚鱼体质量与总呼吸面积的关系 …………………………（216）
七、研究结果分析 ……………………………………………………………（217）
第五节 卵形鲳鲹胚后发育阶段的体色变化和鳍的分化 …………………（218）
一、卵形鲳鲹早期发育阶段色素的变化 ……………………………………（219）
二、卵形鲳鲹鳍的分化和发育 ………………………………………………（220）
三、研究结果分析 ……………………………………………………………（221）
第六节 卵形鲳鲹免疫器官的早期发育 ……………………………………（224）
一、头肾 ………………………………………………………………………（224）
二、脾脏 ………………………………………………………………………（226）
三、胸腺 ………………………………………………………………………（227）
四、研究结果分析 ……………………………………………………………（229）
第九章 卵形鲳鲹苗种生长的生态环境 ……………………………………（231）
第一节 急性盐度胁迫对卵形鲳鲹幼鱼 Na^+-K^+-ATPase 活性和渗透压的影响
……………………………………………………………………………………（231）
一、实验水体盐度与渗透压的关系 …………………………………………（231）
二、急性盐度胁迫对卵形鲳鲹幼鱼行为和存活率的影响 …………………（232）
三、急性盐度胁迫对卵形鲳鲹幼鱼鳃 NKA 酶活力的影响 ………………（232）
四、不同盐度对卵形鲳鲹血清渗透压的影响 ………………………………（233）
五、急性盐度胁迫对卵形鲳鲹鳃渗透压的影响 ……………………………（233）
六、急性盐度胁迫对卵形鲳鲹肾脏渗透压的影响 …………………………（234）
七、研究结果分析 ……………………………………………………………（235）
第二节 盐度对卵形鲳鲹幼鱼渗透压调节和饥饿失重的影响 ……………（237）

一、盐度对卵形鲳鲹幼鱼存活的影响 …………………………………………… (237)
二、盐度对卵形鲳鲹鳃 NKA 活性的影响 ………………………………………… (237)
三、盐度对卵形鲳鲹血浆渗透压的影响 …………………………………………… (238)
四、盐度对卵形鲳鲹鳃渗透压的影响 ……………………………………………… (239)
五、盐度对卵形鲳鲹肾渗透压的影响 ……………………………………………… (240)
六、卵形鲳鲹饥饿失重 …………………………………………………………… (241)
七、研究结果分析 ………………………………………………………………… (241)
第三节 盐度、温度对卵形鲳鲹选育群体肝抗氧化酶活力的影响 ………… (244)
一、不同盐度下卵形鲳鲹肝抗氧化酶活力 ……………………………………… (245)
二、不同温度下卵形鲳鲹肝抗氧化酶活力 ……………………………………… (247)
三、研究结果分析 ………………………………………………………………… (248)
第四节 铜离子对卵形鲳鲹幼鱼盐度剧变的影响 ………………………………… (251)
一、存活率 ………………………………………………………………………… (251)
二、含水率 ………………………………………………………………………… (252)
三、鳃的组织结构 ………………………………………………………………… (253)
四、研究结果分析 ………………………………………………………………… (257)
第五节 不同盐度下人工选育卵形鲳鲹子代鳃线粒体丰富细胞结构变化
……………………………………………………………………………… (259)
一、不同盐度下鳃线粒体丰富细胞显微结构 …………………………………… (260)
二、不同盐度下鳃线粒体丰富细胞超微结构 …………………………………… (261)
三、研究结果分析 ………………………………………………………………… (261)
第六节 急性低氧胁迫对卵形鲳鲹选育群体血液生化指标的影响 ………… (264)
一、卵形鲳鲹急性低氧胁迫的行为特征 ………………………………………… (264)
二、急性低氧胁迫对卵形鲳鲹血清离子含量的影响 …………………………… (265)
三、急性低氧胁迫对卵形鲳鲹血清有机成分浓度的影响 ……………………… (265)
四、急性低氧胁迫下卵形鲳鲹血清酶的变化 …………………………………… (266)
五、研究结果分析 ………………………………………………………………… (266)
第七节 饥饿胁迫对卵形鲳鲹幼鱼消化器官组织学的影响 ……………………… (268)
一、饥饿胁迫对卵形鲳鲹幼鱼食道组织结构的影响 …………………………… (268)
二、饥饿胁迫对卵形鲳鲹幼鱼胃组织结构的影响 ……………………………… (270)
三、饥饿胁迫对卵形鲳鲹幼鱼幽门盲囊组织结构的影响 ……………………… (272)
四、饥饿胁迫对卵形鲳鲹幼鱼肠道组织结构的影响 …………………………… (273)
五、饥饿胁迫对卵形鲳鲹幼鱼肝胰脏组织结构的影响 ………………………… (276)
六、研究结果分析 ………………………………………………………………… (276)
第十章 卵形鲳鲹养殖技术和养殖模式 …………………………………………… (280)

第一节　养殖场建设地点的选择 …………………………………（280）
一、地质条件 …………………………………（280）
二、水文条件 …………………………………（280）
三、气象条件 …………………………………（281）
四、水质条件 …………………………………（281）
五、生态环境 …………………………………（281）
六、生态平衡 …………………………………（281）
七、社会条件 …………………………………（281）
第二节　整体布局和设计 …………………………………（281）
一、规划建设的原则 …………………………………（281）
二、养殖场的布局结构 …………………………………（283）
第三节　养殖池塘设计建设与改造 …………………………………（285）
一、鱼塘设计要点 …………………………………（285）
二、池塘改造 …………………………………（289）
第四节　水源及处理 …………………………………（291）
一、水源 …………………………………（291）
二、水处理 …………………………………（293）
第五节　池塘清整消毒 …………………………………（297）
一、池塘及水体消毒的目的 …………………………………（297）
二、清塘及水体消毒使用药物的原则 …………………………………（298）
三、常用的药物清整池塘的方法 …………………………………（299）
第六节　基础饵料生物的培养 …………………………………（301）
一、进水 …………………………………（301）
二、培养基础饵料生物 …………………………………（302）
三、水质培肥 …………………………………（302）
第七节　鱼苗放养及中间培育 …………………………………（303）
一、鱼种放养 …………………………………（303）
二、鱼苗放养前的准备 …………………………………（303）
三、适时放苗 …………………………………（304）
四、放养密度 …………………………………（304）
五、鱼苗中间培育 …………………………………（304）
第八节　投饵技术 …………………………………（305）
一、坚持“四定”原则 …………………………………（306）
二、驯化投喂 …………………………………（307）
三、掌握科学的投喂技巧 …………………………………（307）

第九节 日常管理 …………………………………………………………………… (308)
一、巡塘 …………………………………………………………………………… (308)
二、水质调控 ……………………………………………………………………… (309)
三、防盐度骤降 …………………………………………………………………… (309)
四、做好日志记录 ………………………………………………………………… (309)
第十节 低温冰冻灾害对我国南方渔业养殖生产的影响、存在问题及防灾减灾措施 …………………………………………………………………… (309)
一、受灾原因 ……………………………………………………………………… (310)
二、冻灾后南方渔业生产面临的问题和建议 …………………………………… (311)
第十一节 网箱养殖 ……………………………………………………………… (313)
一、浮筏式框架网箱 ……………………………………………………………… (314)
二、深水网箱 ……………………………………………………………………… (315)
三、海区选择 ……………………………………………………………………… (316)
四、网箱布局 ……………………………………………………………………… (317)
五、养殖容量的控制 ……………………………………………………………… (317)
六、养殖密度的控制 ……………………………………………………………… (317)
七、鱼种质量与规格 ……………………………………………………………… (318)
八、鱼种运输方法和密度 ………………………………………………………… (318)
九、种苗投放 ……………………………………………………………………… (318)
十、投喂 …………………………………………………………………………… (319)
十一、日常管理 …………………………………………………………………… (320)
第十二节 养殖模式及其效益分析 ……………………………………………… (321)
一、池塘养殖实例 ………………………………………………………………… (321)
二、网箱养殖实例 ………………………………………………………………… (332)
第十一章 卵形鲳鲹营养及饲料 ……………………………………………… (337)
第一节 卵形鲳鲹肌肉的化学成分 ……………………………………………… (337)
一、卵形鲳鲹肌肉的营养成分和含肉率 ………………………………………… (337)
二、养殖卵形鲳鲹肌肉氨基酸分析 ……………………………………………… (337)
三、养殖卵形鲳鲹肌肉脂肪酸分析 ……………………………………………… (338)
四、养殖卵形鲳鲹肌肉矿物质组成 ……………………………………………… (339)
第二节 卵形鲳鲹的营养需求 …………………………………………………… (340)
一、蛋白质 ………………………………………………………………………… (340)
二、脂肪 …………………………………………………………………………… (343)
三、碳水化合物 …………………………………………………………………… (344)
四、无机盐 ………………………………………………………………………… (345)

五、维生素 …………………………………………………………………… (346)
第三节　卵形鲳鲹人工配合饲料 …………………………………………… (347)
一、主要的饲料原料 ……………………………………………………… (347)
二、卵形鲳鲹饲料的配方 ………………………………………………… (349)
第五节　卵形鲳鲹的能量收支与体氮维持量 ……………………………… (349)
一、摄食水平对卵形鲳鲹幼鱼的生长和能量收支的影响 ……………… (349)
二、卵形鲳鲹仔鱼能量与体氮维持量 …………………………………… (350)
第十二章　卵形鲳鲹种质资源特性与遗传育种 …………………………… (352)
第一节　海水鱼类人工选育的方法和研究概况 …………………………… (352)
一、选择效应的计算 ……………………………………………………… (353)
二、人工选育的方法 ……………………………………………………… (353)
三、问题与展望 …………………………………………………………… (358)
第二节　卵形鲳鲹细胞遗传学特性 ………………………………………… (360)
第三节　卵形鲳鲹生化遗传学特征 ………………………………………… (361)
一、酯酶(EST)…………………………………………………………… (361)
二、乳酸脱氢酶(LDH) ………………………………………………… (362)
三、苹果酸脱氢酶(MDH) ……………………………………………… (362)
四、苹果酸酶(ME) ……………………………………………………… (362)
五、天门冬氨酸氨基转移酶(AST) ……………………………………… (363)
六、研究结果分析 ………………………………………………………… (363)
第四节　卵形鲳鲹选育研究 ………………………………………………… (365)
一、卵形鲳鲹3个养殖群体的微卫星多态性分析 ……………………… (365)
二、相同养殖条件下卵形鲳鲹3个选育群体生长特性的比较 ………… (371)
三、卵形鲳鲹不同月龄选育群体主要形态性状与体质量的相关性分析 … (375)
第十三章　卵形鲳鲹病害及其防控技术 …………………………………… (385)
第一节　水产病害发生的机制 ……………………………………………… (385)
一、鱼内部机能变化 ……………………………………………………… (385)
二、外界环境因素 ………………………………………………………… (386)
第二节　鱼病诊断程序和用药注意事项 …………………………………… (387)
一、正常鱼与病鱼的鉴别 ………………………………………………… (388)
二、现场调查内容 ………………………………………………………… (388)
三、病鱼诊断程序 ………………………………………………………… (388)
四、用药注意事项 ………………………………………………………… (390)
第三节　水产养殖药害及其预防对策 ……………………………………… (391)
一、药害的表现 …………………………………………………………… (391)

二、引发药害事故的原因 …… (391)
三、预防药害事故发生的措施 …… (392)
四、渔药事故的急救 …… (392)
第四节 药物防治技术 …… (392)
一、正确诊断鱼病 …… (392)
二、慎用抗生素 …… (393)
三、结合生态防治鱼病 …… (393)
四、合理选择和使用药物 …… (394)
五、避免配伍禁忌 …… (394)
六、水产养殖中常用的免疫增强剂 …… (394)
七、如何使病鱼能摄食足够的药量 …… (394)
八、使用外用药的注意事项 …… (395)
九、常用药物及使用浓度和方法 …… (395)
第五节 卵形鲳鲹的常见疾病及防控 …… (396)
一、病毒性疾病 …… (396)
二、细菌性和真菌病疾病及其防治 …… (397)
三、寄生虫性疾病及其防治 …… (401)
第十四章 卵形鲳鲹的捕捞、运输、上市 …… (408)
第一节 鱼苗出池 …… (408)
一、拉网锻炼 …… (408)
二、出池 …… (408)
第二节 鱼苗运输 …… (410)
一、溶解氧 …… (410)
二、温度 …… (411)
三、二氧化碳 …… (411)
四、氨氮 …… (411)
五、pH 值 …… (412)
六、鱼体的渗透压 …… (412)
七、鱼苗体质 …… (412)
八、防止细菌的繁殖 …… (412)
第三节 提高鱼苗运输成活率的主要措施 …… (412)
一、充氧 …… (413)
二、降温 …… (413)
三、添加剂 …… (413)
四、运输密度 …… (413)

五、运输途中管理 …………………………………………………………… (413)
第四节　运输方法 ……………………………………………………………… (413)
一、运输前的准备工作 ………………………………………………………… (413)
二、运输方式 …………………………………………………………………… (414)
第五节　商品鱼的收获 ………………………………………………………… (417)
一、池塘收获 …………………………………………………………………… (417)
二、网箱养鱼的起网收获 ……………………………………………………… (418)
三、活鱼运输 …………………………………………………………………… (419)
附录 ……………………………………………………………………………… (422)
一、渔用配合饲料的安全指标限量 …………………………………………… (422)
二、渔用药物使用准则 ………………………………………………………… (423)
三、食品动物禁用的兽药及其他化合物清单 ………………………………… (430)
四、关于禁用药的说明 ………………………………………………………… (432)
五、海水养殖用水水质标准 …………………………………………………… (434)
六、海水盐度、相对密度换算表 ……………………………………………… (435)
七、常见计量单位换算表 ……………………………………………………… (437)
八、海洋潮汐简易计算方法 …………………………………………………… (438)
九、SC/T 2044-2014 卵形鲳鲹　亲鱼和苗种 ………………………………… (439)
参考文献 ………………………………………………………………………… (443)

第一章　绪　　论

随着世界人口的快速增长以及人们对水产品消费水平的提高，海水鱼类越来越受到大家的欢迎，其需求量也随之增高。渔业资源由于过度捕捞、海区污染等因素而日趋枯竭，有限的渔获量已远远不能满足市场的需求。因此，大力开展海水鱼类的增养殖生产已成为必须，对海水鱼类的规模化健康养殖技术研究、推广和示范也已经成为国内外研究热点之一。

卵形鲳鲹 *Trachinotus ovatus* 属鲈形目 Perciformes 鲹科 Carangidae，鲳鲹亚科 Trachinotinae，鲳鲹属 *Trachinotus*，俗称金鲳、黄腊鲳、黄腊鲹、卵鲹，又名红三，红沙等，英文名：ovate pampano，pompano，snubonse 等。该鱼体型较大，生长迅速，养殖周期短。鱼肉为白色，细嫩，鲜美可口，为南方沿海名贵海产经济鱼类之一。近年来，国内市场对卵形鲳鲹的需求不断上升，在国际市场上也备受关注，特别是在美国、日本、韩国、欧盟水产品消费大国更是供不应求，是水产品出口又一新亮点品种。面对国内、国际市场对卵形鲳鲹的需求，发展卵形鲳鲹养殖前景广阔。

第一节　卵形鲳鲹养殖业发展历程、现状及潜力

一、卵形鲳鲹养殖起步阶段

鲳鲹鱼类是近二十几年来开发的养殖对象。该鱼肉无刺，肉质细嫩，味鲜美，体色艳丽，具有鲹类的特殊香味，历来被列为名贵食用鱼类，在日本拥有“美味”的极高评价。一般当年养殖，当年即可达到上市商品鱼规格，经济效益显著，因而深受养殖业者欢迎。

从 20 世纪 80—90 年代，我国卵形鲳鲹养殖业处于起步阶段。我国台湾养殖者林烈堂于 1984—1985 年间就开始着手收集沿海捕捞的小鱼，1986 年又在高雄收集 126 尾中型鱼与遮目鱼混养于鱼塭中。1989 年 3—10 月经 5 次激素催熟，其中 4 次在鱼塭中自然交配产卵并受精成功，获鱼卵 900 多万粒，受精卵 500 多万粒。经各种育苗模式的试验，先后育成 2~3 cm 的苗种 38.6 万尾，这是布氏鲳鲹 *Trachinotus blochii* 人工繁殖的首次成功，该批种苗养殖于鱼塭中，于 1991 年性腺发育成熟，加入亲鱼行列，确立了全人工繁殖的技术。1990 年卵形鲳鲹人工育苗也获得突破。

随着卵形鲳鲹在我国台湾人工繁殖的成功，台湾在鱼塭养殖布氏鲳鲹之后，台

湾、马来西亚等地区相继开展了卵形鲳鲹、布氏鲳鲹的池塘养殖。在我国台湾，放养密度为2~3尾/m^2，投喂干颗粒饵料，经7~12个月的养殖后，个体长到400~600 g/尾，达到上市规格，饵料系数为1.6~2，产量为10~15 t/hm^2（图1-1）。

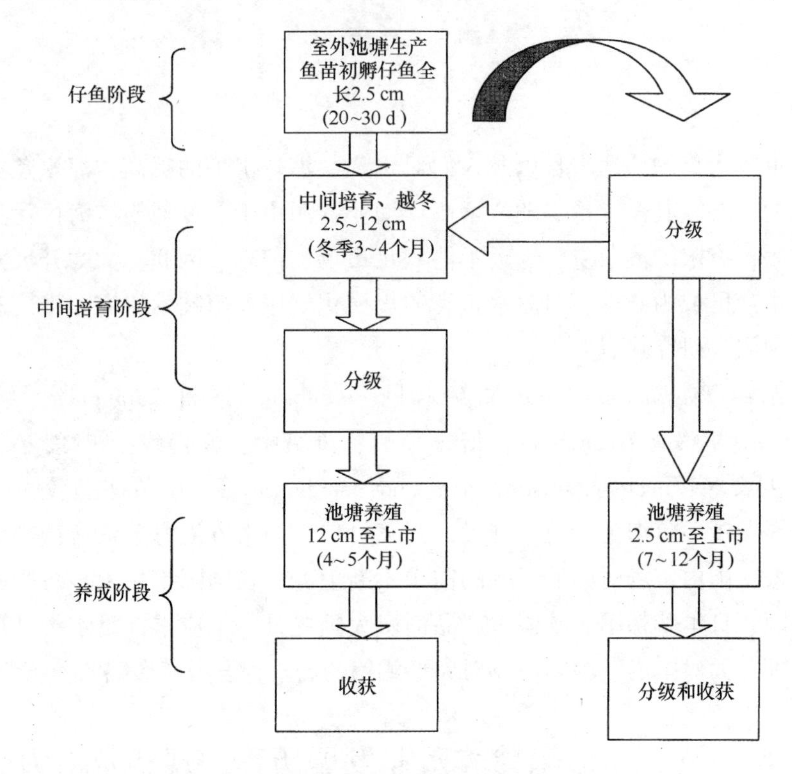

图1-1 卵形鲳鲹养殖流程

在我国大陆，卵形鲳鲹的人工繁育技术研究先后被列入国家“八五”和“九五”科技攻关计划。中国水产科学研究院南海水产研究所深圳盐田试验基地于20世纪80年代末即开始进行卵形鲳鲹的人工繁育研究和养殖生产技术开发，成功进行了卵形鲳鲹的规模化人工育苗研究和推广示范。同时，对卵形鲳鲹开展了系统的生物学系列研究。2002—2004年，南海水产研究所、广东省潮州市海洋与渔业局、饶平县海洋与渔业局共同承担了广东省重大科技兴海项目“主要海水养殖品种鱼类的人工繁殖和大规模苗种生产技术”，成功进行了卵形鲳鲹等13种海水鱼类的规模化人工育苗研究和推广示范，2004年通过广东省海洋与渔业局组织的技术鉴定，该成果获2005年度广东省农业技术推广奖一等奖。深圳市水产养殖技术推广站1997年和1998两年用网箱养殖3龄以上的亲鱼进行人工催产育苗取得育苗成功。厦门水产学院于1999年成功培育出4~5 cm的幼鱼25万尾。

南海水产研究所深圳试验基地项目组1988年起在卵形鲳鲹科研成果开发、种苗生产、商品鱼养殖、中转服务等方面做了大量工作。广东、海南、福建1993年开始从台湾购进布氏鲳鲹鱼苗开展海水网箱和池塘养殖。东莞市 1994—1999 年间连续多年从台湾引进幼鱼，在常年盐度低限为 6 的咸水池塘里进行商业性饲养和越冬，10～12 cm 的卵形鲳鲹种苗经 240 d 单养，个体重 400～500 g，平均单产 6.3 t/hm^2。池塘单养平均单产 8 275.4 kg/hm^2，间养单产 8 301.8 kg/hm^2，投入产出比 1∶1.44。

海南三亚 1991 年进行海水网箱养殖试验，养殖一年，成活率达 85.55%，个体平均体重 598.43 g，饵料系数为 11.41，平均产量为 11.28 kg/m^3；深圳市 2002 年在海水池塘中放养全长 2.5 cm 的鱼苗，经 4 个月的养殖，成鱼平均全长 28.6 cm，体重 450 g，产量达 13.5 t/hm^2。由于布氏鲳鲹在南海沿岸大部分地区不能顺利越冬，我国南方沿海养殖的布氏鲳鲹逐渐转变为以养殖卵形鲳鲹为主。

同一时期，大西洋西部墨西哥湾和加勒比海地区也已进行北美鲳鲹 *Trachinotus carolinus*、镰鳍鲳鲹 *T. falcatus* 和谷氏鲳鲹 *T. gooderi* 等三种鲳鲹属鱼类的养殖。

这一时期，因亲鱼培育数量有限，人工种苗培育数量一直停滞不前。虽然也有不少养殖专业户参加培育，但数量也都较少，尚形不成规模。

在早期的学术研究方面，中国水产科学研究院南海水产研究所先后对南海海区卵形鲳鲹的卵子及仔鱼形态以及人工繁殖卵形鲳鲹的胚胎发育过程进行了观察，厦门大学等研究比较了卵形鲳鲹和布氏鲳鲹的分类性状等，中国科学院海洋研究所和中国水产科学研究院东海水产研究所先后对鲹科鱼类鳞片、耳石形态和侧线管系统做了比较研究，国外也开展了卵形鲳鲹的食性、习性、年龄与生长等研究。

二、卵形鲳鲹养殖发展阶段

进入 21 世纪以来，我国卵形鲳鲹养殖业处于平稳发展阶段。2002—2005 年期间，在海南省三亚海区，尤其在 2004 年以后，随着人工育苗的技术日趋成熟，养殖户在网箱催产出大量的卵形鲳鲹受精卵，同时利用土池生态培育方法培育出大批量的人工种苗。海南、广东、福建等省每年总产苗量超过了 2 000 万尾，基本解决了养殖生产的种苗需求问题。育苗价格也由此大幅下降，推动了卵形鲳鲹养殖业的发展。

这一时期，南海水产研究所在前期工作的基础上，从亲鱼养殖、苗种培育、成鱼养殖（池塘、抗风浪网箱、传统网箱、工厂化）、加工、饲料、病害防治等方面全方位系统地研究了卵形鲳鲹的健康养殖技术和工艺流程；突破了卵形鲳鲹规模化亲鱼培育、健康苗种繁育和生态育苗关键技术；进行了卵形鲳鲹的良种选育研究，初步筛选了几个生长快、抗逆力强的不同地理种群的基础群体，利用微卫星分子标记分析卵形鲳鲹不同地理养殖群体的遗传多样性，获得生长性状优良的子一代；研究了卵形鲳鲹健康养殖及其关键技术，构建了滩涂池塘“鱼—贝—虾三级立体综合生态循环养殖系统”；进行了卵形鲳鲹规模化网箱养殖技术研究，建立了安全、高效网箱养殖技术工艺流程，初步开展了卵形鲳鲹工厂化养殖技术研究；进行了卵形鲳鲹的病害及其防治技术系列研究，开展了卵形鲳鲹高效环保饲料的研究。

在养殖理论与应用基础生物学研究方面，系统而全面地研究了卵形鲳鲹的人工繁殖和养殖技术、早期发育生物学和成鱼基础生物学，并从形态和器官的发育、结构与功能、消化酶、生理生态、摄食、生长等方面对仔稚幼鱼和成鱼进行了比较，深入揭示了卵形鲳鲹养殖、生长发育和存活的机理及其与养殖环境的关系，系统研究了卵形鲳鲹的消化生理，包括消化系统形态和消化酶活性的发育及其与成鱼的比较、摄食、饥饿和补偿生长、营养和饲料。结合历史资料，研究了南海北部近海包括卵形鲳鲹在内的渔业种类资源变动，提出了南海北部可供选择的增殖放流种类，估算了广东海域主要种类的最适放流数量。开展卵形鲳鲹幼鱼的音响驯化技术、自然海域音响驯化应用技术和气泡幕阻拦技术研究，为优化我国海洋牧场牧化种类驯化控制技术提供参考资料。

在工业化养殖技术开发方面，研究了卵形鲳鲹在冰藏过程中的鲜度变化，构建了卵形鲳鲹贮藏过程中品质变化动力学模型，以预测和控制卵形鲳鲹在贮藏过程中的品质和货架期。研制了以卵形鲳鲹商品鱼为参考值的射流式吸鱼泵，实现深水网箱规模化养殖渔获的自动起捕。

在这期间，南海水产研究所在广东、广西、海南和福建卵形鲳鲹等海水鱼类养殖区积极开展科技服务活动，帮助汕尾市成立“金鲳水产养殖专业合作社”，制定国家水产行业标准等。

同一时期，广东海洋大学、上海海洋大学、厦门大学、国家海洋局第三海洋研究所等高校和研究院所也做了许多研究工作。这些研究成果为卵形鲳鲹养殖走上产业化的道路，提供了有力的科技支撑。

三、卵形鲳鲹养殖业全面快速发展阶段

从2004年起，随着人工育苗的技术的突破和日趋成熟，彻底解决了苗种供不应求的难题，使鱼苗价格大幅下降，有效推动了卵形鲳鲹养殖业的发展，也为卵形鲳鲹走上产业化的道路，迈开坚实的第一步。近几年，随着养殖业的大力发展，卵形鲳鲹越来越被广大消费者所接受，产量也在快速的增加，卵形鲳鲹养殖业进入了全面快速发展阶段，养殖—加工—内销—出口等一系列环节陆续发展起来，逐步形成产、供、销一条龙的产业化规模。

1. 卵形鲳鲹养殖区域分布

我国东南沿海地区从20世纪90年代初开展了卵形鲳鲹海水网箱和池塘养殖，并达到了规模化生产水平。卵形鲳鲹大规模养殖从2003年开始，池塘养殖始于2004年，现我国台湾、广东、广西壮族自治区、海南、福建南部和香港、澳门沿海地区沿海是卵形鲳鲹的主产地。2004年起黄海、渤海沿岸的部分养殖业者也开始试

养。2008年，在江苏省连云港和赣榆开展池塘养殖。并继续向黄海、渤海地区发展，几乎涵盖了中国所有的沿海地区。

广东地区卵形鲳鲹养殖以饶平、惠东、阳江、湛江、珠三角地区为主。这些地区大部分以农户散户养殖为主，单户规模较小。湛江雷州地区由于水温较高盐度较低，是卵形鲳鲹养殖规模增长最快的区域。广西钦州、防城港地区养殖量较多，北海市银海区铁山港石头埠是广西壮族自治区最大的卵形鲳鲹养殖基地。海南省卵形鲳鲹养殖主要集中在临高县和陵水县等地（表1-1），苗种供应以海南为主，苗种生产集中在三亚、陵水两地，每年供应量占海南卵形鲳鲹苗种总量的60%~70%。福建省卵形鲳鲹养殖主要在南部地区。

表1-1 我国大陆卵形鲳鲹主要养殖基地分布情况

广东			广西壮族自治区	海南	福建
粤东	珠江三角洲	粤西			
饶平、汕头、汕尾、惠东、深圳等地，养殖模式主要为网箱养殖和池塘养殖	广州番禺区、南沙区、珠海平沙、红旗镇，养殖模式主要为池塘养殖	阳江地区（阳江港、闸坡港、溪头港）以网箱养殖为主；茂名地区主要集中在电白，为网箱养殖；湛江地区以湖光镇、太平镇、企水港、湛江港、流沙港、乌石港镇、东里镇及徐闻等地为主，养殖模式主要为网箱养殖和池塘养殖	钦州、北海、防城等地以池塘养殖为主；铁山港以网箱养殖为主	新盈港、清澜港、陵水新村港、三亚红沙港、铁炉港、西线金牌、洋浦港等	诏安、东山、龙海、漳浦、厦门等地，养殖模式主要为网箱养殖和池塘养殖

注：邱名毅等（2012）。

2. 卵形鲳鲹养殖技术简介

养殖条件：可耐低温，在9~10℃的水温下仍可短时间正常生活，对盐度适应性广，在盐度5~45的海水中均能生存，但建议一般不低于12，而盐度太高则会出现生长缓慢。

养殖方式：卵形鲳鲹养殖多为网箱与池塘养殖，网箱养殖又分木排网箱或深水网箱养殖。池塘养殖主要以鱼虾蟹混养为主。

投喂饵料：已由以前的投喂鲜活饲料发展至可全人工饲料投喂，而且沉浮性的饲料均可摄食。

养成时间：养成商品鱼的周期较短，一般南方地区养殖4~6个月可达400~600 g商品鱼规格，大大少于其他海水鱼，如石斑鱼、真鲷等大多要养殖一年至一年以上才达到上市规格。

病害特点：相对凡纳滨对虾（南美白对虾）的病毒性的虾病，卵形鲳鲹的病害主要是一些细菌性及寄生虫鱼病，治疗相对容易。

3. 卵形鲳鲹养殖产量估算

由于卵形鲳鲹规模化养殖历史不长，我国卵形鲳鲹的确切产量目前尚无精确的统计，《中国渔业年鉴》中尚未设专栏统计。但是以投苗量、饲料投放量为基础，可以对卵形鲳鲹的产量进行估计。卵形鲳鲹的出鱼规格在300~500 g/尾的水平，平均饵料系数在1.5~2.0之间。以2010年为例，广东、广西壮族自治区、海南三地金卵形鲳鲹的投放量约为3亿尾。2010年，广东、广西壮族自治区、海南三地卵形鲳鲹饲料投放总计约为10万t，其中，广西壮族自治区为1万t；海南为1.3万~1.5万t，广东为7万t左右（其中广东湛江地区约3.5万t，阳江地区约2万t，粤东地区1万~1.1万t，珠三角地区约2 000 t）。

以投苗量3亿尾、存活率75%为基础，考虑到饲料投放量，则广东、广西壮族自治区、海南三地2010年卵形鲳鲹料的产量为10万t左右。以此类推，并结合广东、广西壮族自治区、海南三地相关部门的统计数据，我们可以估算2006—2010年全国卵形鲳鲹的产量分别为2.15万t、3.51万t、3.65万t、6.61万t和11.25万t（表1-2）。

表1-2　2010年卵形鲳鲹产量估算表

<table>
<tr><th>省区</th><th>饲料用量（万t）</th><th>饲料系数</th><th>卵形鲳鲹产量（万t）</th><th>上市规格（g/尾）</th><th>成活尾数（亿）</th><th>成活率（%）</th><th>产苗尾数（亿）</th></tr>
<tr><td>广东</td><td>7.70</td><td rowspan="4">1.8</td><td>8.48</td><td rowspan="4">500</td><td>1.70</td><td rowspan="4">75</td><td>2.26</td></tr>
<tr><td>海南</td><td>1.30</td><td>1.50</td><td>0.30</td><td>0.40</td></tr>
<tr><td>广西壮族自治区</td><td>1.20</td><td>1.35</td><td>0.27</td><td>0.36</td></tr>
<tr><td>合计</td><td>10.00</td><td>11.25</td><td>2.25</td><td>3.00</td></tr>
</table>

注：刘贤敏等（2011）。

另据统计数据显示，2010年1—5月，海南省共有1 700多t、660多万美元的卵形鲳鲹产品出口至加拿大、美国、新西兰、印尼、台湾、香港等十多个国家与地区，分别同比增长 123.61%、84.04%。截止 2010 年 6 月，海南省已有近万亩[①]卵形鲳鲹深海养殖基地通过有关部门备案，形成了年产近 5 000 t 的养殖规模，未备案的卵形鲳鲹数量在 3 500 t 左右。

4. 卵形鲳鲹加工、内销、出口情况

卵形鲳鲹无鳞，因此在冷冻时鱼鳞不会掉落，且体色不变，保持良好色泽光泽，也即是冰冻“卖相”仍好。所以在捕捉上岸后立即可急冻并可保持“色、香、味”不变。在运输至较远的地区便大大减少了运输的难度，节约了成本。这些均是其他海水有鳞鱼必须是活鱼才能达高价，冰鲜鱼价会大幅下降，因此正是其他海水鱼无法比拟的优点。

深水网箱养殖卵形鲳鲹，以海南的产量最大，其产量的 70%都是用于出口。截止 2010 年，我国主营或兼营加工的企业数量在 30 家左右，专业加工卵形鲳鲹的企业有 15 家左右，这些加工企业主要分布在海南、广东、广西壮族自治区和福建等省区，海南的卵形鲳鲹加工出口企业主要集中在临高、澄迈等县。国内卵形鲳鲹加工生产线保有量为 38 条。目前我国的卵形鲳鲹加工形式主要有条冻、鱼片、鱼丸和腌品。2005—2010 年，我国各类卵形鲳鲹的加工制品（包括冷冻鱼、冷冻鱼片等）产量为 1.11 万 t、1.52 万 t、3.13 万 t、4.25 万 t 和 8.46 万 t，加工比例占全部产量的比例约在 50%～80%左右。因卵形鲳鲹冰冻鱼的“卖相好”，在国内许多内陆地区很受欢迎。目前卵形鲳鲹的内销市场仍是以产地附近的消费为主，养殖初期由于定位为出口产品，价格高昂，大众接触较少；随着养殖数量增加，价格开始走低，逐渐达到大众消费水平。在国际市场上，主要加工出口至韩国、澳大利亚、美国、日本，据悉需求量每年递增，供不应求。

5. 卵形鲳鲹养殖效益及风险

（1）卵形鲳鲹养殖成本

固定成本：主要包括网箱投资和人工。在广东，质量好的一组木排 300 m^2，网箱建设与鱼网的投入等要 8 万元左右，人员工资平均 2 万元/年/人。一组木排 300 m^2，一年的产出大概为 15 000 kg。网箱按 10%来算折旧，即一年 1 万元，加上人工，固定成本一般为 0.5 元/kg。同时，由于养殖规模扩大，由于市场需求量的增加，导致鱼排基建材料价格飙升，2008 年建造鱼排的梢木价格为 3 000 元/m^3，在 2011 年价格涨到 6 000 元/m^3，且货源供应不充足，进口网衣价格也比 2010 年有很大幅度的增加，也经常出现供不应求的现象。

变动成本：主要包括饲料成本和苗种或受精卵投入。近几年，由于饲料原材料

---

① 亩为非法定计量单位，1 亩≈666.67 平方米。

价格上涨，卵形鲳鲹商品饲料价格平均要 7 000 元/t，即 7 元/kg。受精卵高价时达到 28 000 元/kg。鱼苗价格，投苗早期一般为 0.8 元/尾左右（2011 年早苗价格曾高达 1.5 元/尾），后期为 0.5 元/尾左右（甚至低质至 0.2~0.3 元/尾），取平均数为 0.6 元/尾，养成理想的成活率为 85%以上，按 85%来算，即鱼苗成本为 0.7 元/尾。目前卵形鲳鲹养成平均 500 g/尾的饵料系数为 1.8 左右，依此推算，每 500 g 鱼的饲料成本为 12.6 元/kg，占卵形鲳鲹的养殖成本近 80%。

综合卵形鲳鲹的养殖固定成本和变动成本分析，卵形鲳鲹的养殖成本一般为 16~18 元/kg。要降低养殖成本、增加效益，只能从浮动成本方面入手。好的养殖环境和条件固然重要，但更重要的是高的管理水平，体现在培养高素质的员工、选择优质苗种和饲料以及把握上市时机等。

（2）卵形鲳鲹的养殖效益

卵形鲳鲹为新增养殖品种，从推广养殖至今才几年时间，收购价格缺乏长期历史数据。但就现有可查找资料分析，卵形鲳鲹的价格由于养殖面积和养殖产量增降，水产品加工出口跟市场对接供求形势，传统节日、气候变以及个体鱼重等因素影响，收购价格波动极大。

近几年，由于外销市场畅通和国内消费市场的成熟，卵形鲳鲹价格有较大幅度上涨。卵形鲳鲹的市场价格在一年当中一般均呈两头高、中间低的变化趋势，即每年七月底价格最好，9—11 月价格最低，一般 500 g 规格为 20~24 元/kg；分析原因是 9 月份大量卵形鲳鲹上市，市场供应增加；另外由于灾害影响，大量卵形鲳鲹同时上市，市场短时期无法消耗这么多金鲳鱼；12 月后价格又开始回升，春节前后最高，一般为 30 元/kg 以内。扣除一些非正常因素的影响，如冻害天气以及台风的影响，冬季特别是冷空气过后，全国只有海南地区有活鱼，奇货可居，鱼价曾高涨到 58~60 元/kg。

综合养殖成本、市场行情趋势分析，卵形鲳鲹上市越早，效益越好，也能规避一些潜在风险。养殖成活率高，单位产出越高，效益越好。发生病害少，养殖顺利，生长速度快，饵料系数低，养殖效益就高。

6. 卵形鲳鲹生产形势预测

① 由于养殖效益高，导致近年更多的资金流入卵形鲳鲹养殖的产业链，养殖规模扩大。虽然市场供应量增加，但是鱼价较 2010 年仅有小幅下降，在出口形势不利的情况下，还能保持一个较高的利润空间，说明卵形鲳鲹的国内市场已经打开。避开卵形鲳鲹上市高峰期，提前上市或者养殖过冬鱼是获取利润最大化的有效方式。

② 海南省海水养殖具有得天独厚的自然条件，加上养殖技术日趋成熟，管理水平提高，市场价格维持在一个较合理的价位，不会再有往年的高利润，养殖面积不会减少，2014 年海水养殖业发展较平稳，价格可能普遍略有上扬。

③ 由于沿岸和近海养殖水体的日趋恶化，发展深水网箱养殖会成为一个趋势，

深水网箱养殖可以使卵形鲳鲹在比较优质的水体中生长，既可以获得更快的生长速度，提前上市，也可以减少病害发生，保证养殖成功率。

④ 病虫害是影响养殖业发展的最大障碍，而且有越演越烈的趋势，如何做好科学防控、预防病害的暴发是养殖生产者的首要任务，这样才能保证海水养殖业健康和可持续发展。

⑤ 卵形鲳鲹养殖正在由原来的以家庭为生产单元的模式逐步发展为大规模的合作社、公司化养殖。养殖虽然利润可观，但是投资额较大，养殖风险不可忽视。

第二节 卵形鲳鲹养殖业可持续发展中存在的主要问题及其对策

我国卵形鲳鲹养殖业经过二十多年的发展，已成为南方海水养殖渔业经济发展的主要产业之一，对推动东南沿海地区经济和社会发展起重要作用，卵形鲳鲹具价格适中，营养丰富，口感好，易烹饪等特点，其冰鲜或活鲜产品已遍布全国各地主要水产批发市场、超市和酒楼，是目前国内最为大众化的一种海水鱼，有望扭转我国海水鱼养殖品种多，但无主导品种的局面。但同时也存在一些瓶颈问题，对海水养殖业的持续健康发展构成潜在的负面影响。

一、注意种质资源保护，开展良种选育

种苗是养殖的物质基础。在天然海区中，卵形鲳鲹是暖水性中上层鱼类，一般不结成大群，资源量不大，没有形成“鱼苗汛期”，养殖生产所需的种苗全部来源于人工繁育。然而，由于卵形鲳鲹的养殖群体一直以来未经选育，大部分亲鱼为人工苗养殖而成，不少苗种场只顾眼前利益，不注意亲鱼品种的更新和选育，造成亲鱼老化、近亲繁殖，经过累代繁殖后，某些优良性状已出现明显退化现象，肉质差、生长缓慢、成活率低、抗病力和抗逆力降低。因此，降低了饵料的利用率，相对增加了化学药品的使用，加重了水环境的污染。例如，近几年广东和海南的卵形鲳鲹养殖相继出现大规模病害，鱼苗生长缓慢或停止生长，育苗成活率和养殖成活率较低，2008 年有些地方养殖成活率甚至不到 20%，亏本严重，近 2 年不少养殖户已不敢养殖，或指明不敢购买某个地方的鱼苗，因为其鱼苗容易感染病原。因此，开展卵形鲳鲹良种选育和新品种培育研究、提高抗逆性、防止种质退化已势在必行。南海水产研究所承担制定的水产行业标准“卵形鲳鲹 亲鱼和苗种”业已公布，开展了卵形鲳鲹的良种选育研究，筛选了几个生长快、抗逆力强的不同地理种群的基础群体。广东省和海南省也制定了有关卵形鲳鲹养殖技术的地方标准。我国南方海水鱼类由于苗种繁育技术难度大、周期长，导致良种选育研究工作严重滞后，开展卵形鲳鲹良种选育研究，对引导和促进南方海水鱼类良种选育研究和推广应用也具有十

分重要的意义。

对策：

① 系统开展卵形鲳鲹种质资源调查，重点查清我国南方沿海省区各地生殖群体以及境外引进群体的遗传背景，研究各重要性状的遗传多样性及其形成机理和变化规律。

② 结合传统育种和现代生物技术育种手段，在开展经济性状遗传力评估、家系识别、性别调控等方面工作的基础上，系统开展良种培育。

③ 建立各种类型的原种场和良种场，开展卵形鲳鲹种质资源的原地保存和异地保存，建立遗传档案，科学合理地繁殖所保存的原良种，并向生产提供优质种苗。

④ 引进国外（境外）鲳鲹鱼类优良品种，改善我国的养殖品种结构，探索其优异种质的开发利用。

二、优化宜渔空间格局，拓展科学发展用海空间

当前我国卵形鲳鲹的养殖主要采用池塘养殖、近岸传统网箱养殖和近海深水网箱等 3 种方式。

1. 池塘养殖

广东省池塘养殖海水鱼类的起步较晚，大多属于咸淡水池塘，养殖区域主要分布在珠江三角洲沿海一带，养殖的鱼类主要供应港澳市场和广州、深圳、珠海等大中城市。1989—1990 年，广东省水产局组织有关部门在东莞的中低产池塘进行“万亩咸淡水池塘养鱼高产综合技术”的试验，卵形鲳鲹被列为重要养殖种类之一。为各地发展咸淡水池塘养鱼提供了技术和经验，对加速广东省咸淡水池塘养鱼业的发展起到有力的推动作用。然而，自本世纪初以来，随着沿海地区经济建设的快速发展，临港、临海工业项目用海占用了大量浅海滩涂，湾内养殖空间日趋萎缩；城市的扩张致使城乡养殖池塘被大量征用；大量的工业废水和城市生活污水排入海中，使一些近岸海域受到严重污染，失去水产养殖功能。海水养殖业急需拓展新的发展空间。

2. 近岸传统网箱养殖

1979 年，原国家水产总局和国家科委分别拨款资助广东惠阳县和珠海市开展网箱养殖名贵鱼类试验，在省、地水产部门的支持下，获得初步成功，1981 年，由试验性转入生产性养殖，收获商品鱼出口香港。广东的网箱养鱼从 1984 年起得到了迅速的发展。到 2009 年我国沿海拥有传统网箱 120 万个，超过 200 万沿海渔民从事传统网箱养殖，服务于传统网箱养殖的从业人员超过 500 万人。但由于设施养殖工程技术普遍比较落后，致使有限的浅海滩涂和沿海港湾资源超负荷养殖，污染、病害、

台风等使数以万计的渔民损失惨重，鱼类品质下降和浅海生态环境的破坏，使海水鱼类养殖持续发展严重受困。

3. 深水抗风浪网箱养殖

近年来，由于城乡污水的大量排放，油类及工业污染的日趋严重，水体的富营养化也日益加剧，赤潮频繁发生，且面积逐步扩大，养殖病害日益严重，由此而造成的损失也日益加重，严重地破坏了水域的养殖生产环境。为解决这些问题，从2000年开始，广东陆续引进国内外的抗风浪能力较强的深水网箱进行养殖试验。2002年，南海水产研究所与国内多个单位合作，研发出以HDPE材料制作的升降式深水网箱，为开展海水鱼类外海高效养殖抵御台风侵袭提供了技术解决方案。深水网箱的养殖空间的大，养殖海域开阔，水体流动方便，有利于生态环境的保护，减少海水养殖自身所造成的污染，有利于提高商品鱼产品质量，有利于减少养殖病害；深水网箱养殖有利于海水养殖技术的开发和应用以及相关企业的发展；存在问题是深水网箱养殖容量大、水体大，捕捞、换网等操作较传统网箱困难；另外，深水网箱养殖投资大，一般中小养殖户难以承受。

对策：

① 优化养殖新模式。重点研发卵形鲳鲹海水浅海、生态养殖、海水池塘持续养殖、低耗、高产的健康养殖技术工艺，维持养殖区域的生态自净功能，开发环境清洁技术。

② 优化已养海域的养殖结构和容量，扩大养殖面积，向深水发展。

③ 发展工程化养殖，促进卵形鲳鲹等海水鱼类的养殖从传统养殖向节水、节能、环保、高效的工厂化养殖方式转变，提高工厂化养殖的经济效益和生态效益。

三、宏观调控养殖布局，治理污染从源头抓起

目前，随着各地海湾开发的逐渐发展，海域水质不断恶化，沿海滩涂养殖业受到不同程度的影响而逐渐衰退。监测结果分析表明，部分渔业水城受到营养盐、有机物、石油类和重金属等不同程度污染，局部水域污染较重。污染面积、污染程度及对渔业的危害有进一步加重趋势。养殖场受到无机氮和活性磷酸盐污染，水体呈一定程度的富营养化，赤潮频繁发生。加之其他污染，使一些渔业水域的渔业功能有所削弱，渔业资源和水产养殖受到很大损害。

另一方面，因养殖生产导致的环境变化对养殖生产本身的副作用及对其他养殖品种或自然资源也造成了一定的影响。其造成的环境污染虽不能与工业“三废”相提并论，但对养殖业本身可能造成较大的经济损失。主要表现：

① 片面的追求高密度、高产量。这势必要在养殖方式上提高投饲量和换水量，

而残饵、粪便的增加使池塘负荷量加大，提高了日换水量，池塘中富营养化水的排放，明显污染了水质环境。

② 养殖布局不合理，放养密度远远超过环境承受能力从而导致自身污染。

③ 在养殖技术上还没有全面推广健康养殖模式，未能有效地运用微生物技术控制池塘生态系统，使池塘少排水或不排水。养殖过程中使用抗菌素或消毒剂、池塘进排水不易分开，疾病交叉感染几率高。

④ 管理缺陷。缺乏对水产养殖发展的政府行为，使个体分散养殖不能形成一定规模的产业化。一些养殖户素质较低，对水产养殖的基本常识和鱼病及其检疫认识不足，没有掌握多发病的流行特点和防治措施，不重视对水质的监测与管理，制约了水产养殖的进一步发展。

⑤ 消毒剂带来的负面影响。由于大量使用消毒剂对养殖池塘进行消毒、杀菌，严重污染近岸海水，破坏近岸滩涂的生态平衡，也影响水产养殖自身质量。高密度养殖投入的多余饵料及养殖排泄物随海水排放时造成氮、磷、氰化物污染，导致海水富营养化，加剧了沿海赤潮的形成。

对策：

（1）建立健全水产养殖法规和许可制度

对养殖区域全面规划，进行环境影响评估，确定环境容纳量或养殖容量。

（2）制定渔业用水排放标准或选用与之相当的标准

要求养殖场对废水排放进行控制，对超标排放者进行处罚。我国已先后制定和颁布了一系列与渔业有关的法律法规，如《中华人民共和国渔业法》等，但却无相应的渔业用水排放标准。随着水产养殖向规模化、集约化的方向发展，其工业化的特点愈加明显，制定相应的排放标准更为重要。

（3）加强水产养殖从业人员的环境意识和综合素质

长期以来，我国从事水产养殖的人员总体受教育程度较低，目前又有大批原来从事捕捞的渔民转而从事养殖，他们需要加强的不仅仅是纯粹的养殖技术，还应具备一定的环境和法律意识。各地应开办相关的培训班或讲座，把最新的养殖技术和环境政策带给他们。

（4）科学投喂饲料，减少对水体的污染

饲料生产厂家在生产优质、高效、全价的配合饲料时，不但营养配比要合理，而且营养元素也要科学配比，并根据不同生长阶段、各种水体的养殖模式、水域环境而采取不同的微量元素添加方法，以满足鱼类生长过程中对各种营养元素和各种微量元素的需求，确保起到增强体质、提高抗病免疫能力的作用，从而减少饲料的溶失及药物的过度使用。在投饲时要注意保证饲料新鲜适口，不投腐败变质饲料。合理投喂要正确掌握“四定”和“四看”的投饲技术，并及时清除残饵，减少饲料溶失对水体的污染。

（5）规范健康养殖，合理安排养殖结构

在健康养殖模式下，设计合理的养殖密度、科学的放养品种结构以及适度投入，使水体保持良好的生态环境。在养殖设施的结构和布局上，既要满足鱼类健康生长所需空间和基本的进排水功能，又要具备水质调控和净化功能，以减少对水域大环境的影响。

四、立足国情整体提升养殖技术装备水平

我国养殖渔业装备和工程的发展，为卵形鲳鲹等海水鱼类养殖从粗放型向集约型转变奠定了良好的基础。在池塘养殖方面，我国已研制开发了挖塘、清淤、增氧、水质净化、饲料加工的各种用途的增养殖设备，并已在养殖生产中广泛使用，但与国外同类产品相比，在工况适应性和可靠性方面尚存不足。在海上网箱养殖方面，目前整体水平还不高，网箱材料较单一、结构简单、主要为木板固定而成的浮架式结构，牢固性差，抗风浪能力不强、一般都分布在沿岸半封闭形的海湾内，加之网箱密度过大，水流不畅、自身污染等问题日趋严重。从而阻碍了海水网箱养殖业的进一步发展。而近海深水网箱方式，则由于造价高、产品储运加工生产技术滞后以及与网箱相配套的投饲设施及技术、工作平台、水下观察设施，网衣防污损生物附着技术，网衣换洗技术，网箱抗海流防变形技术等问题，目前除了大型养殖企业外，还未能被中小企业广泛接受。

对策：

① 立足于我国国情，从卵形鲳鲹养殖业健康、稳定和可持续发展的需本需求出发，围绕池塘养殖健康养殖技术的整体性提升，一方面引入最先进的技术和设备，消化吸收，另一方面运用生物学、生态学和工程学等方法，对现行的集约式养殖进行改造，形成可控的人工生态养殖系统。

② 加强浅海生态容纳量等基础研究，优化浅海养殖区域养殖结构、养殖布局及相关管理技术。

③ 以提升海上养殖设施综合配套能力、完善提高工艺和自动化控制程度为目标，进一步开发适应中深海水域、集自动化养殖、收获、加工、运输和生产生活于一体的全天候养殖操作平台，完善相应配套技术。

④ 我国海水养殖生产单位经济体制多样，经济实力差别也很大，对网箱大小、结构、操作机构化程度等势必有不同的要求。所以，发展抗风浪深水网箱养殖不能盲目追求大型化和自动化，应该根据各地实际条件和可能，因地制宜，分类指导，协调发展。

五、病害应以防为主，防治结合

现阶段，卵形鲳鲹已成为粤、闽、琼、桂、台等省（区）和港、澳地区海水池

塘和网箱重要的养殖对象，也是我国南方沿海深水网箱最有前景的养殖品种之一，目前已经有较大规模。然而，随着卵形鲳鲹养殖规模的不断扩大，集约化程度的不断提高，以及受养殖环境污染、管理技术措施相对滞后等诸多因素的影响，卵形鲳鲹病害频繁发生且日趋严重。2005 年 6 月在阳江市和 2008 年 5 月在湛江市 2 次暴发由神经坏死病毒引起的网箱养殖卵形鲳鲹幼鱼大规模死亡的事件，2006 年海南省陵水和 2007 年在粤东粤西地区网箱养殖卵形鲳鲹出现大批死亡的病原为美人鱼发光杆菌杀鱼亚种。根据鱼病流行情况，养殖卵形鲳鲹在 5 月前后容易感染美人鱼弧菌、嗜麦芽假单胞菌等细菌性疾病，病鱼死亡率可达 90%，同期还易受到本尼登虫的侵害；在 7—9 月的高温季节，卵形鲳鲹易出现肠炎病、肝胆综合症等病害现象；9 月中下旬天气转凉、水温下降的时候，小瓜虫病较易发生；10 月，卵形鲳鲹又容易受到创伤弧菌、诺卡氏菌等病原的侵袭，病鱼死亡率可达 50%～90%。卵形鲳鲹病害的发生常出现寄生虫病继发细菌性疾病的现象。病害给卵形鲳鲹养殖生产造成了极大的经济损失，严重阻碍了卵形鲳鲹养殖业的发展。

对策：

① 坚持“以防为主，防治结合”原则，研究养殖卵形鲳鲹病害发生、传播与流行情况，建立卵形鲳鲹病害检疫与监测预警技术体系。

② 建立基于环境保护、产品安全基础上的卵形鲳鲹病害综合防治体系，研究生产实践中较易应用并推广的免疫防治技术，研发绿色生物渔药产品，大幅度提高化学药品替代率。

③ 采用家系选育技术，通过全人工类代的抗病选育，稳定保存卵形鲳鲹的抗病性状或筛选出新的抗病群体。

④ 养殖模式与区域经济计划结合，实现通过生态环境调节，控制环境中病原生物的种类和数量，降低养殖卵形鲳鲹引发应激反应，增强其抗病力。

六、产品质量安全问题值得重视

近年来，由于水产养殖的迅猛发展，放养密度和饲料投放量大大增加，水质极易恶化，从而诱发各种水产动物疾病，在渔病防治过程中，使用药物的现象非常普遍，而有的不按动物的营养需要盲目添加抗菌药物、促生长剂或者不遵守药物的休药期等，导致药物在水产品体内的残留。成为影响水产品质量安全，影响我国水产品出口最直接、最重要的原因。

从目前状况看，我国水产品生产加工企业的总体规模小，技术水平低，质量管理水平较低，产品质量参差不齐。加上水产品质量安全标准和监督体系不完善。对水产品的监管重点依然停留在最终产品上，与国际通行的“从源头抓起”的做法存在很大差距。在生产环节，必要的质量管理规范、技术操作规程和监测手段不健全，不能及时有效地对涉及水产品质量安全的水域环境、苗种生产、渔药使用、保鲜加工等环节进行有效的、全程的监督和控制；在流通环节，市场准入等管理制度的实施力度不够，也导致无法对水产品质量安全进行有效监督和控制。

对策：

① 水产品有毒、有害物质超标和药物残留的起因主要集中在苗种和养殖环节，此环节是水产品质量安全的源头。因此，加强水产品的质量安全控制，首先要从源头抓起。水产品加工企业也要严格执行技术标准，规范经营行为，严格控制生产加工过程中的安全、卫生问题，要建立健全 HACCP、ISO 等质量标准体系，切实提高企业的质量管理水平。

② 根据我国当前水产品生产和贸易的现状，针对我国水产品质量标准短缺、不配套的实际情况，统筹考虑，着手建立具有威慑性和可执行性的标准体系，并建立相应的产品质量安全追溯制度和责任追究制度，提高对水产品质量安全的监控能力，使质量责任具有可追溯性，为国内外消费者提供优质、安全、放心的水产品。

③ 加大质量安全宣传力度，使消费者在其一般认知水平上能够方便地对标识产品进行辨别与判断。健全和完善水产品质量安全信息发布制度，有效防止和减少食品安全事故的发生。

七、市场行情及容量预测看好

卵形鲳鲹为新增养殖品种，从推广养殖至今时间较短，收购价格缺乏长期历史数据。但就现有可查找资料分析，由于受出口经济形势、寒潮、市场出鱼量、传统节日、个体鱼重等因素影响，卵形鲳鲹收购价格波动极大。一般而言，卵形鲳鲹养殖成本约在 16～18 元/kg 左右。因此，鲜活卵形鲳鲹销售价格一般不会低于22 元/kg。

目前，我国出口的卵形鲳鲹以深水网箱养殖的为主，主要销往美国、加拿大等地区。深水网箱养殖卵形鲳鲹，以海南的产量为最大，其 80%的产量都是用于出口。目前海南的卵形鲳鲹加工出口企业主要集中在海口、临高等地，数量不多。卵形鲳鲹的内销市场仍是以产地附近的消费为主，初期由于定位为出口产品，价格昂贵，大众接触较少；随着养殖量增加，价格开始走低，逐渐达到大众消费水平。进入 2011 年以来，广东、广西壮族自治区、海南三地养殖卵形鲳鲹的深水抗风浪养殖网箱数量一直迅猛增加。到 2012 年底，仅海南地区周长为 40 m 的卵形鲳鲹养殖网箱数量约增加 5 000 个以上。保守估计未来 5 年，新增卵形鲳鲹养殖数量会超过 10 万 t。到 2016 年国内卵形鲳鲹养殖数量可以达到 21. 25 万 t。由于卵形鲳鲹自规模化养殖以来，其初始定位就是水产初、深加工的原料鱼。因此，其加工比例较其他鱼类更高。2010 年，我国卵形鲳鲹的加工比例为 80%，可以预计未来卵形鲳鲹的加工比例将维持在这个水平。假设到 2016 年，卵形鲳鲹的加工比例仍为 80%，2016 年卵形鲳鲹加工品的产量达到 17 万 t 左右。

八、专业化分工是可持续发展的内在要求

随着时代的发展，工业中的专业分工也越来越细化。水产养殖业要实现工业化，必然也需要逐步推进生产的专业化分工。早期，我国卵形鲳鲹养殖企业和其他养殖种类一样，种苗生产一般采用流水作业的方式，即从亲鱼养殖、孵化、仔鱼培育，中间培育，饵料生物培养，所有生产环节全部由自己承担，这样，使得从业者要承受很大的压力，只要有一环节没有做好，就会导致整个生产失败。随着养殖业的发展，台湾在种苗生产中逐渐建立了各个生产分工协作的专业生产体系，形成了亲鱼培育、受精卵生产、早期仔鱼培育、中间培育、饵料生物（藻类、轮虫、枝角类、桡足类）生产、颗粒饲料生产、包装运输、中转暂养、报关出口等专业分工，这些专业联系紧密，相互服务。这种生产方式大大提高了当地的种苗生产效率。内地近年也兴建了浓缩藻类生产厂家、亲鱼养殖专业户、饵料生物生产专业户等，种苗生产网络正在形成，但还不够深入。

从整个卵形鲳鲹养殖业的角度，专业分工可以分为两个层面：第一个层面是在卵形鲳鲹饲料与渔药生产、养殖设施装备制造、亲鱼培育、鱼卵和种苗生产、成鱼养殖、商品鱼加工、储运流通、销售出口等产业链各个环节形成专业化分工，从而提高卵形鲳鲹养殖生产要素在产业链上的配置效率。第二个层面是各省区结合各自的自然资源条件和优势，在全国范围内形成卵形鲳鲹养殖的区域专业化分工布局，从而从宏观上提高卵形鲳鲹养殖生产要素在全国范围内的配置效率。

建议有关主管部门应加强宏观指导和政策扶持，调整产业结构，积极推进这种分工，以使卵形鲳鲹养殖业获得更好的经济效益、社会效益和生态效益。

九、科技支撑能力急需提升

改革开放以来，我国的水产品产量迅速增加，在增长方式上也发生了质和量的突破，从以捕捞为主转向以养殖为主。2012 年人均水产品占有量已经上升到 43.63 kg，是世界平均水平的两倍，大大提高了我国人民蛋白质的消费水平和生活质量，为保障国家粮食安全做出了重要贡献。从单产、饲料利用率、劳动产出率、科技贡献率、规模化和产业化程度等重要指标来看，我国养殖业整体发展水平只相当于欧美等养殖业发达国家 20 世纪 80 年代的水平，差距达到 30 年左右。我国养殖业长期处于以资源过度消耗、生态环境推移为代价，过分追求数量增长的粗放式发展阶段。因而，加快养殖业发展方式的转变，走可持续发展之路，是我国养殖业的必然选择。而养殖业的可持续发展必须靠科技支撑。

对策：

① 加大科研攻关力度。支持企业、高校和科研机构建立养殖业重点实验室、关键技术研究中心等研发平台，加强优质新品种选育、营养与饲料支撑、疫病综合防

制、健康清洁养殖、产品深加工和综合利用等关键技术研究。

② 建立健全科技服务体系。利用各种传媒渠道建立以信息、技术为核心的专业型服务平台，面向广大养殖企业和养殖户提供技术咨询和服务；鼓励、支持专业技术人员开展各种形式的科技帮扶活动。实现科研院所、公司与养殖户、销售户的无缝对接，提高应对市场风险的能力。

③ 切实加强科技推广。积极推进养殖业科技入户工程，引导广大养殖户选用优良品种，应用先进、实用技术，提升养殖业科技含量。在养殖与加工重点市、县建立一批生态养殖、循环经济和产品深加工及废弃物无公害处理等示范基地，加速科技成果转化。

④ 支持和鼓励从国外引进先进的品种选育和繁殖技术、健康清洁养殖技术、产品精深加工技术以及废物处理和利用技术，提高引进消化吸收再创新能力；积极引进国外的先进管理技术，提高养殖业标准化、规模化水平；支持开展国际科技合作，提高养殖业自主创新能力。

十、应用基础研究

养殖业发展的根本出路是科技，围绕卵形鲳鲹工业化养殖与可持续发展总体战略目标，建议开展相关的应用基础研究：

① 开展卵形鲳鲹等养殖品种的生态生理、营养生理、繁殖生理、行为生态学等学科的研究，提出相关物种的健康标准参数，为优化健康养殖技术及工艺提供科学依据。

② 开展养殖区域的养殖水体容纳量、生态容量等领域的研究，为维持投饵养殖区、浅海滩涂和深水养殖区的生态自净功能和生物多样性、开发环境清洁技术提供技术支撑。

③ 在行之有效的常规育种技术基础上，结合细胞工程、基因工程的现代生物技术，开展良种选育研究，为提高卵形鲳鲹的生产性能打下初步基础。

④ 开展卵形鲳鲹流行病学、病原生物学、免疫学等基础研究，为建立苗种健康质量检控和对病害的监测预警体系提供技术依据。

⑤ 从抗挠性和充排气两条技术路线入手，提高网箱的抗风浪能力，为深水网箱养殖业走向外海、拓展作业海区提供技术保证。

⑥ 研究卵形鲳鲹加工新工艺，开发具有国际竞争力的深加工产品，建立卵形鲳鲹种苗生产、养殖、加工、流通各主要生产环节的产品安全和质量保障技术体系。

第三节　世界（国外）卵形鲳鲹养殖业发展现状与趋势

目前，世界上养殖的鲳鲹属鱼品种除卵形鲳鲹外，主要还有北美鲳鲹（Florida

pompano *Trachinotus. carolinus*)，布氏鲳鲹（Snubnose pompano，*T. blochii*），亚历山大丝鲹（Alexandria pompano，*Alectic alexandrinus*）、印度鲳鲹（Indian pompano，*T. mookalee*）、鲹鲳（Pacific pompano，*Palometa simillima*）等种类。国际市场尚未针对卵形鲳鲹的具体产量进行过统计。这里权以联合国粮食及农业组织（FAO）统计的鲳鲹鱼类的产品产量来大致反映全球鲳鲹产量的情况，通过以这些资料可以看出，国际鲳鲹鱼类产量一直保持稳步的增长，亚洲地区所占比例最大。

卵形鲳鲹鱼产品主要产地在我国南部沿海地区。据海关统计，我国卵形鲳鲹出口产品以冻全鱼的形式为主，其他形式的出口产品还包括鲜、冷鲳鱼、盐腌及盐渍的鲳鱼。这些产品的主要出口地区在集中在美国、加拿大、韩国、印度尼西亚、菲律宾、日本及港澳地区。2008—2010 年的 3 年间，我国冻鲳鱼出口量分别为 7 183 t、1.06 万 t 和 1.98 万 t；鲜冷鲳鱼出口量分别为 446 t、1 670 t 和 1 720 t。

一、文莱

文莱海域不受工业及其他农业污染，地理环境非常适合各项水产养殖活动。文莱人口少，本地市场小，因此政府鼓励以出口为主的高档水产品养殖业。将沿海几个地点规划成水产养殖区如海虾与名贵海鱼的生产。海湾水域上浮网箱海鱼养殖分别位于 Buang Tawar、Keingaran、Sg Bunga 和 Anduki 的海域。这些养殖区地理环境非常优良，风浪不高。养鱼品种包括了鲳鲹、尖吻鲈、石斑鱼、笛鲷等。文莱海上网箱的规格为 3 m×3 m×2 m 和 5 m×5 m×2 m 的浮排木架，每家养殖户 30~80 个浮排。目前业者总共 35 家。海鱼养殖浮排网箱总数 1 225 个，近年从我国引入新型网箱，养殖 8~10 个月便可达市场规格，每尾 600~800 g。汶莱渔业局统计，2004 年生产海鱼量为 95 t 全供内销。从 2007 年开始，广东省海洋与渔业局多次组团赴文莱洽谈渔业合作，由双方合作经营网箱养殖基地和水产品加工厂。目前已在文莱达鲁萨兰国摩拉湾投放了 6 组共 24 口深水网箱和 80 口方形抗风浪网箱，以卵形鲳鲹和褐点石斑鱼为主要养殖品种。养殖的产品主要销往日本、美国和国内高档酒店及日韩式料理店。

二、菲律宾

由于鲳鱼在美国和欧洲市场接受度很高，菲律宾渔业和水产资源局（BFAR）制定可持续发展规划，将在未来五年大力发展鲳鱼的出口竞争力，具体措施包括：在海域增加鲳鱼养殖区，投资建设更多的水产养殖基础设施、继续探索新的鲳鱼养殖方法，开发出低成本的饲料、改善市场营销和推广策略等。这些措施也将在未来五年内逐步实现。虽然鲳鱼的初始投入比遮目鱼高，但是其回报却是遮目鱼的两倍。目前鲳鱼可以售价 5~6 美元/kg，而初期生产成本为 2~3 美元/kg。目前，广东广远渔业集团公司等中资企业菲律宾公司在菲律宾苏比克湾共同投资运营网箱养殖基地，已累计投入2 000多万元人民币，建成了深水网箱共70多个，养殖石斑和卵形鲳鲹等优质鱼类。

三、越南

Marine Farms Viet Nam公司在2010年试养鲳鲹成功后，2011年即开始扩大生产，当年放苗量约100万尾，2011年和2012年共收获鲳鲹900 t，平均规格是尾重520 g，养到此规格大概需要4~5个月的时间。刚开始的鲳鲹养殖，鱼苗是从台湾进口来的，2012—2013年的鱼苗都是当地生产的。商品一部分在越南本地市场销售生鲜产品，大部分冷冻后销往中东、日本和波兰。

四、新加坡

据R. Chou等（1995）报道，新加坡采用两种规格（4 m×4 m×4 m和2.7 m×2.7 m×2.7 m）的网箱养殖卵形鲳鲹，进口的苗种体重10~15 g/尾，大网箱的放养密度为10尾/m^3，养殖10个月达到250~600 g的上市规格，产量为1.5~3.6 kg/m^3；而用小网箱养殖体重1~5 g的进口鱼苗，放养密度为75尾/m^3，养殖10个月同样达到250~600 g的上市规格，但产量达到15.5~37.2 kg/m^3。

五、马来西亚

马来西亚海水鱼养殖业自上世纪70年代初引进浮动网箱养殖海水鱼后取得迅速进展，数量最多时曾达到约5.8万只传统网箱，占据了大约70 hm^2的面积。大多数养殖场属于家庭式经营，养殖场工人通常是海外劳工。尖吻鲈是海水网箱最主要的养殖品种，占总产量的80%，其他品种有狮鼻鲳鲹、石斑鱼、笛鲷、军曹鱼、马鲅等。产品供应当地、国内市场以及新加坡、香港等海外市场。近年来在Langkawi开发深水网箱系统养殖狮鼻鲳鲹，网箱直径为50 m，锚泊在水深20 m以上的开阔水面，种苗主要从台湾进口。

六、印度尼西亚

在日本，由于卵形鲳鲹外形似银鲳，但味道如同拟鲹，制作成寿司颇受消费者欢迎。日本国内的冲绳也有企业养殖卵形鲳鲹，但因成本高而始终未能做到稳定供给。大阪鱼市场集团成员之一的亚玛哈（译音）食品公司自2005年9月开始为大阪鱼市场稳定进口印度尼西亚养殖的卵形鲳鲹。该公司经营的卵形鲳鲹养殖于雅加达的近海，从雅加达坐快艇约1 h便可到达网箱养殖海域，养殖面积超过4 000 m^2。这里海水温度较高，透明度高，并且较少变化，所以能够形成稳定的生产体制。养殖鱼产品由雅加达一家取得HACCP认证的加工厂进行加工，主要是加工成带皮鱼片。为保持鲜度，先经-90℃冻结后，再真空包装上市。鱼片规格为200~500 g/片。

从2005年9月起约6个月内，运销日本超过100 t。2006年6月下旬至2007年的3月年产120 t左右。

七、印度

在印度，卵形鲳鲹咸淡水和海水养殖前景看好，2011年取得人工繁育和育苗成功。Nazar等（2012）将初孵仔鱼置于2吨的玻璃纤维水槽中培育，装水1.5 t，放养密度为20尾/L。培育期间一直到“断奶”期，施放绿水，孵化后3 d内，投喂加富的S型轮虫，密度为10~12个/mL，从第七天起，投喂加富的L型轮虫，密度为6~8个/mL，而后投喂加富的卤虫，密度为3~5个/mL，第15 d开始“短奶”，20~25 d完成变态，存活率为10%~15%，体长特定生长率为8%。

八、墨西哥湾和加勒比海地区

大西洋西部墨西哥湾和加勒比海地区1969年开始在咸淡水网箱试养北美鲳鲹以来，已陆续进行北美鲳鲹（*Trachinotus carolinus*）、镰鳍鲳鲹（*T. falcatus*）和谷氏鲳鲹（*T. gooderi*）等三种鲳鲹属鱼类的养殖。将平均体重7 g的稚鱼养在1 m^2的网箱中，放养密度为100~250尾/m^2，投喂蛋白质含量为40%的饲料，经过272 d的养殖，平均体重达160~214 g，每1 m^2的网箱产量17.9~115 kg，在咸水池塘中，体重5.1 g的稚鱼经106 d养殖，平均体重106 g，产量0.74 t/hm^2。饵料系数为2.7~4.45。2006年，美国佛罗里达采用循环水工厂化养殖方式进行北美鲳鲹商业性生产，在32.4 m^3的水池中，放养密度为1.7 kg/m^3，经过306 d的养殖，鱼体重达0.579~0.655 kg，成活率58%~82%，单位产量16.8~19.9 kg/m^3，饵料系数3.4~4.2。

第二章　卵形鲳鲹的分类学与形态特征

第一节　卵形鲳鲹的分类学

一、分类学的位置

卵形鲳鲹 *Trachinotus ovatus*（图2-1），俗称黄腊鲳、黄腊鲹、金鲳、卵鲹、红三、红沙等，英文名：ovate pampano，pompano，snubonse。日文名：マルコバン，分类学上隶属硬骨鱼纲 Osteichthyes，鲈形目 Perciformes，鲈总科 Percoidea，鲹科 Carangidae，鲳鲹亚科 Trachinotinae，鲳鲹属 *Trachinotus*。

图2-1　卵形鲳鲹 *Trachinotus ovatus*

二、鲹科的描述

鲹科鱼类体多侧扁。流线型，椭圆型，卵圆型或菱型。头侧扁。尾柄细。枕骨嵴通常明显。口形大小不一。前颌骨一般能伸缩（仅鰆鲹亚科 Chorineminae 的成鱼例外），上颌有或无辅上颌骨。齿况各异，一般上下颌牙细，一列或呈绒毛状牙带；犁骨，颚骨及舌面通常有牙带。鳃孔大，鳃盖膜分离，不与峡部相连，鳃盖条一般为7，但也有8个的。前鳃盖骨不与眶下骨相接，成鱼后缘光滑，幼鱼时具3枚或3枚以上的小刺。鳃4，最后一个的后方有一裂缝；鳃耙通常细长，一般都有假鳃。鳔的后端通常分为二叉。食道内无牙。幽门盲囊数多。体一般被小圆鳞，但有的种类鳞片呈退化状。侧线完全，前部多少呈弯曲状，有时侧线上的全部或一部分被以骨质稜鳞。两个背鳍多少分离，第一背鳍短、棘细弱，一般有膜相连，前方常有一向前平卧倒棘；有的种类第一背鳍随年龄的增长而退化。第二背鳍长。臀鳍通常与第二背鳍同形，其前方常有二分离棘；有时第二背鳍和臀鳍的后方有一个或几个小鳍。胸鳍胸位，1 鳍棘 5 鳍条。尾鳍叉形。脊椎骨一般多为 10+14。

本科鱼类盛产于热带海中，我国南海现有 4 亚科，15 属，41 种，全部都有食用价值，且多数种类为南海的主要经济鱼类。

三、亚科的检索表

1（2）侧线上有稜鳞 ………………………………………………… 鲹亚科 Caranginae

2（1）侧线上无稜鳞

3（6）体被小圆鳞、前颌骨能伸缩，第二背鳍的后部一般无小鳍或具一小鳍

4（5）体很侧扁，卵圆形，臀鳍与第二背鳍略相等，都显著比腹部为长………
……………………………………………………………… 鲳鲹亚科 Trachinotinae

5（4）体稍侧扁，亚圆筒形或纺锤形，臀鳍短于第二背鳍，不比腹部为长……
……………………………………………………………………… 鰤亚科 Seriolinae

6（3）体被针状或匙状鳞片，多少埋于皮下，前颌骨不能伸缩，第二背鳍颌臀鳍后部具几个半分离状小鳍 …………………………… 䲠鲹亚科 Chorineminae

四、鲳鲹亚科 Trachinotinae

体侧扁，卵圆形或近鲳形。尾柄短细，侧扁而高，无隆起嵴，头小，侧扁。吻钝，眼小，脂眼睑不发达。口裂几近于水平状。前颌骨能伸缩。无明显的辅上颌骨。上下颌、犁骨颌颚骨均有绒毛状牙，随鱼的增长而退化，鳃盖膜分离不与峡部相连。鳃盖条 7 或 8，鳃耙短，正常。小鱼时有假鳃，鱼大时则退化。鳞小，多少埋于皮下。侧线几呈直线状或呈微波状。侧线上无稜鳞，仅具感觉管或感觉孔。第一背鳍有一向前平卧倒棘 5~6 鳍棘，鱼小时，棘间有膜相连，鱼大时，膜逐渐退化，呈游离状。第二背鳍与臀鳍同形，长度略相等，都显著比腹部为长，臀鳍前方有二棘；两鳍的后方都无小鳍。胸鳍短圆形。腹鳍小。尾鳍叉形。

中国只有鲳鲹属 *Trachinotus* 一属。

五、鲳鲹属 *Trachinotus*

特征与亚科相同。

根据陈兼善（1956）的《台湾脊椎动物志》、王以康（1958）的《鱼类分类学》，成庆泰和郑葆珊（1987）的《中国鱼类系统检索》，孟庆闻等（1995）的《鱼类分类学》，刘瑞玉等（2008）的《中国海洋生物名录》以及孙典荣和陈铮

（2013）的《南海鱼类检索》等文献，鲳鲹属在中国沿海有 3 种，分别为卵形鲳鲹（*T. ovatus*）、小斑鲳鲹（*T. baillonii*）和大斑鲳鲹 *T. russelii*。据郑文莲（1984），该属还有一个种为密鲳鲹（*T. melo* Richardson），分布于中国和日本。刘瑞玉（2008）认为，该属的第 4 个种为阿纳鲳鲹（*T. anak* Ogilby），分布于中国和西太平洋。

鲳鲹属种的检索表（成庆泰和郑葆珊，1987）

1（2）体长不及体高的 2 倍（个别大的达 2. 3 倍）；第二背鳍鳍条 19~20，臀鳍鳍条 17~18；口裂与眼下缘在同一水平线上；体侧无黑斑（分布：南海、东海和黄海）……………………………………………………… 卵形鲳鲹 *T. ovatus*（Linnaeus）

2（1）体长大于体高的 2 倍；第二背鳍鳍条 22~23，臀鳍鳍条 20~23；口裂始于眼中部稍下缘水平线上；体侧有 2~6 个黑色斑点

3（4）侧线上方有 2~5 个黑色小圆点；吻钝；腹鳍较短；臀鳍鳍条 21~23（分布：南海）……………………………………… 小斑鲳鲹 T. baillonii（Lacépède）

4（3）侧线上方有 3~6 个较大黑斑；吻较锐；腹鳍较长；臀鳍鳍条 20~21（分布：南海）……………………………… 大斑鲳鲹 *T. russelii*（Cuvier et Valenciennes）

依孙典荣和陈铮（2013），本属鱼类也有体长对体高的倍数随成长而增大的现象。

第二节　卵形鲳鲹种的描述

Linnaeus（1758）最早将卵形鲳鲹起名为 *Gasterosteus ovatus*，其模式标本采集地为亚洲。

Gùnther（1860）将属名改为 *Trachynotus*，描述 *T. ovatus* 背鳍和臀鳍前部鳍条多少有些延长；Kendall 和 Goldsborough（1911）又将属名更改为 *Trachinotus*，其模式标本为大洋洲的汤加。Fowler（1928）描述大洋洲的 *T. ovatus* 背鳍和臀鳍鳍条为中等长，与 Gùnther 的描述基本相同。Suzuki（1962）和 Day（1978）研究了鲳鲹属的骨骼特征，所描绘的 *T. ovatus* 外形图与中国大陆的卵形鲳鲹相似。

依据《南海鱼类志》（1962），对卵形鲳鲹种的描述为：

背鳍 0-1，Ⅵ，Ⅰ-19-20；臀鳍Ⅱ，Ⅰ-17—18；胸鳍 18-20；腹鳍Ⅰ-5；尾鳍 17。

体呈鲳形，高而侧扁。体长为体高 1 . 67~2. 31 倍；为头长 3. 66~4. 15 倍。尾柄短细，侧扁。头小，高大于长。枕骨鳍明显。头长为吻长 3. 7~4. 92 倍；为眼径的 4. 59~6. 58 倍。头长为眼间距 1. 17~1. 54 倍。吻钝，前端几呈截形。鱼小时，吻长略等于眼径，鱼大时，吻长几等于眼径的 2 倍。眼小，前位。脂眼睑不发达。口小。微倾斜，口裂始于眼下缘水平线上。前颌骨能伸缩，上颌后端达瞳孔前缘或稍后之下方。上下颌，犁骨，颚骨均有绒毛状牙，长大后，牙渐退化，上下唇有许多

绒毛状小突起。鳃盖条7. 鳃耙短，排列稀，数少，6+9，上肢始部和下肢末端均有少数鳃耙呈退化状。无假鳃。

头部除眼后部有鳞以外均裸露，身体和胸部鳞片多少埋于皮下。第二背鳍与臀鳍有一低的鳞鞘。侧线前部稍呈波状弯曲，直线部始于第二背鳍10~11鳍条之下方。侧线上无棱鳞，仅有感觉孔，侧线上方1纵列鳞约135~163个。

第一背鳍有一向前平卧倒棘（大鱼时埋于皮下）和6鳍棘，棘短而强，鱼小时棘间有膜相连，鱼大时膜逐渐退化，成为游离状。第二背鳍有一鳍棘19~20鳍条，前部呈镰形。臀鳍与第二背鳍同形，有一鳍棘17~18鳍条，前方有二棘，鳍基的长度与第二背鳍相等，二者都显著比腹部为长。胸鳍较宽，短于头长，腹鳍大于1/2头长。尾鳍叉形。

背部蓝青色，腹部银色，体侧无黑色点，奇鳍边缘浅黑色。此鱼在全海水中各鳍呈现很美的金黄色及浅红色，经阳光照射会呈现红色反光。

腹膜颜色白色，鳔的后端分为2叉。

脊椎骨10+14。

第三节　卵形鲳鲹的分类问题

依据国内的文献，如《黄渤海鱼类调查报告》（1955），《南海鱼类志》（1962），《东海鱼类志》（1963），福建鱼类志（下卷）（1985），《中国鱼类系统检索》（1987），《台湾鱼类志》（1993）、《鱼类分类学》（1995），《南海鱼类检索》（2013），《中国福建南部海洋鱼类图鉴（第二卷）》（2014）等，布氏鲳鲹（又称𫚔鼻鲳鲹或黄腊鲹，*T. blochii*）与卵形鲳鲹为同物异名。

自20世纪90年代以来，海南、广东和福建沿岸相继发展鲳鲹鱼类的网箱养殖，卵形鲳鲹种苗依靠自然海区野生苗，在海水养殖网箱中均能顺利越冬；而从我国台湾引进的人工繁育鱼苗虽在海南能顺利越冬，生长良好，但在闽东沿岸养殖网箱中却难以越冬，在闽南沿岸如遇到强寒潮会发生大批量死亡，造成严重的经济损失。这两种鲳鲹外形相似，海峡两岸的地方名均称为黄腊鲹、金鲳或黄腊鲳、红衫，台湾的布氏鲳鲹被认为是大陆的卵形鲳鲹。

张其永等（2000）对“卵形鲳鲹”和“布氏鲳鲹”的形态特征和骨骼系统进行了较为深入的比较研究（表2-1）。并根据这些计数性状和量度性状，认为“卵形鲳鲹”和“布氏鲳鲹”是同属的不同种类。

表 2-1 卵形鲳鲹和布氏鲳鲹的主要区别（张其永等，2000）

性状	种类	
	卵形鲳鲹	布氏鲳鲹
1	第 1 块背鳍前的髓棘间骨呈倒“L”形	第 1 块背鳍前的髓棘间骨呈卵圆形
2	第 1、2 脉棘间骨愈合骨的前缘较平直	第 1、2 脉棘间骨愈合骨的前缘稍弯曲
3	第 4 对腹肋的中央部增大	第 4 对腹肋的中央部不增大
4	前鳃盖骨前缘弧度较大，后缘稍弯曲	前鳃盖骨前缘弧度较小，后缘较平直
5	侧线前部圆弧形弯曲度较大	侧线前部圆弧形弯曲度较小
6	幽门盲囊 16~18	幽门盲囊 23~24
7	第二背鳍前部鳍条较短，其最长鳍条为头长的 1.2~1.3 倍（体长 207~220 mm）	第二背鳍前部鳍条较长，其最长鳍条为头长的 1.3~1.9 倍（体长 201~221 mm）
8	臀鳍前部鳍条较短，其最长鳍条为头长的 1.1~1.2 倍（体长 207~220 mm）	臀鳍前部鳍条较长，其最长鳍条为头长的 1.3~1.5 倍（体长 201~221 mm）
9	背鳍灰金黄色，鳍缘灰黑，臀鳍金黄色，尾鳍灰黄色	背鳍深灰浅红色，臀鳍灰浅红色，鳍端部灰黑，尾鳍灰浅红色
10	暖水性较弱，分布于印度-西太平洋亚热带和热带海区，产于中国南海、东海和黄海	暖水性较强，分布于印度-西太平洋热带和亚热带海区，产于中国台湾和南日本（冲绳）海区

种的检索表

1（4）体长不及体高的 2 倍；第二背鳍鳍条 18~20，臀鳍鳍条 16~18；体侧无黑色斑点

2（3）第 1 块背鳍前的髓棘间骨呈倒“L”形；第 4 对腹肋的中央部增大；前鳃盖骨后缘稍弯曲；侧线前部弯曲度较大；幽门盲囊 16~18；背鳍和臀鳍前部鳍条较短（分布：南海、东海和黄海） …………………… 卵形鲳鲹 *T. ovatus*（Linnaeus）

3（2）第 1 块背鳍前的髓棘间骨呈卵圆形；第 4 对腹肋的中央部不增大；前鳃盖骨后缘较平直；侧线前部弯曲度较小；幽门盲囊 23~24；背鳍和臀鳍前部鳍条较长（分布：台湾海区） …………………………………… 布氏鲳鲹 *T. blochii*（Lacépède）

4（1）体长大于体高的 2 倍；第二背鳍鳍条 22~23，臀鳍鳍条 20~23；体侧有黑色斑点

5（6）侧线上方有 2~5 个黑色小圆点；吻较钝；腹鳍较短；臀鳍鳍条 21~23（分布：南海和台湾海区） ……………………… 小斑鲳鲹 *T. baillonii*（Lacépède）

6（5）侧线上方有 3~6 个较大黑斑；吻较锐；腹鳍较长；臀鳍鳍条 20~21（分布：南海） ……………………………… 大斑鲳鲹 *T. russeli*（Cuvier et Valenciennes）

第三章　卵形鲳鲹的形态性状

第一节　骨骼系统

卵形鲳鲹的骨骼和其他硬骨鱼类一样，是支持身体和保护内脏器官的重要组织。有外骨骼和内骨骼之分，外骨骼包括鳞片、鳍棘和鳍条，内骨骼包括埋在肌肉中的头骨、脊椎骨和附肢骨等（图 3-1）。

图 3-1　卵形鲳鲹骨骼系统的 X 光照片

一、头骨

头由脑颅和咽颅两部分组成。脑颅是包围保护脑和各感觉器官的骨骼，可分为四个区：嗅区、眼区、耳区和枕区。嗅区骨骼由鼻骨、中筛骨、侧筛骨和犁骨组成。鼻骨来源于膜骨，尚未完全骨化，犁骨无齿。眼区骨骼由额骨、眶前骨、副蝶骨、基蝶骨和翼蝶骨组成，缺眶蝶骨和眶后骨。从额骨前侧部直到上耳骨的上方，每侧有 1 片纵状嵴。耳区骨骼由颅顶骨、蝶耳骨、翼耳骨、上耳骨、前耳骨和后耳骨组成。枕区骨骼由上枕骨、外枕骨和基枕骨组成。中央的上枕骨嵴高大，特化成刀片状，刀尖斜向后上方。基枕骨有 1 对横向的尖突。后颞骨前端分叉，分别与上耳骨和翼耳骨相关联。

咽颅可分为颌弓，舌弓、鳃弓和鳃盖骨系。颌弓骨骼由前上颌骨、上颌骨、腭骨、前翼骨、中翼骨、后翼骨、方骨、齿骨、关节骨和隅骨组成，缺辅上颌骨。前上颌骨和腭骨有绒毛状细牙。舌弓骨骼由间舌骨、上舌骨、角舌骨、下舌骨、基舌骨、尾舌骨、舌颌骨和缝合骨组成。舌颌骨与蝶耳骨和翼耳骨相关节。鳃弓骨骼共有4对，由咽鳃骨、上鳃骨、角鳃骨、下鳃骨和基鳃骨组成，第5对变异为上、下咽骨。上咽骨每侧前下方有1大块多角形的咽喉齿群，其后下方还有1小块卵圆形的咽喉齿群。下咽骨两侧各有1块三角形的咽喉齿群，其尖端朝前。鳃盖骨系骨骼由主鳃盖骨、前鳃盖骨、间鳃盖骨、下鳃盖骨和鳃条骨组成。鳃条骨8~9对，第1对最为细小，均附着于上舌骨和角舌骨下缘。前鳃盖骨前缘弧度较大，其后缘稍弯曲，第1、2脉棘间骨愈合骨的前缘较平直（图3-2）。

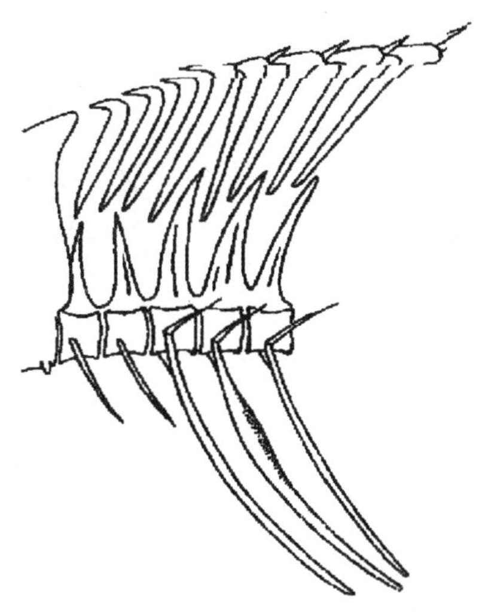

图3-2　卵形鲳鲹鳃盖骨和第1、2脉棘间骨愈合骨

（张其永等，2000）

二、脊椎骨

也称脊柱。卵形鲳鲹的脊椎由24枚前后关联的椎骨组成，其中腹椎10枚，尾椎14枚。腹椎由椎体、髓弓、髓棘、椎体横突和肋骨组成。腹肋10对，附着在椎体两侧的凹窝内。第1、2对腹肋细短。缺背肋。8对背肋分别附着在第3对至第10对腹肋的上方。第4对腹肋的中央部增大。尾椎由椎体、髓弓、髓棘、脉棘组成。最后尾椎有1对向后的尖突。尾杆骨之上有1块尾上骨，尾杆骨之下有3块尾下骨，第1和第3块扁平状，第2块细棒状。

三、附肢骨

分为奇鳍支鳍骨和偶奇鳍支鳍骨，前者支持背鳍和臀鳍，后者支持胸鳍和腹鳍，每一鳍条均有一枚支鳍骨所支持，胸鳍的肩带由后颞骨、上匙骨、匙骨、后匙骨、肩胛骨、乌喙骨和胸鳍支鳍骨组成，缺上颞骨。腹鳍的腰带骨有韧带与匙骨相连。

髓棘间骨与背鳍棘和鳍条相关接，其下端插在椎骨的髓棘之间。另有 3 块背鳍前的髓棘间骨（predorsal interneural spine），均呈倒“L”形（图 3-3），第一块插在第一髓棘前，第 2 块插在第 1 和第 2 髓棘间，其下端插在第 2 和第 3 髓棘间。尾鳍上叶 9 鳍条，下叶 8 鳍条，尾鳍上、下叶最外缘的鳍条最为粗大。

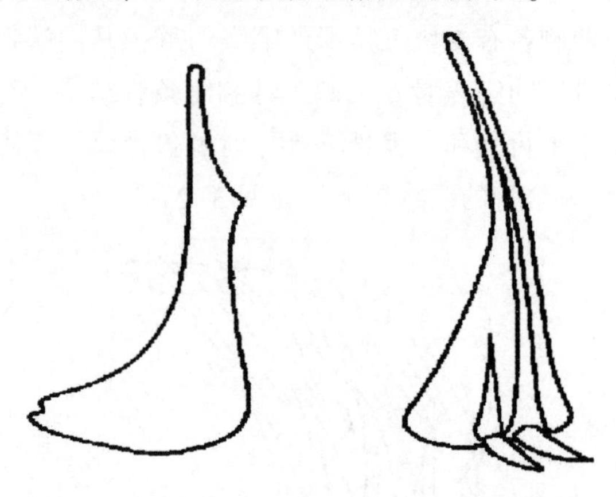

图 3-3　卵形鲳鲹背鳍前髓棘（左）和腹肋（右）
（张其永等，2000）

四、鳞片

1. 鳞片外形

卵形鲳鲹的鳞片由钙质所组成，呈覆瓦状排列覆盖于体表，每一鳞片分为前后两部分，前部埋入真皮内，称为埋入部，后部覆盖于后一鳞片之上，称为露出部。外形为比较稳定的近似椭圆形，为薄圆鳞，宽度小于长度（图 3-4）。

2. 辐射沟（Radii）

辐射沟是骨质层上的沟道，是从鳞片中心或近于中心为起点向鳞的边缘辐射的沟，它是一种无遮盖的管，把鳞片的骨质表面完全切断，使直接卧于沟下部分的纤维板的可挠性得以增加，致使鳞片也得到了挠曲的性能，以适应鱼体的形状和运动。卵形鲳鲹胸鳍区的鳞片具有辐射沟，尾柄区则无辐射沟。

3. 环片的排列方式

卵形鲳鲹胸鳍区和尾鳍区鳞片上环片的排列方式呈同心圆状。

4. 鳞焦（Focus）

以鳞焦至基区边缘距离（r_1）与至顶区边缘距离（r_2）之比值来表示鳞焦的位

图 3-4　卵形鲳鲹的鳞片

置，卵形鲳鲹的鳞焦属偏位于鳞片顶区的种类。

第二节　消化系统

一、卵形鲳鲹消化系统的形态结构

卵形鲳鲹的消化系统包括消化管和消化腺，口咽腔、食道、胃、肠等器官分界较明显。口咽腔较小，上下唇有许多绒毛状突起，舌为半椭圆形，前端游离；上、下颌无齿；有 5 对鳃弓，鳃耙内侧具有绒毛状细齿。口咽腔具有多种类型齿，如上咽骨齿，下咽骨齿，鳃骨齿等（图 3-5）。

口咽腔后为较短且粗的食道，食道内壁有 8～10 个纵行皱褶。胃“U”形，盲囊部明显。胃幽门部与前肠连接处有细长的幽门盲囊 25～35 条。肠较短，肠管前、中、后各段直径略有差异，内壁均有纵行皱褶；前肠较中肠粗，后肠近肛门处变粗，肠壁变薄；肠长比为 0.61。消化腺为肝胰脏，红褐色，覆盖于胃上方，前端由系膜连于腹腔，后端游离，分 2 叶，左叶较右叶大。胆囊椭圆形、较大，位于肝右叶上方（图 3-6）。

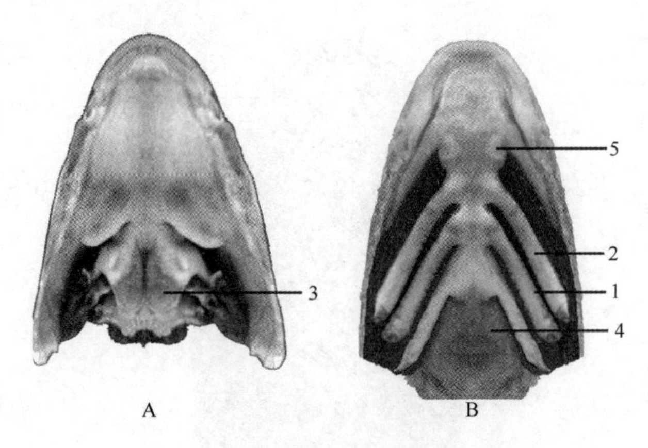

图 3-5 卵形鲳鲹口咽腔水平剖面图

A. 背侧；B. 腹侧

1. 鳃耙；2. 鳃弓；3. 上咽骨齿；4. 下咽骨齿；5. 下鳃骨齿

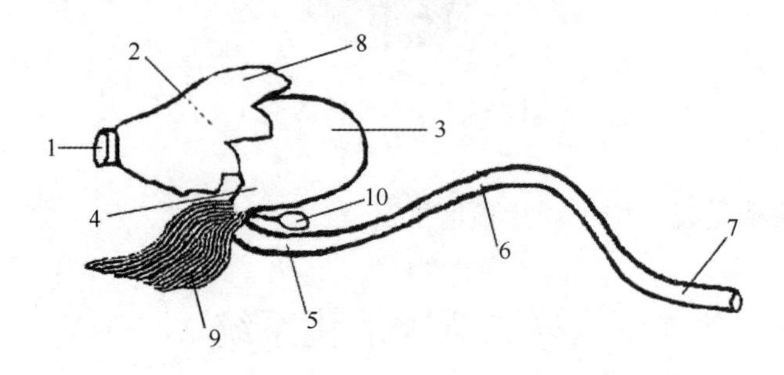

图 3-6 卵形鲳鲹消化道结构图

1. 食道；2. 贲门部；3. 盲囊部；4. 幽门部；5. 前肠；6. 中肠；

7. 后肠；8. 肝；9. 幽门盲囊；10. 胆囊

二、卵形鲳鲹消化系统的组织学结构

1. 食道

卵形鲳鲹的食道位于口咽和贲门部之间，由内至外依次为黏膜层、黏膜下层、肌层和浆膜。食道内表面的黏膜褶较为宽大，约 12 个，顶部较平，无分支。

卵形鲳鲹的黏膜上皮为多层细胞结构，表层为单层柱状上皮，其下多层细胞排列不规则，细胞核大位于细胞基部。未发现有嗜酸性杯状细胞，存在细胞核深蓝、细胞质空泡状的杯状细胞。固有膜与黏膜下层之间分界不明显，不易分辨，故将固有膜和黏膜下层合并到一起进行测量。黏膜下层为疏松结缔组织，丰富的血管和神经细胞分布其间。固有膜和黏膜下层平均厚度为 217.5±19.8 μm，肌层平均厚约 291.9±32.1 μm，为横纹肌，内层环肌断续分布，外层纵肌厚度不均匀。浆膜层较薄，由间皮细胞和结缔组织构成，易脱落（图 3-7-A）。食道不同层的走向为从黏膜上皮到肌层呈增加趋势，肌层最厚（图 3-8）。

2. 胃

卵形鲳鲹的胃大致分为贲门部、盲囊部和幽门部。胃组织与食道一样由 4 层组成。贲门部的黏膜上皮为单层柱状上皮，柱状上皮中有许多空泡状杯状细胞。胃小凹多，胃腺发达，为管状腺体，开口于胃小凹，走向与胃黏膜表面垂直，少数弯曲或具有分支；腺细胞明显大于周围细胞，方形，饱满，细胞质内充满着色较深的酶原颗粒，细胞核圆形，位于基部。黏膜下层为较厚的疏松结缔组织。肌层为内环行、外纵行的平滑肌，以内层环肌为主（图 3-7-B）。

盲囊部结构与贲门部相似，胃腺丰富，肌层厚度大于贲门部。在各层组织中肌层的厚度最大。有许多肠系膜附着（图 3-7-C）。

幽门部胃小凹数量减少，有胃底腺分布，其结构不同于贲门部，腺体走向不与黏膜表面垂直，腺细胞为长柱状、紧密排列，形成内腔，细胞核位于偏离内腔一侧。幽门部靠近肠的部分出现窄且短的黏膜褶，为向肠绒毛的过渡结构。黏膜下层为疏松结缔组织，可见大的血管和神经细胞。肌层结构同贲门部，外纵肌变薄，厚度约为内环肌的 1/5。浆膜层薄（图 3-7-D）。胃各部分的肌层厚度均大于食道，各层组织厚度如图 3-8 所示。

3. 前肠

卵形鲳鲹前肠分布有许多长条形黏膜褶，从底端向上延伸过程中又有分叉，黏膜褶丰富，分支较少，平均 120.7±17.4 个（图 3-7-E）。

与食道和胃相比，前肠黏膜褶较细长，主要由上皮和固有层构成。黏膜上皮为单层柱状上皮，排列紧密，细胞质染色较深，细胞核位于基部。空泡状杯状细胞丰富，平均密度为 240.5±22.0 个/mm^2。黏膜下层为疏松结缔组织，可见毛细血管、乳糜管、淋巴管和神经等。肌层为平滑肌内环行外纵行，厚度较大。浆膜层为 1~2 层细胞，细胞核位于浆膜层内侧，易脱落。

4. 中肠

中肠基本组织结构同前肠。纹状缘变薄，黏膜向腔面伸出长条黏膜褶，数量少于前肠，为 66.4±5.3 个。黏膜层为单层柱状上皮，由柱状细胞和杯状细胞组成，柱状细胞较细长，排列密集；杯状细胞空泡状，数量明显多于前肠，平均密度为 260±13.2 个/mm^2。黏膜下层薄，肌层中多为环肌，肌层的厚度最大（图 3-7-F）。

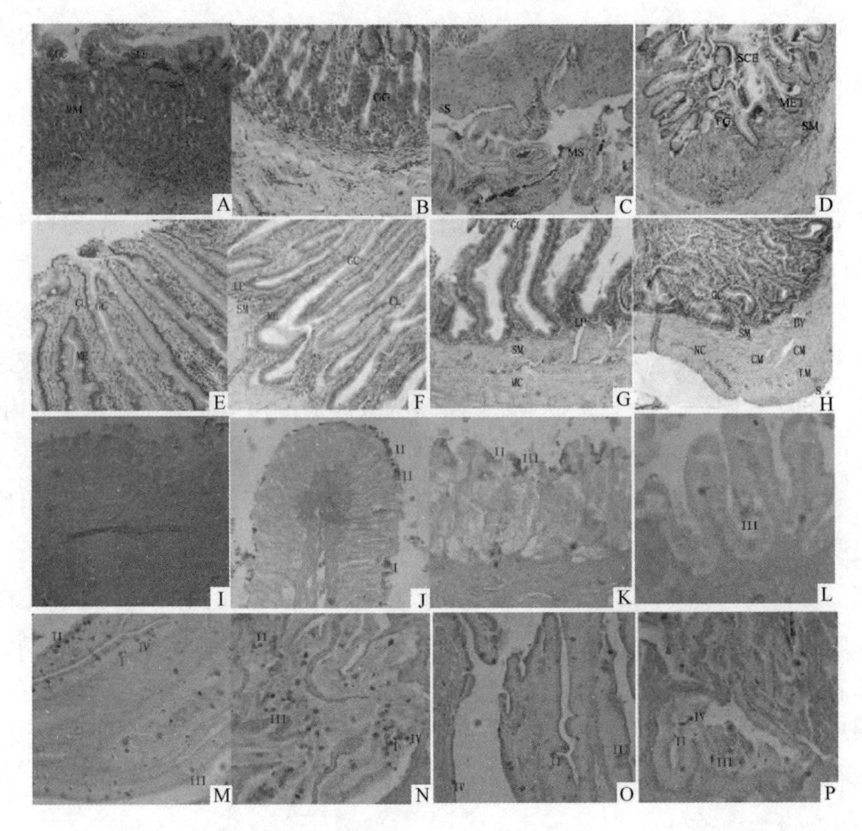

图 3-7　卵形鲳鲹消化道各部位横切面（HE 染色和 AB-PAS 染色）

A. 食道（HE 染色）；B. 贲门部（HE 染色）；C. 盲囊部（HE 染色）；D. 幽门部（HE 染色）；E. 前肠（HE 染色）；F. 中肠（HE 染色）；G. 后肠（HE 染色）；H. 幽门盲囊（HE 染色）；I. 食道（AB-PAS 染色）；J. 贲门部（AB-PAS 染色）；K. 盲囊部（AB-PAS 染色）；L. 幽门部（AB-PAS 染色）；M. 前肠（AB-PAS 染色）；N. 中肠（AB-PAS 染色）；O. 后肠（AB-PAS 染色）；P. 幽门盲囊（AB-PAS 染色）

BV：示血管；CL：示中央乳糜管；CM：示环肌；FG：示胃底腺；GC：示杯状细胞；GG：示胃腺；LM：示纵肌；LP：示固有层；M：示黏膜层；MC：示肌层；ME：示黏膜上皮；MS：示肠系膜；NC：示神经细胞；S：示浆膜；SCE：示单层柱状上皮；SM：示黏膜下层；Ⅰ：示Ⅰ型黏液细胞；Ⅱ：示Ⅱ型黏液细胞；Ⅲ：示Ⅲ型黏液细胞；Ⅳ：示Ⅳ型黏液细胞

5. *后肠*

后肠组织结构与中肠基本相似，各层厚度变化不大。长条黏膜褶数量较中肠少，为 26±3. 9 个，杯状细胞排列紧密，平均密度为 317. 4±46. 5 个/mm^2。杯状细胞类型与中肠相似，上皮细胞细长且排列紧密，染色较浅。固有膜+黏膜下层的厚度较中肠小。肌层内环外纵，环肌与纵肌之间有较多肌神经丛。内环肌与外纵肌厚度接近。

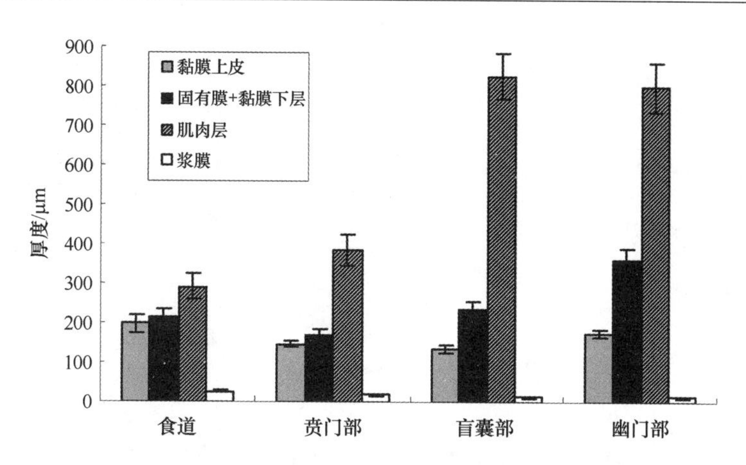

图 3-8 卵形鲳鲹食道和胃贲门部、盲囊部、幽门部的组织学结构比较

浆膜层极薄（图 3-7-G）。

6. 幽门盲囊

在幽门部与前肠交界处有 25~35 条幽门盲囊，幽门盲囊的黏膜褶密集分布于整个内腔，数量极多，使黏膜褶之间的界限不易分辨，未能计数（图 3-7-H）。杯状细胞较少，平均密度为 175.2±23.8 个/mm^2。黏膜下层和浆膜层极薄。

7. 消化道不同部位的组织学结构特点比较

卵形鲳鲹从食道到贲门部各层厚度变化不大，肌层、固有层+黏膜下层厚度从贲门部向盲囊部变化时逐渐增加，肌层在盲囊部达到最大后开始降低，到达前肠时降到最低，然后再逐渐增加。固有膜+黏膜下层厚度在幽门部达到最大，然后逐渐降低，到达中肠时增加然后又下降。黏膜上皮从食道到幽门部厚度变化不大，然后厚度降低，在前肠到后肠之间变化不大（图 3-9）。

8. 卵形鲳鲹消化道黏液细胞特点

卵形鲳鲹食道黏膜上皮边缘着色浅红色，主要为Ⅰ型黏液细胞，颜色很淡，细胞界限不清，无法计数，偶尔可见少量Ⅱ型黏液细胞（图 3-7-I）。

胃的贲门部和盲囊部多数黏液细胞为着色浅红色和紫红色的Ⅰ型和Ⅲ型黏液细胞，可见少量Ⅱ型黏液细胞，其中贲门部有Ⅰ、Ⅲ型和少量Ⅱ黏液细胞（图 3-7-J），盲囊部具Ⅲ型和少量Ⅱ型黏液细胞（图 3-7-K），幽门部以浅紫红色的Ⅲ型为主（图 3-7-L）。黏液细胞分泌物较多，导致多数细胞界限不清，无法完全计数。

前肠、中肠和幽门盲囊以 III 型黏液细胞为主，分别占该部位黏液细胞总数的 70.0%、58.5%和 74.2%，其中前肠和中肠可观察到 4 种类型黏液细胞；后肠主要

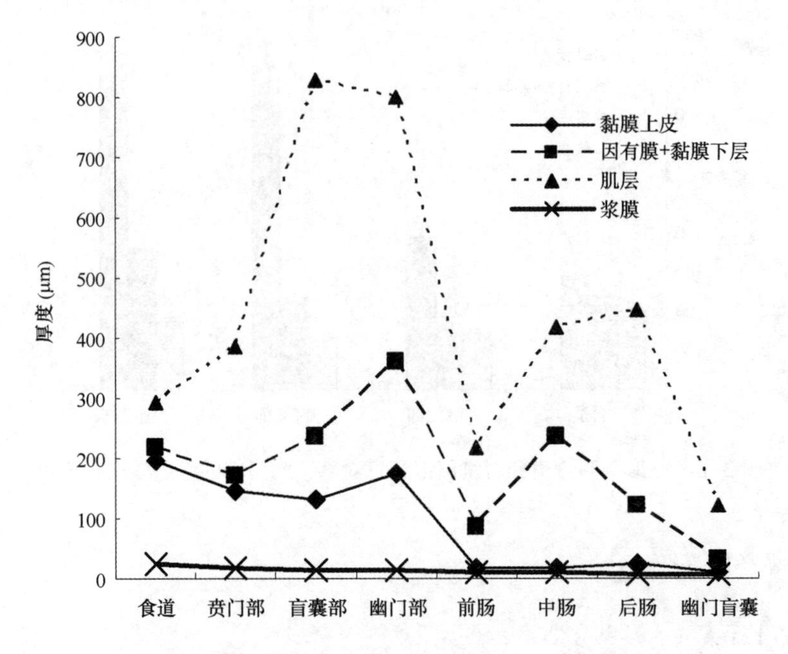

图 3-9　卵形鲳鲹消化道不同部位的组织学结构比较

是Ⅱ型黏液细胞为主，占黏液细胞总数的 88.1%。幽门盲囊中各类型黏液细胞的比例同前肠，只是没有Ⅰ型黏液细胞（图 3-7-M、图 3-7-N、图 3-7-O 和图 3-7-P）。

幽门盲囊和肠各部位的黏液细胞密度分别为幽门盲囊 213.3±14.9 个/mm^2、前肠 521.4±19.2 个/mm^2、中肠 425.1±53.8 个/mm^2 和后肠 526.3±21.2 个/mm^2，黏液细胞总数顺序为：后肠>前肠>中肠>幽门盲囊（图 3-10）。

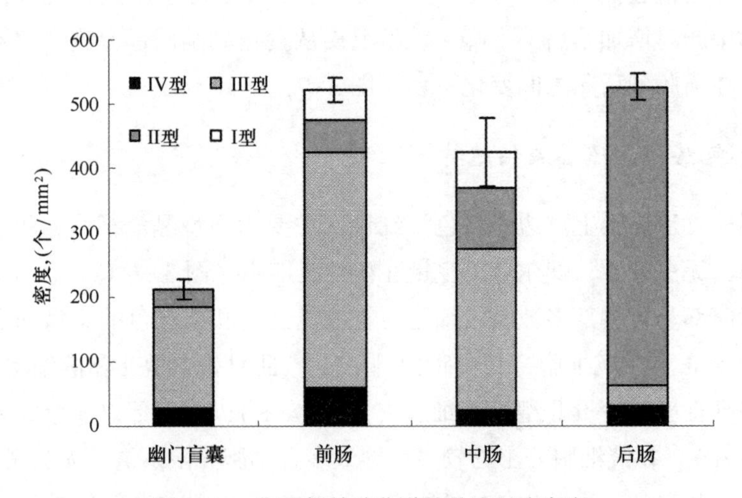

图 3-10　卵形鲳鲹消化道的黏液细胞密度

根据上述研究结果，可以归纳如下：

① 卵形鲳鲹口咽腔较小，具有多种类型齿，如上咽骨齿，下咽骨齿，鳃骨齿等，无颌齿。鳃耙内侧具有绒毛状细齿。具有发达的“U”形胃，盲囊部明显。肠较短，肠长比为0.61。这些都是肉食性鱼类的特点。卵形鲳鲹有细长的幽门盲囊25~35条，较多数量的幽门盲囊弥补了肠道短不利于消化吸收植物类食物的不足。

② 卵形鲳鲹的肠长比值小于1，该鱼是属杂食性偏肉食性的鱼类，在自然海区为肉食性，经人工驯养后为杂食性，这与已有资料中认为杂食性或草食性的鱼类比肠长都大于1的报道（苏锦祥，2005）不一致，表明卵形鲳鲹虽经长期人工驯化和适应，其消化道仍保持着较原始的结构，未随着食性的变化而改变。可见鱼类的食性虽然与比肠长有相关性，但只能以此作为判别鱼类食性的一种参考依据。

③ 卵形鲳鲹从食道到贲门部各层厚度变化不大，肌层、固有层+黏膜下层从贲门部向盲囊部变化时逐渐增加，肌层在盲囊部达到最大后开始降低，到前肠降到最低，然后逐渐增加。固有膜+黏膜下层在幽门部达到最大，然后逐渐降低，向中肠靠近时逐渐增加后下降。黏膜上皮从食道到幽门部厚度变化不大，然后降低，前肠到后肠之间变化较少。

④ 卵形鲳鲹食道以I型黏液细胞为主，贲门部以I型和III型黏液细胞为主，盲囊部、幽门部、前肠、中肠和幽门盲囊以浅紫红色的III型为主，后肠主要是II型黏液细胞为主。后肠中II型黏液细胞占总黏液细胞的比例最大，这可能与肠后部的生理功能有密切关系，肠后部与肛门相连，细菌等病原体易侵入，黏液中所含有的免疫性物质可有效除去病原体，此外，存在的大量黏液也有利于粪便的形成和排出。国外的研究表明，鱼类消化道黏液细胞的分布密度与鱼类的食物颗粒大小和摄食方式、食性、生活环境和生理功能都有密切关系（Sinha G M，1977）。不同种鱼食道中的黏液细胞不仅数量有差异，而且黏液的化学组成也有很大区别，这种区别主要同食性和人工养殖方式不同有关。

9. 卵形鲳鲹肝胰脏的显微结构

卵形鲳鲹的胰脏不均匀分布于肝脏中，称为肝胰脏，但是仍然是两个各自独立的器官，分泌物由各自的导管输送。肝脏最外面覆盖着一层浆膜，内部由无数的肝小叶所构成，肝细胞内充满体积较大的脂质空泡，细胞核被挤到一侧，肝细胞彼此相连，排列呈索状，以中央静脉为中心向外呈放射状排列。肝静脉窦明显，其内可见淋巴细胞、红细胞等（图3-11）。

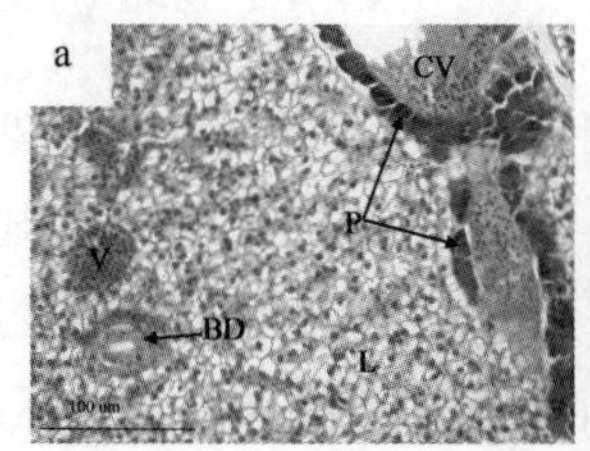

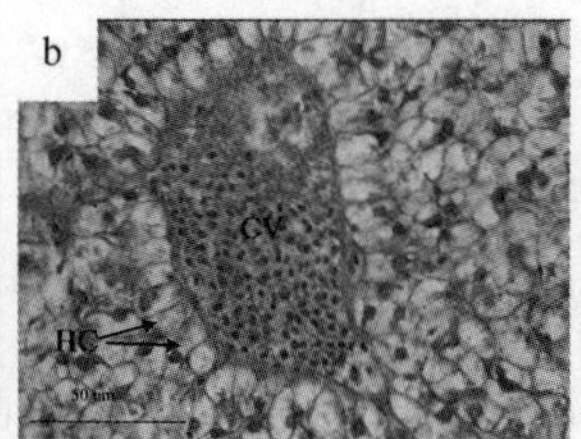

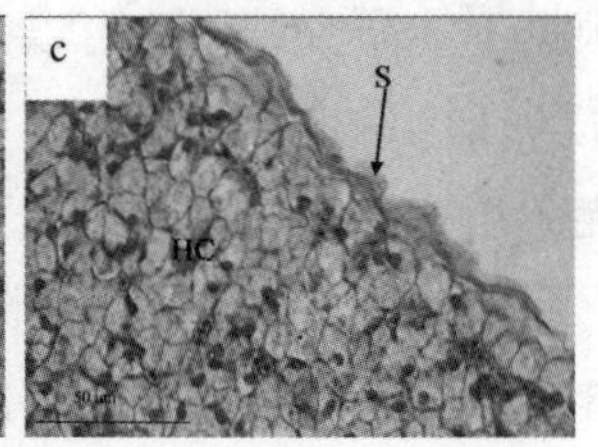

图 3-11　卵形鲳鲹幼鱼肝胰脏组织切片

AC：胰腺泡细胞；BD：胆管；CV：中央静脉；HC：肝细胞；L：肝脏；P：胰腺；
S：浆膜；V：静脉

第三节　呼吸系统

鳃是鱼类的呼吸器官，是气体交换的主要场所；它参与鱼类渗透压的调节、酸碱调节及氮的分泌（Fernandes M. N.，Perna-Martins S. A.，2003）；在某些鱼类，它还起过滤食物的作用。鳃丝上的微细结构是完成这些生理活动的基本单位。鱼类的生活习性、栖息习性、洄游习性、摄食习性及游泳速度等都对鱼类鳃的微细结构产生影响。因此，研究不同种鱼类鳃丝上的微细结构对揭示它们的生理活动规律具有十分重要的意义（王志余等，1990）。

一、鳃和鳃丝的基本结构

卵形鲳鲹鳃的基本结构与其他硬骨鱼类一样，具 4 对鳃，每一鳃弓上有两片大小、结构相似的鳃片，每一鳃片由许多鳃丝连续紧密排列而成，每一鳃丝两侧具有许多以鳃丝为主轴，呈褶状的、薄片状的鳃小片。扫描电镜观察结果表明，卵形鲳鲹鳃丝直径 113～131 μm，鳃丝间距 188～250 μm，鳃小片高 138～150 μm，宽 31～38 μm，厚 6.3～12.5 μm，鳃小片间距 12.5～25 μm，1 mm 鳃丝上有 40～50 片鳃小片（图 3-12-1）。

二、鳃丝表面的微细结构

按照 Laurend（1984）的划分，把鳃小片的表面称为鳃小片表皮，其余的表面统称为鳃丝表皮，在扫描电镜下能在鳃丝表皮上分辨出 3 种细胞，即扁平上皮细胞（pavement cells），氯细胞（chloride cells），黏液细胞（mucous cells），鳃丝表面主要由扁平上皮细胞构成。卵形鲳鲹鳃丝端部与中部的表面扫描电镜显示，其鳃丝表面存在两种明显不同的表观结构，一部分鳃丝表皮平坦，而相邻另一部分鳃丝表皮凹凸不平（图 3-12-2 和图 3-12-3）。卵形鲳鲹的呼吸面由扁平上皮细胞所覆盖，细胞间排列紧密，扁平上皮细胞薄，高度血管化，表皮下分布大量的毛细血管而形

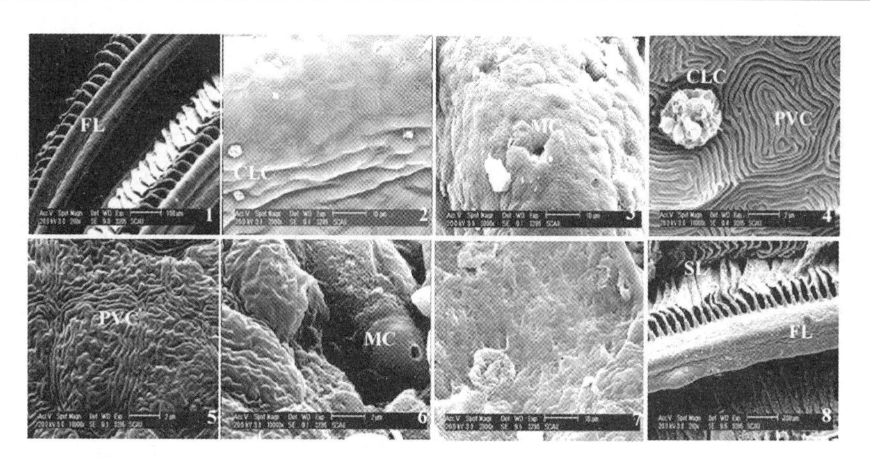

图 3-12　卵形鲳鲹鳃的扫描电镜观察

1. 中部鳃丝；2. 中部鳃丝细胞表面（示表皮平坦/凹凸交界处）；3. 端部鳃丝表面的氯细胞；4. 中部鳃丝细胞表面的微嵴；5. 端部鳃丝细胞表面细胞间界限模糊；6. 端部鳃丝细胞表面黏液细胞；7. 鳃小片表面；8. 基部鳃丝

CLC：氯细胞（Chloride cell）；FL：鳃丝（Gill filament）；MC：黏液细胞（Mucous cell）；PVC：扁平上皮细胞（Pavement cell）；SL：鳃小片（Secondary gill lamellae）

成呼吸面隆起—微嵴，细胞表面的微嵴高低起伏、凹凸不平，呈现出清晰的立体迷宫图案，大多数扁平上皮细胞边缘微嵴突出而规则，细胞轮廓清晰；少数端部鳃丝细胞之间的界限模糊，难以确定其细胞的真实形状，其表面微嵴纹路紊乱，没有规则（图 3-12-4 和图 3-12-5）。非呼吸面主要也是由扁平上皮细胞所覆盖，细胞轮廓清晰，细胞表面的微嵴环绕成环状、沟状的迷宫图案，有的微嵴间出现愈合、间断；扁平上皮细胞之间可见氯细胞和黏液细胞的分泌孔及颗粒（图 3-12-6）。非呼吸面和呼吸面的最主要区别在于前者表面较为平坦。鳃丝不同部位的表面结构基本相似，在细微形态上略有区别。

1. 扁平上皮细胞

扁平上皮细胞的形态特点是表面有微嵴，微嵴的宽度 0.15～0.30 μm。卵形鲳鲹中部鳃丝细胞表面的微嵴以环形为主，而端部鳃丝扁平上皮细胞间界限模糊，细胞表面形态较为复杂（图 3-12-4 和图 3-12-5）。

2. 氯细胞

卵形鲳鲹鳃丝表面的氯细胞散布于扁平细胞之间的紧密连接处。其游离面明显向外膨胀，具密集而又纤细的微绒毛，细胞边缘低于扁平上皮细胞的表面，氯细胞的黏液表层通常沉积在扁平上皮细胞的下面，在扁平细胞之间产生“开孔”，有些可见其分泌颗粒（图 3-12-2、图 3-12-3 和图 3-12-4）。

3. 黏液细胞

黏液细胞主要根据其环形开口和排出的黏液物质来识别，电子显微镜显示其位于扁平上皮细胞纵深处或其他扁平上皮细胞之间。虽然扫描电镜下难以观察到其具体形态，但仍可凭借其特点分辨出来。卵形鲳鲹鳃丝表面的黏液细胞，形状呈圆形，直径4~5 μm，黏液细胞向外突出，表面较平滑。这些细胞几乎被相邻的扁平上皮细胞所覆盖。它们露出的表面部分直径3~4 μm，其上有1个小孔，直径0.4~0.5 μm（图3-12-5和图3-12-6）。观察到卵形鲳鲹鳃小片上有黏液细胞（图3-12-7）。

三、鳃小片的形态结构

鱼类鳃小片的形状类似流线型。卵形鲳鲹鳃丝端部的鳃小片高度为100~120 μm，而中部和基部的鳃小片高度为138~150 μm（图3-12-1和图3-12-8）。鳃小片各部位之间的高：宽比值：基部为1∶3.79，中部和端部为1∶4.17。鳃小片的厚度为6.9±0.85 μm，鳃小片的间距为23.5±2.12 μm。

四、鳃的功能探讨

① 鳃是鱼类的主要呼吸器官，鳃由众多的鳃丝组成，每一鳃丝又含有数千个的鳃小片，形成极大的适于气体交换的表面积，最大化的表面积有利于O_2和CO_2的交换。鳃小片是气体交换的场所，鳃丝和鳃小片上布满了各种复杂的管道、嵴、沟、坑等结构，鳃丝的水流方向与遍布鳃小片的血流方向相反，鳃丝和鳃小片的这些特点使气体、离子和渗透物质的交换最大化，使外部环境和血液之间的物质交换距离最小化。一般来说，活跃鱼类与缓慢活动鱼类的鳃表面有极大的不同（郭淑华等，1988），上层水体栖息鱼类与底层栖息鱼类的鳃表面也存在差异（王志余等，1990）。鳃丝结构的这些细微差异可能与其对生活环境、生活习性的长期演变相关。

② 方展强等（2001）将苏氏鮠鲶鳃丝表面分为呼吸面（由毛细血管及微绒毛构成凹凸不平部分）和非呼吸面（由四至六边形不等的微嵴细胞构成较为平坦部分）本观察的结果与方展强等所描述的情况相类似。细致的观察发现这两种不同的表面仍然以扁平上皮细胞为主，可能是氯细胞和黏液细胞分布和数量上的差异及分泌的黏液层特化的一种形式，这种表皮凹凸不平结构增加了鳃的表面积，增大表面的阻力，延缓水流经鳃表面的时间，从而有利于水分子和其他离子的吸附。卵形鲳鲹的鳃丝表面凹凸不平，可能与其上分布较多的黏液细胞相关。

③ 卵形鲳鲹的鳃小片与其他硬骨鱼类鳃小片具有相类似的超微结构。卵形鲳鲹鳃小片的高度较低，这意味着卵形鲳鲹鳃小片对海水的阻力较小。从保证鱼类机体摄氧的角度来看，卵形鲳鲹的鳃小片主要不是通过高度方向而是通过宽度方向来扩

展鱼体所需的呼吸面积。鳃小片变厚使气体扩散距离变大，这些使得呼吸摄氧效率变低。据雷霁霖等（2005）报道，在养殖生产中，无论在池塘养殖，还是在网箱养殖中，通常放养密度不宜过高，这也许就是养殖者根据对这种鱼呼吸摄氧效率差异的认识所决定的。

第四节　循环系统

血液是动物体内循环系统的重要组成部分，起着物质运输、生理调节及生理防御等重要功能。正常血液指标值能反映物种的特性及其正常生理状态，被广泛运用于评价其健康状况、营养状况及对环境的适应状况，是良好的生理、病理指标。鱼类血液学的研究历来受到学者们的重视。

卵形鲳鲹外周血细胞中以成熟红细胞为主，细胞呈长椭圆形；胞核卵圆形或长椭圆形，核内染色质致密，染成紫红色，胞质染色淡，内含有丰富的血红蛋白。外周血中可见幼稚红细胞，其核比成熟红细胞核稍大，胞质中的血红蛋白含量较少，染色较浅（图 3-13-1）。在卵形鲳鲹的外周血涂片中，偶尔可见正在直接分裂的红细胞（图 3-13-2）、分解红细胞（图 3-13-3）和红细胞“核影”（图 3-13-4）。

白细胞中以血栓细胞和淋巴细胞为主，嗜中性粒细胞次之，单核细胞最少，未见嗜酸性和嗜碱性粒细胞。大部分血栓细胞呈长杆形或卵圆形，少数血栓细胞为裸核形或纺锤形；核呈长椭圆形或长杆形，染色质致密，呈深紫红色（图 3-13-5，6）。血栓细胞在血涂片上有直接分裂现象（图 3-13-6）。淋巴细胞可分为大淋巴细胞和小淋巴细胞，其中小淋巴细胞占绝大多数。小淋巴细胞胞质量极少，多裸核，少数胞质呈淡蓝色。胞核呈圆形，可见致密染色质，呈深紫红色（图 3-13-11）。嗜中性粒细胞呈圆形，胞质呈灰蓝紫色，可见粉红色中性颗粒。胞核较小，圆形、肾形、月牙形，偶见双叶，偏于细胞一侧，常与细胞膜相切；染色质致密，呈紫红色（图 3-13-7，8）。单核细胞在白细胞中胞体最大，呈圆形或不规则形，少数有伪足，胞质丰富，可见紫红色颗粒。胞核呈圆形、梨形、不规则形，染色质疏松，呈紫红色（图 2-13-9，12）。另外，在外周血中可见血栓细胞、淋巴细胞、单核细胞吞噬红细胞（图 3-13-11，12）。

据卵形鲳鲹外周血细胞的形态观察结果，在卵形鲳鲹的外周血中，除了大量成熟红细胞外，还观察到一些幼稚红细胞、直接分裂的红细胞、分解红细胞和红细胞“核影”。赵海鹏（2005）在华鲮、袁仕取等（1998）在鳜鱼以及周玉等（2002）在欧洲鳗鲡等硬骨鱼类外周血中，同样观察到红细胞直接分裂的现象，提示鱼类红细胞除了在造血器官中产生外，还可在外周血中进行红细胞的成熟和增殖。有关鱼类外周血中存在着红细胞直接分裂的现象，Ellis 等（1984）认为这一现象与实验鱼大小、种类和生存环境有关。在卵形鲳鲹外周血涂片中还观察到“核影”红细胞以

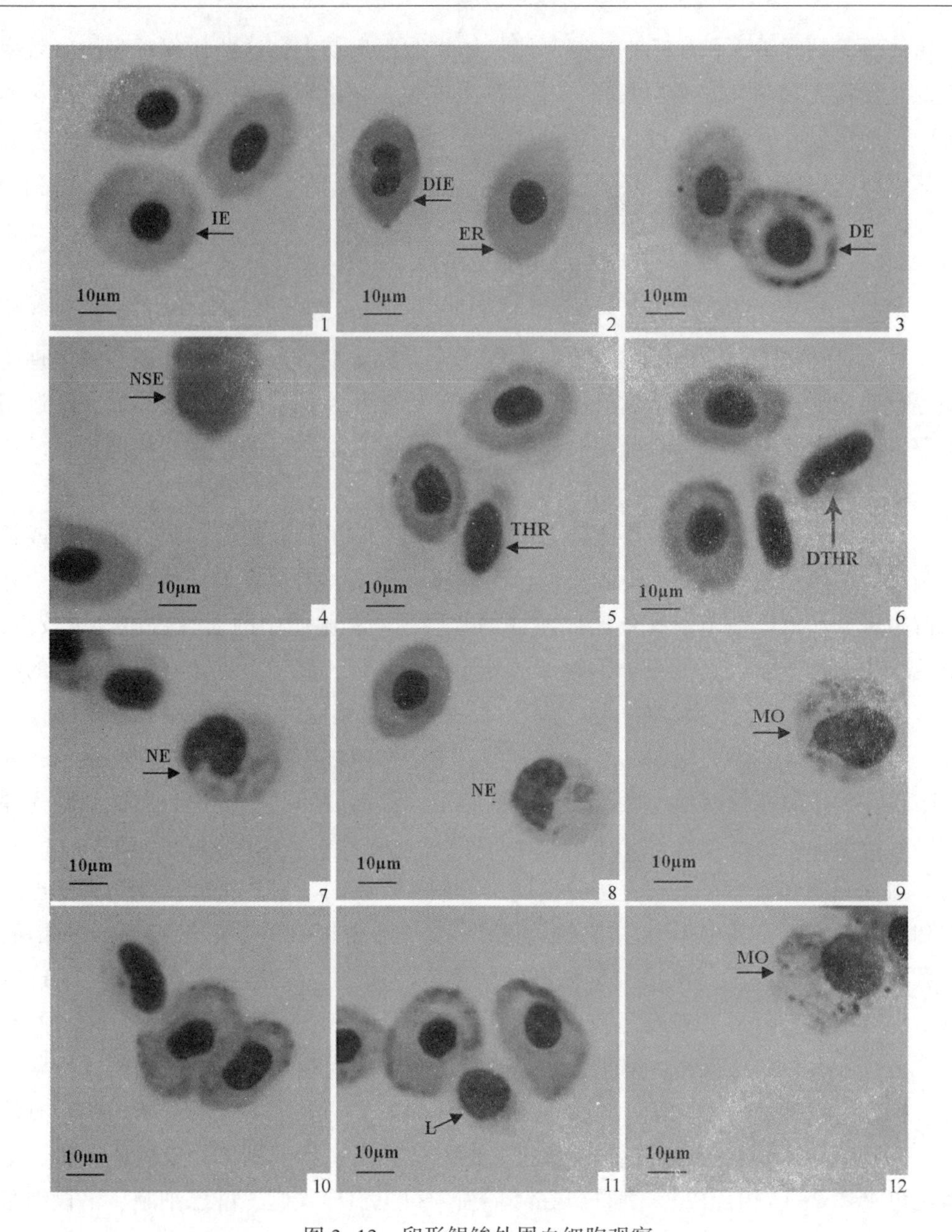

图 3-13　卵形鲳鲹外周血细胞观察

1-12 血涂片×1 500 ；1. 示幼红细胞（IE）；2. 示直接分裂的幼红细胞（DIE）和成熟红细胞（ER）；3. 示分解红细胞（DE）；4. 示核影红细胞（NSE）；5. 示血栓细胞（THR）；6. 示分裂血栓细胞（DTHR）；7-8. 示嗜中性粒细胞（NE）；9. 示单核细胞（MO）；10. 示血栓细胞吞噬红细胞；11. 示淋巴细胞吞噬红细胞；12. 示单核细胞吞噬红细胞

及由成熟红细胞到“核影”红细胞的过渡类型——分解红细胞。“核影”红细胞是红细胞衰老过程中的形态表现，不同个体甚至同一个体的不同血涂片中，“核影”红细胞的数量差异较大。影响“核影”红细胞数量的因素是多方面的，作者认为主要与取材时鱼体自身的生理状态有关，其次则是制片过程中外界因素的影响。卵形鲳鲹外周血中观察发现，淋巴细胞、单核细胞、血栓细胞吞噬红细胞现象。外周血中白细胞与鱼体免疫联系最大，包括粒细胞、淋巴细胞、单核细胞。同时，血栓细胞也具有较弱的吞噬作用（Ellis 等，1984）。单核细胞存在于所有脊椎动物中，担负着非特异性免疫的重要作用（作者等，2005）。鱼类单核细胞有较多的胞质突起，胞质中含有较多的液泡和吞噬物，说明它可以进行活跃的变形运动，这在鳜鱼（袁仕取等，1998）、鲤（尾畸久雄，许学龙等译，1982）等多种鱼类已得到证实。中性粒细胞存在于所有硬骨鱼类血液中，有吞噬和消化机能，能做变形运动（林浩然，1999），参与机体的炎症反应（Ellis 等，1984）。

第五节　感觉器官

一、侧线管系统

侧线系统是鱼类特有的皮肤感觉器官，呈沟状或管状，埋在头骨内或鱼两侧的皮肤下面，侧线管以一系列侧线孔穿过头骨及鳞片，连接成与外界环境相通的侧线。侧线管内部充满黏液，感觉器神经丘就浸润在黏液中。侧线能感受低频震动，具有控制趋流向的定位作用，同时还能协助视觉测定远近物体的位置。

鲹科鱼类的侧线均呈管状，可区分为头部侧线管和躯干部侧线管两大部分。前者由后颞骨前方进入头部，管道大部分埋在膜骨中，而其分支则又多植于皮肤内；后者前部弯曲，后部平直，前部的管道（前管）大都埋入皮肤里，中、后部的管道埋于侧线鳞中。头部各管道和躯干部前部管道均具分支、小分支或细小分支，分支由简单至复杂，末端开孔与外界沟通。

根据各管道的形态特征和分支状况，鲹科鱼类的侧线管系统可归纳为鲹形、鲳鲹形、鲕形和鯆鲹形四种式型。

鲳鲹型鱼类的鼻管的形态结构简单。鼻管内支具 4 支，多为不分支单支，其末端与眶下管部分支不相连；鼻管外无分支。眶上连管在颚骨与上枕骨接合处基部相沟通，无头顶分支。眶下管具 2 后部分支，短小而呈单叉状。前鳃盖下颌管无后部分支。眼后管前侧支具 4 分支，多叉状；后侧支具 1 分支，为不分支单叉。横枕管末端几达第一背鳍起点，前、后部的第一、二分叉较复杂、单叉状。躯干部侧线管线管具背、腹分支各 1，均呈分叉；中管具侧分支和中管分支（稀少、仅限于前部）；无稜鳞分支。图 3-14 是与卵形鲳鲹同属的小斑鲳鲹侧线管系统各管道和分支的名称以及着生位置。

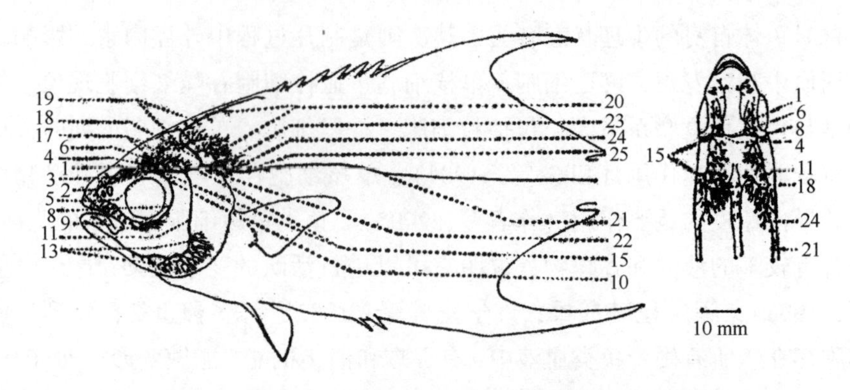

图 3-14　小斑鲳鲹侧线管系统各管道及其分支示意图（邓思明等，1985）

1. 鼻管；2. 鼻管内支；3. 鼻管外支；4. 眶上管；5. 眶上管外侧支；6. 眶上连管；7. 眶上连管头顶分支；8. 眶下管；9. 眶下管下部分支；10. 眶下管后部分支；11. 前鳃盖下颌管；12. 前鳃盖下颌管后部分支；13. 前鳃盖下颌管间分支；14. 前鳃盖下颌管下颌分支；15. 眼后管；16. 眼后管后侧分支；17. 眼后管前侧分支；18. 横枕管；19. 横枕管前、上部分支；20. 横枕管后、下部分支；21. 躯干部侧线管；22. 躯干部前管腹分支；23. 躯干部前管背分支；24. 躯干部中管侧分支；25. 躯干部中管分支

二、耳石

据郑文莲（1981），鲹科等鱼类的膜迷路由两部分构成：上部的椭圆囊颌下部的球囊。前者有 3 个半规管，后者的后端有 1 各细小的听壶。每一侧迷路都有 3 个耳石，它们中间最大的是球囊中的矢耳石，另外两个较小的是椭圆囊中的微耳石和听壶中的星耳石。

耳石的外形略似卵圆形的叶片，基叶长，翼叶短，两者前端之间形成一个切口，使耳石形如一片叶状沟。耳石边缘一般为波纹状或锯齿状。内侧中部稍凸，边缘较薄，表面较平滑，外侧面平或稍凹，具扇形纹路。中央沟略呈“Y”型，从前端切口稍斜行至耳石后部约 3/4 处拐弯至基叶边缘。

卵形鲳鲹的矢耳石与鱼体各部的量度和比例如下：右耳石长/右耳石高：1.96%；右耳石长/体长：2.8%；右耳石高/体长：1.42%（图 3-15）。

Mourad M H（1999）用方程式：$W_e=0.29\ (L_m-L_f)\ +W_o$ 拟合了卵形鲳鲹耳石重与全长的相关关系，式中：W_o 表示耳石重；L_f 表示全长；L_m 表示众数全长的近似值；W_e 表示在特定全长（L_f）时的耳石重（图 3-16）。

三、嗅觉器官

卵形鲳鲹头部的每侧均有前、后两个鼻孔，嗅觉器官是一对内陷、呈纺锤形的嗅囊，嗅囊以外鼻孔和外界相通。嗅囊比较发达，中央沿头尾轴有一中隔（central spetum）。排列呈花朵状（图 3-17）。

图 3-15 卵形鲳鲹的右耳石（Fish Base）

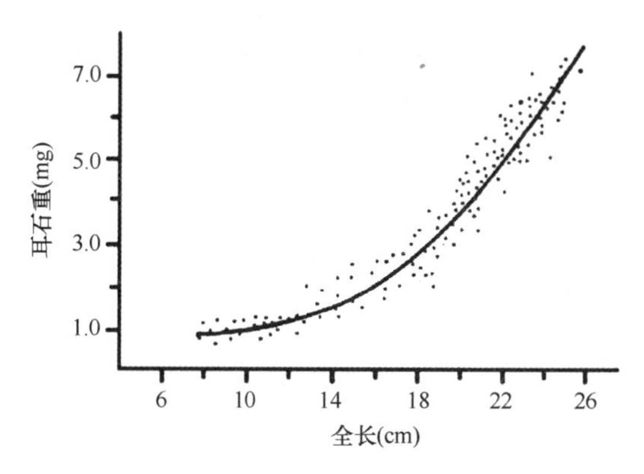

图 3-16 卵形鲳鲹耳石重与全长的关系
（Mourad M H，1999）

① 嗅囊的形状：呈椭圆形。

② 嗅囊具发达的初级嗅板，但没有次级嗅板（secondary lamellae）。卵形鲳鲹初级嗅板的数目为 42~74 个，随着体长的增长而增多，在同一个鱼体的左右两个嗅囊所具有的嗅板数不相等（表 3-1）

表 3-1 卵形鲳鲹初级嗅板数目与体长的关系（郑文莲，1987）

体长（mm）	初级嗅板数目（背+腹）	
	左	右
135	42（20+22）	43（20+23）
189	59（27+32）	58（27+31）
350	74（35+39）	73（34+39）

③ 嗅囊中隔的形状 呈纺锤形，前后端稍细，中间较粗。

④ 嗅囊长径与短径之比值（*L/S*）低于 1.5，而径与短径之比值的平均数低于 1.4。

⑤ 嗅囊的相对大小与体型的关系。卵形鲳鲹体呈侧扁而高的种类，嗅囊相对较大，嗅囊长径与体长千分比的平均值大于 25，短径与体长千分比的平均值大于 16。

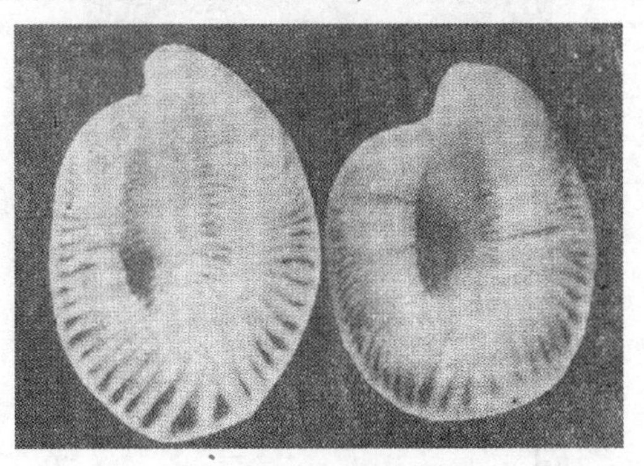

图 3-17　卵形鲳鲹的嗅囊（郑文莲，1987）

左：体长 189 mm；右：体长 350 mm

第六节　排泄系统

肾脏是鱼类重要的排泄器官，其生理功能一是将体内代谢所产生的废物排出鱼体外，其二是维持体液中的离子平衡以及调节鱼体的渗透压。因此，研究鱼类肾脏的组织结构不仅有助于充实鱼类形态学的生物学文库，而且也有助于阐明鱼类排泄生理功能及渗透压调节机制。

一、成鱼肾脏的外部形态

卵形鲳鲹成鱼的肾脏整体呈“Y”型，中间向前分为两个部分，每个部分的前端膨大，是头肾。头肾部分的颜色较为鲜红，后面的中肾为紫红色（图 3-18）。

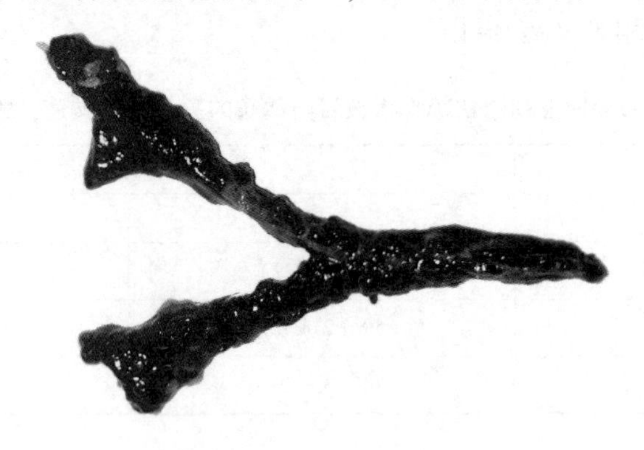

图 3-18　卵形鲳鲹肾脏

二、幼鱼肾脏显微结构

孵化后 20~22 d 龄的卵形鲳鲹已发育至幼鱼期结束，此时期鱼的头肾部分被染为蓝色，分布有许多肾细胞、淋巴细胞以及造血干细胞等。图 3-19 是幼鱼肾脏的显微结构。从图中可以看到，头肾的周边分布着嗜碱性较强、染色为蓝色的细胞。中间部分比较疏松，内部仍有部分肾小管尚未退化。其后缘部分为中肾，其中含有大量肾小管和肾小球，排列较为密集。但在肾小管四边仍然可见到许多红细胞。在中肾背部及腹部边缘可观察到有少量的肾细胞和一些造血干细胞，尚具有造血功能，属泌尿和造血的混合生理功能区。然而，随着向中肾后部延伸，造血干细胞数量的分布渐少，血细胞的数量也逐步减少。整个肾脏的造血功能区和泌尿功能区没有明显的界限。

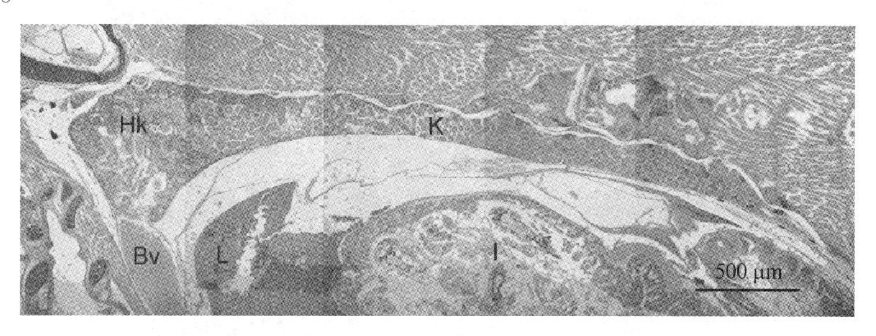

图 3-19 卵形鲳鲹幼鱼肾脏的组织学结构

BV：血管；Hk：头肾；I：肠；K：中肾；L：肝脏

三、头肾的显微结构

卵形鲳鲹成鱼头肾组织中仍然分布有较多的肾小管（图 3-20-1），但总体较为稀疏（图 3-20-2 和图 3-20-3），肾小体较少。管上皮细胞结构不明显，细胞之间的界限也不明显。头肾中的各种细胞的排列也比较稀疏。在肾小管周围分布有大量的红细胞、造血干细胞、淋巴细胞和肾细胞等（图 3-20-1 和图 3-20-2）。头肾结缔组织发达，毛细血管丰富，常常可见管壁较厚的动脉和管壁较薄的静脉（图 3-20-4）。血管中的血细胞除了红血细胞之外，可见数量较多的淋巴细胞、单核细胞和粒细胞等。头肾组织中分布有一些褐色的形状不规则的黑色素-巨噬细胞中心（图 3-20-1、图 3-20-2 和图 3-20-3）。

四、中肾的显微结构

中肾是卵形鲳鲹主要的泌尿器官。肾单位包含了肾小体、颈段小管、近曲小管、远曲小管、集合管等部分（图 3-20-5 和图 3-20-6）。肾小体圆形、桃形等，中间包含了一个毛细血管球，血管中的红血细胞清晰可见。血管球周围是一个薄薄的肾

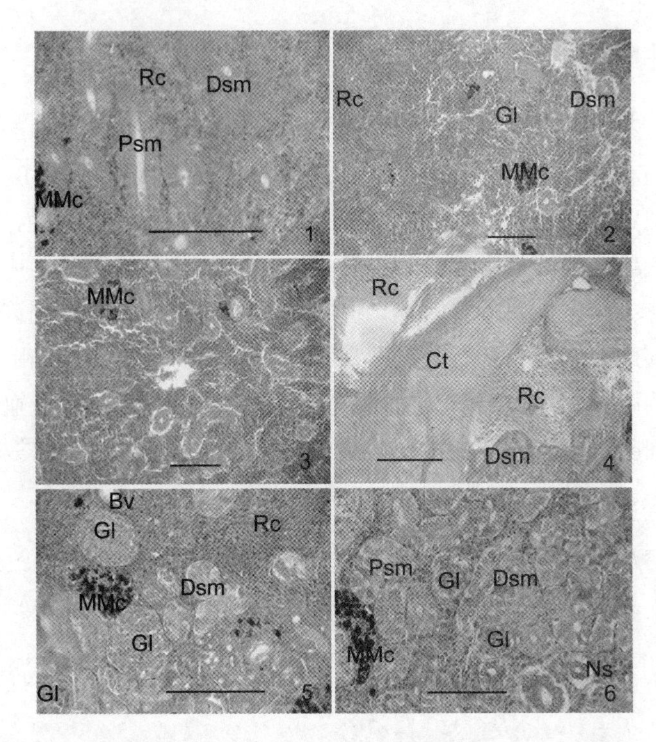

图 3-20　卵形鲳鲹成鱼肾脏的组织结构

1-4 为头肾组织结构图，5-6 为中肾组织结构图。Bv：血管；Ct：结缔组织；Dsm：远曲小管；Gl：肾小球；MMc：黑色素-巨噬细胞中心；Ns：颈段小管；Psm：近曲小管；Rc：红细胞。标尺 = 100 μm

小囊，原尿通过血管球进入肾小囊后汇入肾小管。肾小体后面紧接着是一个比较短小的肾小管，管腔较小，是颈段小管。原尿经过颈段小管进入近曲小管。近曲小管直径增加，上皮细胞体积较大，细胞核具有 1 个核仁。远曲小管内腔直径增大，原尿由此汇入直径更大的集合管。

五、中肾的超微结构

第一近曲小管：上皮细胞之间界限清晰，游离端具有丰富的微绒毛（“9+2”结构），伸向管腔中。细胞游离端附近含有数个空泡。细胞基底面和细胞核周围有丰富的椭圆形或长棒状的线粒体，线粒体电子密度较高，显示该细胞的代谢活动旺盛。细胞基底面附近内质网丰富，其中也分布有大量的线粒体。第一近曲小管周围可见红血细胞和淋巴细胞（图 3-21-1），也可以证实中肾也具备一定的造血功能。

第二近曲小管：管腔较大，细胞游离端微绒毛较少，线粒体丰富，分布于细胞基底面附近和细胞核周围。细胞核核仁 1~2 个，位于细胞核中央附近（图 2-21-2）。

远曲小管：管腔较细，内壁没有微绒毛。细胞游离端有大量的分泌泡，游离端下面可见溶酶体（图 3-21-3）。细胞中线粒体较多，但多为圆形、近圆形，电子密度较低。

集合管：管腔较大，内壁没有微绒毛，细胞游离端具有数个空泡。细胞线粒体含量丰富，分布于细胞核周围（图 3-21-4）。上皮细胞的细胞核中位，核质比较大。核仁 1 个，位于细胞核中央。细胞游离端可见少量的内质网。

中肾部分的肾小管排列密集，颈段、近曲小管、远曲小管丰富，肾小管上皮细胞结构清晰，容易辨别。中肾中的肾小体分布也最多。肾小体圆形、近圆形，直径约为 40~70 μm。肾小管和肾小体之间的组织中也包含了部分红细胞等，显示中肾部分也有一定的造血功能，但其主要功能还是泌尿。中肾中含有较多的黑色素-巨噬细胞中心，呈黑褐色，大小不一，分散状分布于中肾中。

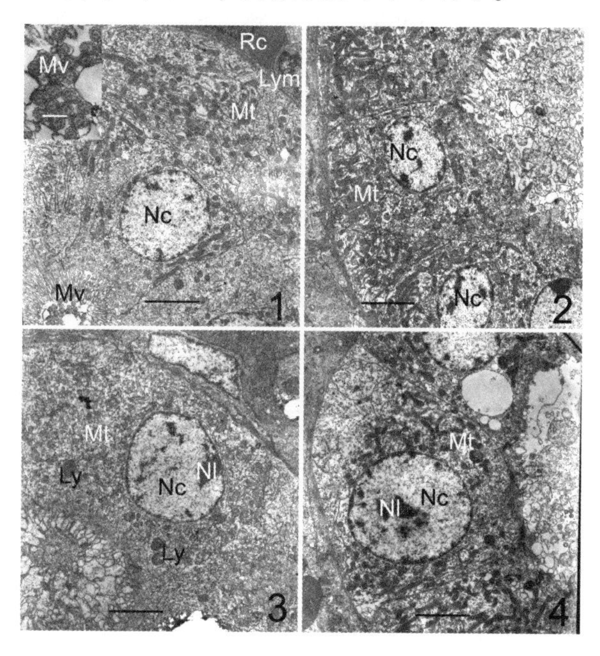

图 3-21　卵形鲳鲹中肾超微结构观察：示各肾小管上皮细胞的超微结构

1. 第一近曲小管；2. 第二近曲小管；3. 远曲小管；4. 集合管。Ly：溶酶体；Lym：淋巴细胞；Mt：线粒体；Mv：微绒毛；Nc：细胞核；Nl：核仁；Rc：红细胞（标尺：图 3-21：中左上角小图标尺=0.5 μm；图 3-2：1~4 图标尺=3 μm）

六、卵形鲳鲹肾脏的显微和超微结构观察结果分析及功能探讨

① 鱼类的肾脏是由肾小体和肾小管两个部分所组成，位于腹腔的背部，紧贴于脊椎骨的腹面。在进化上属于中肾，是鱼体调节渗透压的一个重要器官，据文献报

道，处于不同分类位置的鱼类，或同一物种处于不同栖息环境，如海水、淡水或咸淡水，其肾小球或者肾小体的形态大小各具差异。食蚊鱼的肾小体大小为74.1～107.9 μm，平均值82.16 μm（车静等，2002）；南方鲇肾小体直径的平均值为66.5 μm（岳兴建等，2007）；长吻鮠肾小球的直径范围为60～78 μm（金丽等，2005）；栖息于淡水的鲈种群，其肾小球直径最大为47～58 μm，而鲈海水种群肾小球的直径最大为50～60 μm（林华英等，1985）。驼背鲈的肾小体长径平均值为55.0 μm，短径平均值为45.8 μm（作者等，2008），本研究测得卵形鲳鲹肾小体的直径范围为40～70 μm，比食蚊鱼、长吻鮠和南方鲇等淡水鱼类的肾小体直径要小，但比海水鱼类驼背鲈的肾小体直径要大。肾小体形态的这种差异可能是由于栖息水环境不同，使得鱼类机体的代谢和渗透调节存在一定差异而致组织结构各异。驼背鲈的适盐范围为8～34（作者等，1999），卵形鲳鲹是广盐性鱼类，其适盐范围为3～33（麦贤杰等，2005），淡水硬骨鱼类体液盐分浓度一般比外界水环境高，体外的淡水不断地通过鳃和体表渗入体内，为了维持体内高的渗透压，淡水硬骨鱼类的肾脏凭借数量众多肾小球的泌尿作用，及时排出大量盐度极低至几乎接近淡水的尿液，这就使得淡水硬骨鱼类肾小球的体积相对较大。而海洋硬骨鱼类面临的问题是保水和排盐，故其肾比较退化，肾小球体积相对较小。

② 对鱼类肾小管的组织学分析可将完整的肾小管依其细胞的结构区分为颈部、近曲小管、远曲小管和集合管几个部分（ 楼允东，1996）。由于鱼类的种类繁多，不同种属的鱼类的分布情况各不相同，一些类群甚至有部分消失的情况。据观察，红鲫的肾单位没有肾小球，故没有颈段（王宗保等，2002）；对鲈（林华英等，1985）、蓝非鲫（姜明等，1996），以及栖息于淡水的梭鱼（刘修业等，1989）3种鱼类肾小管的研究观察结果表明，均没有远曲小管，仅有颈段、第一近曲小管、第二近曲小管、集合管等4部分。食蚊鱼（车静等，2002）和南方鲇（岳兴建等，2007）肾小管划分成为6个部分即：颈段、第一近曲小管、第二近曲小管、间段、远曲小管以及搜集管。作者等（2008，2012）根据对驼背鲈和鲻肾小管上皮细胞的结构特点的观察，分别将这两种鱼类的肾小管分为颈部、第一近曲小管、第二近曲小管、远曲小管和集合管5部分。据本研究观察，卵形鲳鲹中肾部分的肾小管排列密集，颈段、近曲小管、远曲小管丰富，其上皮细胞结构清晰，易于区别。中肾中的肾小体分布也最多。肾小管和肾小体之间的组织中也可观察到一些红细胞，显示中肾部分也具有一定程度的造血功能，但主要还是以泌尿功能为主。综上所述，作者将卵形鲳鲹的肾小管依结构分为颈段、第一近曲小管、第二近曲小管、远曲小管和集合小管等5个部分，与对食蚊鱼、南方鲇、驼背鲈以及鲻的肾小管划分大体类似。

③ 对鱼类肾小管研究结果显示，其重吸收作用一般在近曲小管中进行，这一部位的线粒体和微绒毛比较发达。丰富的线粒体为肾小管的重吸收作用提供了能量，

而微绒毛结构则扩大了上皮细胞游离端的表面积，有利于机体对水分以及各种溶解性物质的重吸收作用（作者等，2008）。如鲈肾小管的重吸收作用主要部位是在近曲小管（包括第一近曲小管和第二近曲小管）进行（林华英，1985）；淡水的梭鱼肾脏的重吸收作用场所主要位于第一近曲小管（刘修业等，1989）；弓鳍鱼成鱼肾小管的第一近曲小管主要重吸收蛋白质等，而第二近曲小管则主要承担运输以及重吸收管内的各种溶解物的功能（Youson J H，et al，2005）。据观察，驼背鲈鱼肾小管的第二近曲小管和远曲小管上皮细胞富含线粒体，且内嵴发达，应为重吸收作用最强的部位（作者等，2008）。本研究结果显示，卵形鲳鲹肾小管中第一近曲小管的上皮细胞游离端具有丰富的微绒毛，并含有丰富的线粒体，应为重吸收的主要场所。而第二近曲小管上皮细胞游离端微绒毛较少，远曲小管和集合管的内壁均没有微绒毛，但三者均可见有较多的线粒体，表明它们仍具有一定的重吸收功能。

第七节　生殖系统

卵形鲳鲹性腺由系膜悬系于腹腔背壁，鳔的背部两侧，通过系膜与血管、神经发生联系。左右两侧对称，沿肠道下侧向前延伸至腹腔前缘，两侧性腺后端汇入泄殖孔。一龄鱼性腺形态上已出现卵巢和精巢的分化。卵巢为被卵巢，较大呈淡黄色，中部横切面为空心结构；精巢较小、细长呈乳白色，为实心结构（图 3-22）。

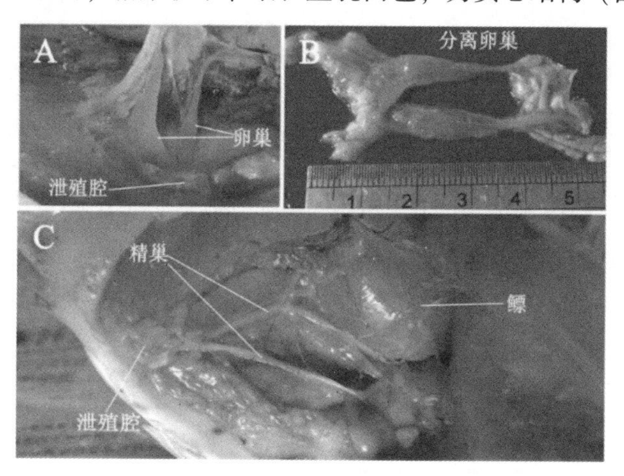

图 3-22　1 龄卵型鲳鲹性腺形态结构（蒋小珍等，2015）

A：卵巢原位观察；B：卵巢离体观察；C：精巢原位观察

组织切片观察显示；卵巢中间为卵巢腔，卵巢的最外层为较厚的基膜组织，其中分布有丰富的血管，内层是结缔组织的白膜，由白膜向卵巢腔内部伸出许多板层结构，它们是产生卵子的地方，称为产卵板。产卵板中着生了大量的Ⅰ期和Ⅱ期卵母细胞，并可观察到卵原细胞和早期的卵母细胞。卵原细胞呈圆形，细胞核较大，细胞质很少，是各时相中体积最小的。卵原细胞主要分布在靠近基膜的位置，排列紧密，成团状，细胞未完全分开。而相对成熟的卵母细胞（Ⅰ期和Ⅱ期）则相对分散。Ⅰ期卵母细胞，刚从卵原细胞发育形成的卵母细胞，体积较卵原细胞大，呈椭圆形，细胞质强嗜碱性，细胞核呈椭圆或长梭形，细胞质少。Ⅱ期卵母细胞呈多角圆形，排列疏松，细胞质嗜碱性增强，核相应增大，靠近核膜内侧分布，细胞质中出现卵黄核（图 3-23）。

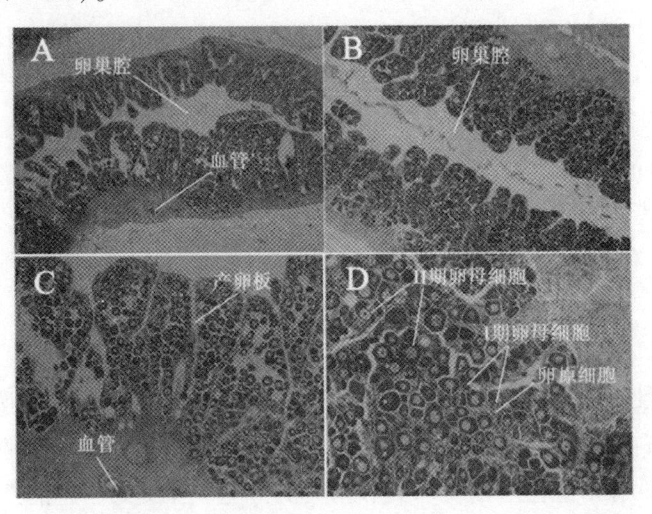

图 3-23　卵型鲳鲹一龄雌鱼性腺组织学结构
（蒋小珍等，2015）
A、B：卵巢整体组织结构（纵切）；C、D：卵巢细胞类型和分布

精巢切片观察发现，1 龄鱼的精巢已经发育成典型的鱼靠近类精巢结构，除小部分个体精巢中只见精原细胞和精小囊的雏形，多数个体精巢由 大量的精小囊和精小叶组成，精小囊中充满各级精母细胞和精子细胞形成的精小叶，而精原细胞则分散在精小囊的边缘，部分个体精小囊中已有大量精子生成（图 3-24）。

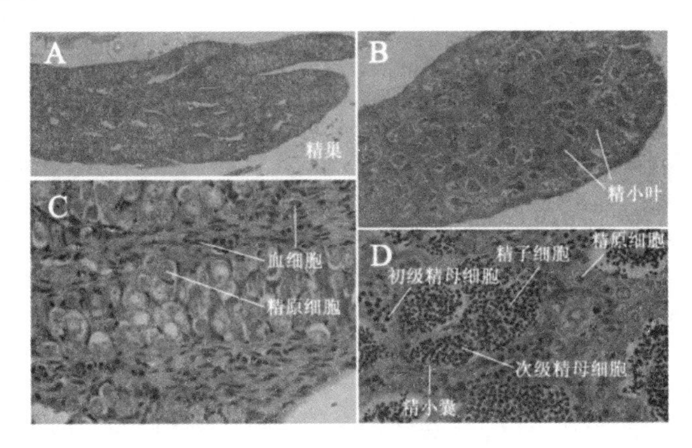

图 3-24　卵型鲳鲹 1 龄雄性腺组织学结构（蒋小珍等，2015）

A：分化程度较低的精巢纵切面，示早期精巢的整体组织结构；B：分化程度较高的精巢纵切面，具大量不同发育阶段的精小囊结构；C：A 的局部放大，示早期精巢中分化出精小囊雏形和成团的精原细胞；D：B 的局部放大，示精巢中精细结构和不同类型细胞

第四章　卵形鲳鲹的地理分布和生物学习性

第一节　地理分布与栖息环境

卵形鲳鲹主要分布于印度洋、印度尼西亚、澳洲、日本、美洲热带和温带的大西洋、地中海与离岸岛屿、非洲西岸和中国的南海、东海、黄海、渤海等海域。分布范围主要在66°N-13°S，19°W-36°E的亚热带的半咸淡水和海洋中，深度上下限50~200 m（图4-1）。

图4-1　卵形鲳鲹的地理分布（Fish Base）

第二节　生物学习性

卵形鲳鲹是一种暖水性中上层洄游鱼类，在幼鱼阶段，每年春节后常栖息在河口海湾，群聚性较强，成鱼时向外海深水移动。其适温范围为16~36℃，生长的最适水温为22~28℃，该鱼属广盐性鱼类，适盐范围3~33，盐度20以下生长快速，在高盐度的海水中生长较差。该鱼耐低温能力差，昼夜不停地快速游泳，游泳速度随着发育而加快（图4-2）。每年12月下旬至翌年3月上旬为其越冬期，三个月不摄食。通常当水温下降至16℃以下时，卵形鲳鲹停止摄食，存活的最低临界温度为14℃，两天的14℃以下温度累积出现死亡。该鱼的最低临界溶氧量较高，为2.5 mg/L，主要是活跃的游泳行为导致。它抗病力强，由混养其他鱼种中发现，如石斑鱼因车轮虫、白点病、外皮溃疡症、黑鲷、黄鳍鲷的鳃病等已大量死亡，而卵形鲳鲹还是正常活泼不受影响。该鱼搬运容易，由养殖池网捕移入水泥池或网箱，鱼的鳞片不易脱落，不易受伤，供活鱼搬运不易受伤，耐力极强。在人工培育条件下，稚幼鱼不会自相残食。

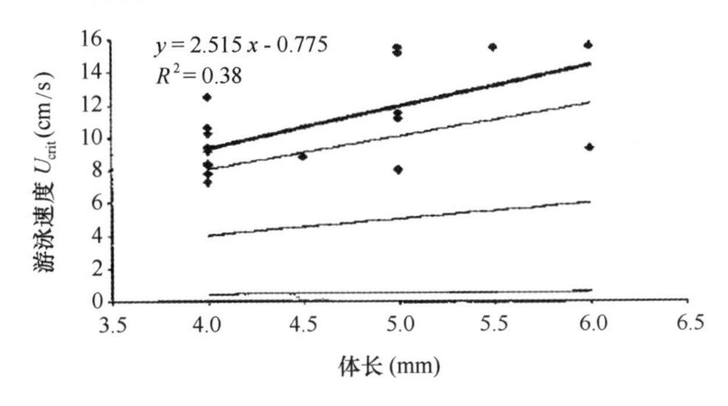

图4-2　卵形鲳鲹体长与游泳速度的关系（Leis et al，2007）

第三节　食性与生长

一、食性

卵形鲳鲹为杂食性鱼类，头钝，口亚端位，向外突出，稚鱼有小齿，成鱼消失。鳃耙短而稀疏，这些特征使它们便于用头部在沙里搜寻食物。成鱼咽喉板发达，可摄食带硬壳的生物，如蛤、蟹或螺等。仔稚鱼取食各种浮游生物和底栖动物，以桡足类幼体为主；稚幼鱼取食多毛类、小型双壳类和端足类；幼成鱼以端足类、双壳类、软体动物、蟹类幼体、昆虫和小虾、鱼等为食（表4-1）。在人工饲养条件下，体长20 mm者能取食搅碎的鱼、虾糜，幼成鱼以鱼、虾片块及专用干颗粒料为食。

表4-1　自然海区卵形鲳鲹稚鱼的食物分析（M. Bustistic et al，2005）

种类	出现率（%）	主要种类（%）	湿重（%）	体积（%）
水螅水母纲 Hydromedusae	3.0			
管水母类 Siphonophora	1.8			
翼足类 Pteropoda	4.3			
双壳类幼体	11.4	2.4	4.6	3.5

续表

种类	出现率（%）	主要种类（%）	湿重（%）	体积（%）
毛颚类 Chaetognatha	8.6	1.4	3.0	2.2
枝角类 Cladocera	42.1	10.3	7.4	8.9
介形类 Ostracoda	29.0	6.8	7.8	6.9
桡足类 Copepoda	100.0	83.0	59.8	71.4
无节幼体	12.0			
磷虾 Euphausiacea	8.6	1.1	3.2	2.2
糠虾 Mysidacea	5.8	1.0	4.1	2.6
等足目 Isopoda	8.6	1.0	2.1	1.6
端足目 Amphipoda	40.0	7.8	28.1	17.9
十足目幼体 Decapoda	30.0	4.6	6.3	5.4
甲壳动物 Crustacea 残余	40.0			
被囊类 Tunicata	7.2			
有尾类 Appendicularia	7.2			
海樽类 Doliolida	1.0			
仔鱼	7.2	0.7	2.6	1.7
鱼卵	11.0	8.0	13.4	10.7
底栖有孔虫 foraminifera	27.0	20.3	15.1	17.7
底栖多毛类 polychaeta	6.0			
昆虫纲 Insecta	41.4	5.4	27.7	16.5
膜翅目 Hymenoptera	40.0			
其他昆虫	5.5			

在正常的养殖水质条件下，卵形鲳鲹的摄食率依水温而变动。通常水温16℃以下，卵形鲳鲹完全不摄食，当水温达16~18℃时，才少量摄食；水温22℃以上时，即强烈摄食。从表4-2可见，当水温达23.6~28℃时，摄食率即达到7%~13.7%。

表4-2　卵形鲳鲹摄食率与水温变动的关系（林锦宗，1995）

水温（℃）	17.0 (15-18)	18.6 (18-20)	21.2 (21-23)	23.6 (22-25)	25.8 (23.6-26.4)	27.0 (26.2-28.1)	28.0 (27.2-28.2)
摄食率（%）	1.2 (1.2-1.9)	3.0 (1.5-4.2)	3.4 (2.3-5)	7.0 (4-11)	13.9 (9.4-16)	12.6 (8.8-15)	13.7 (8.2-17)

注：* 水温与摄食栏中，上一行为平均值，下一行为变动范围。

另一个为期 220 d 的养殖试验结果也显示，摄食率与养殖水温之间存在一定程度的相关，9 月平均水温 22.4℃，卵形鲳鲹的摄食率为 21.30 g/d，2 月平均水温 13.8℃，鱼的摄食率为 16.20 g/d（图 4-3）。

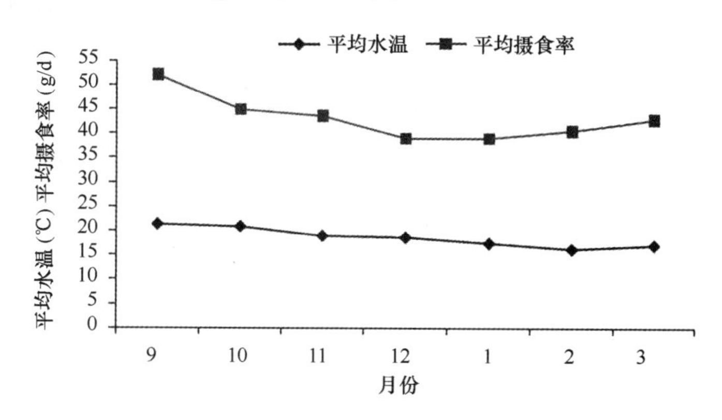

图 4-3　卵形鲳鲹 220 d 养殖试验期间海水水温和平均摄食率的变化

（Tutman et al，2004）

二、摄食节律

从空胃率和饱满度的昼夜变化来看，在自然海区中，卵形鲳鲹属白昼摄食鱼类（图 4-4）。

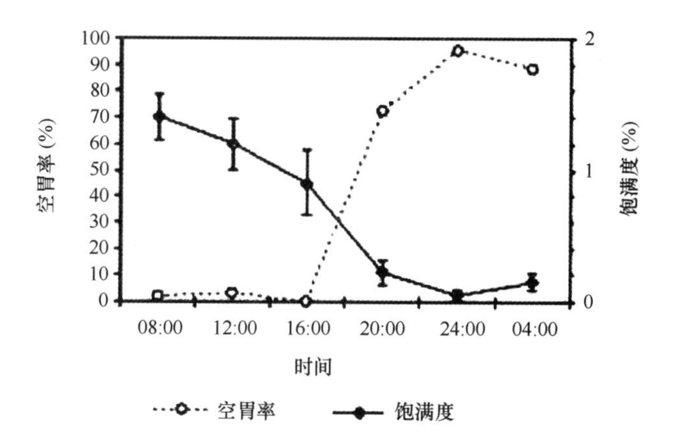

图 4-4　卵形鲳鲹稚鱼空胃率和平均饱满度的昼夜变化

（Bustistic et al，2005）

根据人工培育条件下卵形鲳鲹仔稚鱼不同时段饱满指数结果（表 4-3），13 日、18 日、23 日、28 日、35 d 龄卵形鲳鲹日摄食率分别为 43.04%、37.76%、37.64%、25.47% 和 22.12%，呈现逐步下降趋势。在仔、稚鱼阶段，卵形鲳鲹 13 日、18 日、23 日、28 日、35 d 龄出现 2 个摄食高峰，上午 8：00-10：00 以及下午 16：00-

18：00之间均呈现上升趋势，表明该两个阶段卵形鲳鲹均在摄食，推测卵形鲳鲹摄食节律属于晨昏型。

表 4-3　卵形鲳鲹不同测定时间段饱满指数昼夜变化（甘炼等，2009）

测定时间	13 d 龄	18 d 龄	23 d 龄	28 d 龄	35 d 龄
0：00	12. 59±1. 25	9. 77±0. 89	9. 11±0. 97	11. 27±2. 01	8. 57±0. 77
2：00	10. 93±2. 02	8. 50±1. 23	7. 23±1. 14	9. 20±1. 08	5. 12±1. 21
4：00	8. 57±1. 11	7. 18±1. 45	5. 21±0. 78	6. 50±0. 81	3. 01±0. 82
6：00	7. 72±2. 13	6. 13±1. 38	2. 22±0. 65	7. 84±1. 20	4. 12±0 56
8：00	12. 00±1. 32	12. 76±2. 01	4. 65±1. 45	10. 67±1. 06	8. 11±0. 68
10：00	13. 14±2. 55	13. 66±1. 49	11. 23±1. 41	11. 60±0. 98	8. 12±1. 02
12：00	10. 53±1. 23	8 09±1. 22	10. 11±1. 56	7. 34±1. 21	7. 12±1. 11
14：00	8. 58±1. 07	6. 06±1. 04	8. 23±1. 28	6. 63±0. 98	5. 34±0. 49
16：00	10. 84±0. 98	9. 32±1. 51	5. 12±1. 33	10. 57±1. 25	4. 22±0. 56
18：00	12. 34±1. 25	11. 72±1. 72	6. 20±1. 52	11. 30±1. 27	5. 18±0. 87
20：00	11. 51±1. 75	10. 49±1. 34	10. 12±1. 35	12. 19±1. 52	9. 27±1. 17
22：00	10. 39±1. 22	9. 21±2. 01	9. 78±1. 46	8. 15±1. 11	9. 22±0. 98
日平均饱满指数	10. 76	9. 44	9. 41	7. 43	6. 45
日摄食率/%	43. 04	37. 76	37. 64	25. 47	22. 12

三、生长

1. 年间生长

卵形鲳鲹的体形较大，一般全长可达 45~60 cm。生长较快，在养殖条件下，一般当年投苗，到年底即可收获上市。从第二年起，每年的绝对增重量约为 1 kg（表 4-4）。

表 4-4　卵形鲳鲹各年龄的体长、体重增长（林锦宗，1995）

年龄组	测定尾数	叉长 (mm)	体重 (g)	年绝对增长量 (g)
Ⅰ	49	270（230~310）	643（400–950）	643
Ⅱ	60	368（320~400）	1 520（950–2 000）	877
Ⅲ	8	467（424~504）	2 756（2 250–3 300）	1 236
Ⅳ	8	500（480~520）	3 669（3 300–4 050）	913

注：括号为范围，括号外为平均值。

卵形鲳鲹体长-体重相关关系可用指数函数表示：$W=2\times10-5L^{3.067}$（$R^2=0.990$，$p<0.001$），式中 W 表示体重（g）；L 表示体长（mm）（图 4-5）。

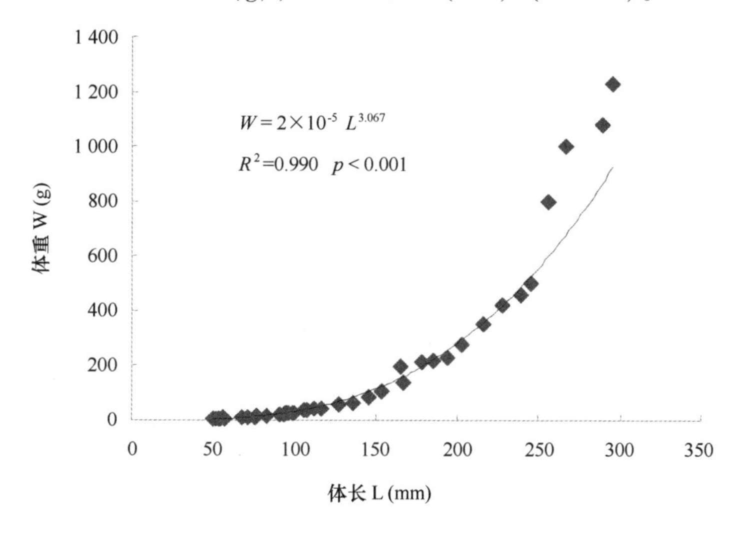

图 4-5　卵形鲳鲹体长-体重相关关系

卵形鲳鲹体长-全长相关关系可用直线函数表示：$L=1.316l-7.983$（$R^2=0.995$，$p<0.001$），式中 l 表示体长（mm）；L 表示全长（mm）（图 4-6）。

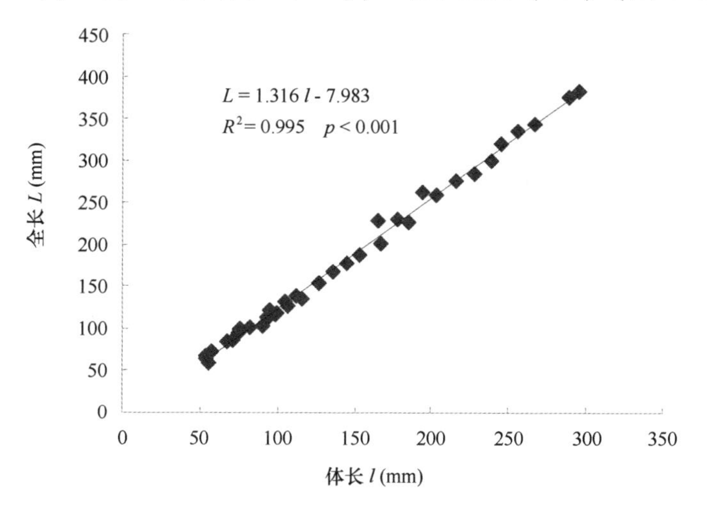

图 4-6　卵形鲳鲹体长-全长相关关系

2. 年内生长

张邦杰等（2001）于 1998 年 11 月从台湾引进体长 2.3～2.9 cm 卵形鲳鲹幼鱼，在人工咸、海水的内陆越冬土池进行 0+龄幼鱼越冬生长观察，水温 17～27.5℃。结果显示，卵形鲳鲹 0+龄幼鱼在 129 d 越冬期内，叉长从 2.6 cm 增长至 9.9 cm，日均增长率 1.04%，叉长与养殖天数（d）的关系可用线性函数方程 $L_t=0.0551\ d+2.6361$ 表达，相关系数 $r=0.9972$（图 4-7-1）。0+龄幼鱼越冬期的体重日均增长为 0.1 g，日均增长率为 2.85%。体重与养殖天数（d）的关系可用指数函数方程 $W=0.8640e^{0.0262d}$表达，相关系数 $r=0.9728$（图 4-7-2）。

从抽样测定 180 尾卵形鲳鲹的叉长范围 2.3 ~ 12.2 cm、体重范围 0.37 ~ 42.05 g，测得其0+龄幼鱼体重与叉长的关系可用幂函数方程 $W_t=aL_t^b$ 表示，求得 $W_t=0.0368L_t^{2.8055}$，相关系数 $r=0.9734$（图 4-7-3）。其幂指数 $b=2.8805$，接近 3，表明体重与叉长的立方呈正相关，属均匀生长型。

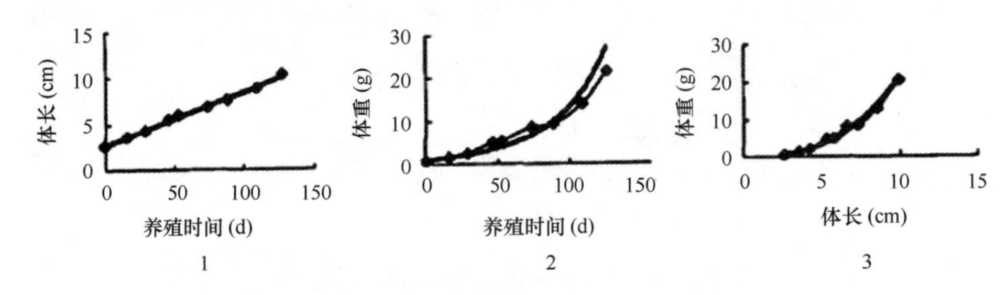

图 4-7　越冬卵形鲳鲹的生长特性（张邦杰等，1998）

1. 体长生长曲线；2. 体重生长曲线；3. 体长与体重的相关曲线

第四节　繁殖习性

卵形鲳鲹属离岸大洋性产卵鱼类，天然海区孵化后的仔稚鱼 1.2 ~ 2 cm 开始游向近岸，长成 13 ~ 15 cm 幼鱼后又游向离岸海区。有关卵形鲳鲹性腺发育的生物学，方永强等（1996）对该鱼早期卵子发生的特点进行研究。

一、成熟分裂前期的卵原细胞

可见于 1~2 龄鱼卵巢，在光学显微镜下观察，结果显示，此时期的雌性生殖细胞可分为两种时相，一种是进入首次成熟分裂前期，在双线期之前的卵原细胞。它们的形态为圆形或卵圆形，直径 17.6~32.0 μm，核与胞质比例约为 0.60，通常只有一个核仁，位于中央或靠近核（生殖胚泡）膜，偶尔可见两个，胞质呈强嗜碱性（图 4-8a-1）。在电镜下观察结果也显示，卵原细胞超微结构具有如下特点：① 核大，呈椭圆形，胞质较少，核内异染色质较少，常染色质多，核仁位居中央，核膜清晰，核旁及其周边具有多个线粒体，其嵴与内膜垂直排列，电子密度低，胞质中具有多个嗜锇颗粒（图 4-8a-2）。② 卵原细胞生殖胚泡旁出现核仁样体，其周围有卵圆形的线粒体围绕，有的线粒体外膜与核仁样体紧密接触（图 4-8a-3）。③ 在光镜下可观察到卵原细胞进入首次成熟分裂前期的不同时相（图 4-8a-4），电镜观察显示，核内出现两条同源染色体侧

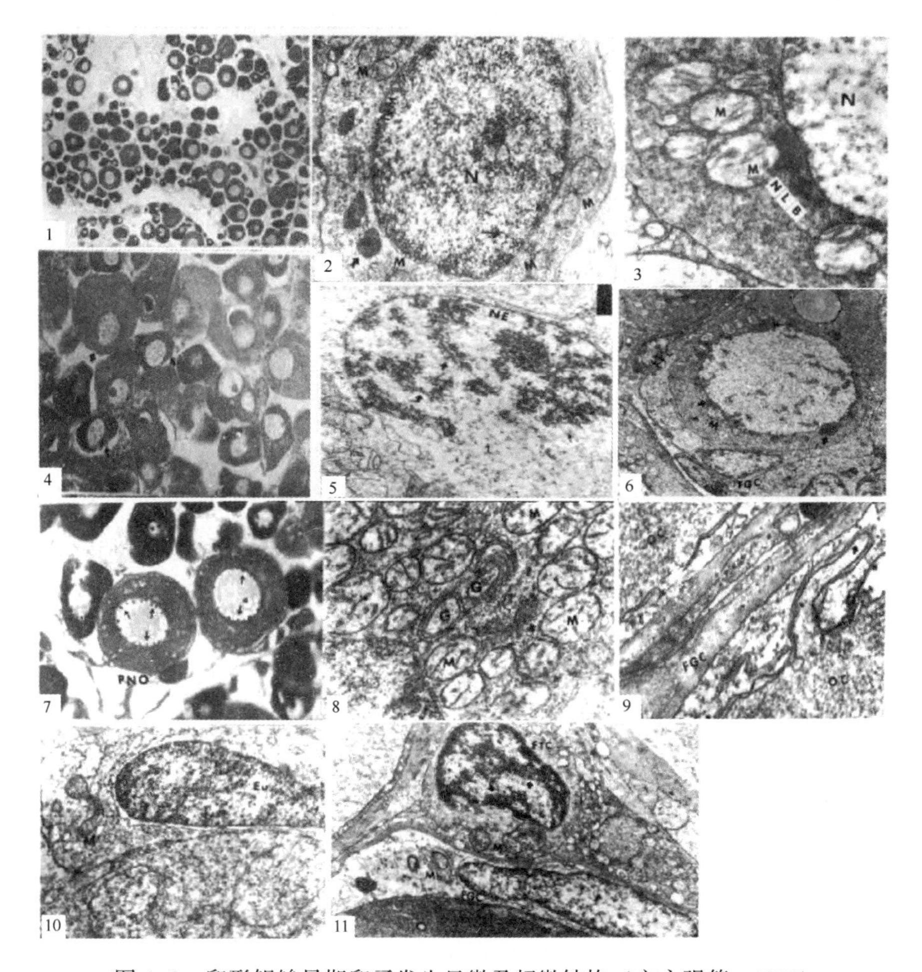

图 4-8 卵形鲳鲹早期卵子发生显微及超微结构（方永强等，1996）

1. 2 龄卵形鲳鲹卵巢切片显示不同发育时期的卵原细胞。X 110

2. 卵原细胞生殖胚泡（核，N）为卵圆形，核周可见线粒体（M），噬锇颗粒（箭头）。NM：核被膜 X 3000

3. 卵原细胞超微结构，靠近核被膜基部有 nuage（核仁样体，NLB）及相关 3 或 5 个线粒体（M）。X 16250

4. 首次成熟分裂前期的卵原细胞（箭头）

5. 首次成熟分裂前期联会丝复合体期的卵原细胞（箭头），核被膜（NE）部分消失。X 16250

6. 首次成熟分裂期双线期初级卵母细胞（OC），核被膜基部周围有多个 nuage（箭头）围绕，2 或 3 个贴近 nuage 的线粒体（M）。FGC：滤泡颗粒细胞；FTC：滤泡膜细胞。X 16250

7. 核仁周期卵母细胞（PNO），可见核内有许多核仁（箭头）贴近核内膜。X 275

8. 核仁周期卵母细胞超微结构，胞质中可见大量线粒体（M），两组高尔基复合体（G）及 nuage（箭头）。X 30875

9. 在这一时期，卵母细胞质膜出现折叠或凹陷（ 箭头）及其绒毛（细箭头）。X 77500

10. 滤泡颗粒细胞核（N）为椭圆形，常染色质（Eu）占多数，少数为异染色质（箭头），胞质中可见管状的线粒体（M），X 22500

11. 核仁周期的体细胞，滤泡颗粒细胞质中有髓样小体（Mb），相邻的滤泡膜细胞，核内异染色质占多数（箭头），胞质中管状线粒体（M）。X 16250

面紧密相贴进行配对，进入联会丝复合体期或称偶线期，呈梯状结构，核膜部分消失（图 4-8a-5）。最后，同源染色体分开，联合丝复合体逐渐消失，在核周旁可见有多个核仁样体及其相关的线粒体，它们呈卵圆形或椭圆形，嵴的电子密度较高，此时卵原细胞发育进入首次成熟分裂前期的双线期（图 4-8a-6），从此发育成为早期卵母细胞，卵径 24.4~42 μm，核与胞径比例为 0.53，性腺指数为 9.4%。

二、小生长期或卵黄生成前期的卵母细胞

组织切片观察结果显示，3~4 龄鱼卵巢中卵母细胞的直径为 35.2~86.4 μm，核与胞径比例为 0.50，性腺指数为 16.86%。由两种不同发育时期卵母细胞所组成，一种细胞体积增大，核仁数量增多，但尚未进入核仁周时期，约占卵巢中卵母细胞总数的 83%；另一是核仁周期的初级卵母细胞，约占 17%，其特点是核内有众多小的核仁贴近核内膜，核仁 11~26 个（图 4-8b-7）。电镜观察结果：① 卵母细胞胞质中聚集有大量呈椭圆形的线粒体，嵴呈管状，基质电子密度较低，在线粒体之间有两组高尔基复合体，其中一组由 6 个扁平囊所组成，在其成熟面可见有多个高尔基小泡。在高尔基体与线粒体之间还可观察到电子密度较低的核仁样体（图 4-8b-8）。② 初级卵母细胞折叠或凹陷与滤泡颗粒细胞突起相接触（图 4-8b-9），以及发育中的绒毛。

三、早期卵子发生时的体细胞

卵黄生成前卵母细胞一直被两种体细胞所围绕，一种是靠近卵母细胞的滤泡颗粒细胞，其特点是细胞呈扁平状，核长椭圆形，核内常染色质多，异染色质较少，并贴近核内膜，胞质中有游离核糖体和管状线粒体，但其基质电子密度较低，以及可能是正发育的粗面内质网和初级溶酶体（图 4-8b-10，11）。另一种位于卵母细胞的最外层，靠近滤泡颗粒细胞，称为滤泡膜细胞，呈扁平形或不规则形。该细胞与滤泡颗粒细胞的显著区别在于，核内常染色质少，异染色质丰富，成块状贴近核内膜，胞质中有卵圆形或椭圆形线粒体和环状粗面内质网（图 4-8b-11）。上述形态结构表明卵黄生成前这两种体细胞尚处于发育时期。

上述研究表明在 1~2 龄卵形鲳鲹卵巢中卵原细胞进入首次成熟分裂前期，3~4 龄鱼才开始进入小生长期，往后至卵母细胞成熟，这段漫长发育历程，包括卵黄发生，生殖胚泡移位和成熟，现已记载该鱼成熟年龄为 7~8 年。要提早性腺发育和成熟，必须应用外源性激素，科学地培育亲鱼。在海南省三亚海区人工培育的卵形鲳鲹 3~4 龄鱼性腺开始成熟，该鱼的成熟季节由于地理位置不同而有明显的差别，海南三亚海区水温高，该鱼的产卵期为 3—4 月。广东大亚湾海区为 5 月，而福建沿海要到 5 月中旬至 6 月初才能催产。在台湾，人工繁殖于每年 4—5 月开始，一直持续到 8—9 月。属一次性产卵鱼类，个体生殖力为 40 万~60 万粒。

第五章　卵形鲳鲹的消化生理学

第一节　卵形鲳鲹消化酶活性的研究

鱼类消化酶活性研究不仅是鱼类消化生理的重要研究内容，而且可为人工配合饲料的研制提供科学的理论依据。尤其是鱼类幼体和成鱼消化酶活性差异的研究，对于研究海水鱼类的生长发育和摄食、消化功能的发育和完善、早期发育过程的大量死亡、苗种培育和成鱼养殖生产的投饲和饵料研究等均具有重要意义。

一、卵形鲳鲹成鱼消化酶活性的分布

1. 成鱼蛋白酶活性分布

如图 5-1 所示，卵形鲳鲹成鱼消化道不同部位的蛋白酶活性大小依次为胃>前肠>中肠>幽门盲囊>后肠>肝，其中胃蛋白酶的活性显著高于幽门盲囊、肝和肠（$P<0.05$），而前肠与中肠、中肠与幽门盲囊的活性差异不显著（$P>0.05$）。

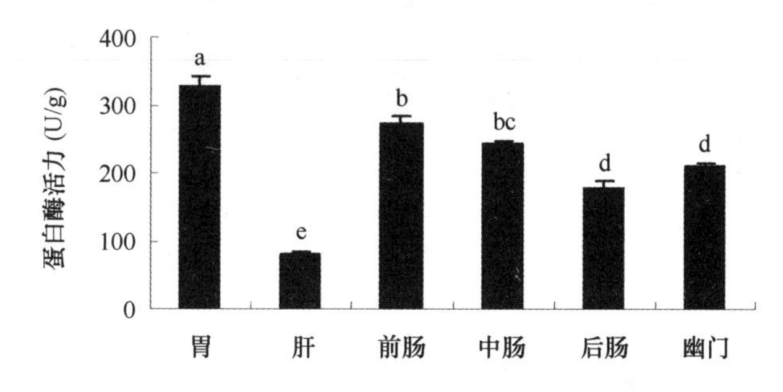

图 5-1　卵形鲳鲹成鱼消化道不同部位的蛋白酶活性

注：图标上方不同小写字母，表示不同实验组之间存在显著性差异（$P<0.05$），下同。

2. 成鱼淀粉酶活性分布

如图 5-2 所示，与其他组织相比，成鱼肠淀粉酶的活性最高（$P<0.05$），胃淀粉酶活性显著低于其他组织（$P<0.01$），后肠和幽门盲囊、中肠和肝的活性差异不显著（$P>0.05$）。各消化器官的活性大小顺序为前肠>后肠>幽门盲囊>中肠>肝>胃。

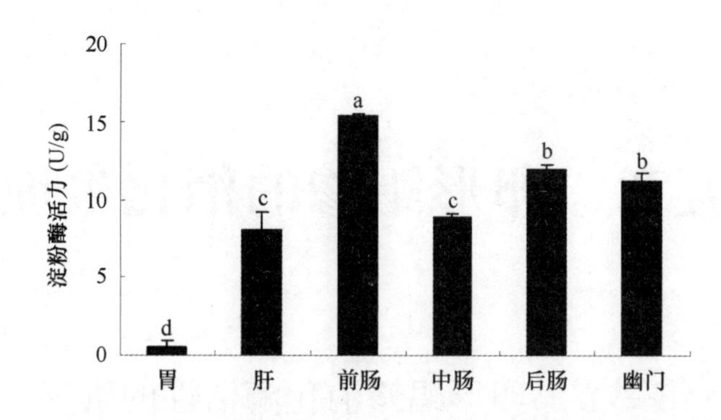

图 5-2　卵形鲳鲹成鱼消化道不同部位的淀粉酶酶活性

3. 成鱼脂肪酶活性分布

如图 5-3 所示，在不同消化器官中，卵形鲳鲹成鱼前肠脂肪酶的活性最高（$P<0.05$），胃脂肪酶活性最低（$P<0.05$），其大小顺序为前肠>中肠>后肠>幽门盲囊>肝>胃。

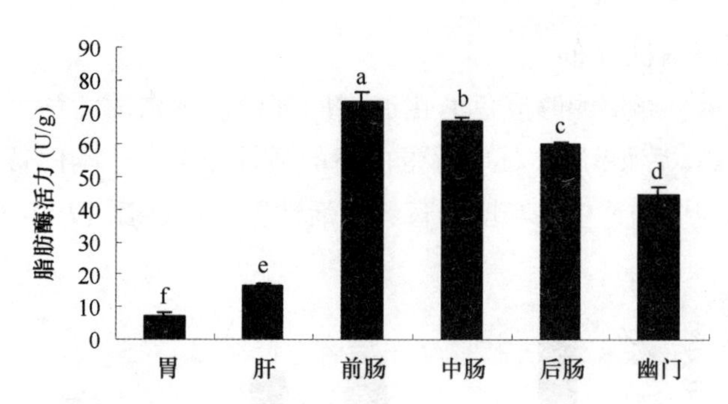

图 5-3　卵形鲳鲹成鱼消化道不同部位的脂肪酶活性

二、卵形鲳鲹幼鱼消化酶活性的分布

1. 幼鱼蛋白酶活性分布

如图 5-4 所示，卵形鲳鲹幼鱼胃蛋白酶的活力明显高于幽门盲囊、肝（$P<0.05$），但与肠的差异不明显（$P>0.05$），酶活力大小依次为胃>肠>幽门盲囊>肝。

2. 幼鱼淀粉酶活性分布

如图 5-5 所示，卵形鲳鲹幼鱼淀粉酶的活性在肠中最高，在胃中最低，肠道和幽门盲囊的差异不显著（$P>0.05$），淀粉酶活性大小依次为肠>幽门盲囊>肝>胃。

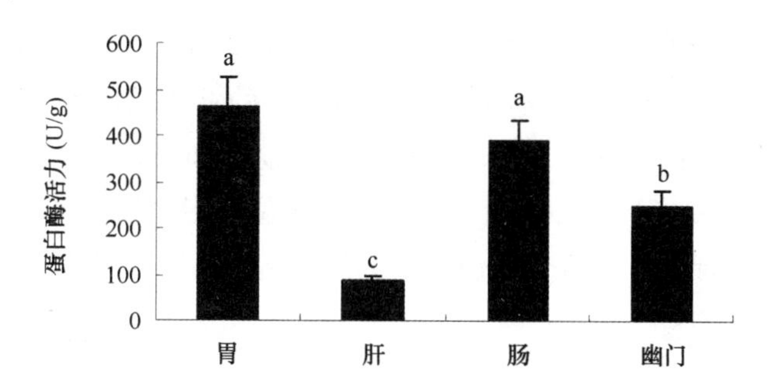

图 5-4　卵形鲳鲹幼鱼消化道不同部位的蛋白酶活性

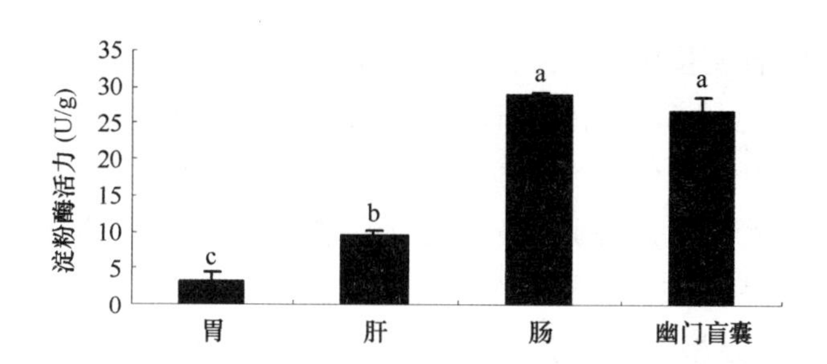

图 5-5　卵形鲳鲹幼鱼消化道不同部位的淀粉酶酶活性

3. 幼鱼脂肪酶活性分布

如图 5-6 所示，卵形鲳鲹幼鱼肠脂肪酶的活性在各部位中最高，胃脂肪酶活性最低，肠道和幽门盲囊、胃和肝的差异不明显（$P>0.05$），各消化器官中的活性大小顺序为肠>幽门盲囊>肝>胃。

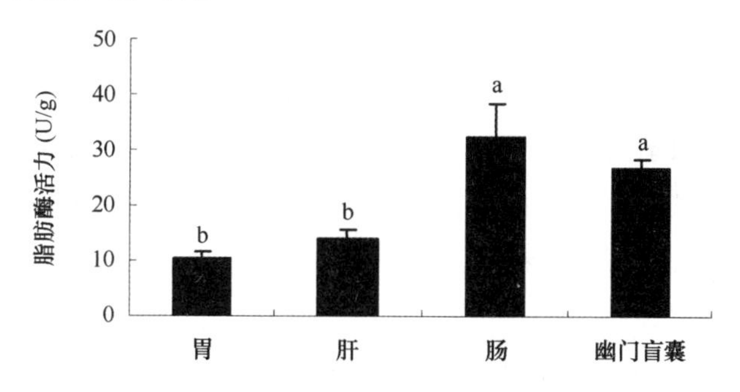

图 5-6　卵形鲳鲹幼鱼消化道不同部位的脂肪酶活性

三、卵形鲳鲹成鱼和幼鱼不同消化器官消化酶活性的比较

如图 5-1 至图 5-6 所示，卵形鲳鲹成鱼和幼鱼消化道不同部位的消化酶活性相比较有如下结果：① 幼鱼各消化器官中的蛋白酶活性大小顺序与成鱼基本相同，幼

鱼消化道不同部位的蛋白酶活性均高于成鱼，其中幼鱼和成鱼幽门盲囊的蛋白酶活性差异不显著（$P>0.05$）；② 幼鱼各消化器官中的淀粉酶活性大小顺序与成鱼相同，且淀粉酶活性均高于成鱼（$P<0.05$），其中幼鱼和成鱼胃的淀粉酶活性差异极显著（$P<0.01$）；③ 卵形鲳鲹幼鱼消化道不同部位的脂肪酶活性大小顺序与成鱼相同；幼鱼胃脂肪酶活性大于成鱼，但其他部位的活性均小于成鱼。

四、研究结果分析

① 鱼类的蛋白酶有碱性和酸性 2 种，胃内的蛋白酶为酸性蛋白酶，肠和肝内的蛋白酶为碱性蛋白酶（Kawa I S et al.，1972）。该研究中，卵形鲳鲹幼鱼和成鱼的各消化器官均能检测到蛋白酶活性；成鱼和幼鱼的胃蛋白酶均为酸性，其他部位的蛋白酶为中性偏碱性；不同消化器官的蛋白酶活性大小顺序基本相似，胃蛋白酶活性最高，肝蛋白酶活性最低，肠和幽门盲囊蛋白酶活性居中。表明卵形鲳鲹在不同的生长阶段，胃和肠均为蛋白质类营养物质消化吸收的最重要器官。

② 不同鱼类淀粉酶的分泌器官存在差异，有的鱼类只由肝胰脏分泌，有的可能还有其他器官辅助分泌（田宏杰等，2007）。有学者在对鲤（Ugolev A M et al，1983）、尖吻平鲉（Munilla M R et al，1996）、施氏鲟（田宏杰等，2007）的研究时认为，多数鱼类肝胰脏主要分泌的是淀粉酶原。该研究结果表明，在卵形鲳鲹不同消化器官中，肠和幽门盲囊的淀粉酶活性较高，并且其活性远高于胃，原因可能是其体内的淀粉酶原由肝胰脏分泌后，主要吸附于肠道内，在需要时被激活，因而肝脏内检测到的淀粉酶活性较低。卵形鲳鲹消化器官的淀粉酶活性较蛋白酶和脂肪酶低得多，这与该鱼的食性是相适应的。卵形鲳鲹是肉食性鱼类，虽然在其消化系统内存在一定的淀粉酶活性，但其活性相对于蛋白酶来说要弱得多。吴婷婷等（1994）对不同食性鱼类消化酶活性的研究获得类似的结果。

③ 该研究结果中，卵形鲳鲹各消化器官均存在脂肪酶活性，成鱼和幼鱼的脂肪酶活性顺序相同，都是肠脂肪酶活性最高，且成鱼中的前肠>中肠>后肠，而胃的活性最弱，说明肠道是消化吸收脂肪的重要场所。肝脏是分泌消化酶的主要部位，而卵形鲳鲹肝脏脂肪酶活性相对较低。伍莉等（2001）研究认为，这可能与肝脏分泌的大量酶原具有密切关系。

④ 鱼体所需营养成分在不同生长阶段是不一样的，随着消化器官不断发育、完善，内分泌功能不断增强，消化酶活性也随之变化。如 Hofer Ret al（1985）研究了拟鲤胰蛋白酶、淀粉酶在各发育阶段的活性，结果表明，随着肠道的发育完善，消化酶的种类和活力大小发生了变化；马爱军等（2006）研究了半滑舌鳎仔稚幼鱼体内消化酶活性的变化，获得类似的结果。很多海水鱼类在仔稚鱼早期发育阶段淀粉酶的活性能维持在一个较高的水平，随着进一步的发育淀粉酶比活力降低（Zambonino Infante J L et al，1994；Ribeiro L et al，1999）。有研究表明，真鲷、大

菱鲆仔稚幼鱼期间的淀粉酶活性呈整体下降趋势（陈品健等，1997；陈慕雁等，2005）。该研究结果中，卵形鲳鲹成鱼和幼鱼阶段的消化酶活性差异较显著：成鱼不同消化器官的蛋白酶和淀粉酶活性均低于幼鱼，表明卵形鲳鲹在由幼鱼向成鱼发育的过程中其蛋白酶和淀粉酶活性也是呈下降趋势的。

⑤ 与其他 2 种酶不同，卵形鲳鲹成鱼各消化器官中，只有胃的脂肪酶活性低于幼鱼，而其他器官脂肪酶活性均高于幼鱼，原因可能是在人工饲养条件下，卵形鲳鲹成鱼的饵料中脂肪含量较低，例如尾崎久雄指出，脂肪酶活性与鱼的食物脂肪含量呈正相关关系（尾崎久雄，1983）；其次，幼鱼分泌脂肪酶的器官尚未完全发育完善。

该研究结果表明，卵形鲳鲹幼鱼生长阶段的消化酶酸碱性质与成鱼一致，消化酶在不同消化器官中的分布以及酶活性的大小顺序与成鱼基本相同，说明幼鱼消化器官的酶分泌能力和消化能力趋于完善，消化功能与成鱼相似，这与卵形鲳鲹的早期发育阶段相适应（作者等，2009）；幼鱼的消化酶活性高于成鱼，表明幼鱼正处于快速生长发育阶段，新陈代谢较旺盛，对食物的消化能力较成鱼强。

第二节　盐度和昼夜变化对卵形鲳鲹幼鱼消化酶活性的影响

一、盐度对卵形鲳鲹幼鱼消化酶活性的影响

1. 盐度对蛋白酶活性的影响

盐度对卵形鲳鲹幼鱼蛋白酶活性的影响测定结果见图 5-7。以盐度 30 组蛋白酶活性均值最高，盐度 10 组活性最低。盐度 30 和盐度 25、35 组蛋白酶活性差异不显著（$P>0.05$）。

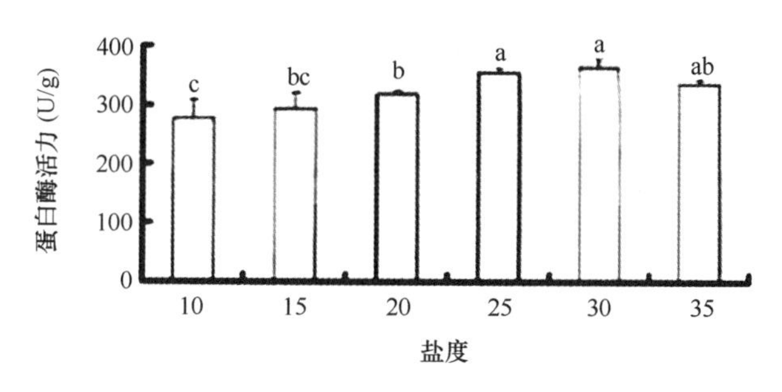

图 5-7　盐度对卵形鲳鲹幼鱼蛋白酶活力的影响

注：图标上方不同小写字母，表示不同实验组之间存在显著性差异（$P<0.05$），下同。

2. 盐度对淀粉酶活性的影响

盐度对卵形鲳鲹幼鱼淀粉酶活性的影响测定结果见图 5-8。淀粉酶活性呈现先升后降的趋势。盐度 25 组淀粉酶活性最高，盐度 10 组最低。

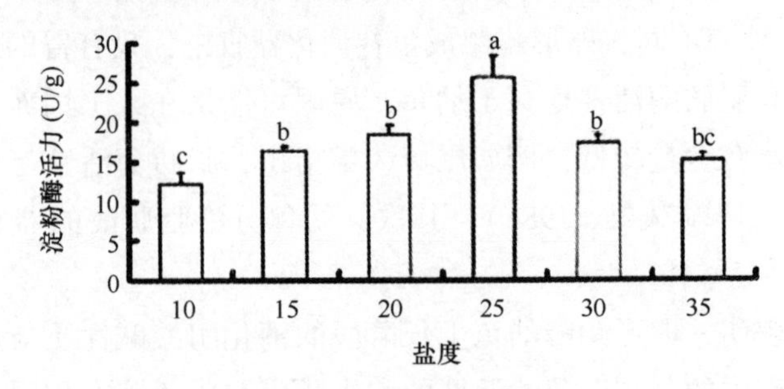

图 5-8　盐度对卵形鲳鲹幼鱼淀粉酶活力的影响

3. 盐度对脂肪酶活性的影响

盐度对卵形鲳鲹幼鱼脂肪酶活性的影响测定结果见图 5-9。脂肪酶活性呈现先升后降的趋势。盐度 25 组脂肪酶活性显著高于其他组（$P<0.05$）；盐度 10、15、35 组活性最低，且 15、35 组活性之间的差异不显著（$P>0.05$）。

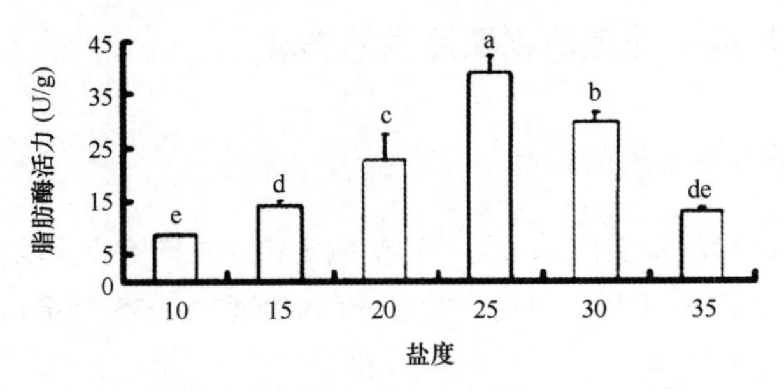

图 5-9　盐度对卵形鲳鲹幼鱼脂肪酶活力的影响

二、卵形鲳鲹幼鱼消化酶活性的昼夜变化

1. 蛋白酶活性的昼夜变化

如图 5-10 所示，卵形鲳鲹幼鱼蛋白酶活性在 20∶00 达最高值，次峰值出现在 5∶00和 14∶00；最低值在 2∶00。5∶00—8∶00 之间的活性变化不显著（$P>0.05$），20∶00—2∶00 之间活性变化显著（$P<0.05$）。

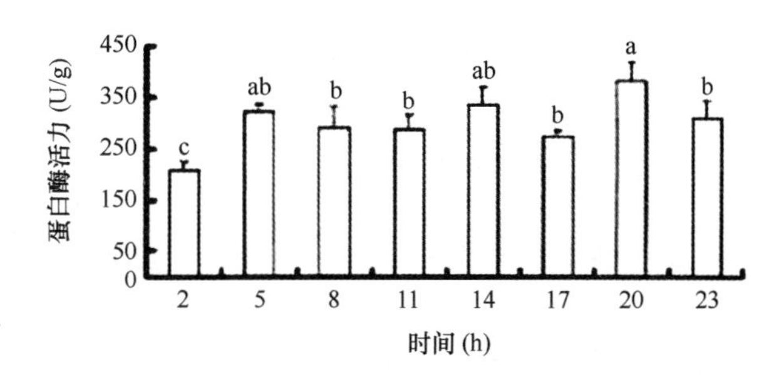

图 5-10　卵形鲳鲹幼鱼蛋白酶活力的昼夜变化

2. 淀粉酶活性的昼夜变化

如图 5-11 所示，卵形鲳鲹幼鱼淀粉酶活性最高值在 8：00，在 14：00 和 23：00 出现次高峰；最低值出现在 17：00，明显低于其他时间（$P<0.05$）。

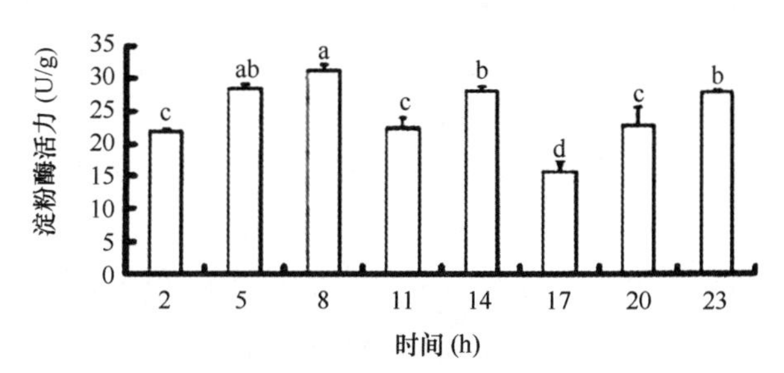

图 5-11　卵形鲳鲹幼鱼淀粉酶活力的昼夜变化

3. 脂肪酶活性的昼夜变化

如图 5-12 所示，卵形鲳鲹幼鱼脂肪酶活性在 14：00 达到最高值，8：00 和 23：00次之；最低值出现在 11：00。14：00 时的脂肪酶活性明显高于其他时间（$P<0.05$）。

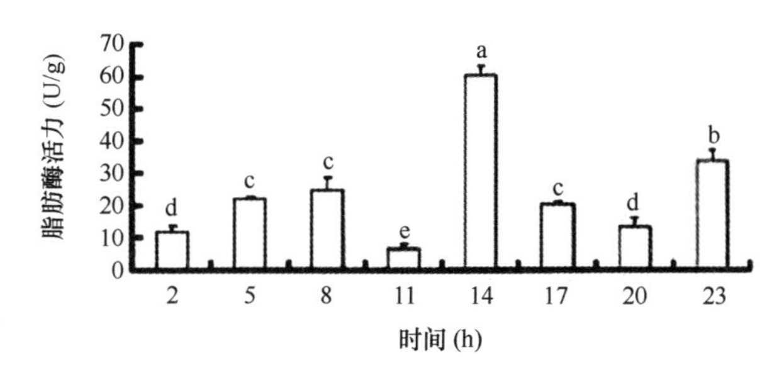

图 5-12　卵形鲳鲹幼鱼脂肪酶活力的昼夜变化

三、研究结果分析

1. 盐度对卵形鲳鲹幼鱼消化酶活性的影响

盐度对鱼类生理活动的影响是多方面的，一方面是通过渗透压的调节来影响消化酶的活性，许多无机离子是消化酶的激活剂或抑制剂，无机离子直接对酶产生作用可能是盐度影响消化酶活性的主要原因（Squuies E J et al，1986；Sanchez-Chiang L et al，1987）；另外，盐度还通过影响鱼类消化道内的 pH 来影响消化酶的活性（Noda M et al，1981）。关于盐度对鱼类消化酶活性的影响报道还不多。尾崎久雄（1985）研究发现，没有加入 NaCl 情况下测定的淀粉酶活性，只有在 NaCl 存在时的 15%。陈慕雁（2004）对大菱鲆消化生理的研究表明，淀粉酶在 0.05~0.1 mol/L 浓度的氯离子条件下被激活。以上研究结果说明，无机离子直接对酶产生作用可能是盐度影响消化酶活性的主要作用。

关于海水盐度对鱼类的影响方面，陈品建等（1998）报告了海水盐度对真鲷幼鱼消化酶活性的影响，主要消化酶的活性均在盐度 25 时达最高值；作者等（2006）报道了黄鳍鲷幼鱼在盐度 25 时，蛋白酶和淀粉酶活性最高。盐度对淡水种类的影响方面，庄平等（2007）发现高盐度组施氏鲟幼鱼消化酶的活性均低于低盐度组。综上所述，高盐度更有利于海水鱼类消化酶活性的释放。作者认为，这可能与鱼类本身的遗传和生活环境有关，具体原因还有待进一步研究。

本试验中，盐度对消化酶活性的影响比较大，蛋白酶活性在盐度 15 以上时明显上升，在盐度 25~30 时达到最高，由此推断盐度 15 时可能就是蛋白酶的激活浓度；淀粉酶活性随盐度升高呈先升后降趋势，在盐度 25 时最高；脂肪酶活性在盐度 25 时最高，且各组之间的差异显著，说明水中离子浓度可显著影响脂肪酶的活力，这与真鲷（陈品建等，1998）幼鱼的研究结果相近。以上结果表明了卵形鲳鲹幼鱼在盐度 25 的海水中，对食物中各种营养利用率可能是最高的。因此，在卵形鲳鲹的幼鱼培育阶段宜调整盐度至 25~30，以达到最佳摄食效果。

2. 消化酶活力的昼夜变化

国内外关于水产动物消化生理昼夜周期变化等方面的研究较少，鱼类的摄食节律分为白天摄食、夜间摄食、晨昏摄食和无明显节律四大类（王重刚等，1998）。郑微云等（1992，1994）报道，真鲷早期幼体属于白天偏晨昏摄食类型，摄食强度有明显的昼夜节律，认为其影响原因有以下几种：从光照角度，光照充足有利于摄食；从胃容量角度，由于夜间摄食少而空腹，故次晨的摄食量显著增加；傍晚出现摄食高峰则是由于白天游动、集群等的消耗。李大勇等（1994）研究了光照对真鲷仔稚幼鱼摄食的影响，指出摄食的适宜光照为 1~100 lx，最适光照为 10~100 lx，

1 000 lx以上强光对仔鱼摄食会造成有害刺激。王重刚等（1998）研究了真鲷幼鱼消化酶活力的昼夜变化，结果表明真鲷幼鱼白天消化酶活力节律与郑微云报道基本一致，而夜间消化酶活力变化则与摄食强度的变化趋势不一致。作者等（2006）研究了黄鳍鲷幼鱼消化酶的昼夜变化，结果显示幼鱼在强光下摄食强度低，在黑暗环境下的摄食量也少。

本文在对卵形鲳鲹幼鱼 3 种酶的研究结果显示，在 20：00 和 14：00 的蛋白酶，08：00 的淀粉酶，14：00 的脂肪酶活性都相对较高。与上述作者的研究结果基本吻合，但也有不一致的地方：如卵形鲳鲹幼鱼淀粉酶和脂肪酶最高活性均出现在白天，这与真鲷和黄鳍鲷的研究结果不同，作者认为其中主要原因是光照对摄食的影响，这一部分还有待进一步研究。研究结果同时也表明，卵形鲳鲹幼鱼主要消化酶在 23：00均具有较高活性，此时投喂一定的饵料，对于卵形鲳鲹幼鱼的生长发育有利，可以提高幼鱼培育的成活率。

第三节　pH 对卵形鲳鲹幼鱼和成鱼消化酶活性的影响

一、卵形鲳鲹幼鱼和成鱼体内不同消化器官的 pH 值

如表 5-1 所示，卵形鲳鲹幼鱼胃和肠内的 pH 值均低于成鱼，肝和幽门盲囊内的 pH 值与成鱼接近。卵形鲳鲹幼鱼和成鱼胃内 pH 值为强酸性，其他器官中性偏弱碱性，幼鱼肠内的 pH 值为中性偏酸性。

表 5-1　卵形鲳鲹幼鱼和成鱼不同消化器官的 pH 值（*n*=10）

消化器官	幼鱼	成鱼
胃	2. 4~3. 5	3. 4~4. 2
肝	7. 0~8. 0	7. 2~8. 3
幽门盲囊	7. 1~7. 5	7. 1~8. 1
肠	5. 6~7. 4	6. 7~8. 8

二、pH 对幼鱼消化酶活力的影响

1. 蛋白酶

如图 5-13（上）所示，在 pH 2. 2~10. 6 范围内，卵形鲳鲹幼鱼胃蛋白酶在 pH 2. 2 时活力最高，pH 10. 6 时最低；其他组织则在 pH 7. 2 时活力最高。图中有两个主要峰值，pH 2. 2 时胃蛋白酶活力最高，pH 7. 2 时肠活力最高。

2. 淀粉酶

如图 5-13（中）所示，各消化器官随 pH 升高淀粉酶活力均呈现先上升后下降的趋势；各器官淀粉酶活力在 pH 8.0 时最高，pH 2.2 时最低；在 pH 8.0 时肠的活力高于其他器官。

3. 脂肪酶

如图 5-13（下）所示，各消化器官的脂肪酶活力均在 pH 6.2 时达到最高，此时肠的活力在各消化器官中最高。

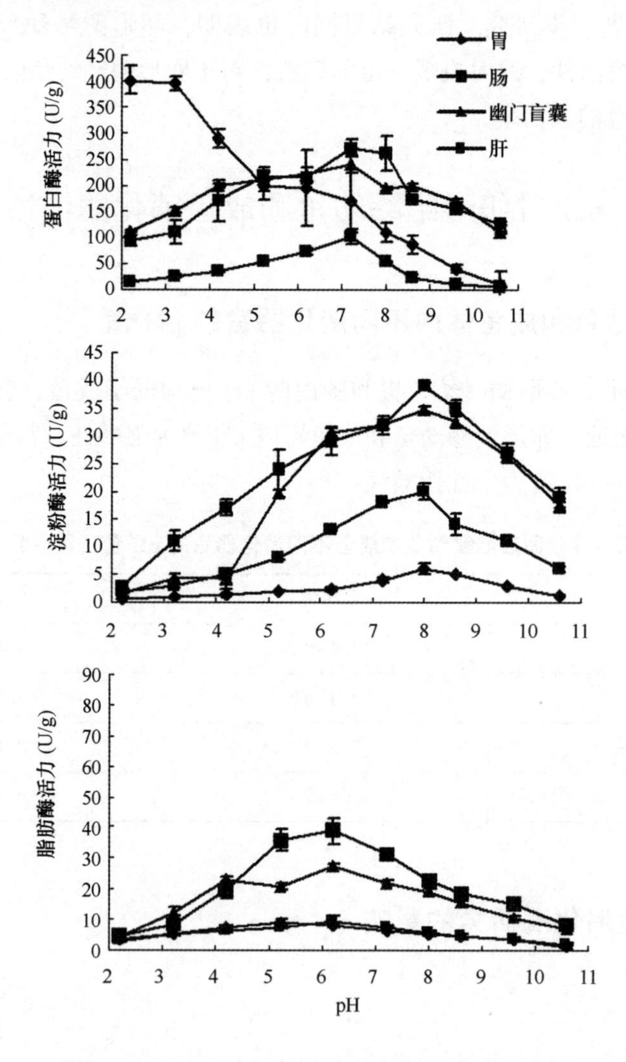

图 5-13　pH 对卵形鲳鲹幼鱼消化酶活力的影响

三、pH 对成鱼消化酶活力的影响

1. 蛋白酶

pH 值对卵形鲳鲹成鱼蛋白酶活力的影响如图 5-14（上）所示。胃蛋白酶活性的最适 pH 值为 3.2；肠、肝与幽门盲囊蛋白酶的最适 pH 值均为 8.0；消化器官中，肝的蛋白酶活性最弱。

2. 淀粉酶

如图 5-14（中）所示，中肠淀粉酶活性的最适 pH 值为 9.6，前肠、后肠、肝、胃与幽门盲囊淀粉酶的最适 pH 值均为 8.6，其中以前肠的淀粉酶活性最强，胃的淀粉酶活性最弱。

3. 脂肪酶

如图 5-14（下）所示，胃脂肪酶活性的最适 pH 值为 5.2，肠、肝与幽门盲囊脂肪酶的最适 pH 值均为 6.2，前肠的脂肪酶活性最强，胃的脂肪酶活性最弱。

4. 卵形鲳鲹幼鱼和成鱼消化酶活性的最适 pH 值比较

如图 5-13 和图 5-14 所示，卵形鲳鲹幼鱼和成鱼相比较有如下结果：① 幼鱼胃蛋白酶最适 pH 为 2.2，成鱼胃蛋白酶最适 pH 为 3.2；幼鱼其他消化器官蛋白酶的最适 pH 为 7.2，而成鱼为 8.0。② 幼鱼各消化器官淀粉酶最适 pH 为 8.0，成鱼各消化器官最适 pH 为 8.6。③ 幼鱼和成鱼各消化器官脂肪酶最适 pH 均为 6.2。④ 在 pH2.2~10.6 的范围内，卵形鲳鲹幼鱼和成鱼 3 种相同消化酶活性的变化趋势相似；胃蛋白酶的最适 pH 值均为强酸性范围，肝、幽门盲囊和肠的蛋白酶活性最适 pH 值为弱碱性或中性偏弱碱性；淀粉酶活性的最适 pH 值均在碱性范围内；脂肪酶活性的最适 pH 值均为弱酸性。⑤ 当达到最适 pH 值时，各消化器官中的 3 种消化酶活力，以胃蛋白酶、肠淀粉酶、肠脂肪酶的活力最高。

5. 研究结果分析

（1）pH 对幼鱼和成鱼消化酶活力的影响

pH 对鱼类生理活动的影响主要有两方面，一方面是对食物进行酸碱性消化，二是为消化酶提供适宜的 pH 环境（尾崎久雄著，吴尚忠译，1983）。酶对催化反应的 pH 值要求极为严格，只有在一定的 pH 值范围内，才能够表现出最强活力。

周景祥等（2000）报道，有胃硬骨鱼类胃蛋白酶的最适 pH 一般在强酸性范围内，而肝胰脏和肠道蛋白酶的最适 pH 则在偏中性范围内；梅景良等（2004）和叶

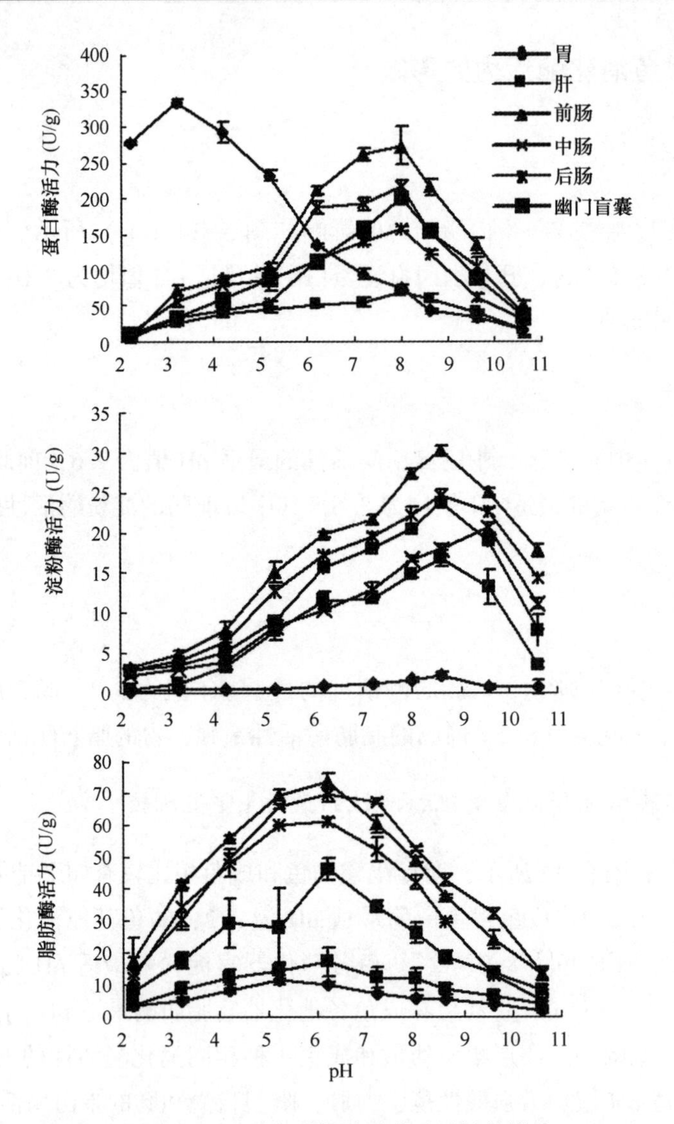

图 5-14　pH 对卵形鲳鲹消化酶活性的影响

元土等（1998）研究了 pH 对黑鲷、南方大口鲶和长吻鮠蛋白酶活性的影响，取得了与之相似的结果。本实验结果表明，卵形鲳鲹幼鱼和成鱼的胃蛋白酶最适 pH 偏强酸性，而肠、肝与幽门盲囊蛋白酶最适 pH 值为中性偏碱，与上述研究结果基本相同。

关于鱼类淀粉酶的最适 pH 值，国内外已有不少文献。伍莉等（2002）报道了黄鳝肠淀粉酶最适 pH 为 7.2，尾崎久雄（1983）报道了狭鳕幽门垂和肠的淀粉酶最适 pH 为 7.0，澳洲宝石鱼肝胰脏、肠道、胃淀粉酶的最适 pH 均为 6.2（沈文英等，2006），在中性偏酸性的范围内。本实验中，卵形鲳鲹幼鱼和成鱼各组织淀粉酶最适 pH 均为 8.0，这比上述鱼类的淀粉酶最适 pH 值要高，但低于银鲛，该鱼的胰液中壳多糖酶活性很高，其最适 pH 值为 8~10（林浩然，1999）。

有关 pH 对脂肪酶活性影响的已有报道较少，本试验中，卵形鲳鲹幼鱼和成鱼各消化器官脂肪酶活力的最适 pH 为 6.2，偏酸性，表明卵形鲳鲹对脂肪类物质的消化作用主要是在偏酸性环境下进行的。沈文英等（2006）研究了澳洲宝石鱼脂肪酶最适 pH，得到相似的结果。并不是所有鱼类的脂肪酶最适 pH 值都在弱酸性范围，作者等（2005）研究发现，黄鳍鲷体内脂肪酶的最适 pH 为弱碱性。

本研究结果还表明，幼鱼和成鱼的最适 pH 值在各生长阶段不同，并不是一成不变的。因此，在生产实践中应充分考虑饲料和养殖水体的 pH 以及幼鱼和成鱼消化酶活力最适 pH 的差别，适当地在饲料中添加一定的酸化剂和外源性酶制剂，提高饲料利用率，增加卵形鲳鲹的生长速度，降低养殖成本。

（2）消化酶活力最适 pH 值与鱼体内消化器官 pH 值的比较

卵形鲳鲹胃内 pH 呈强酸性，且幼鱼胃内酸性较之成鱼更强；其他器官中性偏弱碱性，幼鱼肠内的 pH 值为中性偏酸性。这表明，蛋白酶和淀粉酶的最适 pH 均在其消化器官的 pH 范围内，有利于最大限度地消化所摄入的蛋白质和淀粉等营养物质，与鱼类的消化系统生理机能是一致的。成鱼的脂肪酶活力最适 pH 值与消化器官内的 pH 差别较大，但幼鱼两者却比较接近，说明正处于快速生长期的幼鱼，对营养物质的需求和消化较旺盛。

第四节　养殖水温和酶反应温度对卵形鲳鲹幼鱼酶活性的影响

一、养殖水温对卵形鲳鲹幼鱼消化酶活性的影响

如图 5-15 所示，养殖水温对卵形鲳鲹幼鱼蛋白酶活性具有显著影响；蛋白酶活性随养殖水温升高呈先上升后下降趋势，在 28℃时的活性最高（400.07±21.86），明显高于其他水温组（$P<0.05$），在 19℃时活性最低。

卵形鲳鲹幼鱼淀粉酶活性随养殖水温升高呈先上升后下降趋势，在水温 25℃时淀粉酶活性最高（31.24±0.64），31℃时最低（12.98±0.86），差异显著（$P<0.05$）。在水温 22℃和 25℃时淀粉酶活性差异不明显（$P>0.05$）

随养殖水温上升卵形鲳鲹幼鱼的脂肪酶活性基本上呈下降趋势，脂肪酶最适水温为 22℃（32.67±1.33）。在水温 19℃和 22℃时脂肪酶活性明显高于其他水温组（$P<0.05$），在水温 25℃、28℃、31℃时差异不显著（$P>0.05$）。

二、酶反应温度对卵形鲳鲹幼鱼消化酶活性的影响

如图 5-16 所示，反应温度对蛋白酶活力具有明显的影响．在 40℃以下，酶活

力随反应温度的上升而增加，在40℃时活力最高（374.67±24.86）（$P<0.05$），40℃以上酶活力随反应温度的上升而下降。

在10~50℃范围内淀粉酶活力的最适反应温度为35℃（37.9±0.53）（$P<0.05$）；反应温度为15℃、20℃、25℃和30℃时的淀粉酶活力差异不显著（$P>0.05$）。

在反应温度为10~50℃范围内，脂肪酶活性随反应温度的升高先上升，在40℃时达到最大（65.67±1.33），然后随反应温度升高明显下降（$P<0.05$）。

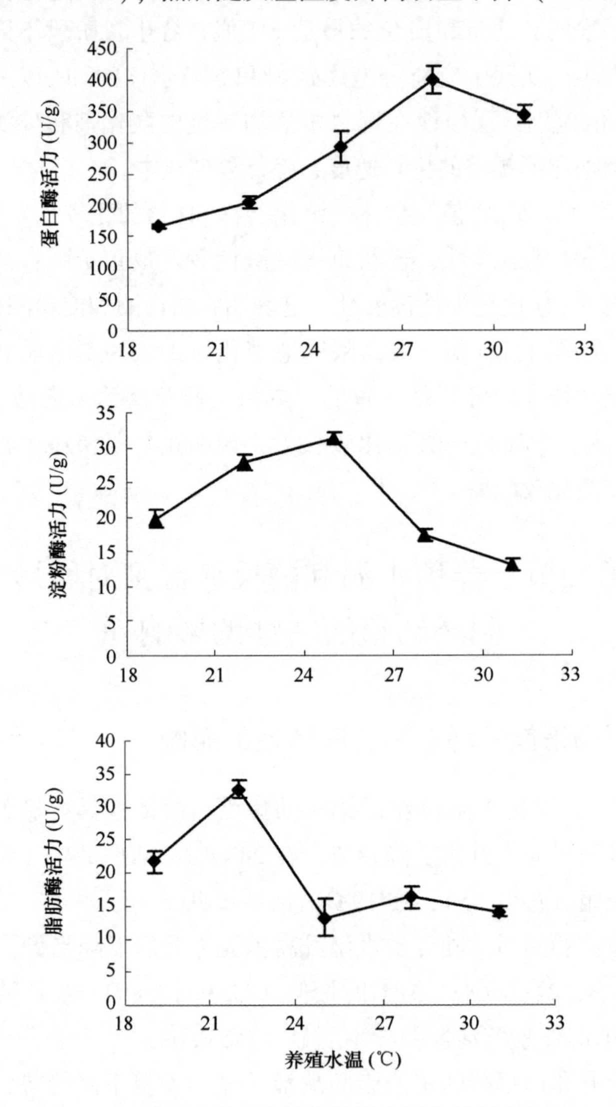

图5-15　养殖水温对卵形鲳鲹幼鱼消化酶活力的影响

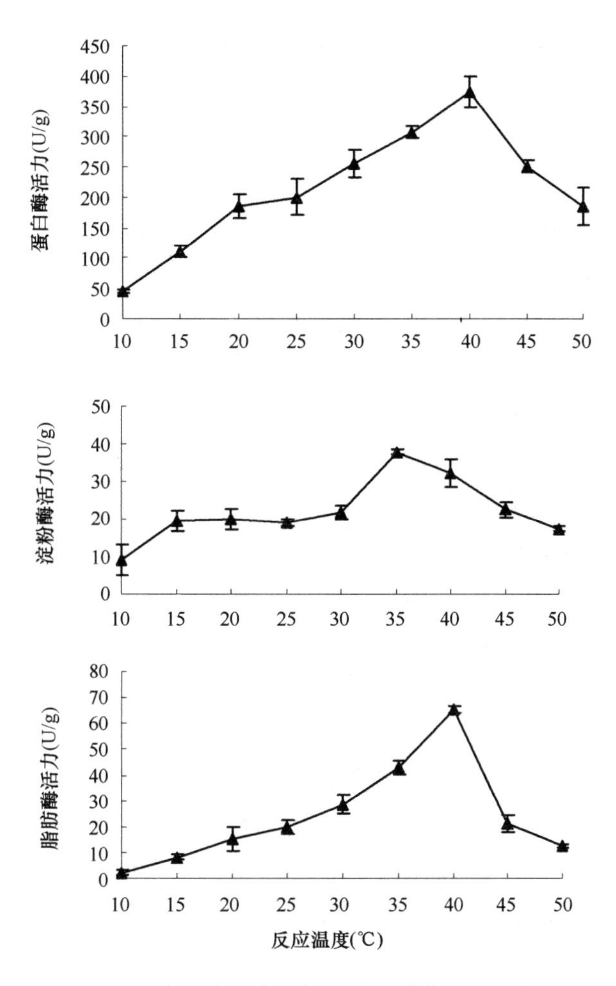

图 5-16　反应温度对卵形鲳鲹幼鱼消化酶活力的影响

三、研究结果分析

1. 食性与消化酶活力

鱼类的食性与消化器官的组织结构和消化机能是相适应的，消化器官组织结构不同，所承担的消化机能不同，因而消化酶的组成状况和活性高低也呈明显的差异。吴婷婷等（1994）研究表明，蛋白酶活性与食物有一定关系，即肉食性鱼类明显高于杂食性鱼类，杂食性鱼类高于草食性鱼类，而脂肪酶和淀粉酶活性与食性无明显的相关性。倪寿文等（1992）和 Agrawal V P（1975）的研究则表明，草食性鱼类淀粉酶活性最强，而肉食性鱼类最弱。因此，鱼的食性不同，其消化道结构特点及其所摄取食物的可消化性各异，肉食性鱼类消化道较短，蛋白酶活力强，对蛋白质类营养物质消化吸收较好（王辉等，2008）。

本实验中，卵形鲳鲹蛋白酶活性远高于脂肪酶和淀粉酶活性，这与该鱼的肉食性特点相适应。

2. 温度对消化酶活性的影响

消化酶活性高低决定着鱼体对营养物质消化吸收的能力，从而决定鱼体生长发育的速度（田宏杰等，2006）。本实验结果表明，养殖水温与酶反应温度对卵形鲳鲹幼鱼消化酶活性有着完全不同的影响结果，3 种消化酶活性的最适养殖水温与其生活环境的最适水温范围 22~28℃一致，这说明养殖水温不仅明显影响卵形鲳鲹幼鱼体内消化酶的活性，而且与其生活环境的温度相适应；而消化酶活性的最适反应温度则远高于其栖息水环境的水温，不能较好地反映鱼类养殖生产的最适投饲温度。作者等（2006）的研究表明，黄鳍鲷肝、肠和胃的 3 种消化酶在反应温度为 35~45℃的范围内都有较高的活性；黎军胜等（2004）报道了奥尼罗非鱼肠道中 3 种酶的最适反应温度分别为 55℃、30℃和 35℃；桂远明等（1992）报道了草鱼、鲤、鲢、鳙 4 种淡水鱼肠、肝胰脏蛋白酶最适反应温度为 45~55℃，淀粉酶最适反应温度为30~35℃，脂肪酶最适反应温度为 25~30℃。这些最适反应温度均高于鱼类生活环境的水温。在生产实践中，养殖水温对鱼类生长发育的影响是非常显著的，养殖水温不仅直接影响消化酶活性的高低，而且通过影响鱼体的胃肠蠕动、营养物质代谢以及体内离子浓度，间接影响消化酶的活性。而离体条件下所测得的消化酶最适反应温度只反映了消化酶的热稳定性和温度对酶活力的影响规律，并不能准确反映温度对消化率的影响情况。实验结果提示，在生产实践中，应以鱼类实际生活环境的最适消化酶活性水温为基础，及时调节饵料的投喂量和其中的营养成分，当养殖水温较高时，应适量增加饵料蛋白的比例；而养殖水温较低时，适量增加饵料脂肪的比例，从而提高饲料利用率，增加卵形鲳鲹幼鱼的生长速度，降低养殖成本。

第五节　卵形鲳鲹大规格幼鱼消化酶活性在不同消化器官中的分布及盐度对酶活性影响

一、卵形鲳鲹大规格幼鱼不同器官中消化酶活性的分布

1. 蛋白酶

由图 5-17 可知，在不同盐度下各器官的蛋白酶活性从高到低依次为：肠>幽门盲囊>胃>肝，肠和幽门盲囊蛋白酶活性显著高于胃和肝（$P<0.05$），肠蛋白酶活性在盐度组 5，15，35 中与幽门盲囊差异显著（$P<0.05$）。在盐度组 5，15，30 中，胃蛋白酶活性与肝蛋白酶差异显著（$P<0.05$）。

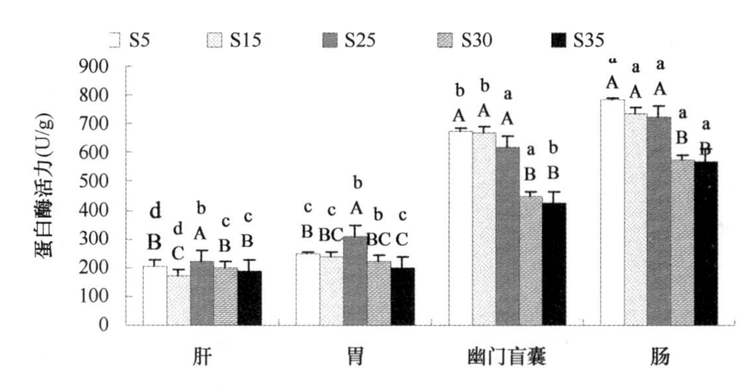

图 5-17　盐度对卵形鲳鲹大规格幼鱼不同消化器官中蛋白酶活性的影响

注：图标上方小写字母不同，表示同一盐度不同消化器官之间存在显著性差异（$P<0.05$）；大写字母不同，表示同种消化器官不同盐度间存在显著性差异（$P<0.05$）（下图同）。

2. 淀粉酶

由图 5-18 可知，淀粉酶活性在各消化器官的分布顺序与蛋白酶相同，从高到低依次为肠>幽门盲囊>胃>肝，肠淀粉酶活性显著高于其他各器官（$P>0.05$），幽门盲囊淀粉酶活性显著高于肝和胃（$P<0.05$），在盐度组 5，25 中，胃淀粉酶活力显著高于肝淀粉酶活力（$P<0.05$），其他盐度组两者没有显著性差异（$P>0.05$）。

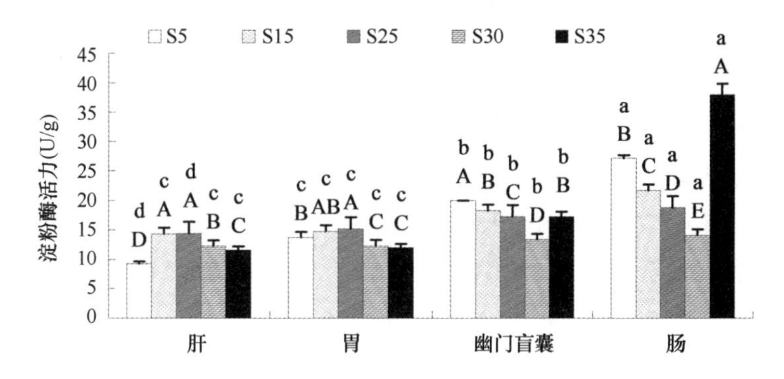

图 5-18　盐度对卵形鲳鲹大规格幼鱼不同消化器官中淀粉酶活性的影响

3. 脂肪酶

如图 5-19 所示，脂肪酶活性在各器官的高低顺序同蛋白酶和淀粉酶是一致的，为：肠>幽门盲囊>胃>肝，在肠中最高，在肝中最低和除盐度 35 组外，肠脂肪酶活性与幽门盲囊无显著性差异（$P<0.05$）；在各盐度组中，肝和胃脂肪酶活性无显著性差异（$P<0.05$）；在盐度 5 组，脂肪酶活性在各器官中变化不大（$P<0.05$）。

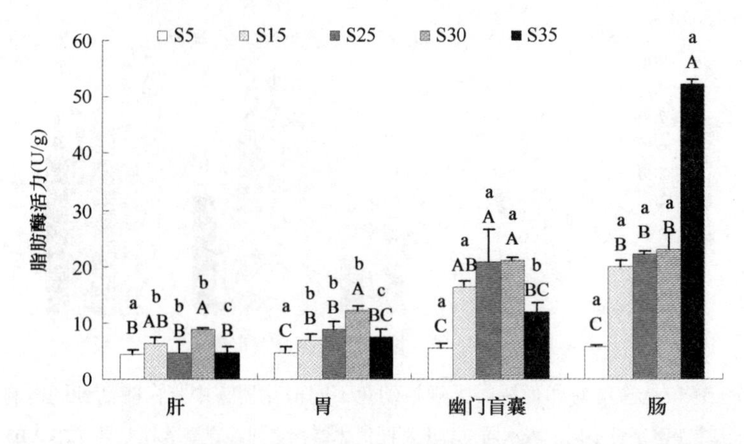

图 5-19 盐度对卵形鲳鲹大规格幼鱼不同消化器官中脂肪酶活性的影响

二、盐度对卵形鲳鲹大规格幼鱼消化酶活性的影响

1. 蛋白酶

由图 5-17 可知，在胃和肝中，蛋白酶活性随盐度增加呈先升高后降低的趋势，盐度 25 组的蛋白酶活性最高（$P<0.05$）。在胃中，盐度组 5、30、35 蛋白酶活力与盐度组 15 都没有显著性差异（$P>0.05$），但盐度组 5 显著高于盐度组 35（$P<0.05$）。在肝中，盐度组 5、30、35 蛋白酶活力无显著性差异（$P>0.05$），但都显著高于盐度 15 组（$P<0.05$）。在肠和幽门盲囊中，蛋白酶活性随着盐度的升高而降低，盐度组 5、15、25 的蛋白酶活性显著高于盐度组 30、35（$P>0.05$），蛋白酶活性在盐度组 5、15、25 之间和 30、35 之间无显著性差异（$P>0.05$）。盐度对肝、胃、幽门盲囊、肠各器官蛋白酶活性影响的变异系数分别为：6.33%±0.05%、2.76%±0.01%、7.85%±0.09%、3.83%±0.04%，由此可见，盐度变化对幽门盲囊蛋白酶活性的影响较大。

2. 淀粉酶

由图 5-18 可知，在胃和肝中，淀粉酶活力随盐度变化呈现先升高后降低的趋势，在盐度 15 和 25 组到达最大值，显著高于盐度组 5、30、35（$P<0.05$）。在肠和幽门盲囊中，淀粉酶活力随盐度的升高而降低，在盐度 30 后升高。各盐度组肠淀粉酶活力差异显著（$P<0.05$）。在幽门盲囊中，盐度组 5 酶活力显著高于其他盐度组（$P<0.05$），除盐度组 25、35 之外，其他各组之间都有显著性差异（$P<0.05$）。盐度对肝、胃、幽门盲囊、肠各器官淀粉酶活性影响的变异系数分别为：1.43%±0.02%、2.42%±0.02%、1.74%±0.02%、1.35%±0.01%。由此可见，胃淀粉酶活

性受盐度变化的影响最大。

3. 脂肪酶

如图 5-19 所示，在胃、肝、幽门盲囊中，脂肪酶活性随盐度的增加均呈先上升后下降的趋势，在盐度 30 时达到最大值，盐度 5 时酶活力最低。在肝中，脂肪酶活性在盐度 30 时显著高于盐度 35、25、5（$P<0.05$），但与盐度 15 无显著性差异（$P>0.05$），盐度 35、25、15、5 之间无显著性差异（$P>0.05$）。在胃中，脂肪酶活力在盐度 30 时显著高于其他盐度组，胃脂肪酶在盐度 35、25、15 之间和 35、15、5 之间无显著性差异（$P>0.05$）。在幽门盲囊中，酶活性在盐度 30、25、15 间无显著性差异（$P>0.05$），但均显著高于盐度 5（$P<0.05$），盐度 35 与 5 之间无显著性差异（$P>0.05$）。肠脂肪酶活性随盐度的升高而升高，在盐度 35 时达到最大值（$P<0.05$），盐度 5 时最低（$P<0.05$），其他 3 个盐度组之间无显著性差异（$P>0.05$）。盐度对肝、胃、幽门盲囊、肠各器官脂肪酶活性影响的变异系数分别为：21.48%±0.15%、12.44%±0.09%、11.18%±0.11%、10.55%±0.11%，由此可见，肝脂肪酶活性受盐度变化的影响最大。

三、研究结果分析

1. 卵形鲳鲹大规格幼鱼消化酶活性分布

鱼类体内不同消化器官中的蛋白酶活性不一样，蛋白酶有碱性和酸性两种，胃中提取的蛋白酶为酸性蛋白酶，肠和肝内提取的蛋白酶为碱性蛋白酶（Kawai S，et al，1972）。有学者通过对千年笛鲷（作者等，2006）、大黄鱼（朱爱意等，2006）、条石鲷（作者等，2010）的研究发现，蛋白酶活性主要存在于胃。在本研究中发现，在不同盐度中卵形鲳鲹大规格幼鱼各消化器官的蛋白酶活性变化是一致的，在肠中最大，肝中最小，这与鲢、鳙（倪寿文等，1993）和鲻（作者等，2011）的研究结果相似。这说明鱼类的消化器官在消化活动中所起的作用存在差异。作者等的研究表明，卵形鲳鲹较小规格幼鱼中，蛋白酶活性最大的部位是胃，而本研究结果表明，卵形鲳鲹较大规格幼鱼的肠蛋白酶活性最高，肠在蛋白质的消化吸收中作用最大，其次是幽门盲囊，这说明不同生长阶段，卵形鲳鲹消化吸收蛋白质的主要器官是不同的。

鱼类消化器官中几乎都含有淀粉酶，淀粉酶活性大小与鱼类的种类和食性有关。本实验中，卵形鲳鲹大规格幼鱼在不同盐度下淀粉酶活性在消化道内分布也是一致的，从高到小依次为肠>幽门盲囊>胃>肝，表明卵形鲳鲹幼鱼体内的淀粉酶活性主要存在于肠道内，与作者等对卵形鲳鲹较小规格幼鱼和成鱼淀粉酶活性分布的研究结果基本一致（作者等，2006），表明卵形鲳鲹在各个阶段对淀粉的吸收和消化的主要部位都是肠。肝淀粉酶活力较弱，有学者认为是因为肝脏分泌淀粉酶原，需要激活后才能产生活力，一般研究认为，淀粉酶原进入肠道被激活，故肠淀粉酶活力较高（作者等，2011）。

脂肪是鱼类重要的营养物质，可以为鱼类的各项活动提供能量，故研究脂肪酶有着重要的意义。一般认为肝胰脏是鱼类脂肪酶的主要生成器官，而脂肪酶的活力却存在于消化系统的各个部分（Dask M et al，1991）。在本研究中不同盐度下卵形鲳鲹大规格幼鱼脂肪酶活性在肠中最高，幽门盲囊次之，肝脏最低，这与作者等（2011）等对卵形鲳鲹较小规格幼鱼和成鱼的研究结果基本一致，说明肠是消化脂肪的重要场所。

本研究结果证明，卵形鲳鲹大规格幼鱼肠是消化各类营养物质最主要的场所，肠内3种消化酶活性均高于其他消化器官。肝虽是各种消化酶原的重要分泌器官，但各种酶活力均是最小，可认为肝的消化能力较弱。而作者等（2011）的研究表明，胃和肠是卵形鲳鲹较小规格幼鱼和成鱼蛋白质类营养物质消化和吸收的重要部位，由此可见，在不同的发育时期，卵形鲳鲹对蛋白质消化和吸收的主要器官有所差别。

2. 盐度对卵形鲳鲹大规格幼鱼消化酶活性的影响

盐度对鱼类消化生理活动的影响包括很多方面，可以通过影响渗透调节来影响消化酶的活性，同时许多无机离子是消化酶活性的激活或抑制剂，可以直接影响消化酶的活性，有研究表明无机离子直接对酶产生作用可能是盐度影响消化酶活性的主要原因（Squires E J et al，1986；Sanchehez-Chiang L，1987）；另外，盐度还通过影响鱼类消化道内的pH来影响消化酶的活性（Noda M et al，1981）。本实验中，随着盐度增加卵形鲳鲹大规格幼鱼肝和胃蛋白酶活力先上升后下降，在盐度25达到最大值，肠和幽门盲囊随盐度增加酶活力呈下降趋势，说明盐度的增加对肠和幽门盲囊的蛋白酶活性有抑制作用，这与作者等（2010）对卵形鲳鲹较小规格幼鱼的研究结果不一致，究其原因，可能是不同的生长阶段，盐度对其蛋白酶活性影响的结果不一样。淀粉酶活性在胃和肝中随盐度的增加变化是一致的，都在盐度25时酶活性最高，这与作者等（2010）的研究结果是一致的，说明盐度在这2个生长阶段对胃和肝淀粉酶活性的影响是一样的，而在肠和幽门盲囊中，淀粉酶活性随盐度增加而降低，在盐度35时回升，说明在盐度30之内，盐度增加对肠和幽门盲囊淀粉酶起抑制作用。许多研究表明，较低浓度的氯离子对a-淀粉酶有激活作用，而较高浓度的氯离子对a-淀粉酶有抑制作用（尾崎久雄，1985；Chui Y N，1981）在本研究中肠和幽门盲囊淀粉酶活性随盐度变化的结果与之相似。脂肪酶活性在胃、肝、幽门盲囊中的变化相似，都在盐度30时酶活性最高，说明在盐度30内，3种器官随盐度升高脂肪酶活性被激活，而盐度过高则会被抑制，肠脂肪酶活性随盐度升高而升高，则说明盐度增加对其酶活性有激活作用。

本研究表明，卵形鲳鲹大规格幼鱼肠和幽门盲囊是各盐度下不同消化酶分布的主要场所，尤其是肠，所以这两个消化部位各类酶活被激活的盐度对卵形鲳鲹大规格幼鱼消化作用有着重要意义。在本研究中综合各种因素发现，盐度25时卵形鲳鲹大规格幼鱼消化道内蛋白酶活性最高，盐度30时脂肪酶活性较高，盐度35时肠淀粉酶活性最高，说明较高盐度对卵形鲳鲹大规格幼鱼体内消化酶活性有积极作用。对变异系数的分析表明，幽门盲囊蛋白酶活性、胃淀粉酶活性和肝脂肪酶活性受盐度变化的影响最大。因此，在此阶段卵形鲳鲹养殖过程中应将盐度调整至25-30，使其对食物的消化吸收达到最佳，在其不同盐度的养殖过程中，根据各盐度下消化酶活性的变化规律来配比饵料的各种营养成分，在满足其营养需求的同时，减少不必要浪费，以降低饲料成本，提高养殖效益。

第六节　饥饿对卵形鲳鲹幼鱼存活和消化酶活力的影响

一、饥饿对卵形鲳鲹幼鱼形态、器官、行为、存活和比内脏重的影响

饥饿前3 d各组幼鱼状态变化不明显，第4 d饥饿组的幼鱼体色较对照组的黑，并且游动速度变得较缓慢，随着饥饿时间的延长，饥饿组幼鱼游泳能力越差，对外界刺激的反应也越慢，在饥饿第6 d解剖的幼鱼中可观察到肝脏明显减小，消化道有些泛白，第7 d有少量幼鱼头部向下，不能平衡，第8 d开始出现死亡，至第9 d全部饥饿组卵形鲳鲹幼鱼的存活率下降到75.33%，至第12 d存活率为64.67%，实验过程中第8 d晚间死亡数量最多。饥饿对卵形鲳鲹幼鱼死亡和存活率的影响见表5-2。

实验幼鱼的比内脏重随着饥饿时间的延长而持续下降，饥饿第0~6 d下降速度最快，其中第3 d由饥饿前（对照组）的9.81下降到7.80，两者差异极显著（$P<0.01$）；第6 d继续明显下降到6.39，之后下降不明显，第6 d、第9 d和第12 d三组之间差异不显著（$P>0.05$），与对照组和饥饿第3 d差异均极显著（$P<0.01$）。饥饿对卵形鲳鲹幼鱼比内脏重的影响见图5-20。

表5-2　饥饿对卵形鲳鲹幼鱼死亡和存活率的影响

饥饿时间（d）	0	3	6	8	9	12
死亡尾数（尾）	0	0	0	58	74	106
存活率（%）	100	100	100	80.67	75.33	64.67

注：存活率=（初始尾数-死亡尾数）/初始尾数×100%，初始尾数为实验开始时饥饿组总数量300 ind。

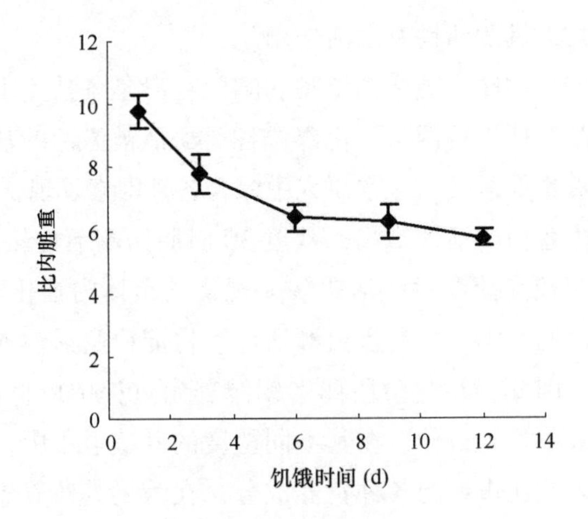

图 5-20 饥饿对卵形鲳鲹幼鱼比内脏重的影响

二、饥饿对卵形鲳鲹幼鱼蛋白酶活力的影响

饥饿对卵形鲳鲹幼鱼蛋白酶活力的影响见图 5-21。各饥饿组蛋白酶活力变化明显，随着饥饿时间延长，蛋白酶活力总体上呈上升趋势，由对照组的 44.62 升高到饥饿第 12 d 的 98.40，两者差异极显著（$P<0.01$）；蛋白酶活力在饥饿第 3 d 上升到 73.11，与对照组差异极显著（$P<0.01$）；饥饿第 6 d 蛋白酶的活力达到 83.93，与对照组差异极显著（$P<0.01$）；饥饿第 9 d 蛋白酶活力下降到 69.79，与饥饿第 3 d差异不显著（$P>0.05$），与其他各组均差异极显著（$P<0.01$）。

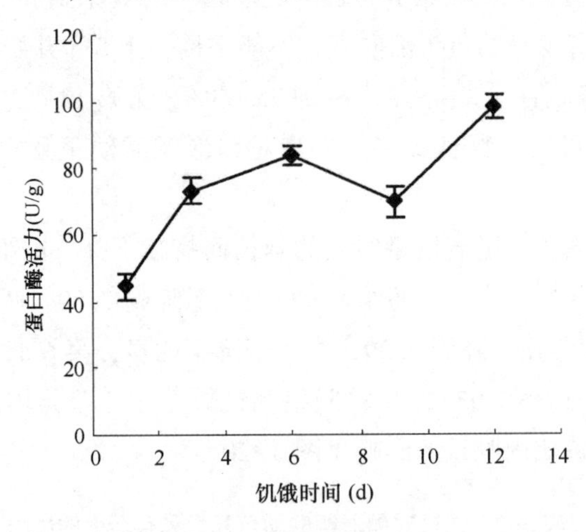

图 5-21 饥饿对卵形鲳鲹幼鱼蛋白酶活力的影响

三、饥饿对卵形鲳鲹幼鱼淀粉酶活力的影响

饥饿对卵形鲳鲹幼鱼淀粉酶活力的影响见图 5-22。饥饿对淀粉酶活力影响明显，

在饥饿第 3 d 淀粉酶活力就下降到 24. 76，与对照组差异极显著（$P<0.01$）；第 12 d 淀粉酶活力由对照组的 48. 26 降低到 14. 17，两者差异极显著（$P<0.01$）；饥饿第 3 d 到第 6 d 酶活力没有明显变化，两者差异不显著（$P>0.05$），与对照组差异极显著（$P<0.01$）；第 9 d 和第 12 d 酶活力持续下降，均与对照组差异极显著（$P<0.01$）。

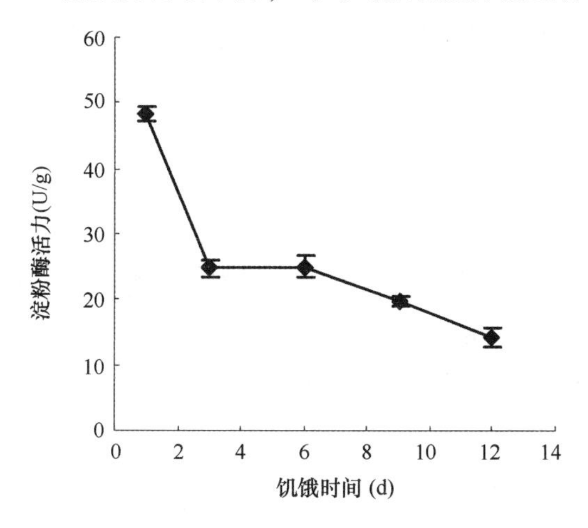

图 5-22　饥饿对卵形鲳鲹幼鱼淀粉酶活力的影响

四、饥饿对卵形鲳鲹幼鱼脂肪酶活力的影响

饥饿对卵形鲳鲹幼鱼脂肪酶活力的影响见图 5-23。脂肪酶活力在整个实验期间变化较大，在饥饿的前 9 d 总体上脂肪酶的活力是下降的，饥饿第 3 d 脂肪酶活力由对照组的 28. 66 下降到 19. 97，差异极显著（$P<0.01$）；第 6 d 脂肪酶活力上升到 23. 66，与对照组差异显著（$P<0.05$），与饥饿 3 d 的差异不显著（$P>0.05$）；第9 d 脂肪酶活力下降到 21. 99，与对照组差异显著（$P<0.05$），与饥饿 3 d 和 6 d 差异不显著（$P>0.05$）；第 12 d 脂肪酶活力上升至 36. 25，高于对照组，与对照组及其他各组差异极显著（$P<0.01$）。

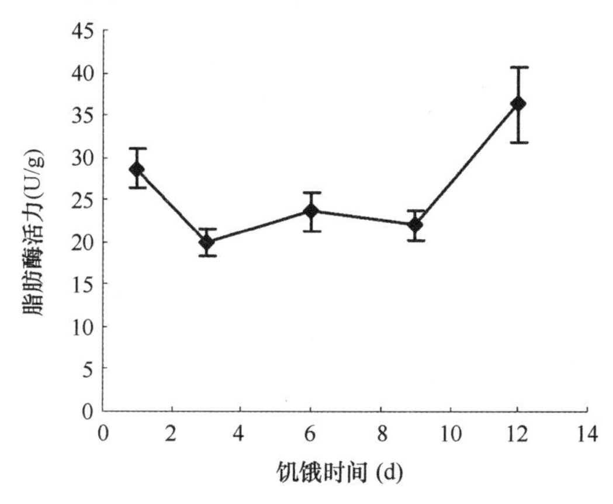

图 5-23　饥饿对卵形鲳鲹幼鱼脂肪酶活力的影响

五、研究结果分析

1. 饥饿对卵形鲳鲹幼鱼形态、器官、行为、存活和比内脏重的影响

鱼类饥饿时，代谢发生适应性变化，通过调节身体各种酶的活力，以达到积极利用体内的存储物质，得以维持生命。有些鱼能源物质储存在消化道的肠系膜内，有些储存在肝脏，还有些储存在肌肉里，动用哪部分能源物质，以及动用的先后顺序，因种类而有所不同（作者等，2007；Furne M，et al. 2008），本实验中观察到卵形鲳鲹幼鱼的肝脏在饥饿后明显减小，比内脏重随着饥饿时间的延长而下降，表明卵形鲳鲹幼鱼在饥饿时为了供应鱼机体生存所必需的能量，可能要消耗内脏中储存的蛋白质、脂肪等物质作为机体的能量来源，这与 Furneet al（2008）的研究结果一致。第 6 d 之后比内脏重下降不明显，可能是因为内脏中的能量消耗到一定程度后，幼鱼处于机体的自我保护机制，开始动用其他组织中的能量物质。

区又君等（2007）研究千年笛鲷幼鱼的饥饿和补偿生长时发现，幼鱼饥饿 7~8 d 后开始死亡，直至无法恢复生长和存活，表明短暂的饥饿刺激使鱼体出现应激反应，长期的饥饿可能使鱼体组织结构发生变化，超过一定时间即饥饿临界值，将导致机体受损、生长抑制和死亡。本实验卵形鲳鲹幼鱼在饥饿第 3 d 比内脏重快速下降，第 4 d 体色和行为开始变得不正常，第 6 d 肝脏、消化道等消化器官异常，第 8 d 幼鱼开始死亡，表明第 8 d 是卵形鲳鲹幼鱼饥饿致死的临界期，持续饥饿已导致幼鱼的机体和内脏机能受损、衰竭，直至死亡。

2. 饥饿对卵形鲳鲹幼鱼消化酶活力的影响

饥饿对鱼类消化酶的影响也因种类不同而不同。Furne M et al（2008）研究纳氏鲟鱼和虹鳟发现，蛋白酶和淀粉酶活力在饥饿后明显下降，脂肪酶活力在总体上下降，中间略有上升。Gisbert E et al（2011）研究发现，欧洲鳗鲡的胰蛋白酶活力在饥饿第 5 d 变化不明显，在第 10~40 d 明显下降；而淀粉酶活力在第 5 d 明显下降，第 10 d 有所上升，此后一直维持在同一水平，变化不明显。王燕妮等（2001）研究发现鲤在饥饿后淀粉酶活力会大幅上升，而恢复投喂后有所下降，总体上呈上升趋势。高露姣等（2004）发现，饥饿对施氏鲟幼鱼的消化酶活力有明显影响，饥饿 7 d 时，蛋白酶、淀粉酶和脂肪酶活力均有明显的下降，但随饥饿时间的延长（7~21 d），这三种消化酶在不同部位出现或降或升的变化。

本实验中，饥饿组的卵形鲳鲹幼鱼蛋白酶活力变化趋势是先上升再下降，然后又上升，蛋白酶活力始终高于对照组，原因可能是卵形鲳鲹是肉食性鱼类，主要以消化蛋白质为主，作为对饥饿的应激反应，机体通过增加蛋白酶分泌量，以利用机体内的蛋白质作为能量，维持机体的生命活动。淀粉酶活力总体上呈下降状态，脂

肪酶活力在前 9 d 总体上呈下降状态，饥饿状态下酶活力下降的原因可能是，食物对消化酶分泌的刺激主要分为两种，一是食物蠕动的机械刺激（谢小军等，1998）；二是通过嗅觉、视觉等感觉器官影响中枢神经系统对消化腺的调控（钱国英，1998）。在不投饵的情况下，食物蠕动的机械刺激和鱼的嗅觉、视觉等感觉器官刺激作用几乎不存在，从而消化酶的分泌量明显下降；其次由饥饿引起的鱼体比内脏重持续下降，使肝脏组织结构变化，胃腺和肠道的厚度下降等消化器官的实质性变化，以及消化道内丰富的黏液细胞结构受损伤（作者等，2008），使这些器官分泌消化酶的能力下降，这与田宏杰等（2006）和区又君等（2007）的分析是一致的。第 12 d 脂肪酶的活力明显上升，可能是由于持续的饥饿使卵形鲳鲹幼鱼机体代谢紊乱，具体原因有待进一步研究。

第七节　卵形鲳鲹碱性磷酸酶和酸性磷酸酶的分布及其低温保存

一、卵形鲳鲹碱性磷酸酶（AKP）和酸性磷酸酶（ACP）的分布

1. AKP 的分布

卵形鲳鲹各器官中的 AKP 活性大小顺序依次为后肠>幽门盲囊>肾>中肠>肝>前肠>心>肌肉，胃中未测出酶活性（图 5-24）。后肠的活性显著高于其他器官（$P<0.05$），前肠与肝、中肠和肾的活性差异不显著（$P>0.05$）。

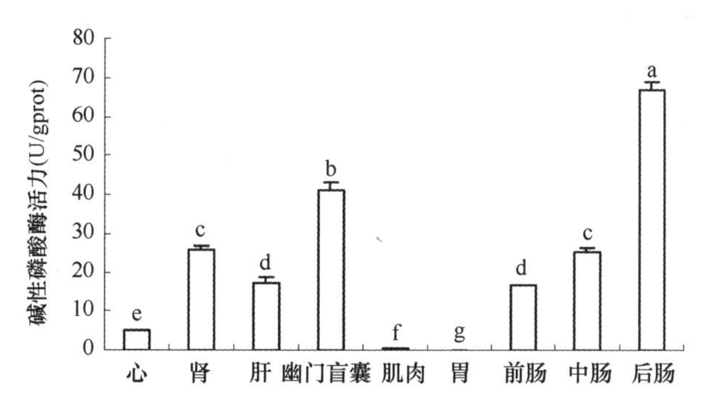

图 5-24　卵形鲳鲹不同器官的碱性磷酸酶活性

2. ACP 的分布

卵形鲳鲹各器官中的 ACP 活性大小顺序依次为肝>肌肉>后肠>中肠>幽门盲囊>肾>心>前肠>胃（图 5-25）。其中肝的活性显著高于其他器官（$P<0.05$），而前肠

与胃、心和肾的活性差异不显著（$P>0.05$）。

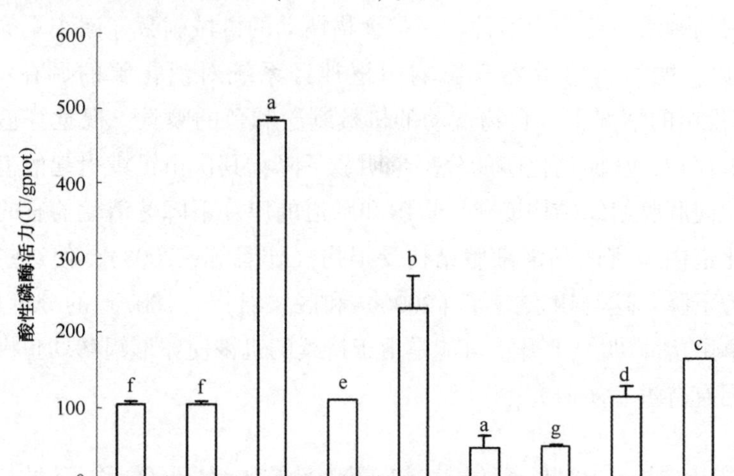

图 5-25　卵形鲳鲹不同器官的酸性磷酸酶活性

二、低温保存和保存时间对磷酸酶活性的影响

1. 对 AKP 活性的影响

如表 5-3 所示，心脏样品在 4℃下保存 7 d 时，AKP 活性显著降低（$P<0.05$），15 d 后已检测不出酶活力，-20℃保存 30 d 时，AKP 活性显著降低（$P<0.05$），-80℃保存时酶的活性相对稳定（$P>0.05$）；肾脏在 4℃下保存 15 d，AKP 活性显著降低（$P<0.05$），-20℃和-80℃保存 30 d，酶的活性变化不大（$P>0.05$）；肝脏在 4℃和-20℃保存 15 d，AKP 活性显著降低（$P<0.05$），-80℃下保存 30 d，酶活性相对稳定（$P>0.05$）；幽门盲囊在 3 种不同温度下保存 30 d，AKP 活性均显著降低（$P<0.05$）；肌肉在 4℃下保存 3 d 即无法检测出活性，-20℃保存 30 d 时，AKP 活性显著减小（$P<0.05$），-80℃保存，酶的活性相对稳定（$P>0.05$）；前肠和后肠在 4℃下保存 7 d、-20℃下保存 15 d，AKP 活性显著减小（$P<0.05$），-80℃保存 30 d，酶的活性变化不大（$P>0.05$）；中肠在 4℃保存 30 d，AKP 活性显著降低（$P<0.05$），-20℃和-80℃下保存 30 d 酶活力没有显著变化（P>0.05）。胃中未检测出 AKP 活性。

表 5-3　碱性磷酸酶活性（AKP）低温保存实验

器官	温度（℃）	保存时间（d）				
		0	3	7	15	30
心	4	2.46±0.69^{a}	2.26±0.17^{a}	0.68±0.05^{b}	/	/
	-20	2.46±0.69^{a}	2.42±0.03^{a}	2.06±0.25^{a}	2.07±0.54^{a}	1.55±0.15^{b}
	-80	2.46±0.69^{a}	2.44±0.43^{a}	2.50±0.31^{a}	2.39±0.29^{a}	2.47±0.64^{a}
肾	4	25.94±0.99^{a}	24.70±0.94^{a}	23.47±0.15^{a}	21.73±0.91^{b}	12.06±1.23^{c}
	-20	25.94±0.99^{a}	25.57±0.21^{a}	25.93±0.35^{a}	25.15±1.02^{a}	23.13±1.77^{a}
	-80	25.94±0.99^{a}	25.44±0.45^{a}	24.71±0.67^{a}	25.02±0.32^{a}	24.23±0.79^{a}
肝	4	27.15±0.52^{a}	27.17±0.81^{a}	26.68±0.05^{a}	23.16±0.60^{b}	15.06±1.99^{c}
	-20	27.15±0.52^{a}	25.94±0.74^{a}	24.98±0.82^{a}	23.40±1.06^{b}	21.74±0.72^{b}
	-80	27.15±0.52^{a}	26.67±0.11^{a}	27.01±0.14^{a}	25.79±0.24^{a}	26.00±0.09^{a}
幽门盲囊	4	41.12±2.09^{a}	41.46±1.23^{a}	39.43±0.92^{a}	39.90±0.29^{a}	37.76±0.55^{b}
	-20	41.12±2.09^{a}	41.13±1.54^{a}	40.51±0.41^{a}	39.99±0.84^{a}	38.10±0.34^{b}
	-80	41.12±2.09^{a}	40.98±0.79^{a}	41.00±0.86^{a}	39.01±0.18^{a}	38.76±0.93^{b}
肌肉	4	0.33±0.03^{a}	-	-	-	-
	-20	0.33±0.03^{a}	0.30±0.01^{a}	0.35±0.03^{a}	0.40±0.04^{a}	0.19±0.10^{b}
	-80	0.33±0.03^{a}	0.24±0.05^{a}	0.35±0.06^{a}	0.33±0.02^{a}	0.32±0.03^{a}
胃	4	-	-	-	-	-
	-20	-	-	-	-	-
	-80	-	-	-	-	-
前肠	4	26.57±1.28^{a}	26.08±1.40^{a}	23.59±0.71^{b}	24.19±2.03^{b}	22.79±1.77^{b}
	-20	26.57±1.28^{a}	25.99±1.34^{a}	26.34±0.69^{a}	24.79±0.37^{b}	23.11±0.85^{b}
	-80	26.57±1.28^{a}	26.36±0.40^{a}	25.82±0.32^{a}	25.90±0.19^{a}	25.90±0.46^{a}
中肠	4	25.32±2.69^{a}	25.31±1.16^{a}	25.01±1.37^{a}	24.74±0.98^{a}	18.74±0.62^{b}
	-20	25.32±2.69^{a}	25.01±0.09^{a}	24.81±1.73^{a}	24.99±0.17^{a}	23.91±2.89^{a}
	-80	25.32±2.69^{a}	24.74±2.60^{a}	25.98±2.21^{a}	24.90±2.58^{a}	24.77±1.18^{a}
后肠	4	67.05±2.06^{a}	67.11±2.05^{a}	60.72±1.73^{b}	54.91±2.43^{c}	32.66±4.32^{d}
	-20	67.05±2.06^{a}	66.19±2.04^{a}	65.18±1.14^{a}	64.78±1.94^{a}	63.95±0.71^{b}
	-80	67.05±2.06^{a}	66.78±1.71^{a}	67.46±2.01^{a}	66.72±0.99^{a}	66.01±1.72^{a}

注：表中不同小写字母，表示不同实验组之间存在显著性差异（$P<0.05$）。

2. 对 ACP 活性的影响

如表 5-4 所示，心脏在 4℃下保存 3 d、-20℃保存 15 d，ACP 活性即显著减小（$P<0.05$），-80℃保存 30 d，酶的活性无明显变化（$P>0.05$）；肾、肝和前肠在 4℃和-20℃下保存 15 d，ACP 活性显著降低（$P<0.05$），-80℃保存 30 d，酶的活

性无明显变化（$P>0.05$）；幽门盲囊在3种温度下保存3 d，ACP活性均显著降低（$P<0.05$）；肌肉和后肠在4℃下保存15 d，ACP活性显著降低（$P<0.05$），-20℃和-80℃保存，酶的活性无明显变化（$P>0.05$）；胃在4℃下保存7 d、-20℃保存至30 d，ACP活性显著降低（$P<0.05$），在-80℃保存，酶的活性无明显变化（$P>0.05$）；中肠在4℃和-20℃下保存30 d，ACP活性显著降低（$P<0.05$），-80℃保存30 d，酶的活性无明显变化（$P>0.05$）。

表5-4　酸性磷酸酶（ACP）低温保存实验

器官	温度（℃）	保存时间（d）				
		0	3	7	15	30
心	4	94.71±0.01[a]	88.27±1.78[b]	89.65±0.56[b]	84.16±0.23[c]	74.64±0.04[d]
	-20	94.71±0.01[a]	93.01±0.09[a]	93.55±0.11[a]	91.58±0.59[b]	90.11±0.02[b]
	-80	94.71±0.01[a]	94.58±0.10[a]	93.14±0.19[a]	93.72±0.96[a]	93.62±0.21[a]
肾	4	90.82±0.03[a]	91.02±0.09[a]	90.28±0.45[a]	85.75±1.45[b]	80.80±0.05[c]
	-20	90.82±0.03[a]	91.58±0.01[a]	90.77±0.30[a]	84.34±1.81[b]	83.74±2.01[b]
	-80	90.82±0.03[a]	90.28±0.41[a]	90.59±0.45[a]	90.00±1.02[a]	90.78±0.01[a]
肝	4	453.04±39.24[a]	439.42±32.68[a]	437.95±19.91[a]	421.19±18.86[b]	201.16±2.10[b]
	-20	450.53±39.24[a]	447.52±40.75[a]	448.00±20.81[a]	429.08±25.79[b]	420.43±91.13[b]
	-80	451.15±39.24[a]	451.45±30.71[a]	449.12±19.47[a]	448.74±22.33[a]	449.76±13.68[a]
幽门盲囊	4	105.71±1.23[a]	99.98±0.54[b]	98.89±1.28[b]	89.65±3.26[b]	81.06±5.43[c]
	-20	105.71±1.23[a]	101.34±0.29[b]	99.01±1.19[b]	91.54±4.71[c]	86.94±2.38[c]
	-80	105.71±1.23[a]	99.21±3.08[b]	99.57±2.46[b]	97.54±2.04[b]	94.98±0.31[c]
肌肉	4	211.30±2.78[a]	211.31±0.71[a]	209.46±0.32[a]	176.71±1.77[b]	159.57±2.05[c]
	-20	211.30±2.78[a]	211.10±0.98[a]	211.51±0.45[a]	207.89±1.54[a]	204.15±5.90[a]
	-80	211.30±2.78[a]	211.47±0.39[a]	211.59±0.33[a]	210.43±2.00[a]	210.76±2.81[a]
胃	4	40.31±0.07[a]	39.79±0.13[a]	35.33±0.45[b]	33.63±0.99[b]	17.11±2.47[c]
	-20	40.31±0.07[a]	40.24±0.21[a]	38.51±0.50[a]	37.91±0.29[a]	36.37±0.99[b]
	-80	40.31±0.07[a]	40.35±0.01[a]	39.12±0.11[a]	38.56±0.48[a]	39.01±0.56[a]
前肠	4	76.71±4.19[a]	77.01±2.71[a]	75.73±2.38[a]	58.48±0.18[b]	50.92±4.76[c]
	-20	76.71±4.19[a]	76.70±1.13[a]	73.05±2.07[a]	58.84±2.01[b]	57.51±2.09[b]
	-80	76.71±4.19[a]	76.99±1.01[a]	76.13±4.39[a]	76.54±1.78[a]	76.48±6.63[a]

续表

器官	温度（℃）	保存时间（d）				
		0	3	7	15	30
中肠	4	100.37±0.21^{a}	99.42±0.07^{a}	99.89±0.79^{a}	98.92±0.88^{a}	79.13±2.05^{b}
	-20	100.37±0.21^{a}	100.45±0.01^{a}	103.18±0.02^{a}	97.35±0.91^{a}	92.58±3.45^{b}
	-80	100.37±0.21^{a}	101.75±0.09^{a}	100.37±0.46^{a}	99.87±0.35^{a}	98.57±1.03^{a}
后肠	4	135.77±1.58^{a}	134.19±0.05^{a}	132.93±2.38^{a}	122.19±2.09^{b}	120.00±6.32^{b}
	-20	135.77±1.58^{a}	134.19±1.03^{a}	135.07±0.20^{a}	132.90±1.05^{a}	131.67±3.33^{a}
	-80	135.77±1.58^{a}	136.00±0.94^{a}	135.70±0.31^{a}	134.93±0.27^{a}	134.76±0.82^{a}

注：表中不同小写字母，表示不同实验组之间存在显著性差异（$P<0.05$）。

三、研究结果分析

1. 磷酸酶在鱼体内的分布及其功能

（1）AKP 的分布及其功能

鱼类的 AKP 广泛分布于动物的多种组织内，许敏（2007）研究了白鲢内脏 4 种组织，发现肠、肝、肾、心脏均有 AKP 活性，且活性高低顺序为肠>肝>肾>心脏；王宏田（2000）测定了假雄牙鲆各消化器官 AKP 的活性，其高低顺序为前肠>中肠>后肠>肝脏>胃；杨贵强等（2008）研究了 3 种鲟鱼组织的 AKP 活性，其高低顺序为肠>肝。这些研究结果与本试验中卵形鲳鲹各器官 AKP 活性高低顺序大致相同。体内 AKP 的确切功能尚不清楚。有报道称 AKP 主要参与物质转运、离子分泌（Meyran J C et al，1986）、机体防御（Polstra K et al，1997）和软骨钙化（Miler G J et al，1988）等。王锐等（2001）报道在文昌鱼的肝、幽门盲囊和消化道中具有 AKP 活性与跨膜运输有关，可参加物质的转运。因此，消化道细胞可通过内吞作用将食物吞入细胞内，借助于溶酶体的帮助对摄入的营养物质进行消化、吸收和转运，从而完成整个消化过程。卵形鲳鲹体内器官均有 AKP 活性，只有胃没有检测到活性。这可能与胃主要负责营养消化而非吸收有关。

（2）ACP 的分布及其功能

ACP 是动物参与细胞内消化的重要水解酶，而且还与动物免疫活动有关（孙虎山等，1999；2002；颜思旭等，1980）。在卵形鲳鲹体内各组织均有 ACP 活性。有报道文昌鱼肠中具有很强 ACP 活性，表明肠在文昌鱼消化吸收过程中起着重要作用。文昌鱼内柱中的 ACP 可能同时与内柱纤毛的运动和腺细胞分泌的黏液物质对食物的辅助消化功能有关（孙建梅等，2006）。由此推测，卵形鲳鲹肝、幽门盲囊和消化道中的 ACP 功能都与食物细胞内消化有关。

（3）AKP 和 ACP 活性的比较

ACP 及 AKP 发挥作用的条件是不一样的，其活性受 pH 值的影响，即使在相同组织中的活性也有差别。此试验的研究结果表明，相同组织中的 AKP 和 ACP 活性不同，同一种磷酸酶在不同组织中的活性也有明显差异。刘红柏（2004）研究发现，两种鲟鱼的相同组织中 AKP 和 ACP 活性的差异明显，且 ACP 活性均高于 AKP，与本试验的研究结果相似。杨贵强等（2008）研究发现 3 种鲟鱼血清的 ACP 活性要高于 AKP，而鳃和肠道中的 AKP 活性要高于 ACP。

2. 保存温度和保存时间对磷酸酶活性的影响

磷酸酶属于蛋白质酶，温度是影响其活性的重要因子。关于这方面的研究报道较少，王秀丽（2002）研究认为低温导致人胎盘碱性磷酸酶不稳定，故应置于 0℃以上保存，以 4℃为宜。

此试验研究了不同保存温度和保存时间对样品中的 AKP 和 ACP 活性的影响，结果表明，保存温度和保存时间对 AKP 和 ACP 活性的影响较大。在 4℃和-20℃时，保存时间越长，AKP 和 ACP 活力越低；-80℃时，AKP 和 ACP 活力基本是稳定的，幽门盲囊中 AKP 与 ACP 在长时间保存后活力明显下降。样品的低温保存是实验室常用的保存方法，4℃下细胞内的溶酶体释放和细菌的作用，可能是样品中酶活降低的主要原因。因此，卵形鲳鲹 AKP 和 ACP 样品的适宜保存环境是，在-80℃可长期保存，-20℃的保存时间不宜超过 15 d，在 4℃时不宜超过 3 d。

第六章　卵形鲳鲹的代谢生理学

第一节　卵形鲳鲹幼鱼的耗氧率和排氨率

呼吸和排泄是反映鱼体内代谢活动的主要标志，能直接或间接地反映鱼类的新陈代谢规律、生理和生存状况，对鱼类能量代谢的研究起重要作用，不仅在鱼类生理和鱼类阶段发育的研究方面有着重要意义，而且在鱼类养殖学上也具有理论和应用价值。通过对鱼类呼吸生理的研究，了解鱼类养殖及运输过程中对溶解氧的要求，准确地测定其呼耗氧率和窒息点，可为实际生产应用作为技术参考。因此，开展鱼类耗氧率和排氨率的研究，是鱼类生理学研究的重要内容。

一、不同光照条件下体重对卵形鲳鲹幼鱼呼吸和排泄的影响

在盐度 29 和水温 28±0. 5℃条件下，不同规格的卵形鲳鲹幼鱼耗氧量、排氨量、耗氧率、排氨率测定结果见表 6-1。卵形鲳鲹幼鱼个体耗氧量和排氨量与体重呈正相关，即鱼体越重其耗氧量和排氨量越大。耗氧率和能量代谢率与鱼体重呈负相关。耗氧率与鱼体重的相关关系可用幂函数方程表示：$Y=2.303\ 2X-0.283$（$R^2=0.950\ 6$），式中，Y 为耗氧率，X 为鱼体重，经方差分析，体重对耗氧率的影响显著（$P<0.05$）。排氨率在总体上也是呈逐渐降低的趋势，其相关关系可用二次方程 $Z=0.003\ 8X^2-0.027\ 2X+0.084\ 3$（$R^2=0.980\ 7$）表示，式中 Z 为排氨率，X 为鱼体重，经方差分析体重对排氨率的影响差异显著（$P<0.05$）。另外，不同体重的卵形鲳鲹幼鱼在自然光照条件下的耗氧率、排氨率和氨商均比在遮光条件下高（表6-1）。经方差分析，光照对卵形鲳鲹幼鱼的耗氧和排氨影响非常显著（$P<0.01$），幼鱼在遮光条件下的耗氧率和排氨率分别比在自然光照条件下要低 25. 18%～40. 76%和 16. 28%～40. 28%。

表 6-1　不同体重卵形鲳鲹的耗氧率和排氨率

	项目	体重（g，n=8）				
		0. 30±0. 02	0. 41±0. 03	0. 76±0. 05	1. 49±0. 13	2. 81±0. 23
自然光	每尾鱼的耗氧量（mg/h）	0. 671±0. 082	0. 795±0. 014	1. 341 ±0. 087	2. 278±0. 085	4. 175±0. 125
自然光	耗氧率（mg/g・h）	2. 234±0. 200	1. 938±0. 120	1. 787±0. 181	1. 544±0. 106	1. 398±0. 133
自然光	每尾鱼的排氨量（mg/h）	0. 018±0. 003	0. 020±0. 006	0. 027±0. 001	0. 053±0. 009	0. 122±0. 005
自然光	排氨率（mg/g・h）	0. 060±0. 013	0. 047±0. 015	0. 036±0. 001	0. 035±0. 003	0. 043±0. 002
自然光	氨商	0. 027	0. 024	0. 020	0. 023	0. 031
自然光	能量代谢率 Rm（J/g・h）	30. 286	26. 277	24. 229	20. 935	18. 953
遮光	每尾鱼的耗氧量（mg/h）	0. 535±0. 040	0. 587±0. 032	1. 044±0. 037	1. 714±0. 124	2. 767±0. 110
遮光	耗氧率（mg/g・h）	1. 784±0. 079	1. 420±0. 016	1. 391±0. 107	1. 164±0. 112	0. 993±0. 046
遮光	每尾鱼的排氨量（mg/h）	0. 013±0. 001	0. 015±0. 072	0. 023±0. 008	0. 050±0. 023	0. 901±0. 017
遮光	排氨率（mg/g・h）	0. 043±0. 004	0. 036±0. 002	0. 031±0. 010	0. 029±0. 021	0. 032±0. 005
遮光	氨商	0. 024	0. 025	0. 022	0. 025	0. 032
遮光	能量代谢率 Rm（J/g・h）	24. 194	19. 261	18. 861	15. 777	13. 465
遮光	相对代谢率（%）	25. 18	36. 42	28. 46	32. 69	40. 76

注：(1) 耗氧率（OC）[mg/（g・h）] = [进水溶氧（mg/L）-出水溶氧（mg/L）] ×流速(L/h) /实验鱼重量（g）；（2）排氨率（TAN）[mg/（g・h）] = [出水氨氮含量（mg/L）-进水氨氮含量（mg/L）] ×流速（L/h）/实验鱼重量（g）；(3) 氨商（AQ）= 排氨率/耗氧率；(4) 能量代谢率（Rm）= 氧卡系数（13. 56 J/mg，O_2）×耗氧率（OC）；(5) 相对代谢率（%）=（光照代谢率-遮光代谢率）×100/遮光代谢率

二、放养密度对卵形鲳鲹幼鱼呼吸和排泄的影响

在水温 28. 4±0. 5℃和盐度 29 条件下，体重为 1. 76±0. 18 g 的卵形鲳鲹幼鱼在不同放养密度下的耗氧率、排氨率、氨商和能量代谢率见表 6-2。从表 6-2 中可以看出，随着放养密度的增加，卵形鲳鲹幼鱼的耗氧量和耗氧率均逐渐降低，而排氨量、排氨率和氨商随着密度的增加呈先上升后下降的趋势，耗氧率与放养密度的相关关系可用指数函数方程 $Y=2.420\,4e^{-0.059X}$（$R^2=0.932\,8$）表示（Y 为耗氧率，X 为放养密度）；排氨率与放养密度的相关关系可用二次方程 $Z=-0.003\,9X^2+0.022\,9X+0.104\,8$（$R^2=0.871\,2$）表示（$Z$ 为排氨率，X 为放养密度）。经方差分析，放养密度对幼鱼耗氧率和排氨率的影响显著（$P<0.05$）。

表 6-2　放养密度对卵形鲳鲹耗氧率和排氨率的影响

项目	放养密度（尾）				
	1	2	4	6	8
耗氧量（mg/h）	4. 468±0. 681	4. 076±0. 287	3. 129±0. 259	2. 653±0. 199	2. 319±0. 114
耗氧率（mg/g · h）	2. 068±0. 191	2. 144±0. 049	1. 866±0. 147	1. 830±0. 203	1. 440 8±0. 006
排氨量（mg/h）	0. 241±0. 067	0. 135±0. 092	0. 157±0. 078	0. 057±0. 047	0. 030±0. 030
排氨率（mg/g · h）	0. 110±0. 026	0. 155±0. 048	0. 139±0. 048	0. 086±0. 027	0. 047±0. 019
氨商	0. 053	0. 072	0. 074	0. 047	0. 033
能量代谢率 Rm（J/g · h）	28. 039	29. 074	25. 298	24. 809	19. 537

注：（1）耗氧率（OC）［mg/（g · h）］=［进水溶氧（mg/L）-出水溶氧（mg/L）］×流速（L/h）/实验鱼重量（g）；（2）排氨率（TAN）［mg/（g · h）］=［出水氨氮含量（mg/L）-进水氨氮含量（mg/L）］×流速（L/h）/实验鱼重量（g）；（3）氨商（AQ）= 排氨率/耗氧率；（4）能量代谢率（Rm）= 氧卡系数（13. 56 J/mg，O_2）×耗氧率（OC）。

三、卵形鲳鲹幼鱼耗氧和排氨的昼夜变化

通过 24 h 的连续测定，发现两组鱼，即体重 1. 16±0. 15 g 组和 3. 55±0. 24 g 组，耗氧率和排氨率的变化基本一致（表 6-3）。耗氧率和排氨率的白天值（5：00-17：00）均高于夜间（17：00 至次日 5：00）。耗氧率和排氨率在 11：00 出现高峰。耗氧率的低谷值为高峰值的 69. 68%，排氨率的低谷值为高峰值的 30. 91%。

四、窒息点的测定

水温 28. 7℃条件下，将卵形鲳鲹幼鱼移入呼吸室内，起初鱼表现安静，随着水体中溶氧量的不断下降，实验鱼逐渐表现出焦躁不安、呼吸频率加快，最后呼吸减弱、身体失去平衡、侧身直到沉底死亡。一尾幼鱼窒息死亡时，水体的溶氧为 1. 159±0. 053 mg/L；当有半数幼鱼死亡时，水体内的溶氧为 0. 991±0. 058 mg/L；最后幼鱼全部死亡，此时水体中的溶解氧含量为 0. 827±0. 016 mg/L，经方差分析，溶解氧对幼鱼窒息点的影响极显著（$P<0.01$）。本实验测得卵形鲳鲹幼鱼的窒息点溶解氧含量为 0. 991±0. 058 mg/L。

表 6-3　昼夜对卵形鲳鲹耗氧率和排氨率的影响

项目		时间							
		2：00	5：00	8：00	11：00	14：00	17：00	20：00	23：00
1 组 体重 1.16± 0.15 g （n=8）	耗氧量（mg/h）	1.440±0.005	1.409±0.004	1.768±0.010	1.967±0.015	2.022±0.023	1.857±0.028	1.636±0.009	1.502±0.009
	耗氧率（mg/g·h）	1.244±0.004	1.217±0.008	1.527±0.010	1.699±0.024	1.747±0.040	1.604±0.020	1.413±0.020	1.297±0.012
	排氨量（mg/h）	0.041±0.008	0.019±0.029	0.030±0.039	0.054±0.026	0.046±0.019	0.055±0.017	0.051±0.037	0.024±0.030
	排氨率（mg/g·h）	0.020±0.011	0.016±0.015	0.026±0.028	0.052±0.017	0.039±0.042	0.047±0.018	0.044±0.019	0.021±0.038
	氨商	0.016	0.013	0.017	0.030	0.023	0.030	0.031	0.016
	能量代谢率 Rm（J/g·h）	16.862	16.504	20.712	23.043	23.684	21.748	19.158	17.592
2 组 体重 3.55± 0.24 g （n=8）	耗氧量（mg/h）	3.436±0.003	3.425±0.007	3.514±0.014	4.155±0.010	3.833±0.035	3.613±0.004	3.270±0.003	3.293±0.006
	耗氧率（mg/g·h）	0.969±0.003	0.966±0.010	0.991±0.013	1.172±0.017	1.081±0.012	1.019±0.007	0.922±0.009	0.929±0.015
	排氨量（mg/h）	0.068±0.008	0.066±0.053	0.091±0.017	0.090±0.024	0.083±0.022	0.083±0.018	0.084±0.015	0.085±0.015
	排氨率（mg/g·h）	0.014±0.004	0.010±0.042	0.017±0.025	0.034±0.015	0.028±0.029	0.026±0.020	0.023±0.020	0.016±0.028
	氨商	0.015	0.004	0.017	0.029	0.026	0.026	0.026	0.017
	能量代谢率 Rm（J/g·h）	13.138	13.097	13.436	15.887	14.657	13.816	12.506	12.592

注：（1）耗氧率（OC）［mg/（g·h）］=［进水溶氧（mg/L）-出水溶氧（mg/L）］×流速（L/h）/实验鱼重量（g）；（2）排氨率（TAN）［mg/（g·h）］=［出水氨氮含量（mg/L）-进水氨氮含量（mg/L）］×流速（L/h）/实验鱼重量（g）；（3）氨商（AQ）= 排氨率/耗氧率；（4）能量代谢率（Rm）= 氧卡系数（13.56 J/mg，O_2）×耗氧率（OC）。

五、研究结果分析

① 体重是影响水生动物耗氧率和排氨率的重要因素之一。国内外许多学者对耗氧率与体重的关系进行了不少研究，证实耗氧率与体重之间通常呈幂函数相关，随着体重的增加，耗氧率下降。本实验中体重对卵形鲳鲹幼鱼的耗氧和排氨的影响非常显著，随着幼鱼体重的增加，耗氧量和排氨量均增加，耗氧率和排氨率都减小，这与许多有关鱼类耗氧和排氨研究的结果相似（作者等，2000，2008，2009；Yamamoto K，et al，1990；张美丽等，1999；万松良等，2005；王高学等，2006；朱爱意等，2007a. b；闫茂仓等，2007；沈勤等，2008）。有些学者认为这是由于鱼类在个体较小时生长速度相对较快所造成的，生长速度快就需要摄取较多的营养物质，呼吸、消化和排泄等系统循环速度也相对加快，代谢水平相对于单位体重来说就高，由此体重较小的幼鱼耗氧率和排氨率反而较高（张中英等，1982）。而姜祖辉等（1999）认为可能与水生动物生长过程中组织、脏器的比重有关，直接维持生命的肾、肝等组织的新陈代谢要高于非维持生命的组织如肌肉、脂肪等。随着动物的生长，这两种组织的比率也随之变化，如肾、肝的比率逐渐减小，而肌肉和脂肪等组织逐渐积累，从而引起随个体的逐渐增大而单位耗氧率和排氨率减小的现象。

② 经许多研究证实，光照对鱼类的代谢会产生影响，而且在不同的物种中存在差异。光照强弱会影响鱼的呼吸和排泄，从而影响鱼的耗氧率和排氨率（作者等，2006）。本次实验结果表明，卵形鲳鲹幼鱼在自然光照条件下的耗氧率和排氨率明显高于遮光条件下的耗氧率和排氨率，这可能是由于卵形鲳鲹的昼行性造成的。

③ 本次实验在对卵形鲳鲹的研究中发现，随着呼吸室中幼鱼放养密度的增加，卵形鲳鲹的耗氧率逐渐降低，排氨率先上升后下降。说明放养密度会影响鱼的呼吸与排泄。许多学者认为（李加儿等，2005；作者等，2008），空间因子对鱼类的影响一般通过两种方式：容积内水体积的大小；个体的拥挤程度。这可能是因为在大水体中时，由于个体所拥有的空间较大，减少了个体间的互相干扰程度，溶氧充足，排泄物积累减少，鱼体代谢率提高，进而促进了鱼体较好地生长。

④ 许多学者研究证实，鱼类的耗氧和排氨存在昼夜变化（Clause R G.，1936）。认为鱼类的昼夜代谢水平有三种类型（李加儿，1991）：a. 白天进行摄食活动的鱼类，其耗氧率和排氨率白天比夜间高；b. 夜间进行摄食的鱼类，其耗氧率和排氨率夜间比白天高；c. 昼夜相差不显著，即白天与夜间的耗氧率、排氨率相近。在自然环境中，鱼类耗氧率和排氨率的昼夜节律性变化能够体现鱼类的活动周期，耗氧率和排氨率较大时，表明鱼类在摄食或进行其他活动（胡泗才等，2000）。卵形鲳鲹耗氧和排氨的昼夜变化规律属于第一种类型，摄食及其他活动主要在白天进行，夜晚相对较少。

⑤ 鱼类的窒息点在不同种类间存在差异，而且鱼类的窒息点可以直接反映该

鱼的耐低氧能力。本实验在28℃条件下测得卵形鲳鲹的窒息点为0.991±0.058 mg/L，比真鲷（3.17 mg/L，25℃）（董存有等，1992；王艺磊等，2002）、浅色黄姑鱼（1.882 4 mg/L，30℃）（作者等，2008）的稍低，与军曹鱼（1.00 mg/L，27℃）（陈刚等，2005）、半滑舌鳎（1.095～1.113 mg/L，27℃）（王资生等，2004）相近，远高于鲫（0.59 mg/L，27～28℃）、鳙（0.23 mg/L，27～28℃）、青鱼（0.58 mg/L，27～28℃）（叶奕佐，1959）、尼罗罗非鱼（0.07～0.23 mg/L，21～25.5℃）（张中英等，1982）等淡水鱼类，表明卵形鲳鲹的耐低氧能力与其他海水鱼类相近。因此，在养殖过程中对水质应严格控制，在运输和暂养过程中应保持较高溶氧。

第二节　环境因子对卵形鲳鲹幼鱼耗氧率和排氨率的影响

一、温度对卵形鲳鲹幼鱼耗氧率和排氨率的影响

卵形鲳鲹幼鱼耗氧率在不同温度下的变化如图6-1所示，伴随着温度的升高，耗氧率先增大后减小，当温度为27℃时，耗氧率达最大值，为1.195 mg/g·h，经方差分析，温度对卵形鲳鲹幼鱼耗氧率的影响差异极显著（$P<0.01$），温度与耗氧率之间的相关关系可用二元方程 $Y=-0.140\,2X^2+0.913\,5X-0.389\,6$（$R^2=0.881\,8$）表示（式中，$Y$ 为耗氧率，X 为温度）。不同温度对卵形鲳鲹幼鱼排氨率的影响如图6-2所示，排氨率先随着温度的升高而增加，当温度为27℃时，排氨率达最大值为 4.86×10^{-2} mg/g·h，之后随着温度的增加而减小。经方差分析，温度对卵形鲳鲹幼鱼排氨率的影响差异极显著（$P<0.01$），温度与排氨率之间的相关关系可用二元方程表示为 $Y=-0.007\,1X^2+0.046\,6X-0.030\,6$（$R^2=0.943\,9$）（式中，$Y$ 为排氨率，X 为温度）。

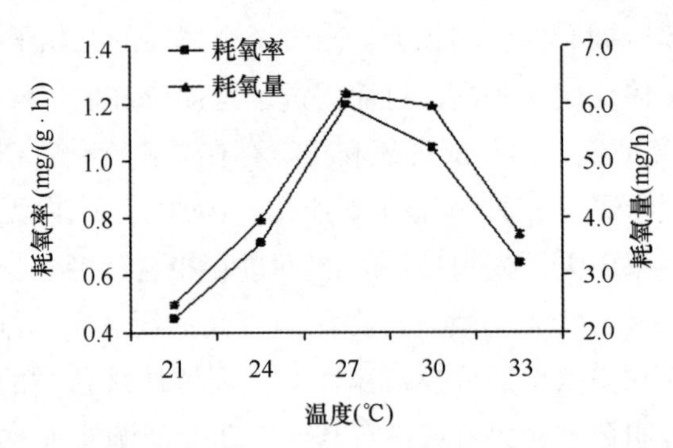

图6-1　温度对卵形鲳鲹幼鱼耗氧量、耗氧率的影响

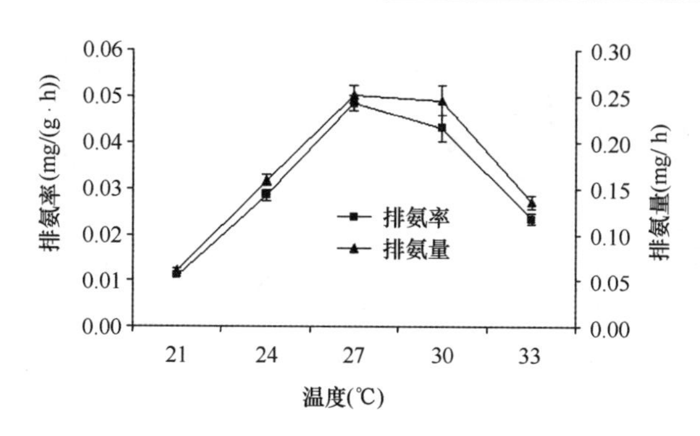

图 6-2　温度对卵形鲳鲹幼鱼排氨量、排氨率的影响

二、盐度对卵形鲳鲹幼鱼耗氧率和排氨率的影响

从图 6-3 和图 6-4 中可以看出，卵形鲳鲹幼鱼的耗氧率和排氨率在低盐情况下较高，伴随着盐度的升高，耗氧率和排氨率均降低。经方差分析，盐度对卵形鲳鲹幼鱼耗氧率和排氨率的影响均达到极显著水平（$P<0.01$）；组间比较，在盐度 13 与 18 组之间，23、28 和 33 组之间，盐度对耗氧率的影响差异不显著（$P>0.05$），在盐度 13 与 18 组之间，28 和 33 组之间，盐度对排氨率的影响差异也不显著（$P>0.05$）。盐度与耗氧率之间的相关关系可用二元方程表示为 $Y=-0.006\ 5X^2-0.080\ 5X+0.918\ 2$（$R^2=0.974\ 2$）（式中，$Y$ 为耗氧率，X 为盐度）。盐度与排氨率之间的相关关系可用二元方程 $Y=-0.000\ 4X^2-0.003\ 9X+0.058\ 6$（$R^2=0.963\ 9$）（式中，$Y$ 为排氨率，X 为盐度）来表示。

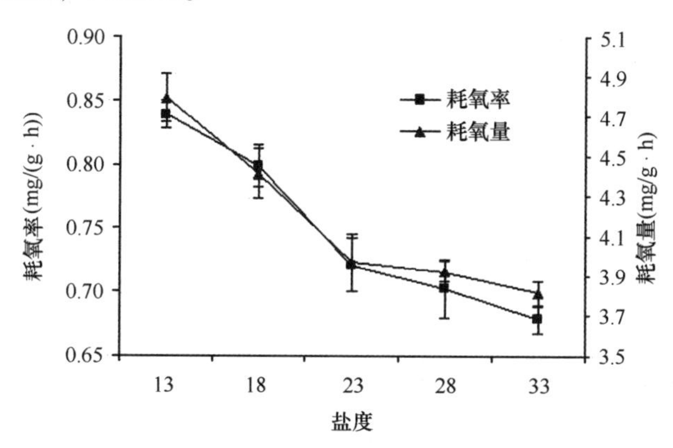

图 6-3　盐度对卵形鲳鲹幼鱼耗氧量、耗氧率的影响

三、pH 对卵形鲳鲹幼鱼耗氧率和排氨率的影响

pH 对卵形鲳鲹幼鱼耗氧率和排氨率的影响如图 6-5 和图 6-6 所示，随着 pH

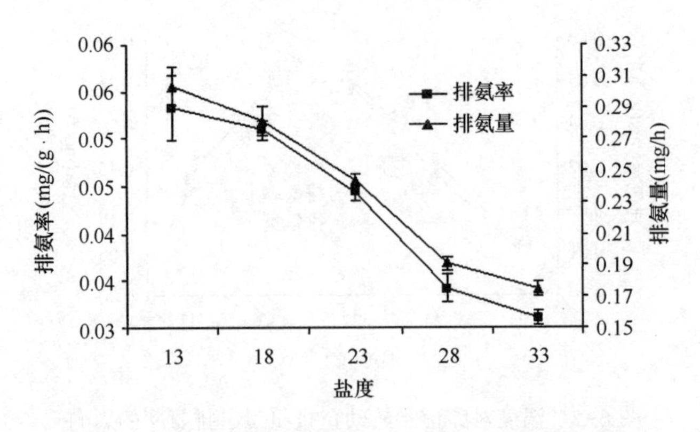

图 6-4　盐度对卵形鲳鲹幼鱼排氨量、排氨率的影响

的升高，耗氧率的变化不明显，经方差分析，pH 对卵形鲳鲹幼鱼耗氧率的影响差异不显著（$P>0.05$）；排氨率呈先增大后减小的趋势，在 pH 为 8.0 时排氨率达最大值，为 3.00×10^{-2} mg/（g·h），经方差分析，pH 对卵形鲳鲹幼鱼排氨率的影响差异显著（$P<0.05$）。pH 与卵形鲳鲹幼鱼排氨率之间的相关关系可用二次方程 $Y=-0.001X^2+0.0056X+0.0221$（$R^2=0.9265$）（式中，$Y$ 为排氨率，X 为 pH）表示。

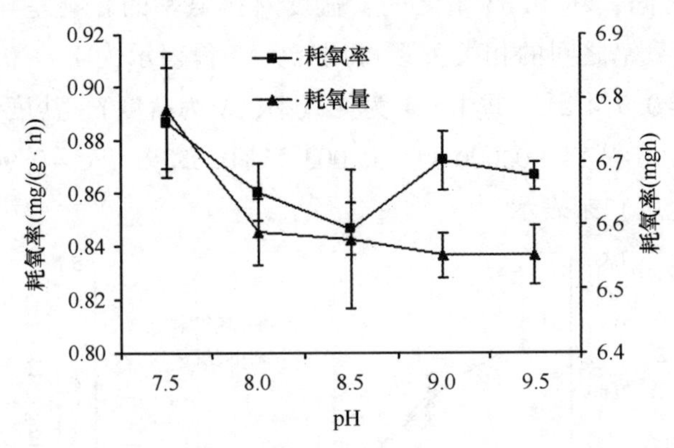

图 6-5　pH 对卵形鲳鲹幼鱼耗氧量、耗氧率的影响

四、流速对卵形鲳鲹幼鱼耗氧率和排氨率的影响

不同流速对卵形鲳鲹幼鱼耗氧率和排氨率的影响，可见图 6-7 和图 6-8。随着流速的增大，耗氧率和排氨率先增大后减小，在流速为 150 mL/min 时达最大值，分别为 1.299 mg/g·h 和 3.92×10^{-2} mg/g·h。经方差分析，流速对卵形鲳鲹幼鱼耗氧率和排氨率的影响差异均达极显著水平（$P<0.01$），其中流速组 100 mL/min 与 250 ml/min 之间，150 ml/min 与 200 ml/min 之间流速对排氨率的影响差异不显著（$P>0.05$）。流速与耗氧率和排氨率之间的相关关系可用二次方程分别表达为 $Y=-0.082$

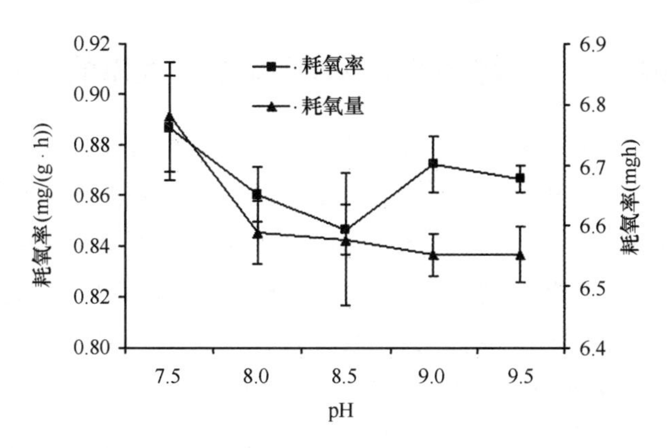

图 6-6　pH 对卵形鲳鲹幼鱼排氨量、排氨率的影响

$7X^2+0.4389X+0.7092$（$R^2=0.8821$）（式中，Y 为耗氧率，X 为流速）和 $Y=-0.0073X^2+0.0378X-0.0078$（$R^2=0.9922$）（式中，$Y$ 为排氨率，X 为流速）。

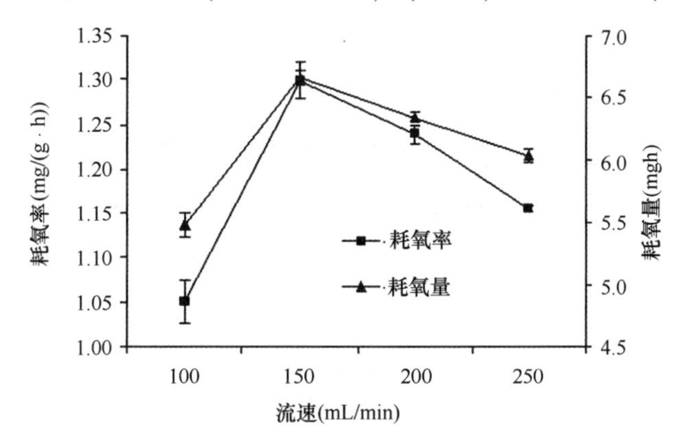

图 6-7　流速对卵形鲳鲹幼鱼耗氧量、耗氧率的影响

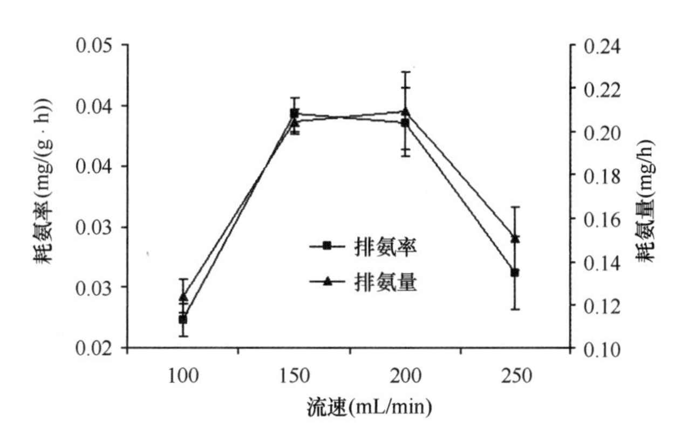

图 6-8　流速对卵形鲳鲹幼鱼排氨量、排氨率的影响

五、不同环境因子对卵形鲳鲹幼鱼氨商和能量代谢率的影响

温度、盐度、pH 和流速对卵形鲳鲹幼鱼的氨商和能量代谢率的影响变化如图6-9和图 6-10 所示。从图 6-9 中可以看出，温度、pH、流速对卵形鲳鲹幼鱼氨商的影响相似，均呈先增后减的趋势，盐度对卵形鲳鲹幼鱼氨商的影响变化明显，呈逐渐下降的趋势。经方差分析，温度、盐度和 pH 对卵形鲳鲹幼鱼氨商的影响差异性极显著（$P<0.01$），流速对卵形鲳鲹幼鱼氨商的影响也达到显著水平（$P<0.05$）。温度和流速对卵形鲳鲹幼鱼能量代谢率的影响曲线相似，均呈单峰曲线；随着盐度的升高，卵形鲳鲹幼鱼能量代谢率逐渐下降；pH 对卵形鲳鲹幼鱼能量代谢率的影响变化不明显。经方差分析，温度、盐度、流速均对卵形鲳鲹幼鱼能量代谢率的影响差异性极显著（$P<0.01$），pH 对卵形鲳鲹幼鱼能量代谢率的影响差异不显著（$P>0.05$）。

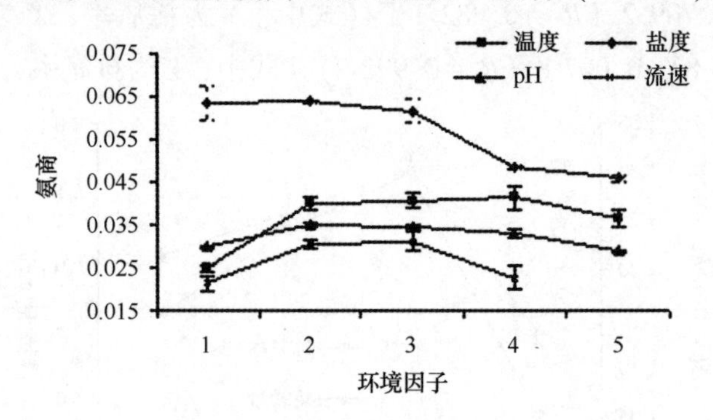

图 6-9　不同环境因子对卵形鲳鲹幼鱼氨商的影响

注：图中横坐标（1、2、3、4、5）分别代表温度梯度（21℃、24℃、27℃、30℃、33℃）；盐度梯度（13、18、23、28、33）；pH 梯度（7.5、8.0、8.5、9.0、9.5）；流速梯度（100 mL/min、150 mL/min、200 mL/min、250 mL/min）。

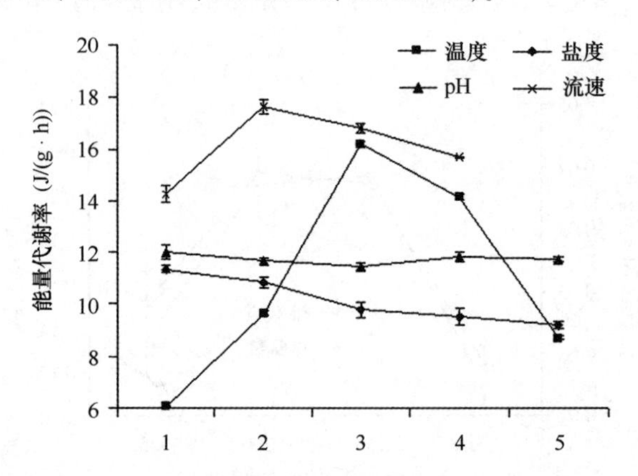

图 6-10　不同环境因子对卵形鲳鲹幼鱼能量代谢率的影响

注：图中横坐标（1、2、3、4、5）分别代表温度梯度（21℃、24℃、27℃、30℃、33℃）；盐度梯度（13、18、23、28、33）；pH 梯度（7.5、8.0、8.5、9.0、9.5）；流速梯度（100 mL/min、150 mL/min、200 mL/min、250 mL/min）。

六、研究结果分析

1. 温度对卵形鲳鲹幼鱼耗氧率和排氨率的影响

温度是影响生物生长、发育及新陈代谢的主要环境因子之一。许多学者已证实水温与耗氧率和排氨率存在密切的关系，在一定范围内，水温的高低与耗氧率和排氨率的大小呈正比（殷名称，1995）。鱼类是变温动物，会随着外界环境的改变相应的发生变化，在适宜温度范围内，水温的升高促使鱼体温的升高，鱼体内组织细胞内的各种酶活性增强，组织内生理生化反应加快，新陈代谢水平增高，进而耗氧率和排氨率也随之增大，反之呼吸作用减弱，耗氧率和排氨率减小（王跃斌等，2007）。通过对牙鲆（张兆琪等，1997）、梭鱼（线薇薇等，2002）、花鲈（沈勤等，2008）的代谢的研究，认为鱼类的耗氧率和排氨率均随水温的上升而增加。卵形鲳鲹幼鱼的耗氧率和排氨率在一定水温范围内，符合此规律，幼鱼耗氧率和排氨率随着水温的升高而增加，当超过这个范围后，耗氧率和排氨率也随之降低。从本实验卵形鲳鲹幼鱼耗氧率和排氨率最大值出现的温度推断，水温 26~30℃是卵形鲳鲹较快生长的最适温度。

2. 盐度对卵形鲳鲹幼鱼耗氧率和排氨率的影响

盐度也是影响鱼体新陈代谢的重要环境因子之一，各项研究表明，盐度对多种鱼类的胚胎发育、早期阶段的生长等都存在着显著的影响（作者等，2009；Rao G M，1968）。鱼的标准代谢可由两部分组成，一是组织的修复与更新所消耗的能量；二是维持内稳态所消耗的能量。鱼类在等渗点时消耗能量最小，生长率最高，而远离等渗点时因消耗更多的能量用于渗透压调节，耗氧率高（Farmer，G J et al，1969；吴常文等，2005）。本次盐度梯度实验发现，卵形鲳鲹幼鱼耗氧率和排氨率的最大值均出现在低盐组，随着盐度的增高，耗氧率和排氨率均减小，没有发现最低点，有关卵形鲳鲹幼鱼最适宜生长盐度需进一步的研究。

3. pH 对卵形鲳鲹幼鱼耗氧率和排氨率的影响

水体的 pH 变化对鱼类的呼吸和排泄都会产生影响，在适合 pH 范围内，鱼类的耗氧率较低，这是由于体内脂肪和碳水化合物分解代谢的比例远大于蛋白质的代谢水平；而当 pH 不适合时，鱼体将通过改变体内代谢状况，消耗较多的能量以适应外界环境变化，即增加蛋白质代谢比例，耗氧率升高。吴常文等（2005）对杂交鲟的研究发现，在一定 pH 范围内，杂交鲟耗氧率是随 pH 的增大而升高，反之降低；而闫茂仓（2007）对鮸鱼的研究，当 pH 值为 6.5~9.0 时，鮸鱼幼鱼的耗氧率变化并不明显。本实验中，pH 对卵形鲳鲹幼鱼的耗氧率的影响变化也不明显，可能是因为卵形鲳鲹幼鱼对 pH 有较强的适应性，具体原因有待于进一步的研究。

4. 流速对卵形鲳鲹幼鱼耗氧率和排氨率的影响

水流是鱼类生活环境中的一种非生物性因子，能够刺激鱼类的感觉器官，使其产生相应的活动方式及反应机制（何大仁，1998）。对竹荚鱼（Wardle C S et al, 1996）、舌齿鲈（Herskin J et al, 1998）和银大马哈鱼（Lee C G et al, 2003）的研究结果发现，鱼类在静水条件下的耗氧率要明显低于流水条件下，且随着流速的提高，其耗氧率也逐渐增加。本实验结果表明，适宜的水流范围内，卵形鲳鲹幼鱼的耗氧率和排氨率均增大，说明水流对鱼体造成的逆流游泳运动会增加机体的耗能，从而提高代谢率；一旦水流速度超出适宜的范围，逆流游泳运动减少，代谢率也随之降低。

第三节　卵形鲳鲹胚胎及早期仔鱼耗氧量

鱼类受精卵在不同的发育时期对水中溶氧的要求不同，且鱼类的耐低氧能力在发育初期最弱，因此水体中的溶解氧含量对受精卵的正常发育和成功孵化非常重要。胚胎的耗氧量不仅与其发育时期相关，同时还受温度、盐度、pH、昼夜变化等环境因子的影响。本试验探讨了卵形鲳鲹胚胎和早期仔鱼各发育阶段对氧的需求量以及环境因子和重金属对胚胎和仔鱼发育的影响，旨在为研究卵形鲳鲹的早期生理生态和人工繁育提供参考资料。

一、卵形鲳鲹胚胎各发育时期和早期仔鱼耗氧量的变化

在水温 25±0.5℃、盐度 30 的条件下，卵形鲳鲹胚胎经历 36 h 左右出膜，根据胚胎发育各期情况不同，分为 11 个胚胎发育阶段，和初孵仔鱼及发育至 25 d 时的仔鱼进行耗氧量的测定，测定结果如表 6-4 所示。卵形鲳鲹胚胎总的变化趋势随着发育时间的延长，耗氧量逐渐增大。比较各胚胎发育阶段耗氧量的变化，可以看出卵裂期的耗氧量仅为 0.695 μg/（h·个），发育至出膜期时耗氧量上升至 6.037 μg/（h·个），达到胚胎发育时期耗氧量的最大值，其中原肠期、心脏形成期、出膜期耗氧量增大较为明显，分别是发育过程中相邻前一发育时期耗氧量的 1.759、1.512 和 1.523 倍，原肠期耗氧量升高幅度最大。卵形鲳鲹胚胎发育过程的耗氧量与发育时间呈指数曲线相关，其相关方程为 $Y=0.780\ 9^{e0.059\ 9X}$（$R^2=0.941\ 2$）（式中，Y 为耗氧量，X 为发育时间）。

表 6-4　卵形鲳鲹胚胎及早期仔鱼不同发育时期的耗氧量

发育时期	耗氧量（μg/（h·个））	前后发育期耗氧量倍数	取样时间（h）
卵裂期	0.695±0.570	0	1.1~3.9
多细胞期	1.002±0.382	1.441	5.75
囊胚期	1.290±0.344	1.287	6.5~7.67
原肠期	2.269±0.447	1.759	8.75~14.63
胚体形成期	1.831±0.656	0.807	17.6
眼囊期	2.769±0.243	1.512	20
耳囊期	2.876±0.124	1.039	22
心脏跳动期	3.898±0.843	1.355	25.6
眼点形成期	3.963±0.610	1.017	26.5
出膜期	6.037±0.209	1.523	35.2
初孵仔鱼	6.314±0.408	1.046	36

早期仔鱼的耗氧量结果见图 6-11，从图中可以看出，随着卵形鲳鲹仔鱼的生长，其耗氧量也逐渐升高，早期仔鱼的耗氧量与发育天数呈指数曲线相关，其相关方程为 $Y=7.319\ 5^{e0.121X}$（$R^2=0.984\ 7$）（式中，Y 为耗氧量，X 为发育天数）。

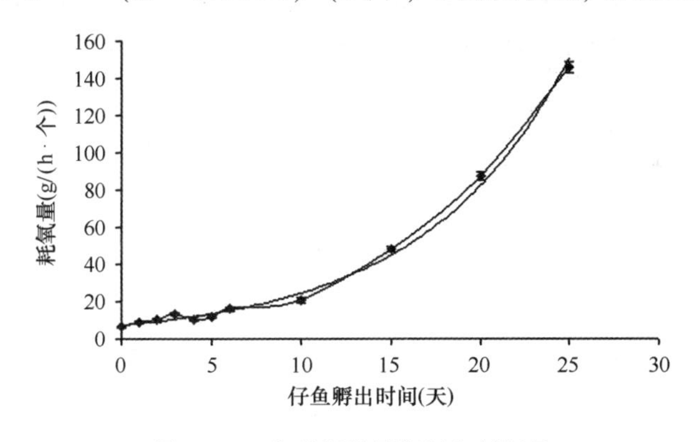

图 6-11　卵形鲳鲹早期仔鱼耗氧量

二、温度、盐度、pH 对卵形鲳鲹胚胎耗氧量的影响

1. 温度对卵形鲳鲹胚胎耗氧量的影响

温度对卵形鲳鲹胚胎耗氧量的影响如图 6-12 所示，在温度 15~25℃时，随着温度的升高，胚胎的耗氧量也逐渐增加，在温度为 25℃时，耗氧量达到最大值，其

中在20~25℃时，温度对胚胎的耗氧量的影响差异不显著（$P>0.05$）；当温度在25~35℃时，随着温度的升高，胚胎耗氧量逐渐降低，胚胎耗氧量与温度的相关关系可用二次方程 $Y=-0.6568X^2+3.6546X-1.4006$（$R^2=0.8968$）表示（式中，$Y$ 为耗氧量，X 为温度），温度对胚胎耗氧量的影响差异极显著（$P<0.01$）。

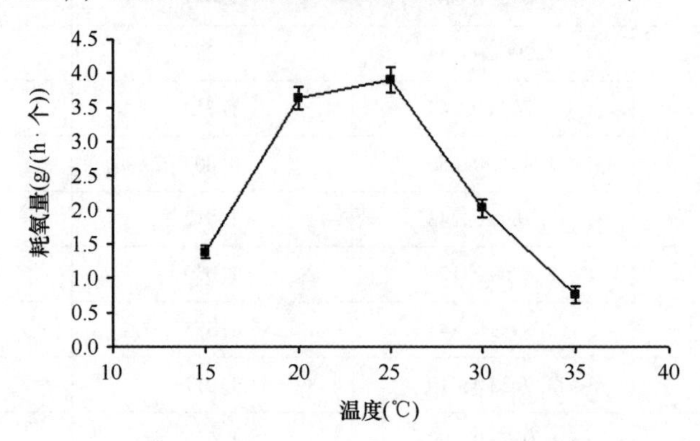

图6-12　温度对卵形鲳鲹胚胎耗氧量的影响

2. 盐度对卵形鲳鲹胚胎耗氧量的影响

盐度对卵形鲳鲹胚胎耗氧量的影响如图6-13所示，从图中可以看出，当盐度在20~35时，胚胎耗氧量逐渐增加，盐度为35时耗氧量达最大值；当盐度超过35时，胚胎耗氧量逐渐降低，盐度对胚胎耗氧量的影响差异极显著（$P<0.01$）。

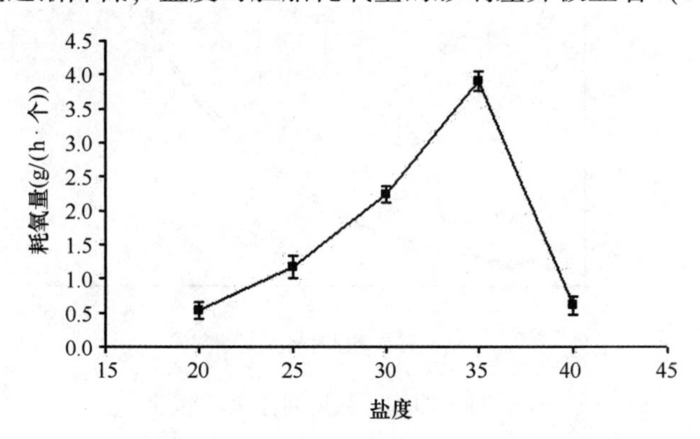

图6-13　盐度对卵形鲳鲹胚胎耗氧量的影响

3. pH对卵形鲳鲹胚胎耗氧量的影响

图6-14所表示为pH对卵形鲳鲹胚胎耗氧量的影响，pH在7~8时，随着pH的升高，胚胎的耗氧量也逐渐增加，并在pH为8时，耗氧量达到最大值；pH在8~9.5时，随着pH的升高，胚胎耗氧量逐渐降低，胚胎耗氧量与pH的相关关系

可用二次方程 $Y=-0.3695X^2+2.5548X-1.0256$（$R^2=0.884$）表示，（式中，$Y$ 为耗氧量，X 为 pH），pH 对胚胎耗氧量的影响差异极显著（$P<0.01$）。

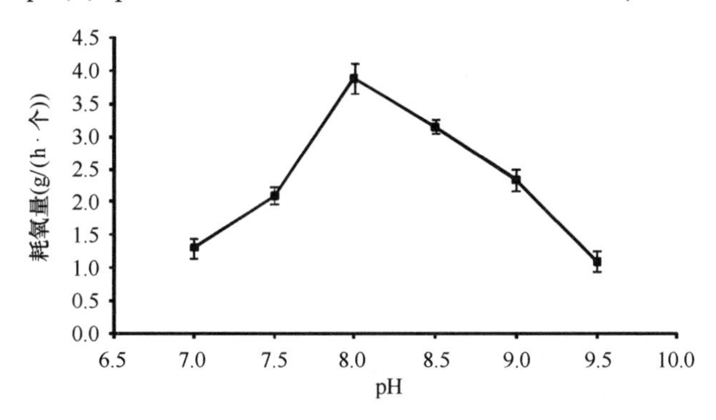

图 6-14　pH 对卵形鲳鲹胚胎耗氧量的影响

三、金属离子对卵形鲳鲹早期仔鱼耗氧量的影响

对初孵 2 d 的仔鱼暴露于不同浓度的 Cu^{2+}、Cd^{2+} 重金属离子溶液中进行测定。结果如图 6-15 和图 6-16 所示。从图 6-15 中可以看出，当 Cu^{2+} 离子浓度达到 0.01 mg/L 时，其耗氧量达到最大，之后随着浓度的增高耗氧量逐渐减低，其中在浓度 0~0.1 时，Cu^{2+} 离子浓度对仔鱼耗氧量的影响极显著（$P<0.01$）；在浓度 0.1~0.4 mg/L 时，影响不显著（$P>0.05$），仔鱼耗氧量与 Cu^{2+} 离子浓度的相关关系：$Y=148.45X^2-83.133X+11.969$（$R^2=0.8583$）（式中，$Y$ 为耗氧量，X 为 Cu^{2+} 离子浓度）。Cd^{2+} 离子处理组的耗氧量均低于对照组（图 6-16），而且随着浓度的升高而逐渐减低，仔鱼耗氧量与 Cd^{2+} 离子浓度呈指数曲线相关，其相关方程为 $Y=9.4959^{e-3.583X}$（$R^2=0.9887$）（式中，Y 为耗氧量，X 为 Cd^{2+} 离子浓度），Cd^{2+} 离子浓度对仔鱼耗氧量的影响差异极显著（$P<0.01$）。

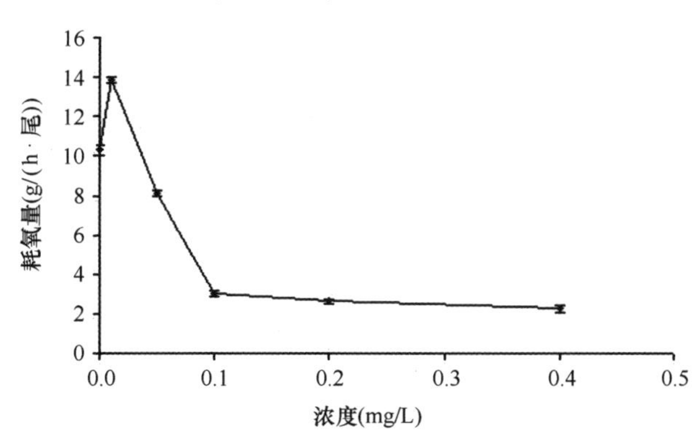

图 6-15　Cu^{2+} 对卵形鲳鲹早期仔鱼耗氧率影响

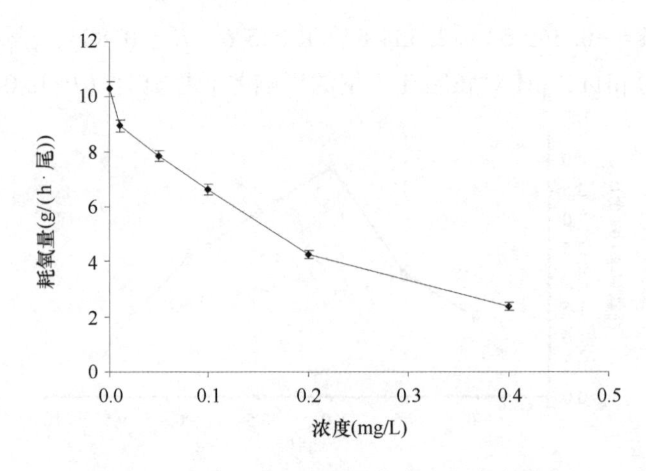

图 6-16　Cd^{2+}对卵形鲳鲹早期仔鱼耗氧率影响

四、研究结果分析

1. 卵形鲳鲹胚胎不同发育阶段和早期仔鱼耗氧量的变化

卵形鲳鲹胚胎耗氧量变化与大部分鱼类胚胎耗氧量的研究结果相似，随着胚胎的不断发育，胚胎由受精卵进行细胞分裂，逐渐形成组织器官，卵黄囊内的营养物质不断被分解吸收，胚胎耗氧量随着胚胎的发育逐渐升高并与发育时间呈指数相关。根据国内外有关鱼类胚胎耗氧的报道（方耀林等，1991；曹杰超等，1986；库兹涅佐娃 H. H 著，张允西译，1965；刘鉴毅等，1995），鱼类胚胎耗氧量的高峰期因鱼种类的不同，出现时期也存在差异，但多以原肠期和出膜期为主，如团头鲂、日本鳗鲡、大鳞副泥鳅和鲢、中华鲟等的胚胎。本试验中卵形鲳鲹胚胎在原肠期、心脏形成期和出膜期耗氧量相对较高，在原肠期和出膜期达到耗氧量的高峰。鱼类胚胎新陈代谢的水平可由胚胎的耗氧量表示，胚胎耗氧量越高，新陈代谢越旺盛，由此可表明在原肠期和出膜期这两个发育阶段卵形鲳鲹胚胎的新陈代谢最旺盛，在胚胎发育过程中这两个发育期也最容易受水体中溶氧的影响，当水体中的溶解氧较低时，将会导致胚胎发育迟缓、代谢紊乱或仔鱼提前脱膜，最终导致较高的苗种畸形率或死亡率。因此，水体中保持适宜的溶解氧是保证卵形鲳鲹胚胎正常发育和孵出的基本条件。

黄玉瑶（1975）认为在鱼苗刚孵出时，活动量小，主要靠卵黄囊提供营养，为内营养时期，因此耗氧量较小；随着仔鱼卵黄囊逐渐消失，转入混合营养时期，活动量加大，这时期仔鱼的耗氧量大为提高；仔鱼卵黄囊完全消失，转入外营养时期，此时仔鱼积极摄食外界食物，生长较快，故耗氧量逐渐增加。本实验结果与其相似，早期仔鱼随着发育时间的延长耗氧量呈指数上升。

2. 温度、盐度和 pH 对卵形鲳鲹胚胎耗氧量的影响

温度的变化对生物的生长、发育以及新陈代谢都会产生较大的影响（林华英，1981；张耀光等，1991；殷名称，1995；Klinkhardt M B et al，1987）。许多学者证实水温与耗氧率存在密切关系（唐国盘等，2004），在一定范围内，水温高低与耗氧率大小呈正比。本试验表明，在适宜的范围内（15~25℃），卵形鲳鲹胚胎耗氧量随水温的升高呈逐渐上升的趋势，也反映了变温动物的代谢强度随环境温度变化而改变的基本特征。随着水温的升高，胚胎的新陈代谢作用加强，对溶氧的需求量增大，耗氧量呈增加趋势，所以卵形鲳鲹胚胎的耗氧量会随着温度升高而增大。但当水温超过 25℃，耗氧量又会出现下降的现象，表明胚胎对温度有一个适宜的范围，超过这个适宜范围，胚胎内的酶活力反而下降，体内各种生理作用减弱，导致新陈代谢变慢，从而引起耗氧量的下降，最终可能会导致鱼苗的孵化率较低，因此研究卵形鲳鲹胚胎孵化时所需的适宜水温，可为提高孵化率，减少孵化时间提供参考依据。

盐度是影响鱼体代谢的重要环境因子之一，在许多鱼类中，盐度对精卵受精、受精卵孵化、胚胎发育及仔鱼生长等都存在着显著的影响。盐度通过影响鱼类的渗透调节使其耗能，从而影响新陈代谢水平。在适宜的盐度条件下，试验鱼用于渗透调节的能量降到最低，从而分配更多的能量用于生长（作者等，2009 a b；Rao G M，1968）。在本试验中，盐度在 20~35 的范围内，胚胎耗氧量的升高而增加，盐度 35 时达到最大值。

水体的 pH 值变化对鱼类各生长阶段都有不同程度的影响（张甫英等，1992）。本试验结果表明，卵形鲳鲹胚胎的耗氧量随 pH 值升高先是逐渐升高而后又逐渐降低。有学者认为，较高或较低 pH 值会对鱼类胚胎发育、仔鱼生长产生影响。pH 值较低时，受精卵孵化酶活性增强，卵膜软化，仔鱼提前出膜，从而造成仔鱼体质虚弱，死亡率高。pH 值较高时，将会腐蚀仔鱼体表和鳃，严重影响其呼吸作用。因此，卵形鲳鲹受精卵孵化和仔鱼培育期间 pH 值应保持在 7. 8~8. 5。

3. Cu^{2+}、Cd^{2+} 两种重金属离子对早期仔鱼耗氧率的影响

本试验中，随着 Cu^{2+}、Cd^{2+} 等两种重金属离子浓度升高，卵形鲳鲹仔鱼耗氧量总体上呈下降的趋势，可能是因为重金属离子达到一定浓度，损坏了仔鱼的发育机制，使仔鱼处于中毒状态，因此耗氧率降低，仔鱼新陈代谢强度降低（Cheung S G，et al，1995；庄平等，2008：区又君等，2009）。这与王学明等（1997）的研究结果相似，团头鲂鱼种耗氧率随着亚硝酸盐浓度的升高呈先升高后降低，原因可能是鱼体增强活动能力，加快呼吸频率，提供更多能量加快自身解毒，以补偿亚硝酸盐造成的损害，但当外界影响超过鱼体自身生理调节，耗氧率下降。根据本试验中重金属浓度越高卵形鲳鲹仔鱼耗氧量降低越明显，在仔鱼培育过程中应加强监测海水中

的重金属浓度，从而降低重金属对种苗培育过程中的影响。

第四节　温度、盐度、pH 对卵形鲳鲹幼鱼离体鳃组织耗氧量的影响

鳃是鱼类和外环境间离子交换的主要器官，与个体较大的鱼相比，个体较小的鱼具有相对大的鳃表面，由于个体较小的鱼与水接触的交换面积相对较大，有害物质相对渗入较多，致使耐受性较差，因此敏感性随着鱼龄的增加而减弱（Hughes G M，1966）。本试验以卵形鲳鲹幼鱼为实验对象，主要研究不同温度、盐度和 pH 对离体鳃组织耗氧量的影响，为卵形鲳鲹的健康养殖和生理学研究提供参考资料。

一、温度对卵形鲳鲹幼鱼离体鳃组织耗氧量的影响

温度对卵形鲳鲹幼鱼离体鳃组织耗氧量的影响见图 6-17。在 21～27℃时，随着温度的升高，离体鳃组织的耗氧量呈上升趋势，在 27℃时耗氧量达到最大值；27～33℃时，随着温度的升高，离体鳃组织耗氧量逐渐降低，离体鳃组织耗氧量与温度的相关关系可用二次方程表示为：$Y=2.0897X^2+11.184X+1139.5$（$R^2=0.7359$）（式中，$Y$ 为耗氧量，X 为温度）。根据二次函数求解公式，函数曲线开口向下，当 $X=b/2a$ 时，在闭区间［21，33］取最大值，即当温度 $T=26.756$ 时，根据二次方程所得的耗氧量理论最大值 $OC_{max}=356.669$ μL·（g·h）$^{-1}$。经方差分析，温度对离体鳃组织耗氧量的影响差异显著（$P<0.05$）。

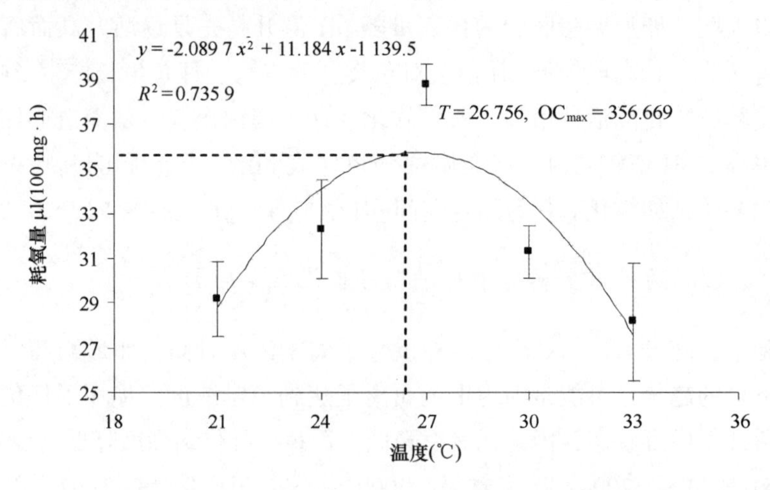

图 6-17　温度对卵形鲳鲹离体鳃组织耗氧量的影响

温度对卵形鲳鲹离体鳃组织每单位呼吸面积耗氧量的影响如图 6-18 所示。在 21～27℃时，耗氧量随温度的升高而增加；在 27～33℃时，耗氧量随着温度的升高

而逐渐降低，离体鳃组织每单位呼吸面积耗氧量与温度之间的相关关系可用二次方程表示为：$Y=0.0005X^2+0.0274X+0.3054$（$R^2=0.8796$）（式中，$Y$ 为离体鳃组织每单位呼吸面积耗氧量，X 为温度）。根据二次函数求解公式，函数曲线开口向下，当 $X=b/2a$ 时，在闭区间［21，33］取最大值，即当温度 $T=27.4$ 时，所得的耗氧量理论最大值 $OC_{max}=5.995\times10^{-2}$ μL·（g·h·mm²）$^{-1}$。经方差分析，温度对离体鳃组织每单位呼吸面积耗氧量的影响差异极显著（$P<0.01$）。

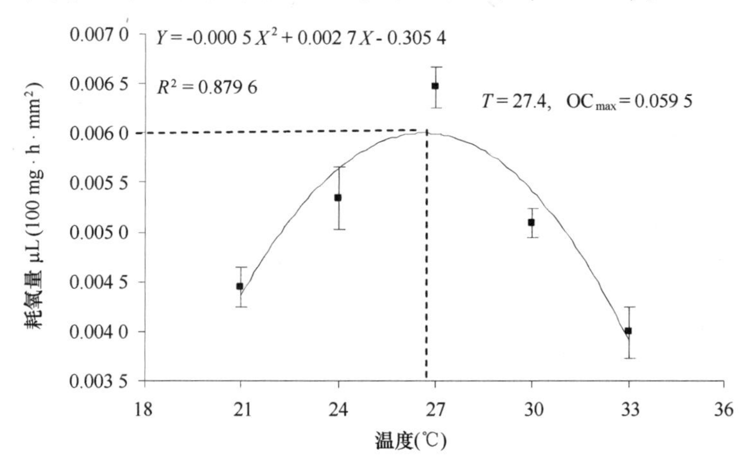

图 6-18　温度对卵形鲳鲹离体鳃组织每单位呼吸面积耗氧量的影响

二、盐度对卵形鲳鲹幼鱼离体鳃组织耗氧量的影响

盐度对卵形鲳鲹幼鱼离体鳃组织耗氧量的影响如图 6-19 所示。当盐度在 13~28 时，离体鳃组织耗氧量逐渐增加，盐度为 28 时耗氧量最大；当盐度>28 时，离体鳃组织耗氧量逐渐降低，离体鳃组织耗氧量与盐度的相关关系可用二次方程表示为：$Y=0.0372X^2+1.8535X+8.2677$（$R^2=0.8693$）（式中，$Y$ 为耗氧量，X 为盐度）。通过二次函数求解公式，当 S=24.913 时，在闭区间［13，33］取最大值，所得的耗氧量理论最大值 $OC_{max}=31.3699$ μL·（g·h）$^{-1}$。经方差分析盐度对离体鳃组织耗氧量的影响差异显著（$P<0.05$），其中盐度组 18 和 33 这 2 组的离体鳃组织耗氧量差异不显著（$P>0.05$）。

盐度对卵形鲳鲹幼鱼离体鳃组织每单位呼吸面积耗氧量的影响如图 6-20 所示。当盐度在 13~23 时，耗氧量逐渐增加，盐度 23 时耗氧量最大，当盐度>23 时，耗氧量逐渐降低，经方差分析盐度对离体鳃组织每单位呼吸面积耗氧量的影响差异显著（$P<0.05$）。幼鱼离体鳃组织每单位呼吸面积耗氧量与盐度的相关关系可用二次方程 $Y=0.0002X^2+0.0089X+0.0169$（$R^2=0.8795$）（式中，$Y$ 为离体鳃组织每单位呼吸面积耗氧量，X 为盐度）表示。根据二次函数求解公式，同理可得，在闭区间［13，33］，即当温度 $S=22.5$ 时，取耗氧量理论最大值 $OC_{max}=8.211\times10^{-3}$ μL·（g·h·mm²）$^{-1}$。

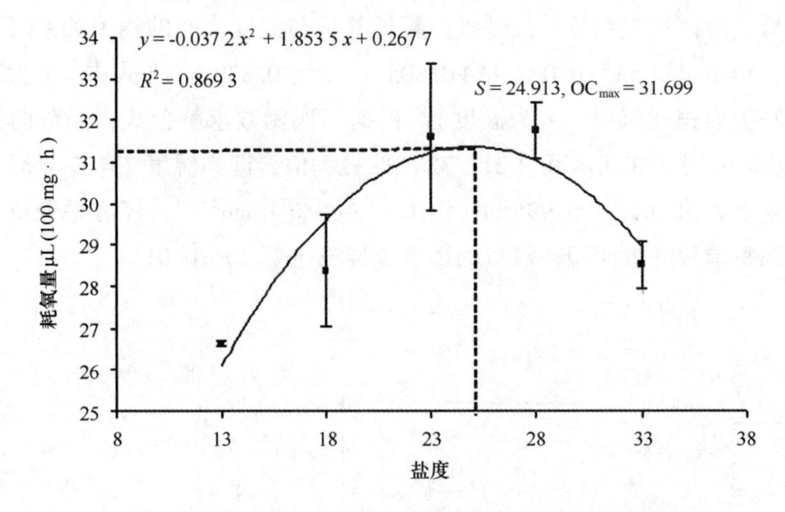

图 6-19　盐度对卵形鲳鲹离体鳃组织耗氧量的影响

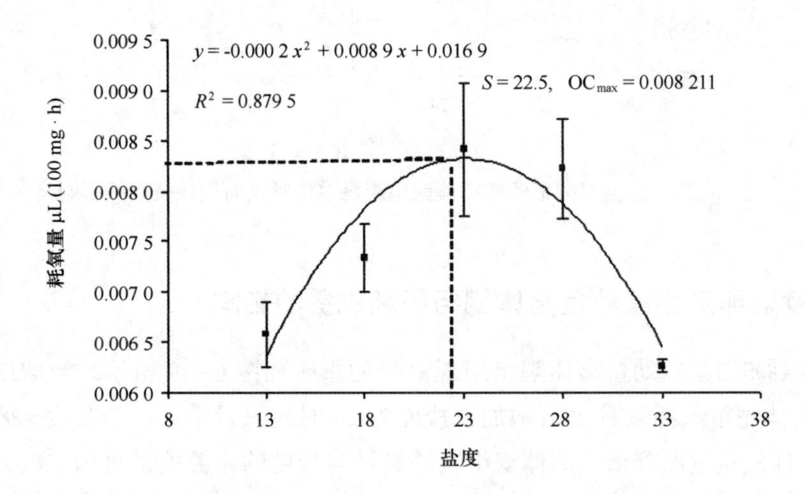

图 6-20　盐度对卵形鲳鲹离体鳃组织每单位呼吸面积耗氧量的影响

三、不同 pH 对卵形鲳鲹幼鱼离体鳃组织耗氧量的影响

不同 pH 对离体鳃组织耗氧量的影响如图 6-21 所示。当 pH 为 7.5~8.5 时，离体鳃组织耗氧量逐渐增加，当 pH>8.5 时，离体鳃组织耗氧量逐渐降低。经方差分析，pH 对离体鳃组织耗氧量的影响差异显著（$P<0.05$）。其中，除 pH=8.5 组外，其余 4 组差异不明显（$P>0.05$）。离体鳃组织耗氧量与盐度的相关关系可用二次方程表示为：$Y=-3.980\,6X^2+68.351X-264\,1.4$（$R^2=0.782\,8$）（式中，$Y$ 为耗氧量，X 为 pH）。根据二次函数求解公式，同理可得，在闭区间［7.5，9.5］，pH=8.586 时，取得耗氧量理论最大值 $OC_{max}=29.274$ μL·（g·h）$^{-1}$。

pH 的变化对离体鳃组织每单位呼吸面积耗氧量的影响如图 6-22 所示。pH 为

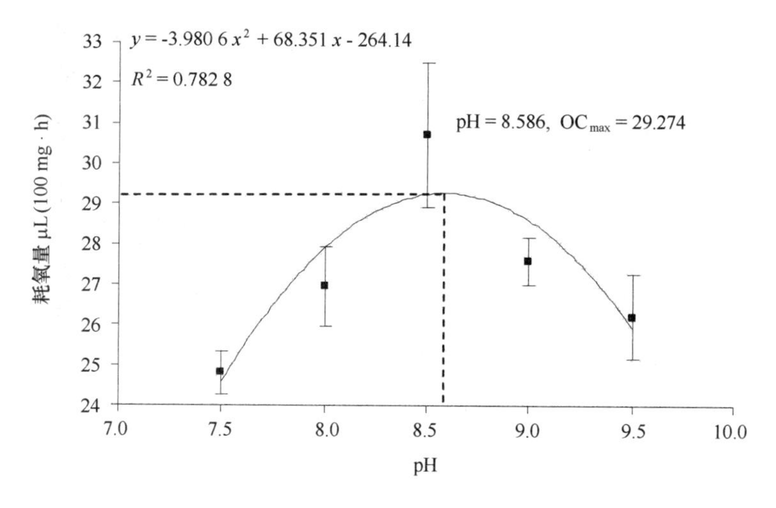

图 6-21　pH 对卵形鲳鲹离体鳃组织耗氧量的影响

7.5~8.5 时，耗氧量逐渐增加，当 pH>8.5 时，耗氧量逐渐降低，pH 为 8.519 时耗氧量达最大值。经方差分析，pH 对离体鳃组织每单位呼吸面积耗氧量的影响差异极显著（$P<0.01$）。离体鳃组织每单位呼吸面积耗氧量与盐度的相关关系可用二次方程表示为：$Y=0.021\ 5X^2+0.366\ 3X-1.506\ 9$（$R^2=0.865\ 9$）（式中，$Y$ 为离体鳃组织每单位呼吸面积耗氧量，X 为 pH）。根据二次函数求解公式，同理可得，在闭区间［7.5，8.5］，即当 pH＝8.519 时，取耗氧量理论最大值 $OC_{max}=0.005\ 47$ μL·(g·h·mm^2)$^{-1}$。

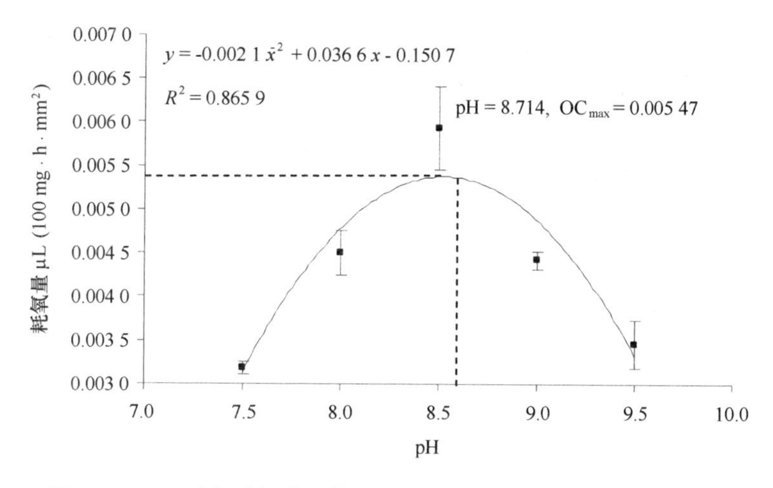

图 6-22　pH 对卵形鲳鲹离体鳃组织每单位呼吸面积耗氧量的影响

四、研究结果分析

① 鳃是鱼类主要的呼吸器官，主要任务是执行血液与外界气体之间的交换，从

外界吸取足够的氧气供体内物质氧化，同时将氧化过程中产生的 CO_2 排出体外。与个体较大的鱼相比，个体较小的鱼具有相对大的鳃表面，由于个体较小的鱼与水接触的交换面积相对较大，有害物质相对渗入较多，致使耐受性较差，因此敏感性随着鱼龄的增加而减弱（Hughes G M，1966）。目前有关鱼类鳃组织的研究主要集中于鳃的呼吸面积与电镜观察，而有关离体鳃组织的耗氧量方面较少，该实验利用SKW-3微量呼吸仪观察卵形鲳鲹离体鳃组织在不同的温度、盐度、pH 影响下的耗氧量变化情况，为卵形鲳鲹呼吸生理学提供参考材料，同时，有关离体鳃组织和活体耗氧量之间的关系需要更进一步的研究。

② 温度是生物生长、发育以及新陈代谢主要环境影响因子之一（殷名称，1995）。许多学者已证实水温与耗氧率存在密切关系，在一定范围内，水温的高低与耗氧率大小呈正比（朴树德等，1961）。组织内的氧化反应在细胞内需要各种氧化酶才能进行，因此组织内氧化反应的快慢与氧化酶的活性有着直接的关系。氧化酶的活力增强，组织内的氧化反应速度就加快，新陈代谢率增高，进而耗氧量增大。氧化酶的活力减弱，则组织内的氧化反应速度减慢，新陈代谢率降低，耗氧量减少。从温度对离体鳃组织耗氧量的影响实验可证明，离体鳃组织的耗氧量与该组织所处的温度有关，在不同温度下，离体组织的耗氧量有着显著的变化。在一定温度范围内，离体组织的耗氧量与该组织所处的温度成正比，即温度升高，耗氧量增大；温度降低，耗氧量减少。

③ 盐度也是影响鱼体代谢的重要环境因子之一。各项研究表明，盐度对许多种鱼类的胚胎发育、仔鱼生长等均存在显著影响（作者等，2009；Rao G M，1968）。该试验中盐度对离体鳃组织的耗氧量产生显著影响，这可能是因为卵形鲳鲹为广盐性鱼类，而且鳃组织与其生活的水环境直接接触，水体盐度的变化会促使鳃丝上皮细胞的形态结构发生适应性变化。有研究表明，在不同盐度的水体中，稚鱼鳃的组织结构出现了明显的适应性变化，但长时间的盐度胁迫也会损坏鳃组织的内部结构而造成鱼类发病或死亡（王晓杰等，2006；Pisam M，et al，1991；Carmona R et al，2004；王艳等，2009；魏渲辉等，2001；Singer T et al，2005）。在不同盐度水体中，卵形鲳鲹幼鱼离体鳃组织内细胞的形态结构发生如何变化仍有待通过扫描电镜、透射电镜和组织化学等试验方法作进一步的研究。

④ 水体的 pH 变化对鱼类各生长阶段有不同程度的影响（张甫英等，1992；马广智等，2001）。许多研究证实，鱼鳃对不同的外部环境 pH 有一定调节作用，使鳃部保持相对稳定的鳃部微环境，但不同鱼种以及在不同的水环境条件调节的幅度和平衡点有较大差异（Randall D，et al，1991）。吴常文等（2005）对杂交鲟幼鱼的研究时发现，在一定 pH 范围内，杂交鲟耗氧率是随 pH 的增大耗氧率升高，反之降低；而闫茂仓等（2007）对鮸鱼幼鱼的研究显示，当 pH 为 6.5~9.0 时，鮸鱼幼鱼的耗氧率变化并不明显。该试验结果表明，水体中 pH 的变化会对

离体组织的呼吸产生显著影响，尤其是对离体鳃组织每单位呼吸面积的影响更显著，这可能是因为当 pH 较低时，氢离子（H）对离体鳃组织产生毒性作用，使鳃组织严重受损，而离体组织的自动调节能力相对较弱，从而引起鳃部黏液的大量分泌，并在鳃表面形成凝结，降低氧气在鳃表面的扩散速率，妨碍气体交换，使鱼窒息死亡。

第五节　急性和慢性低氧胁迫对卵形鲳鲹鳃器官的影响

生产活动中，由于近年来经常遭遇极端天气，赤潮、水华等现象也均会造成养殖水体溶氧的不足，苗种运输作为鱼类养殖过程重要的一部分，长途运输过程也面临低氧（韦钦胜等，2011）。在应对低氧胁迫的过程中极易造成鱼体内环境稳态失衡，导致组织器官的异常，影响其存活（Chan C Y et al. 2007；Galli G L J et al，2014；Bejda A J et al，1970；Matthews K R et al，1996），鳃器官是鱼体的呼吸器官，研究低氧胁迫对鱼的鳃器官的影响对鱼类的健康养殖有重要的意义。

已有研究发现，低氧胁迫会影响鱼类的鳃器官，鲫（*Carassius carassius*）鳃器官在正常溶氧水体中相邻鳃小片间分布有细胞团，低氧胁迫后，所述细胞团迁移分化后会使鳃小片暴露于水体中的面积增加，导致鱼体的呼吸表面增加，这种现象也出现在两种鲤科鱼类和花斑溪鳉（*Kryptolebias hermaphroditus*）中（Velisilava T et al，2014；Jorund S et al，2003；Nilsson G E. 2007；CLAUDIA H et al，2009），该类研究主要集中在国外的淡水鱼类，鱼类鳃器官与外界水体环境直接接触，最先感知水体溶氧变化，作者等通过显微和超微观察方法，探究了急性和慢性低氧胁迫对卵形鲳鲹鳃器官和组织的影响。

一、卵形鲳鲹鳃器官的显微观察

卵形鲳鲹鳃器官于体两侧左右对称，每侧各具四个鳃弓，鳃弓外侧为鳃丝（图 6-23-A），呼吸功能由鳃丝上的鳃小片完成，鳃小片之间互相平行，紧密排列于鳃丝上（图 6-23-B，C），气体交换的主要场所为鳃小片上皮细胞，上皮细胞紧密贴于鳃小片上（图 6-23-D）。线粒体半高细胞（MRC）主要分布于鳃小片基部，少量分布于鳃小片上，细胞轮廓呈卵圆形（图 6-23-D），鳃小片中同时分布有毛细血管，毛细血管中有大量红细胞（BC）（图 6-23-D）。

二、低氧胁迫下卵形鲳鲹鳃器官的显微观察

与对照组相比，胁迫 6 h 时鳃小片上皮局部区域出现轻微肿胀和抬升（图 6-24-C），12 h、24 h 时呼吸上皮肿胀和抬升愈加明显（图 6-24-D、E），慢性胁迫 14 d 时呼吸上皮的变化更加显著，甚至出现上皮细胞与鳃 小片分离的现象（图

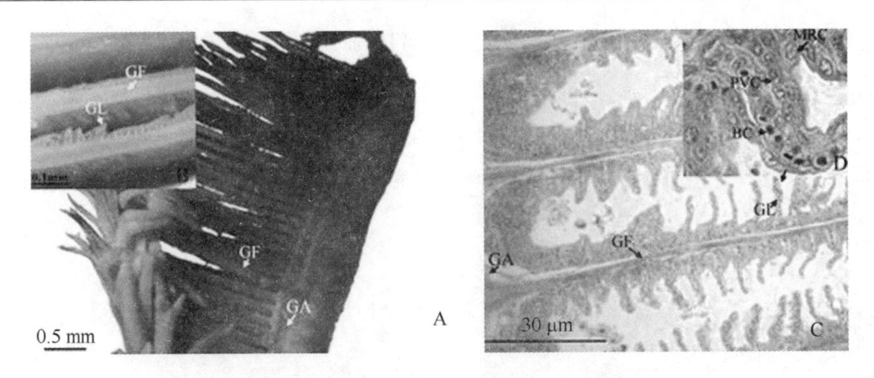

图 6-23　卵形鲳鲹鳃器官的显微观察

A：鳃；B：鳃丝；C：鳃丝；D：鳃小片；GA：鳃弓；GF：鳃丝；GL：鳃小片；PVC：上皮细胞；BC：红细胞；MRC：线粒体丰富细胞

6-24-F)，普通光学显微镜下 MRC 和 BC 的组织学变化不明显。

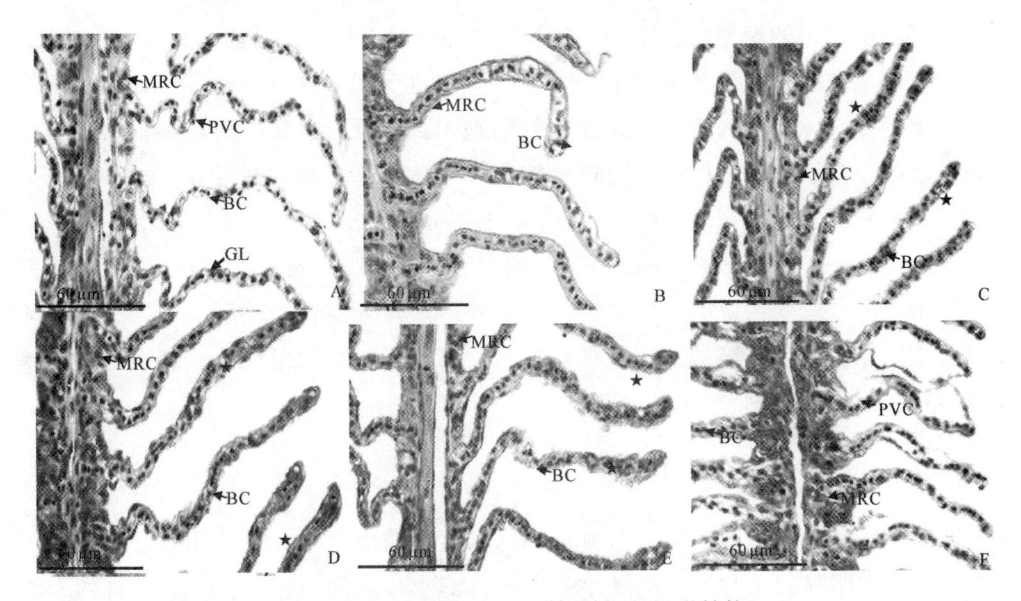

图 6-24　低氧胁迫后卵形鲳鲹鳃的显微结构

A：对照；B：低氧 3 h；C：低氧 6 h；D：低氧 12 h；E：低氧 24 h；F：低氧 14 d；GL：鳃小片；MRC：线粒体丰富细胞；PVC：上皮细胞；BC：红细胞；▲：分离；★：抬升

鳃小片中 BC 数量在低氧胁迫后增加，急性低氧中为对照组的 1.55～1.64 倍，慢性胁迫为对照组的 1.37 倍。急性胁迫过程中 MRC 数量呈先下降后恢复的趋势，3 h时与对照组相比下降 10.6%，6 h 时下降 14.8%，12 h 时下降 4.2%，24 h 时恢复，慢性胁迫 14 d 时的数量增加为对照组的 1.37 倍（表 6-5）。

表 6-5　低氧胁迫下卵形鲳鲹鳃小片中线粒体丰富细胞、红细胞数量变化

鳃小片	时间					
	对照	3 h	6 h	12 h	24 h	14 d
线粒体丰富细胞数量	7.86[b]	7.03[cd]	6.70[d]	7.53[bc]	8.17[b]	10.78[a]
红细胞数量	11.87[a]	19.53[b]	19.73[b]	20.67[b]	20.4[b]	18.8[b]

注：同行不同小写字母间有显著差异（$P< 0.05$）。

三、低氧胁迫后卵形鲳鲹鳃器官的超微观察（扫描电镜）

鳃小片是鱼类鳃器官气体交换的场所，鳃小片主要分布有多边形细胞边界的呼吸上皮细胞，上皮细胞间同时分布开口下凹、呈马蹄形的 MRC，正常溶氧时呼吸上皮细胞表面轻微下凹、无抬升，MRC 顶端开口大，开口周围明显区别于正常上皮细胞（图 6-25-A）。急性低氧胁迫 6 h 时纵观鳃小片，可见上皮细胞表面舒张和抬升，呼吸表面积增加，鳃小片上已无明显 MRC（图 6-25-B）。慢性胁迫 14 d 时鳃小片上皮细胞表面扩张、抬升，出现褶皱，MRC 开口小，开口处绒毛发达，绒毛位于开口处的凹陷内（图 6-25-C）。

鳃小片基部位于鳃小片与鳃丝表面的交界处（图 6-25-G、D），低氧胁迫 6 h 时，该区域上皮细胞表面复杂化，与对照组相比，出现 MRC（图 6-25-H），MRC 开口变小（图 6-25-E），低氧胁迫 14 d 时该处进一步复杂化（图 6-25-I），MRC 数量增加，鳃小片基部上皮细胞所占面积减少（图 6-25-F）。相邻鳃小片间相互平行排列，平行区间的基部亦分布有丰富的 MRC（图 6-25-J），低氧胁迫 6 h 该区域的 MRC 开口有大有小，与对照组比较，出现开口变大的 MRC（图 6-25-K），低氧胁迫 14 d 时此处 MRC 的开口大且深（图 6-25-L）。

四、低氧胁迫后卵形鲳鲹鳃的超微观察（透射电镜）

透射电镜下可观察到卵形鲳鲹鳃小片有上下 2 层上皮细胞，上皮细胞间分布有下凹开口的 MRC（图 6-26A，D，☆），胞内有大量线粒体和排泄小泡，两层上皮细胞中夹有毛细血管，毛细血管内分布有电子密度极高的 BC（图 6-26-A）。

急性低氧胁迫 6 h 时，与对照组相比鳃组织电子密度下降，鳃小片基部出现空泡（图 6-26-B，○）。与对照组对比，MRC 顶隐窝由下凹变平整，呼吸表面增大（图 6-26-D，E，☆），MRC 内线粒体电子密度低，但仔细观察可发现，与对照组相比，MRC 内线粒体体积增大，呈圆形（图 6-26-D，E）；慢性低氧胁迫 14 d 时，鳃小片上 MRC 顶隐窝平整（图 6-26-F，☆），呼吸表面积增加，MRC 中线粒体由椭圆形变为圆形，体积大（图 6-26-D，F），鳃丝基部和鳃小片中均出现组织空泡变性（图 6-26-C，F，○）。

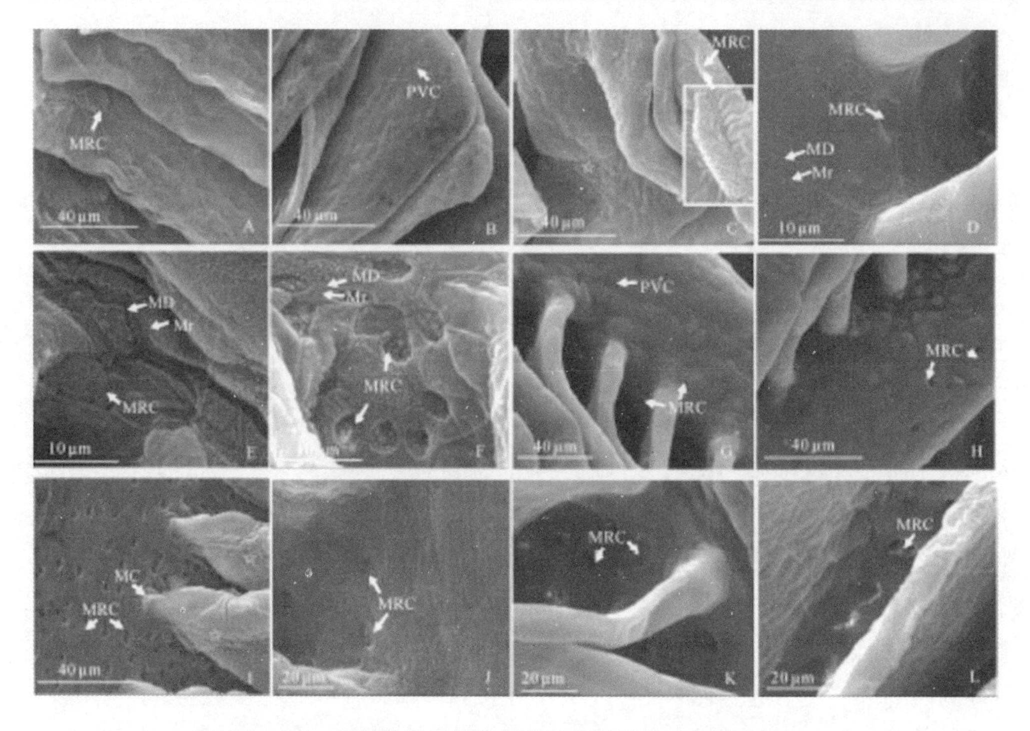

图 6-25　低氧胁迫后卵形鲳鲹鳃超微结构（扫描电镜）

A，B，C：鳃小片；A：对照；B：6 h；C：14 d；D，E，F：鳃小片基部；D：对照；E：6 h；F：14 d；G，H，I：鳃小片基部；G：对照；H：6 h；I：14 d；J，K，L：鳃小片之间；J：对照；K：6 h；L：14 d；MRC：线粒体丰富细胞；PVC：上皮细胞；Mr：微脊；MD：微沟；☆：抬升

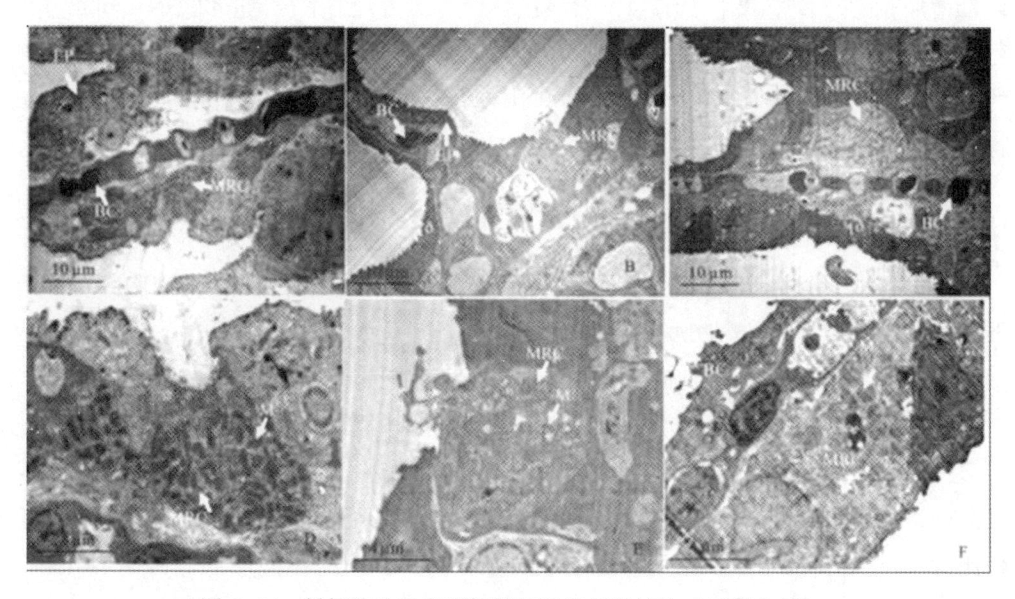

图 6-26　低氧胁迫后卵形鲳鲹鳃组织超微结构（透射电镜）

A：对照；B：6 h；C：14 d；D：对照；E：6 h；F：14 d；EP：上皮细胞；M：线粒体；MRC：线粒体丰富细胞；BC：血细胞；☆：顶隐窝；○：空泡

五、研究结果分析

1. 低氧胁迫对卵形鲳鲹鳃器官的影响

鱼类的鳃器官表面积大，肩负呼吸、渗透压调节、排泄含氮废物、酸碱平等功能，相比其他器官更易受到低氧胁迫的影响，危及鱼体的正常生长（Nilson G E. 2007）。研究发现，低氧胁迫会使鱼类鳃器官发生上皮抬升、肿胀、鳃小片融合、肥大、增生、开裂、组织坏死、出血、黏液分泌以及鳃小片棒状化等病理变化（Claudia H，et al 2009；Victoria M，et al 2011；Sollid J，2005），本研究中，卵形鲳鲹鳃器官在低氧胁迫下上皮出现了抬升和肿胀，并且这些变化随低氧时间的持续愈加明显，胁迫 14 d 时甚至出现上皮与鳃小片分离，为应对持续低氧胁迫对机体造成的缺氧，鳃小片中 BC 数量增加，这些变化均表明，低氧胁迫严重影响卵形鲳鲹鳃器官，并必将对鳃器官的生理功能产生影响。

鱼类呼吸过程中气体交换主要由鳃小片单层上皮完成，本研究中急性低氧胁迫中呼吸上皮逐渐抬升，扫描电镜下上皮细胞表面平整化，慢性 14 d 时上皮细胞表面褶皱数量增加，这些形态改变均扩大了呼吸表面。慢性胁迫 14 d 时鳃小片上皮出现脱落，说明长期低氧胁迫可造成卵形鲳鲹鳃器官组织学损伤。

大西洋魟（*Dasyatis sabina*）在经 30%和 55%的低氧胁迫之后，30%低氧组呼吸表面积增加至对照组的 1.7 倍（Dabruzzi T F et al，2014），莫桑比克罗非鱼（*Oreochromis mossambicus*）在低氧胁迫后呼吸表面积的增加由鳃丝长度和鳃小片的面积的增加完成（Mallantt J，1985），鲫在低氧胁迫中鳃呼吸表面积的增加由细胞的迁移和分化导致的鳃小片之间的细胞团和离子细胞回归到鳃丝上皮上完成（Velislava T，et al，2014），大量实验均证明低氧胁迫会造成鱼类呼吸表面积增加，卵形鲳鲹鳃器官在急性胁迫中，鳃小片细胞表面的舒张和抬升，在慢性胁迫 14 d 时，鳃小片上皮细胞的形态改变，均造成卵形鲳鲹呼吸表面的增加，与上述研究结论一致。

2. 低氧胁迫下鳃器官中 MRC 的变化

鱼类鳃器官渗透压调节作用主要由 MRC 完成，Victoria M et al（2005）研究眼斑星丽鱼（*Astronotus ocellatus*）和虹鳟（*Oncorhynchus mykiss*）低氧胁迫时发现，虹鳟在低氧胁迫时会增加渗透压调节能力，MRC 开口变大，眼斑星丽鱼在急性低氧时渗透压调节能力降低，上皮细胞扩张，上皮表面覆盖开口小的 MRC，眼斑星丽鱼和虹鳟在发生这些时速度很快，而且是可恢复的。Iftikar et al（2010）研究发现，虹鳟经 1 h 低氧，MRC 数目增加 1.3 倍，单个 MRC 的面积增加超过 3 倍，本研究中，扫描电镜观察结果显示，急性胁迫 6 h 后，鳃小片之间基部的 MRC 与对照组相比开口变大，14 d 时开口大且深，与 Victoria M et al 关于眼斑星丽鱼的研究一致，低氧胁迫使卵形鲳鲹的渗透压调节能力增强。慢性胁迫 14 d 后观察卵形鲳鲹的鳃小片基部可见 MRC 的数量明显增加，开口变大，同时增加了一些开口小的 MRC，结合卵形鲳鲹鳃器官的 MRC 在组织切片中的数量增加，说明卵形鲳鲹在低氧中渗透压调节功能的增强。线粒体是细胞代谢的能量来源，机体生命活动 80%的能量来自线粒体（闫玉莲等，2012），卵形鲳鲹在慢性低氧胁迫 14 d 后，MRC 中线粒体的体积变大，可能是由于低氧胁迫过程中，环境氧气不足，而机体的正常代谢生长依旧需要相同甚至更多的能量，大体积的线粒体将能更充分地利用不足的氧气。

3. 低氧胁迫下鳃小片中红细胞的变化

吴垠等（2006）研究溶氧对虹鳟 BC 特性的影响时发现，不同水平的溶氧对虹鳟血红蛋白含量没有影响，而随溶氧增加 BC 的数目却增加了。张曦等（2011）对急性低氧胁迫下鲫的 BC 的计数发现，低氧 2 h 后 BC 数目增加 100%，经驯化 30 d 后鲫的 BC 数目会增加 7%，本研究中，卵形鲳鲹鳃小片中 BC 数量在低氧胁迫时显著增加，急性胁迫中 BC 数量增加比慢性显著，与张曦的结论一致。血液中 BC 的数量增加是血液提高运输氧气能力方法之一（Choi J H et al，2010），低氧胁迫下鱼类运输氧气的能力需要提升，而承担这一功能的细胞主要是 BC，急性低氧初期，鳃器官不能及时增大呼吸表面积，对低氧环境还处于强烈应激状态，而机体对氧气的需求并未减少，因此血细胞数量显著增加，慢性低氧胁迫下随生理调节和呼吸表面积增加，BC 的数量出现了回落，但也高于对照组，说明外界水体环境溶氧不足。

第六节　低氧环境下卵形鲳鲹的氧化应激响应与生理代谢相关指标

鱼类的生长受内源和外源两类因子的调控。内源因子与鱼类的生理状况和遗传型相关，外源因子则包括食物、温度、溶氧、盐度、光照、pH 以及种内和种间的关系等，其中溶氧被称为鱼类活动和生长的限制因子（殷名称 . 1995）。溶氧是鱼类赖以生存的基础，适宜的溶氧水平是保证鱼类正常生长的重要条件，溶氧对鱼类的孵化率、存活、新陈代谢、生长、发育、摄食等各个方面都有着深刻的影响，尤其是低氧易使鱼类正常的呼吸、生理代谢发生紊乱，导致鱼类摄食量下降、食物转化效率降低、生长缓慢，甚至影响鱼类的行为、形态学特征及生存策略（Buentello J A et al，2000；Thurson R V et al，2011；王巧宁等，2012）。实际生产活动中，由于近年来经常遭遇的极端天气，赤潮、水华以及生产管理失误等均会造成养殖水体溶氧的降低，苗种运输作为鱼类养殖过程重要的一部分，长途运输过程也常面临低氧（韦钦胜等，2009，2011）。在应对低氧胁迫的过程中极易造成鱼体内环境稳态的失衡，导致组织器官的损坏，影响成活（Lam W P et al，2007；Galli G L J et al，2014）。

作者等在对卵形鲳鲹幼鱼呼吸和排泄基本规律开展系列探索的基础上，应用实验生理生态学方法，测定该鱼经急性和慢性低氧胁迫后鱼体的氧化应激和生理代谢相关指标的变化，为其生物学文库提供基础资料，为生产过程中苗种生产与活鱼运输，养殖的水质调控以及应对低氧采取应急措施提供系统的技术支撑。

一、慢性低氧胁迫下的存活率

慢性低氧胁迫过程中，卵形鲳鲹的存活率下降，初始存活个体为100%，5 d时与初始时比较，个体存活率降为初始的90%，之后持续下降，11 d时降为初始的50%，实验结束时的存活率仅为初始的26%（图6-27）。

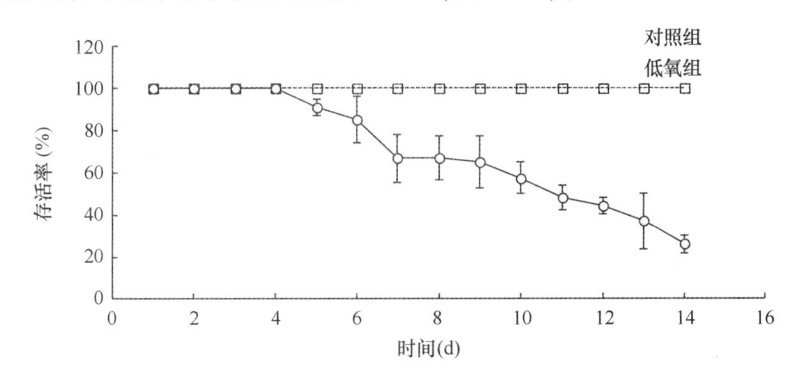

图6-27　慢性低氧胁迫下卵形鲳鲹的存活率变化（$n=3$）

二、低氧胁迫后的氧化应激

1. 急性胁迫后鳃抗氧化酶活性和MDA水平变化

急性低氧胁迫中随低氧胁迫时间延长卵形鲳鲹鳃过氧化氢酶（CAT）活性下降，3 h时活性最低，随后缓慢升高，24 h时显著高于其他各组（P<0. 05）。还原型谷胱甘肽（GSH）含量随低氧持续先上升后下降，3 h时达到最大值，24 h时降低至对照组水平以下。超氧化物歧化酶（SOD）活性随低氧持续增加，12 h时最高，到24 h时降低（图6-28a）。丙二醛（MDA）含量在低氧3 h上升后持续在该水平下略有波动（图6-28b）。

2. 慢性胁迫后鳃抗氧化酶活性和MDA水平变化

慢性低氧胁迫下卵形鲳鲹鳃CAT、SOD活性均显著高于对照组（P<0. 05）（图2-29a），GSH含量（图6-29a）和MDA（图6-29a）也增加，但不显著（图6-29b）。

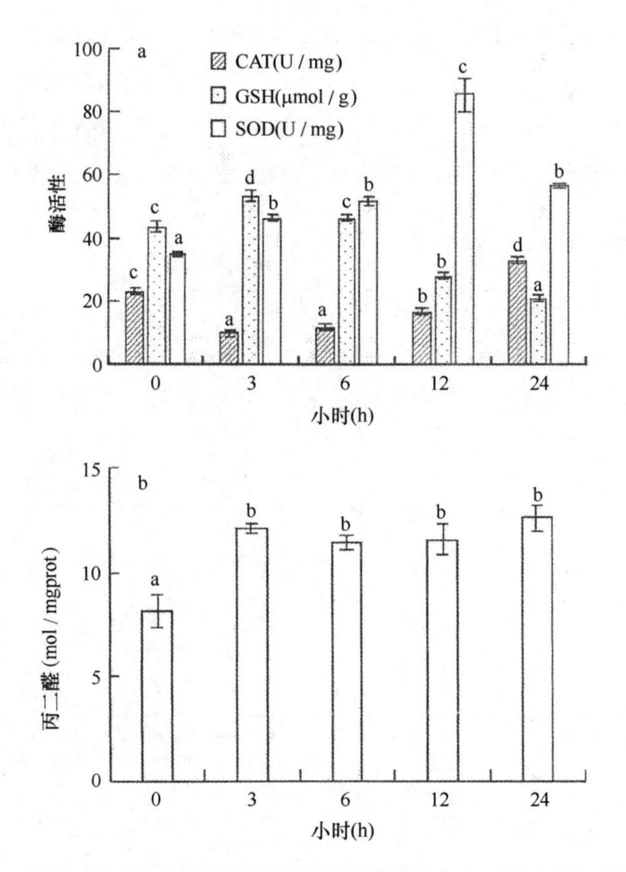

图 6-28　急性低氧胁迫后卵形鲳鲹鳃抗氧化酶活性和丙二醛含量的变化（$n=5$）

注：柱上不同字母组间有差异显著（$P<0.05$），后图同此

三、低氧胁迫后肝脏能量代谢变化

1. 低氧胁迫对肝糖原（GL）的影响

GL 在急性和慢性低氧胁迫中呈不同的变化趋势，急性低氧胁迫中，随低氧呈先下降后恢复的趋势，12 h 时降至最低，24 h 时回升并高于对照组水平（图 6-30a）、慢性胁迫后 GL 下降，但与对照组相比下降程度不显著（$P>0.05$）（图 6-30b）。

2. 低氧胁迫对肝脏乳酸脱氢酶（LDH）的影响

卵形鲳鲹 LDH 在急性低氧胁迫过程中的变化明显（$P<0.05$），随低氧先急骤上升，到 3 h 时达到最大值，然后缓慢下降，24 h 时下降到比对照组还低的水平（图 6-31a）、慢低氧胁迫后 LDH 水平显著高于对照组（$P<0.05$）（图 6-31b）。

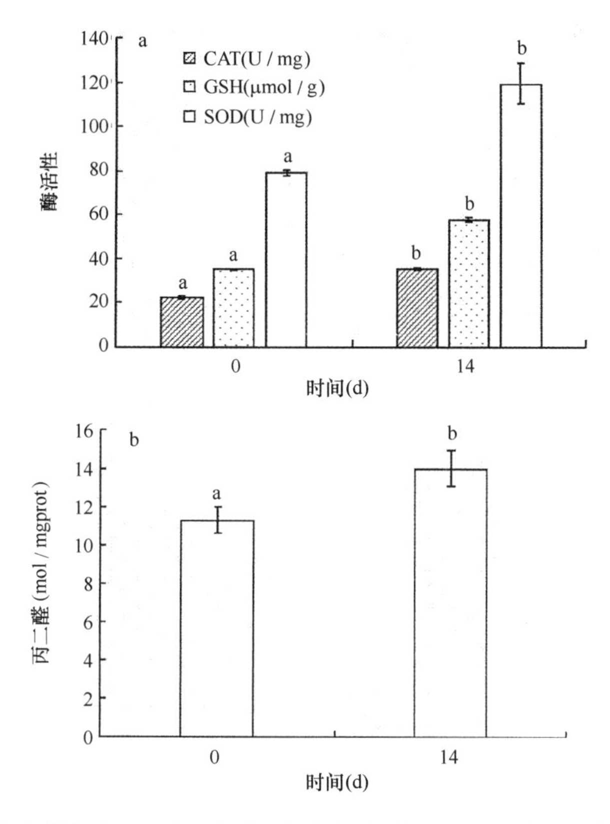

图 6-29　慢性低氧胁迫后卵形鲳鲹鳃抗氧化酶活性和丙二醛含量的变化（$n=5$）

四、研究结果分析

1. 卵形鲳鲹鳃 SOD 和 CAT 在低氧胁迫下的变化

正常动物细胞要求适当的氧化与抗氧化平衡，即自由基的形成和清除处于动态平衡中，若该动态平衡遭到破坏，超氧自由基在机体中就会过多或过少，机体就会处于氧化应激，自由基会对细胞内生物大分子如蛋白质、脂质、核酸等造成损伤，导致 DNA 分子突变，诱发细胞的衰老死亡，最终导致机体患病或衰老（房子恒，2013）。自由基的清除主要依靠机体中的抗氧化防御体系统，CAT 和 SOD 是该系统的重要组成成分，SOD 的功能是将机体内超氧阴离子自由基（O^{2-}）歧化成过氧化氢（H_2O_2）和氧气（O_2），清除细胞内产生的过量的氧自由基（汪开毓等，2011），CAT 对环境变化较为敏感（刘灵芝等，2009），是生物体内一种含巯基（-SH）的抗氧化酶，可与 GSH 一起，清除 SOD 歧化 O^{2-} 产生的 H_2O_2，进而阻断可产生活性极高的羟自由基（-OH）的反应，在生物体的抗氧化防御系统中占有重要地等，2005）。

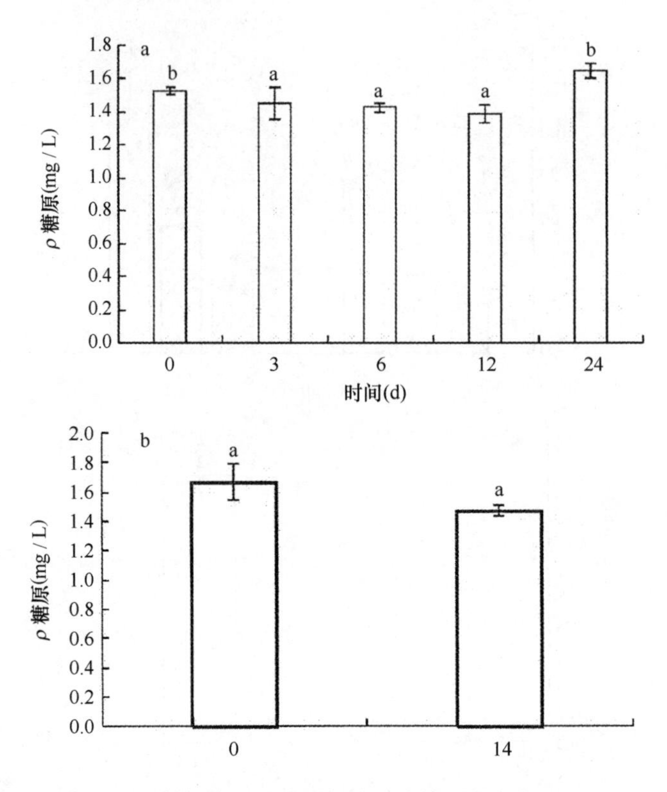

图 6-30　低氧胁迫后卵形鲳鲹肝脏糖原的变化（$n=5$）

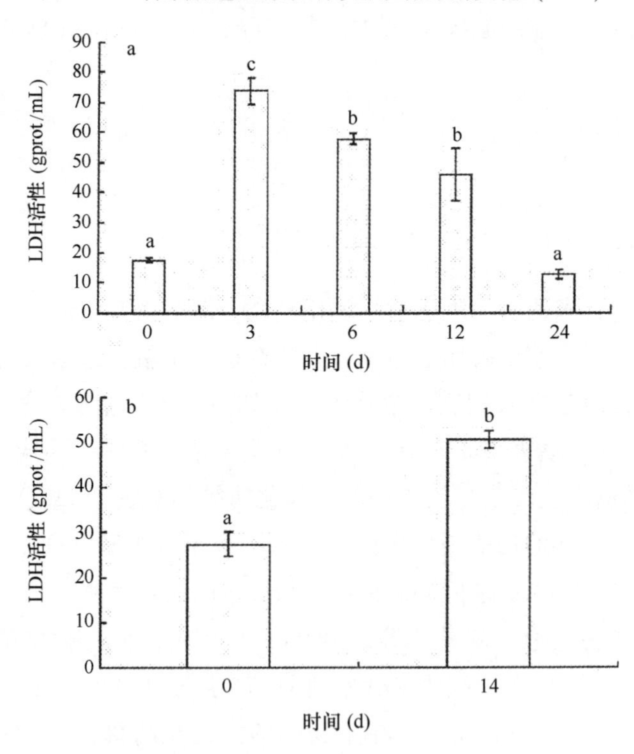

图 6-31　低氧胁迫后卵形鲳鲹乳酸脱氢酶的变化（$n=5$）

一般认为，SOD 在清除活性氧的过程中最早发挥作用，它首先促使 O^{2-} 歧化为 H_2O_2 和 H_2O，随后 CAT 再将 H_2O_2 催化为 H_2O 和 O_2，从而达到为机体解毒的目的（尹飞等，）。笔者等研究中观察到，急性低氧胁迫下鳃组织中 SOD 在 3 h 已达最大值，而 CAT 下降后才升高，与引文实验结论类似。

2. 卵形鲳鲹鳃 GSH 和 MDA 在低氧胁迫下的变化

抗氧化系统中的酶和小分子清除剂，如 GSH 是其发挥解毒功能的重要物质，其含量的变化与生物体受胁迫程度存在密切的关系（Song et al，2006），在谷胱甘肽过氧化物酶的作用下 GSH 把 H_2O_2 还原成水，其自身被氧化为 GSSG，GSSG 又在谷胱甘肽还原酶的作用下被还原为 GSH，维持体内正常的还原缓冲状态，GSH 水平的变化，显示了机体的氧化应激程度（王辅明等，2009）。

由于各种原因，鱼类面临着不同的溶氧变动情况，在低氧状态时，可诱导鱼类使用厌氧途径，促使一些副产物增加，抗氧化机制发生改变，GSH 作为一类小分子抗氧化剂参与一系列至关重要的保护细胞功能，可以消除氧自由基，在鱼类应对氧化应激压力中起非常重要的作用，当出现氧化应激压力时，谷胱甘肽的合成重新开始（刘旭佳等，2015）。作者等的研究中发现，急性低氧胁迫下鳃的 GSH 含量上升后恢复，说明低氧胁迫对卵形鲳鲹造成氧化压力，且 GSH 增加来清除机体产生的多余自由基，慢性低氧胁迫后鳃的组织中 GSH 亦增加，说明相对正常溶氧，持续的低氧胁迫对鳃所造成氧化压力，持续的低氧必将对其造成氧化应激。

鱼类体内抗氧化酶的缺乏会导致体内原有自由基代谢平衡遭到破坏。自由基可与细胞膜、细胞器膜上的不饱和脂肪酸发生脂质过氧化反应，产生环氧化物（如 MDA），从而影响机体的物质代谢、能量代谢和信息传递，危及正常的生命活动（王朝明等，2010）。脂肪过氧化最终产物 MDA 的量可敏锐的反映机体内脂质过氧化的强弱（魏玉婷等，2011）。试验中卵形鲳鲹鳃组织中的 MDA 在急性胁迫低氧中上升后一直未下降，14 d 时亦显著高于对照组，说明急性过程中鳃中的自由基影响是持续且未恢复的，慢性低氧胁迫中鳃持续受到自由基造成的脂质过氧化，产生的大量自由基将严重影响鳃。

3. 卵形鲳鲹肝脏 GL 和 LDH 在低氧胁迫下的变化

GL 是动物主要的储能形式，是肝组织以外其他组织所需的血糖储存（李金兰等，2014）。运动训练可提高实验鱼的 GL 水平，有利于为实验鱼长时间有氧运动储存充足的代谢底物（夏伟，2012）。该试验中，卵形鲳鲹在急性低氧胁迫后 GL 下降后恢复，表明在急性低氧条件下，卵形鲳鲹进行了脂肪动员，分解脂肪为其他组织提供了能量，以应对突然出现的低氧环境，在慢性低氧胁迫下，卵形鲳鲹的 GL 下降且不显著，表明持续的低氧胁导致卵形鲳鲹的能量储备下降，不利于卵形鲳鲹的生长。

LDH可催化丙酮酸和乳酸之间的相互转化，是鱼类机体无氧代谢的标志酶，其活力大小在一定程度上反映了无氧代谢能力的高低（揭小华等，2015），LDH在组织中的活力大大高于血液中的活力，当机体各组织器官病变时，其组织器官本身的LDH会发生变化，同时也可引起血液中LDH的改变，若血液中LDH活力升高则预示着肝脏、肾脏和肌肉等组织细胞发生改变、受到损伤，这些指标在评价鱼类健康方面具有重要意义（毛瑞鑫等，2009）。本实验中急性低氧胁迫下，LDH先上升后恢复，表明机体由于氧气不足进行了无氧代谢，且进行生理调整后恢复，慢性低氧胁迫则显著升高，说明持续的低氧使卵形鲳鲹的无氧代谢能力增加，长期的无氧代谢会对肝脏产生损伤。

第七节　急性和慢性低氧胁迫对卵形鲳鲹幼鱼肝脏组织和抗氧化的影响

鱼类的生长和发育不仅由内分泌系统调控，还受到外部环境，如溶氧、温度、盐度、光照、pH等的影响。相对于其他脊椎动物，水环境作为鱼类生活的介质，水体中的溶氧对鱼类的影响更加显著。溶氧影响着鱼类摄食、生长、免疫、繁殖等一切生命活动，适宜的溶氧水平是鱼类生存的基础，是保证鱼类正常生长的重要条件，低氧环境易使鱼类正常的呼吸、代谢紊乱，导致鱼类摄食量下降、食物转化效率降低、生长缓慢，甚至影响鱼类的行为、形态学特征及生存策略。极端天气变化、富营养化和人为因素都会造成养殖水体低氧，苗种运输作为鱼类养殖过程重要的一部分，长途运输过程也面临低氧（Nordlie et al，2014）。卵形鲳鲹在人工养殖条件下生长速度快，其生长对养殖水体中溶氧水平的要求较高。肝作为鱼体内最大的腺体，在物质代谢、解毒、凝血和防御等生命活动过程中起着至关重要的作用。本实验室前期的研究发现，卵形鲳鲹在急性低氧胁迫后肝的谷丙转氨酶和谷草转氨酶含量显著升高，提示低氧胁迫对卵形鲳鲹肝造成损伤（作者等，2014），而低氧胁迫后卵形鲳鲹肝的组织学变化尚未确定。

细胞内氧化与抗氧化间的平衡是动物细胞正常存活的必要条件，当细胞内产生大量自由基且未及时清除即会造成机体处于氧化应激状态，细胞内过多的自由基会攻击各种生物膜中所含的不饱和脂肪酸，发生脂质过氧化反应，产生大量过氧化产物脂质过氧化物，对机体造成损伤，同时机体抗氧化酶的缺乏会导致体内原有自由基代谢平衡遭到破坏（尹飞等，2011；李卫芬等，2012）。丙二醛（Malonic dialdehyde，MDA）含量是衡量机体脂质过氧化反应速率和强度的重要指标，超氧化物歧化酶（Superoxide dismutase，SOD）、过氧化氢酶（Catalase，CAT）和还原型谷胱甘肽（Glutathione，GSH）是生物体内清除体内多余自由基的重要抗氧化酶类，与鱼类的免疫能力有着密切关系（初晓红，2009；刘旭佳等，2014）。水生动物抗氧化系统的研究主要包括水体低氧环境、维生素类饲料添加剂及水体中的烃类、重金属和残留农药对水生生物抗氧化系统的影响（顾孝连，2009），低氧胁迫后的欧洲鳎（*Solea solea*）肝组织中乳酸含量上升（李洁，2011），叉尾石首鱼（*Leiostomus xanthurus*）鳃组织中乳酸脱氢酶（Lactic dehydrogenase，LDH）和超氧化物歧化酶（SOD）低氧胁迫后显著增加（Hermes et al，2001），类似结果均表明低氧环境对鱼类的抗氧化系统有显著影响。

本研究对比急性和慢性低氧胁迫对卵形鲳鲹幼鱼肝组织和抗氧化酶活力影响，结果如下。

一、低氧胁迫后卵形鲳鲹幼鱼肝显微结构的变化

光学显微镜下卵形鲳鲹肝上皮由梭形单层扁平上皮细胞以及极薄的结缔组织构成，肝细胞胞质均匀，胞质内含物丰富，细胞呈卵圆形或多边形，细胞核清晰明显位于肝细胞中央，肝细胞以中央静脉为中心，呈放射状排列，形成分支吻合状肝细胞索，肝细胞间同时分布有肝血窦、中央静脉分支、胰腺组织等结构，肝血窦较为狭窄，由血窦内皮细胞构成，迂回分布于肝细胞之间（图 6-32-a）。

急性低氧胁迫 3 h 时卵形鲳鲹幼鱼肝出现肝细胞无序，肝细胞内出现空泡（图 6-32-b），6 h 时肝细胞间空泡以及无序更加明显，细胞胞质减少，空泡化增加，同时肝细胞脂肪小泡发生轻微变性（图 6-32-c）；12 h 时肝细胞无序，空泡化更加显著（图 6-32-d），24 h 时出现血窦扩张，局部肝细胞坏死，肝细胞融合，肝细胞细胞质网状纤维增加，肝细胞脂肪小泡变性明显，空泡界限模糊（图 6-32-e）。慢性低氧胁迫 14 d 时，肝局部坏死，血窦扩张，细胞融合更加明显，肝小叶结构不明显，肝细胞萎缩，核明显，出现坏死肝实质，肝血窦出现明显拥堵，肝血窦血细胞数目增加，血窦内皮细胞不明显，与低氧胁迫 6 h 相比，14 d 时肝胆管立方上皮细胞变大，数目减少，外层肌肉层变薄（图 6-32-f）。

二、低氧胁迫后卵形鲳鲹幼鱼肝超微结构的变化

透射电镜下卵形鲳鲹幼鱼典型的肝细胞核偏于细胞一侧，圆形、核大，核膜清晰，核孔不明显，有双核肝细胞出现，细胞质内有丰富细胞器和包涵物，线粒体数量多，电子密度高，大小形态各异，内嵴管状，呈梳齿状排列，长短差异小，线粒体周围分布有滑面内质网，同时有少量粗面内质网，肝细胞内同时有随机分布、大小不一的脂肪滴，肝血窦较为狭窄，内有红细胞，红细胞内含有丰富的溶酶体和发达的线粒体，以及一些小吞噬泡（图 6-33-a，b）。

急性低氧胁迫 6 h 时，肝细胞内线粒体数量减少，小体积的线粒体消失，细胞质内主要分布大体积的线粒体，滑面内质网减少，细胞核周围出现粗面内质网，同

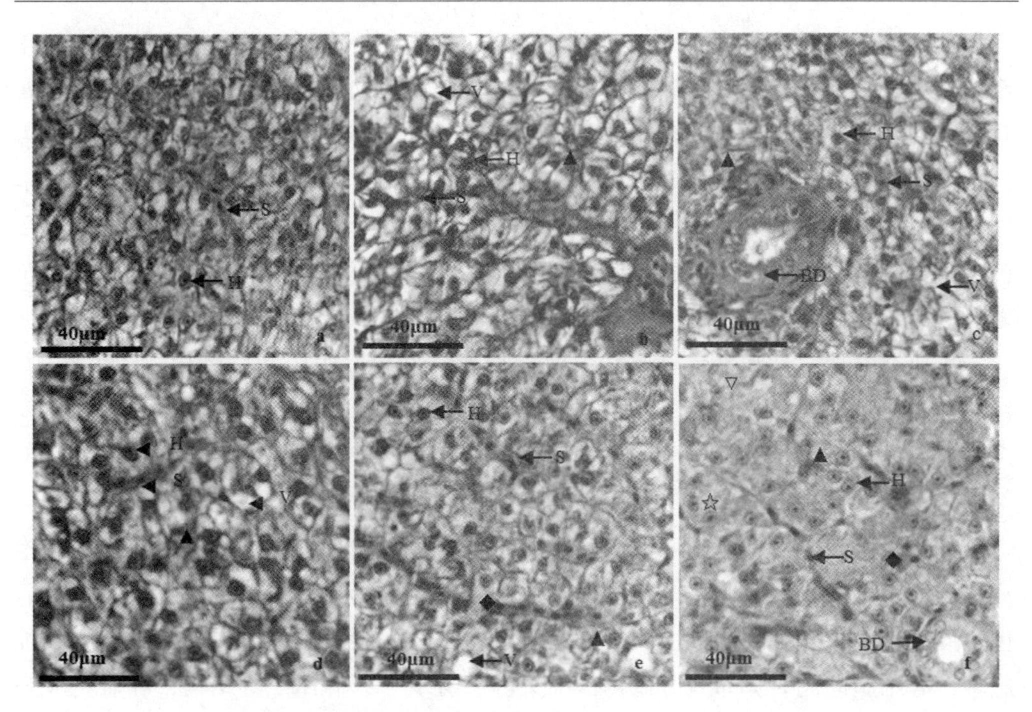

图 6-32　低氧胁迫后卵形鲳鲹幼鱼肝显微结构变化（H. E 染色，× 400）

a. 对照；b. 低氧 3 h；c. 低氧 6 h；d. 低氧 12 h；e. 低氧 24 h；f. 低氧 14 d。急性对照组与慢性对照组无差异。

H. 肝细胞；S. 血窦；V. 空泡；BD. 胆小管；▲. 肝细胞无序；◆. 扩张血窦；△. 气球样变；☆. 细胞融合；▽. 局部坏死

时出现明显过氧化物酶体，肝细胞间出现剧烈扩张的血窦，血窦中同时出现 9 个红细胞，细胞间空泡体积变大（图 6-33-c，d）。慢性低氧胁迫 14 d 时，肝细胞膜溶解，细胞结构不完整，部分细胞核破裂、分解，细胞器不明显，看不到线粒体，只能分辨内质网，细胞结构松散，细胞质固缩，电子密度高，细胞间连接不紧密，细胞间布满空隙，界限不明显，细胞内空泡多、体积大，未见明显脂肪颗粒（图 6-33-e，f），表明慢性低氧胁迫下卵形鲳鲹幼鱼肝严重受损。

三、低氧胁迫后卵形鲳鲹幼鱼肝抗氧化酶活力的变化

1. 低氧胁迫后卵形鲳鲹幼鱼肝抗氧化酶活力的变化

低氧胁迫时卵形鲳鲹幼鱼肝组织抗氧化酶活性变化显著。急性低氧胁迫中，随低氧胁迫时间延长过氧化氢酶（CAT）活性升高，6 h 时酶活性已显著高于对照组（$P<0.05$），之后持续保持较高水平，慢性低氧胁迫后，过氧化氢酶（CAT）活性低氧胁迫后与对照组相比显著降低（$P<0.05$），是对照组降低 0.76 倍（图 6-34-a）。还原型谷胱甘肽（GSH）活性随急性低氧胁迫的持续先上升后恢复至正常水平，

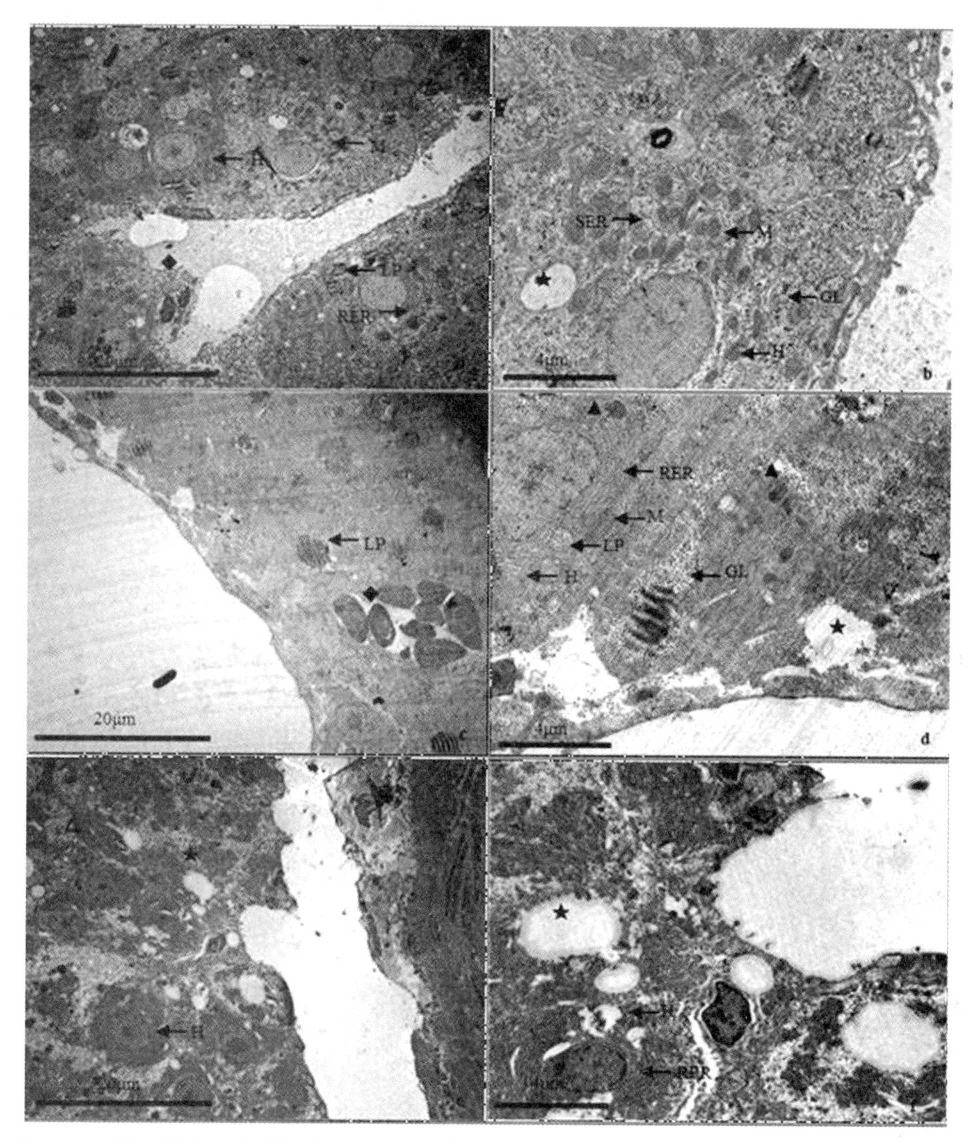

图 6-33　低氧胁迫后卵形鲳鲹幼鱼肝超微结构变化（a，c，e，× 2 700；b，d，f，× 8 000）

a. 对照组；b. 对照组；c. 低氧 6 h；d. 低氧 6 h；E. 低氧 14 d；F. 低氧 14 d；H. 肝细胞；S. 血窦；LP. 脂滴；RER. 粗面内质网；SER. 滑面内质网；GL. 糖原；M. 线粒体；★. 空泡；◆. 扩张血窦；▲. 过氧化物酶体。急性对照组与慢性对照组无差异

12 h时到最大值，24 h 时恢复至正常水平，与对照组差异不显著，慢性低氧胁迫后，还原型谷胱甘肽（GSH）活性则均显著升高（$P<0.05$），其活性为对照组的 2.59 倍（图 6-34-b）。超氧化物歧化酶（SOD）活性在急性低氧胁迫中持续增加，3 h 时最大，后逐渐降低，24 h 时恢复至正常水平，变化趋势与还原型谷胱甘肽（GSH）活性相同，慢性低氧胁迫下，超氧化物歧化酶（SOD）活性则均显著升高（$P<0.05$），活性为对照组的 1.13 倍（图 6-34-c）。

2. 低氧胁迫后卵形鲳鲹幼鱼肝脏丙二醛（MDA）水平的变化

急性低氧胁迫下，卵形鲳鲹肝脏丙二醛（MDA）含量随低氧持续逐渐增加，12 h达到最高值后下降，24 h时与对照无显著差异。慢性低氧胁迫下卵形鲳鲹幼鱼肝脏丙二醛（MDA）含量显著升高（$P < 0.05$），丙二醛（MDA）含量是对照组的1.56倍（图6-34-d）。

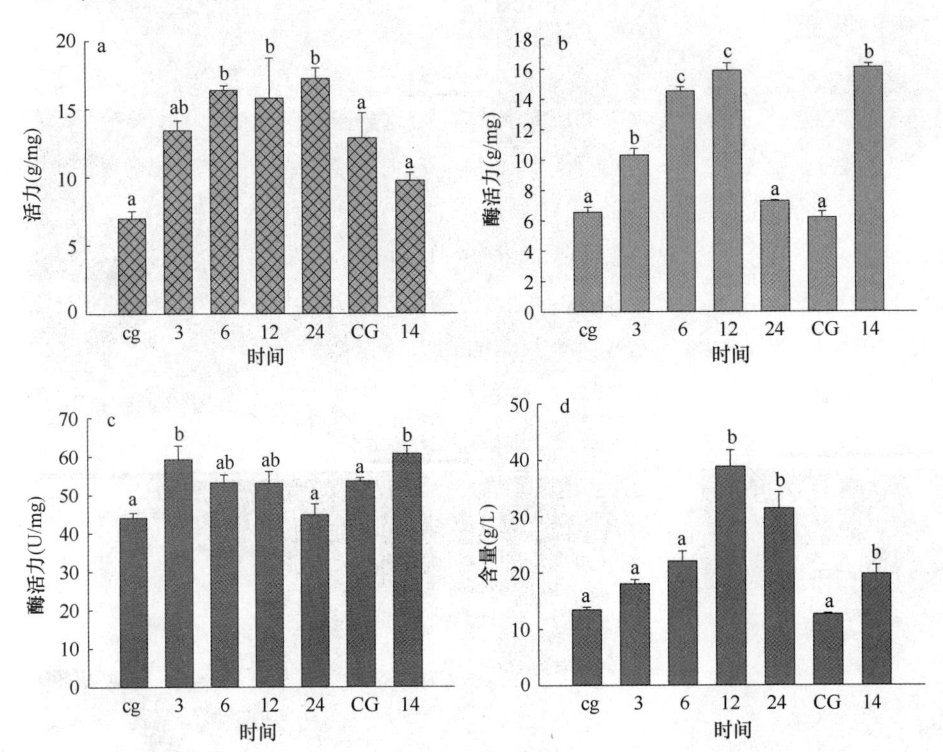

图6-34 低氧胁迫后卵形鲳鲹幼鱼肝抗氧化活力及MDA含量的变化

a. 过氧化氢酶（CAT）；b. 还原型谷胱甘肽（GSH）；c. 超氧化物歧化酶（SOD）；d. 丙二醛（MDA）含量；各图中cg及CG分别代表急性对照组和慢性对照。$n=5$，柱上不同字母组间有差异显著（$P<0.05$）

四、研究结果分析

1. 卵形鲳鲹幼鱼肝低氧胁迫后的组织学变化

肝是鱼类能量代谢的中心，同时也是排泄的重要器官（Camargo et al，2007，作者等，2010，2012）。大鼠（*Rattus norvegicus*）缺血供体热（缺血后导致急性组织缺氧）后进行肝超微结构观察发现，肝线粒体肿胀，内质网扩张，糖原吸收，导致肝组织出现空泡变性（马毅等，2006）。本研究中随低氧胁迫时间持续，卵形鲳鲹幼鱼肝组织空泡化变性加剧，急性低氧胁迫出现空泡体积变大是由于肝糖原的分解（作者等，2014），慢性低氧胁迫 14 d 时出现比急性低氧更剧烈的空泡化，主要是因为长时间的低氧胁迫对肝的组织氧化损伤，生理实验中卵形鲳鲹幼鱼肝的氧化应激状态确证了这一结果。

小鼠（*Mus musculus*）的肝在低氧胁迫后，部分肝细胞出现细胞质空泡、坏死（林卡莉等，2005），慢性间歇性低氧则可造成包括肝组织纤维化、肝硬化的肝组织损伤，低氧不仅造成肝细胞损伤，也会抑制肝组织再生（Savransky et al，2007；Li et al，2009；Paternostro et al，2010；Cannito et al，2014），类似研究均表明低氧胁迫对肝组织可造成严重的影响，该研究发现，随低氧时间延长，卵形鲳鲹幼鱼肝出现肝细胞无序，肝细胞间血窦扩张，肝细胞融合，慢性低氧时甚至出现局部肝细胞坏死，说明低氧胁迫使卵形鲳鲹肝出现病理学组织损伤变化，且损伤随低氧时间的持续逐渐增强。研究中也发现随低氧的持续，肝细胞间胆管立方上皮细胞数量减少、体积增大，类似结果还未见报道，有待进一步研究。

2. 卵形鲳鲹幼鱼低氧后肝线粒体和内质网的变化

线粒体、内质网是肝细胞应激时较敏感的细胞器，线粒体是细胞代谢的能量来源（Zhu et al，2016），机体生命活动 80%的能量来自线粒体（闫玉莲等，2012），肝线粒体的变化反映细胞的能量需求和细胞状态，因此线粒体会影响到整个肝细胞功能，同时线粒体在细胞生长、凋亡和衰老等生理、病理过程中也扮演着重要的作用（Krivakova et al，2005），本实验中卵形鲳鲹幼鱼随低氧胁迫时间延长，肝线粒体数量下降，而外界水体环境中的低氧条件将造成有氧呼吸水平下降，为提供足够能量，线粒体功能应该是增强，研究中肝组织的超微结构发现，肝细胞内线粒体体积是增大的，但增大体积的线粒体呼吸功能是否增强则有待进一步确证。

内质网对应激极为敏感，内质网对应激细胞应对如抵抗、适应、损伤或凋亡有重要作用，内质网应激引起细胞死亡（李载权等，2004）。滑面内质网是细胞内外糖类和脂质合成和转运场所（Fu et al，2011），粗面内质网是合成膜蛋白和分泌蛋白场所，酶类、激素、抗体等分泌蛋白的合成主要在粗面内质网上完成，滑面内质网则主要合成磷脂与胆固醇（林丽等，2003；殷帅文，2008）。内质网是细胞内蛋白质与脂质的合成基地（Zhang et al，2015），几乎所有脂质和重要的蛋白质都在内质网上合成，而且内质网也参与细胞解毒过程，因此这个细胞器变化可以指示肝机能的变化（刘晓晖，2006）。本研究发现，急性低氧胁迫 6 h，卵形鲳鲹幼鱼肝滑面内质网数量降低，粗面内质网数量增加，说明由于氧气不足，代谢不充分，能量物质积累减少，粗面内质网的增加则说明，需合成分泌酶和蛋白的量增加，以抵御低氧胁迫对机体的危害，低氧胁迫下卵形鲳鲹肝抗氧化酶活性的变化也说明此结果。低氧胁迫 14 d 时其他细胞器在透射电镜下极难分辨，但是粗面内质网还明显存在，表明卵形鲳鲹幼鱼肝受到严重的氧化损伤，且粗面内质网仍坚持分泌蛋白，对抗机体的氧化应激状态。

3. 急性低氧胁迫中卵形鲳鲹幼鱼肝出现的过氧化物酶体

过氧化物酶体通过过氧化氢酶将对细胞有害的代谢产物分解成水和氧，防止堆积的 H_2O_2 毒害细胞，保护细胞并利用 H_2O_2 氧化分解多种有害底物，使之成为无毒性物质（Gavrilova et al，2003）。本研究中，急性低氧胁迫 6 h 时肝出现过氧化物酶体，是由于急性低氧造成较多细胞内氧化性物质，过氧化物酶体参与分解有毒物质，同时也说明机体受到氧化损伤。

4. 卵形鲳鲹幼鱼肝低氧胁迫下氧化水平的变化

褐牙鲆（*Paralichthys olivaceus*）幼鱼在低氧胁迫后肌肉中丙二醛（MDA）含量增加，表明低氧胁迫使其处于氧化应激态（李洁，2011）。该研究中急性和慢性低氧胁迫后肝丙二醛（MDA）水平均升高，表明不论急性或慢性低氧胁迫均使卵形鲳鲹幼鱼肝处于氧化应激状态。研究发现低氧胁迫 21 d 后小鼠的肝丙二醛（MDA）水平显著增加（Nakanishi et al，1995）。本研究中，慢性低氧胁迫下丙二醛（MDA）活性显著高于对照组，低于活性最高组 12 h，与急性低氧胁迫 6 h 对应的活性值相当，说明随低氧胁迫的持续，卵形鲳鲹幼鱼肝始终处于氧化应激状态，且慢性低氧胁迫的氧化应激状态处于急性低氧胁迫与正常溶氧水平之间。

超氧化物歧化酶（SOD）、过氧化氢酶（CAT）和还原型谷胱甘肽（GSH）是生物体内清除体内多余自由基的重要抗氧化酶类，与鱼类的免疫能力有着密切关系（初晓红，2009；刘旭佳等，2014）。Lushchak 等（2006）研究发现金鱼（*Carassius auratus*）无氧条件下肝过氧化氢酶（CAT）酶活性增加，Pan 等（2010）研究发现低氧胁迫使得艳鲃脂鲤（*Hyphessobrycon callistus*）血清中超氧化物歧化酶（SOD）和还原型谷胱甘肽（GSH）的活力增加，抗氧化能力增加可以保护肝免受低氧胁迫的伤害。本研究中，急性低氧胁迫下过氧化氢酶（CAT）活性随低氧胁迫持续先上升后稳定在较高水平，超氧化物歧化酶（SOD）、还原型谷胱甘肽（GSH）活性随低氧胁迫的持续先上升后下降，慢性低氧胁迫 14 d 时过氧化氢酶（CAT）活性低氧胁迫后显著降低，还原型谷胱甘肽（GSH）、超氧化物歧化酶（SOD）活性均随低氧显著升高，说明机体始终处于氧化应激状态，过氧化氢酶（CAT）、超氧化物歧化酶（SOD）、还原型谷胱甘肽（GSH）持续清除卵形鲳鲹幼鱼肝因受到低氧胁迫产生的抗氧化物质。

由于慢性低氧胁迫与急性低氧胁迫环境条件一致，且目前无急性和慢性低氧胁迫酶活性变化趋势的参考对比文献，依据本实验中急性和慢性胁迫后各种抗氧化酶的变化趋势推测：过氧化氢酶（CAT）是急性低氧胁迫中机体调节抗氧化水平的主要因子，过氧化氢酶（CAT）持续调节机体的抗氧化水平，超氧化物歧化酶（SOD）、还原型谷胱甘肽（GSH）辅助急性调节机体的氧化水平，慢性低氧胁迫14 d时过氧化氢酶（CAT）活性降低是由于负责急性胁迫中氧化水平调节的过氧化氢酶（CAT）超过调节极限，还原型谷胱甘肽（GSH）、超氧化物歧化酶（SOD）主要参与慢性低氧胁迫中机体的抗氧化水平调节。

第八节　卵形鲳鲹低氧相关基因的克隆、序列分析及其在低氧胁迫下的表达变化

乳酸脱氢酶（LDH）是参与糖酵解的主要酶之一，可使机体细胞在氧气不足时继续进行正常的生理活动。1987 年第一次报道了真核生物的 LDH-A 基因的全序列后，Firth 等最早比对了 LDH 基因的进化关系，并研究发现低氧下影响 LDH-A 表达水平的变化，紧接着又研究了低氧胁迫对人类细胞 LDH-A 基因表达的调控（Firth J D et al. 1994，1995）。我国关于 LDH-A 的研究主要是有关各物种内 LDH-A 的多样性比较及其进化关系（尹绍武等，2007），低氧胁迫下鱼类 LDH-A 的表达变化则未见研究，且目前低氧胁迫下 LDH-A 基因表达变化与 LDH 酶活性的变化的关系尚不明了。

基质金属蛋白酶家族（MMPs）是一个锌和钙依赖性酶，最初特征在于它们降解细胞外基质的能力，并且还可以降解其他基质，其中 MMP9 主要在降解细胞壁的基底膜发挥作用（Lenz O et al，2000）。在豚鼠胚胎的低氧研究中发现，低氧后豚鼠的胚胎心脏的 MMP9 表达水平增加（Evans L C et al，2012），对 MMP9 调节人呼吸道上皮细胞紧密连接的完整性和细胞活力的研究结果显示，MMP 家族基因的表达变化在消化道呼吸上皮的重建中扮演着十分重要的角色，哮喘病的研究数据显示，呼吸道上皮炎症导致 MMP9 表达上升（Vermeer P D et al，2009）。脊椎动物的鳃器官与肺是同源器官，低氧胁迫下鱼类鳃器官的 MMP9 基因表达变化与组织生理间的关系尚未见研究。

作者等（2016）使用 3′、5′RACE、PCR 和荧光定量 PCR 技术，克隆卵形鲳鲹的低氧相关基因（LDH-A，MMP9），探究不同形式低氧胁迫下两种基因在肝和鳃组织中的表达变化，主要结果如下：

一、RNA 样品质量

卵形鲳鲹组织总 RNA 提取后，用核酸测定仪检测，OD260/280 位于 1.9~2.0，取 1 μg 总 RNA 样品进行 1%琼脂糖凝胶电泳，结果显示，28S rRNA 与 18S rRNA 条带清晰，前者与后者比值大于 1，表明提取的总 RNA 纯度高，质量好（图 6-35）。

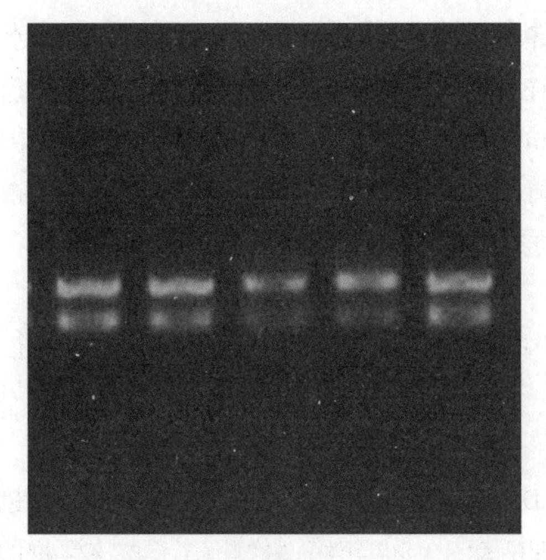

图 6-35　卵形鲳鲹组织总 RNA 琼脂糖电泳分析

二、中间片段的克隆，3′RACE，5′RACE

1. LDH-A 基因

与数据库中已入库鱼 LDH-A 基因比对后，于保守区设计中间片段简并引物序列，以卵形鲳鲹肝脏反转录 cDNA 为模板，进行 LDH-A 中间片段克隆，PCR 扩增 2 轮后获得约 900 bp 中间片段（图 6-36），第二轮产物胶回收后测序，结果 Blast 比对证明该片段为卵形鲳鲹 LDH-A 序列。

已获得 LDH-A 中间片段设计引物，肝脏反转 cDNA 为模板进行 3′RACE，第二轮 PCR 时在 1380 bp 出现目标条带（图 6-36）。

由中间片段 LDH-A 设计 5′RACE 引物，以加尾后的肝脏 cDNA 进行 5′RACE，第二轮 PCR 后预期条带 280bp 出现（图 6-36）。

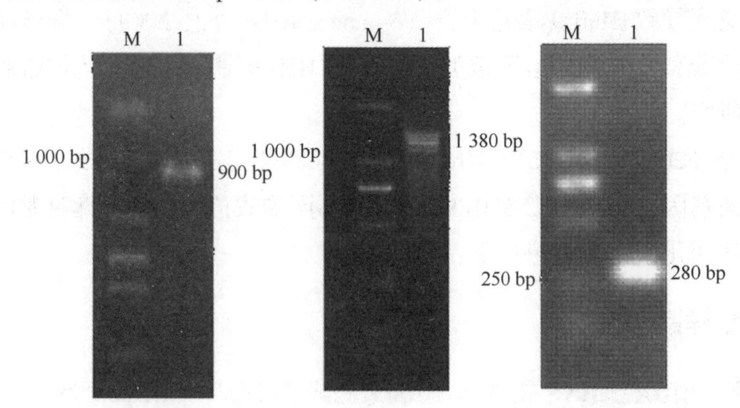

图 6-36　卵形鲳鲹 LDH-A 3′、5′RACE 及中间片段第二轮 PCR 扩增产物

M：1 500bp DNA 分子量标准；1：PCR 产物

2. MMP9 基因

与数据库中已入库鱼 MMP9 基因比对后，于保守区设计中间片段简并引物序列，以卵形鲳鲹肝脏反转录 cDNA 为模板，进行中间片段克隆，PCR 扩增 2 轮后获得约 1854 bp 中间片段（图 6-37），第二轮产物胶回收后测序，结果 Blast 比对证明该片段为卵形鲳鲹 MMP9 序列。

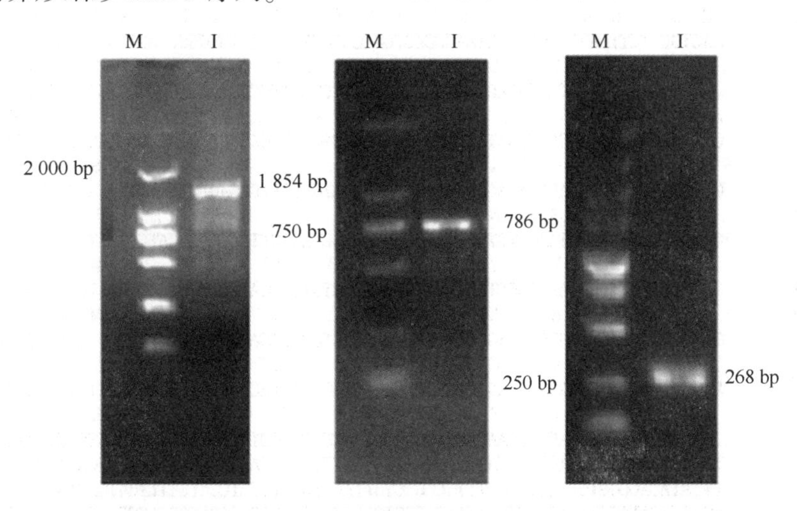

图 6-37　卵形鲳鲹 MMP9 中间片段第二轮 PCR 扩增及 3′、5′RACE 产物

M：1 500bp DNA 分子量标准；I：PCR 产物

三、序列拼接验证

1. LDH-A 序列拼接验证

卵形鲳鲹中间片段及 3′、5′RACE 所得序列拼接后，在该序列编码区两端设计引物，以确认拼接序列的 ORF，PCR 后测序确认了拼接序列与卵形鲳鲹 ORF 测序序列一致。序列拼接后得到卵形鲳鲹 LDH-A 全长 2331 bp，包括 81 bp 的 5′UTR，1141bp 的 3′UTR 以及 999 bp 的编码区，该区共编码 332 个氨基酸，卵形鲳鲹 LDH-A 的蛋白分子质量为 36.14 kDa，等电点为 6.95（图 6-38）。

2. MMP9 序列拼接验证

卵形鲳鲹中间片段及 3′、5′RACE 所得序列拼接后，在该序列编码区两端设计引物，以确认拼接序列的 ORF，PCR 后测序确认了拼接序列与卵形鲳鲹 ORF 测序序列一致。拼接后得到卵形鲳鲹 MMP9 全长 2 827 bp，包括 188 bp 的 5′UTR 507 bp 的 3′UTR 以及 2 132 bp 的编码区，编码区 684 个氨基酸，卵形鲳鲹 MMP9 的蛋白分子质量为 77.04 kDa，等电点为 5.41（图 6-39）。

```
1      GGACCACTTCTGCGGAAGAGCTGCGCTCGGGAGGTGACACATTCCAGCTCGGGTTTTCGCCCTTTCAACTAAAACCTA
79     AAGATGTCCACCAAGGAGAAGCTGATTGGCCATGTGATGAAGGAGGAGCCTGTTGGCAGCAGGAACAAGGTGACGGTG
1         M  S  T  K  E  K  L  I  G  H  V  M  K  E  E  P  V  G  S  R  N  K  V  T  V
157    GTTGGTGTCGGCATGGTGGGCATGGCCTCCGCCGTCAGCATCCTGCTCAAGGACTTGTGCGATGAGCTGGCCCTGGTT
26      V  G  V  G  M  V  G  M  A  S  A  V  S  I  L  L  K  D  L  C  D  E  L  A  L  V
235    GATGTGATGGAGGACAAGTTGAAGGGTGAGGCCATGGACCTGCAGCATGGATCCCTCTTCCTGAAGACACACAAGATT
52      D  V  M  E  D  K  L  K  G  E  A  M  D  L  Q  H  G  S  L  F  L  K  T  H  K  I
313    GTGGCCGACAAAGACTACAGTGTGACAGCCAATTCCAGGGTGGTGGTCGTGACTGCCGGTGCCCGCCAGCAGGAGGGC
78     V  A  D  K  D  Y  S  V  T  A  N  S  R  V  V  V  V  T  A  G  A  R  Q  Q  E  G
391    GAGAGCCGTCTTAACCTGGTGCAGCGCAACGTCAACATCTTCAAGTTCATCATCCCCAACATCGTCAAGTACAGCCCC
104     E  S  R  L  N  L  V  Q  R  N  V  N  I  F  K  F  I  I  P  N  I  V  K  Y  S  P
469    AACTGCATCTTGATGGTGGTCTCTAACCCAGTGGACATCCTGACCTATGTGGCCTGGAAGCTGAGCGGTTTCCCCCGT
130     N  C  I  L  M  V  V  S  N  P  V  D  I  L  T  Y  V  A  W  K  L  S  G  F  P  R
547    CACCGTGTCATTGGCTCCGGCACCAACCTGGACTCTGCCCGTTTCCGCCACATCATGGGAGAGAAGCTCCACCTCCAC
156    H  R  V  I  G  S  G  T  N  L  D  S  A  R  F  R  H  I  M  G  E  K  L  H  L  H
625    CCTTCAAGCTGCCACGGCTGGATCATTGGAGAGCACGGAGACTCCAGTGTGCCAGTGTGGAGTGGTGTGAATGTTGCT
182     P  S  S  C  H  G  W  I  I  G  E  H  G  D  S  S  V  P  V  W  S  G  V  N  V  A
703    GGAGTTTCTCTGCAGAGCCTCAACCCAAAGATGGGAGCTGACGATGACAGTGAGCACTGGAAGGAGGTCCATAAGATG
208     G  V  S  L  Q  S  L  N  P  K  M  G  A  D  D  D  S  E  H  W  K  E  V  H  K  M
781    GTGGTTGCTGGAGCCTATGATGTTATCAAGCTGAAGGGCTACACTTCCTGGGCCATCGGCATGTCCGTGGCTGATCTG
234     V  V  A  G  A  Y  D  V  I  K  L  K  G  Y  T  S  W  A  I  G  M  S  V  A  D  L
859    GTGGAGAGCATCACAAAGAACCTGCACAAAGTTCACCCTGTGTCCACACTGGTCCAGGGTATGCATGGCGTGAAGGAT
260     V  E  S  I  T  K  N  L  H  K  V  H  P  V  S  T  L  V  Q  G  M  H  G  V  K  D
937    GAGGTCTTCCTGAGCGTCCCTTGTGTGCTGGGCAACAGTGGTCTGACAGATGTCATTCACGTGACACTGAAGCCCGAT
286     E  V  F  L  S  V  P  C  V  L  G  N  S  G  L  T  D  V  I  H  V  T  L  K  P  D
1015   GAGGAGAAGCAGCTGGTGAAGAGCGCCGAGACCCTGTGGGGCGTACAGAAGGAGCTCACCCTGTGAAGTGCTCTCCTC
312     E  E  K  Q  L  V  K  S  A  E  T  L  W  G  V  Q  K  E  L  T  L  *
1093   TGAATTCTTCAGTCCACACCAAACACCATGTGGTCAACCCCTACCTATTGTACCTCCTGTGTCCCTCATGGCAATGGG
1171   TGAATGAGACCTTTGAGTATCTAATAAGGCCAAGTGTTTGTAGCTAAACCAGCGGAAGCTAGATTTTACCTTCAGATA
1249   TTCATACACGGGTGTCATTGTCCTTTGCCGCCTCTTACCTGCCTTCCTCCCTCCTTTCATGACTGAATTTTCAGAAAA
1327   ACAACTCATACCTTTAGCCTTTAATATTAGCCTGTGTTGGAGAGAGAGAGAGGGTATCCATCTGTTGTCAGTCGTTAA
1405   AGCCTATGCATATTGAGCGTATATACTCCATGTACTGTATGTTGTGTACTGTTGCTGTTTCTTCTGTACACTCCGTGT
1483   TTGTAGTTGGTATGTATTCTGTGATTGTTACCAGTTGGTTTTTCCCACTTGGTAATCTCTGTTTATTTTGTTTTATCA
1561   TTTGGAGTATAATGGAGACATTCCATTCTCTACGAGGAGGGCTTCCTATCCACCTAGAGTCATAACAACACTGCTATA
1639   CACATATATATAGATATATATATCACTGGGCCAAAATCCTGTGATACCAAAGTACCTTATCACTTGAGAAAAGCAATG
1717   CTAAGTCTACTGGTTGGCATTGAAGCCTTTTTACACAAATTTAACCACAAGTGCACTGACAGTAAAAGAGGCAGGCTG
1795   CTGACACGAAAGATTACATCTGGGAGAAATAAAGGTGTTGCTAACAAATTGACTTGCCATAATTTAACTCAGCAAAGA
1873   GATAACAGAGAGCCAATGGGAAATAGTCAGCTAGGATCATGACCTAGAGTCAGGTTACAAATTATAACAGAAGGTAAC
1951   AATCCTGAAGGTGTTTGTTTGCGCACCCTAACTCAACTCAAAGGGTTTTGTATTTATTTTACTCCACCTGACTTTGGA
2029   ACATAGGACAAAAAGAGGAATTTATGATATTATTTATAACTATTAATACTGTTAAGATCTATTTATGTATTAATGTTG
2107   CAACATTAGATATGGTCAATCACTCACTGACTCACTGAGGAACTCTGCCTGTCCTGGCAGTTGGATATTGATCTTTAT
2185   TTGCTGTAACATCAAATAAAGCTGCCAGGATAATGATACACATCTGTCCTTTGTCCTTTCCTGTGTTTGTCATCCACC
2263   CCAGCAAAAGGTAGTTTGTATGTTTACAGGGCAGCTCACTCAGCGCATATCTATGGGTCAACATCTGAG
```

图 6-38 卵形鲳鲹 LDH-A cDNA 全长序列及对应编码氨基酸

四、系统进化分析

1. 卵形鲳鲹 LDH-A 的进化分析

将所获的卵形鲳鲹 LDH-A 的氨基酸序列与其亲缘关系比较近的大黄鱼（*Larimichthys crocea*）的 LDH－A、LDH－B 及斑马鱼（*Danio rerio*）、尼罗罗非鱼（*Oreochromis niloticus*）、鰕虎鱼（*Gillichthys seta*）、斜带石斑鱼（*Epinephelus coioides*）的 LDH-A 进行氨基酸的序列比对，卵形鲳鲹的 LDH-A 与斜带石斑鱼和大黄鱼的氨基酸序列具有极高的相似性，大于尼罗罗非鱼和鰕虎鱼，与斑马鱼的相似性最低，其中大黄鱼的 LDH-B 属另外一支（图 6-40）。

```
1 AGAGAGACAACAACAGGACCCACCAGTCAAAACAAAGAGAGAAGCCAACACTGACAAAGAAACATCGCTGATCTTCAGGG 80
81 GACAAGCTTTTTTATTTCTTTTGGCTCATTGAGTACTTGTTCACTGCAAGGCTTTTAGTAGAATTTTTTTTTGTTACAT 160
161 TTTGCAGCAATCCACAGTAGATCTCATCatgagatactgtgctttagttgtgtgtttggttttggggataggcacgcagg 240
1                             M R Y C A L V V C L V L G I G T Q E 18
241 agggatggagcattcccctcaagtccgtctctgtcactttcccaggagacatcctcaaaaacatgactgatacggagatg 320
19 G W S I P L K S V S V T F P G D I L K N M T D T E M 44
321 gcagaaacttatctgaagaggtttggctacttagacacagtgcaccgcagtggcttccagtctatggtgtcaacttccaa 400
45 A E T Y L K R F G Y L D T V H R S G F Q S M V S T S K 71
401 ggctttgaagaggatgcagaggcagatggggctggaagagtctggacagctggatcaggccaccgtggaggccatgaaac 480
72 A L K R M Q R Q M G L E E S G Q L D Q A T V E A M K R 98
481 ggcctcgctgtggggttcctgatgtggccaactaccaaaccttcgagggagacctccattgggaccataacgacatcact 560
99 P R C G V P D V A N Y Q T F E G D L H W D H N D I T 124
561 tataggatcgttaactattctccagacatggagagctctctgattgatgatgcctttgccagagcctttaaggtgtggag 640
125 Y R I V N Y S P D M E S S L I D D A F A R A F K V W S 151
641 tgatgtgacccctctgactttcacccgcctctttgagggaacagctgacatcatgatatcatttggaagagctgaccacg 720
152 D V T P L T F T R L F E G T A D I M I S F G R A D H G 178
721 gagacccatacccatttgatggtaaggatggccttctggcccatgcttatccccctggtgagggtgtgcagggagacgcc 800
179 D P Y P F D G K D G L L A H A Y P P G E G V Q G D A 204
801 cactttgacgatgatgagttctggaccctgggtacaggaccagctgtgaagactcgctacgggaatgcggatggtgccat 880
205 H F D D D E F W T L G T G P A V K T R Y G N A D G A M 231
881 gtgccacttccccttcactttgagggtagaacttacaccacctgtaccactgacggccgttcggacaacctgccatggt 960
232 C H F P F T F E G R T Y T T C T T D G R S D N L P W C 258
961 gcgccaccacagctgactacagcagagacaagaaatacggcttctgcccaagtgaacttctgtacacatttggaggaaac 1040
259 A T T A D Y S R D K K Y G F C P S E L L Y T F G G N 284
1041 gccaatggatctccatgtgtcttccccttcgtctttctggggaacaatatgacagctgtacaacggagggccgcagtga 1120
285 A N G S P C V F P F V F L G E Q Y D S C T T E G R S D 311
1121 tggttaccgctggtgcgccaccacagacaactttgacagtgacaagaaatatggattctgtcccagtcgtgacactgctg 1200
312 G Y R W C A T T D N F D S D K K Y G F C P S R D T A V 338
1201 tattcggtggaaattcagaaggagagccctgccacttcccctttgtgttcctgggtaagacgtatgactcctgcaccagt 1280
339 F G G N S E G E P C H F P F V F L G K T Y D S C T S 364
1281 gagggacgaggagatggcaagttgtggtgcggtaccactgacaactacgatgaggacaagaaatggggcttctgtcctga 1360
365 E G R G D G K L W C G T T D N Y D E D K K W G F C P D 391
1361 ccggggttatagtctgtttctggtggcagcccatgagtttggacatgcccttggcctggatcactccaacattagagacg 1440
392 R G Y S L F L V A A H E F G H A L G L D H S N I R D A 418
1441 ctctcatgtaccccatgtacagctatgtggaagacttctccctgcacaaagatgacattgaaggcattcagtatctctat 1520
419 L M Y P M Y S Y V E D F S L H K D D I E G I Q Y L Y 444
1521 ggacccagaacaagccctgctcccacccccctcagcccaacacccccaccacagtcaacccagaccctacagataaacc 1600
445 G P R T S P A P T P P Q P N T P T T V N P D P T D K P 471
1601 taaacccactgaaccctccaccactatcaccacattgcctgtggacccgaccaaagatgcctgccagatgaacaaatttg 1680
472 K P T E P S T T I T T L P V D P T K D A C Q M N K F D 498
1681 acaccatcactgtcattgagaatgaactacatttcttcaaggacggacattactggaagatgtccagcgggcgcaacgca 1760
499 T I T V I E N E L H F F K D G H Y W K M S S G R N A 524
1761 aaactccagggaccatttctatttctgcaagatggccagctcttccagctgtcattgactctgcttttgaagactctct 1840
525 K L Q G P F S I S A R W P A L P A V I D S A F E D S L 551
1841 gactaagaaactctacttcttctcagggacccgattctgggtgtacacagggcagtctgttctgggtccccgcagcatag 1920
552 T K K L Y F F S G T R F W V Y T G Q S V L G P R S I E 578
1921 agaagcttggcctccccaacactattcagaaggtagagggagcactgcagagggggaaaggcaaagtgctgctcttcagt 2000
579 K L G L P N T I Q K V E G A L Q R G K G K V L L F S 604
2001 ggggagaacttctggaggcttgatgtgaaggcccagaaaatcgacaatggctaccccagatacacagatgtcgtctttgg 2080
605 G E N F W R L D V K A Q K I D N G Y P R Y T D V V F G 631
2081 tggcgtccccagtgatgctcatgatgtattccagtacaaaggtcacatctacttctgccgggaccgcttctactggcgca 2160
632 G V P S D A H D V F Q Y K G H I Y F C R D R F Y W R M 658
2161 tgaattcccgcaggcaggtggatcgtgttggctatgtgaaatatgacctcctcatgtgctcagattcttcaaaccttcgc 2240
659 N S R R Q V D R V G Y V K Y D L L M C S D S S N L R 684
2241 tactgaGATGACCGCGCAGGGATGAGCTCAAAATCAGGTGTCAGGGAGAATGTGATGCAGTATTTGTGCGTAGCGCATGT 2320
685 Y *                                                   685
2321 TGTATGAAGTGTGTGTTTTCTGAGATGTAAATAATTGGCCATGATTGCTGTTGGAAAGTCCTACGACATACAGCAGTGGC 2400
2401 CTGAAAATAAGTCAGTGGTCCAGTACATGAAAGTACAAATTGTGATCTTTGGCACTGACTTGCCCTCAGTTTGATAATCT 2480
2481 GTGAACTGATGTGATATTATGGTAGCCTACAATTTGAGACAATAACCACAACTTAAATATTCTAAAAAGCCATCTGGATC 2560
2561 AGACTCCATTTGCTGAACAATTTCTTTATGTCTGACAGGTTCAGACTCTTAACAGTATTAGATTATTTTGGTATTTATAG 2640
2641 CAGTATCTAATATTATTTTTGTGTCCTAAAGCTTATTTTGTTTTGTATGATTCTATTTGTGTATTTCTGAAAATGGTTTC 2720
2721 AAAGCCAATTACTTGCACTGGAAGACAATGCATGTCTCCTTGACTTAAATTATTTAAGAGACATAGATATGTTTTGTATT 2800
2801 AAAGTTGTAACTTTAAATGCAATAAAC 2827
```

图 6-39　卵形鲳鲹 MMP9 cDNA 全长序列及对应编码氨基酸

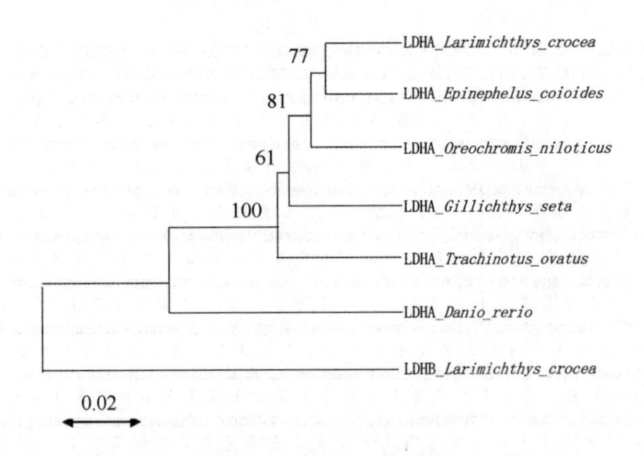

图 6-40　卵形鲳鲹 LDH-A 的氨基酸的序列比对

利用邻位相接法将卵形鲳鲹的 LDH-A 序列与人类，猿猴、小鼠，蛙类其他鱼类及海龟以及节肢动物门的水蚤等物种的 LDH-A 序列进行比对及进化树分析，发现卵形鲳鲹 LDH-A 位于鱼类 LDH-A 的分支，与智利海鲈鱼亲缘关系最近，与其他物种 LDH-A 的关系远（图 6-41）。

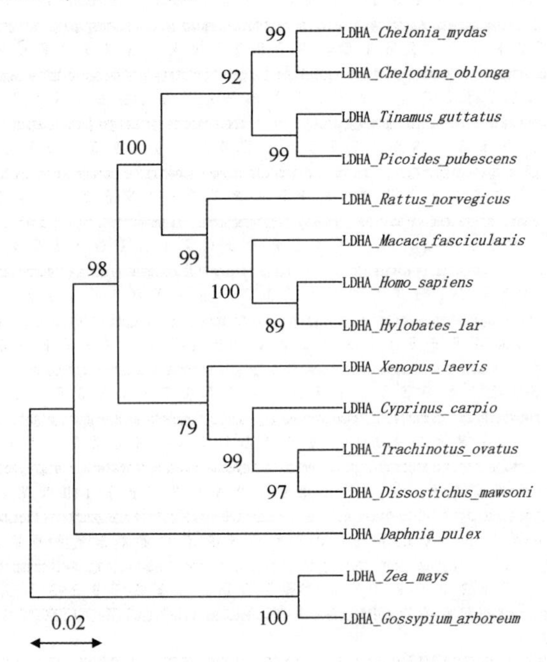

图 6-41　卵形鲳鲹 LDH-A 的进化树分析

2. 卵形鲳鲹 MMP9 的进化分析

将卵形鲳鲹 MMP9 的氨基酸序列与其亲缘关系比较近的双色雀鲷、尼罗罗非鱼、大西洋鲑、斑马鱼、矛尾鱼的 MMP9 进行氨基酸的序列比对，卵形鲳鲹 MMP9

与双色雀鲷的氨基酸序列具有极高的相似性，大于淡水鱼类（尼罗罗非鱼、斑马鱼），与海水鱼类（矛尾鱼、大西洋鲑）的相似性也不高，与矛尾鱼的相似性最低（图 6-42）。

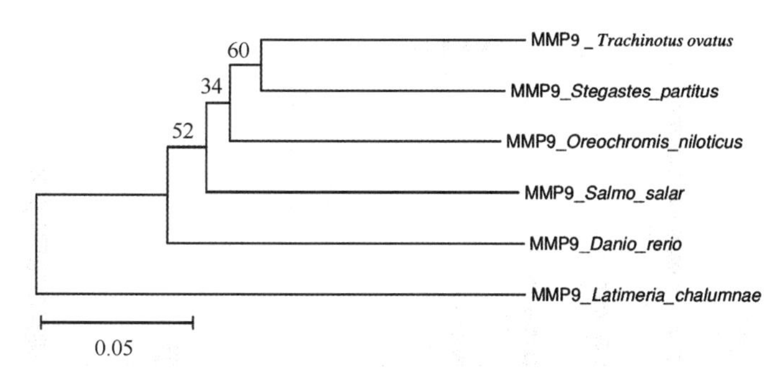

图 6-42　卵形鲳鲹 MMP9 的氨基酸的序列比对

利用邻位相接法将卵形鲳鲹 MMP9 序列与人类，普通猕猴、马、小鼠、鸡、青鳉、斑马鱼、东方鲀的 MMP9 序列进行比对及进化树分析，发现卵形鲳鲹 MMP9 位于鱼类分支，与其他物种 MMP9 的关系远（图 6-43）。

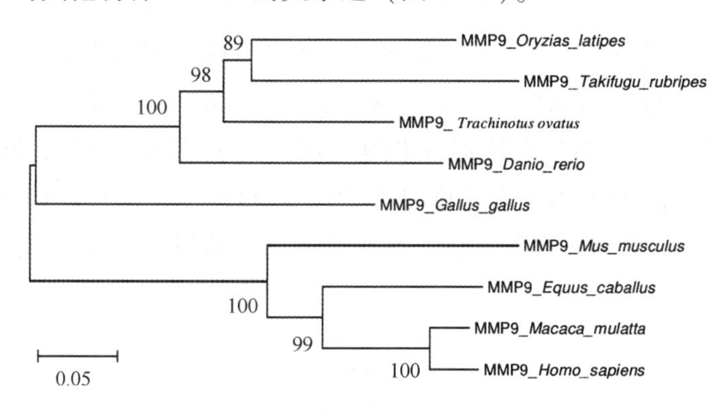

图 6-43　卵形鲳鲹 MMP9 的进化树分析

五、低氧胁迫下卵形鲳鲹肝脏和鳃器官中的 LDH-A 和 MMP9 的表达变化

1. 低氧胁迫下卵形鲳鲹肝脏和鳃器官中的 LDH-A 表达变化

急性低氧胁迫中，卵形鲳鲹肝脏和鳃器官中 LDH-A 表达量均随时间持续先增加后恢复，6 h 达到最大水平，该时刻肝脏和鳃器官的 LDH-A 表达水平分别为对照组的 5.91 倍和 2.63 倍，24 h 时恢复至对照组水平，与对照组无显著性差异（$P>0.05$）。慢性低氧胁迫 14 d 后肝脏和鳃器官中的 LDH-A 与对照组相比亦则显著增加（$P<0.01$），肝脏的增加尤为显著，是对照组的 3.42 倍。无论在急性低氧胁迫还是

慢性低氧胁迫中，鳃组织 LDH-A 的表达量始终不及肝脏，且慢性低氧胁迫 14 d 时表达量为与急性表达量最大值 6 h 时相比，位于对照组与急性最大值之间（图 6-44）。

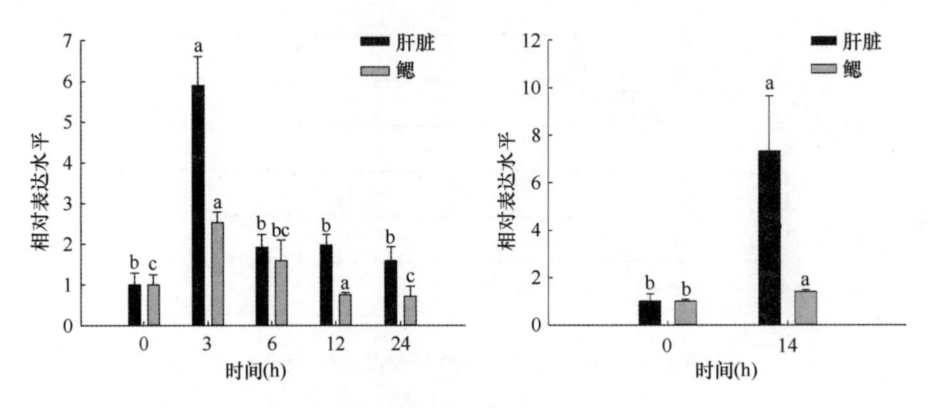

图 6-44　低氧胁迫下卵形鲳鲹肝脏和鳃组织中 LDH-A 的表达变化

2. 低氧胁迫下卵形鲳鲹肝脏和鳃器官中的 MMP9 表达变化

急性低氧胁迫中，卵形鲳鲹肝脏和鳃器官中 MMP9 表达水平均随时间持续先下降后上升，24 h 肝脏 MMP9 上升水平不及鳃，鳃 MMP 表达水平恢复至对照组水平。慢性低氧胁迫 14 d 后肝脏和鳃器官中的 MMP9 的表达水平不同，肝脏中表达水平显著下降，而鳃组织 MMP9 表达则显著增加。对比急性和慢性低氧胁迫下鳃 MMP 表达变化可发现，鳃器官中的表达水平在长期低氧胁迫后显著高于急性低氧各组水平（图 6-45）。

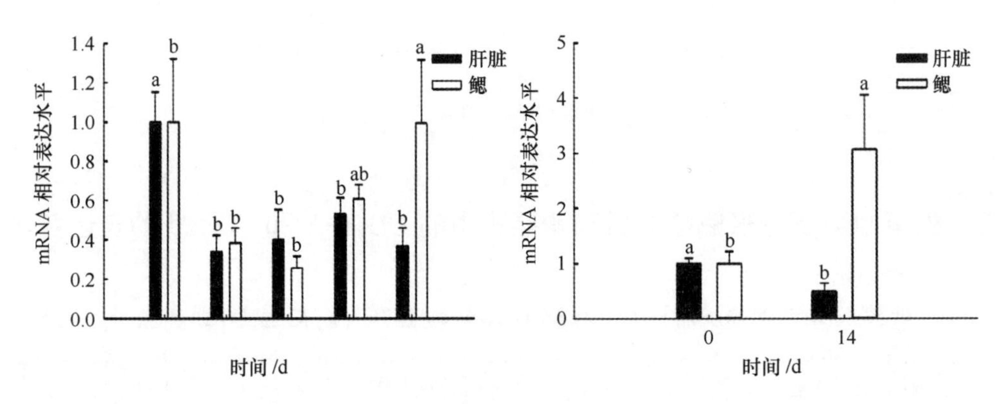

图 6-45　低氧胁迫下卵形鲳鲹肝脏和鳃组织中 MMP9 的表达变化

六、小结

① 鱼类 LDH 酶有 LDH-A，LDH-B，LDH-C 三种亚型，对应其基因也有 LDH-

A 和 LDH-B、LDH-C 三种类型（金春华等，2004），在现有的基因库中并未找到与之对应的鱼类 LDH-C 序列的报道，关于 LDH-C 的研究还有待进一步开展。本研究中，针对 A、B 两种亚型的 LDH 氨基酸序列相似性比较，发现 LDH-A 和 LDH-B 有显著的分支差异，序列具有极高差异性，研究称 LDH-A 主要在无氧条件下发生作用（薛国雄，1992）。低氧对鱼类 LDH-A 基因表述的影响尚未见有报道，作者等通过本实验的开展获得了卵形鲳鲹该 LDH-A 基因的全序列，为后续实验的进行奠定了基础。

LDH 是无氧代谢的标志酶，其活力大小在一定程度上反映了无氧代谢能力，当机体各组织器官病变时，其组织器官本身的 LDH 会发生变化，血液中 LDH 活力升高则预示着肝脏、肾脏和肌肉等组织细胞结构发生改变、受到损伤（毛瑞鑫等，2009），与之相对应的 LDH 基因的表达应为上升的。LDH 同工酶催化以 NDA^+为辅酶的乳酸与丙酮酸的相互装换，是一种同工异构酶，其中 LDH-A 主要在无氧条件下发挥作用（薛国雄，1992），本实验中，卵形鲳鲹肝脏和鳃器官中的 LDH-A 表达量在急性和慢性低氧胁迫中均出现显著的增加，说明卵形鲳鲹的无氧代谢正在进行，在急性胁迫过程中有恢复趋势，说明急性的 LDH-A 表达正在促进 LDH-A 的合成和分泌，同时肝脏和鳃器官必将受到无氧代谢造成的氧化损伤，且急性过程机体可以通过生理调节恢复至正常水平。慢性低氧胁迫中卵形鲳鲹的肝脏和鳃器官中的 LDH-A水平显著增加，说明机体受到慢性氧化损伤，慢性的氧化损伤会导致卵形鲳鲹的个体死亡及组织变性等。

关于 LDH 同工酶的研究报道称鱼类 LDH 的 A 和 B 两种类型主要在眼睛、肌肉、心脏、脾脏、鳃、肝脏中表达（金春华等，2004），未提及肝脏和鳃中的表达水平变化趋势，本实验中对比卵形鲳鲹的肝脏和鳃器官中的 LDH-A 表达变化可发现，鳃组织中的表达水平不及肝脏，说明肝脏在无氧代谢中主要发挥作用，这与生理学的理论是一致的。

本研究中慢性低氧胁迫两种组织中的 LDH-A 的表达量在对照组和急性最高组之间，说明急性胁迫过程中进行的生理调节更加剧烈，LDH-A 的表达量高，但是从慢性低氧胁迫持续高的 LDH-A 表达量反映出，慢性的低氧环境对卵形鲳鲹机体的生长极为不利。

② MMP9 主要在降解细胞壁的基底膜中发挥作用（Lenz O et al，2000），MMP9 可以通过减少黏附和组织的完整性，抑制斑马鱼再生细胞的增殖和分化从而抑制受损器官的重排和重建（D'Alencon C A et al，2010），低氧环境下胃癌细胞中的 MMP9 表达水平下降，从而导致扩散速率增大，MMP 下降的变化趋势对机体是有利的（Shen Z et al，2013）。缺氧诱导因子与 MMP9 的表达变化具有响应机制，低氧环境会诱导缺氧诱导因子的变化，也必定会导致 MMP9 的表达变化（Mamlouk S et al，2013）。本研究中，急性低氧胁迫中，卵形鲳鲹肝脏和鳃器官中 MMP9 表达水平均

随时间持续先下降后上升，24 h 肝脏 MMP9 上升水平不及鳃，鳃 MMP9 表达水平恢复至对照组水平。说明低氧胁迫中 MMP9 在卵形鲳鲹鳃中的表达更迅速，鱼类鳃器官暴露在外界环境中，更易受到外界造成的细胞水平的观察，本章第五节中的组织学细胞水平的变化也与该结果相辅相成。MMP9 下降变化，有利于机体适应突然出现的低氧胁迫环境。

在对人类的分子生物学研究中普遍认为 MMP9 是炎症反应中的重要因子（Dai C et al，2009），其中人类乳腺癌的治疗中发现格列本脲和氯化钴的联合治疗法可降低 MMP9 的表达水平，说明高水平 MMP9 可体现机体的炎症反应。慢性低氧胁迫 14 d 后卵形鲳鲹肝脏中 MMP9 表达水平显著下降，可能是由于鱼体在长期的低氧环境中肝脏受到低氧胁迫的影响，正在发生细胞水平的病理变化。

MMP 基因家族的表达变化在消化道呼吸上皮的重建中扮演着十分重要的角色，哮喘病的研究数据显示，呼吸道上皮炎症导致 MMP9 表达上升（Vermeer P D et al，2009）。脊椎动物的肺与鳃为同源器官，低氧胁迫下鱼类的 MMP9 基因表达变化与组织生理间的关系尚未见报道。慢性低氧胁迫 14 d 后卵形鲳鲹鳃组织表达则显著增加，与前述结果一致，可能是由于鱼体在长期的低氧环境中鳃器官受到低氧胁迫的影响，正在发生炎症反应。

第九节　卵形鲳鲹幼鱼在不同盐度和温度变幅下的窒息点

缺氧环境是鱼类生活史各个阶段都可能面临的胁迫，当溶解氧含量下降到鱼体的耐受极限时就会造成窒息死亡。作者等在 2010 年测定卵形鲳鲹窒息点的基础上，探讨了盐度和温度的渐变及骤变对卵形鲳鲹幼鱼窒息点的影响，以及窒息胁迫对该鱼鳃组织结构的影响，以期为人工养殖生产提供技术参考。

一、盐度变化和温度变化对卵形鲳鲹幼鱼窒息点的影响

1. 低氧胁迫下卵形鲳鲹幼鱼的行为反应

实验开始时，由于溶氧充足，鱼的状态平静，游泳行为和呼吸频率均正常，随着溶氧下降，鱼变得焦躁不安，鳃盖运动加快，呼吸急促，鱼在水面开始出现浮头现象。随着胁迫时间进一步延长及溶氧继续下降，鱼体的活力下降，游动减慢，鳃盖运动放缓，鱼出现侧翻，平躺于水底，偶尔跃起。最终鱼静卧于水底，停止呼吸，嘴呈“O”型，鳃盖打开，体色变浅，眼球突出。

2. 盐度渐变对窒息点的影响

如表 6-6 所示，当盐度变化稳定后，在盐度 5~40 范围内，盐度 25 的窒息点最

低，平均值为 0. 63±0. 04 mg/L，随着盐度升高或降低，窒息点升高，其中盐度 5 的窒息点最高，平均值为 0. 94±0. 05 mg/L；盐度 10～35 组的窒息点与对照组没有显著差异（$P>0.05$），盐度 5 和 40 组的窒息点显著高于对照组（$P<0.05$）。盐度（S_0）与窒息点（$D_{50\%}$）之间的关系可用二次方程式表示为 $D_{50\%}=0.000\ 6S_0^2-0.031\ 6S_0+1.033$（$R^2=0.872\ 4$），由方程推算出在盐度 26. 33 时窒息点最低。

表 6-6　盐度渐变对卵形鲳鲹幼鱼窒息点的影响

盐度	5	10	15	20	25	30	35	40
窒息点(mg/L)	0. 99	0. 69	0. 66	0. 65	0. 62	0. 71	0. 69	0. 72
	0. 89	0. 73	0. 72	0. 66	0. 59	0. 63	0. 69	0. 71
	0. 93	0. 73	0. 67	0. 69	0. 67	0. 66	0. 72	0. 77
平均值	0. 94±0. 05[d]	0. 72±0. 02[bc]	0. 68±0. 03[abc]	0. 67±0. 02[ab]	0. 63±0. 04[a]	0. 67±0. 04[ab]	0. 70±0. 02[bc]	0. 73±0. 03[c]

注：＊不同字母上标表示各组间窒息点差异显著（$P<0.05$）。

3. 盐度骤变对窒息点的影响

随着盐度从 30 向高、低盐度骤变，窒息点升高（图 6-46），其中盐度突骤变到 5 时的窒息点最高，平均值为 1. 40±0. 05 mg/L，盐度 30 的窒息点最低，平均值为 0. 67±0. 04 mg/L，各盐度骤变组的窒息点均显著高于对照组（$P<0.05$）；除盐度 5 和盐度 10 组窒息点明显高于其他盐度组外（$P<0.05$），其余各组之间窒息点差异不显著（$P>0.05$），表明在盐度 15～40 范围内，不同的盐度骤变幅度对窒息点造成的影响相差不大（表 6-7）。骤变盐度（S_1）与窒息点（$D_{50\%}$）之间的关系可用二次方程式表示为 $D_{50\%}=0.001\ 2S_1^2-0.065\ 7S_1+1.656\ 8$（$R^2=0.951\ 8$）。由方程推算出在盐度骤变到 27. 38 时窒息点最低。

表 6-7　盐度骤变对卵形鲳鲹幼鱼窒息点的影响

盐度	5	10	15	20	25	30	35	40
窒息点(mg/L)	1. 40	1. 01	0. 91	0. 77	0. 78	0. 71	0. 90	0. 90
	1. 44	1. 14	0. 89	0. 90	0. 80	0. 63	0. 81	0. 80
	1. 34	1. 09	0. 85	0. 85	0. 79	0. 66	0. 80	0. 87
平均值	1. 40±0. 05[d]	1. 08±0. 07[c]	0. 88±0. 03[b]	0. 84±0. 07[b]	0. 79±0. 01[b]	0. 67±0. 04[a]	0. 84±0. 06[b]	0. 86±0. 05[b]

＊不同字母上标表示各组间窒息点差异显著（$P<0.05$）。

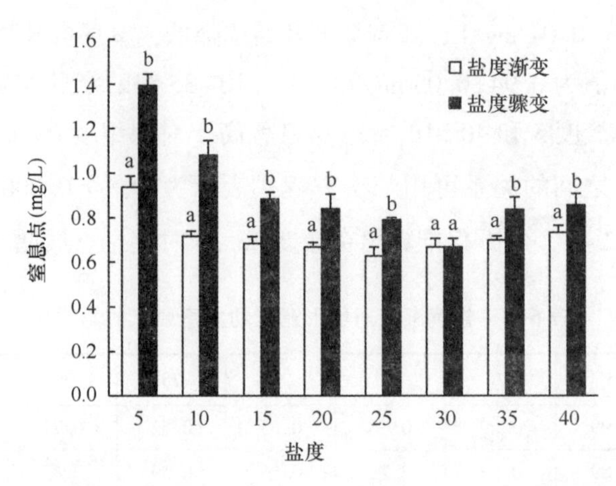

图 6-46 盐度渐变和盐度骤变对卵形鲳鲹幼鱼窒息点影响的比较

注：* 柱形图上方不同小写字母表示相同盐度下的盐度渐变和骤变之间差异显著（$P<0.05$）。

4. 盐度渐变和盐度骤变的窒息点比较

如图 6-46 所示，在相同盐度下，盐度骤变处理组窒息点均显著高于盐度渐变处理组（$P<0.05$）。

5. 温度骤变对窒息点的影响

如图 6-47 所示，随着温度从 24℃向高、低温骤变，窒息点升高，其中温度骤变到 18℃时的窒息点最高，平均值为 1.26±0.02 mg/L，对照组（24℃）的窒息点最低，平均值为 0.82±0.03 mg/L，除 27℃处理组窒息点与对照组无显著差异外（$P>0.05$），其余温度骤变组的窒息点均显著高于对照组（$P<0.05$），各组之间窒息点均差异显著（$P<0.05$）。骤变温度（T）与窒息点（$D_{50\%}$）之间的关系可用二次方程式表示为 $D_{50\%}=0.0081T^2-0.4158T+6.136$（$R^2=0.9452$）。

二、窒息胁迫对卵形鲳鲹鳃超微结构的影响

1. 正常鱼鳃的超微结构

卵形鲳鲹鳃小片由单层呼吸上皮及其间的柱细胞和毛细血管组成，三者之间有较厚的基膜，构成了特殊的水/血屏障的双层结构；呼吸上皮、基膜和毛细血管壁均较为平滑（图 6-48-1 和图 6-48-2）。由入鳃动脉经鳃丝分枝出来的血管在鳃小片内构成了毛细血管网，毛细血管内存在血细胞，血细胞呈长柱形，在毛细血管腔内均匀分布，核中位（图 6-48-1）。柱细胞核大，几乎占据整个胞体，相邻两个柱细胞两端的隔膜相互连接（图 6-48-2）。柱细胞具有支持呼吸上皮的作用，是构成毛

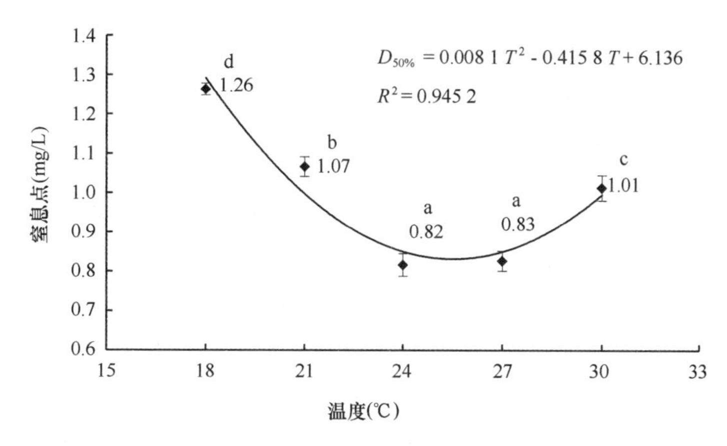

图 6-47　温度骤变对卵形鲳鲹幼鱼窒息点的影响

注：* 曲线图上方数字为对应于各实验温度的窒息点平均值，不同小写字母表示各组间窒息点差异显著（$P<0.05$）。

细血管网的重要组成部分。

2. 窒息后鳃的超微结构

窒息鱼鳃小片的水/血屏障双层结构变形、粗糙，呼吸上皮、基膜和毛细血管腔褶皱明显，呼吸上皮变薄（图 6-48-3）。毛细血管腔内部分血细胞收缩或膨胀，挤压着紧密排列，使腔内出现了较大的空隙，并可见破裂的血细胞。柱细胞被挤压到基膜一侧，呈不规则形状，细胞结构破坏明显（图 6-48-3）。

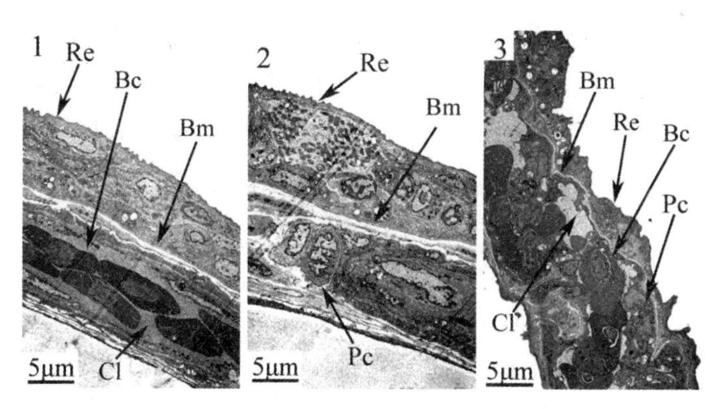

图 6-48　窒息胁迫对卵形鲳鲹鳃超微结构的影响

1、2. 正常鳃；3. 窒息鳃

Bc：血细胞；Bm：基膜；Cl：毛细血管腔；Pc：柱细胞；Re：呼吸上皮

三、研究结果分析

1. 盐度对窒息点的影响

本研究结果表明，盐度渐变和盐度骤变窒息点变化规律相同，均随盐度升高呈现先下降后升高的趋势。作者等（2012）对卵形鲳鲹的研究发现，随盐度变化其 Na^+/K^+-ATPase 酶活力变化趋势呈“U”型，并认为卵形鲳鲹的等渗点可能位于盐度 20 附近。根据渗透压调节原理，鱼类在等渗点时面临的渗透压力最小，从而代谢率最低，维持内稳态时渗透压调节耗能最少，窒息点较低，而在等渗点的两侧随着盐度的降低或升高，鱼体面临的渗透压力逐渐增大，从而增加了能量消耗，增大了鱼体对溶解氧的需求（Wang J Q et al，1997；王辉等，2011）。因此，窒息点随盐度变化表现出上述趋势。盐度骤变结果还表明，盐度 15~40 范围内，不同的骤变幅度对窒息点造成的影响没有显著差异，说明在此盐度骤变范围内，卵形鲳鲹表现出相同的耐低氧能力。

两种不同盐度变化方式相同盐度时窒息点的比较发现，盐度渐变时窒息点均要显著低于盐度骤变时，表明驯化可以增加卵形鲳鲹在盐度变化过程中对于低氧的耐受力。但盐度渐变和盐度骤变窒息点最低时的盐度分别为 26.33 和 27.38，差异很小，表明盐度变化方式对卵形鲳鲹最低窒息点时的盐度没有明显影响。

2. 温度对窒息点的影响

本研究结果表明，卵形鲳鲹窒息点随温度升高呈现先下降后升高的趋势，与王辉等（2011）对尼罗罗非鱼（*Oreochromis niloticus*）（15~25℃）、Zhang P D et al（2006）对南美白对虾（*Litopenaeus vannamei*）（14.5~35℃）变化幅度内窒息点的研究结果相似。但对鲤鱼的研究表明，在 2~30℃时其窒息点随温度的升高而升高（陈松波等，2007）。

温度是影响变温动物代谢的主要非生物因子，一般情况下，鱼类的耗氧率随温度升高而增加，这是由于随着温度的增加，鱼体用来维持生命活动的组织器官活性增强，各种酶活性升高，所以窒息点也会随之上升（施钢等，2011；金一春等，2010）。此外，当由 24℃直接转入较高温度海水时，卵形鲳鲹游动快速，且突变幅度越大，运动速度越快，这也会增加对氧的需求。因此在在 24~30℃时，随温度的升高，窒息点总体呈现升高的趋势，卵形鲳鲹耐低氧能力下降。在 18~24℃时，随温度的降低窒息点反而升高。陈波见等（2010）对鳊鱼（*Parabramis pekinensis*）的研究表明，其耐低氧能力随温度的增加而降低。Schnell A K et al（2008）的研究发现，低温驯化时，在游动过程中，莫桑比克罗非鱼（*Oreochromis mossambicus*）的耗氧量显著升高。王辉等（2007）认为这主要是由于在低温、低氧条件下鱼体活动更加频繁，可能使其耗氧率增加；同时低温胁迫可以导致鱼体免疫力下降（彭婷等，2012；陈超等，2012），也可能造成鱼体对低氧的耐受力降低，进而窒息点升高。同时，由24℃向低温突变的过程中，突变幅度逐渐增大，卵形鲳鲹的应激反应逐渐增强，表现运动速度逐渐加快，从而增加了氧的消耗，窒息点升高。

可见，温度对鱼类耐低氧能力的影响主要有两种情况：① 温度升高鱼体耐低氧能力减弱；② 温度升高鱼体耐低氧能力加强。推测这主要与鱼类本身的适温范围有关，有关机理需要进一步研究。

3. 窒息胁迫对卵形鲳鲹鳃组织结构的影响

研究结果表明，卵形鲳鲹鳃小片具有呼吸上皮、基膜、柱细胞和毛细血管构成的特殊的水/血屏障的双层结构。这种结构是硬骨鱼类鳃小片的基本结构，使得血细胞仅通过上皮细胞就可以与外界进行气体交换，获取氧气，排出二氧化碳，能有效地将内环境与外环境隔开，维持内环境的稳定（张龙岗，2011；Nurdiani R et al，2007）。柱细胞可以抵御外界水流压力，维持鳃小片的基本形态。血细胞的主要功能是由血红蛋白携带、运输氧气（作者等，2011）。

缺氧是组织细胞的供氧减少或组织细胞利用氧障碍，导致机体的功能代谢和形态结构发生异常变化的病理过程（作者等，2011）。当环境缺氧时鱼体会增加呼吸频率，增大呼吸幅度，提高交换率以维持机体对氧的需求和能量供应的之间的平衡，但随呼吸频率上升而增加的摄氧量有限，鱼类依赖呼吸运动调节适应缺氧环境是有一定限度的，因此当溶氧水平降到一定程度时，鱼类便会出现窒息死亡（区又君，2008）。本研究结果表明，与正常鱼的鳃相比，窒息鱼鳃的鳃小片呼吸上皮、基膜和毛细血管壁褶皱明显，柱细胞被挤压到毛细血管一侧，失去了支持呼吸上皮的作用，血细胞收缩膨胀呈近椭圆形，紧密排列，使腔内出现了较大的空隙，并可见破裂的血细胞。作者推测这是由于在窒息胁迫下，鳃过大的呼吸频率和呼吸幅度造成的。可见，缺氧条件可以破坏鳃的水/血屏障的双层结构，从而进一步增加了鳃对氧的摄取难度，造成缺氧对鱼体损伤加剧。因此，要特别注意长期低氧条件对鱼体的影响，以免长时间的低氧积累造成鱼类免疫力下降，甚至死亡。同时，鳃是鱼类重要的渗透压调节器官，作者推测，在缺氧环境下能量供应不足及鳃组织结构的损伤，导致鳃的生理功能紊乱，从而使鱼体渗透压调节失败，也是鱼类缺氧死亡的重要原因之一，这也提示我们在水体溶解氧含量不足时，可以通过适当改变水体盐度来降低鱼体渗透压调节压力，从而减少缺氧对鱼体造成的影响。

第七章　卵形鲳鲹人工繁殖和育苗

亲鱼是指用于繁殖下一代鱼苗的父本（雄性鱼）和母本（雌性鱼）。亲鱼的培育，在人工繁殖的过程中起着重要的关键作用：种好收一半。源源不断地提供优良健壮的种苗是搞好养殖生产的前提和关键，对保持优良的生物遗传性状是非常重要的。第一，要使亲鱼在种苗生产季节成熟产卵；第二，要使亲鱼产出大量的受精卵满足生产；第三，受精卵的质量要好。要获得具有优良性状和健康的鱼苗，就要认真做好亲鱼的挑选和亲鱼的培育工作。目前，卵形鲳鲹亲鱼培育有网箱培育和海水池塘培育两种方式。

第一节　亲鱼的来源、选择和培育

在卵形鲳鲹和其他海水鱼类人工育苗生产中，亲鱼挑选通常是在已达到性腺成熟年龄的鱼中，挑选健康、无伤，体表完整、色泽鲜艳，生物学特征明显、活力好的鱼作为亲鱼。在同一批亲鱼中，雄鱼和雌鱼最好从不同地方来源的鱼中挑选，防止近亲繁殖，使种质不退化，从而保证种苗的质量。亲本不能过少，一般应达到50~100尾，所选择的最好是远缘亲本，并应定期地检查和补充，使得亲本群体一直处于最为强壮阶段。

一、在优良品种中进行选择

优良品种的底子好，基础好，具有各种优良的性状。在优良品种再选拔出具有特色的个体，往往能得到比较好的效果。二是在混型程度较高的品种中进行选择。有些品种，本身一开始是一个由多数基因型混合的混型群体，这是由于育种过程中只注意主要性状的一致，而对一些次要性状考虑很少。另一种情况是，一些数量性状是由多基因控制的，情况复杂，在育种过程中很难估计到它的纯合程度，这样有意无意地铸成了品种本身就是一个混型群体。在这样的混型群体中，通过选择，有时可以选出新品种来。三是外地良种引入本地推广后，常因环境影响、天然杂交或突变而形成丰富的变异类型，是选育种良好的原始群体。

二、在关键时期进行选择

原则上，在整个发育期内都应留心观察记载，进行选择工作。如果发现优良变异类型，应及时做好标记和记载，以免遗忘。特别是在各品种的发育关键时期一定要抓住，如1龄、2龄鱼的生长速度、饲养成活率、性成熟年龄等。就某一性状而言，则还有其最合适的选择时机。例如，抗病性选择要在病害严重发生时期进行，观察不同发育时期对某种疾病的抗性；抗寒能力的选择则应在自然条件下越冬，翌年春季解冻后看其成活数等。

三、按照主要性状和综合性状进行选择

主要性状选择，一般是指历代选择过程中只对某一个性状（单项性状）进行选择，而不管其他性状是提高或降低。其选择效果，对被选的性状来说是快的，这是特殊情况下为要选育出具有某一突出优良性状的品种作为品种选育的基础材料，或某品种存在某种特殊缺点，针对其缺点进行改进采用的选择方式。综合性状选择，是对几个性状同时进行选择的方法，即在选育工作中，对数种重要经济性状同时改进。但照顾项目过多，选择效果就慢。因此，必须分别主次，着重某一、二项性状的选择。进行综合选择时，要考虑几种经济性状是否相关及其相关程度如何。

第二节　亲鱼的培育

一、海区选择

网箱养殖海区的选择，既要考虑其环境条件能最大限度地满足亲鱼生长和成熟的需要，又要符合养殖方式的特殊要求，应事先对拟养殖海区进行全面、详细的调查，选择避风条件好，波浪不大、潮流畅、通地势平坦、水质无污染的内湾或浅海。且饵料来源广、交通方便等。着重考虑以下几点：

1. 底质

泥沙底质易于下锚，石头底则下锚不牢，易使网箱移动位置。若需移动网箱时，网底易被乱石或藤壶、牡蛎等磨破。

2. 水深

为避免网底被海底碎石磨破或蟹类咬破，并减少亲鱼排泄物和残饵的污染，必需使网底和海底保持一定的距离，一般要求在退潮时网底离海底不小于2 m，而总水深应是网箱高度的两倍以上。

3. 水流和波浪

由于网箱在水中阻力大，在水流急、风浪大的海区，浮动式网箱的网衣不能保

持完整的形状，影响亲鱼活动空间，不利于亲鱼的成熟发育。海区的流速太小，影响水体的交换量；流速过大，导致因顶水而付出过多的能量消耗，也会影响亲鱼的成熟。最适流速为每秒 0. 25~1 m 为宜。流速大于 1 m/s 则不适宜养鱼。

4. 水温

应调查海区水温的周年变化，看是否适合拟养品种的适温要求。原则上，养殖海区的水温对养殖品种一定要有足够的适温期，以利亲鱼成熟。如果达不到这一要求，就不可能在此海区进行该品种亲鱼的培育。

5. 盐度

近岸浅海及内湾的盐度往往有较明显的季节性变化，应选择在培育对象适盐范围内的海区设置网箱，最好不要设置在河口或受河流影响大的海区。暴雨季节无大量淡水流入，海区盐度比较稳定。

6. 溶解氧

自然海区中的溶解氧对亲鱼的需要一般是可以满足的，但是由于网箱设置过密、放养密度过大、水质交换较差、台风前低气压或出现赤潮等情况时，海水中溶解氧含量也会低于 3 mg/L，有些品种就会出现摄食量下降、停食、浮头乃至死亡。因此，除需备用充气机外，更要从网箱设置密度、亲鱼放养密度以及网衣网目的大小等方面加于全面考虑。

二、网箱的选择

目前养殖亲鱼的网箱多为浮动式网箱（图 7-1），其结构是将网箱悬挂在浮力装置或框架上，网箱顶部浮于水面，大部分网衣沉于水下，随水位变动而升降。浮式网箱培育亲鱼的优点是便于观察、挑选亲鱼，也利于对亲鱼进行注射催产等操作。放养亲鱼时，可根据亲鱼的体长来选择合适的网箱规格。如果体长 50 cm 以下的亲鱼，可放养于规格 3 m×3 m×3 m（深）的网箱，如果体长大于 50 cm 的亲鱼，要放养于规格 5 m×5 m×3 m（深）以上的网箱，为亲鱼的成熟发育提供自由空间。网箱的网目，越大越好，以最小的亲鱼鱼头不能伸出网目为宜。

三、亲鱼的放养密度

卵形鲳鲹亲鱼培育一般多在海水网箱中进行。饲养亲鱼的网箱多为 3 m×3 m×3 m的浮动式网箱，网目为 30 cm，一般每立方米水体放养 4~8 kg 亲鱼为宜，每个网箱放养亲鱼 40~45 尾，放养密度为 3~4 kg/m^3。密度小于 4 kg 则浪费水体，不能充分利用水体负载力；而密度大于 8 kg，亲鱼生活空间拥挤，容易发病，不利于亲

图 7-1　卵形鲳鲹亲鱼海水网箱培育

鱼的性腺发育。

亲鱼池塘培育的放养量一般在 60~100 kg/亩，雌雄放养比例约为 1∶1，可根据不同种类要求适当调整（图 7-2）。

图 7-2　卵形鲳鲹亲鱼海水池塘培育

四、日常管理

亲鱼培育的日常管理工作的好坏十分重要，是一项长期细致的工作，应专人负责。主要有以下工作：

网箱培育：每天早晚巡视网箱，观察亲鱼情况，并且检查网箱是否有破损，防止网箱意外破烂亲鱼逃走。以新鲜或冷冻的小杂鱼为饵料，主要种类有蓝圆鲹、青鳞鱼、金色小沙丁鱼等，日投饵 2 次，日投饵率为鱼体重的 3%~5%。投喂时，注意观察鱼的摄食情况，一有异常，立刻采取措施；若水质不好，当天少投喂或不投喂。若水质好，亲鱼摄食量少或不摄食，应把网箱拉起一半，仔细观察亲鱼的情况，必要时取几尾样品，进行镜检，若有病鱼，尽快进行隔离治疗，防止交叉感染。冬季前一个月，亲鱼每天必须喂饱，使亲鱼贮存足够的能量，安全度过冬天。每年 12

月下旬至翌年3月上旬，为亲鱼的越冬期，每日投饵很少或不投饵。

定期更换网箱，并对鱼体进行消毒处理。20 d 左右换一次网。干净网箱下水前，一定要检查是否破损，网纲是否坚固。弹跳好的亲鱼必须加网盖，防止亲鱼跳出网箱。台风季节，必须做好防台风工作准备，检查渔排的锚绳是否坚固，并且把锚绳拉紧，同时检查网箱情况。每次台风来临前都要检查一次，并且把网箱全部加上网盖（图7-3）。

图7-3　网箱加上网盖

池塘培育：亲鱼的日投喂量一般控制在亲鱼体重的3%～5%，投喂后要及时清除残饵，这对预防鱼病发生，保持水质不被污染十分重要。池水的透明度一般要保持在30 cm左右，水质稳定。在亲鱼性腺迅速发育时期每星期冲水一次，以促进性腺发育。要勤观察亲鱼的摄食及活动情况，发现异常情况及时检查分析原因，及时处理。

五、产前强化培育

每年越冬期过后的4—5月期间，即产卵前一个半月至2个月为强化培育阶段，要对亲鱼进行强化培育，以保证亲鱼的正常生长发育。一些地方在海上网箱进行强化培育，精养一般选择在水流状态好的网箱养殖区进行。精养密度为5.5 m×5.5 m×3.0 m的网箱放养4～10 kg/尾的亲鱼90～100尾为宜。有些地方则将亲鱼移入室内进行强化培育。在室内强化培育期间，亲鱼的放养密度为2～2.5 kg/m^3，在这阶段，每天投喂2次，上下午各一次，喂到亲鱼饱食为止。亲鱼的饵料以新鲜、蛋白质含量高的牡蛎、小杂鱼、枪乌贼、玉筋鱼、蓝圆鲹、沙丁鱼、虾蟹等为主，投喂量为鱼体重的4%，同时在饵料中加入强化剂（成分为维生素、鱼油等），日投饵率为3%～5%，每次投喂的强化剂为亲鱼体重的0.33%，促进亲鱼的性腺发育。每日换水2次，换水量为180%～200%，每半个月，以LRH-A催熟。一般经过一个半月至2个月的强化培育，亲鱼可以成熟，能自然产卵了（图7-4）。

图 7-4　将卵形鲳鲹亲鱼移入室内进行强化培育

检查亲鱼成熟程度的方法是：用手轻轻挤压雄鱼的腹部，精液就会从生殖孔流出来，表示雄鱼成熟了。

雌鱼可用采卵器或吸管取活卵观察。常见的挖卵器有：① 用鸡鸭羽毛在其基部开一个小孔；② 聚己烯软管（内径 0.86 mm，外径 1.52 mm，长约 20~30 cm）；③ 用竹子、铜、不锈钢、塑料材料等制成直径约 3.0~3.5 mm，长约 20 cm 的挖卵器在其基部开一条长约 1~2 cm，内径约 2~3 mm，深 25 mm 的空槽（图 7-5）。

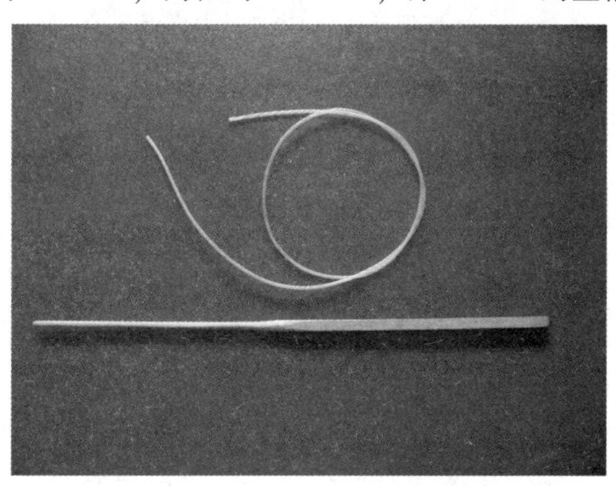

图 7-5　挖卵器

取卵时将挖卵器准确地、慢慢地插入生殖孔内，然后向左侧或右侧偏少许再伸入一侧卵巢约 3~5 cm 左右，此时迅速转几下抽出，即可挖出几颗卵粒。若用聚乙烯软管，则用口含着软管一端，将另一端伸入到预定部位后，用力将卵粒虹吸出来。

将取得的卵粒放在载玻片或培养皿上，观察卵的大小、颜色及细胞核的位置是否偏移。如果卵粒已达到成熟卵径，大小卵粒均匀整齐，大卵占绝大部分，卵色有光泽，卵粒饱满，而且每颗卵粒里有一个灰黑色的小圆点的卵核移到卵的一极，此即成熟卵。这表明亲鱼卵巢成熟较好，可以催产。如果卵粒小，大小不均匀，卵粒不饱满，卵粒在卵的中央尚未偏移，卵粒又不易剥落，则表明卵巢尚未发育完全成熟，这种亲鱼需要继续喂养一段时间；如果卵粒扁塌或光泽暗淡，甚至有糊状感觉。卵膜发皱，则表明卵粒已经退化。此种亲鱼催产无效。

卵粒一般用肉眼可以看到。为了使卵核更清楚，可把取出的卵粒放在表面皿上，先用解剖针把卵粒分离，然后加上透明剂少许，2~3 min 后，白色卵粒就清晰可见。常用的透明剂配方有以下几种，其中以快速透明剂的效果较好。

① 快速透明剂

95%酒精	95 份
10%福尔马林	10 份
冰醋酸	5 份

② 松节醇透明剂

松节油透醇（松节醇）	75 份
75%酒精	50 份
冰醋酸	25 份

③ 95%左右的酒精

第三节　催　　产

一、催产季节

选择最适宜的季节进行催产，是鱼类人工繁育取得成功的关键之一。因为雌鱼卵巢发育到能够有效催产期后，它有一段“等待”的时期，这段时期就个体来说大约为一个月左右，若就群体来说大约两个月。不到这一时期，雌鱼卵巢对催情剂敏感度不高，催产效果不佳，过了这一期限，卵巢就逐渐退化，过早或过迟催产效果都不好。所以，“等待”催产这段时间是最适宜的催产季节，要不失时机地集中力量，抓好催产工作。最适宜的催产时期的确定，应根据亲鱼性腺发育情况、气候、季节、水温等因素，并可参照当地的物候加以酌定。

4 月初，当水温升至 20℃左右，即可进行卵形鲳鲹的人工催产，在水温已达 23℃以上时选择腹部有所膨大的亲鱼进行催产。催产可在海上网箱和室内水泥池中进行。以海上网箱催产为佳，其操作方便，环境变化小，利于产卵。产卵网箱选择 60~80 目筛绢网做成，与养殖网箱同规格，套在养殖网箱内即可（图 7-6）。亲鱼注射激素后置于其中。卵形鲳鲹雌雄个体副性征不明显，且成熟雌亲鱼腹部不见膨大，雄亲鱼也不易挤出精液，所以催产时不分雌雄。

图 7-6　卵形鲳鲹亲鱼海上网箱产卵

二、催产剂

目前，用于诱导卵形鲳鲹生殖的外源激素主要有三类：人类绒毛膜促性腺激素（简称绒膜激素或 HCG）、丘脑下部促黄体素释放激素的类似物（简称类似物或 LRH-A），以及用于提高催产剂效果的辅助剂多巴胺拮抗物（DOM）等。

1. 人类绒毛膜促性腺激素

Aschein（1928）首次发现孕妇尿能使雌性豚鼠卵囊增大，提前产卵。此后 Aschein 和 Zondek（1928）于孕妇尿中提取了激素—后胎盘素。这种激素是由细胞的滋养层产生的，因此依其来源亦称为绒毛膜促性腺激素（HCG）。李铭新（1957）报道，孕妇尿在最末一次月经后 50～70 d 激素含量最高，妊娠 110～120 d 则下降。因此，提取激素的用尿通常是 3 个月内孕妇尿。该激素中主要含黄体生成素（LH），此外，还有少量的促卵泡素（FSH）。HCG 是大分子，分子量 20 000 左右。我国于 1958 年首次利用此种激素催产鲢、鳙鱼获得成功，现已广泛使用作为鱼类催产剂。HCG 具有促使鱼类排卵，同时也有促进性腺发育，促使雌、雄性激素产生的作用。市售成品有兽用或鱼用促性腺激素，为白色或淡黄色粉末。或泡沫状固体，易溶于水，遇热或受潮易失效，水溶后不易保存，一般不超过 24 h，因此，该品应密封存在阴凉干燥处，使用时现配现用。

2. 合成激素

从动物下丘脑中提取出来的促黄体素释放激素（LRH）天然产物，其分子结构为 10 种氨基酸：焦谷、组、色、丝、酪、甘、亮、精、脯、甘酰胺组成的十肽激素。我国于 1973 年合成了 LRH，1975 年又合成了其类似物（LRH-A），其分子结构为九个氨基酸：焦谷、组、色、丝、酪、D-丙、亮、精、脯、乙基酰胺组成的九肽激素，分子量约为1167。LRH-A独特的结构赋予它特异的生理功能和生物活性。能控制调节垂体，刺激垂体释放与合成促黄体生成激素（LH）和促卵泡成熟激素（FSH），从而促使性腺的发育、成熟与排放配子。当LRH的甘氨酸改为丙氨酸或甘氨酰胺改为乙基酰胺时，释放LH和FSH的活性分别提高5倍，当甘氨酸改为D型丙氨酸或D型亮氨酸，同时甘氨酸改为乙基酰胺时，释放LH和FSH的活性提高10倍。LRH-A对鲻鱼、石斑鱼、鲷鱼等海水经济鱼类均有良好的催熟催产作用。LRH-A为白色粉末，它比垂体或HCG稳定，其水溶液，在常温下可保存数日，效果不减。但以现配现用为好。

3. 地欧酮（DOM）

是一种多巴胺抑制剂。研究表明，鱼类下丘脑除了存在促性腺激素释放激素（GnRH）外，还存在相对应的抑制它分泌的激素，即“促性腺激素释放激素的抑制激素”（GRIH）。目前的试验证明，多巴胺在硬骨鱼类中起着与GRIH同样的作用。它既能直接抑制垂体GtH细胞自动分泌，又能抑制下丘脑分泌GnRH。采用DOM就可以抑制或消除GRIH对GnRH的影响，从而增强脑垂体GtH的分泌，促使性腺发育成熟。生产上DOM不单独使用，主要与LRH-A混合使用，以增强其活性。

三、注射剂量

催产激素用绒毛膜促性腺激素（HCG）和促排卵素2号或3号（$LRH-A_2$或$LRH-A_3$）混合或单一进行催产，一般催产剂注射剂量，按体重计，由于催产剂不同，使用剂量也一致。注射剂量应根据亲鱼成熟情况、环境条件、催产剂的质量等具体情况灵活掌握。一般在催产早期和晚期，剂量可适当增大一些，中期可适当减低些；在温度低，亲鱼成熟稍差时，剂量可适当增大，反之则适当降低些。HCG一般为400~500 IU/kg，$LRH-A_2$或$LRH-A_3$为1.2~3.50 μg/kg。行背肌或胸鳍下方腹腔注射。注射后雌雄性比按1∶1或1∶1.2的比例放入产卵网箱或催产池内，让其自然产卵、受精。一般在头一天上午注射催产，第三天凌晨产卵，激素的诱导效应时间为28~40 h。卵形鲳鲹在外形上雌雄不易区别，生产操作中只能随机投放催产网箱，一般5.5 m×5.5 m×3.0 m的催产网箱放入50尾左右就可。一般成熟雄鱼亲鱼不必注射催产剂。如果感到雄鱼精液不足时，可以适当注射，剂量为雌鱼的一半。

四、注射剂的制备

生理盐水的配方：7 g氯化钠加1 000 mL蒸馏水。

脑垂体注射液的制备：取出所需鱼垂体的用量，如果是丙酮浸泡保存的，取出后先在干净的滤纸上干燥后放入干净的研钵内，充分研磨，加生理盐水少许研成悬浊状，慢慢地吸入注射器内，最后再用生理盐水冲洗岩研钵 1~2 遍，一并吸入注射器内备用。

激素注射液的制备：用玻璃切割器将激素包装瓶颈切开，用注射器吸取需要量的生理盐水，针头放入包装瓶内，将生理盐水徐徐地注入瓶内，待瓶内粉末状激素充分溶解后，再将激素溶液吸入注射器内备用。体型中等或较大的鱼类，每尾亲鱼的注射水量可控制在 2~3 mL 为度；体型较小的鱼类，每尾亲鱼的注射水量以控制在 1 mL 以内为宜；至于体重几十千克以上的大型鱼类（如巨石斑鱼、鞍带石斑鱼等），则应视所定的激素剂量酌情增大生理盐水的用量（图 7-7）。

配制注射液时，催产激素和生理盐水的总用量，应在计算的总量的基础上再增加 5%~10%，以弥补配制和注射时的损耗。

注射液要求在催产前 1 h 内临时配制，配好后应尽快使用，否则易失效。

图 7-7　配制注射液

五、注射方法

注射时一般要两个人协同进行，先将亲鱼放入大塑料盆中或亲鱼夹内，然后一人将亲鱼侧仰托起（不离水面）略把胸鳍翻开，另一人握注射器，把注射液摇匀，并排除气泡，然后注射针头向头部方向与鱼体呈 40°~50°，迅速刺入胸鳍基部无鳞腋窝处，进针约 0.5~1 cm，把注射液徐徐注入。这是胸鳍注射。另一种是背鳍肌肉注射，是在背鳍前基部进行，用注射针挑起一鳞片，并顺着鳞片向前刺入肌肉，徐徐注入，注射针头要插的深些（15~2.0 cm），以免注射液外溢，在注射时，如果亲鱼挣扎，应即将针抽出，待宁静后再行注射。在有条件的情况下，最好先将亲鱼麻醉后在行注射（图 7-8），这样可减轻注射操作对亲鱼造成的胁迫。常用的麻醉剂如表 7-1 所示：

图 7-8　将亲鱼麻醉后进行注射

表 7-1　常用鱼类麻醉剂

麻醉剂	参考用量（$\times10^{-6}$）
喹哪啶丙酮溶液	5~10
巴比妥钠水溶液	5.7
MARINIL（麻利利）	5~10
丁香酚	20
	5~10
甲烷三卡因磺酸盐（MS-222）	15
	50~60
	140
	1 000
乙醚	用棉球蘸一点乙醚，（0.5 mL/kg），塞入鱼口内

六、注射次数和时间

目前海水鱼催产中有采用全量一次注射和全量分两次注射，两种方法都可以获得良好的效果。一次注射使生产程序简便。但是，有些地方认为效果不如分次注射稳定。目前，多采用二次注射，认为自然条件下脑垂体是逐渐分泌促性腺激素而引起排卵——产卵效应，所以，分次注射可能比较符合鱼类生殖生理的活动规律。采用一次或二次注射关键还取决于亲鱼的成熟状况，成熟较好的采用一次注射，可能得到好的效果，成熟差的采用二次注射，可能效果较好。

一次全量注射，即按鱼体重量计算出注射总量一次注入鱼体内。全量分两次注射，即把注射总量分两次注入体内，第一次注射全量的 1/3，第二次（针）再将剩余的药量全部注入鱼体。两次注射间隔时间，取决于卵母细胞的发育状况而定，通常为 12~24 h。雄鱼必要催情时，可在雌鱼第二次注射时，将全量一次注入。

生产中亲鱼产卵时刻，一般多控制在凌晨或早上，以利工作。所以，要根据天气、水温、和各种鱼的效应时间，安排适当的注射时间。一般情况下，催情注射后，亲鱼反应正常，大约经过 10~24 h 即产卵。因此可依据此产卵效应时间来灵活地控制产卵时刻。

七、发情的观察与判断

经催情注射的亲鱼，在产卵前有明显的雌雄追逐兴奋表现，此称之为发情。一般发情达到高潮时亲鱼就产卵排精。因此，准确地判断发情排卵时刻是很重要的，特别是采用人工授精方法时，如果发情观察不准确，采卵不及时，会直接影响鱼卵授精孵化的效果。过早拉网采卵，亲鱼未排卵；太迟采卵，可能在拉网时亲鱼已把卵产出或卵球停滞在卵巢腔内太久，卵球过熟，导致受精孵化率低。所以，在将到达产卵效应时，应密切观察发情状况，准确判断采卵时刻。

亲鱼正常发情现象，首先是水面出现几次波浪，是雌雄鱼在水面下兴奋追逐的表现，如果波浪继续间歇出现，次数越来越密，波浪越来越大，此即发情将达到高潮。要做好采卵授精准备工作。雌鱼腹部继续膨大，并常常出现钙的常常沉淀物，与此同时，雄鱼变得更活泼，与雌鱼接触更密切，偶然也观察到雄鱼围绕雌鱼，或者轻触雌鱼泄殖孔部位。有的雌鱼会先排出小量卵，刺激雄鱼排精。

八、效应时间

亲鱼自注入催产剂到发情产卵这段时距，称为效应时。如果是全量分两次注射，应由第二次注射算起到产卵为时距。一般一次注射，效应时为 12 h 左右，全量分两次注射，效应时为 8 h 左右。

注射剂量高低对效应时长短影响不大。温度高低与效应时的关系，有认为在产卵适温范围内，随着温度的升高而效应时是逐渐缩短。但是，生产实际中这一关系并不是绝对的，因为影响效应时的因素还是比较复杂的。

作者于 2008 年卵形鲳鲹繁殖季节，在南海水产研究所深圳试验基地，从自行培育的 300 尾亲鱼中，挑选出性腺发育成熟的个体进行催产，共获受精卵 600 万粒，受精率和孵化率分别为 45%和 60%。产卵过后几天未见亲鱼继续产卵，表明卵形鲳鲹属一次性产卵类型（表 7-2）。

表 7-2　卵形鲳鲹亲鱼催产结果（2008）

亲鱼体重（kg）	催产尾数	激素用量 HCG+$LRHA_2$（I U+μg）	平均获产量（粒）	受精率（%）	孵化率（%）
3.6~4.2	25	500~1000 +2.0~5.0	195	45	57
4.0~5.0	28	500~1000 +2.0~5.0	185	44	61
4.0~5.2	26	500~1000 +2.0~5.0	220	46	62

注：催产时间：4 月 12-15 日，期间水温 26.8±1.4℃，盐度 28.2 ± 0.8，pH=7.6。

第四节　孵　　化

亲鱼注射激素后在海上渔排密网中自然产卵受精，待卵产出后用密网把卵捞出，运到陆上育苗室，在孵化桶中进一步清除死卵及由海水带进的其他浮游生物等杂物，再用过滤海水洗净，称重（计数），然后直接移入培育池中孵化。池水微充气，以保证受精卵在水中均匀分布顺利孵化。

作者（2005）在深圳大鹏湾海区对网箱养殖卵形鲳鲹的性成熟个体进行人工催产，自然产卵受精，获得受精卵。

卵形鲳鲹的成熟卵呈圆形，透明无色，卵膜光滑，浮性，平均卵径为 967.8 μm；油球一个，微黄色，位于卵的正中央，平均油球直径为 342.76 μm，约占卵径的 1/3（图 7-9-1）。

卵形鲳鲹受精卵在水温为 18-21℃、盐度为 31 的条件下，胚胎发育历时 41 h 27 min 后孵出仔鱼。胚胎发育各期见表 7-3。

卵裂期：卵子受精后约 45 min，受精卵内卵黄沉积于植物极，原生质集中于动物极，形成胚盘隆起。受精后 1 h 10 min 开始第一次分裂，在胚盘顶部出现一纵沟，将胚盘分裂成 2 个均等的细胞（图 7-9-2）。1 h 30 min 出现第二次分裂，新的分裂沟与第一次分裂沟垂直而将 2 个细胞等分成 4 个细胞（图 7-9-3）。2 h 05 min 出现第三次分裂，此次分裂是在第一次分裂面的两侧各出现一条与之平行的分裂沟，分成 8 个细胞（图 7-9-4）。2 h 55 min 后，在第二次分裂面的两侧分别产生与之平行的分裂沟，完成第四次分裂，成为 16 个细胞（图 7-9-5）。3 h 20 min 后，出现第五次分裂，变成 32 个细胞（图 7-9-6）。3 h 45 min 后为第六次分裂，达到 64 个细胞（图 7-9-7）。此后细胞不断分裂，细胞越分越小，细胞之间的界限愈加模糊，

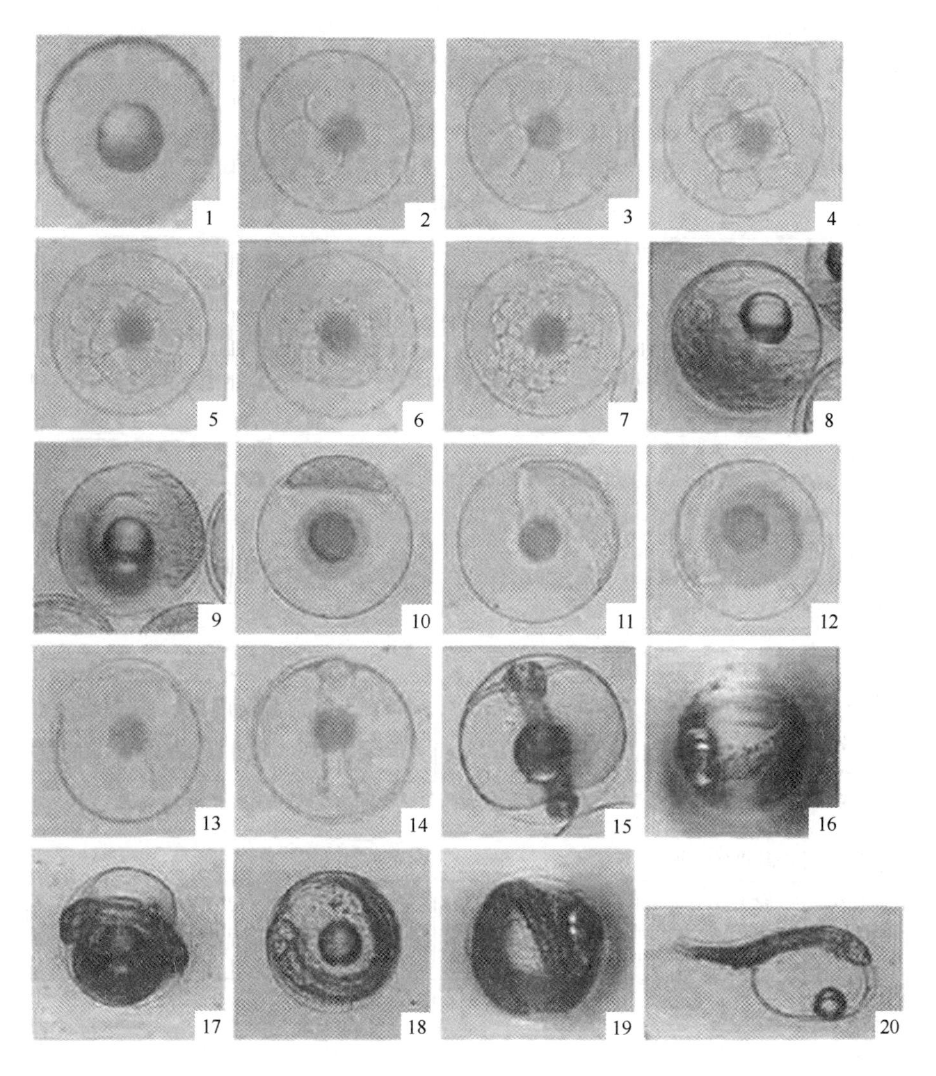

图 7-9　卵形鲳鲹的胚胎发育

1. 受精卵；2. 2 细胞期；3. 4 细胞期；4. 8 细胞期；5. 16 细胞期；6. 32 细胞期；7. 64 细胞期；8. 多细胞期；9. 高囊胚期；10. 低囊胚期；11. 原肠早期；12. 原肠中期；13. 原肠末期；14. 胚体形成期；15. 眼囊期；16. 耳囊期；17. 心脏跳动期；18. 晶体出现期；19. 孵化前期；20. 初孵仔鱼

在受精后 4 h 35 min，形成有多层小分裂球排列的桑椹状多细胞体（图 7-9-8）。

囊胚期：受精后 4 h 45 min，分裂球已难以分辨，胚层隆起较高，形成高帽状结构，囊胚层形成，进入高囊胚期（图 7-9-9）。5 h 50 min，囊胚基部不断扩大，高度变低，呈扁平帽状覆盖在卵黄上，为低囊胚期（图 7-9-10）。

原肠胚期：随着胚胎进一步的发育，胎盘边缘细胞开始向植物极移动。10 h 05 min 胚盘下包卵黄约 1/3 时，胚胎发育进入原肠早期（图 7-9-11）。囊胚周边细胞增厚加密，继续扩展，胚环下包 1/2~2/3，在胚环一侧即未来胚胎的后端出现明显增厚的隆起，即胚盾，进入原肠中期（图 7-9-12）。21 h 47 min 后，胚盾不断伸展，其头部伸到植物极，出现雏形胚体，为原肠末期（图 7-9-13）。

表 7-3　卵形鲳鲹的胚胎发育

发育期	发育时间	发育特征
受精卵	0 h	卵质分布均匀
胚盘隆起	0 h 45 min	原生质集中于动物极，形成帽状细胞
2 细胞期	1 h 10 min	第一次分裂
4 细胞期	1 h 30 min	第二次分裂
8 细胞期	2 h 05 min	第三次分裂
16 细胞期	2 h 55 min	第四次分裂
32 细胞期	3 h 20 min	第五次分裂
64 细胞期	3 h 45 min	第六次分裂
多细胞期	4 h 35 min	分裂后期，细胞越分越小，形成桑椹状多细胞体
高囊胚期	4 h 45 min	胚胎分裂成高帽状，分裂细胞较大
低囊胚期	5 h 50 min	胚层变扁，分裂细胞变小
原肠早期	10 h 05 min	囊胚层下包卵黄约 1/3
原肠中期	16 h 20 min	囊胚下包卵黄约 1/2~2/3，出现胚盾
原肠末期	21 h 47 min	囊胚下包卵黄约 4/5，出现雏形胚体
胚体形成期	25 h 30 min	胚层细胞完全包围卵黄，胚孔封闭，克氏泡出现
眼囊期	31 h 58 min	眼囊形成，尾芽隆起
耳囊期	32 h 13 min	尾与卵黄囊分离，色素出现，听囊形成
心脏跳动期	36 h 15 min	胚体扭动，心脏跳动
晶体出现期	41 h 13 min	视杯中出现晶体
孵化前期	41 h 26 min	胚体在卵膜内扭动加剧
仔鱼孵出	41 h 27 min	仔鱼破膜而出

胚体期：受精后 25 h 30 min，胚体形成，胚层细胞完全包围卵黄，胚孔封闭，克氏泡出现（图 7-9-14）。31 h 58 min，头部两侧出现眼囊，尾芽隆起（图 7-9-15）。32 h 13 min，胚体上出现色素，尾部与卵黄囊分离，形成尾芽，听囊形成，身体中部形成多个体节（图 7-9-16）。受精后 36 h 15 min，胚体全身扭动，心脏分化并开始跳动。心跳 98 次/min，胚体扭动次数 3~4 次/min（图 7-9-17）。4 1h 13 min，视杯中晶体形成并已十分明显，耳石可见，嗅囊形成（图 7-9-18）。

孵化期：受精后 41 h 26 min，胚体尾部绕卵黄囊环曲，尾尖伸至头部附近，胚体扭动加剧，不断顶、推卵膜，卵黄囊被拉长，卵膜出现皱褶，最后，仔鱼破膜而出（图 7-9-19）。41 h 27 min，第一尾仔鱼孵出。

初孵仔鱼：平均全长为 1.548 mm，卵黄囊较大而透明，呈椭圆形，油球较小，位于卵黄囊中部靠前端（图 7-9-20）。刚孵化的仔鱼悬浮于静止的水体中，无运动能力，仅尾部能屈曲、颤动。

第五节　卵形鲳鲹种苗生物学

一、盐度对卵形鲳鲹胚胎发育和早期仔鱼的影响

盐度是与海水鱼类生长和繁育有着密切关系的外在环境因素之一，对海水鱼类的生长繁殖具有重要的影响，尤其在进行海水鱼类的人工繁殖和种苗培育时盐度更是重要的环境因子。有关盐度对海水鱼类胚胎和早期仔鱼发育影响的研究国内外已见有不少文献报道，所涉及的研究种类有大西洋油鲱（*Brevoortia tyrannus*）（Ferranro，1980），黑鲷（*Sparus macrocephalus*）（雷霁霖等，1986）、花鲈（*Lateolabrax japonicus*）（王永新等，1995）、鮸状黄姑鱼（*Nibea miichthioides*）（黄永春等，1997）、梭鱼（*Liza haematocheila*）（葛国昌等，1985）、鲻（*Mugil cephalus*）（Murashiga 等，1991）、大菱鲆（*Scophthalmus maximus*）（Karas 等，1997）、赤点石斑鱼（*Epinephelus akaara*）（郑建民等，2005）以及遮目鱼（*Chanos chanos*）和鲯鳅（*Coryphaena hippurus*）（李加儿等，1999，2005）等。

本研究观察了卵形鲳鲹精卵在不同盐度中的沉浮性，测定其在不同盐度海水中的孵化率、初孵仔鱼的畸形率以及仔鱼在不投饵条件下的存活系数 SAI 值，旨在为卵形鲳鲹的种苗生产提供参考依据，并为该种类的发育生物学研究积累基础资料。

1. 不同盐度对卵形鲳鲹受精卵沉浮的影响

卵形鲳鲹受精卵圆形、透明、浮性、单油球，卵径为 1.2 mm，油球径为 0.16 mm，每克卵的数量约 1 000～1 200 粒。从观察结果可以看到：在相对静止的水环境条件下，卵形鲳鲹的在盐度以下时全部沉到烧杯的底部；当盐度在 30 时 50%的浮在中层，其余 50%沉底；当盐度 35 以上时全部浮在水的表面（表 7-4）。

表 7-4 卵形鲳鲹受精卵在不同盐度下的沉浮情况

盐度	5	10	15	20	25	30	35	40	45	50
状态	沉	沉	沉	沉	沉	半浮沉	浮	浮	浮	浮

2. 不同盐度对卵形鲳鲹胚胎发育的影响

作者等观察到：在室温 26.8±1.4℃，盐度 15~45 条件下，卵形鲳鲹受精卵经 20 h 左右孵化出仔鱼，盐度变化对孵化时间的影响不大。当盐度（5~10）较低时，胚盘于受精后 4~6 h 起呈现严重扩散和融合状，分裂球间界线模糊不清．胚胎在受精后 6~8 h 即发育到多细胞期至高囊胚期间死亡；在盐度最高（50）组，胚盘在受精后 4~6 h 开始出现收缩，分裂球界线模糊不清，而且随着盐度的升高胚盘加剧收缩，当发育到多细胞期至高囊胚期间形成死胚。试验结果显示：卵形鲳鲹胚胎在盐度 15~45 之间都能完成发育过程并孵化出仔鱼；盐度低于 15 或高于 45 时都无法孵化出仔鱼。总孵化率与盐度变化呈反抛物线形分布，其回归关系可用 $Y=-0.0025X^2+0.1409X-1.0557$（$R^2=0.9607$，$P<0.05$）来表达，畸形率呈正抛物线形分布，其回归关系可为 $Y=0.0023X^2-0.1214X+1.8500$（$R^2=0.9572$，$P<0.05$），计算可得：在微充气的试验条件下，卵形鲳鲹胚胎孵化的适盐范围为14.9~39.4，孵化率为 50.4%~63.7%，畸形率在 55.17%~63.72%。最适盐度为 26~28.2，孵化率为 91.2%~93.4%，畸形率为 25%~26.6%（图 7-10）。

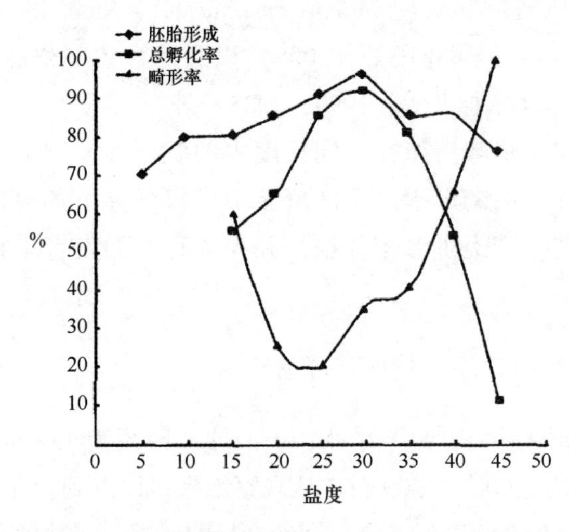

图 7-10 盐度对卵形鲳鲹胚胎形成、总孵化率、畸形率的影响

3. 不同盐度下卵形鲳鲹仔鱼 SAI 值的测定

卵形鲳鲹仔鱼从孵化后 3 d 龄开始能够从环境中摄食，进入内源营养和外源营

养混合期的生长发育阶段，在盐度 25~30 的试验范围内，SAI 值为 44.19~47.44，仔鱼的活力比较强。盐度在 10 时，SAI 值为 3.17，仔鱼在开口或开口后一天就全部死亡；在盐度 15 时，SAI 值为 16.43，并在 4 d 龄时存活率就下降到 70% 以下；盐度在 35~40 时，SAI 值为 13.26~24.66，仔鱼的畸形率较高，活性较差；盐度达到 45 时，SAI 值为仅为 1.00，第二天均全部死亡。从表 7-5 中所列的 SAI 值可见，卵形鲳鲹早期仔鱼发育的最适盐度范围应在 25~30。

表 7-5　盐度 10~45 条件和饥饿状态下卵形鲳鲹仔鱼成活率和生存活力指数

盐度	仔鱼不同天数的成活率（%）												SAI
	1	2	3	4	5	6	7	8	9	10	11	12	
10	100	52	37	8	0	0	0	0	0	0	0	0	3.17
15	100	88	74	69	54	45	13	2	0	0	0	0	16.43
20	100	93	90	85	84	83	54	34	16	2	0	0	26.18
25	100	98	95	95	93	88	86	73	70	60	4	0	44.19
30	100	99	98	98	98	89	89	86	85	60	12	0	47.44
35	100	96	93	90	89	80	70	15	0	0	0	0	24.66
40	100	85	70	63	49	35	13	6	0	0	0	0	13.26
45	100	0	0	0	0	0	0	0	0	0	0	0	1

注：仔鱼 SAI 值计算公式如下：$SAI = \sum_{i=1}^{k}(N - hi) \times i/N$。式中，$N$ 为试验开始时的仔鱼尾数，k 为仔鱼全部死亡所经历的时间（天数），hi 为第 i d 仔鱼的累积死亡尾数。

4. 研究结果分析

在不同盐度范围内，受精卵在水层中的分布情况有所不同。本试验中，卵形鲳鲹在盐度小于 25 时，全部沉底；在盐度大于 35 时全部为浮性。谢仰杰等（2000）研究表明花尾胡椒鲷（*Plectorynchus cinctus*）的受精卵在盐度小于 26.47 的海水中全部为沉性，在大于 30.12 的海水中则呈现为浮性。施兆鸿等（2008）的研究表明，在试验温度下，点带石斑鱼（*Epinephelus malabaricus*）受精卵的相对比重与盐度 30 或 31 的海水比重相当，大致界于 1.020~1.021 之间。陈昌生等（1997）研究表明，在盐度为 30 以下的海水高体鰤（*Seriola dumerili*）受精卵呈沉性；在盐度 32 以上的海水，呈浮性。施兆鸿等（2004）研究表明，黄鲷（*Dentex tumifrons*）在相对静止的环境条件下，其胚胎在盐度 32 以下的海水时全部都沉到容器底部；盐度在 33 时 40%的胚胎浮在水体中层，60%沉底；在 34 时 90%的胚胎分布于水体中间，呈现悬浮状态，10%的胚胎浮在水体表面；在 35 时 40%的胚胎呈悬浮状态，60%的胚胎浮在水体表面；在盐度 36 以上时胚胎全部浮在水的表面。孙丽华等（2006）研究发现，在26.8~29.5℃条件下，军曹鱼（*Rachycentron canadum*）受精卵在盐度26以下的海水中呈现完全沉性；在盐度29时呈现半沉浮状态，大多数的受精卵悬浮在水体的中间；在盐度32以上的海水中受精卵呈现完全浮性。由上述文献可见，鱼类卵子在不同盐度水中的沉浮状态具有种间差异。因此，在种苗繁育过程中，为了获得高的成活率，应根据不同鱼类受精卵的沉浮特性，调整好生产用水的盐度，使之处于悬浮状态，以避免因盐度过低，受精卵下沉堆积，胚胎无法摄取充足的溶氧。

鱼类卵的发育实际上受渗透压的调节。随着胚胎和仔鱼的发育，渗透调节的能力和过程都在变化。在早期胚胎发育过程中，渗透调节是有积极意义的，调节主要归因于细胞质膜的半渗透性和胚盘细胞的紧密连接（陈昌生等，1997）。盐度主要影响鱼类卵内渗透压的稳定性，在适盐范围内卵内渗透压可通过自身调节保持在相对稳定水平，故而就会有较高的孵化率。因此，海水鱼类的早期发育都要求一定的适盐范围。外界水环境的高渗作用会促进鱼类胚胎发育的进程，缩短其孵化时间。但若海水的盐度过高、培育周期太短则会影响鱼类胚胎发育的正常进行，结果造成孵出的仔鱼成活率低、对环境变化的耐受力差。低盐度条件下孵化率较低，低盐度影响了卵胚胎发育过程的能量消耗和利用规律和效率，使卵黄和油球内营养物质不能正常的转化为胚胎内组织的生长所需，从而会破坏其正常的胚胎发育进程，导致延长孵化的时间。根据受精卵的孵化时间、孵化率和畸形率等指标来判断，斜带石斑鱼（*Epinephelus coioides*）受精卵孵化的适宜盐度范围为15~45，以20~30为最适盐度（张海发等，2006）。高体鰤胚胎的最适发育盐度为32~35，当盐度低于30时，仔鱼的孵化率及成活率都呈现出明显的下降趋势（陈昌生等，1997）。赤点石斑鱼受精卵发育的适宜盐度为24~38，最适盐度为27~35，盐度高于35.0，孵化率随盐度的升高而降低、仔鱼畸形率随之升高（鵜川正雄，1966；王涵生等，2002）。与上述几种海水鱼类相比，卵形鲳鲹胚胎孵化的适盐范围与斜带石斑鱼相似，较赤点石斑鱼宽，但最适盐度范围比斜带石斑鱼窄，比赤点石斑鱼宽。这可以反映出卵形鲳鲹早期生活阶段的适盐性与一般海水鱼类大致相同。

日本在海水鱼类种苗生产中，常用SAI值（即无投饵仔鱼生存指数）来判断早期仔鱼的活力（Imaizumi K，1993）。在不投饵的情况下，初孵仔鱼仅靠自身携带的卵黄营养可存活一定的时间。存活时间的长短受其卵黄营养物质的质量和数量的影响（王涵生等，2002）。在无投饵（饥饿）和静水的条件下，观察仔鱼的耐受能力及存活天数，SAI值越大，表明仔鱼的活力越强，用于种苗生产时成活率会比较高。根据对目前不少开展人工繁育的海水鱼类的观察，SAI值小的仔鱼，往往在第3~4 d就会死亡，应整批弃之不用。从不同盐度下仔鱼SAI值的变化结果来看，卵形鲳鲹在适宜的盐度内，仔鱼的SAI较高，反之则低。这也表明盐度对仔鱼活力的影响程度，从中得出仔鱼存活的适盐范围（李加儿等，1994）。卵形鲳鲹仔鱼在盐度为25

和30的2个组仔鱼的SAI值最高，分别为44.19和47.44；经深入观察，在这2组盐度条件下，仔鱼发育及摄食正常，这与盐度对胚胎发育影响的盐度范围几乎一致，这也表明适时调节培育用水的盐度，是种苗生产工艺流程中一个重要的环节。

二、延迟投饵对卵形鲳鲹早期仔鱼阶段摄食、成活及生长的影响

由于在自然界中食物在时间和空间上的分布不均匀以及环境发生剧变等各种原因，鱼类在其生活史的某一阶段经常会因为食物匮乏而遭遇到饥饿胁迫。有学者指出导致海水鱼类仔鱼死亡的主要原因之一是饥饿（殷名称，1996）。在许多海水硬骨鱼类育苗的生产过程当中，特别是在仔鱼从内源性营养阶段过渡到外源性营养阶段期间，由于营养不良而引起仔鱼大量死亡，从而导致种苗生产的成活率低下。这个时期在一些文献中被称之为“临界期”或“危险期”。Blaxter J H S et al 于1963年最早提出仔鱼初次摄食饥饿“不可逆点”（the point of no return，PNR）的概念，即初次摄食期仔鱼耐受饥饿的时间阈值，利用饥饿的方法来研究确定仔鱼的初次摄食率和PNR。已有一些文献指出在育苗过程中延迟投饵会影响仔鱼阶段的摄食、存活和生长（Abol-Munafial et al，1993；黄良敏等，2003）。

1. 延迟投饵对初次摄食能力和PNR的影响

延迟投饵对卵形鲳鲹初次摄食能力和PNR影响的研究结果见表7-6。卵形鲳鲹仔鱼在3 d龄时开口，在开口当天投饵以及延迟投饵1 d、2 d、3 d、4 d和5 d的5种投喂条件下，各组投饵后2 h内仔鱼的摄食率分别为15%、30%、50%、25%、15%和5%，平均每尾仔鱼的摄食量分别为0.4、0.6、1.3、0.6、0.3和0.1个轮虫，而延迟投饵6 d一组仔鱼的摄食率则为0。试验结果显示，卵形鲳鲹仔鱼的饥饿PNR为延迟投饵后第3 d，即开口后第4 d。

表7-6　延迟投饵的卵形鲳鲹仔鱼2 h内的初次摄食情况（$n=10$）

延迟投饵天数（d）	摄食率（%）	平均摄食量（ind/尾）
0	15	0.4
1	30	0.6
2	50	1.3
3	25	0.6
4	15	0.3
5	5	0.1
6	0	0

2. 延迟投饵对仔鱼存活率的影响

延迟投饵对卵形鲳鲹仔鱼存活率的影响的观察结果见表7-7。延迟投饵时间超

过6 d以上，仔鱼至9 d龄时全部死亡，但在相同的水质条件下，延迟投饵0~5 d各组仔鱼的存活率均高于5%。在完全饥饿的条件下，延迟投饵0、1 d和2 d的仔鱼到9 d龄时的存活率低且各组间的差异不大；但延迟投饵3 d的仔鱼，到8 d龄时的存活率下降为26. 25%，延迟投饵3 d以上的各组仔鱼存活率则急剧下降。完全投饵组仔鱼的死亡率较为稳定，在完全饥饿的条件下，卵形鲳鲹仔鱼死亡主要出现在6~9 d龄，在8~9 d龄时大量死亡。

表7-7 延迟投饵对卵形鲳鲹仔鱼存活率的影响

延迟投饵天数（d）	各日龄仔鱼的存活率（%）						
	3 d	4 d	5 d	6 d	7 d	8 d	9 d
0	90. 75	85. 45	76. 45	71. 25	52. 50	45. 50	23. 50
1	91. 45	89. 50	80. 75	75. 50	56. 45	47. 45	37. 75
2	92. 00	90. 50	83. 75	78. 75	67. 75	56. 25	45. 25
3	92. 75	83. 75	79. 25	61. 25	47. 25	26. 25	6. 25
4	93. 45	81. 50	71. 75	57. 75	38. 75	9. 25	2. 75
5	89. 75	79. 25	65. 25	53. 25	39. 45	6. 75	0. 50
6	90. 00	80. 45	58. 45	40. 50	23. 25	1. 75	0. 00

3. 延迟投饵对仔鱼生长的影响

延迟投饵对卵形鲳鲹仔鱼生长影响的试验结果见表7-8。从4 d龄开始（延迟投饵1 d），2组仔鱼的全长值差异显著（$P<0.05$），从7 d龄开始（延迟投饵4 d）2组仔鱼的全长值差异非常显著（$P<0.01$），仔鱼开始停止生长，甚至出现负增长值。

取出各试验组9 d龄的卵形鲳鲹仔鱼测定全长值（表7-9）。方差分析结果显示，各延迟投饵组仔鱼的全长值差异非常显著（$P<0.01$）；Duncan多重比较结果显示，延迟投饵0、1 d和2 d 3组仔鱼的生长没有显著差异（$P>0.05$），而与其他仔鱼组之间的差异极为显著（$P<0.01$）。

表 7-8　完全饥饿组与完全投饵组卵形鲳鲹仔鱼的生长差异比较简单比较（$n=15$）

日龄（d）	投饵方式	仔鱼全长（mm）	全长幅值（mm）	显著性
4	完全饥饿	2.39±0.03	2.27~2.46	*
	完全投饵	2.43±0.08	2.45~2.65	
5	完全饥饿	2.53±0.11	2.29~2.62	*
	完全投饵	2.51±0.09	2.39~2.66	
6	完全饥饿	2.44±0.08	2.29~2.56	*
	完全投饵	2.63±0.07	2.52~2.63	
7	完全饥饿	2.36±0.04	2.19~2.54	* *
	完全投饵	2.68±0.09	2.56~2.73	
8	完全饥饿	2.28±0.011	2.13~2.43	* *
	完全投饵	2.74±0.05	2.61~2.71	

注：*. 差异显著（$P<0.05$）；* *. 差异非常显著（$P<0.01$）。

表 7-9　延迟投饵对卵形鲳鲹 9 d 龄仔鱼生长的影响

延迟投饵天数（d）	仔鱼全长（mm）	全长幅值（mm）
0	2.75±0.26^{a}	2.58~2.81
1	2.79±0.17^{a}	2.60~2.85
2	2.85±0.45^{a}	2.67~2.97
3	2.55±0.38^{b}	2.34~2.66
4	2.23±0.10^{c}	1.98~2.35

注：同一列中字母不同者表示统计学差异极显著（$P<0.01$）。

4. 研究结果分析

卵形鲳鲹仔鱼初次摄食率受延迟投饵天数的影响。延迟 2 d 投饵的卵形鲳鲹仔鱼的初次摄食强度最大，延迟 3 d 投饵的仔鱼的初次摄食强度略有下降，延迟 4 d 投饵的仔鱼的初次摄食强度明显降低；延迟投饵 5 d 以上，卵形鲳鲹仔鱼不摄食。出现这种现象的主要原因可能是随着延迟投饵时间的推迟，仔鱼体中所携带的卵黄被逐步耗尽，结果导致其摄食能力下降。延迟投饵后，仔鱼的最高初次摄食率为 50%，牙鲆（*Paralichthys olivaceus*）仔鱼的初次摄食率高（35%）（鲍宝龙等，1998），与浅色黄姑鱼（*Nibea chu*）的最高初次摄食率（50%）基本相似（黄良敏等，2005）。比点带石斑鱼（*Epinephelus malabaricus*）（79%）（柳敏海等，2006）、黄鲷（*Dentex tumifron*）（75%）（夏连军等，2004）、真鲷（*Pagrosomus major*）（85%）（鲍宝龙等，1998）、花尾胡椒鲷（*Plectorhinchus cinctus*）（65%）（黄良敏等，2003）的初次摄食率都要低。有文献指出，当仔鱼的摄食率下降到最高初次摄食率的一半以下时，即进入了 PNR 期（殷名称，1991），由此推测，卵形鲳鲹仔鱼的 PNR 出现在仔鱼开口后第 4 d，这与花尾胡椒鲷（黄良敏，2003）相同，而牙鲆和真鲷的 PNR 分别为 3~4 d 和 4~5 d（鲍宝龙等，1998），黄鲷为 5~6 d（夏连军等，2004）。此时的仔鱼必须从水中摄食到食物，否则就会丧失摄食的能力。不同鱼类物种或种群从内源性营养转向外源性营养阶段的混合营养期从数小时到 3 d 不等，这些差异与鱼卵的质量、发育生物学特性及外界环境因素有关，即 PNR 出现时间的迟早受到卵孵化时间及环境水温的制约（张雅芝等，1999）。

卵形鲳鲹仔鱼进入 PNR 期后的死亡期主要出现在 6~9 d 龄，在 8~9 d 龄时仔鱼出现大量死亡。万瑞景等（2004）曾报道，鳀（*Egraulis japonicus*）仔鱼进入 PNR 期之后仍能够继续存活 2 d 左右。花尾胡椒鲷（黄良敏等，2003）仔鱼在开口后 4 d 内，各组仔鱼死亡率相差不大；开口后第 5 d（8 d 龄），仔鱼的死亡率表现出明显差异。真鲷（鲍宝龙等，1998）延迟投饵超过 6 d 以上，仔鱼至 12 d 龄完全死亡，而在相同的饲育条件下，延迟投饵 0~5 d，存活率均维持在 10%以上，延迟投饵 2 d 对真鲷仔鱼的存活没有影响。延迟投饵超过 6 d 以上，黄鲷仔鱼在 14~15 d 龄期间完全死亡（夏连军等，2004）。初期仔鱼的存活率高低可能受初期仔鱼的摄食经验的影响，一般摄食经验丰富者，摄食率和摄食量均比较高，存活率也高。随着延迟投饵的时间不断延伸，仔鱼在试验后期死亡率比较高，这可能是因为一部分仔鱼已经丧失了初次摄食的能力，这些仔鱼以后几乎无法再摄食，仔鱼在试验后期的死亡率最高，因为这时绝大多数仔鱼已丧失初次摄食的能力，只有少数生命力比较强的仔鱼还能摄食（殷名称，1991）。

在饥饿的状态下，卵黄和油球作为仔鱼的内源性营养，担负着维持鱼体的存活和生长的重要作用。随着饥饿时间的延长，仔鱼体内的营养物质被逐步消耗，而且得不到外界食物的补充，造成能量不足，机体受损害，导致发育进程受阻、生长变慢及存活率显著降低（殷名称，1995）。Farris D A（1959）将海水鱼类卵黄囊期仔鱼的生长分为：① 初孵时的快速生长期；② 卵黄囊消失前后的慢速生长期；③ 未能摄食外界食物的负生长期 3 个时期，这与该试验卵形鲳鲹仔鱼延迟投饵 0、1 d 和 2 d 对仔鱼早期生长无明显影响，延迟投饵 3 d 对仔鱼生长开始出现不良影响，延迟投饵超过 4 d 仔鱼生长急剧下降的观测结果相一致。延迟投饵会影响花尾胡椒鲷（黄良敏等，2003）仔鱼的生长，延迟 1 d 投饵对仔鱼生长的影响不明显，而延迟投饵 2~3 d 仔鱼的生长速度较慢，延迟投饵 4 d 以上的仔鱼则呈现负增长，而且存活下来的仔鱼多数呈畸形。牙鲆全长的增加随延迟投饵天数的延伸而降低，延迟投饵 1 d 仔鱼的增长率为 5.74%，延迟投饵 2 d 为 3.52%，延迟投饵 3d 为 3.13%。在实践中，把握好投饵时机是种苗生产成功的技术关键之一，卵形鲳鲹早期仔鱼混合营养期只有 2~3 d，具有摄食能力的时间比较短，因此必须在仔鱼开口后 3 d 以内投放饵料，这样才可保证仔鱼能及时摄食到充足的食物，提高仔鱼的成活率，并使仔鱼具有较佳的生长速度，从而获得最大的经济效益。

三、卵形鲳鲹仔鱼的饥饿和补偿生长

仔鱼期是鱼类生活史中最为脆弱以及最关键的阶段，该阶段对饥饿尤为敏感(殷名称，1991)。饥饿是鱼类适应水中食饵变化一种常见的现象，鱼类受到饥饿胁迫后，往往产生不同程度的补偿生长。有关饥饿与再投喂的投饵方式被广泛关注，而且已证实不同饥饿程度鱼类其补偿生长的强度不同（邓利等，1999；沈文英等，1999；张波等，2000；杜震宇等，2003；Xie S et al，2001）。由于判别鱼类所处的饥饿状态对调整养殖中的投喂方式以及评估渔业资源等方面起着重要作用（万瑞景等，2004），因此，不少学者利用鱼类的形态学以及生理生化学等指标来评价或判别鱼类的饥饿状态（Ehrlich K E et al，1976）。研究结果显示，饲料的种类和质量及其投喂量会对鱼类的形态参数产生影响，如遭受限食或饥饿之后鱼类的形态参数变小，投喂后增大（Pirhonen J，et al，1998；Ali M et al，2001）。早期的文献认为，单用形态特征即可判别鱼类的饥饿状态（姜志强等，2002）。然而，近年来的研究发现这种方法并不适用于其他鱼类（万瑞景等，2004）。在鱼类的形态参数中，通常用的是体重（Ehrlich K E et al，1976；宋昭彬等，1998），一般都不将内脏团重量作为形态参数进行研究（李思发等，1998），后者重量和（或）营养成分变化大多用于研究鱼类的病理变化（杜震宇等，2003）和鱼类在饥饿条件下营养素消耗机制(Hung S S O et a1，1997)。由于内脏团受饲料质量和投喂量的影响很大，而且，内脏团重量的增加会使鱼体空壳重相应减少（杜震宇等，2002；2003），因此，将内脏团重量的变化与形态参数两者相结合可较准确地判别鱼类饥饿状态（Molony B W et al，1998）。

1. 卵形鲳鲹仔鱼饥饿后行为、形态特征及内脏解剖观察

据观察，对照组食道与胃分界明显；胃膨大，胃壁较厚，有折皱突向管腔；幽门盲囊有 8~9 个；肠具有弹性，肠间有丰富脂肪。消化腺分为肝胰腺和胰腺，肝胰腺为粉色，较大，中间有缢痕，分为 2 叶；胰腺从幽门盲囊起呈弥散状分布；胆管饱满，为浅绿色。饥饿状态下的卵形鲳鲹仔鱼体逐渐消瘦，后背、腹部变瘦而变小，头大体小，肢顶下凹，背薄尾尖，肝脏萎缩，肠管缩短、变细，失去弯曲形状。饥饿 2 d 后，形态特征未见明显变化；饥饿 4 d 后，眼径<1/2 眼部头高，腹面平扁，稍内凹；饥饿 6 d 后，胸部心脏外方，肩带处有一尖突。经解剖后发现，饥饿仔鱼消化系统几乎停止发育，到饥饿后期甚至退化，主要表现为：肝脏收缩，胃容积减小，肠缩短、变细，并渐渐失去弯曲形状。未饥饿时，肠有两个弯曲，但没有卷曲成一圈，饥饿 4 d 后，肠弯曲稍发达，但进一步的饥饿使肠弯曲逐渐退化，到第 8 d

时，几乎成为一直管，肠管变细，肠管模糊，肠腔消失；鳔的前下方可见到一扩大的略呈椭圆形的胆囊，浅绿色，胆汁充盈在胆囊内；头部因脑萎缩而显平扁。再投喂后，饥饿 2 d（S2）、饥饿 4 d（S4）、饥饿 6 d（S6）组各形态特征都能够出现不同程度的补偿生长，饥饿 8 d（S8）组无法恢复生长，甚至出现逆生长现象，再投喂 3 d 后则全部死亡。

2. 卵形鲳鲹仔鱼的饥饿致死情况

如图 7-11 所示，饥饿 6 d 和饥饿 8 d 组仔鱼在试验第 5 d 开始出现死亡现象，两组的死亡率均为 4.4%。饥饿 8 d 组仔鱼的死亡高峰出现时期为试验第 9 d，死亡率为 34.6%。饥饿 6 d 组在恢复投喂后仍出现死亡现象，自恢复投喂的第二天起，仔鱼的死亡数量逐渐减少；而饥饿 8 d 组仔鱼在恢复投喂后已经丧失了摄食的能力，在饥饿至第 11 d 时全部死亡。由图 7-12 所示，卵形鲳鲹仔鱼的半数饥饿致死时间为 8~9 d。

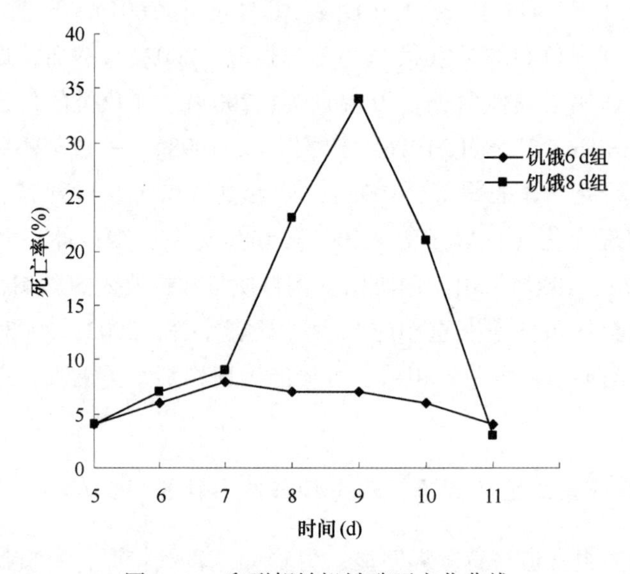

图 7-11　卵形鲳鲹饥饿致死变化曲线

3. 饥饿-再投喂后体长、体宽、体高、体重、内脏团重和肥满度与饥饿时间的关系

如图 7-13 所示，随着饥饿时间的延长，卵形鲳鲹仔鱼各形态参数值不断递减，其中体长、体高、体宽递减趋势缓慢，与对照组不存在显著性差异（$P>0.05$），体重、内脏团重、肥满度递减趋势明显，与对照组存在显著性差异（$P<0.05$）。恢复投喂后，各形态参数值出现不同程度的补偿生长，其中以体重、内脏团重和肥满度最为明显。随着饥饿时间的持续，仔鱼体重逐渐下降，饥饿 8 d 组鱼体重的下降率

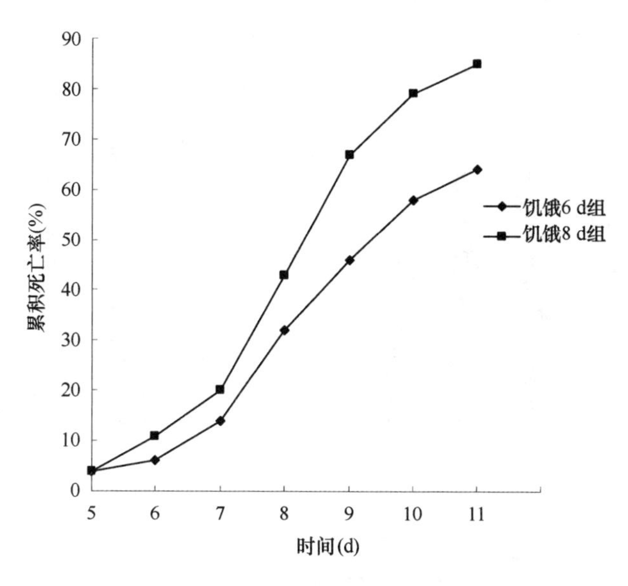

图 7-12　卵形鲳鲹饥饿处理累积死亡率曲线

高达 23.8%，饥饿 2 d、饥饿 4 d 组与对照组之间的体重没有明显差异，而饥饿 6 d 组和 8 d 组与对照组之间的体重则存在显著差异（$P<0.05$），经再投喂，除饥饿 8 d 组外，各组仔鱼的体重都有增长。对照组仔鱼的体重平均增加了 0.076 g；体重增长最多的是饥饿 2 d 组，达到 0.12 g，明显高于对照组（$P<0.05$），饥饿 4 d 组与对照组没有显著差异，饥饿 6 d 组差别较显著，饥饿 8 d 组远低于对照组的水平（$P<0.05$）。内脏团重及肥满度变化与体重变化趋势相似。饥饿超过 8 d，再投喂后，所有仔鱼都无法恢复生长，投喂后第 3 d，卵形鲳鲹仔鱼全部死亡。

4. 研究结果分析

饥饿对于处于早期生活史的仔鱼影响很大。遭受饥饿，使鱼体的表观及解剖性状发生了一些变化，如头大、体消瘦，背薄尾尖，肠道变细，肝胰脏缩小，性腺发育阻滞等。对大西洋鲱（*Clupea harengus*）和鲽（*Pleuronectes platessa*）仔鱼的研究显示，正常摄食仔鱼的胸角开始时略有减小，然后增大，而饥饿仔鱼的胸角急剧下降，这是由于饥饿时其胸腹部围绕肩带处比其他部位更为消瘦，使得肩带显得格外突出。随着饥饿的持续，鱼的头顶部收缩，由凸型变成凹型，从而使眼径/头高比值增高（Ehrlich K E et al，1976）。对犬齿牙鲆（*Paralichthys dentatus*）的研究也观察到饥饿仔鱼的胸角比喂食组相对减小（Gustave A et al，1995）。由于饥饿时鱼体脊索有退化的现象，因此，测量仔鱼饥饿过程中脊索长度的变化，在一定程度上也可以用来判断其营养状况（Wright D A et al，1985）。鱼类胆汁存在胆绿素和胆红素，由于胆红素被氧化成胆绿素，胆汁由黄绿色变为青绿色。在饥饿时，胆汁长期贮存，导致胆绿素增多，胆汁颜色也随之发生变化。黄尾鰤（*Seriola quinqueradiata*）在摄

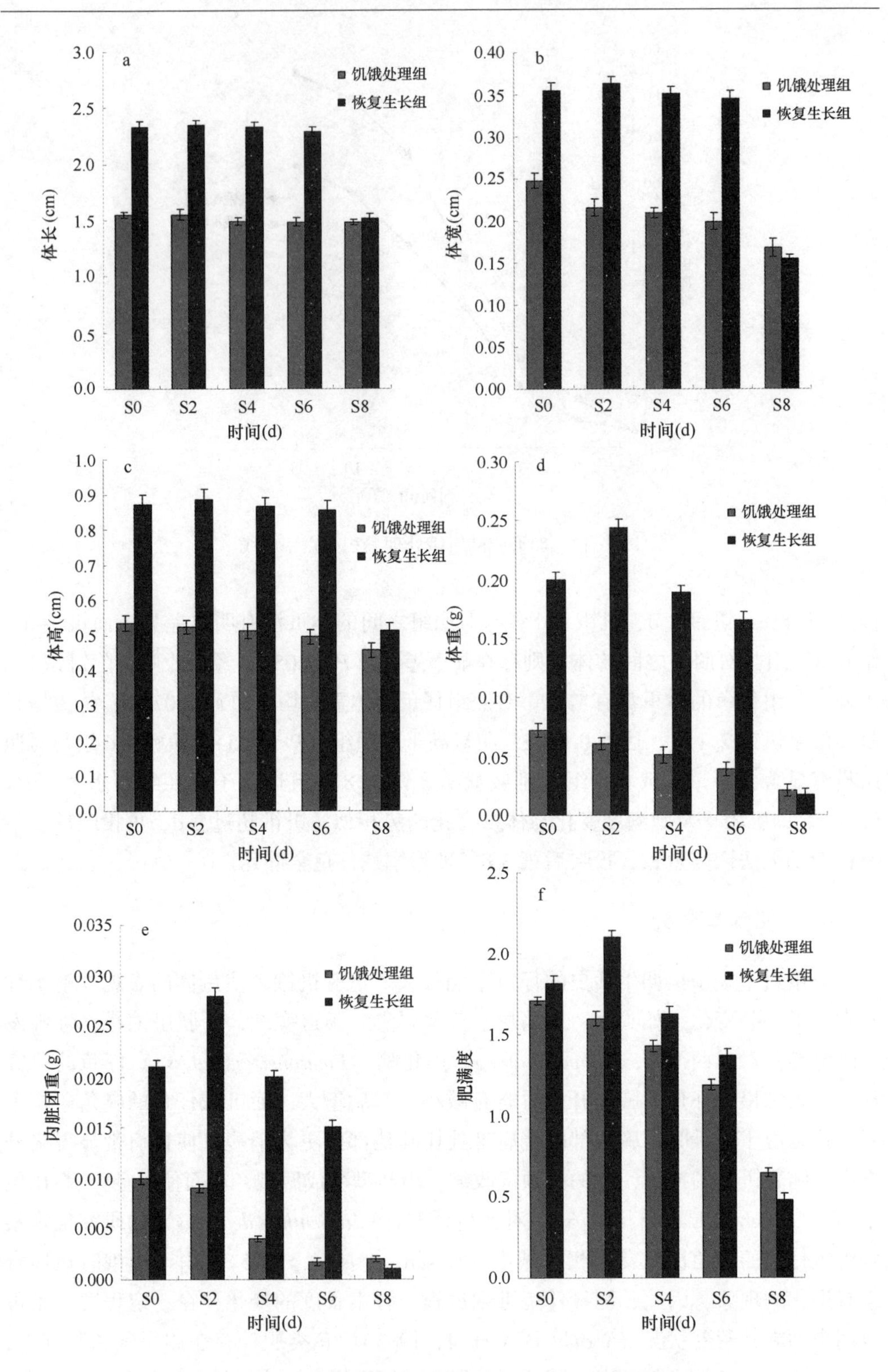

图 7-13　卵形鲳鲹短期饥饿处理及再投喂后的形态参数变化

饵后胆囊向肠分泌胆汁，这时肝脏的胆汁呈黄绿色，而长期停食的个体，其胆汁呈青色（尾崎久雄，1983）。王吉桥等（1993）研究发现，几种淡水鱼苗在饥饿初始时，仔鱼成群沿池壁缓游，轻击桶壁，即四散而去。随着饥饿时间延续，仔鱼表现烦躁不安，在散乱狂游后紧贴池壁，反应迟钝，临死之前鱼的头部朝下，尾部上翘，鱼体失衡，本试验与其观察结果一致。

在一般情况下，随着饥饿的持续，鱼的体重急剧减轻。而体长往往不发生变化，甚至还略有增长，也曾见有体长呈负生长的观察报道。一般定义上的代偿性生长指的是饥饿后充足的摄食可使一些鱼超常规速度生长，并能够恢复到正常或更高水平。鱼类的补偿生长现象，受个体大小、环境因子的影响。从补偿量的角度，可将鱼类的补偿生长类型划分为 3 种：① 超补偿生长，指经过一段时间饥饿后再恢复投喂一段时间，鱼的体重增加超过相同时间持续喂食的鱼的体重增加量。如饥饿 9~15 d 的真鲷（*Pargrosomus major*）和饥饿 5 d 的美国红鱼（*Sciaenops ocellatu*）均出现超补偿生长现象（张波等，2000；姜志强等，2002）；② 完全补偿生长，指饥饿后恢复生长的个体，其体增重量能达到或接近在相同时间内持续投喂的鱼的增重量，斑点叉尾鮰（*Ictalurus punctatus*）在饥饿 3 周后出现了完全补偿生长现象（Kim M K et al，1995）；③ 部分补偿生长，指鱼在饥饿后恢复投喂能正常生长甚至长速在短期内有所加快，但赶不上在相同时间内持续投喂的鱼，如杂交罗非鱼（*Oreochromis mossambicus X* 0. *niloticus*）在饥饿 2~4 周或限食 4 周后恢复投喂 4 周，结果出现部分补偿生长现象（王岩，2001）。也有的学者把补偿生长分为 4 大类：超补偿生长（Dobson S H et al，1984）、完全补偿生长（Paul A J et al，1995）、部分补偿生长和不能补偿生长（指鱼在恢复生长时不仅无法赶上持续投喂的鱼，连生长速度也不及正常水平），南方鲇（*Silurusm eridionalis*）（谢小军等，1998）就属于最后一类，在饥饿 60 d 后恢复生长时其增重率明显比正常喂食组要低。补偿生长能力的有无和强弱受物种、饥饿程度和持续时间以及恢复喂食的时间长短等因素影响。

该试验结果表明，卵形鲳鲹仔鱼在经过 2~8 d 的不同时间饥饿后其出现 4 种不同的补偿生长结果：超补偿生长（2 d）、完全补偿生长（4 d）、部分补偿生长（6 d）和不能补偿生长（8 d），这表明短时间的饥饿刺激有利于促进仔鱼生长，但饥饿时间过长则会抑制其生长，甚至导致死亡。在该试验中，体长、体宽、体高等参数值在短时间饥饿后下降不大，恢复投喂后净增量也有所提高。有研究表明（Reimers E et al，1993），卵形鲳鲹体长变化与脊椎骨的生长发育有关，在饥饿后期体长不因饥饿变小，其主要原因可能是在饥饿或限食条件下，脊椎骨靠贮存在体肌肉和内脏团中的营养物质进行生长，但体高和体宽则由于饥饿后背、腹部变瘦而变小。而饥饿超过 6 d，体重、内脏团重和肥满度等参数值明显下降。恢复投喂后，饥饿 2 天组各参数值与对照组存在显著性差异，其中以内脏团变化最为显著，林学群等（1998）认为内脏团在饥饿与再投喂过程中变化很敏感。这与杜震宇等（2003）

的花鲈（*Lateolabrax japonicus*）在饥饿过程中首先动用肠系膜脂肪，而且饥饿一开始内脏团重就明显下降的结果一致。鱼类的生长依靠肌肉和内脏团的营养贮存进行生长，当外界营养供应不足时，首先会动用内脏团贮存的营养，从而导致内脏团重量的降低（李思发等，1998）。同时肥满度也被广泛用来判断鱼类的营养状况，肥满度在该试验中表现为当仔鱼饥饿时减小，再投喂时增大，而且变化趋势很明显，与对照组存在显著性差异。因此，在用形态参数比较养殖效果时，若肥满度变小，表示鱼类处在相对的饥饿状态或营养不足，但若肥满度差异不大，并不能说明它们的营养状态相似（Wang Y et al, 2000），还需结合其他参数进行全面分析。

已有关于饥饿再投喂的报道，主要集中分析了饥饿再投喂后鱼体的生化成分的变化，关于饥饿对鱼类生长抑制和致死的影响研究不多。区又君等（2007）认为动物对饥饿的忍受能力是有限度的，鱼类在自然界和养殖条件下，经常会遭遇食饵短缺的威胁，饥饿过度将导致鱼体受损、生长抑制乃至死亡。在生产中若采用补偿生长的方法，应合理地设置饥饿时间。该试验结果表明，在完全不投饵的条件下，仔鱼饥饿5~6 d开始死亡，直至无法恢复生长和存活。饥饿6 d后再恢复投喂，虽然有部分仔鱼还会少量摄食，但终将死亡，在恢复投喂1~2 d，死鱼数量达到峰值，而体质较强的个体则存活下来。饥饿至8 d的鱼已无法恢复摄食能力，在恢复投喂后3 d全部死亡，即半数致死时间（也称为“生理死亡”）为8~9 d。“不可逆点”也称为“生态死亡”，是指饥饿鱼到达该点时，虽然还能存活一段时间，但已无法再恢复其摄食能力。结果显示，卵形鲳鲹仔稚鱼的饥饿不可逆点为饥饿后11天左右。

目前大多数学者采用鱼体组分作为指标来衡量鱼类补偿生长现象的强弱，也有学者运用体重作为衡量指标，但王岩（2001）通过对杂交罗非鱼的研究认为采用体能量作为指标比用体重能更准确地反映鱼类的受限制程度和补偿生长强度，还有学者运用内脏团重来衡量鱼类补偿生长强弱，可以更加直观方便地衡量鱼类补偿生长现象，该文从卵形鲳鲹饥饿的形态学、行为学、解剖学等方面对其的饥饿与补偿生长进行了研究，获得了初步的实验数据。有关鱼类补偿生长的机制，今后尚需从生物化学、生态学、生物能量学、遗传与进化等领域深入探讨（吴新等，2000）。

四、卵形鲳鲹幼鱼对盐度、温度变幅的抗逆性

卵形鲳鲹游泳速度快，代谢快，消耗大，不耐低氧，当极端天气例如大暴雨、水温急剧变化等灾害性天气发生时，往往造成卵形鲳鲹大量死亡，对其养殖产业造成重创（区又君，2008）。作者发现，在卵形鲳鲹养殖过程中，耗氧量成为高密度养殖、长途运输、销售暂养等的瓶颈；放苗时温度略有差异，鱼苗就会出现严重缺氧状态并死亡，提示温度变化幅度对鱼的耗氧和死亡有明显影响，因此，研究盐度和温度等环境因子及其变幅对存活率的影响，对解决卵形鲳鲹苗种培育和养殖生产

的瓶颈问题是非常必要的。

1. 卵形鲳鲹幼鱼在盐度渐变幅度下的存活率

如表 7-10 所示，盐度由 30 渐变到 0 时，幼鱼（体重 1.97±0.24g，下同）2.5 h后开始出现死亡，至第 4 h 时全部死亡，存活率为 0（$P<0.01$）。渐变到盐度 3 和 40 组 21 d 的平均存活率分别为 84.44%、86.67%，均显著低于对照组（$P<0.05$）。盐度 5~35 组 21 d 的平均存活率为 98.89~100%，与对照组没有显著差异（$P>0.05$）。

表 7-10　盐度渐变对卵形鲳鲹幼鱼存活率的影响

盐度	鱼数量（尾）	时间（d）	存活数（尾）			平均存活率（%）
			A 组	B 组	C 组	
0	30	21	0	0	0	0^{d}
3	30	21	27	24	25	$84.44±5.09^{c}$
5	30	21	29	30	30	$98.89±1.92^{a}$
10	30	21	30	29	30	$98.89±1.92^{a}$
15	30	21	30	30	29	$98.89±1.92^{a}$
20	30	21	30	30	29	$98.89±1.92^{a}$
25	30	21	30	30	30	100^{a}
30	30	21	30	30	30	100^{a}
35	30	21	30	30	30	100^{a}
40	30	21	27	25	26	$86.67±3.33^{b}$

注：* 不同字母上标表示各组间存活率差异显著（$P<0.05$）。

2. 卵形鲳鲹幼鱼在盐度骤变幅度下的存活率

如表 7-11 所示，盐度 0 处理组，从实验 1 h 后开始出现死亡，到 4 h 时平均存活率为 0，极显著低于对照组（$P<0.01$）。盐度 3、5 和 40 处理组，分别从实验的 4 h、12 h 和 8 h 后开始出现死亡，48 h 的平均存活率分别为 88.89%、94.44%、97.22%，除盐度 3 组的平均存活率显著低于对照组外（$P<0.05$），盐度 5 和 40 组与对照组没有显著差异（$P>0.05$）。盐度 10~35 处理组未出现死亡。

表 7-11　盐度骤变对卵形鲳鲹幼鱼存活率的影响

度	鱼数量（尾）	存活数（尾）								平均存活率（%）
		0. 5 h	1 h	2 h	4 h	8 h	12 h	24 h	48 h	
0	12	12	12	9	0	0	0	0	0	0^{c}
		12	12	7	0	0	0	0	0	
		12	12	7	0	0	0	0	0	
3	12	12	12	12	12	12	10	10	10	88. 89±9. 62^{b}
		12	12	12	12	12	12	12	12	
		12	12	12	12	11	10	10	10	
5	12	12	12	12	12	12	12	11	10	94. 44±10^{a}
		12	12	12	12	12	12	12	12	
		12	12	12	12	12	12	12	12	
10	12	12	12	12	12	12	12	12	12	100^{a}
		12	12	12	12	12	12	12	12	
		12	12	12	12	12	12	12	12	
15	12	12	12	12	12	12	12	12	12	100^{a}
		12	12	12	12	12	12	12	12	
		12	12	12	12	12	12	12	12	
20	12	12	12	12	12	12	12	12	12	100^{a}
		12	12	12	12	12	12	12	12	
		12	12	12	12	12	12	12	12	
25	12	12	12	12	12	12	12	12	12	100^{a}
		12	12	12	12	12	12	12	12	
		12	12	12	12	12	12	12	12	
30	12	12	12	12	12	12	12	12	12	100^{a}
		12	12	12	12	12	12	12	12	
		12	12	12	12	12	12	12	12	
35	12	12	12	12	12	12	12	12	12	100^{a}
		12	12	12	12	12	12	12	12	
		12	12	12	12	12	12	12	12	

续表

度	鱼数量（尾）	存活数（尾）								平均存活率（%）
		0. 5 h	1 h	2 h	4 h	8 h	12 h	24 h	48 h	
40	12	12	12	12	12	12	11	11	11	97. 22±4. 81[a]
		12	12	12	12	12	12	12	12	
		12	12	12	12	12	12	12	12	

注：不同字母上标表示各组间存活率差异显著（$P<0.05$）。

3. 卵形鲳鲹幼鱼在温度骤变幅度下的存活率

如表 7-12 所示，16℃、17℃、36℃处理组均在实验开始 0. 5 h 后出现死亡，全部死亡时间分别为 1 h、2 h、24 h。18℃处理组在 2 h 后开始出现死亡，48 h 时平均存活率为 94. 44%，与对照组没有显著差异（$P>0.05$）。33℃处理组在 0. 5 h 后开始出现死亡，48 h 时平均存活率为 75%，显著低于对照组（$P<0.05$）。其他温度骤变组未出现死亡。

表 7-12　温度骤变对卵形鲳鲹幼鱼存活率的影响

温度（℃）	鱼数量（尾）	存活数（尾）								平均存活率（%）
		0. 5h	1h	2h	4h	8h	12h	24h	48h	
16	12	12	0	0	0	0	0	0	0	0[c]
		12	0	0	0	0	0	0	0	
		12	0	0	0	0	0	0	0	
17	12	12	11	0	0	0	0	0	0	0[c]
		12	8	0	0	0	0	0	0	
		12	9	0	0	0	0	0	0	
18	12	12	12	12	12	11	11	11	11	94. 44±4. 81[a]
		12	12	12	11	11	11	11	11	
		12	12	12	12	12	12	12	12	
21	12	12	12	12	12	12	12	12	12	100[a]
		12	12	12	12	12	12	12	12	
		12	12	12	12	12	12	12	12	

续表

温度（℃）	鱼数量（尾）	存活数（尾）								平均存活率（%）
		0.5h	1h	2h	4h	8h	12h	24h	48h	
24	12	12	12	12	12	12	12	12	12	100[a]
		12	12	12	12	12	12	12	12	
		12	12	12	12	12	12	12	12	
27	12	12	12	12	12	12	12	12	12	100[a]
		12	12	12	12	12	12	12	12	
		12	12	12	12	12	12	12	12	
30	12	12	12	12	12	12	12	12	12	100[a]
		12	12	12	12	12	12	12	12	
		12	12	12	12	12	12	12	12	
33	12	12	11	11	11	10	10	10	10	75±8.33[b]
		12	12	12	12	12	12	8	8	
		12	12	12	12	12	12	9	9	
36	12	12	10	8	8	8	8	0	0	0[c]
		12	9	9	9	7	7	0	0	
		12	11	11	11	9	9	0	0	

注：不同字母上标表示各组间存活率差异显著（$P<0.05$）。

4. 研究结果分析

（1）盐度变化对卵形鲳鲹幼鱼存活的影响

盐度是影响海水鱼类存活的重要环境因子，与鱼体渗透压调节密切相关。本研究结果表明，在盐度0时，不同盐度变化方式卵形鲳鲹幼鱼均在实验4 h后全部死亡，在盐度3时，均会导致其存活率下降。鱼类的渗透压调节能力具有一定的范围，过高的渗透压变化会对鱼体正常组织结构造成影响（施钢等，2012）。作者等（2013）对卵形鲳鲹在低盐度（盐度5）下鳃线粒体丰富细胞超微结构的研究也发现，其数量、结构、大小均发生了明显变化。因此，作者认为过低的盐度对卵形鲳鲹正常组织结构造成了一定程度的损伤，从而造成死亡。盐度变化导致的环境压力还可能造成血液免疫功能下降，血浆电解质浓度失去控制，从而降低存活率（Lee C L et al，1981；Fiess J C，et al，2006）。此外，盐度骤变组卵形鲳鲹直接转入盐度3

水体后快速运动，说明鱼体产生了强烈的应激反应，这也可能是骤变条件下导致鱼体死亡的原因之一。

在盐度5~35时，无论是盐度骤变还是盐度渐变，盐度变化并没有对卵形鲳鲹存活率造成明显影响，说明卵形鲳鲹对于盐度变化有很强的适应能力。这与对斜带石斑鱼（*Epinephelu scoioides*）、褐点石斑鱼（*Epinephelus fuscoguttatus*）研究结果相似（施钢等，2012；张雅芝等，2009）。但是对大泷六线鱼（*Hexagrammos otakii*）和金赤鲷（*Pagrus auratus*）的研究表明，当盐度低于15时，二者平均存活率均明显低于对照组（胡发文等，2012；Fielde D S et al，2005）。可见，不同鱼类对于盐度变化的适应能力存在一定差异，推测这主要与鱼体自身的渗透压调节能力有关。

在盐度40时，盐度渐变处理组卵形鲳鲹存活率要明显低于对照组，但是盐度骤变组卵形鲳鲹存活率与对照组没有显著差异。作者等（2013）研究盐度渐变对卵形鲳鲹肝脏抗氧化酶活力的影响发现，盐度40最终导致酶活力明显下降。区又君（2008）的研究也发现，在高盐度海水中卵形鲳鲹生长较差。因此，作者认为，短时间内卵形鲳鲹对高盐度有一定的耐受能力，但随着胁迫时间的延长，高盐度造成鱼体代谢紊乱，从而造成死亡率较高。同时在实验过程中，盐度40组卵形鲳鲹体色发黑，而盐度3组体色较为正常，这可能说明极高盐度相比于极低盐度对于鱼体损伤更大。

（2）温度变化对卵形鲳鲹幼鱼存活的影响

由于全球气候变化导致的极端天气，短期、剧烈、非季节性的温度变化出现日趋频繁，会严重影响鱼类的生存。2008年的低温冰冻天气对我国南方水产养殖业造成重创，广东省损失超过56亿元（区又君，2008）。本研究结果表明，在18~30℃时，温度骤变并没有对卵形鲳鲹的存活率造成明显影响。但当温度进一步降低，在16℃和17℃时，卵形鲳鲹分别于骤变后的0.5 h和1 h后全部死亡，尽管骤变幅度相比于18℃只增加了1~2℃，但实验结果与18℃处理组差异明显，说明卵形鲳鲹对于低温的变化极为敏感，在较低温度时，很小的温度变化都可能导致卵形鲳鲹的大量死亡。目前，有关低温导致鱼类死亡的原因主要包括：① 低温可以抑制白细胞的抗体水平和噬菌作用，增加了其感染病菌的机会，从而最终导致死亡（Chen W H et al，2002）。② 低温可以造成细胞膜流动性的调节，细胞膜特性的变化，是低温伤害机理被普遍认同的一个方面（段志刚等，2011）。③ 低温导致细胞液向内吞率下降，这可能是导致其在低温条件下生理机能受阻的原因之一。④ 低温影响细胞膜的水透性，可能扰乱鱼体渗透压平衡，从而造成鱼体损伤，甚至死亡（段志刚等，2011；Robertson J C et al，1999）。⑤ 低温导致血浆中渗透压和Na^+、Cl^-浓度下降（Allanson B R et al，1971），在高盐度下导致其渗透压调节失败，从而引起大量死亡（Sardella B A et al，2007），这也提示我们在低温条件下可以通过降低水体盐度来增加卵形鲳鲹对低温的耐受力。当向高温骤变时，33℃处理组存活率明显低于对照组，在36℃时，卵形鲳鲹于骤变后的12 h全部死亡，这与姜海滨等（2014）对塞内加尔鳎的研究结果相似，主要是由于在高温条件下鱼体生物活性物质（蛋白质、酶等）变性失活（龙华，2005）。

第六节　卵形鲳鲹种苗培育

一、室内水泥池培育

1. 生产设施

生产车间（图7-14）一般为砖混钢架结构；有独立的海、淡水系统。屋顶采用轻钢结构支架，彩钢板瓦片+塑料泡沫隔热层盖顶，抗台风设计；每个车间应有值班室和洗手间。门口应较宽大，门前应有停车的空间。墙壁安放大型窗户，车间屋顶开天窗，天窗用不锈钢制作骨架，采光材料采用5 mm的透明玻璃。天窗下方安装用于调节光线的窗帘导轨（靠近海边并作为海水车间，窗帘导轨不实用，除非用不锈钢结构）。

图7-14　种苗生产车间

生产车间海水处理系统包括海水沉淀、过滤和清水储存等设施。过滤设施采用重力无阀反冲过滤系统，海水处理量大于100 m^3/h；清洁海水储存在密封的清水池，清洁海水经过二次抽提到达高位水塔，然后输送到车间使用。

海水过滤处理流程如下图7-15：

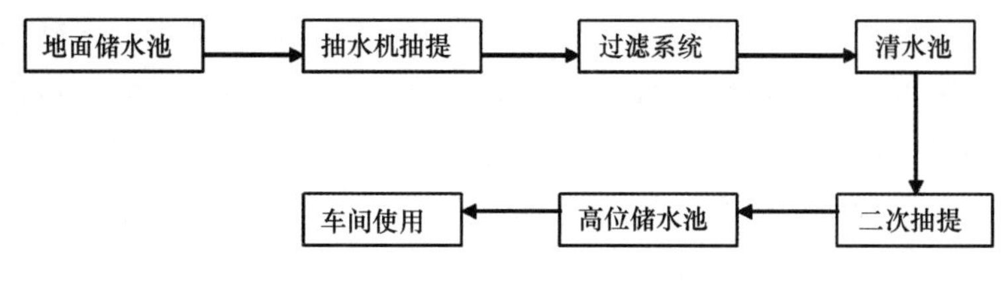

图 7-15 海水过滤处理流程

2. 培育条件

育苗用水经过砂滤，入池前再经 250 目筛绢网过滤。育苗水质以水温 20~26℃、盐度 27~33，pH 8.2~8.4 为宜。仔鱼孵化出来后，即加入小球藻液，浓度保持在 40×10^4~50×10^4 细胞/mL，使水色呈浅绿色，一直到投喂卤虫无节幼体时止。光照强度控制在 1 000~3 000 lx。

3. 培育管理

培育前期微充气。随着仔鱼的生长逐渐加大充气量，仔鱼孵出后第 6 d 开始换水，吸污，以后则每天换水一次，换水量在仔鱼期为 20%，稚鱼期为 30%~60%，幼鱼期为 100%~200%，在稚鱼期每星期吸污一次，投鱼糜后每天吸污一次。

4. 饵料及投喂

仔鱼开口后投喂褶皱臂尾轮虫，并保持轮虫密度 5~10 个/mL，从 16 d 龄起开始投喂卤虫无节幼体。轮虫及卤虫无节幼体在投喂之前用轮虫专用营养强化剂强化，同时，若有条件，可投喂桡足类。投喂卤虫的前期，密度保持在 0.2~0.5 个/mL，后期可加大投喂量，使之密度增至 1~1.5 个/mL。26 d 龄开始投喂鱼糜，前期每天投喂 1~2 次，后期增加投喂次数至每天 4~5 次。上述几种饵料在投喂时间衔接上各有 3~5 天的重叠交叉时间，缓慢过渡。

5. 仔稚幼鱼培育

卵形鲳鲹的初孵仔鱼全长 2.6~2.8 mm，孵化第二天，背部黑色素即迅速增加，在水中仔鱼呈现黑色，孵化第三天仔鱼的卵黄囊基本吸收完毕，油球只剩少许，开口摄食轮虫，在显微镜下可观察到胃肠内有轮虫。5 d 龄仔鱼白天即在池角部集群，5~12 d 龄仔鱼积极摄食轮虫，这期间未见仔鱼大量死亡，仔鱼数量只是缓慢减少，13 d 龄时仔鱼体长 6~8 mm，开始投喂卤虫无节幼体，仔鱼摄食后腹部即呈肉红色，身体其余部分均为黑色，此时鱼体向体高方向生长。尾鳍经常呈 90°弯曲，运动速度不是很快，有时长时间停留原处。投喂卤虫无节幼体后仔鱼的生长速度加快，20 d 龄体长达 8~12 mm，体色仍为黑色，摄食卤虫后 0.5 个小时，尾后即出现拖粪现象，长度一般与体长相当，有的甚至超过体长的一倍，粪便细小，肉红色。这一时期的仔鱼喜欢集群，密度极高，有时甚至出现少数仔鱼被顶出水面，这种聚群现象积极，并不为光线所影响，夜间也如此。随后几天，仔鱼即出现卵形鲳鲹所特有的变色现象，白天饱食后，遇光同色即变为白色，特别是背部颜色变的最为明显、快速，遇到惊吓或用抄网捞起，仔鱼体色又立即变回黑色，这一特性可以一直维持到40 d龄、体长25 mm前后。28 d龄时即能摄食鱼糜，能远距离快速冲向食物，此时仔鱼局部密集堆积的现象消失，代之以做无序快速游泳，速度极快，不论白天和黑夜，一刻不停地运动，后期（体长20~30 mm）这一现象逐渐消失，代之以集体沿池壁环绕快速游动，终日不停。游泳速度极快，且日夜不停，这在其他鱼类中罕见。40 d龄稚鱼体长达20~25 mm，摄食量剧增，45 d龄已长达25~30 mm（图7-16）。

在卵形鲳鲹的种苗生产中，有2个死亡高峰期，一个是在孵化后3~7 d龄，即开口摄食后最初几天，仔鱼数量缓慢下降，但这一下降幅度不会超过20%；第二个死亡高峰期为15~20 d龄，即投喂卤虫无节幼体后，尽管进行了高度不饱和脂肪酸的强化，但效果仍不理想，死亡率最高可达50%~70%，若在这一阶段投喂桡足类等饵料，死亡率可大大降低。

图7-16　卵形鲳鲹早期仔鱼室内水池培育

二、室外土池培育

1. 清池肥水

用生石灰、茶籽饼、敌杀死等药物彻底清塘，施肥培养肥水，一般清池10~15 d后放苗（图7-17），在仔鱼下塘前3~5 d，每亩泼黄豆粉1~2 kg以培育水中浮游生物。

图 7-17　卵形鲳鲹早期仔鱼室外土池培育

2. 放养密度

10 万~15 万尾/亩。

3. 投饵

初期投喂黄豆粉及鳗鱼饵料，7~10 d 后投喂枝角类桡足类。当苗体长达 0.8 cm 以上时，可投喂鱼肉糜、淡水枝角类等。

4. 排换水

放苗初期不换水，仅每天少量添水，7 d 后每天换水 15%~20%，投喂鱼虾肉糜后每天换水量增加达 30%~40%。

5. 巡塘

每天早中晚各一次，观察水色，定期检测。观察池塘中浮游生物的种类、数量的变化，鱼苗的生长、活动、摄食等情况，以便安排次日的投饵、换水和防病工作。

一般经 30~40 d 的精心培育，大部分鱼苗体长已达到 2.5 cm 左右即可出池（图 7-18）。

图 7-18　卵形鲳鲹鱼苗出池和短途运输

第七节　饵料生物培养

与其他海水鱼类一样，卵形鲳鲹孵化后面临着食性从以消耗自身的卵黄为主的内源性营养向摄食微型饵料生物的外源性营养转化的问题。幼体阶段的生长发育主要依靠摄食活体的生物饵料。因此，在种苗生产阶段，开展生物饵料培养，通过大规模连续稳定地培育生物饵料，是保证种苗培育成活率高的有效措施.

一、小球藻的培养

1. 培养设备

一般苗种场都有单胞藻饵料培养室，自成系统，有独立的生产设备。车间多为砖混钢架结构。设施包括保种室、纯种培养室（无菌）、扩大培养室，中间隔开。保种室安装大型窗户和天窗以增强室内采光。扩大培养室的结构同生产实验车间，但采光应比一般的生产实验车间好。培养室主要要求光线充足，主要的采光面应该向南或向北；为调整光照强度，房顶设白布用作天幕，池水面上方 1 m 处可安装日光灯、碘钨灯等人工光源；为防止高温季节培养饵料的高温问题，培养室对向各设一个大型的换气扇或在培养池上方增设吊扇，进行通风降温。

除室内饵料培养车间外，在生产实验区的剩余空地，应修建室外露天的藻类大量培养池、动物饵料培养设施，设施为水泥池结构，单个培养池面积 15~30 m^2，水深 1.2~1.8 m，应有透明的盖顶。

2. 培养容器

三角烧瓶主要在藻种的分离、保藏和藻种培养等小型培养中使用，玻璃缸、玻璃水族箱 、透明塑料袋、玻璃钢水槽等主要在中继培养使用（图 7-19）。生产性培养使用培养池，培养池多数建在室外，容量从 5~10 m^3 到 40~60 m^3 不等，深 1 m。池上有空架式棚顶和活动的半透光的布篷，可调节光照强度（图 7-20）。

3. 水处理系统

单胞藻饵料培养对用水的要求比较严格，须经过滤或理化方法处理，杀死水中的有害生物。

（1）过滤

把经沉淀的海水，经过砂滤装置过滤，除去微小生物。

（2）加热

把经沉淀后再经砂滤的海水，在烧瓶或铝锅中加温消毒，一般加温到 90℃左右

图 7-19　藻种的分离、保藏和藻种培养

图 7-20　藻类培养池

维持 5 min 或加热达到沸腾即停止加温。海水加热消毒后要冷却，在加入肥料前须充分搅拌，使海水中因加温而减少的溶解气体的量恢复到正常水平。

(3) 杀菌、消毒设施

目前一般采用紫外杀菌装置或臭氧消毒杀菌装置，或臭氧-紫外复合杀菌消毒等处理设施。紫外杀菌装置是利用紫外线杀灭水体中细菌的一种设备和设施，常用的有浸没式、过流式等。浸没式紫外杀菌装置结构简单，使用较多，其紫外线杀菌灯直接放在水中，即可用于流动的动态水，也可用于静态水（图 7-21）。

臭氧是一种极强的杀菌剂，具有强氧化能力，能够迅速广泛地杀灭水体中的多种微生物和致病菌。臭氧杀菌消毒设施一般由臭氧发生机、臭氧释放装置等组成。臭氧杀菌的剂量一般为每立方水 1~2 g，臭氧浓度为 0. 1~0. 3 mg/L，处理时间一般为 5~10 min。在臭氧杀菌设施之后，应设置曝气调节池，去除水中残余的臭氧，以确保进入鱼池水中的臭氧低于 0. 003 mg/L 的安全浓度。

(4) 次氯酸钠消毒

在每立方米的海水中加入含有效氯 20 mg/L 的次氯酸钠，充气 10 min，停气，经 6~8 h 的消毒后，加入 25 g 硫代硫酸钠，强充气 4~6 h，然后用硫酸—碘化钾—

图 7-21　紫外杀菌装置

淀粉试液测定，确定海水中无余氯存在方可使用。

4. 充气系统

生产性培养可用鼓风机或充气泵。充气管末端加气石。充气位于容器或水池底部，如面积较大应加多个气石，使容器底部没有死角。

5. 培养液的配制

现在使用的小球藻培养液配方数量较多，下面介绍一些在生产性培养中较常使用的培养液配方。

（1）一般用培养液配方

每 1 000 mL 海水中加入 $NaNO_3$ 0.03 g，Co（NH_2）$_2$ 0.03 g，KH_2PO_4 0.005 g，$FeC_6H_5O_7$ 0.02 mL，维生素 B_1 200 μg，维生素 B_{12} 200 ng，人尿 1.5 mL。固体元素一般都配成母液，如在配制时将各种成分浓缩 1 000 倍，使用时，只要吸取1/1 000 的量加入培养液中即成。

（2）生产用培养液配方

每吨海水中加入硫酸铵 100 g，过磷酸钙 15 g，柠檬酸铁 0.5 g。营养元素的加入，应有一定顺序。如先加氮，再加磷，后加铁等。每加入一种或一组营养物，搅拌均匀，再加第二种。

6. 接种

接种就是把选为藻种的小球藻液接入新配好的培养液中。接种的藻液容量和新配培养液量的比例为 1：（2~3），一般一瓶藻种可接 3~4 瓶。中继培养和大量生产培养一般以 1：（10~20）的比例培养较适宜。培养池容量大，可采取分次加入培养液的方法，第一次培养水量为总水量的 60%左右，培养几天后，藻细胞已经繁殖到较大的密度，可再加入培养液 40%继续培养。接种的时间最好是在上午 8：00—

10：00，不宜在晚上接种。

7. 培养

首先是在室内小规模培养，用 3 000 mL 平底烧瓶施肥充气单种培养，在密度达到 2 000 万~4 000 万个细胞/mL 后，再扩大用 10~30 L 的细口瓶或 0.5 m^3 左右水槽施肥充气培养，以后扩大进行大规模培养用 0.5 m^3 以上的水槽或 10~15 m^3 水泥池施肥、接种、充气培养。室内培养一般夜间用荧光灯增加光照。待到适宜时机（水温为 20℃左右时）可扩大到用室外水泥池（50~100 m^3）或帆布水槽进行单种施肥充气培养。当藻液中细胞浓度达到 2 000~2 500 个细胞/mL 时，即可用作培养轮虫的饵料。

8. 日常管理工作

（1）搅拌和充气

搅拌每天至少进行 3 次，定时进行，每次半分钟。使空气中的二氧化碳溶解到培养液中，补充由于光合作用对二氧化碳的消耗，帮助沉淀的藻细胞上浮并获得光照，防止水表面产生菌膜。大面积培养过程中一般采用充气的办法，可全天充气或间歇充气。

（2）调节光照

室内保种可利用人工光源，大面积培养一般采用太阳光源。但太阳光源不稳定，所以必须根据天气变化来调节光源，力求尽可能适合于培养小球藻的要求。一般室内培养可尽量利用近窗口的漫射光，防止强光直射，光照过强时可用竹帘或布帘遮光调节。室外大面积培养一般应有棚式活动白帆布篷调节光照。阴雨天光照不足时，可利用人工光源补充。

（3）调节温度

夏天应注意通风降温，冬天应采取水暖、气暖等方法提高室温，还应防止昼夜温差过大。

（4）防虫防雨

傍晚，室外开放式培养的容器须加纱窗或布盖，防止蚊子进入培养容器中产卵，早上应把布盖打开。大型培养池无法加盖，可在早晨用小网把浮在水面的黑米粒状的蚊子卵块以及其他侵入的昆虫捞掉。下雨时应防止雨水流入培养池；刮大风时应尽可能避免大量泥尘和杂物吹入培养池。

二、轮虫的培养

1. 室内工厂化培养

（1）培养设施

培养室一般为砖瓦结构，墙壁留有窗户，以利于采光和通风。房顶可采用玻璃钢波形瓦，也可采用一般的瓦结构，后者应留足窗户（图 7-22）。

轮虫培养池多采用混凝土结构，单池面积 10~50 m^2 不等，水深 1.2 m 左右。池底设有排污孔。池内附设加温、充气设施。散气石每 5 m^2 底面积设置 1 枚即可，充气量不宜太大。供水设施中设砂滤和网滤装置，必要时进行海水消毒。

图 7-22　轮虫培养池

（2）培养前的准备

轮虫接种、培养前首先应进行清池，然后进水并接种繁殖或投喂单胞藻，使其达到一定密度，迎接种轮虫接种。

培养池使用前必须进行严格的消毒、清池。清池药物可用高锰酸钾、漂白粉、次氯酸钠等，应使药液浸及整个池底、池壁，以杀死全部敌害生物。清池后等药效消失，应用过滤（或消毒）水冲洗干净，然后，将干净水加至一定高度（应视种轮虫的量而定，以保持足够的轮虫密度），接种并施肥繁殖单胞藻。当小球藻的密度达 300 万~700 万个细胞/mL 时，即可直接向池内接种轮虫。

（3）培养方式

① 一次性培养：首先培养小球藻或将含有小球藻的海水（含小球藻 2 000 万~2 500万个细胞/mL）放入培养池中作为培养水，然后加入淡水和海水，调整其比重为 1.017~1.018，小球藻浓度为 1 000 万~1 500 万个细胞/mL，升温至 20~28℃，加入种轮虫，密度为 100~300 个/mL，2~9 d 后增殖到 200~600 个/mL，这时可用网目 100 μm 的筛绢网全量采收。一次性培养的特点是：培养池小（一般 10 m^3 以下）而多，若干个轮虫池可按计划培养，轮流采收，均衡供应轮虫。优点是培育密度高，效率好，能有计划地安排生产，而且不易造成污染，轮虫质量好，但工作量大，管理较麻烦。

②半连续培养：在接种培养 4~5 d 后，轮虫达到一定密度时，根据轮虫的繁殖状况，每天以虹吸的办法，采收池水容量的 1/5~1/3。采收后立即从小球藻培养池中抽取藻液，补回失去的池水量，并继续补充投喂，边培养，边收获。这种培养方式多用于大型水体，培养周期长，采收密度较低，优点是操作方便，但培养稳定性

差，池内残饵粪便逐渐积累后，会使水质恶化和发生原生动物污染，造成轮虫死亡。因此一般培养 15~30 d，即应全部采收，清池后，开始新一轮的培养。

4. 培养管理

（1）投饵

室内工厂化集约式培养轮虫，多以小球藻为主要饵料，以面包酵母为补充，或两者混合使用。有些小球藻培养困难的育苗场，也可以以面包酵母为主，或完全投喂面包酵母饵料，只在轮虫出池前，以小球藻或强化剂进行营养强化。

（2）充气

充气不但补充氧气，而且能起到使饵料分布均匀，防止下沉的作用。早春培养，当池水加温时，充气还可使池内热量分布均匀。但轮虫不喜欢剧烈震荡，充气量应稳而小，只要保持轮虫不因缺氧而浮于水面即可。

（3）换水

工厂化培养集约化程度高，轮虫培养密度大，一般应采取换水措施，尤其是以酵母为饵料的培养，更应每天换水，后者每天换水 1 次，每次 50%为宜。

换水可与轮虫采收同时进行。

（4）吸污和倒池

轮虫培养一段时间后，池底污物甚多，尤其是以酵母为饵料的培养，池底更易沉积污物，形成敌害生物的温床，应及时吸出，以减少对轮虫的危害。可用虹吸管将池底污物吸入放置尼龙筛绢的水桶（玻璃钢水槽）内，轮虫留在网内，吸完后使水沉淀，将上层的健康轮虫重新放入原池内培养。若污物中混有甚多原虫等敌害生物，则弃之，不必回收。

（5）生长情况的检查

主要是观察轮虫的游动是否活泼正常、分布是否均匀、密度是否一天天加大、剩余饵料的多少等，必要时可作镜检。通过镜检轮虫胃含物多寡，投饵前培养海水中剩余饵料量的多少，了解投饵量的合适与否。

2. 室外土池大面积培养

用单胞藻培养池 2 个，面积 5 亩以上，池深 1~1.5 m；轮虫接种池 3~4 个，面积 1~1.5 亩，池深 1.5 m 左右；轮虫培养池 4~5 个，面积 3~4 亩。每年 3 月上旬左右，清理单胞藻培养池中杂藻，然后先进水 40~50 cm，施尿素 10 mg/L、过磷酸钙 5 mg/L，每周施 2 次，到后期水色较浓时减少施肥量。与此同时，对轮虫培养池清池，用漂白粉 500 mg/L，全池泼洒。2~3 d 后用 150 目筛绢网过滤，进水 40~50 cm。为了保证卤虫下池有足够的饵料，放水前应施肥培养池内基础饵料。可以每公顷 1 000~1 500 kg 的量施入腐熟的粪肥，也可施入化肥，每次用量要求尿素 10

mg/L、过磷酸钙 5 mg/L。接种轮虫后，待轮虫大量繁殖起来就不再施肥，而从单胞藻池抽取藻液经 150 目筛绢过滤到轮虫培养池，使单胞藻含量在 5 万~10 万个细胞/mL。要经常检查轮虫的生长情况，随时捞取水面上的浮杂物。采收可用口径 40~50 cm 椎形网（200 目）拖捕。

3. 轮虫的营养强化

用海洋微藻培养的轮虫一般营养比较全面，而用面包酵母或其他代用饵料培养的轮虫营养就不全面，主要缺乏的是 ω-3 系列不饱和脂肪酸特别是廿碳五烯酸（EPA）和廿二碳六烯酸（DHA），如用缺乏 EPA/DHA 的轮虫作为开口饵料，海水鱼类育苗的成活率就会大大降低。因此，用面包酵母或其他代用饵料培养的轮虫在投喂前必须进行营养强化。

（1）用富含 EPA/DHA 的海洋单胞藻强化轮虫

以选用小球藻和微绿球藻较好。强化培养的容器一般为玻璃缸水槽或小型水泥池。容器经高锰酸钾或有效氯药品消毒后，加入高浓度的藻液（小球藻、微绿球藻的密度应在 900 万细胞/mL 以上）。如藻液浓度不够，可预先进行浓缩处理或加入商品藻膏一并使用。强化培养时用 200 目以上筛绢将轮虫收集起来，用干净海水冲洗数遍，再用 60 目筛绢过滤一下除去较大的原生动物，以免和轮虫争夺微藻饵料。然后将要强化培养的轮虫放入已准备好藻液的容器中进行强化培养。轮虫的密度以 400~500 个/mL 效果较好，强化过程中需不间断充气，控温在 25~28℃。强化时间一般为 24~48 h，时间太短效果较差。在强化过程中，如发现微藻被轮虫食尽，应把轮虫滤出，并换藻液继续进行强化培养。

（2）用强化剂强化轮虫

以提高轮虫 EPA/DHA 含量为目的的强化剂种类一般是从鱼油、乌贼油等海洋动物中提取的。这类强化剂含有多种不饱和脂肪酸和维生素，是经乳化制成的乳浊液，使用时比较容易与水混合。一般操作方法为：

准备强化容器，最好是采用具锥形底的玻璃钢水槽。用高锰酸钾或有效氯消毒后，加入 25℃的过滤海水。加上充气石，采用大气泡充气。

然后用筛绢网将要强化的轮虫收集起来，冲洗后转移到强化容器中，轮虫密度为 300~500 个/mL。

按 50 g/L 强化水体的量称取强化剂，加少量水，用捣碎机、搅拌机等搅匀后倒入强化容器中，强化培养 3~4 h。

强化培养完毕后，用筛绢网滤出轮虫，用海水充分洗涤，除去多余的强化剂（减少对育苗水体的污染），即可使用（图 7-23）。

（3）营养强化后的轮虫的投喂方法

向育苗水体中加入小球藻，使之保持 50 万个细胞/mL，以便使鱼苗吃剩的轮虫

图 7-23　收获轮虫

不缺饵料。根据育苗池中鱼苗的密度、大小及育苗温度等因素确定轮虫的投喂量，一般以 1 h 吃完为宜，注意投饵量应勤观察、勤调整。使用强化剂强化后的轮虫时，应经常清除育苗池表面的油膜。

三、卤虫休眠卵的孵化和无节幼体的分离

1. 休眠卵的孵化

（1）孵化设施

孵化桶一般为玻璃钢结构，容量 300 L 或 500 L 不等，圆形，桶壁黑色，漏斗状底部半透明，中央有开口，伸出一管，以阀门控制排水，以利孵出的无节幼体与卵壳和坏卵分离。桶底部装一气石，孵化时连续充气，使卵子上下翻滚。在气温较低的季节或地区，孵化器内应装设自动控制的电热棒（图 7-24）。

图 7-24　卤虫孵化水槽

（2）孵化环境

卤虫休眠卵孵化的最适温度范围为 25～30℃；最适盐度为 28～30，pH 为 8～9；

溶解氧 3 mg/L 以上。

(3) 孵化方法

① 消毒：卤虫卵表面上，通常附着有细菌、霉菌、纤毛虫以及其他有害生物。因此，卤虫卵在孵化前应进行消毒，把黏附在卵壳上的生物杀死。

用浓度为 200 mg/L 的福尔马林溶液浸泡 30 min，再用海水冲洗至无气味即可。

用 200 mg/L 的有效氯浸泡 20 min，再用海水冲洗至无气味为止。

用浓度为 300 mg/L 的高锰酸钾溶液浸泡 5 min，再用海水冲洗至漏出海水无颜色为止。

② 孵化密度：用特制的卤虫孵化桶孵化，充气，每升水可放卵 2~3 g。

③ 孵化管理：把孵化容器、气管、散气石清洗消毒后，把经沉淀或再经沙过滤的海水灌入孵化容器至预定水位。

投入卤虫卵，连续充气。在孵化的前阶段，充气量应大些，以能把卵冲起在水层中成翻滚状态为准。当开始孵出无节幼体后，充气量宜小些，以免造成无节幼体的损伤。严格控制水温，使之在 25~30℃的最适范围内，不要波动太大。利用自然光或人工光源照明，以满足孵化中对光照的要求。

④ 采收：在上述的条件下孵化，一般经过 24~30 h，可孵出无节幼体。初孵出的无节幼体，品质最优且含能量最高。及时采收就可得到优质并含有最高热量的饵料（图 7-25）。

图 7-25　卤虫采收

2. 无节幼体与卵壳、坏卵的分离

休眠卵孵化后，无节幼体与卵壳、不孵化的坏卵混在一起，若直接投入育苗池，卵壳被鱼类幼体吞食以后，会引起肠梗塞，甚至死亡。卵壳和坏卵还会污染水质，所以必须使无节幼体与之分开。

一般多利用光诱的方法分离无节幼体与卵壳、坏卵。当卤虫卵在孵化桶中孵化后，停止充气，取出气石连管，用黑布遮盖桶口。在静止状态下，坏卵沉于底部，卵壳浮于表层，无节幼体由于趋光面向底部半透明的漏斗部位集中。停气 15 min 后开始分离无节幼体，分离前先用一段橡皮管连接桶下的排水管，打开桶底的排水开关，最先流出者是未孵化的坏卵，让其漏掉后，用 150 目的筛绢网袋去收集无节幼体，把袋口绑紧在排水的橡皮管上，袋子放在浅盆中收集，当水位下降到桶底漏斗部上线时立即停止，卵壳仍留在桶内没有流出。

分离完成后，须用清洁海水把无节幼体冲洗几次，以除去一些有害的有机物质，然后投喂或冰冻储存。

在生产中常因卤虫卵孵化率低或设备、操作等原因，一次分离不彻底，坏卵中尚有大量无节幼体，应进行二次分离，其方法为：将水族箱置在高度为 40 厘米左右，将从孵化器内收集起来的无节幼虫、卵壳和未孵化卵的混合物移到该容器内，充气 5 min。用黑布罩住容器，在其一角开一小孔，并在距该孔 10 cm 处放一只 100 W 灯泡，静置后可见无节幼虫趋光不断向此处集中。约 5～10 min 后，空卵壳上浮到水面，未孵化卵下沉到箱底。此时开始虹吸集中到光亮处的无节幼虫于一充气的桶内。虹吸时每次只能吸出少量的水，片刻后无节幼虫集中过来再吸一次，不断重复这一过程直至分离结束。在分离过程中如发现卤虫有缺氧现象，应立即停止分离，待充气增氧后再继续分离。

四、枝角类的培养

1. 培养方法

作者于 1990 年 1 月开始，在南海水产研究所深圳盐田试验基地进行海水鱼类人工繁殖和育苗期间，进行海水枝角类一裸腹蚤（*Moina* sp）大面积稳定、高产、持续培养试验，及时为稚、幼鱼苗提供了大量适口活饵。

（1）种的来源和分离

1989 年 12 月底，在海水中发现极少量裸腹蚤，随即进行人工驯化培养，待其成为优势种时，再进一步作纯种分离、培养。经过一段时间，裸腹蚤迅速繁殖起来并接种于大池。

（2）水池

小型培养用直径 1.0 m，高 1.5 m 的灰色玻璃钢水槽，容水量 2 t；大量培养用不同规格的室内水泥池，其中 2 个容水量 20 t 的圆池（直径 4.5 m，高 1.3 m），一个 35 t 圆池（直径 5.86 m，高 1.2 m），一个 40 t 方池（5.6 m×4.1 m×1.8 m），总容水量 119 t。

（3）培养用水

自然海区的海水（盐度 30，pH 值为 8.0）抽进蓄水池沉淀后，再经砂滤池和

200 目筛绢网双重过滤，然后才可作为培养用水。

（4）清池

池水排干，充分洗净后，干燥曝晒数天，必要时用浓度 0.5×10^{-3}（甚至更高浓度）的高锰酸钾溶液全池淋洒几遍。

（5）接种

天然海水中引入淡水，调节盐度至 20～25，每次接种密度为 20 个/L 左右。

（6）投饵

投喂裸腹溞的饵料为单细胞绿藻和生豆浆。每天上午排水 15%～25%，随后补充单胞藻至正常水位，下午和晚上投喂生豆浆，投喂量为 0.3 mg/L，分数次投喂。

（7）收获

裸腹溞密度达 1 000 个/L 以上，即可收获。收获方法：用 80 目筛绢网制成的小型浮游生物网捕捞，用 200 目的小型浮游生物网排水浓缩，排水量为原水体的 15%～25%。

（8）水温

试验期间水温 21.6～27.0℃。

2. 培养结果

裸腹溞正常生长时的密度为（100～270）$\times10^4$个/m^3，平均 165×10^4 个/m^3，繁殖高峰期间低潮期之间的数量变动较大（图 7-26）。

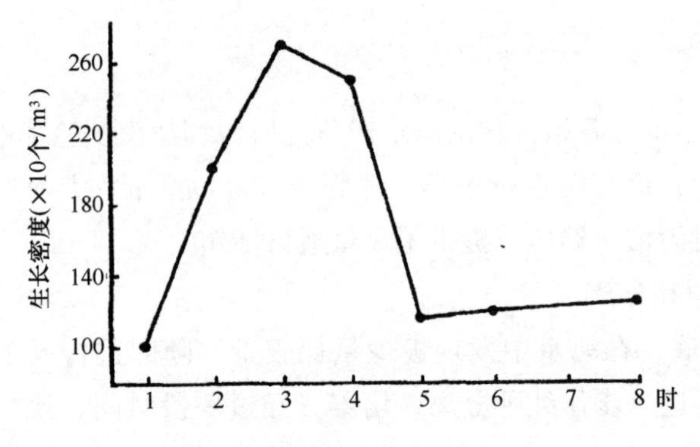

图 7-26　海水裸腹溞生长密度平均日变动

用排水法收集裸腹溞，日产量以湿重计，为 62.5～900 g/m^3，平均日产裸腹溞 76.9 g/m^3（图 7-27）。

裸腹溞摄食量大，尤其在繁殖高峰期，饵料供应不足会使其数量下降，而如果饵料过多、过浓亦容易使水质恶化，最终引起裸腹溞大量死亡。因此，在裸腹溞繁殖过程中，应经常注意水质变化，维持池水单细胞藻类的数量在适宜的密度。生豆浆应在藻类大部分消耗完后才投喂，并以少量多次为宜，如果一次投喂过量豆浆，

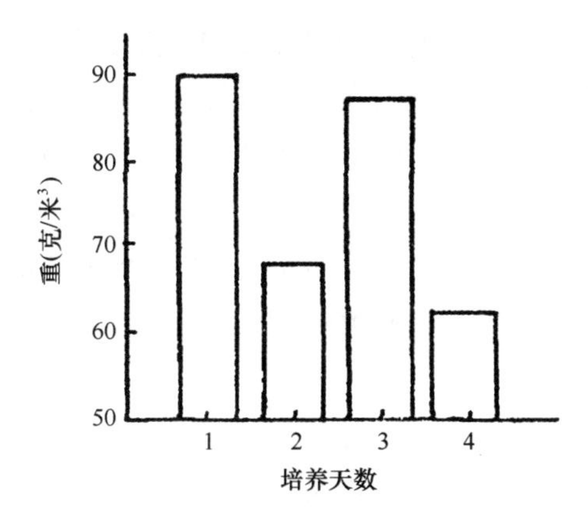

图 7-27　海水裸腹蚤的平均日产量

裸腹蚤来不及滤食所剩一下的部分会使水质恶化及造成浪费，结果都会影响裸腹蚤的生长繁殖。

在种苗生产中，枝角类和轮虫的纯种培养往往容易互相污染，使各自的生长繁殖受影响。而且，常会混入轮虫、桡足类、敌害生物及其他有害杂质，因此，如有条件，二者应隔离培养，互不干扰。为使裸腹蚤保持优势，应经常以不同规格的筛绢网过滤除去敌害生物。

夏天水分大量蒸发，会使水位下降，盐度升高，对枝角类生长繁殖产生不良影响，当水分蒸发较多时，应及时引入淡水，调节盐度。裸腹蚤培养切忌过量收获，一次收获量过多将使其数量急剧下降，导致敌害生物占优势，进而严重影响其正常的生长繁殖。

五、桡足类的培养

1. 小型培养

桡足类的小型培养在室内进行。应注意下列几个方面的问题。

（1）培养种的选择

以培养生物饵料为目的，桡足类培养种的选择必须考虑下列条件：

① 选择的培养种，应当是鱼、虾类的优质饵料。

② 对环境适应能力强的近岸半咸水种类，容易培养。

③ 食物链短的滤食性种类，适宜大量培养。

④ 发育快，排卵频繁，产卵持续时间长，繁殖量大是较理想的种类。

④ 天然小水体中大量出现的优势种，容易大量培养。

（2）驯化

从天然水中采回的培养种，往往不能立即适应实验室小水体的环境，所以必须驯化，让其对实验室小水体的温度、光照强度和盐度有个适应的过程。驯化的方法是把采回的桡足类放入原生活水体的水中试养数天，使其先适应实验的条件。

培养中应注意温度的变化，实验室小水体的水温变化大，没有大水体稳定。需要时，可人工控制，调节水温。

生活在天然水体中的桡足类所接受的光照条件与实验室的光照条件是有差别的。一般来说，在实验室培养桡足类应避免直射太阳光或强人工光源照射，宜在偏弱的光照条件下培养。

通过试养，桡足类生活正常，则可移到新海水中培养。移养时需注意盐度的变化，勿使培养海水与原生活水的盐度差别太大，要通过逐渐增加或减少盐度的方法，慢慢过渡。

移养到新培养海水中正常生活一段时间后，才算驯化阶段结束，才适宜于进行培养试验。

（3）培养密度

室内小型培养桡足类的接种密度，一般以100~1 000个/L为宜。

（4）饵料

培养桡足类，饵料的供应是最重要的。滤食性和混食性桡足类的培养种类，多培养单细胞藻类为其饵料。例如，培养尖额真猛水溞可以用等鞭藻、扁藻、裸甲藻、三角褐指藻为饵料；培养真宽水溞和纺锤水溞可以用角毛藻、衣藻为饵料；培养稚鼻哲水溞以圆盘藻、海链藻、双尾藻、圆筛藻为饵料；培养纤弱华哲水溞以角毛藻为饵料；培养日本虎斑猛水溞以等鞭藻、扁藻和红胞藻为饵料；培养双齿许水溞以扁藻和小球藻为饵料。多数单胞藻种类都是桡足类的优良饵料，但各种单胞藻的饵料效果不同。可以根据不同种类进行选择。

（5）水质

新鲜海水稍经沉淀后，过滤使用。过滤可用砂滤和陶瓷过滤罐。特别敏感的种类，培养用水还可以进行各种特殊处理，如加温至80℃，维持30~60 min进行消毒；添加络合剂螯合金属离子；添加抗生素抑制细菌；添加生理活性物质等。

每隔一定时间，如3 d、5 d、10 d，换水1次。换水相隔时间依水质而定。换水时可用密筛绢包扎漏斗口，漏斗接一橡皮管，用虹吸法将水吸出。吸水时水流要慢，避免桡足类幼体漏走和机械损伤，并尽可能把底部残饵、废渣吸走。每次换水量为1/3~1/2。

（6）充气

培养桡足类，以弱充气为宜。也可用搅拌代替充气，每天搅拌3~4次。

（7）防止细菌的过量繁殖

桡足类对细菌的过量繁殖很敏感，抵抗力相当低。因此，应注意防止细菌污染。

发现细菌大量繁殖，应立即大量换水并加入药物抑制。

2. 大量培养

桡足类作为生物饵料已进行生产性大量培养，主要采用粗养的方式。其培养方法包括以下几个步骤：

（1）培养池

土池，0.5~1 亩，2~3 个。建于中潮线附近，大潮时可灌进海水达到 1 m 水深，或者建于高潮线以上，用水泵提水入池。池底为泥沙或泥质，底面平坦，向闸门倾斜，能把池中水排干。池壁坚固，不渗漏，设一闸门，供排、灌水用。

（2）清池

清池的目的是杀灭桡足类的敌害生物，尤其是鱼类、甲壳类和水母类。可用漂白粉 500 mg/L，全池泼洒。

（3）灌水

清池药效消失后，即可灌水入池。海水通过装设在闸门上的 80 目筛绢网进入培养池，随水带进了浮游藻类、桡足类及其幼体，作为培养的种源，而大型的敌害生物则不能进入池内。

（4）施肥

灌水达到要求深度后，关闭闸门。施肥培养桡足类的饵料浮游藻类。第一次施肥的用量，每亩施绿肥 600~750 kg、牛粪 300~400 kg、人尿 150~200 kg 和硫酸铵 1.5~2 kg。

施肥后 4~5 d，浮游藻类大量繁殖，水色变浓，桡足类也开始生长繁殖。第一次施肥，肥效能维持 10~15 d，一般第一次施肥后，每隔 10 d 要追肥一次。追肥施绿肥 300~375 kg、牛粪 150~200 kg、人尿 100~150 kg、硫酸铵 0.5~0.76 kg。追肥量和施肥时间必须根据池水浮游藻类的存在量和消长趋势的具体情况决定。

（5）培养管理

① 维持浮游藻类的密度：水中透明度值与浮游藻类数量有关。可通过测定池水的透明度，指导施肥，以维持池水浮游藻类的数量在适宜的范围，使桡足类生产稳定。透明度值在 35~50 cm，表示浮游藻类的数量在适宜的范围，小于 30 cm 即表示浮游藻类数量过多，应暂停施肥或灌入新鲜海水稀释。透明度值大于 50 cm，则表示浮游藻类数量不足，在透明度逐渐变大，达到 45 cm 时，应进行施肥。

② 控制水位及维持正常比重：在培养过程中，注意保持水深在 30~100 cm，不宜过浅。夏天气温高，蒸发量大，水位下降，池水盐度增高，对桡足类生长、繁殖不利，需要引入淡水或排出部分池水后换入新鲜海水调节。如降雨太多，盐度过低时，也应排出部分池水后换入新鲜海水调节。

③ 防止缺氧：在夏季天气闷热，温度高，容易引起缺氧，严重时会造成桡足类的大量死亡。因此，在高温季节应控制施肥量，避免池水过肥，在水质有变坏的可能时，及时大量换入新鲜海水。

④ 检查生长情况：经常检查桡足类的生长繁殖及数量变动情况，发现问题及时处理。

（6）捕捞

经过1个月左右的生长繁殖，桡足类的数量达到一定水平即可进行捕捞。捕捞桡足类的无节幼体和后无节幼体，可用JF46-54号筛绢网，捕捞桡足类成体可用JQ21-25号筛绢网。捕捞桡足类的网为抄网，网口直径约30 cm，深度为30 cm，底平，用一长竹竿做柄。捕捞时人站在堤上，使拖网在水中来回进行捕捞，几分钟后，把网中捞到的桡足类倒入盛有大半桶清洁海水的水桶内，捕捞到一定数量后即运回投喂。水桶内的桡足类密度不可过大，停留时间也不能过长，否则易引起桡足类的大量死亡。

第八章　卵形鲳鲹发育生物学

鱼类从小到大，不断地变化和发育，无论从形态、生态、生理上均表现为有一定的阶段性。各个发育阶段的时间有长有短，即使同一阶段也因海区和种群不同而呈现出差异。一般说来，鱼类从一个阶段向下一个阶段的转化与其体长有关。阶段不同，鱼类的营养需求各不相同。在仔、稚鱼阶段，形态和生理上的变化多，而且变化很快，如果培养的水环境条件不适合仔鱼的发育，适口饵料供不应求，仔鱼很快就会死亡。因此，研究鱼类发育的阶段性对培养仔、稚鱼非常重要。

第一节　卵形鲳鲹早期发育特征

作者等（2008 年）对卵形鲳鲹的早期的发育、生长进行观察。

卵形鲳鲹的早期发育，依据外部特征，内脏器官形成，生活习性等变化特点，根据 Kendall（1984）和殷名称（1991）提出的划分标准，将卵形鲳鲹早期发育分为以下几个过程（表 8-1）。

表 8-1　卵形鲳鲹仔、稚、幼发育与生长指标

发育期	日龄 (d)	全长 (mm)	体长 (mm)	肛前长 (mm)	体高 (mm)	眼径 (mm)	体重 (g)
卵黄囊仔鱼	0	2. 025±0. 367		1. 540±0. 084	0. 635±0. 103	0. 220±0. 035	0. 000 81
	1	2. 945±0. 232		1. 850±0. 167	0. 775±0. 035	0. 285±0. 024	0. 000 93
尾椎弯曲前仔鱼	2	2. 980±0. 363		1. 630±0. 118	0. 565±0. 103	0. 270±0. 026	0. 001 04
	3	3. 010±0. 412	2. 315±0. 427	1. 765±0. 034	0. 680±0. 059	0. 280±0. 042	0. 001 23
尾椎弯曲仔鱼	4	3. 005±0. 407	2. 315±0. 427	1. 775±0. 043	0. 680±0. 059	0. 280±0. 042	0. 001 32
	5	3. 600±0. 614	3. 050±0. 438	2. 098±0. 314	0. 865±0. 080	0. 320±0. 103	0. 001 35
	6	4. 000±0. 623	3. 130±0. 353	2. 285±0. 590	1. 231±0. 194	0. 320±0. 103	0. 001 40
	7	4. 450±0. 598	3. 430±0. 414	1. 775±0. 590	1. 667±0. 080	0. 625±0. 172	0. 001 49
	8	5. 000±0. 408	3. 600±0. 316	3. 145±0. 296	2. 475±0. 249	0. 500±0. 003	0. 001 88
	9	5. 650±0. 474	4. 250±0. 353	3. 345±0. 249	2. 400±0. 316	0. 690±0. 096	0. 003 24
	10	6. 150±0. 529	4. 700±0. 349	4. 110±0. 238	2. 425±0. 334	0. 750±0. 002	0. 005 33
	11	6. 850±0. 412	5. 250±0. 264	4. 110±0. 238	2. 400±0. 316	0. 750±0. 002	0. 007 54
	12	8. 150±0. 973	6. 150±0. 579	4. 775±0. 583	2. 600±0. 316	0. 946±0. 104	0. 021 01
	13	8. 450±0. 685	6. 450±0. 369	5. 100±0. 459	2. 650±0. 241	0. 860±0. 143	0. 011 41

续表

发育期	日龄 (d)	全长 (mm)	体长 (mm)	肛前长 (mm)	体高 (mm)	眼径 (mm)	体重 (g)
尾椎弯曲后仔鱼	14	9.600±0.810	7.350±0.580	6.500±0.577	3.250±0.425	1.115±0.118	0.018 36
	15	10.050±1.105	7.900±0.907	6.450±1.012	3.650±0.412	1.120±0.145	0.025 77
	16	10.500±0.623	7.900±0.459	7.050±0.438	3.700±0.349	1.230±0.063	0.026 55
	17	10.700±0.632	8.050±0.497	6.500±0.707	3.700±0.422	1.273±0.079	0.058 28
稚鱼期	18	11.800±0.978	8.750±0.858	7.000±0.745	3.800±0.537	1.200±0.085	0.032 44
	19	13.400±2.132	10.200±1.653	8.650±1.292	4.610±0.829	1.455±0.199	0.046 96
	20	16.400±0.994	12.800±1.358	10.750±1.086	5.850±0.337	1.575±0.120	0.096 88
	21	18.050±1.461	14.350±1.684	11.350±1.029	5.950±1.012	1.700±0.197	0.109 91
幼鱼期	22	19.850±1.415	15.400±1.150	11.100±0.876	6.400±0.966	2.002±0.042	0.128 94
	23	22.350±1.916	17.100±1.308	12.850±0.783	7.600±0.994	2.350±0.241	0.200 82
	24	22.600±1.468	17.650±1.334	12.050±0.762	8.800±0.537	2.200±0.258	0.254 21
	25	25.250±1.439	19.850±1.248	13.250±0.354	9.800±0.919	2.450±0.158	0.337 71
	30	31.750±1.990	25.350±2.186	19.350±0.747	12.250±1.161	2.501±0.003	0.692 12

一、卵黄囊仔鱼

初孵仔鱼（0 d）：卵黄囊体积大呈椭圆形，油球一个，位于卵黄囊的中后端。卵黄囊长径 1.218±0.077 mm，短径 0.814±0.031 mm，油球直径 0.340±0.046 mm。黑色素遍布全身，头与卵黄囊紧密相连，脊索自眼后缘开始贯穿于全身，眼囊呈淡灰色，眼囊的上方出现嗅囊、后方出现听囊，听囊内有左右 2 块耳石。孵出 12 h 后，卵黄囊和油球均分布有点芒状的黑色素。消化管呈直线状，尚未与外界相通，肛凹已明显，心脏位于身体中轴线偏卵黄囊左侧，搏动有力，心率平均为 139.6±2.91 次/min，血液无色，肌节 23，呈“V”形，口窝开始发育，身体已出现绕躯干以及尾部连贯的无色透明鳍膜，出现胸鳍芽，仔鱼时而垂直向上冲游，头顶后方可见微隆的脑室（图 8-1-1）。

1 d 仔鱼：卵黄囊、油球体积缩小，卵黄囊长径 0.480±0.103 mm，短径 0.320±0.051 mm，油球直径 0.259±0.024 mm。黑色素颜色变深，鳍膜开始增高；眼囊开始有黑色素的沉淀，胸鳍原基出现，位于 2~3 肌节之间，背面观呈“耳”状。出现鳃裂，肠道清晰，进一步增粗，肛门完成发育。仔鱼头朝下，悬浮在水中，一般不游动（图 8-1-2）。

2 d 仔鱼：卵黄囊、油球进一步缩小，卵黄囊长径 0.413±0.071 mm，短径 0.259±0.036 mm，油球直径 0.219±0.015 mm。鳔出现一个室且开始充气，心脏结构清晰看见，血液红色，胸鳍发育成扇形。仔鱼多作短时斜向上冲游，尚未能水平游动。鳃盖雏形形成，鳃呈弓形，鳃丝、鳃耙不明显。口已张开，口前下位，还不能进食（图 8-1-3）。

3 d 仔鱼：卵黄囊轮廓很模糊，被吸收大部分，长径 0. 381±0. 046 mm，短径 0. 195±0. 034 mm，油球直径 0. 205±0. 010 mm。仔鱼开始摄食，在肠道内可见轮虫等食物，仔鱼进入混合营养阶段。鳔增大，直径 0. 256±0. 025 mm。胃、肠道不断增厚，眼囊和眼晶体已完全变黑。仔鱼具趋光性，仔鱼贴孵化箱四壁游动，开始集群活动（图 8-1-4）。

二、尾椎弯曲前仔鱼

4 d 仔鱼：卵黄物质完全吸收，卵黄囊消失，油球还有残余，直径（0. 192±0. 012）mm，脊索仍为直线状（图 8-1-5）。

三、尾椎弯曲仔鱼

6 d 仔鱼：油球消失，仔鱼进入外源营养阶段，脊索开始向上弯曲，体形逐渐变宽，尾鳍开始发育，出现鳍条。消化道已连通，胃、肠道进一步加粗，肠道出现第一道回褶，能清楚地看到肠道的蠕动，在肠道内能看到轮虫等食物，观察到有拖便现象。脊索上下出现 3~4 道的黑色素条带，背鳍棘原基发育较慢，呈圆形。仔鱼进行水平游动，60%仔鱼的头部出现银色色素，背部出现红褐色素（图 8-1-6）。

7 d 仔鱼：在鱼体的头部、腹部出现银色的斑点。主鳃盖骨前缘出现 3 个小棘，中间一个较长，两边的较短，棘透明，呈针状。背鳍褶前端变窄，靠近头部的已有隆起原基，后缘分叉，尾鳍进一步发育，呈扇状，在肛门的后缘已有臀鳍原基的形成，背鳍的发育比臀鳍要快一些。仔鱼在饱食后体色变为银色（图 8-1-7）。

10 d 仔鱼：胸鳍发育迅速，鳍条发育明显（图 8-1-8）。

12 d 仔鱼：背鳍具 5-6 根硬棘，鳍条 15-16 根，具有黑色素。解剖观察，鳔出现第二室。仔鱼绝大部分为银色。仔鱼主要处于中上水层，在饥饿时处于池中四周，受惊时迅速潜入水中。肌节转为“W”型，口进一步变大，游泳迅速（图 8-1-9）。

13 d 仔鱼：臀鳍鳍条基本长成，具有鳍棘 3 根，臀鳍条 17-18（图 8-1-10）。

四、尾椎弯曲后仔鱼

14 d 仔鱼：脊椎弯曲完成，尾下骨后缘与体轴垂直。在头部的下后部出现腹鳍芽，鱼体进一步侧扁，背鳍、臀鳍鳍条变宽变粗（图 8-1-11）。

15 d 仔鱼：尾鳍开始分叉，在池中水面观察 80%仔鱼的体色变为银色，集群活动（图 8-1-12）。

16 d 仔鱼：仔鱼出现拖便现象（图 8-1-13）。

17 d：腹鳍发育完成，鳍条 5 根，形状很小，尾鳍分叉程度进一步加深（图 8-1-14）。

5. 稚鱼期

18 d：各鳍发育完成，背、臀鳍上具有黑色素，观察到在尾鳍的基部皮下长出少量鳞片，肌肉组织变得肥厚，进入稚鱼期（图 8-1-15）。

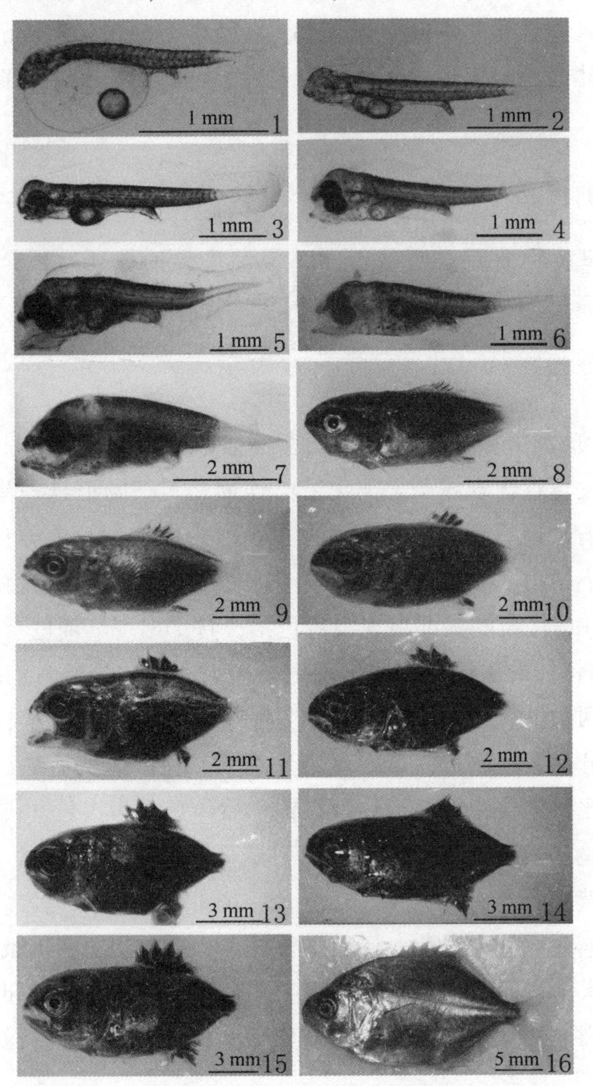

图 8-1　卵形鲳鲹的早期发育

1. 初孵仔鱼；2. 1 d 龄仔鱼；3. 2 d 龄仔鱼；4. 3 d 龄仔鱼；5. 4 d 龄仔鱼；6. 5 d 龄仔鱼；7. 7 d 龄仔鱼；8. 10 d 龄仔鱼；9. 12 d 龄仔鱼；10. 13 d 龄仔鱼；11. 14 d 龄仔鱼；12. 15 d 龄仔鱼；13. 16 d 龄仔鱼；14. 17 d 龄仔鱼；15. 18 d 龄稚鱼；16. 22 d 龄幼鱼

五、幼鱼期

22 d：全身布满银色鳞片，各鳍都具有黑色色素，各鳍均已长成，背鳍的基底约等于臀鳍基底，均长于腹部，胸鳍短圆形，尾柄短细，无隆起棘，侧线呈直线或微呈波状，此时幼鱼形态已和成鱼相似，鳍式 D. Ⅵ，Ⅰ—19~20，A. Ⅱ，Ⅰ—17~18，P，18~20，V. Ⅰ—5，C. 17（图 8-1-16）。

第二节 卵形鲳鲹早期发育过程中各项生长指标的变化

一、各生长指标与日龄的关系

对 270 尾 1~31 d 的仔、稚鱼的生长情况进行了测定，由图 8-2 可以看出全长、体长、肛前长、体重、体高、眼径与日龄呈明显的指数函数关系，各个特征增长量平均生长速度不一，全长、体长、肛前长、体高、眼径平均日生长量分别为 0.959 mm/d、0.711 mm/d、0.575 mm/d、0.375 mm/d 和 0.074 mm/d，体重日生长量为 0.022 g/d。

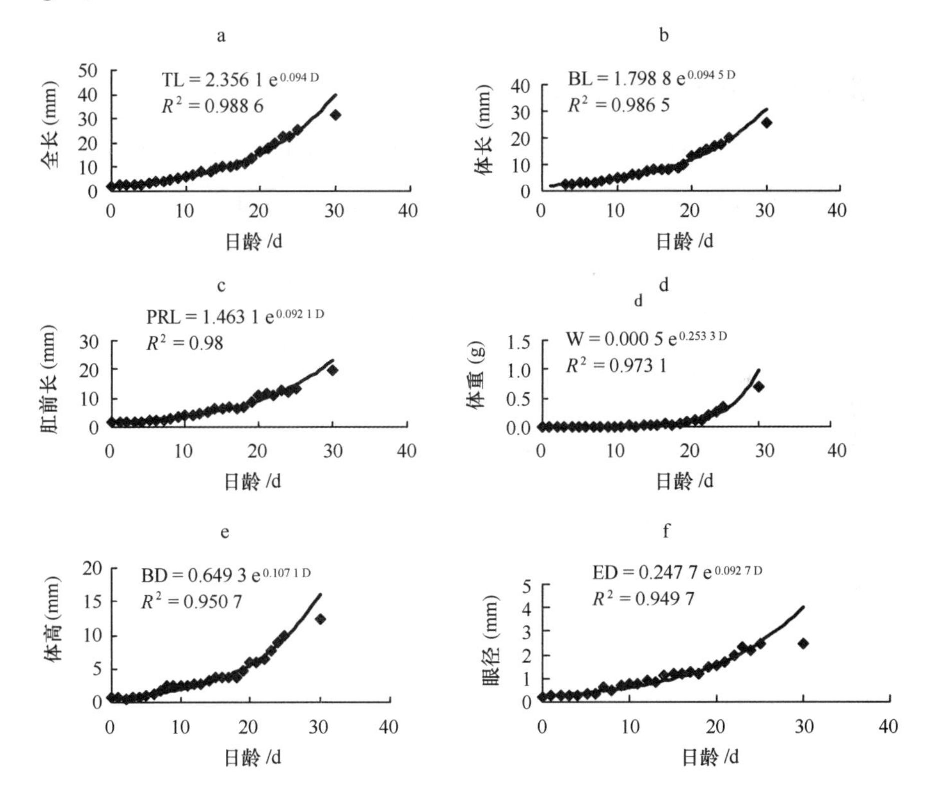

图 8-2 卵形鲳鲹仔鱼全长、体长、肛前长、体重、体高和眼径与日龄的关系

a. TL：全长；b. BH：体长；c. PAL：肛前长；d. W：体重 ；e. BD：体高；f. ED：眼径

二、仔鱼体高/全长的比值随日龄的变化

卵形鲳鲹仔鱼体高/全长的比随日龄的变化具有三个变化趋势，0~3 d，全长比体高生长速度快，体高/全长的比呈下降的趋势；在 4 d 体高突然增长加快，至 8 d 时体高/全长的比值升至最高 0.495；而后比值开始下降，自 10 d 开始至 24 d 稳定在 0.38 左右（图 8-3）。

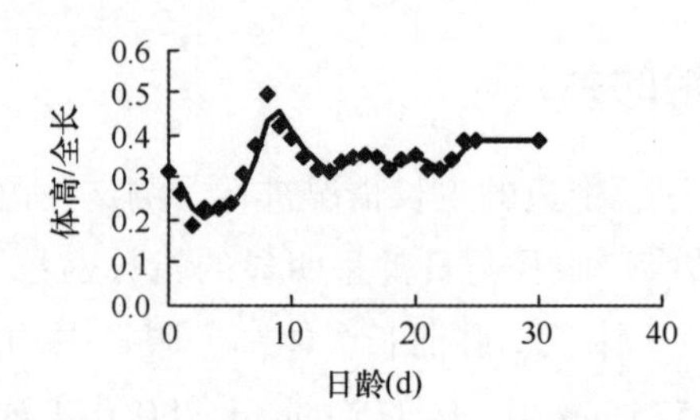

图 8-3　卵形鲳鲹仔鱼体高/全长与日龄的关系

三、仔鱼卵黄囊吸收与日龄的关系

如图 8-4 所示，卵形鲳鲹仔鱼卵黄囊的平均体积与日龄关系为 $V=0.41774\,e^{-1.5303D}$（$R^2=0.9705$），0~0.5 d 卵黄囊迅速消耗一半，1 d 缩小为原体积的 1/4，4 d卵黄囊消失，进入混合营养阶段。

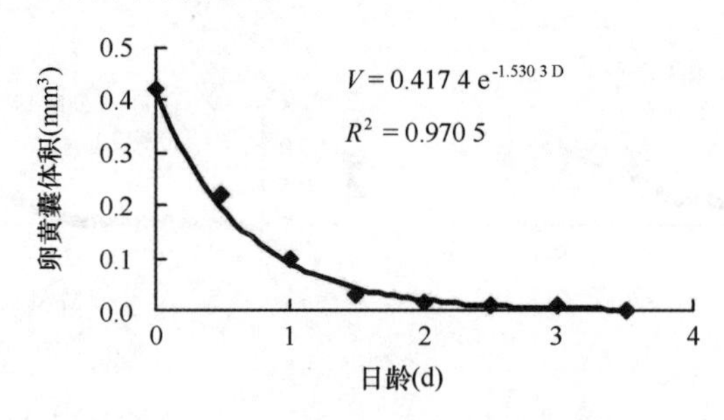

图 8-4　卵形鲳鲹卵黄囊吸收过程

四、研究结果分析

本实验参考 Kendall 与殷名称关于早期鱼类发育阶段的划分，根据卵黄囊、油球有无，尾椎的弯曲、鳍和鳞片等发育特征将卵形鲳鲹早期发育阶段划分为仔鱼期、稚鱼期、幼鱼期。

① 仔鱼期分又为卵黄囊仔鱼、尾椎弯曲前仔鱼、尾椎弯曲仔鱼、尾椎弯曲后仔鱼。从仔鱼孵出，到 4 d 卵黄囊吸收完成，此时为卵黄囊仔鱼，为内源性营养阶段；

4 d 仔鱼脊索为直线状，进入尾椎弯曲前仔鱼；6 d 尾椎开始向上弯曲，此时为尾椎弯曲仔鱼；14 d 尾下骨后缘与体轴垂直标志着进入尾椎弯曲后仔鱼。

② 18 d 各鳍发育完成，鳞片出现，开始进入稚鱼期。

③ 幼鱼期：22 d 时鱼体全身覆盖银色鳞片，体色为银色，形态与成鱼相似。

卵黄物质是前期仔鱼发育所必需的营养和能量来源，卵黄的消耗与转化直接影响仔鱼早期发育，与仔鱼的成活率有密切的关系，本实验观察卵形鲳鲹的仔鱼在最初的 12 h 内消耗 48.21%，24 h 内消耗了 76.64%，仔鱼在孵出的一天内卵黄物质被大量吸收，同时此刻仔鱼全长增长速度最快，仔鱼 4 d 龄时卵黄囊消失。关于卵黄囊消失时间的研究，不同种类海水鱼的仔鱼卵黄囊消失时间也不尽相同，例如条石鲷（*Oplegnathus fasciatus*）（柳学周等，2008）与赤点石斑鱼（*Epinephelus akaara*）（王涵生等，2001）3 d 龄时卵黄囊消失，斜带石斑鱼（*Epinephelus coioides*）（刘冬娥等，2008）5 d 龄消失，鮸鱼（*Miichthys miiuy*）（钟俊生等，2005；孙庆海等，2005）和点带石斑鱼（*Epinephelus malabaricus*）（邹记兴等，2003）卵黄囊消失时间分别为 4 d 龄。现已被证实，卵黄物质主要用于眼部和消化道等器官的发育（杨瑞斌等，2008）。

据本试验观察，卵形鲳鲹发育到稚鱼期后，与布氏鲳鲹、小斑鲳鲹稚鱼期时一样（木下泉，1988），背、臀鳍的鳍膜上都具有黑色素，而日本竹荚鱼没有；日本竹荚鱼前鳃盖骨外缘上有个很大的棘，而卵形鲳鲹前鳃盖骨外缘上具有 3~4 个小棘，这个特征与布氏鲳鲹、小斑鲳鲹一样。由此可以推断出鳃盖骨上棘的形态和数目是鲹科区分别的科属主要外部特征。

色素和鳍的发育：仔鱼在孵化时已具有点芒状的黑色素，初孵时躯干部分布有大量的黑色斑纹，在 1~4 d 龄仔鱼鱼体黑色素逐渐加深，形成黑色素带；5 d 龄在仔鱼的头部出现银色色素；7 d 龄时仔鱼背部体色大部分为红褐色，且此时部分仔鱼饱食后体色变为银色，至 12 d 龄绝大部分的仔鱼体色变为银色。卵形鲳鲹仔鱼最先出现的是胸鳍，随后出现的是尾鳍→背鳍→臀鳍，最后出现的腹鳍，发育到各鳍上都具有片状的黑色斑纹，仔鱼各鳍的发育完成、鳞片的出现标志着仔鱼进入稚鱼阶段。

卵形鲳鲹初孵仔鱼卵黄囊很大，孵化后一天内卵黄物质消耗得很快，第 3 d 开始摄食，初食轮虫，4 d 龄时卵黄囊完全吸收，7 d 龄时仔鱼油球消失。从 3 d 龄到 7 d 龄，此阶段仔鱼完成由内源性营养到外源性营养的过渡阶段，为仔鱼早期发育阶段的第一个临界期，也是第一个危险期。如果育苗环境中无适合且足够的开口饵料，使得仔鱼不能完成初次摄食，待仔鱼进入不可逆点时，仔鱼会因饥饿而出现大量死亡。只有做到开口饵料合适、及时且充足，并且加强苗种管理，才可以有效地提高仔鱼成活率。

仔鱼 10 d 龄时开始用鳗鱼粉驯化仔鱼食用人工饲料，由于饵料的变化，适口性的下降，仔鱼一时不能完成摄食，因此出现死亡现象，此时为仔鱼第二个危险期，初驯化时要结合生物饵料和鳗鱼粉进行混合投喂，待仔鱼适应鳗鱼粉时再完全投喂饲料，这样可以有效地提高仔鱼的成活率。

第三节　卵形鲳鲹消化系统的胚后发育

一、卵形鲳鲹仔鱼前期消化系统发育的形态特征

初孵仔鱼平均全长 2. 025±0. 367 mm，消化器官尚未分化，消化管为一简单的直管，卵黄囊较大、椭圆形，在卵黄囊上具有点芒状的黑色色素，口和肛门均未形成(图 8-5a)。

1 d 仔鱼全长 2. 945±0. 232 mm，卵黄囊变小，消化道稍增粗，肠道出现一个回褶，口凹出现，肛门结构基本形成、未与外界相通（图 8-5b）。

2 d 仔鱼全长 2. 980±0. 363 mm，鳃盖雏形形成，鳃呈弓形，鳃丝、鳃耙不明显。口已张开，口前下位，还不能摄食。肠管进一步增粗，但胃、肠的区分不明显。肠管末端肛孔与外界相通，形成肛门（图 8-5c）。

3 d 仔鱼卵黄几乎全部吸收，尚余较小的油球。在卵黄囊的底部出现肝胰脏的雏形，口咽腔形成，胃、肠道进一步加粗、变弯，能清楚地看到肠道的蠕动，在肠道内能看到轮虫等食物，肛门处开始出现拖便现象（图 8-5d）。

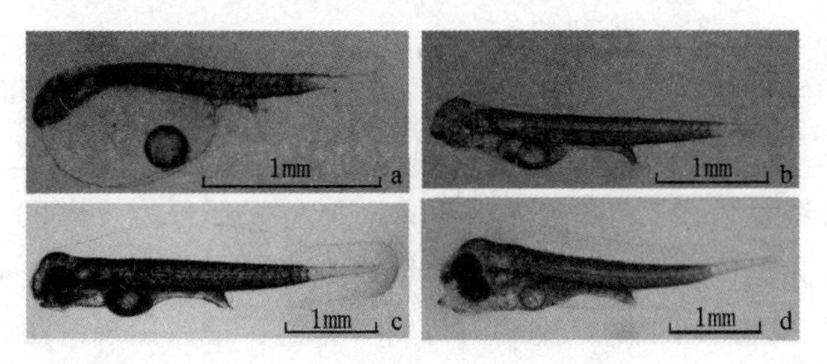

图 8-5　卵形鲳鲹前期仔鱼（×50）

a. 初孵仔鱼；b. 1 d 仔鱼；c. 2 d 仔鱼；d. 3 d 仔鱼

二、卵形鲳鲹消化管的发育

1. 卵形鲳鲹口咽腔的发育

鱼类的口腔和咽之间没有明显的分界，统称为口咽腔，初孵仔鱼口咽腔还未打开，口腔黏膜上皮由单层鳞状上皮细胞构成。3 d 仔鱼口腔腹部和背部的连接组织外突形成两个上皮褶皱，形成口咽腔，口与外界相通，已开口（图 8-6a）。6 d 仔鱼

的口腔表面为 5~8 μm 厚的 2~3 层复层上皮细胞，固有膜很薄，黏膜下层不发达（图 8-6b）。10 d 仔鱼鳃耙出现，鳃丝开始生长变长，口腔底部的上皮细胞不断增厚，形成舌。杯状细胞和味蕾开始出现、增多，由内向外依次为很薄的固有膜、肌层和浆膜（图 8-6c）。15 d 仔鱼口腔可见横纹肌出现，出现上、下咽齿，下颌的肌层比上颌的发达（图 8-6d、e）。26 d 稚鱼随着食管的发育，由腔面向深层发展，依次是黏膜层、黏膜下层、肌肉层和浆膜层，口腔上皮中的黏液细胞进一步增多（图 8-6f）。

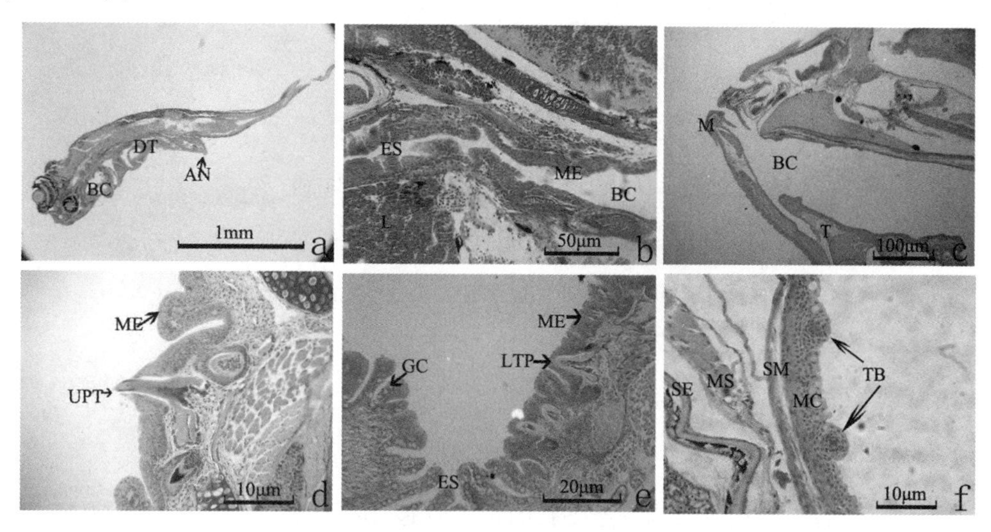

图 8-6　卵形鲳鲹口咽腔的发育

a. 3 d 仔鱼整体纵切（×50）；b. 6 d 仔鱼口咽腔纵切（×200）；c. 10 d 仔鱼口腔纵切（×100）；d，e. 15 d 仔鱼口腔纵切（×400）；f. 26 d 稚鱼口腔纵切（×400）

AN：肛门；BB：纹状缘；BC：口咽腔；CS：贲门胃；DT：消化道；EG：嗜伊红颗粒；ES：食道；GC：杯状细胞；GG：胃腺；IL：胰岛；L：肝脏；LPT：下咽齿；M：口；MC：黏膜层；ME：复层上皮；MS：肌肉层；P：胰脏；PC：幽门盲囊；PST：雏形胃；RE：直肠；SB：鳔；SCE：单层柱状上皮；SE：浆膜层；SM：黏膜下层；ST：胃；T：舌；TB：味蕾；UPT：上咽齿；V：肝空泡；VS：静脉窦。(后图同)

2. 卵形鲳鲹食道的发育

初孵仔鱼食道未分化，呈细线状，单层上皮细胞排列紧密；2 d 仔鱼食道开始分化，其黏膜上皮具单层立方上皮细胞，肌层不发达，未出现褶皱，食管开始延长（图 8-7a）；3 d 仔鱼食道黏膜上皮出现杯状细胞，第 6 d 食道黏膜上皮中杯状细胞数量增加，组织结构层次明显，黏膜层稍向腔面突起形成了较低的皱褶（图 8-7b）；14 d 仔鱼黏膜层向食道腔突起形成纵行褶皱，由腔面向深层依次是黏膜层、黏膜下层、肌肉层和浆膜（图 8-7c）；17 d 仔鱼食管腔内有数列纵行的黏膜褶，并含有大量的杯状细胞（图 8-7d）。

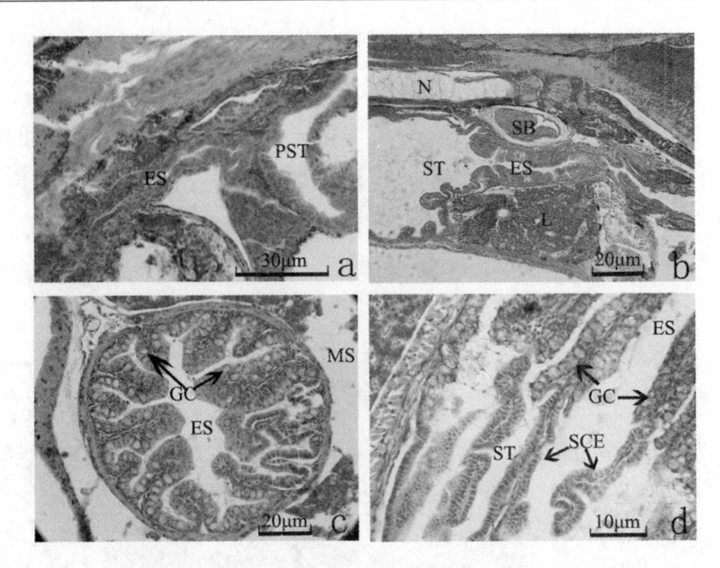

图 8-7　卵形鲳鲹食道的发育（×400）

a. 2 d 仔鱼食道纵切；b. 8 d 仔鱼食道纵切；c. 14 d 仔鱼食道横切；d. 17 d 仔鱼食道纵切

3. 卵形鲳鲹胃的发育

初孵仔鱼胃未分化，仅为一条细长的细胞管道，与食管、肠的分界不明显，细胞紧密排列。1 d 仔鱼胃原基发生，此时胃的上皮结构与食管的上皮结构相似，其黏膜层和食管黏膜层相连（图 8-8a）；2 d 仔鱼胃区稍微膨大，位于卵黄囊背部的食管和肠之间，胃与食管、肠的分界明显（图 8-8b）；4 d 仔鱼胃部外形特征始见雏形，与小肠和食道的分界十分明显，上皮由单层矮柱状细胞组成，具有纹状缘，缺少黏液细胞，胃肠交界处黏膜突起较高（图 8-8c）。7 d 仔鱼出现胃小凹，也出现黏膜褶皱，胃壁较薄，可观察到黏膜层和浆膜层（图 8-8d）。14 d 仔鱼胃外被肌层，纹状缘明显，食道与胃、胃与肠交界处出现括约肌，形成贲门区、胃基部、幽门区三个部分（图 8-8e）。17 d 仔鱼胃壁增厚，胃纵褶较高，黏膜层、黏膜下层和幽门括约肌较厚，胃上皮由立方上皮细胞组成，细胞核位于中位，在胃下凹的底部可以观察到胃腺（图 8-8f）。26 d 稚鱼具有发达的胃，胃壁褶皱明显增多，胃后部形成盲囊，胃腺数目增多。

4. 卵形鲳鲹肠和幽门盲囊的发育

初孵仔鱼具有原始、简单的消化管，呈直管状，肠腔狭窄，末端形成肛突，消化管由单层未分化的细胞组成。1 d 仔鱼肠腔开始贯通，黏膜下层的深层结缔组织和肌肉层处于发育初期，肠道呈直线状，无盘曲，位于卵黄囊后的上部。2 d 仔鱼

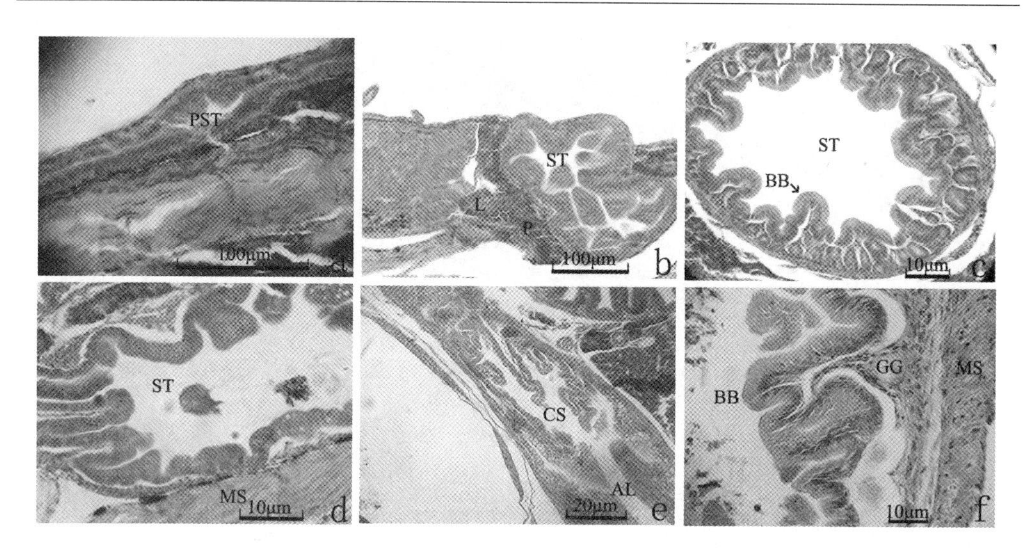

图 8-8　卵形鲳鲹胃的发育（×400）

a. 1 d 仔鱼胃纵切；b. 2 d 仔鱼胃纵切；c. 4 d 仔鱼胃横切；d. 7 d 仔鱼胃纵切；
e. 14 d 仔鱼胃纵切；f. 17 d 仔鱼胃纵切

肠腔膨大，单层柱状细胞，细胞核多位于基底部，肠细胞开始进行顶端分化，形成纹状缘，但未出现黏膜褶，肠腔较窄（图 8-9a）。3 d 仔鱼肠壁增厚，肠内腔平滑，没有肠绒毛，与胃的区分不明显。7 d 仔鱼肠黏膜上皮中出现少量的杯状细胞，黏膜上皮细胞仍为单层矮柱状上皮细胞。由肠腔面向深层依次可以分为黏膜层、黏膜下层、肌肉层和浆膜层，其中肌肉层不明显，后肠柱状上皮细胞的细胞顶部出现大量球形的嗜伊红颗粒（图 8-9b）。26 d 稚鱼后肠黏膜上皮层出现大量的空泡，纹状缘发达，肠壁分层明显，褶皱发达，有大量的杯状细胞（图 8-9c、d）。

2 d 仔鱼直肠末端肛孔与外界相通，形成肛门。稚鱼和幼鱼直肠末端与肛门相接的部位黏膜突起较高，但没有形成褶皱，也由黏膜层、黏膜下层和肌层组成，有丰富的复层细胞，肌层较厚，固有膜不明显，黏膜层的细胞也是由柱状细胞和杯状细胞组成（图 8-9e）。

17 d 仔鱼在胃后端和小肠开始处出现幽门盲囊，其结构类似于前肠，也是由黏膜层、黏膜下层、肌肉层和浆膜层构成。黏膜层上皮也为单层柱状上皮，黏膜下层不甚明显，肌肉层同样是由内环肌与外纵肌组成（图 8-9f）。

三、卵形鲳鲹消化腺的发育

1. 肝脏

2 d 仔鱼在卵黄囊的周围、肠前端外围间充质细胞分化形成肝细胞团，细胞大小相等，细胞界限不明显（图 8-10 a）；3 d 仔鱼肝细胞界限和核仁清晰，肝细胞为

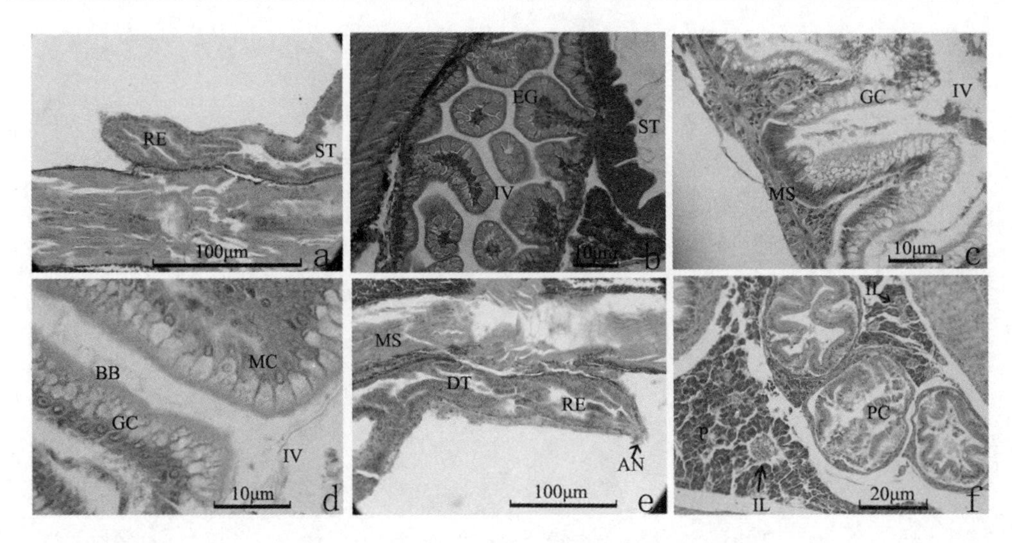

图 8-9 卵形鲳鲹肠和幽门盲囊的发育（×400）

a. 2 d 仔鱼肠纵切；b. 7 d 仔鱼肠纵切；c、d. 26 d 稚鱼肠道纵切；e. 2 d 仔鱼直肠、肛门纵切；f. 17 d 仔鱼幽门盲囊纵切

多角形，细胞质染色较浅，核大而居中；出现大量肝空泡（图 8-10 b）；5 d 仔鱼肝细胞索出现，界限分明，单层肝细胞排列成管状，肝细胞管相互连接成网状，出现肝血窦，在肝血窦内可以清楚地看到血细胞（图 8-10b、c）。

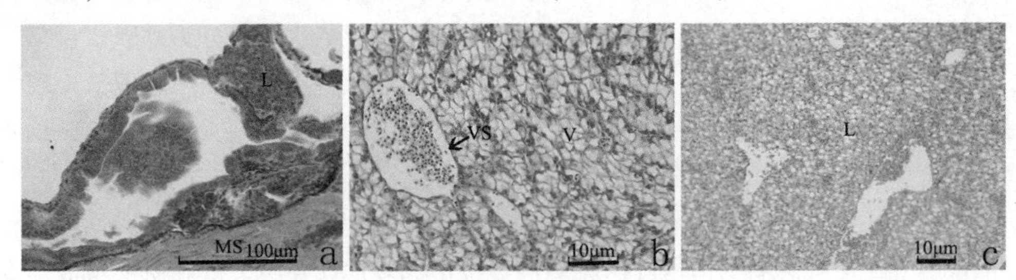

图 8-10 卵形鲳鲹肝脏的发育（×400）

a. 2 d 仔鱼肝脏纵切；b. 5 d 仔鱼肝脏横切；c. 5 d 仔鱼肝脏纵切

2. 胰脏

胰脏和肝脏不分离，胰脏的出现晚于肝脏；3 d 的仔鱼在肝脏周围开始出现嗜碱性胰腺细胞团、聚集形成腺泡，在腺泡中间有明显的嗜酸性酶原颗粒（图 8-11a）；6 d 仔鱼的胰腺细胞排列紧密，出现胰岛（图 8-9f 和图 8-11b）；15 d 鱼体生长，胰脏体积进一步增大，胰岛十分明显，胰管明显（图 8-11c）。

四、研究结果分析

根据卵形鲳鲹消化系统胚后发育的形态、结构特点，作者等将其分为 4 个阶段，

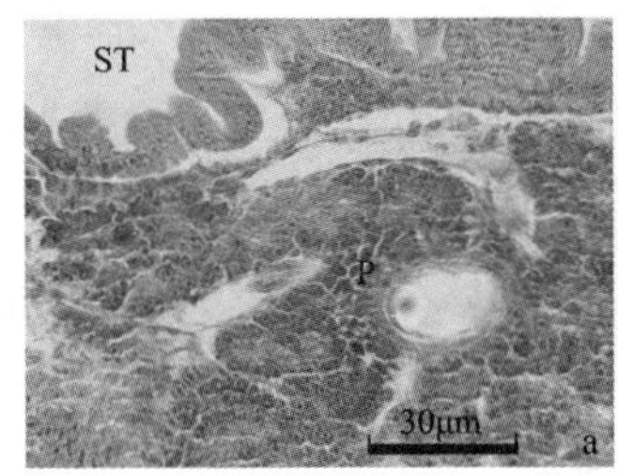

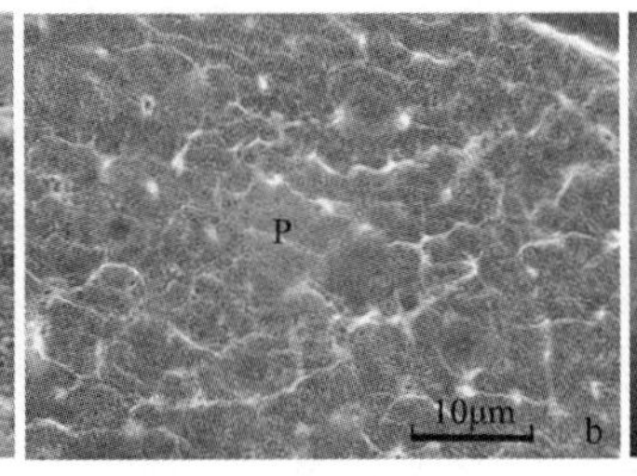

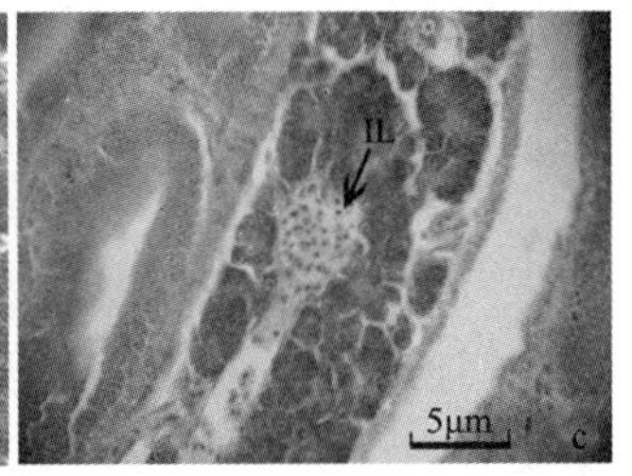

图 8-11　卵形鲳鲹胰脏的发育（×400）

a. 3 d 仔鱼胰脏纵切；b. 6 d 仔鱼胰脏纵切；c. 15 d 仔鱼胰脏纵切

第 1 阶段（0~2 d）：仔鱼消化系统未分化，消化道呈直线型。该期仔鱼消化器官较原始，不具备摄食和消化能力，仔鱼生长完全靠卵黄和油球，而不依赖于外界营养条件，为内源营养阶段。第 2 阶段（3~5 d）：消化系统未充分发育，消化功能不完善，鱼苗生长相对缓慢。此期仔鱼开始主动摄食，进入混合营养阶段，但摄食量小、消化能力差，为人工育苗的第一个临界期，及时提供适合的开口饵料是影响仔鱼成活的关键。第 3 阶段（6~17 d）：消化系统进一步发育，消化器官分化更复杂，进入到外源性营养阶段，17 d 仔鱼即将变态为稚鱼，为第二个临界期。第 4 阶段（18~22 d）：胃腺、幽门盲囊、肝胰脏等消化器官发育完成，鱼苗进入幼鱼期。结果表明，卵形鲳鲹消化系统的发育是与仔稚幼鱼的生长、形态发育、摄食、代谢等以及功能的完善相一致的，其发育阶段也是与卵形鲳鲹的早期发育阶段分期相适应的（作者等，2009）。

卵形鲳鲹 3~4 d 仔鱼已开口，开始摄食，以轮虫为开口饵料，肛门与外界相通，口腔内壁上皮可以观察到味蕾细胞，且具有杯状细胞，有学者认为除了具有润滑作用，还可能具有胃前消化的作用（Murray H M et al，1994）。鳃耙未形成；胃形成雏形，但没有消化功能，肠道形成第一个回褶，已具有纹状缘，肠道上皮有少量的杯状细胞，起到一定的胞饮、细胞内消化作用。肝脏位于食道后部、肠道前部，未出现肝血窦，胰脏处于肝脏之中，胰岛未出现。6 d 仔鱼油球消失，进入外源营养阶段，仔鱼以食桡足类、枝角类幼体为主，以投喂粉状人工配合饲料为辅，胃较膨大，纹状缘、胃小凹明显，胃壁出现褶皱，胰岛出现。17 d 仔鱼的胃腺、幽门盲囊出现，仔鱼即将变态为稚鱼，开始投喂粒状人工配合饵料。Tanaka（1971）研究认为胃腺、幽门盲囊出现标志着稚鱼期的开始和更完善的消化机制的形成。胃腺分泌的消化酶使得消化道中细胞外消化蛋白质成为可能，从而逐步替代了消化率较低的胞饮作用和细胞内消化，使胃起到了一个消化酸性食糜的作用。此外，幽门盲囊的形成不仅增加了肠上皮吸收的表面积，又能分泌与肠壁其他部分相同的分泌物，起到消化的作用。

本研究中，卵形鲳鲹仔鱼在孵化后第 7 d 开始可见到肠道黏膜层细胞中出现大量嗜伊红颗粒和空泡，表明此时的仔鱼肠上皮细胞已具有胞饮作用和细胞内消化作用。有学者认为，前中肠的空泡为吸收的脂肪滴，而在后肠的内容物是通过胞饮吸收的蛋白质。在硬骨鱼类的仔鱼期，其消化酶系统发育不完全，胞饮吸收可能成为消化蛋白质的一条替代途径（Iwai T，1968）。第 3 d 仔鱼开口后可见到大量肝脏空泡，表明卵形鲳鲹仔鱼从食物中吸收的营养物质储藏在肝脏中。有学者通过 PAS 染色结果表明，这些空泡为储存在肝脏中的糖元（Bouhlic M，1992）。

卵形鲳鲹仔鱼在孵化后第 3 d 即可在食道的黏膜上皮中最早观察到杯状细胞，随着仔鱼的发育，食道、前肠、后肠和幽门盲囊中均出现杯状细胞，其数量随着仔鱼的生长而越来越多。在胃的黏膜层中未发现杯状细胞。杯状细胞分泌黏液，一方面起润滑作用有利于食物顺利通过食道，另一方面可能起到胃前消化的作用。

第四节　卵形鲳鲹胚后发育阶段鳃的分化和发育

鳃是鱼类进行气体交换、调节渗透压及离子平衡的重要器官，其生理功能主要在鳃丝上进行。在鱼类早期生活史阶段，鳃发育经历了从无到有、从简单到复杂的重要过程，其形态、大小、面积、数量和微细结构等的变化与鱼类幼体的生命活动、生长和存活等息息相关，是鱼类器官发育中不可或缺的重要组成部分，研究鱼类鳃的发育对于仔稚鱼的呼吸、摄食和渗透压调节的研究具有重要意义。

一、卵形鲳鲹鳃结构发育的组织学观察

初孵仔鱼：鳃未出现。

1 d 仔鱼：鳃裂出现。

2 d 仔鱼：鳃盖雏形形成，鳃呈弓形，鳃丝、鳃耙不明显。

3 d 鳃结构：鳃丝结构已初步分化，鳃弓表皮由 2~3 层扁平上皮细胞构成，内部具有软骨组织。鳃丝表面由单层扁平上皮细胞构成，其细胞核拉得很长，鳃丝很短，只有 3~5 根鳃小片，在每个鳃丝中都有一根鳃弓软骨，鳃弓软骨起到支持鳃丝的作用，在鳃丝中可以清晰地看到血管，鳃耙未出现（图 8-12-1）。

6 d 鳃结构：鳃丝长度变长，其两端生长的鳃小片数目增多，鳃小片长度变长，在鳃小片中央可以清晰地看到毛细血管（图 8-12-2）。鳃弓软骨变粗变长，鳃弓复层上皮细胞增厚。鳃耙不明显（图 8-12-3）。

10 d 鳃结构：鳃弓延伸得很长，在每根鳃丝上有 5~7 片鳃小片。鳃耙呈椭圆形，鳃弓软骨明显，骨质已很致密（图 8-12-4）。

15 d 鳃结构：鳃弓直径很粗，鳃丝呈梳状排列，末端膨大。鳃小片排列紧密，较纤细（图 8-12-5）。

17 d 鳃结构：鳃结构已发育完整，鳃弓腹面入鳃丝动脉血管很粗，伸入鳃丝，

然后再分支到鳃小片，供鳃小片营养。鳃弓软骨呈长方体状，排列紧密，支持鳃丝。鳃小片最外层为上皮层，内层为支持细胞，支持细胞胞质呈淡红色，核较大，染成蓝紫色；鳃小片内充满血细胞，红细胞胞质呈鲜红色，核较小，染成蓝黑色。鳃小片的基部泌氯细胞数量增多（图 8-12-6），以后鳃组织的发育集中在数量性状上的变化。

30 d 鳃结构：鳃弓表面被覆复层上皮，鳃丝着生在鳃弓的一端，另一端游离，鳃小片垂直排列于鳃丝两侧，末端膨大，由上下两层单层呼吸上皮以及起支持作用的柱状细胞组成；相邻两鳃丝基部之间的鳃弓上有隆起的味蕾（图 8-12-7、8）。

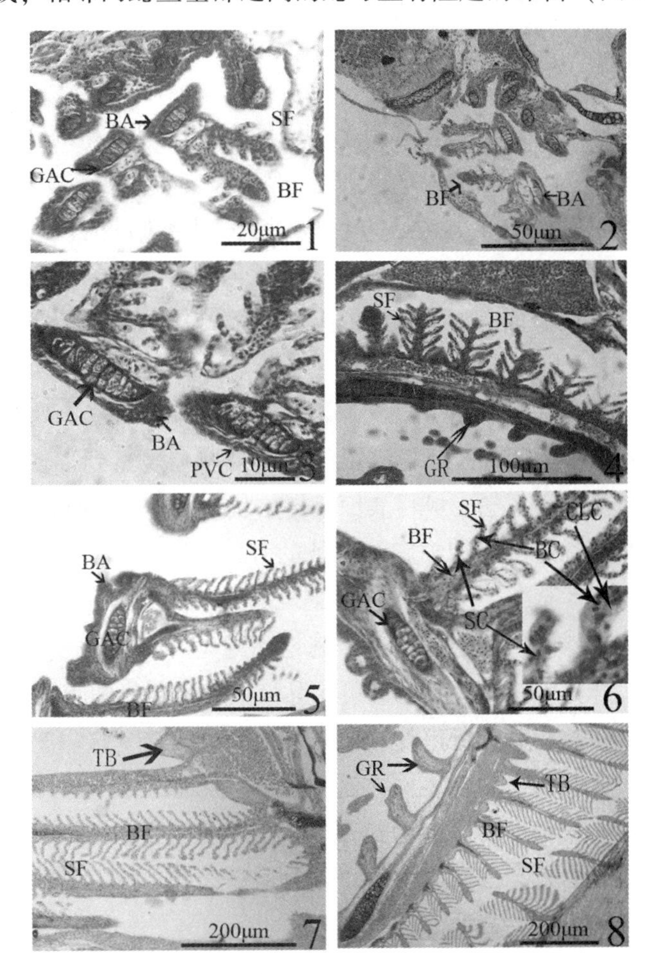

图 8-12　卵形鲳鲹鳃胚后发育的光镜观察

1. 3 d 龄仔鱼；2-3. 6 d 龄仔鱼；4. 10 d 龄仔鱼；5. 15 d 龄仔鱼；6. 17 d 龄稚鱼；7-8. 30 d 龄幼鱼

二、卵形鲳鲹鳃发育的扫描电镜观察

4 d 鳃结构：卵形鲳鲹仔鱼的鳃结构已具雏形，鳃弓纤细，在鳃弓上有很短的鳃丝，鳃小片不明显，鳃耙呈芽状（图8-13-1），在鳃丝表面具有规则或不规则的多边形微嵴，凹凸结构不明显，也未观察到具有凸起、小孔等结构（图8-13-2）。

9 d鳃结构：鳃进一步发育，鳃丝长度有显著性增长，呈扁平状，鳃小片结构已明显，长度很短（图8-13-3）；鳃丝、鳃耙、鳃弓上都已具有沟壑、凹凸不平等结构，鳃丝表面上皮细胞排列紧密，界限已很明显（图8-13-4）。鳃弓上的两列鳃耙外形已形成，可以观察到在鳃耙表面布满味蕾（图8-13-5）。

15 d鳃结构：鳃弓进一步变粗，支持着鳃耙和鳃丝，鳃弓表面的上皮细胞间纹络加粗，鳃弓上生长有大小不一的鳃丝，在鳃丝的基部具有很多小孔，是分泌细胞（泌氯细胞，黏液细胞等）的对外开口（图8-13-6）。鳃耙表面较鳃弓平坦，也具有凹凸不平的沟壑结构。

20 d鳃结构：鳃弓支持着鳃丝和鳃耙，表面有少许褶皱和颗粒状分泌物质，鳃耙着生在鳃弓靠头部吻端的一侧，稍弯曲，鳃耙长度和厚度均有增长（图8-13-7）。鳃丝已呈梳状，排列紧密，鳃丝的上皮细胞呈现清晰的立体迷宫状微嵴，细胞轮廓清晰，上皮细胞间具有黏液细胞对外的开口（图8-13-8）。鳃小片均匀排列在鳃丝上，厚度加大，其表面有形状不同的向内凹陷的小孔，分布有泌氯细胞分泌的颗粒物质（图8-13-9）。

25 d鳃结构：鳃丝呈长梳状，已延伸得很长，末端膨大，鳃小片呈书页状紧密排列在鳃丝上（图8-13-10）；鳃耙已很粗，在鳃耙上观察到很多小刺，表面被具有微脊的扁平上皮细胞所覆盖，鳃弓表面呈树皮状，粗糙，具有很多的沟壑、小孔。鳃丝基部观察到泌氯细胞、黏液细胞等对外的开口（图8-13-11）。鳃小片呈椭圆状，表面呈凹凸状。

30 d鳃结构：鳃结构发育已较完善，鳃耙和鳃丝着生在鳃弓上，鳃弓较宽，鳃弓表面分布着较多味蕾。在鳃小片基部可见黏液细胞和泌氯细胞与外界连接的开口，黏液细胞周围有大量颗粒状的分泌物（图8-13-12和图8-13-13）。鳃丝表面着生很多泌氯细胞的对外开口，并且表面具有很多不同形状的微嵴（图8-13-14）。鳃耙着生在鳃弓一侧，稍弯曲，表面凹凸不平，末端呈钩状（图8-13-15）。鳃小片表面凹凸不平，表皮内折、下凹成坑状，其上遍布楔形、新月形、长条形或各种不规则形状的小坑（图8-13-16）。

三、卵形鲳鲹仔稚鱼全长与鳃丝总数的关系

卵形鲳鲹仔稚鱼全长与一侧鳃丝总数之间呈幂函数关系：$N=10.108L^{0.9419}$，$R^2=0.9382$（图8-14），其中N为一侧鳃丝总数（条），L为仔稚鱼全长（mm）。经*SPSS*检验，$F=37.416$，$P=0.004<0.05$，相关性非常显著，表明仔稚鱼的鳃丝数量随全长的生长而增加。

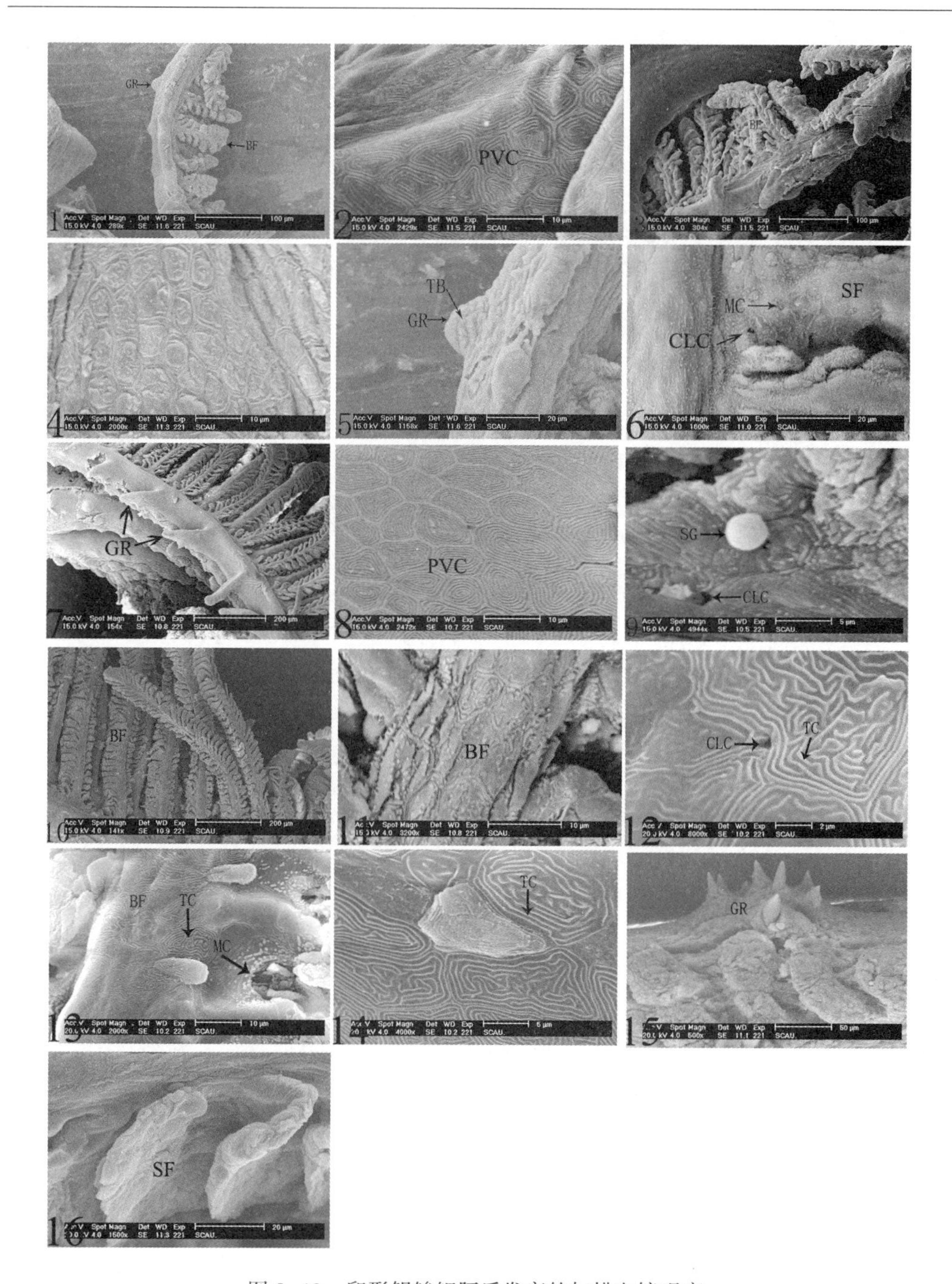

图 8-13　卵形鲳鲹鳃胚后发育的扫描电镜观察

1-2. 4 d 龄仔鱼；3-5. 9 d 龄仔鱼；6. 15 d 龄仔鱼；7-9. 20 d 龄稚鱼；10-11. 25 d 龄幼鱼；12-16. 30 d 龄幼鱼

图版说明：BA：鳃弓（Branchial arch）；BC：血细胞（Blood cell）；BF：鳃丝（Branchial filaments）；CLC：氯细胞（Chloride cell）；GAC：鳃弓软骨（Gill arch cartilage）；GR：鳃耙（Gill raker）；MC：黏液细胞（Mucous cell）；PVC：扁平上皮细胞（Pavement cell）；SC：支持细胞（Supporting cell）；SG：分泌颗粒（Secretory granule）；SF：鳃小片（Secondary filament）；TC：微嵴（Tiny crest）；TB：味蕾（Taste bud）

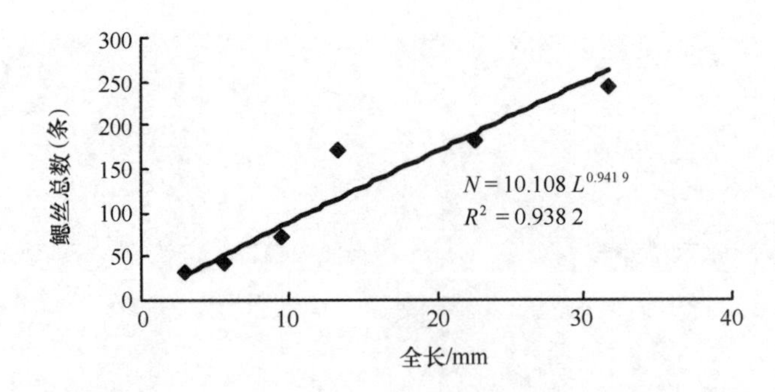

图 8-14　卵形鲳鲹仔稚鱼全长与鳃丝总数的关系

四、卵形鲳鲹仔稚鱼体质量与鳃丝总数的关系

卵形鲳鲹仔稚鱼体质量与一侧鳃丝总数呈对数关系，关系式为 $N=32.932\text{Ln}W+242.94$，$R^2=0.9251$（图 8-15），其中 N 为一侧鳃丝总数（条），W 为体质量（g）。经 *SPSS* 分析 $F=8.74$，显著性 $P=0.042<0.05$，相关性非常显著，表明仔稚鱼的鳃丝数量随其体质量的增大而呈对数增多。

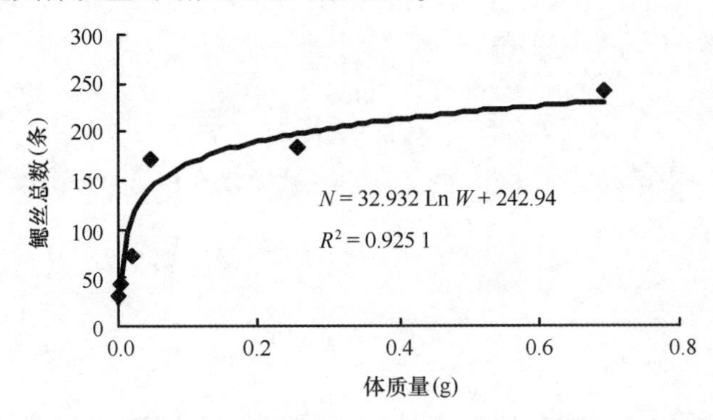

图 8-15　卵形鲳鲹仔稚鱼体质量与鳃丝总数的关系

五、卵形鲳鲹仔稚鱼体质量与单个鳃小片呼吸面积的关系

仔稚鱼体质量（W）与单个鳃小片呼吸面积（y）之间呈幂函数关系，其关系式为 $y=0.0046W^{0.5462}$，$R^2=0.9761$（图 8-16）。经 *SPSS* 分析检验，$F=37.067$，$P=0.004<0.05$，关系非常显著，表明仔稚鱼单个鳃小片面积随其体质量的增加而增大。

六、卵形鲳鲹仔稚鱼体质量与总呼吸面积的关系

卵形鲳鲹仔稚鱼的体质量（W）与总呼吸面积（y）的关系为线性关系：$y=976.76W+17.574$，$R^2=0.9847$（图 8-17），其中 y 为总呼吸面积（mm^2），W 为体

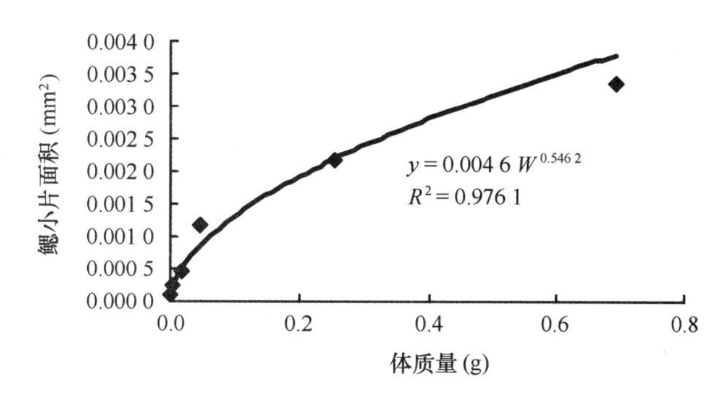

图 8-16　卵形鲳鲹体质量与单个鳃小片面积的关系

质量（g）。经 *SPSS* 检验，$F=260.386$，$P<0.05$，关系非常显著，表明仔稚鱼鳃的总呼吸面积随体质量增加而增大。

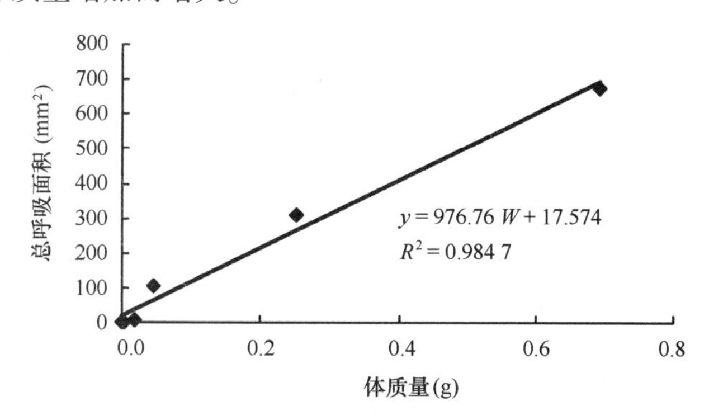

图 8-17　卵形鲳鲹体质量与总呼吸面积的关系

七、研究结果分析

卵形鲳鲹仔稚鱼鳃的胚后发育从组织学方面可分为 3 个发育阶段：第 1 阶段（0~3 d 龄），为鳃原基期，鳃原基形成但未分化，仔鱼主要依靠鳍褶、皮肤和卵黄囊上的微血管进行呼吸（作者，1998），仔鱼悬浮于水中、活动量较小，代谢率及耗氧率都较低；第 2 阶段（4~17 d 龄），为鳃结构的发育、分化期，鳃弓、鳃丝、鳃小片、鳃耙逐渐形成，鳃具备基本的结构和形态特点，此期仔鱼从内源性营养过渡到外源性营养，捕食和游泳能力不断增强，活动渐趋活跃，循环系统不断完善，血细胞数量增加，仔鱼代谢率及耗氧率不断增大；第 3 阶段（18 d 龄之后），为鳃器官各部分的生长发育完善期，鳃结构进一步发育和完善，功能也进一步完善，此时期稚幼鱼运动变得剧烈，身体各部位功能渐趋完善，仔、稚鱼和幼鱼生长迅速，代谢旺盛。由此可见，卵形鲳鲹鳃的分化和发育是与仔稚幼鱼的生长、形态发育、呼吸、运动、代谢等以及身体各部位功能的完善相一致的，其发育阶段也是与卵形鲳鲹的早期发育阶段分期相对应的（作者等，2009）。

卵形鲳鲹在 3 d 龄时，鳃弓开始分化，鳃丝很短，仅为鳃丝芽，无鳃耙；10 d 龄鳃耙发育，每个鳃丝有 5~7 鳃小片；17 d 龄，鳃结构发育完整，鳃丝长度增加，形状为梳状，鳃小片面积增加，厚度减小，呼吸面积增加；至 30 d 龄，鳃丝的形态与成鱼相似，鳃耙、鳃弓、鳃丝表面凹凸不平，具有很多小沟、小孔等，在鳃丝的基部和鳃小片上可以观察到黏液细胞、泌氯细胞向外的开孔。在鳃弓、鳃丝和鳃小片的表面具有大量的黏液细胞的分泌物，起到对鳃丝的保护作用，也有可能为水循环提供适宜的表面，而且还可以防止细菌的侵入。泌氯细胞分泌氯化物，用来维持体内渗透压平衡，泌氯细胞被证明在海水硬骨鱼类中起到调节渗透压和离子平衡的作用。

仔稚鱼后期鳃丝表面具有规则或不规则分布的环形微嵴、沟、坑、孔等结构，表面凹凸不平，以增大鳃丝表面的阻力，延缓水流经鳃丝表面的时间，造成涡流（Lewis S V et al，1976；韩桢锷等，1992），从而有利于水分子和其他离子的吸附，形成极大的适于气体交换的表面积，这种最大化的表面积有利于 O_2 和 CO_2 的交换。卵形鲳鲹属于运动剧烈鱼类，其早期发育阶段鳃丝的这种结构与其成鱼的鳃结构和功能一致，也与红笛鲷（*Lutjanus erythopterus*）、鲑点石斑鱼（*Epinephelus fario*）（作者等，2005，2007）等海水鱼类相似。鳃小片是气体交换的场所，卵形鲳鲹鳃小片上布满了各种复杂的管道、沟、坑等结构，这种结构有利于吸附水分子，增大呼吸面积，提高离子交换率。

呼吸活动是鱼类生命活动的基础，鳃呼吸是鱼类主要的呼吸方式。在鳃未完成分化时，鱼体主要通过鳍褶、皮肤和卵黄囊上的微血管进行呼吸。研究表明，只有在鳃小片出现后，鳃才成为主要的呼吸器官，由于呼吸方式的改变，仔鱼常出现大量的死亡现象（Iwai T et al，1977）。

卵形鲳鲹全长与鳃丝总数呈幂函数关系，体质量与鳃丝总数呈对数关系，鳃丝随全长、体质量的增加，其数量也在增加。单个鳃小片面积与体质量呈幂函数增加，总呼吸面积与体质量呈线性增长趋势。随着个体长大，鳃逐渐变大，鳃的呼吸面积也随之增大，表现为鳃小片的表面积增大，从而扩大了血液与水流间的气体交换，有利于水流循环运转，不断接触呼吸面，耗氧量不断增加，耗氧量随体质量增加而增大。

第五节　卵形鲳鲹胚后发育阶段的体色变化和鳍的分化

体色和鳍的变化发育是鱼类早期发育阶段的重要特征，对仔稚鱼的摄食、变态、生长和存活等生命活动有着至关重要的作用，同时也是仔稚鱼变态发育的重要特征之一。

一、卵形鲳鲹早期发育阶段色素的变化

初孵仔鱼：全长 2.025±0.367 mm，身体呈直线状，只能做间断性的转动，静止时卵黄囊朝上平躺于水面，或者身体倾斜悬浮于水中。卵黄囊呈卵圆形，约占全长的 2/3，油球位于卵黄囊的中部下方。眼窝透明无黑色素，具脉络纹。心脏位于眼窝后下方。胸鳍位于卵黄囊中央的上方，只是一小的突起。

初孵仔鱼躯干部色素密集，头部、油球均具有黑色素和黄色素，呈点状、星状或小且分支少而短的树枝状色素；卵黄囊上黑色素较淡，只有一些树枝状黄色素的分布；尾部后方色素少（图 8-18 a）。

2 d 仔鱼：眼点的褐色素增加，未有视物功能，仔鱼未开口。

3 d 仔鱼：全长 3.010±0.412 mm，仔鱼已开口摄食，卵黄囊几乎消耗完毕，仅剩下油球附近的一小部分；肠道发育较好，肛门开通；眼睛布满黑色素，完全变为黑色。鱼体除尾部后方外，全身布满黑褐色色素，菊花状色素变粗变大（图 8-18b）。

5 d 仔鱼：全长 3.600±0.614 mm，头顶、躯干部色素密集，交织在一起，呈网状覆盖整个头顶部；残余的卵黄囊前后两侧以点状、星状黑色素为主，底部以树枝状淡黄色素为主；躯干部的交界处出现树枝状黄色素，树枝状色素上下延伸、相互连接；肛门附近也布满网状的棕色素，尾部色素带面积大，成网状，覆盖整个尾部，色素分支延伸到尾部鳍膜上。冠状胸鳍透明，头顶部色素逐渐向冠状鳍条延伸（图 8-18 c）。

7 d 仔鱼：全长 4.450±0.598 mm，鱼体全身布满大量黄褐色色素，背部和鳃盖上具有的星状色素较大、较多，侧线附近黑色素呈点状，较少，尾部的黑色素呈星点状分布（图 8-18d）。

11 d 仔鱼：全长 6.850±0.412 mm，仔鱼全身披大量菊花状黑色素细胞。鳃盖、头顶、体干背腹边沿的黑色素细胞十分浓密。全身黄色素进一步加深，黑色素细胞的密度继续减少，胞体体积继续扩大，有大量树突，数级分支（图 8-18e）。背鳍、臀鳍具黑色素，胸鳍和尾鳍透明无色。

15 d 仔鱼：全长 10.500±1.106 mm，体表小型黑色素细胞很小，逐渐消失，大量的黑素色细胞已分布在头部和躯干部，沿胞体的树突充分扩散，仔鱼的体色仍较深（图 8-18f）。背鳍、臀鳍的鳍棘具黄色素，鳍膜密布黑色素。

17 d 稚鱼：全长 10.700±0.632 mm，鱼体色大部分为黑色，在饱食时，稚鱼头部和背部呈现白色或金黄色。在躯干部、尾部夹杂着黄色素，腹部呈现白色（图 8-18g），腹鳍透明无色。

18 d 稚鱼：背、臀鳍上具有黑色素，观察到在尾鳍的基部长出少量鳞片。

22 d 幼鱼：全长 19.850±1.415 mm，全身布满鳞片，鳃盖部为黑色，背部具有大量褐色素，腹部为黑色（图 8-18 h）。

30 d 幼鱼：全长 31.75±1.989 mm，全身体色呈鳞片的银色，背部的上缘和臀部具有带状的黑色素，色素均匀（图 8-18i）。

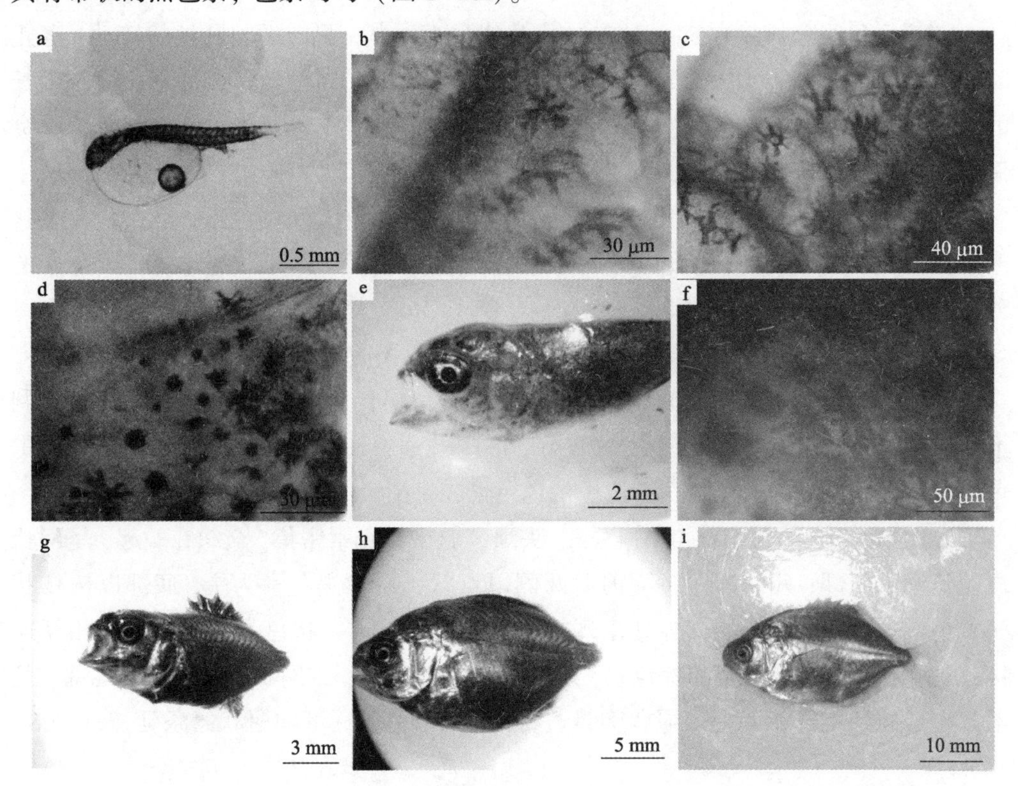

图 8-18　卵形鲳鲹仔、稚、幼鱼体表色素

a. 初孵仔鱼；b. 3 d；c. 5 d；d. 7 d；e. 11 d；f. 15 d；g. 17 d；h. 22 d；i. 30 d

二、卵形鲳鲹鳍的分化和发育

初孵仔鱼：鳍褶从头部后缘开始向后延伸，绕过尾部，终止于肛门。鳍褶透明，很薄，没有色素（图 8-18a）。

1 d 仔鱼：鳍褶增高，胸鳍芽出现，位于第 2~3 肌节之间，呈“耳”状。体长进一步增加（图 8-19a）。

3 d 仔鱼：胸鳍呈扇形，尾鳍鳍褶开始下凹（图 8-19b）。

6 d 仔鱼：尾椎骨开始向上翘，尾鳍开始分化，在尾部开始出现放射状鳍基。背部鳍褶开始分化，出现缺口（图 8-19c）。

7 d 仔鱼：在肛门的后缘已有臀鳍原基的形成（图 8-19d）。

10 d 仔鱼：尾鳍分化完成，鳍条明显（图 8-19e）。

12 d 仔鱼：背鳍具有 5~6 根硬棘，鳍条 15~16 根，具有黑色素。臀鳍进一步发育，也具有黑色素（图 8-19f）。

13 d 仔鱼：臀鳍鳍条基本长成，具有鳍棘 3 根，臀鳍条 17~18，黑色素遍布整个臀鳍（图 8-19g）。

14 d 仔鱼：在头部的下后部出现腹鳍芽（图 8-19h），背鳍、臀鳍鳍条变宽变粗。

15 d 仔鱼：尾鳍开始凹入，腹鳍黑色素加深。

17 d 稚鱼：腹鳍鳍条 5 根，形状很小，无色素。尾鳍叉形。各鳍发育齐全，棘间膜尚未退化，鳍式分别为：D. Ⅵ，I-19—20；A. Ⅱ，I-17—18；P. 18—20；V. I-5；C. 17（图 8-19i）。

22 d 幼鱼：背鳍的基底约等于臀鳍基底，均长于腹部，胸鳍短圆形，尾柄短细，无隆起棘，侧线呈直线或微呈波状。

30 d 幼鱼：背鳍和臀鳍的棘间膜已退化，各鳍的形态和颜色与成鱼一致（图 8-18i）。

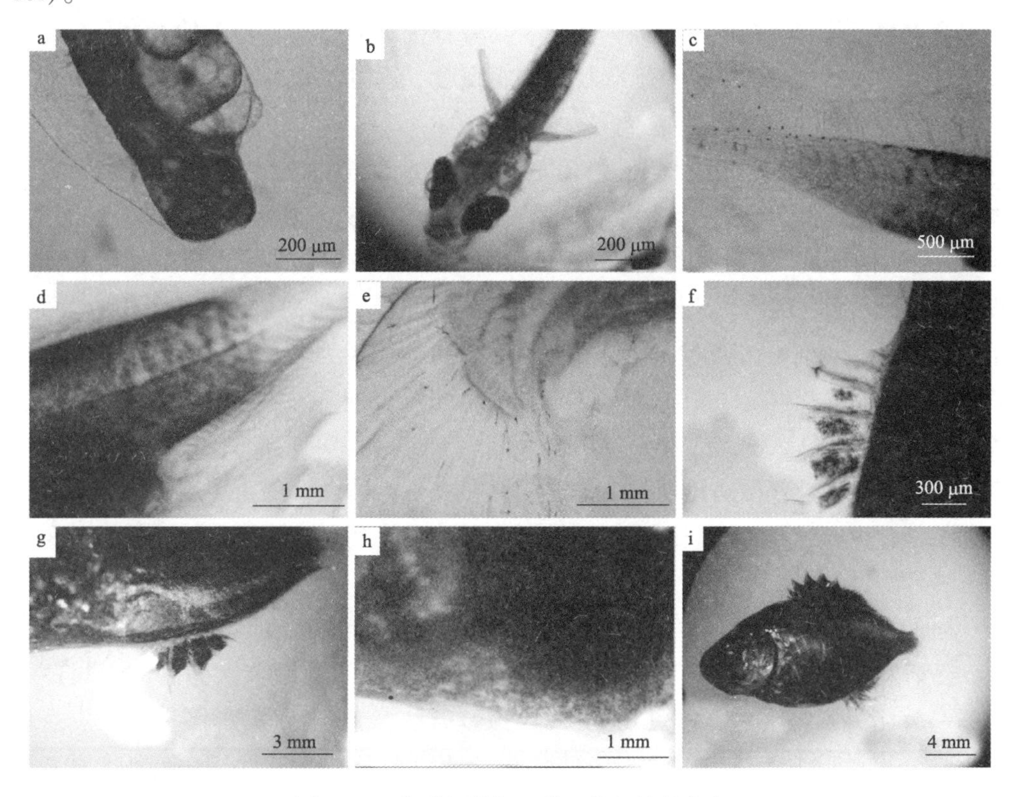

图 8-19　卵形鲳鲹仔、稚、幼鱼鳍的发育

a. 1 d；b. 3 d；c. 6 d；d. 7 d 臀鳍原基；e. 10 d 尾鳍；f. 12 d 背鳍；g. 13 d 臀鳍；h. 14 d 腹鳍；i. 17 d

三、研究结果分析

鱼类体色的变化、鳞片和鳍的形成和发育是鱼类早期发育阶段的重要特征，对仔稚鱼的摄食、行为、生长、变态和存活等生命活动有着至关重要的作用，同时也

是仔稚鱼变态发育的重要特征之一，与人工育苗生产技术尤其是投饵、分池等密切相关。

卵形鲳鲹早期发育阶段的变态速度较快，在水温24.73±2.11℃、盐度20~24的条件下，从初孵仔鱼开始，3 d开口，17 d变态为稚鱼，22 d变态为幼鱼，其体色的变化从胚胎发育开始，随着整个早期发育过程而不断变化，并呈现出与幼体的变态发育明显的相关性特征。

初孵仔鱼已具有黑色素和黄色素，由于在体表具有黑色素，因此肌节很明显。

眼的发育，初孵仔鱼为透明、色素较少的眼窝，第2 d褐色素增加，为褐色的眼点，此时仔鱼未开口、眼点不能视物，第3 d开口时，眼大而突出、布满黑色素，变为黑色的眼睛，具有视觉功能，此时仔鱼开始摄食、巡游和寻找食物，生产上称为"开眼"，池塘育苗时应及时将仔鱼入塘、投喂开口饵料。从初孵仔鱼的眼窝，发育至具有褐色素的眼点，直至开口时黑色的眼睛，说明眼睛色素的形成对于仔稚幼鱼的整个发育过程以及苗种培育极为重要，其将直接影响眼视觉功能的发育，并使鱼体在其后的生活史过程中具有了寻找食物、摄食、巡游、躲避敌害、迁徙等一切生命活动。

7 d仔鱼的卵黄囊和油球均已消耗完，由混合性营养期转为外源性营养期，仔鱼体色很深，仔鱼膜已很少，鱼体粗壮。第17 d，当仔鱼变态为稚鱼时，鱼体变得不透明，体色可随环境的变化和饱食状态而变化，稚鱼头部和背部呈现出与幼鱼相似的银白色或金黄色，鱼体头部呈褐色，稚鱼的体形发生了一定变化、与成鱼相似，可开始驯食鳗鱼粉。稚鱼在第22 d变态为幼鱼时，鱼体体表为褐色，幼鱼形态基本与成鱼一致，称为"花生米"，可投喂颗粒较小的人工配合饲料。30 d的幼鱼体表为银白色，与成鱼的体色一致，成活率较稳定。因此，卵形鲳鲹早期发育阶段的体色变化规律与仔鱼开口以及仔稚幼鱼期的变态是一致的，是幼体发育的重要变态特征，并且是人工繁育生产过程的投饵、适口饵料规格和种类转换、分筛等关键性技术的重要标志。

鳍的形成则是幼体发育到一定阶段时，按照一定次序，通过鳍褶和鳍基的分化，逐渐发育而成的。卵形鲳鲹各鳍开始分化和发育的顺序依次为胸鳍→尾鳍→背鳍→臀鳍→腹鳍。初孵仔鱼几乎不具有运动能力，由于卵黄囊体积较大、身体的大部分重量集中于体前半部分，使仔鱼朝下倒悬于水中；1 d仔鱼胸鳍原基出现，2~3 d仔鱼开始摄食，此时胸鳍为扇形，仔鱼开始正卧平游，并能短时间停留在某一水层。据资料报道，从鳍的进化观点上看，一般认为先有奇鳍后有偶鳍（苏锦祥，2005），但据笔者多年的研究发现，包括真鲷 *Chrysophrys major*（作者等，1995）、黑鲷（*Sparus macrocephalus*）、黄鳍鲷（*Sparus latus*）和平鲷（*Rhabdosargus sarba*）等鲷科鱼类，斜带髭鲷 *Hapalogenys nitens*）、花尾胡椒鲷（*Plectorhinchus cinctus*）等石鲈科鱼类，赤点石斑鱼（*Epinephelus akaara*）、斜带石斑鱼

(*E. coioides*)、鞍带石斑鱼(*E. lanceolatus*)等石斑鱼类，以及鲻(*Mugil cephalus*)(作者，1998)等多种海水鱼类都是胸鳍先出现，且发育速度较快，一般在仔鱼孵出后 24 h 至第 3 d 就能见到活跃摆动的胸鳍，即仔鱼前期已完成了胸鳍和其他器官的初步发育，而后是奇鳍和腹鳍的发育。福原修(1993)、作者等(1995)也观察到真鲷仔鱼的胸鳍在孵化后第 1 天出现，奇鳍在仔鱼后期开始分化，赤点石斑鱼孵化后 24 h 出现胸鳍。目前已有的报道中，也多数是胸鳍先出现或发育速度快于奇鳍，例如中华多椎鰕虎鱼(*Polyspondylogobius sinensis*)仔鱼的胸鳍最早出现(苏锦祥，2005)，美洲鲥(*Alosa sapidissima*)初孵仔鱼已见呈扇状的胸鳍基柄(张呈祥等，2010)，线纹尖塘鳢(*Oxyeleotris lineolatus*)孵化后第 2 天胸鳍基柄出现(张邦杰等，2007)，黄鲷(*Dentex tumifrons*)第 3 d 仔鱼的胸鳍已初步形成(夏连军等，2005)。然而，乌鳢各鳍的发育速度明显表现出尾鳍>胸鳍>背鳍、臀鳍>腹鳍这样的时间顺序(谢从新等，1997)。胸鳍的作用主要是运动、转向和维持身体平衡(苏锦祥，2005)。卵形鲳鲹胸鳍的快速出现和发育有助于仔鱼迅速摆脱初孵出时几乎不具有运动能力、只能倒悬于水中的状态，得以向前跃动、平游、推进、上下游泳、转向和维持身体平衡，使仔鱼在第 3 d 开口时即可以寻找和捕捉食物、避免饥饿和躲避外界敌害生物的捕食，保证了仔鱼从内源性营养向混合性营养和外源性营养的转换。可见，鱼类鳍的出现、形成和发育顺序也是随着鱼类的进化和环境的变迁而逐渐变化，以适应生存。

卵形鲳鲹 6 d 仔鱼已进入外源性营养期，此时仔鱼尾椎骨开始上翘，随后尾鳍开始分化，借助于尾鳍的推进和转向作用，仔鱼的摄食能力得到明显提高，游泳迅速，捕食能力加强；第 17 d，各鳍发育基本完成，标志着稚鱼期的开始，能够持续、疾速向前冲、游，可以迅速捕食和躲避敌害，育苗成活率变得相对稳定；稚鱼期完成了各鳍的发育，进入幼鱼期。真鲷 20 d 的仔鱼各鳍已经分离和基本定型，进入稚鱼期，鱼的体色微红呈半透明，对光反应和外界刺激敏感，能迅速躲避敌害，由仔鱼期的波状式平游变为推进式疾游，喜欢在底层活动；鲻鱼在第 24 d 变态为稚鱼时，各鳍发育基本定型，开始分枝，鳞被基本形成，出现植物食性特征，第 41 d 变态为幼鱼期时，完成了鳞被和鳍的发育，转为植物食性(作者，1998)。因此，鳍的发育与鱼类早期的形态发育和行为是相适应的，鳍的出现和形成阶段是仔稚鱼变态的重要特征之一，直接影响着仔稚幼鱼的行为、游泳、对外界的反应敏捷程度、摄食和逃避等等，一旦到达这个特征，仔、稚、幼鱼的形态、生理和生活习性即发生剧烈的变化，跃升到新的发育阶段，生产上应及时进行食性转化、转换适口饵料的规格和种类，按照每一阶段鱼苗的习性特点采用不同的育苗操作方式，避免刺激，适时分池，以提高育苗成活率。

第六节　卵形鲳鲹免疫器官的早期发育

鱼类免疫系统是鱼体执行免疫防御功能的机构，包括免疫组织、免疫细胞和体液免疫因子三大类。开展卵形鲳鲹免疫系统的发育研究，从受精卵开始至幼鱼阶段对其免疫器官的发生、发育及在免疫防御中的作用进行研究，同时结合血液循环系统等的发育进行细胞免疫系统、体液免疫系统及黏膜免疫系统等多层次免疫学及发育生物学研究，阐明该鱼的主要免疫防御机制及在发育过程中的变化，可为卵形鲳鲹苗种繁育的免疫防病提供全面、可靠的理论依据，一方面提高苗种抗病力和成活率，另一方面也达到苗种繁育和养殖少用药甚至不用药的目的，对养殖生产和水产食品安全均有十分重要的意义。

一、头肾

观察到的头肾的发育图片见图 8-20。

0 d 龄仔鱼：纵向切片中显示，仔鱼的肠管从肛门处向身体前端逐渐开通。但肠管背部和脊索下侧未发现原肾管（图 8-20-1）。

2~3 d 龄仔鱼：2 d 仔鱼在肠管背侧发现 1 对细长的肾管，在肾管前端发现初步卷曲的肾小管（图 8-20-2）。这个肾小管出现的地方即为卵形鲳鲹的头肾原基。3 d 仔鱼在胸部脊椎下缘可见更加弯曲了的肾小管（图 8-20-3）。

4~5 d 龄仔鱼：头肾部分可见肾小球（图 8-20-4），肾小管周围分布有红血细胞等，有的管内壁有被伊红染成红色的分泌细胞（图 8-20-5）。头肾分布有一些染成蓝色的肾细胞，还有一些未分化的干细胞，呈圆形、核较大，其细胞质染色较浅，偶尔可观察到分裂现象，可能是造血干细胞。此时，头肾已经开始出现造血功能。黑色素-巨噬细胞中心（Melanomacrophage center，MMc）仅分布在头肾的外周（图 8-20-5）。仔鱼头肾部后面是两个细细的集合管，通向体后部。

6~7 d 龄仔鱼：头肾部分的肾小管增多，肾细胞和造血干细胞成簇出现（图 8-20-6）。头肾部有大量的血细胞，以红血细胞为主，在前部汇集到血管中。这些红细胞形状不太规则，呈梭形、圆形和新月形等，是未成熟红细胞。头肾组织未见明显的被膜。

10~12 d 龄仔鱼：头肾部分的肾小管数量未见明显增加。两侧的头肾中含有许多血细胞，以红细胞为主，其汇聚的血管向下延伸，绕过食道后相连在一起（图 8-20-7）。头肾部分的肾细胞和造血干细胞主要成簇分布于周围的远血管端（图 8-20-8-10）。头肾部分最前端可以到达鳃腔前缘背部（图 8-20-9）。

14~15 d 龄仔鱼：头肾前部的肾小管有逐步退化的趋势。头肾部除了血管处之外的组织相对更加致密，造血干细胞、肾细胞和血细胞等混合分布（图 8-20-11）。

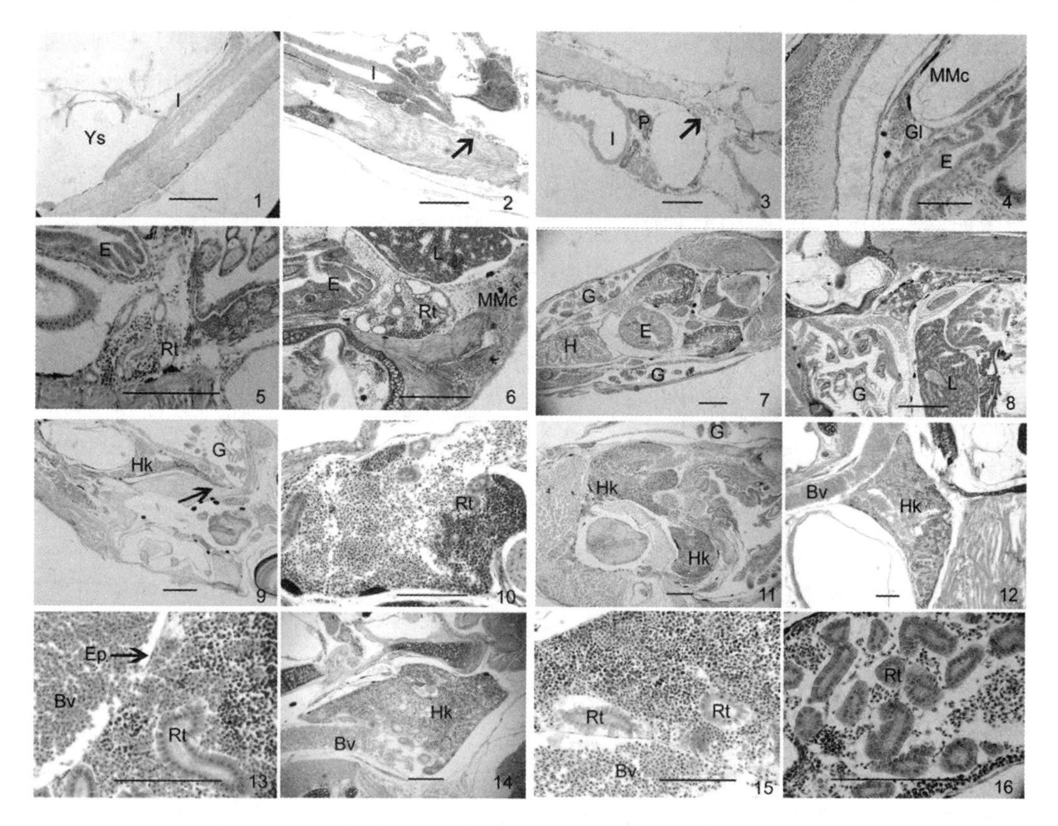

图 8-20　卵形鲳鲹头肾的早期发育

1. 0 d 龄仔鱼；2. 2 d 龄仔鱼；3. 3 d 龄仔鱼；4-5. 4-5 d 龄仔鱼；6. 6-7 d 龄仔鱼；7-8. 10-12 d 龄仔鱼；9-10. 10-12 d 龄仔鱼；11. 14-15 d 龄仔鱼；12-13. 17-18 d 龄稚鱼；14-16. 20-22 d 龄稚鱼。E：食道；G：鳃；Gl：肾小球；H：心脏；I：肠；L：肝；MMc：黑色素-巨噬细胞中心；P：胰脏；Rt：肾小管；Ys：卵黄囊；Bv：血管；Ep：上皮细胞；G：鳃；Hk：头肾；Rt：肾小管；图 2、3 箭头示头肾原基；图 9 箭头示头肾最前端。标尺 = 100 μm。

血管处的血细胞含有红血细胞以及其他淋巴细胞等。

17~18 d 龄稚鱼：头肾前部被染成蓝色，淋巴细胞的分化也越来越多（图 8-20-12）。头肾部分仍然分布有部分肾小管，但大部分逐步退化，头肾部分已经不再是泌尿的主要器官。头肾前部与血管相接之处可见极薄的被膜，由 1 层单层扁平上皮细胞构成，细胞核被染成蓝色，形状细长（图 8-20-13）。该被膜并未完全包被头肾，其若干区域有孔洞，血细胞可以穿过并进入血管。

20~22 d 龄稚鱼：头肾部分染色为蓝色，其后缘为中肾，其中含有大量的肾小管和肾小球（图 8-20-14-16）。但肾小管周围分布有较多的血细胞。中肾背部和腹部的边缘分布有肾细胞和一些造血干细胞，仍然具有造血功能，为造血和泌尿功能的混合区。但随着向中肾后部的延伸，造血干细胞数量的分布减少，血细胞的量也减少。整个肾脏的造血功能区和泌尿功能区没有明显的界限。

卵形鲳鲹头肾的早期发育过程可以分为以下三个时期：原基形成期，造血功能发展期和泌尿功能退化期。原基形成期主要包括仔鱼孵化出膜后至头肾原基的形成，包括0~3 d龄仔鱼。随后头肾原基中肾小管逐步发育增多增长，造血干细胞增多并逐步分化为各种血细胞。造血干细胞首先主要分化为红细胞（4~12 d龄），随后逐渐增加淋巴细胞的分化（14 d龄以后），造血功能逐步发展。头肾的肾小管在发育过程中首先增多，但14 d龄以后开始逐步退化，进入泌尿功能退化期。卵形鲳鲹进入稚鱼期以后头肾部分的肾小管的分布减少，头肾已经不是主要的泌尿功能区。头肾后部的中肾可见大量密集的肾小管，中肾逐渐成为主要的泌尿功能区。但稚鱼期中，卵形鲳鲹的头肾和中肾都可见肾小管和红血细胞相间分布，说明头肾和中肾都有造血功能和泌尿功能。只是头肾部分造血功能更强，后面的中肾泌尿功能更强。

二、脾脏

观察到的脾脏的发育图片见图8-21。

3 d龄仔鱼：在仔鱼腹部的肠管之间发现脾脏原基，由数个实质细胞构成一个近圆形结构，被胰脏组织包围。脾脏原基中有十分细小的毛细血管，红血细胞可见(图8-21-1)。

6~8 d龄仔鱼：脾脏呈桃形，附在肠外壁上，周围有胰脏组织等包被（图8-21-2）。体积明显增大，内部由毛细血管形成的窦状隙增多增大，其中含有丰富的血细胞，以及少量微嗜碱性细胞或造血干细胞。这些细胞以红细胞为主，形状不规则，有的细胞核偏位，细胞形状有的呈近圆形，多为未成熟的红细胞。这些红细胞最终汇聚到附近的毛细血管中。

10~12 d龄仔鱼：椭圆形，上面紧贴中肠外壁，下半部分由胰脏组织包被。脾脏内窦状隙扩大，充满红色的血细胞（图8-21-3）。同时可见淋巴细胞增多，均匀地分布在脾脏组织中（图8-21-3-4）。

17~18 d龄稚鱼：切面呈心形，与腹部血管联系紧密（图8-21-5）。脾脏内部窦状隙中分布有网状细胞、实质细胞、红血细胞和一些淋巴细胞等。淋巴细胞的细胞核染色为淡蓝色，数量不多，不易区分。脾脏组织内开始出现几个黑色素-巨噬细胞中心（图8-21-5）。

20~22 d龄稚鱼：脾脏体积进一步增大，周围由胰脏组织包被，可见有较大的血管与脾脏连通（图8-21-6）。脾脏中间部分比较疏松，分布有网状细胞和纤维组织。黑色素-巨噬细胞中心数量较少，体积较小，主要分散分布于脾脏组织内部。脾脏周围血管中的血细胞仍然以红细胞为主。

卵形鲳鲹在仔稚鱼发育阶段，脾脏原基从数个实质细胞逐渐发育到窦状隙增多、发达，脾脏内部主要表现在造血干细胞向红血细胞分化并产生大量未成熟红细胞。这在6~8 d龄的仔鱼脾脏中就已经出现，因此，脾脏已经开始参与造血功能。到了

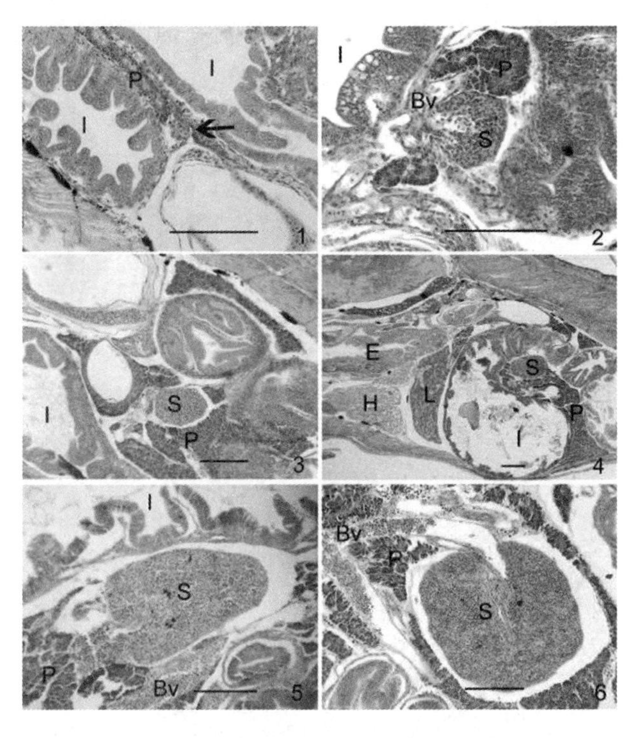

图 8-21　卵形鲳鲹脾脏的早期发育

1. 3 d 龄仔鱼；2. 6~8 d 龄仔鱼；3-4. 10~12 d 龄仔鱼；5. 17~18 d 龄稚鱼；6. 20~22 d 龄稚鱼。Bv：血管；E：食道；H：心脏；I：肠；L：肝脏；P：胰脏；S：脾脏；箭头示脾脏原基。标尺 = 100 μm。

22 d 龄，稚鱼体表布满鳞片，稚鱼期结束。此时脾脏组织体积相对进一步增大，内部造血干细胞和未成熟红细胞十分丰富，造血功能逐步成熟。此时的脾脏与附近血管相连，大量血细胞进入血管中，参与血液循环。

三、胸腺

观察到的胸腺的发育图片见图 8-22。

3 d 龄仔鱼：在 3 d 龄仔鱼的鳃腔后上方出现胸腺原基（图 8-22-1）。胸腺原基是一个对称的器官，由数个细胞组成一团，位于各鳃腔后缘背角附近的上皮组织下方，被染成蓝色。胸腺原基和鳃腔之间由一层较薄的上皮组织间隔。这些细胞团呈短棒状，在鳃腔上皮中形成突起。

7 d 龄仔鱼：胸腺组织增大，胸腺实质细胞未见明显分化（图 8-22-2）。胸腺细胞团埋于鳃腔上皮下方，此时胸腺细胞嗜碱性不强，染色较淡，可能含有一些干细胞。此时胸腺与头肾相隔较近，但中间有少量肌肉组织和纤维组织膜等间隔。

10~13 d 龄仔鱼：胸腺组织呈长棒状，胸腺细胞被染成较为均匀的蓝色，多为典型的淋巴细胞（图 8-22-3）。这些淋巴细胞圆形、近圆形，细胞核相对较大，细胞嗜碱性较强，染色较深。胸腺组织中间部分的细胞染色略微变淡，预示着胸腺组织开始分区，但分区不明显（图 8-22-3）。胸腺组织和头肾组织相隔不远，但中间有网状组织和肌肉组织间隔，未发现有淋巴细胞迁移的现象（图 8-22-4-6）。

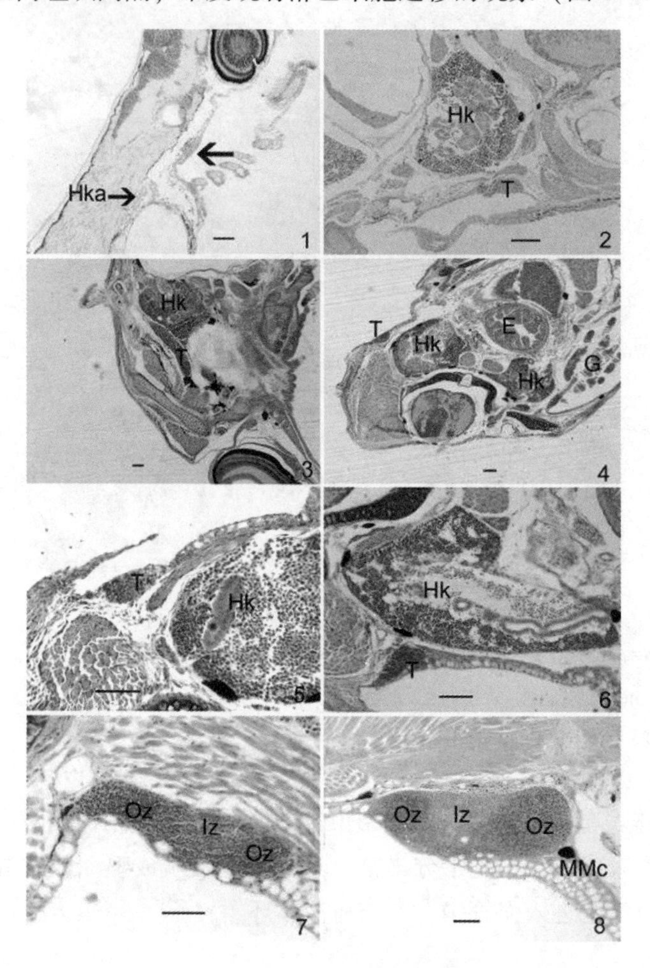

图 8-22　卵形鲳鲹胸腺的早期发育

1. 3 d 龄仔鱼；2. 7 d 龄仔鱼；3~6. 10~13 d 龄仔鱼；7. 16~18 d 龄稚鱼；8. 20~22 d 龄稚鱼。E：食道；G：鳃；Hk：头肾；Hka：头肾原基；Iz：内区；MMc：黑色素-巨噬细胞中心；Oz：外区；T：胸腺；箭头示胸腺原基。标尺 = 50 μm。

16~18 d 龄仔稚鱼：胸腺长形，位于鳃腔后缘背角处。胸腺紧贴着肌肉组织，其鳃腔一侧的表面为一层不规则的上皮细胞，上皮细胞中分布有大量个体较大的分泌样细胞（图 8-22-7）。此时胸腺开始分区。胸腺的中部且靠近肌肉组织的部分染蓝色较淡，淋巴细胞分布较为稀疏，为内区。前后两侧部分染蓝色较深，淋巴细胞较小，分布较为致密，为外区。内区外区之间的分界并不明显。

20~22 d 龄稚鱼：胸腺的体积进一步增大，在背角一侧出现黑色素-巨噬细胞中心（图 8-22-8）。内区和外区的分辨更加明显。胸腺中间的内区细胞分布更加稀疏，多为网状细胞和类肌细胞等，细胞核质比减小，细胞核染色变淡；两侧的外区淋巴细胞的核质比较大，细胞核染色较深。胸腺外侧的上皮组织中，分布有较多的分泌样细胞，在胸腺的表层附近也出现少数分泌样细胞，它们深陷在胸腺组织的表层（图 8-22-8）。

卵形鲳鲹的胸腺原基出现在 3 d 龄，但在随后的一周中主要发育表现在细胞的增多和体积的增大，细胞嗜碱性不强。10~13 d 龄胸腺细胞的嗜碱性增强，淋巴细胞开始增多，此时胸腺开始分区。20~22 d 龄稚鱼期结束时，胸腺的内区和外区进一步分化，分区更为明显，表明胸腺进一步成熟。对卵形鲳鲹早期发育切片进行连续观察，胸腺和头肾之间一直有网状组织和肌肉组织等分隔，并未发现胸腺和头肾之间有淋巴细胞迁移现象。

四、研究结果分析

卵形鲳鲹免疫器官在早期发育阶段中出现的顺序是头肾（2 d 龄）、脾脏和胸腺（均为 3 d 龄），与大黄鱼（*Pleudosciaena crocea*）相似（徐晓津等，2007），但早于大黄鱼、斜带石斑鱼（*Epinephelus coioides*）（吴金英等，2003）和军曹鱼（*Rachycentron canadum*）（苏友禄等，2006）等。另外，大西洋鳕鱼（*Gadus morhua*）的头肾和脾脏在孵化之时出现，早于卵形鲳鲹，胸腺则在 9 mm 仔鱼时出现，迟于卵形鲳鲹（Schrøder M B，et al，1998）。而大西洋庸鲽（*Hippoglossus hippoglossus*）的脾脏形成较晚，在孵化后 49 d 才形成（Patel S et al，2009）。

研究表明，不同鱼类的初始血细胞形成的时期及造血位点不尽相同（Zapata A et al，2006）。根据卵形鲳鲹头肾的早期发育特征，发育过程基本分为原基形成期、造血功能发展期和泌尿功能退化期。造血功能发展期始于 4 d 龄。4~5 d 龄卵形鲳鲹仔鱼的头肾部分布有一些染成蓝色的肾细胞，还有一些未分化的干细胞，呈圆形、核较大，其细胞质染色较浅，体积比淋巴细胞大，偶尔可观察到分裂现象，可能是造血干细胞。这与斜带石斑鱼中的类似（吴金英等，2003）。随后在 6~7 d 龄仔鱼的头肾中发现大量的血细胞，以红血细胞为主，形状不太规则，呈梭形、圆形和新月形等，是未成熟红细胞。而脾脏也是在 6~8 d 龄左右发现窦状隙中有未成熟红细胞。表明此时卵形鲳鲹的头肾和脾脏均已经开始具备造血功能。卵形鲳鲹肾脏和脾脏的淋巴化程度与牙鲆（*Paralichthys olivaceus*）早期发育相似（Liu Y et al，2004）。

卵形鲳鲹胸腺在 10~13 d 龄左右淋巴细胞开始增多，标志着胸腺淋巴化开始。而头肾中的淋巴细胞逐渐增多是在进入稚鱼期以后（17~18 d 龄），其淋巴化迟于胸腺。而在仔稚鱼期，未发现脾脏淋巴化。因此，3 种免疫器官淋巴化的顺序依次是胸腺、头肾和脾脏，与斜带石斑鱼相同（吴金英等，2003）。另外，有的鱼类在早期发育阶段，出现胸腺消失的现象（Liu Y et al，2004）。该研究主要进行了卵形鲳鲹变态期完成前免疫器官的发育观察，卵形鲳鲹的胸腺在随后的发育中是否会消失，还需要进一步观察研究。

Padros F et al（1996）在大菱鲆（*Scophthalmus maximus*）刚孵化仔鱼头肾中发现造血干细胞，认为在头肾早期发育阶段有同样的干细胞移向未发育完全的胸腺中。大黄鱼（徐晓津等，2007）、金鲷（*Sparus aurata*）（Josefsson S et al，1993）等硬骨鱼类在早期发育过程中，均在头肾和胸腺之间发现有淋巴细胞“桥”，推测头肾和胸腺之间存在细胞的迁移。Tatner（1985）曾用同位素氚原位标记了 6 月龄的胸腺细胞，发现胸腺细胞迁移到外周淋巴器官中，如脾脏和肾脏中。但其在免疫器官的早期发生和发育中，是否存在细胞迁移则未可知。此试验中，对卵形鲳鲹早期发育切片进行了连续观察，胸腺和头肾之间一直有网状组织和肌肉组织等分隔，并未发现胸腺和头肾之间有淋巴细胞迁移现象，与斜带石斑鱼类似（吴金英等，2003）。

鱼类在免疫系统发育成熟之前，免疫防御主要依靠非特异性免疫，包括细胞免疫和体液因子免疫等。卵形鲳鲹在变态完成之前，免疫器官逐渐发育成熟，此时头肾部分造血干细胞已经可以分化为红细胞、淋巴细胞和粒细胞等，脾脏也已经具备造血功能。胸腺则最早进行了淋巴化，变态完成时，内外区分区明显，胸腺进一步成熟。这表明卵形鲳鲹非特异性免疫系统发育迅速，在早期发育阶段中对机体免受细菌等的感染起到重要的保护作用。

第九章　卵形鲳鲹苗种生长的生态环境

第一节　急性盐度胁迫对卵形鲳鲹幼鱼 Na^+-K^+-ATPase 活性和渗透压的影响

卵形鲳鲹在较大的盐度范围内都能存活，但在不同的养殖盐度下，其生长速度会有不同，盐度变化通过影响鱼类自身的生理变化，来调整体内外渗透压的动态平衡，从而影响其生长存活。掌握鱼类的渗透压调节方式与机理对于在人工养殖过程中，控制适宜的水体盐度与采用合理的盐度调节模式具有重要的意义（胡俊恒等，2010）。作者等（2012）文研究了急性盐度胁迫对卵形鲳鲹幼鱼鳃 Na^+-K^+-ATP（NKA，下同）酶活力，血清、鳃和肾渗透压的影响，以期为卵形鲳鲹养殖生产中适宜的水体盐度调节提供理论指导。

一、实验水体盐度与渗透压的关系

如图 9-1 所示，实验水体的渗透压（y）与水体盐度（x）呈极显著正相关（$y=33.621x-36.381$，$R^2=0.993\ 7$），渗透压随着盐度的升高而升高。

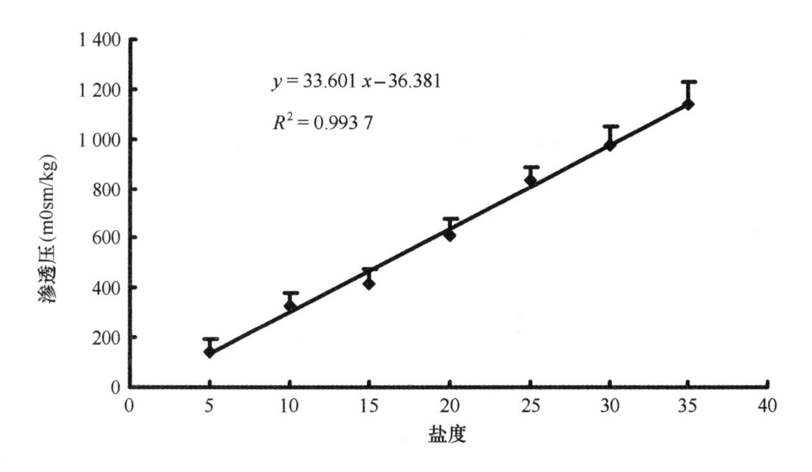

图 9-1　实验水体盐度与水渗透压的关系

二、急性盐度胁迫对卵形鲳鲹幼鱼行为和存活率的影响

观察发现，幼鱼从盐度30初转入各盐度处理水体中，极度不适应，体色迅速变黑，四处急速游动，呈现受惊吓的状态，在充气头附近会稍稍停留。如表9-1所示，盐度25、20、15组幼鱼经过15~20 min体色恢复正常，盐度10、35组则需较长时间，分别为18~30 min、16~35 min。幼鱼从盐度30直接转移到盐度5水体中，盐度变化幅度为25，幼鱼体色较其他盐度组的更黑，体色恢复正常所需时间较长，需35~50 min。随着盐度变化胁迫增大，幼鱼体色恢复正常所需时间越长，而转入盐度同样为30的对照组则仅需短时间的体色恢复。当直接放入淡水中时，幼鱼体色变得最黑，约3 h幼鱼活动力下降，在水的表面缓慢游动，12 h后全部死亡。其他盐度组幼鱼实验期间存活率为100%。结果表明，卵形鲳鲹虽然能够适应在盐度较广的水环境中生活，但不适应在盐度为0的纯淡水中生活。

表9-1 急性盐度胁迫对卵形鲳鲹幼鱼体色恢复正常所需时间和存活率的影响（$n=120$）

盐度	放鱼数量（ind）	体色恢复正常所需时间（min）	存活率（%）
5	120	35~50	100
10	120	18~30	100
15	120	15~20	100
20	120	15~20	100
25	120	15~20	100
30	120	0.5~1	100
35	120	16~35	100

三、急性盐度胁迫对卵形鲳鲹幼鱼鳃NKA酶活力的影响

如图9-2所示，盐度30（对照组）NKA酶活力变化相对平稳。盐度5、10处理的NKA酶活力在开始时都有所升高，盐度5酶活力逐渐升高后在96 h处下降，在72 h时达到最高值（$P<0.05$）；盐度10处理呈先升高后降低再升高、降低的波动状态，在24 h达到第二高峰，在72 h达到最高峰，在48 h NKA酶活力最低（$P<0.05$）。盐度处理15、20、25、35变化趋势相同，都呈先降低后升高再降低的变化趋势，都在72 h酶活力达到最高，盐度20、25、35处理于48 h处酶活力最低，盐度15在96 h酶活力达到最低。相同处理时间的各盐度组之间存在差异。在24 h、72 h时，低盐度组（5和10）NKA酶活显著高于其他盐度组（$P<0.05$）。在48 h时，各盐度组酶活力均低于对照组，除盐度5处理外，其他都与对照组有显著性的

差异（*P*<0.05）。在 96 h 时，盐度 10、15、20、25 酶活力均低于对照组，除盐度 20 组外其他与对照组无显著性差异（*P*>0.05），盐度 5、35NKA 酶活力高于对照组，但与对照组没有显著性差异（*P*>0.05），盐度 35 组酶活力高于其他组，与盐度组 15、20 差异显著（*P*< 0.05），随盐度梯度 NKA 活性呈"U"形分布。

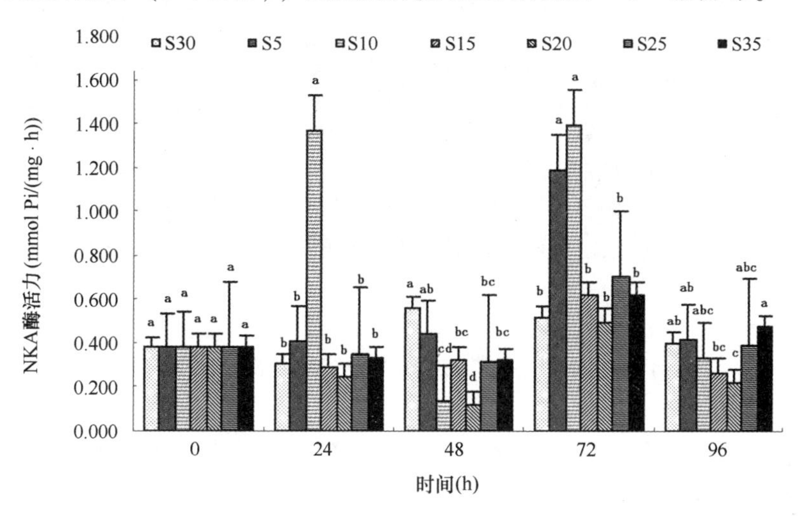

图 9-2　急性盐度胁迫对卵形鲳鲹鳃 Na^{+}-K^{+}-ATPase 活性的影响

四、不同盐度对卵形鲳鲹血清渗透压的影响

如图 9-3 所示，对照组盐度 30 幼鱼血清渗透压随时间变化平稳，各组之间无显著性差异（*P*>0.05）。盐度 5、10、35 处理在最初 48 h 内渗透压有一个明显的下降和回升过程，盐度 5 处理在 72 h 升到最高值随后回落，并且在 48 h、72 h 时与对照组有显著性差异（*P*<0.05），后 2 个处理渗透压逐渐升高，盐度 10 处理除 24 h 外的其他时间点均与对照组有显著性差异，盐度 35 在 72 h 显著高于对照组。盐度 15、25 处理渗透压随时间变化呈先上升后下降再回升的趋势，在 48 h、72 h 与对照组有显著性差异。盐度 20 处理中渗透压先下降后上升，在 24 h 降到最低点，96 h 达到最高点，在 48 h、72 h 处与对照组相比有显著性差异。各盐度组除了 5 以外，血清渗透压在 96 h 均达到最大值，但于 72 h 时没有显著性差异。在 96 h 时，随盐度变化，渗透压以盐度 15、20 为中心，呈对称变化，在盐度 20 处理后随着盐度的增加呈先上升后下降的趋势，除盐度 10 外，其他盐度组与对照组无显著差异。

五、急性盐度胁迫对卵形鲳鲹鳃渗透压的影响

由图 9-4 可以看出，对照组（盐度 30）鳃渗透压随时间呈先下降后上升的趋势，在 96 h 达到最大值。除对照组外，其他盐度组鳃渗透压随时间变化都呈现先上升后下降的趋势，但盐度组 10、15、25 各时间段无显著性差异（*P*>0.05），盐度组

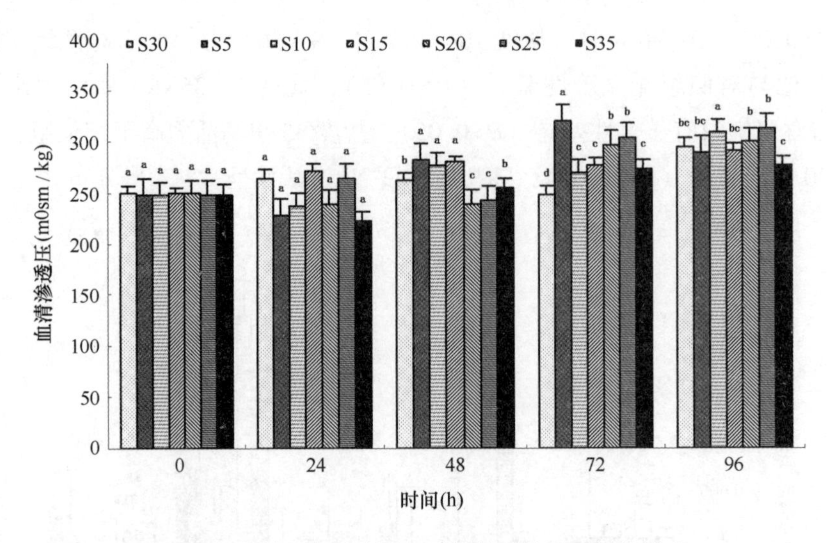

图 9-3　急性盐度胁迫对卵形鲳鲹血清渗透压的影响

5、20 显著地高于初始水平，在 24 h 时 5 个盐度组都显著高于对照组（$P<0.05$），在 48 h、96 h 时盐度组 10 显著高于对照组（$P<0.05$）。

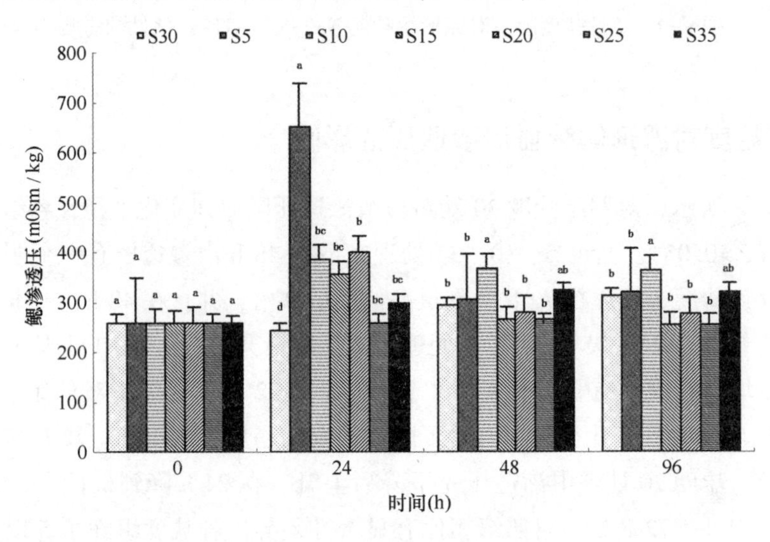

图 9-4　急性盐度胁迫对卵形鲳鲹鳃渗透压的影响

六、急性盐度胁迫对卵形鲳鲹肾脏渗透压的影响

由图 9-5 可以看出，对照组（盐度 30）肾脏渗透压随时间变化相对平稳。盐度组 5、10、20 在开始的 24 h 内，肾脏渗透压没有显著性变化，盐度组 5 在 48 h 时降到最低值后有所回升，后 2 组在 96 h 时达到最低值，前 2 组在 48 h 时与对照组有显著性差异，盐度 20 在 24 h、96 h 时与对照组有显著性差异。盐度组 15、25、35 在

各时间段肾脏渗透压没有显著性差异（$P>0.05$），盐度组 15 在 96 h 时与对照组相比有显著性差异（$P<0.05$），盐度组 25 在 48 h 时显著低于对照组（$P<0.05$），盐度组 35 在 24 h 时显著高于对照组（$P<0.05$）。在 96 h 时，肾脏渗透压随盐度变化呈“U”形分布，且高盐度组（30、35）高于低盐度组（5、10），在盐度 20 时渗透压最低。

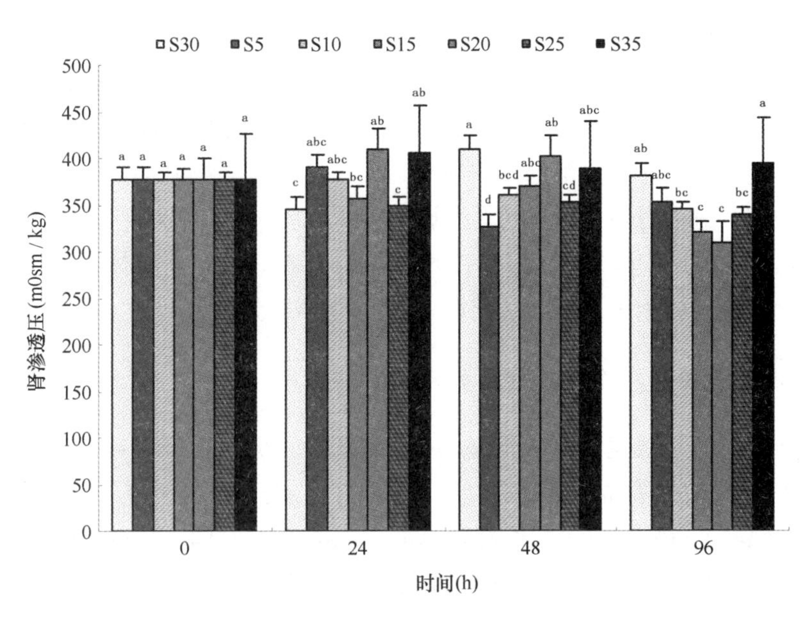

图 9-5　急性盐度胁迫对卵形鲳鲹肾渗透压的影响

七、研究结果分析

1. 急性盐度胁迫对 NKA 酶活力的影响

NKA 是横跨质膜的一种固有蛋白，可以催化 ATP 的末端磷酸水解，利用该反应中获得的能量来对抗离子的电化学梯度，实现 Na^+、K^+的主动转运，在整个机体的离子调节方面起到核心作用（翟中和等，2000）。鳃丝 NKA 酶活性的变化是广盐性鱼类参与渗透调节的一项重要指标。当鮸（*Miichthys miiuy*）由高盐度海水转入低盐度海水中培育时，鳃丝 NKA 酶活力在 2 d 内先逐渐下降，2 d 后开始升高，在处理第 8 d 时趋于稳定；而进入高盐度海水中时，前 2 d 酶活性的变化与进入低盐度海水中正好相反，NKA 酶活力先随时间的变化而升高，2 d 后逐渐降低，在第 8 d 左右趋于稳定（柳敏海等，2008）。同样，当褐牙鲆（*Paralichthys olivaceus*）培养盐度从 30 降低到低盐度水体中时，鳃丝中 NKA 酶活力呈先下降后上升最终趋于稳定的趋势（潘鲁青等，2006）。这与本实验中卵形鲳鲹鳃丝中的 NKA 酶活力变化情况基本一致，但盐度 5 组在实验初期即 24 h 内，显著高于对照组，这说明较低盐度下有另外的因素影响 NKA 活性，可能和体内激素水平有关（Singer T D et al，2003）。Romao 等（2001）通过对多鳍南极鱼（*Notothenia neglecta*）的研究发现，在水环境盐度降低时，其鳃丝 NKA 活力变化不显著（Romao S et al，2001）。广盐性鱼类一般 NKA 酶活力随盐度变化呈“U”形，在等渗点附近 NKA 活性最低。本实验结果表明，卵形鲳鲹幼鱼在 96 h 处理时，随盐度变化，鳃丝 NKA 酶活性呈“U”形分布，在盐度 20 NKA 活性最低，且高盐度环境（以盐度 20 为分界）对稚鱼的渗透调节胁迫要大于低盐度环境，表明卵形鲳鲹属于广盐性硬骨鱼类中“高渗环境高 NKA 活性”类型，且等渗点可能在盐度 20 左右。实验表明，高盐度环境和低盐度环境下幼鱼都需要消耗一定的能量来维持体内渗透压，这直接影响到摄入营养的分配和饵料的利用效率，进而对鱼类的生长产生影响（Boeuf G et al，2001；Sampaio L A et al，2002）。因此，在实际生产中，选择、调节和控制合适的养殖水体盐度，可使卵形鲳鲹养殖获得最快的生长速度，从而取得最大的经济效益。

2. 急性盐度胁迫对血清渗透压的影响

有学者通过对黑棘鲷（*Acanthopagrus butcheri*）（Partridge G J et al，2002）、墨西哥湾鲟（*Acipenser oxyrinchus desotoi*）（Altinok I et al，1998）、鲤（*Cyprinus carpio*）（Linden A V et al，1999）、大西洋鲑（*Salmo salar*）（Handeland S O et al，2003）以及褐牙鲆（潘鲁青等，2006）的研究表明，鱼类对盐度的适应过程主要分为 2 个阶段：一是盐度升高或降低后的短期内，鱼类血清渗透压呈迅速下降的趋势，这一变化随即刺激鱼机体渗透调节生理机制的改变；二是渗透压向变化前状态的逐渐恢复的过程。在本实验中卵形鲳鲹幼鱼在盐度组 5、10、20、35 处理中这个渗透调节过程表现的比较明显，在盐度突变 24 h 内基本是卵形鲳鲹被动对外界环境进行适应的阶段，后期调整渗透调节机制，渗透压开始恢复，96 h 时，各处理组卵形鲳鲹血清渗透压开始处于稳定状态。这说明卵形鲳鲹对盐度的适应性很强。幼鱼进入到高渗环境中，其血清渗透压低于水体渗透压，为补偿鱼体被动失去的水分，幼鱼大量吞饮海水，同时也摄入大量离子，这些离子通过肠道吸收进入血液，血清中离子浓度增高，渗透压也随之增高，这与实验在 72 h 检测到的结果是一致的，盐度 35 组的血清渗透压显著高于对照组。

3. 急性盐度胁迫对鳃、肾脏渗透压的影响

鱼类渗透浓度的调节主要是通过肾脏、鳃等器官来完成的（谢志浩，2002）。鳃和肾脏通过调节体内离子浓度和水分含量来调节鱼体渗透压。海水硬骨鱼类在低渗环境中，被动吸收水分，为了维持体内的高渗透压，肾脏排出过多的水分并大量吸收各种离子，排出大量稀薄的尿液，同时鳃主动吸收 Na^+ 和 Cl^-。而在高渗环境中，为了抵抗体内水分由鳃和体表丢失，通过大量吞饮海水，并且由鳃丝上的氯细

胞排出大量的 Na^+，肾脏排出部分离子和极少量的水分来维持体内的低渗透压（胡俊恒等，2010）。本研究表明，相同盐度的鳃渗透压随时间变化呈先上升后下降逐渐稳定的趋势，这与血清渗透压变化恰好相反；肾渗透压除盐度 5、10 处理外，其他盐度组随时间没有显著变化，维持一定的稳定性。说明卵形鲳鲹幼鱼在低盐度（5、10），渗透调节器官鳃和肾共同完成对体渗透压的调节，在其他盐度组，鳃对体渗透压的调节起主导作用。

第二节　盐度对卵形鲳鲹幼鱼渗透压调节和饥饿失重的影响

盐度是重要的水环境生态因子，即使是广盐性鱼类，其对生活于水中的鱼类机体渗透压、酶、激素、呼吸代谢、免疫、生长、存活、甚至肌肉品质等各方面仍然产生重要的影响，若养殖过程处理不当，会产生不利于鱼体存活的应激作用。鱼类对盐度变化的耐受性取决于其渗透压调节能力以及与提供能量支持有关的代谢重组（Jarvis P L et al，2003），鱼体必须适应其体内水分流失和盐分增加的趋势。鳃和肾是广盐性硬骨鱼类调控渗透压和离子的重要器官，鳃 Na^+-K^+-ATP 酶（Na^+-K^+-ATPase，NKA）活性可启动膜蛋白运输及离子通道来维持细胞内环境，在机体的渗透压调节和离子平衡上发挥重要作用（Evans D H et al，2005）。不同鱼类在不同环境中的渗透调节反应不同，依据 NKA 变化可将广盐性硬骨鱼类分为高渗环境高 NKA 活性和低渗环境高 NKA 活性两类。许多学者研究认为，在自然环境中鱼类正常生理状态的内环境渗透压一般稳定在一个很窄的范围内，相当于盐度为 10~15 的渗透浓度，与外界水环境往往有很大的差别（Van der Linden A et al，1999）。作者等（2014）研究盐度渐变对血浆、鳃和肾渗透压，NKA 酶活力以及饥饿失重的影响，探讨盐度对深水网箱养殖的卵形鲳鲹幼鱼渗透调节的影响，以期为卵形鲳鲹的养殖生产提供参考资料。

一、盐度对卵形鲳鲹幼鱼存活的影响

将卵形鲳鲹幼鱼转入各盐度组后，各组存活率不同，到实验结束时，盐度组 5、25、35 的存活率分别为 87.14%、95.71%、88.86%，其他盐度组实验期间无死亡，各组间存活率差异显著（$P<0.05$）。

二、盐度对卵形鲳鲹鳃 NKA 活性的影响

如图 9-6 所示，鳃 NKA 活性除盐度 15 外都呈先下降后升高随之回落并趋于稳定的趋势。盐度 30 组（对照组）的 NKA 活力变化相对平稳，随着时间的增加，NKA 活性没有显著差异（$P>0.05$）。盐度 5、25、35 组的 NKA 酶活力在开始时都有所降低；盐度 5 组 NKA 酶活力在 6 h 时达到峰值，显著高于 1 h、12 h、1 d、2 d

($P<0.05$)，在 1 d 时降到最低值，之后变化平稳（$P>0.05$）；盐度 25 组 NKA 活性在最初的 1 h 内下降，然后在 6 h 时升到最高值，之后又降低，在第 1 d 时达到最低值，然后开始回升，之后的各时间段 NKA 活性无显著差异（$P>0.05$）；盐度 35 组 NKA 活性在最初下降之后随着时间延长而逐渐上升，在 2 d 时升到最高值（$P<0.05$），随后再降低，4 d 后变化平稳（$P>0.05$）。盐度 15 组在开始时，NKA 活性升高，在 6 h 时达到最大值（$P<0.05$），随后酶活性回落到最初值。

全部盐度组的 NKA 酶活力从第 4 d 开始达到相对稳定的状态。相同处理时间的各盐度组之间存在差异；在实验开始后第 1 h，盐度 15 组的酶活性显著高于其他盐度组（$P<0.05$）；在 6 h、1 d、9 d、12 d 时，各盐度组 NKA 活性无显著差异（$P>0.05$）；在 12 h 时，盐度 35 组的 NKA 活性最高，并显著高于盐度 5、15、25 组；在 2 d 时，随着盐度的增加，NKA 活性增大，在盐度 35 时达到最大值；在 2 d 之后的各时间节点，随盐度升高 NKA 活性呈“U”形分布。

总体上看，除对照组外，盐度 25 组的 NKA 酶活力最稳定。

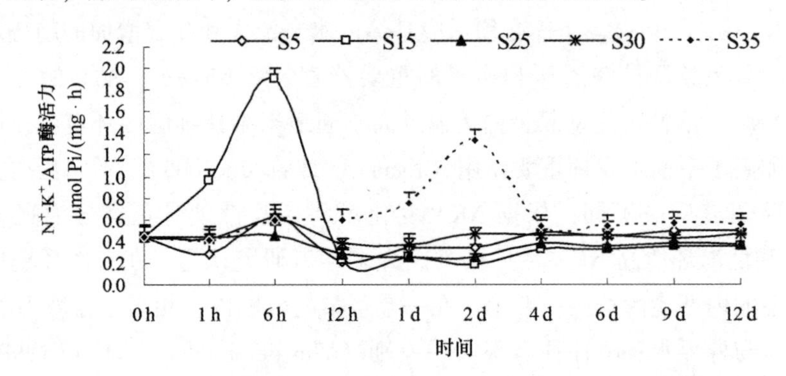

图 9-6　盐度对卵形鲳鲹幼鱼鳃 Na^+-K^+-ATPase 活性的影响

三、盐度对卵形鲳鲹血浆渗透压的影响

如图 9-7 所示，在相同盐度下血浆渗透压随时间的变化各不相同，并且随时间延长呈先升高后下降再升高随后回落并趋于稳定。在最初的 1 h，各盐度血浆渗透压均显著升高（$P<0.05$），达到第一峰值，在 6 h 时有所回落；除盐度 5、25 组在12 h 继续下降之外，其他盐度组在 12 h 时升到第二峰值（$P<0.05$）；盐度 30、35 组在 1 d达到最低值（$P<0.05$）之后开始回升；盐度 5 和 25 组在 4 d 降到最低值；各盐度组从 2 d 开始，血浆渗透压开始稳定（$P>0.05$）。盐度 15 组在 12 h 后血浆渗透压开始回落，在 6 d 时达到最低值，并显著低于 6 h、12 h、1 d、2 d。

在不同时间节点各盐度组之间，盐度对血浆渗透压的影响也不同。在 1 h 时，盐度对血浆渗透压有显著影响，血浆渗透压随盐度增加而升高，各组之间差异显著（$P<0.05$）；在 6h 时，血浆渗透压从大到小依次为盐度 25>5>30>15>35，各盐度组之间差异显著（$P<0.05$）；在 12 h，盐度 30、35 组的血浆渗透压显著高于其他盐度组（$P<0.05$），盐度 15 组显著高于盐度 5、25 组（$P<0.05$）；在 1 d 时，除盐度 5、30 组之外，各盐度组之间差异显著（$P<0.05$），盐度 25 组的血浆渗透压最高；在 2 d 时，盐度 15 组的血浆渗透压最高，盐度 5 组最低，各组之间差异显著（$P<0.05$）。在 2 d 之后的各时间节点，血浆渗透压随盐度的增加而增大，盐度 30、35 组显著高于其他盐度组（$P<0.05$）。

总体上看，各盐度组在 2 d 之前渗透压都有较大变化，其中高盐度组的渗透压变化幅度较低盐度组大。

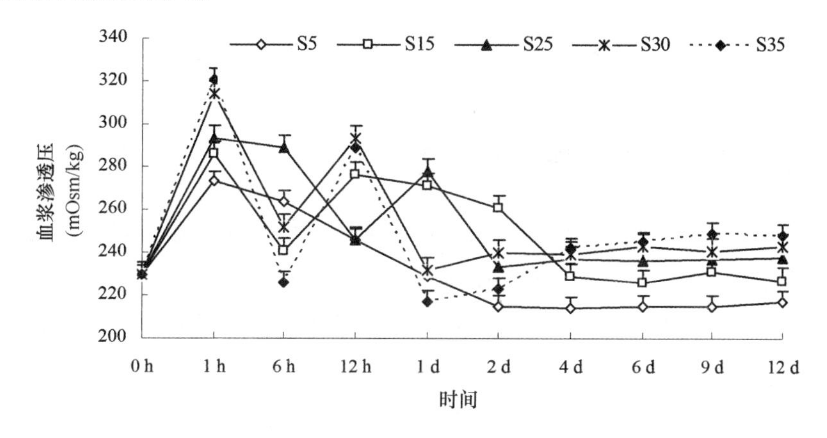

图 9-7　盐度对卵形鲳鲹幼鱼血浆渗透压的影响

四、盐度对卵形鲳鲹鳃渗透压的影响

如图 9-8 所示，各盐度组鳃渗透压在最初的 1 h 都有所降低。盐度 5 组在 6 h 时降到最低点，显著低于除 1 h 外的其他时间段（$P<0.05$），在 1 d 时升到最高值，之后开始回落，从 2~12 d 的各时间段渗透压较稳定（$P>0.05$）；盐度 15 组在之后的 12 h 内渗透压回升，在 12 h 升到最大值，但与之后的各时间段无显著性差异（$P>0.05$）；盐度 25、30、35 组随时间增加渗透压无显著变化（$P>0.05$）。

在 0 h、1 h 时各盐度组鳃渗透压无显著性差异（$P>0.05$）；在 6 h 时，随盐度的增加鳃渗透压逐渐增加，盐度 35 组显著高于盐度 5 组（$P<0.05$）；在 12 h 时，各盐度组渗透压无显著差异（$P>0.05$）。在随后的 12 d，除 4 d 时盐度 5 组显著高于盐度 15 组（$P<0.05$）外，其他时间节点鳃渗透压随盐度变化呈“U”形分布，但各组之间无显著性差异（$P>0.05$）。

总体上看，低盐度组的鳃渗透压变化较大，盐度 25、30、35 组的渗透压较稳定。

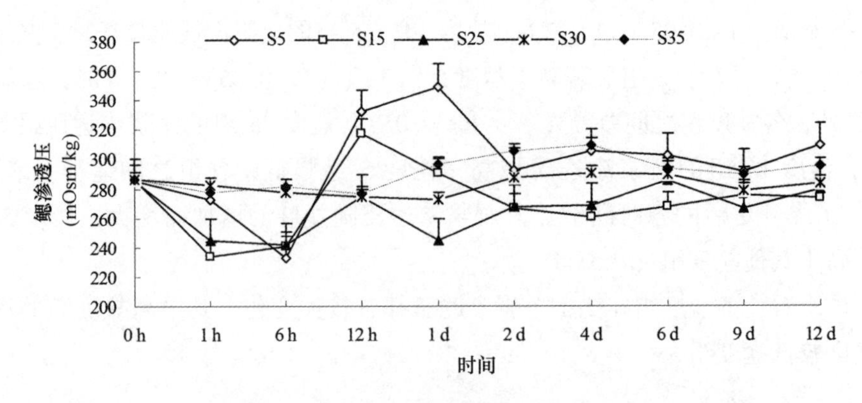

图 9-8　盐度对卵形鲳鲹幼鱼鳃渗透压的影响

五、盐度对卵形鲳鲹肾渗透压的影响

如图 9-9 所示，盐度为 30 的对照组肾渗透压变化平稳，随时间延长无显著变化（$P>0.05$）。盐度 5、15、25、35 组在最初的 12 h 内肾渗透压呈先下降后升高再下降的趋势，除盐度 5 组在 2 d 时渗透压降低，其他盐度组在 2 d 内都有所回升，之后各盐度组随时间的增加渗透压变化稳定（$P>0.05$）。

在 1 h 时，盐度 25、30、35 组肾渗透压显著高于盐度 5 组；在 6 h 时，各盐度组肾渗透压无显著差异（$P>0.05$）；12 h 时，盐度 5 组肾渗透压显著低于其他盐度组（$P<0.05$），其他盐度组之间无显著性差异（$P>0.05$）；在 1 d 时，盐度 35 组肾渗透压明显高于盐度 15、25、30 组（$P<0.05$）。从第 2 d 开始，各时间节点肾渗透压随盐度的变化趋势相似，随着盐度增加渗透压增大；从第 4 d 开始，高盐度组 30、35 的渗透压显著高于低盐度组 5 和 10 的渗透压（$P<0.05$）。

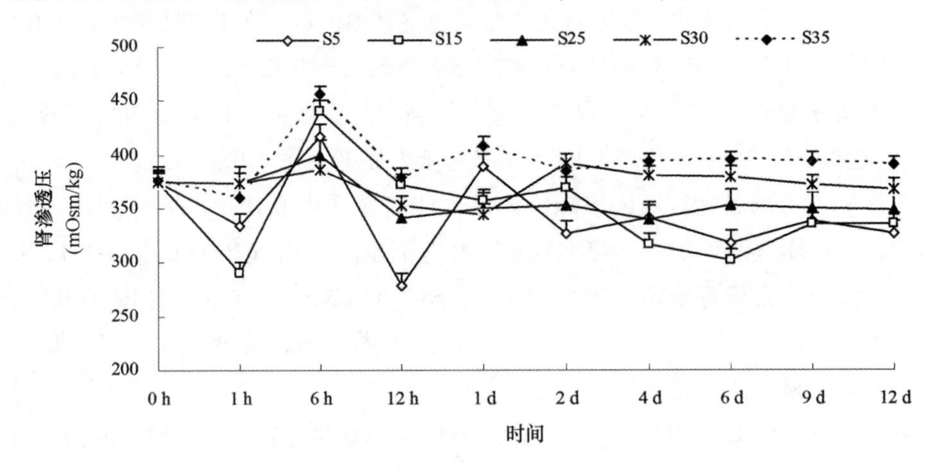

图 9-9　盐度对卵形鲳鲹幼鱼肾渗透压的影响

六、卵形鲳鲹饥饿失重

如图 9-10 所示，卵形鲳鲹幼鱼饥饿失重率随盐度变化呈“U”形分布，盐度 35 组显著高于除盐度 5 之外的其他盐度 组（$P<0.05$），盐度 25 组最低。盐度 5 组显著高于盐度 25 组（$P<0.05$），而与盐度 35 之间无显著差异（$P>0.05$）。饥饿失重率在盐度 15、25、30 间无显著差异（$P>0.05$）。盐度极显著地影响卵形鲳鲹饥饿失重率（$F=6.52>5.99$，$df_1=4$，$df_2=10$，$P<0.01$）。

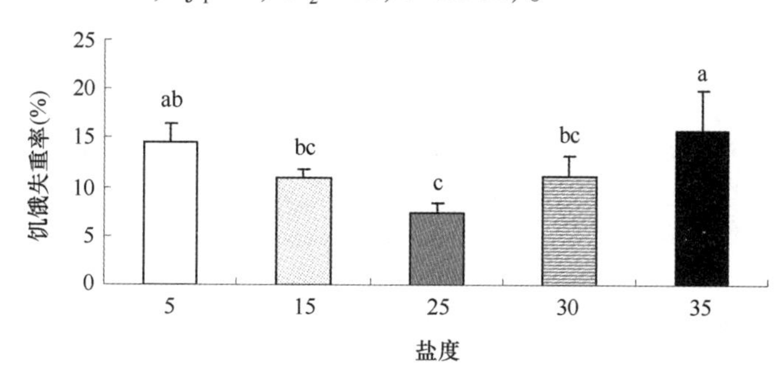

图 9-10　盐度对卵形鲳鲹幼鱼饥饿失重的影响

注：图标上方小写字母不同表示不同盐度组间差异显著（$P<0.05$）。

七、研究结果分析

1. 盐度对卵形鲳鲹幼鱼鳃 NKA 活性的影响

鱼类在水环境中生活，其调节渗透压能力的大小决定了鱼体对水环境的适应能力。鳃除了作为鱼类的呼吸器官外，在机体渗透调节和离子运输方面也起着重要的作用，其上的氯细胞含有丰富的 NKA。NKA 是横跨质膜的一种固有蛋白，可以催化 ATP 的末端磷酸水解，利用该反应中获得的能量来对抗离子的电化学梯度，泵出 Na^+及吸收 K^+，形成细胞内外电位势，启动二级膜蛋白运输及离子通道，以维持体内稳定的渗透压，当生存环境盐度发生改变时，鱼类鳃丝 NKA 活力变化显著，因此鳃 NKA 活性常作为鱼类渗透压调节强度大小的一个重要指标（Mancera J M et al, 2000; Tipsmark C K et al, 2002; 柳敏海等，2008）

对鮸鱼（*Miichthys miiuy*）、褐牙鲆（*Paralichthys olivaceus*）、俄罗斯鲟（*Acipenser gueldenstaedtii*）等幼鱼的研究表明，盐度对鳃丝 NKA 活性有极显著的影响（潘鲁青等，2006；屈亮等，2010；柳敏海等，2008），并且各盐度的鳃丝 Na^+-K^+-ATPase 活力最后都达到相对稳定的值，在高渗环境中与盐度大小呈正比，在低渗环境中与盐度呈反比，本研究结果与之一致。卵形鲳鲹在转入高盐度或低盐度的水体中，都有较高的成活率，说明其对盐度变化有较高的适应能力，渗透调节能力较强。盐度为30的对照组和盐度变化幅度较小的低盐度组25的NKA活性自始至终都较稳定，表明卵形鲳鲹幼鱼很快就适应了盐度从30降至25的变化，而高盐度组35和变化幅度较大的低盐度组15、5的NKA活性则变化较大，尤其是盐度35组在第4 d才趋于稳定，表明卵形鲳鲹幼鱼对于高盐度的适应能力较之低盐度差，需要较长时间的渗透调节，而盐度15和5组相比于盐度25组的渗透调节难度加大，同时也表明卵形鲳鲹幼鱼的NKA对高盐度变化和较低盐度变化较敏感，在渗透调节中发挥重要作用，调节水环境盐度变化的适应能力较强。当NKA活性最终达到稳定后，酶活性恢复到初始水平，并且随盐度升高和降低而呈“U”形分布，属于广盐性硬骨鱼类的“高渗环境高NKA活性”类型。然而，半滑舌鳎（*Cynoglossus semilaevis*）的鳃丝NKA活性稳定后基本与环境中盐度呈正相关，鲻（*Mugil cephalus*）NKA活性随盐度梯度呈“∩”形分布，这可能与不同鱼类的渗透调节能力和调节方式不同甚至是种间差异有关（田相利等，2011；作者等，2011）。

2. 盐度对卵形鲳鲹幼鱼渗透压的影响

本研究结果表明，盐度对卵形鲳鲹幼鱼血浆渗透压有显著影响，在盐度变化最初1 h，各盐度组血浆渗透压都显著升高，在2 d之前渗透压都有较大变化，其中高盐度组的渗透压变化幅度较低盐度组大，2 d后处于稳定状态；同一时间节点不同盐度组之间，在1 h和2 d之后，血浆渗透压与盐度呈正相关关系，高盐度组30、35显著高于低盐度组。不同种类对内环境渗透压变化范围的要求会略有不同，但普遍符合血浆渗透压与盐度之间呈正相关这一关系，本研究结果与这一规律基本相似。已有研究表明，盐度突变导致施氏鲟（*Acipenser schrenckii*）幼鱼的血浆渗透压升高（童燕等，2007），半滑舌鳎在盐度突变后2 d内，血液渗透压随盐度的升高和降低而变化，之后逐渐恢复（田相利等，2010，2011），褐牙鲆幼鱼在不同盐度日变幅的盐度驯化过程中，血清渗透压随驯化的盐度提高而上升（黄国强等，2013），这与本实验结果是一致的。幼鱼进入到高渗环境中，其血浆渗透压低于水体渗透压，为补偿鱼体被动失去的水分，幼鱼大量吞饮海水，同时也摄入大量离子，这些离子通过肠道吸收进入血液，血浆中离子浓度增高，渗透压也随之增高。研究结果表明卵形鲳鲹幼鱼对盐度的适应性很强，血浆渗透压对盐度的变化很敏感。

鱼类渗透浓度的调节主要是通过肾脏、鳃等器官来完成的，为了维持体液离子浓度和渗透压平衡，鱼类形成了较高级的渗透压调节机制。在低盐度水体中，环境渗透压低于鱼体的体液渗透压，鱼会被动吸收过多的水分并丢失离子，此时鱼类通过肾脏排出低渗尿和增加鳃对离子（Na^+和Cl^-）的摄入来维持体液渗透平衡。而在高盐度水体中，环境渗透压高于体液渗透压，鱼会通过体表和鳃被动丢失水分，为了抵抗体内水分的丢失，鱼会通过大量吞饮高盐度海水，在保存水分的同时，由鳃上的氯细胞排出被动摄入的过多一价离子（Na^+和Cl^-），肾排出二价离子（Mg^{2+}、

SO_4^{2-}、Ca^{2+}）和少量水分，从而维持体液的渗透平衡（作者等，2012；Wood C M et al，1995；Cataldi E et al，1995）。然而，目前对鱼类鳃和肾的渗透压调节机理研究得并不多，作者等（2012）研究了急性盐度胁迫对卵形鲳鲹幼鱼鳃丝和肾脏渗透压的影响，研究表明鳃丝和肾脏渗透压可明显受到盐度突变影响。本研究卵形鲳鲹幼鱼对盐度渐变的适应过程中，鳃丝 NKA 的变化与血浆渗透压的变化相比具有明显的滞后性，表明卵形鲳鲹幼鱼的渗透调节并不是完全由鳃 NKA 来完成的，还有其他器官对渗透压进行调节。低盐度组的鳃渗透压变化较大，盐度 25、30、35 组的渗透压较稳定，表明卵形鲳鲹幼鱼鳃渗透压对低盐度变化较敏感，同时也说明在低盐度环境下，鳃对鱼体渗透压的调节作用大于在高盐度的环境下。在盐度变化 1 d 之后，鳃渗透压逐渐趋于稳定，各盐度组之间的渗透压也无显著差异，随盐度变化呈“U”形分布，表明卵形鲳鲹已开始适应了各盐度的变化并处于正常状态。

肾渗透压除对照组外，其他盐度组随时间而有较大变化，与鳃 NKA 活性变化趋势一致，2 d 后趋于稳定状态，同一时间节点不同盐度组之间，肾渗透压大小与盐度呈正相关关系，说明肾脏在卵形鲳鲹幼鱼的渗透调节过程中同样起着重要的作用，其对盐度的变化比鳃敏感，在低盐度时（30 以下），渗透调节器官鳃和肾共同完成对渗透压的调节，在较高盐度（30 以上），肾对渗透压的调节起主导作用。在进入低盐度 5 组开始的 1 h 内，肾脏的渗透调节机制立即被激活，肾脏渗透压急速下降，符合广盐性鱼类进入低渗水体环境的调节规律；幼鱼进入高盐度 35 组后，与其他盐度组相比，肾渗透压一直维持在一个较高的水平，说明肾脏需排出较多的二价离子，而水分含量较少。与本实验结果不同的是，作者等（2012）的研究表明，卵形鲳鲹幼鱼在急性盐度胁迫下，低盐度（5、10）时鳃和肾共同完成对渗透压的调节，在其他盐度鳃对渗透压的调节起主导作用，这说明卵形鲳鲹幼鱼在不同的盐度突变、渐变等变化方式下具有不同的渗透调节机制。

3. 盐度对卵形鲳鲹幼鱼饥饿失重的影响

在饥饿状态下，鱼类无法从食物中获得必要的物质和能量，只能动用自身的营养物质来满足机体的能量代谢和维持生命活动所需，饥饿一段时间后，体重会减轻（区又君等，2007）。体质量在一定程度上可以反映鱼类在饥饿过程中对自身营养物质的消耗（Gaylord T G，et al，2001）。本研究表明，盐度对卵形鲳鲹在饥饿状态下的体重损失有着明显的影响，在盐度 25 时，体重减轻最少，盐度 5 和 35 时，体重损失最大，说明在较高和较低盐度时，鱼体消耗的营养物质和能量较多，在高于等渗点的高渗环境和低于等渗点的低渗环境，鱼体必须消耗较多能量来维持体内外的渗透压平衡，同时，不同盐度下鱼体代谢所需的能量也不同，因此，饥饿状态下盐度变化越大，体重损失也越大。

4. 鱼类对环境盐度的适应机制

本研究结果表明，卵形鲳鲹幼鱼已具有较强的渗透调节能力，对盐度变化适应能力较强，在盐度5~35范围内的盐度变化均能适应，一般在1~2 d内可达到稳定，且更适于在低盐度水环境中生活。

广盐性鱼类在较大的盐度变化范围内，能够维持一个相对稳定的渗透压，但在盐度变化初期会有一个适应的过程，导致渗透压在这个过程中发生变化，当鱼体已经适应了外环境盐度的变化后，其正常生理状态的内环境渗透压一般稳定在一个很窄的范围内，这个重新适应后的内环境渗透压可能依外环境盐度的不同而有所差异，达到内外环境的平衡，而 Na^+-K^+-ATP 酶活性则回复到初始水平。狭盐性鱼类由于不能适应外环境盐度的较大变化，渗透压无法达到稳定状态，最终导致死亡。鱼类适应盐度变化的能力越强，则渗透压调节时间越短，达到稳定的时间越快。

第三节　盐度、温度对卵形鲳鲹选育群体肝抗氧化酶活力的影响

卵形鲳鲹属暖水性中上层鱼类，适温范围16~36℃，适盐范围3~33，是国内近年来开发的优质养殖鱼类。但近年来极端天气常造成养殖水体盐度、温度等条件的急剧变化，导致卵形鲳鲹大量死亡，对其养殖产业造成重创（区又君，2008）；养殖、运输过程的环境变化也常导致大量死亡。研究盐度和温度对卵形鲳鲹肝抗氧化酶活力的变化规律，有助于了解其在极端环境下以及环境变化的机体抗逆力，为卵形鲳鲹良种选育研究奠定理论基础。

盐度、温度的变化可引起鱼体多种生理应激反应，并常伴随着鱼体内自由基（Reactive Oxygen Species，ros）的过量产生，过量产生的自由基若不能得到及时清除可以引起脂质的过氧化，诱导蛋白质变性，破坏核酸分子结构等（Lushchak，2011）。长期处于这种氧化压力下，将导致鱼体免疫防御能力和抗病力下降，影响鱼类的正常生长（孙鹏等，2010）。水产动物对体内自由基的清除主要依靠小分子和高分子抗氧化剂来完成。高分子抗氧化剂包括超氧化物歧化酶（Superoxide Dismutase，sod）、过氧化氢酶（Catalase，cat）、谷胱甘肽过氧化物酶（Glutathione Peroxidase，gpx）、谷胱甘肽还原酶（Glutathione reductase，gr）等（Livingstone，2001）。作者等自2008年以来利用群体选育方法构建了具有生长优势的卵形鲳鲹基础群体，本研究以该选育群体为研究对象，分别研究了盐度胁迫下肝SOD、CAT、GPX和温度骤变下SOD、CAT活力的变化，了解不同盐度、温度条件下卵形鲳鲹肝抗氧化酶活力的变化规律，以期为了解环境异常所引起的机体生理生化反应提供依据，为卵形鲳鲹良种选育的抗逆性研究提供理论指导。

一、不同盐度下卵形鲳鲹肝抗氧化酶活力

1. 超氧化物歧化酶（SOD）

不同盐度处理下卵形鲳鲹肝 SOD 活力变化如图 9-11 所示。对于不同盐度同一时间抗氧化酶活力：24 h 和 48 h 时，3 个盐度处理组酶活力均极显著低于对照组（$P<0.01$）；72 h 时，盐度 10 和 40 处理组酶活力极显著高于对照组（$P<0.01$），盐度 20 处理组酶活力极显著低于对照组（$P<0.01$）；120 h 时，除盐度 10 处理组酶活力与对照组差异不显著外（$P>0.05$），其余处理组酶活力均极显著低于对照组（$P<0.01$）。

对于不同时间同一盐度组酶活力：盐度 10 处理酶活力呈现波动变化，最大值出现在 72 h（$P<0.01$）；盐度 20 处理组酶活力总体呈现逐渐升高的趋势；对照组各时间点酶活力差异不显著（$P>0.05$）；盐度 40 处理组酶活力最大值出现在 72 h（$P<0.01$），酶活力总体呈现先升高后下降的趋势，120 h 时酶活力降到最低点。

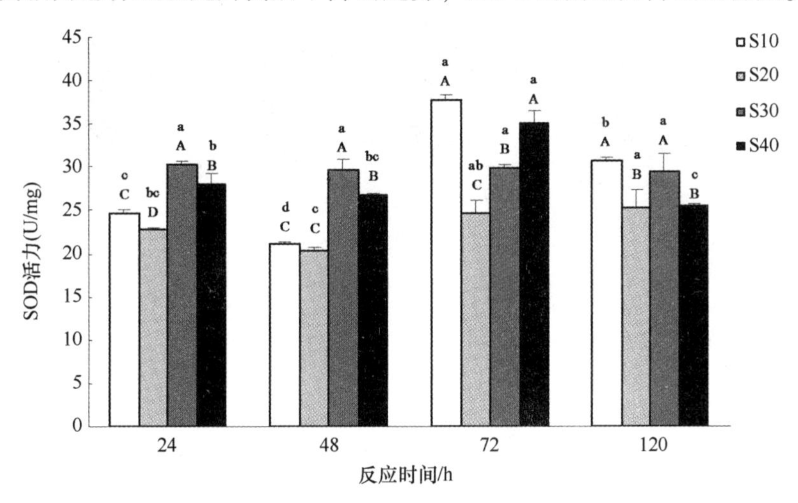

图 9-11 盐度对卵形鲳鲹肝超氧化物歧化酶活力的影响

注：图标上方大写字母不同，表示同一时间不同盐度之间酶活力存在显著性差异（$P<0.05$）；小写字母不同，表示同一盐度不同时间酶活力存在显著性差异（$P<0.05$）。图中 S 为盐度。后图同。

2. 过氧化氢酶（CAT）

不同盐度处理下卵形鲳鲹肝 CAT 活力变化如图 9-12 所示。对于不同盐度同一时间抗氧化酶活力：24 h 时，盐度 10 处理组酶活力极显著高于对照组（$P<0.01$），盐度 20 和 40 处理组酶活力与对照组之间差异不显著（$P>0.05$）；48 h 时，盐度 10

和盐度40处理组与对照组酶活力不存在显著差异（$P>0.05$），盐度20极显著低于对照组（$P<0.01$）；72 h时，盐度10处理组酶活力极显著高于对照组（$P<0.01$），盐度20处理组酶活力对照组差异不显著（$P>0.05$），盐度40处理组酶活力低于对照组（$P<0.05$）；120 h时，各处理组酶活力均与对照组不存在显著差异（$P>0.05$）。

对于不同时间同一盐度组酶活力：盐度10处理组酶活力呈现波动变化，最大值出现在72 h（$P<0.05$）；盐度20处理组酶活力总体呈现先下降后升高的趋势，最小值出现在48 h（$P<0.05$）；对照组各时间点酶活力差异不显著（$P>0.05$）；盐度40处理组酶活力逐步下降。

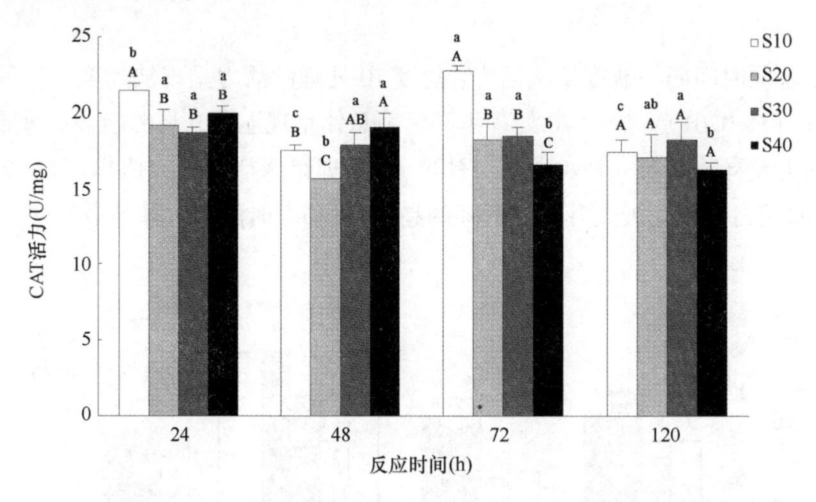

图9-12　盐度对卵形鲳鲹肝过氧化氢酶活力的影响

3. 谷胱甘肽过氧化物酶（GPX）

不同盐度处理下卵形鲳鲹肝GPX活力变化如图9-13所示。对于不同盐度同一时间抗氧化酶活力：24 h时，盐度10和20处理组酶活力极显著低于对照组（$P<0.01$），盐度40处理组酶活力显著高于对照组（$P<0.05$）；48 h时，盐度10处理组酶活力低于对照组（$P<0.05$），盐度20处理组酶活力与对照组没有显著差异（$P>0.05$），盐度40处理组酶活力极显著高于对照组（$P<0.01$）；72 h时，盐度10处理组酶活力极显著高于对照组（$P<0.01$），其他两个处理组酶活力与对照组没有显著性差异（$P>0.05$）；120 h时，盐度10和20处理组与对照组无显著差异，盐度40处理组酶活力极显著低于对照组（$P<0.01$）。

对于不同时间同一盐度组酶活力：各盐度处理组酶活力均呈现先升高后下降的趋势。盐度10处理组，酶活力最大值出现在72 h（$P<0.01$），最小值出现在24 h（$P<0.01$）；盐度20处理组，24 h时酶活力最低（$P<0.01$），48 h和72 h酶活力差

异不显著（$P>0.05$），但是均显著高于 120 h（$P<0.05$）；对照组之间各时间点酶活力没有明显变化（$P>0.05$）；盐度 40 处理组，酶活力在 120 h 时达到最低（$P<0.01$）。

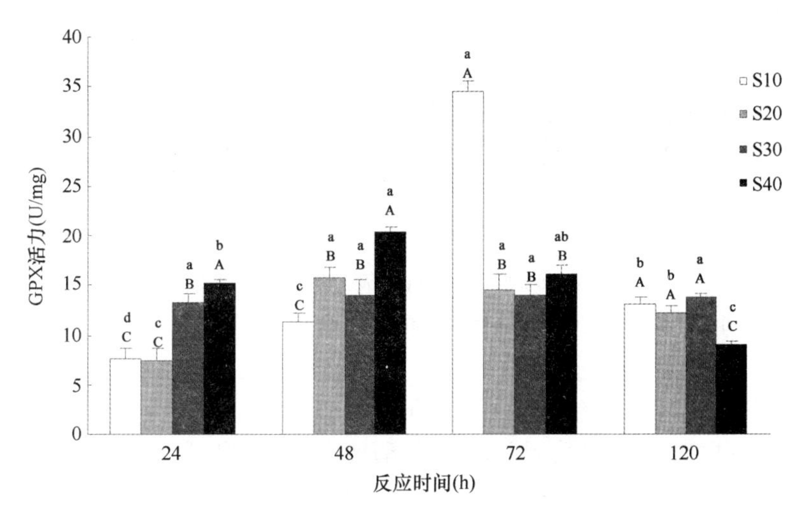

图 9-13　盐度对卵形鲳鲹肝谷胱甘肽过氧化物酶活力的影响

二、不同温度下卵形鲳鲹肝抗氧化酶活力

1. 超氧化物歧化酶（SOD）

不同温度处理下卵形鲳鲹肝 SOD 活力变化如图 9-14。当温度由 24.6℃下降到 18℃时，各时间点酶活力均要显著高于对照组（$P<0.05$）。

当温度由 24.6℃下降到 21℃时，各个时间点酶活力均极显著高于对照组（$P<0.01$）。

当温度由 24.6℃升高到 29℃时，0 h、1 h、3 h 和 24 h 时处理组酶活力极显著地高于对照组（$P<0.01$），6 h 时与对照组没有显著差异（$P>0.05$），12 h 时处理组酶活力极显著低于对照组（$P<0.01$）。

当温度由 24.6℃升高到 32℃时，除 3 h 时酶活力显著低于对照组外（$P<0.05$），其他时间点酶活力均要极显著低于对照组（$P<0.01$）。

2. 过氧化氢酶（CAT）

不同温度处理下卵形鲳鲹肝 CAT 活力变化如图 9-15 所示。当温度由 24.6℃下降到 18℃时，0 h 和 6 h 时酶活力显著低于对照组（$P<0.05$），1 h 和 3 h 时酶活力与对照组不存在显著差异（$P>0.05$），到 12 h 和 24 h 时酶活力极显著高于对照组（$P<0.01$）。

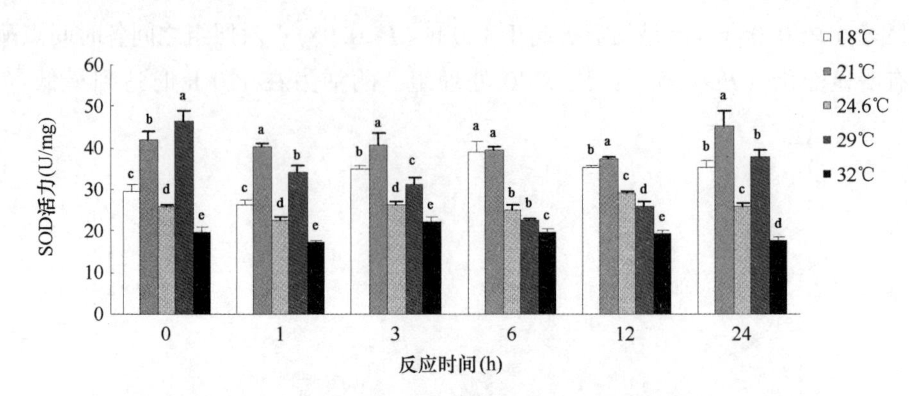

图 9-14　温度对卵形鲳鲹肝超氧化物歧化酶活力的影响

不同小写字母表示同一时间不同温度下酶活力存在显著差异（$P<0.05$）。下图同。

当温度由 24.6℃下降到 21℃时，0 h 时酶活力极显著低于对照组（$P<0.01$），1 h和 24 h 与 0 h 时结果相反，其余时间点酶活力与对照组无显著差异（$P>0.05$）。

当温度由 24.6℃升高到 29℃时，0 h 和 3 h 时与对照组没有显著差异（$P>0.05$），1 h 和 24 h 时酶活力极显著高于对照组（$P<0.01$），其他两个时间点酶活力极显著低于对照组（$P<0.01$）。

当温度由 24.6℃进一步升高到 32℃时，各时间点酶活力均极显著的低于对照组（$P<0.01$）。

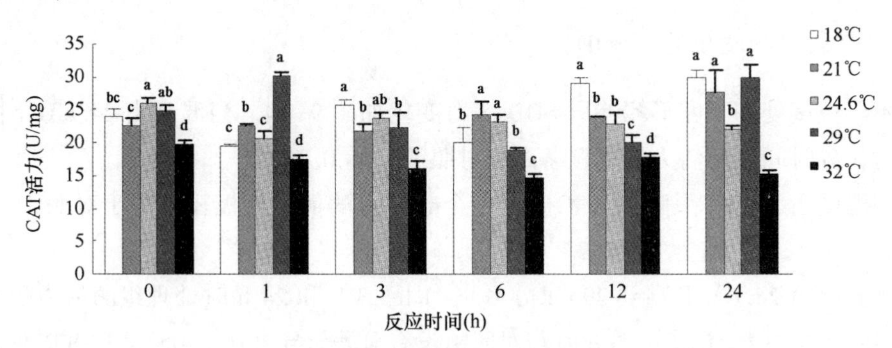

图 9-15　温度对卵形鲳鲹肝过氧化氢酶活力的影响

三、研究结果分析

1. 盐度对卵形鲳鲹肝抗氧化酶活力的影响

盐度变化与鱼体自由基的产生有关，当鱼体由低盐度进入高盐度，或者从高盐度进入低盐度，必定会经历一个渗透压的调节过程，从而引起能量的大量消耗（Boeuf et al，2001；Ye et al，2009），其结果是加速鱼体的新陈代谢，产生大量自由基，从而导致鱼体处于氧化应激（Oxidative Stress）状态。所谓氧化应激是指鱼体自由基的骤然增多打破了自由基原有的动态平衡，最终对细胞成分造成破坏的过程（Lushchak，2011）。鱼体内抗氧化酶对于自由基的清除有着重要意义。SOD 可以把超氧化物阴离子（O_2·）还原为过氧化氢（H_2O_2），H_2O_2 可以进一步被 CAT 分解为 H_2O 和 O_2（Filho et al，2001）。GPX 以谷胱甘肽为底物，主要功能也是清除 H_2O_2，同时还可以清除脂质过氧化物。

本研究中，当盐度由 30 降低至 10 时，对抗氧化酶活力产生了明显的影响。24 h时，CAT 活力高于对照组，SOD 和 GPX 活力均要低于对照组。这与孙鹏等（2010）对条石鲷（*Oplegnat hus fasciatus*）在低盐度下（8 和 18）24 h 时抗氧化酶活力的研究结果一致。而尹飞等（2011）对银鲳（*Pampus argenteus*）的研究结果则表明，在盐度 10 处理 24 h 时，GPX 和 SOD 活力升高，CAT 活力反而下降，这与本研究以及孙鹏等的研究结果存在差异，推测这是由于不同鱼类对于盐度的耐受性差异造成的。通常情况下，抗氧化酶活力升高说明机体产生了大量自由基（Ross et al，2001）。赵峰等（2008）的研究表明，盐度变化抑制了施氏鲟（*Acipenser schrenckiii*）肝 SOD 和 CAT 活力，但是随着驯化时间的延长，抗氧化酶活力有所恢复，并认为这与鱼体的渗透压调节过程有关。据此，本研究推测，在盐度变化过程中，开始阶段由于渗透压的调节，对鱼体的新陈代谢造成较大影响，SOD 和 GPX 活力受到抑制，而 CAT 活力受到激发，说明在盐度变化过程中不同酶被激活或抑制具有一定的时序性（尹飞等，2011）。随着胁迫时间的延长，渗透压的变化对鱼体产生的影响进一步加剧，从而造成 CAT 活力在 48 h 明显下降。在 72 h 时，鱼体对盐度 10 适应性增强，为了防止氧化应激对鱼体的损伤，3 种抗氧化酶活力升高来清除体内积累的自由基，最后，鱼体恢复到体内自由基的动态平衡状态，抗氧化酶活力恢复到正常水平。

当盐度由 30 降低至 20 时，CAT 活力在 24 h 维持在正常水平，48 h 时明显低于对照组，而 GPX 活力与 CAT 相反，二者活力呈现互补。这与 Wang 等（2008）对斑节对虾（*Penaeus monodon*）在低盐度下研究结果一致，表明 GPX 和 CAT 在清除自由基过程中发挥着相互补充的作用，同时也存在着一定的竞争。但是随着驯化时间的延长，盐度 20 处理组并未出现酶活力显著升高的现象，SOD 活力依旧维持在较低水平，CAT 和 GPX 与对照组没有显著差异。一般情况下，Na^+-K^+-ATPase 活力在等渗点处最低，从而其活力随盐度变化呈现“U”形（徐力文等，2007）。作者等（2012）研究了盐度胁迫对卵形鲳鲹幼鱼 Na^+-K^+-ATPase 活力的影响，结果表明在盐度 20 时其酶活力最低，并认为卵形鲳鲹等渗点可能在盐度 20 左右。同时，区又君（2008）也指出，在盐度 20 以下，卵形鲳鲹生长迅速，而在等渗点附近用于渗透压调节方面消耗的能量较少，从而有利于鱼体的生长。卵形鲳鲹在咸淡水中的生长速度快于海水，因此，笔者认为，盐度 20 可能更接近于卵形鲳鲹的等渗点，在维持渗透压平衡方面无需消耗额外的能量，从而减少了自由基的产生。因此，酶活力只需维持在较低或正常水平就可以保证鱼体自由基的动态平衡。同时，盐度 20 处理组盐度较之盐度 10 处理组更加接近对照组盐度，这也可能是造成其酶活力变化明显不同于盐度 10 处理组的原因之一。

当盐度由 30 升高到 40 时，24 h 和 48 h 时，CAT 活力与对照组相比变化不明显，GPX 活力明显升高，说明鱼体内产生了大量脂质过氧化物，需要 GPX 来快速清除，进而维持细胞膜的正常功能（孙鹏等，2010）。大量脂质过氧化物对细胞正常功能的影响可能是造成 SOD 活力下降的重要原因。在 72 h 时，伴随着脂质过氧化物的清除，SOD 活力明显升高，鱼体产生了大量的 H_2O_2。而此时 CAT 活力显著下降，GPX 活力也下降到正常水平。随着胁迫时间的进一步延长，120 h 时，3 种抗氧化酶活力均要低于对照组。区又君（2008）研究表明卵形鲳鲹在高盐度海水中生长较差，并且在实验过程中，盐度 40 组卵形鲳鲹死亡率为 6.67%，而其他盐度未出现死亡。孙鹏等（2010）对条石鲷的研究中也出现了在高盐度下酶活力显著降低的情况。根据研究结果推断，一定程度的高盐度刺激对抗氧化酶的活力起到了激活作用，但是随着胁迫时间的延长，鱼体的生理机能受到较大影响，甚至已经造成机体损伤，新陈代谢活动降低，最终导致抗氧化酶活力被抑制。

综上所述，卵形鲳鲹幼鱼对低盐度的耐受能力较强，可以通过改变体内抗氧化酶活力来维持体内自由基的动态平衡。但是在高盐度下，随着胁迫时间的延长抗氧化酶活力明显下降，导致鱼体免疫力降低，在实验过程中存活率低于其他盐度组。因此，在卵形鲳鲹养殖中，可以通过适当降低水体盐度以达到更好地养殖效果。

2. 温度对卵形鲳鲹抗氧化酶活力的影响

本研究中，在 0 h 时，各温度处理组 SOD 和 CAT 活力和对照组差异明显，推测是由于温度的骤然变化对鱼体代谢造成了较大的影响，表明卵形鲳鲹对于温度的变化是极为敏感的。低温处理组（18℃和 21℃）SOD 活力一直要高于对照组，CAT 活力到实验结束同样要高于对照组。郭黎等（2012）对 17~28℃大菱鲆（*Scophthalmus maximus*）肝 SOD 研究发现在 17℃时其活力最高，但是 CAT 活力最低。对锯缘青蟹（*Scylla serrata*）低温驯化后发现，低温处理组 SOD 和 CAT 活力要高于对照组，认为这是由于在低温条件下产生的活性氧需要更多的 SOD 和 CAT 来清除，因而抗氧化酶活力升高（孔祥会等，2007）。Malek et al（2004）认为这主要是由于低温增加机体自由基的产生或者低温减慢了自由基的清除造成的，但是对这种机理尚不清楚。对锯缘青蟹的研究还发现 5℃处理组丙二醛（MDA）含量要明显高于对照组，表明锯缘青蟹处于氧化应激状态（孔祥会等，2007）。据此推测，尽管低温条件下抗氧化酶活力最终可以维持在较高水平，但当其活性增加不足以清除鱼体产生的自由基时，仍可使鱼体处于氧化应激状态，这可能是卵形鲳鲹耐低温能力差的重要原因之一。

卵形鲳鲹的适温范围为16~36℃，在适温范围内鱼体耗氧率随温度的升高而升高，从而产生更多的自由基，因此当温度突变到29℃时为了防止氧化损伤SOD活力在1~3 h以及CAT活力在1 h时明显高于对照组。这可视为鱼体新陈代谢的适应（刘伟成等，2006）。杨健等（2007）的研究发现，军曹鱼（*Rachycentron canadum*）肝SOD和CAT活力随温度（26~32℃）升高而升高；强俊等（2012）的研究发现，尼罗罗非鱼（*Oreochromis niloticus*）肝SOD和CAT在28~31℃时活力较高。可见，29℃也更有利于SOD和CAT活力的表达。但是在6~12 h时，SOD和CAT活力都明显低于对照组。Lushchak et al（2006）对金鱼（*Carassius auratus*）的研究也发现在开始阶段高温促进了SOD和CAT的活性，但在胁迫4 h后抗氧化酶活力显著下降。这可能与高温对鱼体造成了较大的氧化压力有关（徐冬冬等，2010）。在24 h时，SOD和CAT活力明显高于对照组，表明在29℃处理下随着胁迫时间的延长，卵形鲳鲹幼鱼最终可以通过增加抗氧化酶活力来清除体内大量产生的自由基。

当温度由24.6℃骤变到32℃时，SOD和CAT活力一直明显低于对照组。这与徐冬冬等（2010）对褐牙鲆（*Paralichthys olivaceus*）的研究结果一致。推测这主要是由于在32℃高温条件下鱼体内自由基增加较多，抗氧化酶活力不足以抑制细胞内的氧化损伤，进而导致抗氧化酶活力下降。

综上所述，适当的温度变化可以增加卵形鲳鲹幼鱼抗氧化酶活力，在温度降低时可以通过加强鱼体抗氧化能力来提高其对低温的适应性。温度过高时抗氧化酶活力受到抑制。但由于本实验时间较短，有关温度变化对卵形鲳鲹抗氧化酶活力的长期影响有待进一步研究。

第四节 铜离子对卵形鲳鲹幼鱼盐度剧变的影响

作者等（2014）研究了4个铜离子浓度对卵形鲳鲹幼鱼在2个盐度剧变中的影响，试验时间为96 h。共设定4个铜离子浓度：0.02 mg/L，0.05 mg/L，0.10 mg/L和0.15 mg/L。盐度剧变的目标盐度分别为10和40。每个盐度剧变组都包括对照组（盐度29，无铜离子）、空白组（盐度10或40，无铜离子）、C1（盐度10或40，铜离子为0.02 mg/L）、C2（盐度10或40，铜离子为0.05 mg/L）、C3（盐度10或40，铜离子为0.10 mg/L）、C4（盐度10或40，铜离子为0.15 mg/L）。

一、存活率

低盐度试验中，对照组和空白组存活率没有显著性差异（$P>0.05$），说明急性低盐度剧变对幼鱼成活率影响不明显。其他组中，随着铜离子浓度增加，死亡率增加。对照组、空白组，C1和C2之间的成活率差异不显著（$P>0.05$）。C4组成活率最低，与其他各组差异均显著（$P<0.05$）（图 9-16）。

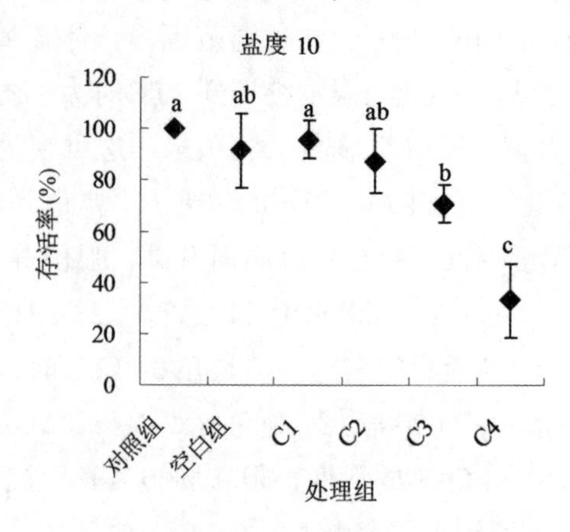

图 9-16　低盐度剧变试验的各组存活率

在高盐度剧变试验中，对照组和空白组成活率无显著差异（$P>0.05$），说明急性高盐度剧变对幼鱼成活率影响不明显。但 C4 组成活率最低，与其他各组差异显著（$P<0.05$）（图 9-17）。

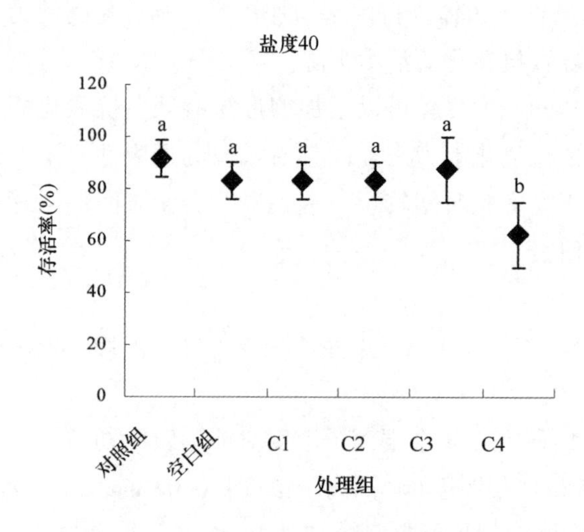

图 9-17　高盐度剧变试验的各组存活率

二、含水率

两个试验中的对照组含水率分别为 79.71%±0.21% 和 80.05%±0.40%，无显著差异（$P>0.05$）。低盐度剧变试验中，空白组含水率与对照组无显著差异（$P>0.05$），说明急性低盐度剧变对含水率无显著影响。低盐度试验各组含水率之间差异均不显著（$P>0.05$）（图 9-18）。

高盐度剧变试验中，空白组和处理组的含水率均显著下降（$P<0.05$）。4 个染毒

组含水率差异均不显著（$P>0.05$），说明铜离子浓度并不影响含水率（图 9-19）。

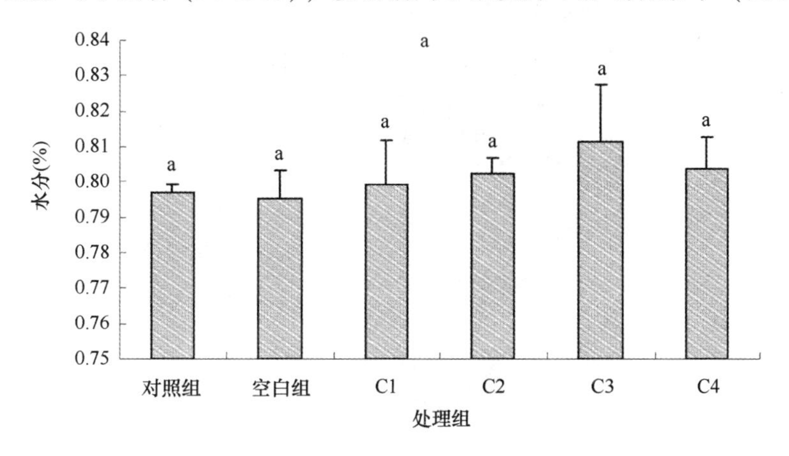

图 9-18 低盐度剧变试验中各组含水率

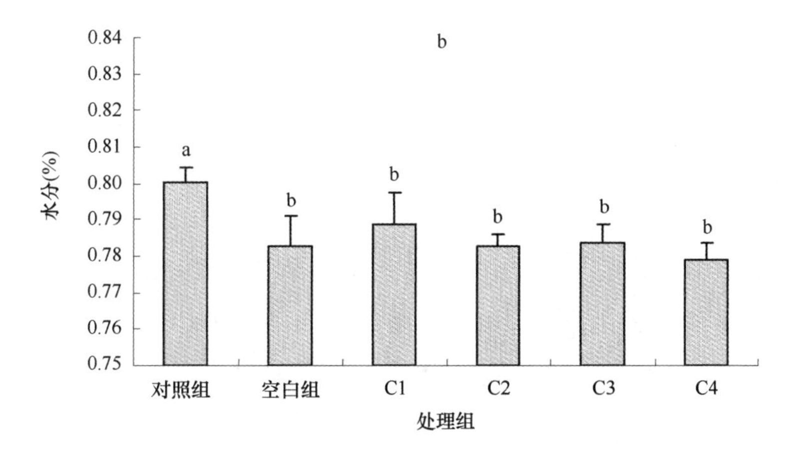

图 9-19 高盐度剧变试验中各组含水率

三、鳃的组织结构

1. 形态学

各处理组鳃的形态学观察结果表明，相应的对照组和空白组之间鳃的形态均相似，鳃小片展开，平滑（图 9-20：A，B，E）。各盐度剧变试验的 C1～C3 组的鳃小片与对照组和空白组相近。但高盐度剧变试验中，C4 组鳃小片出现弯曲，不平整。而低盐度剧变试验的 C4 组鳃小片则强烈卷曲变形。

2. 对照组

对照组的鳃丝组织结构见图 9-21。鳃小片平滑，细胞排列紧密。在上皮细胞和

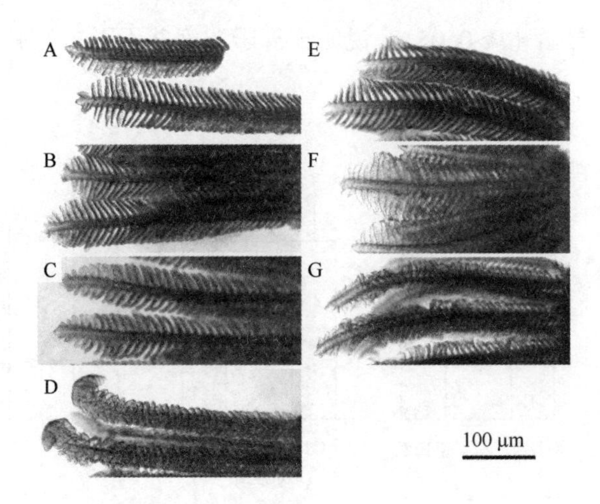

图 9-20　各组鳃小片的形态学观察

A：对照；B：盐度 10 的空白组；C：盐度 10 的 C3 组；D：盐度 10 的 C4 组；E：盐度 40 的空白组；F：盐度 40 的 C3 组；G：盐度 40 的 C4 组

基膜之间有一些低电子密度物质（图 9-22）。红细胞和柱细胞的形状轮廓比较平滑。上皮细胞的细胞膜和细胞内部电子密度均较高，电子密度均匀。

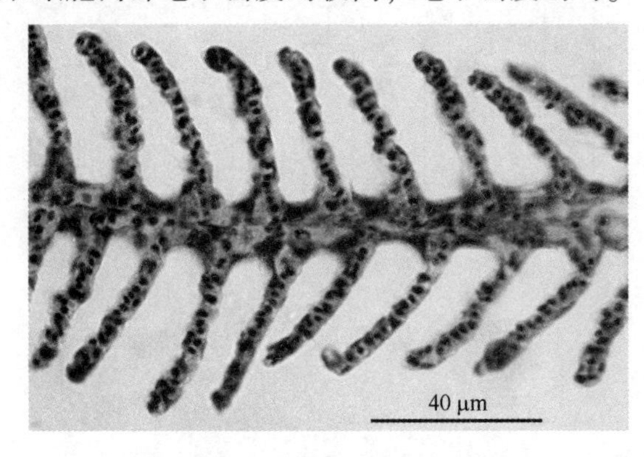

图 9-21　对照组鳃丝的结构

3. 盐度 10 组

光镜下空白组的鳃小片形态与对照组相似（图 9-23：A）。但 C_4 组鳃小片强烈卷曲（图 9-23：B）并且鳃小片细胞形状变的不规则（图 9-24：C）。在组织切片中可观察到出血（图 9-23：B）。

在低盐度剧变试验中，空白组的鳃小片上皮细胞之间可见有空隙（图 9-24：A），在上皮细胞和基膜之间也有空隙。两个相邻的上皮细胞之间的部分形成特殊的隆起，唇状。上皮细胞的细胞膜电子密度低于空白组（图 9-24：B）。

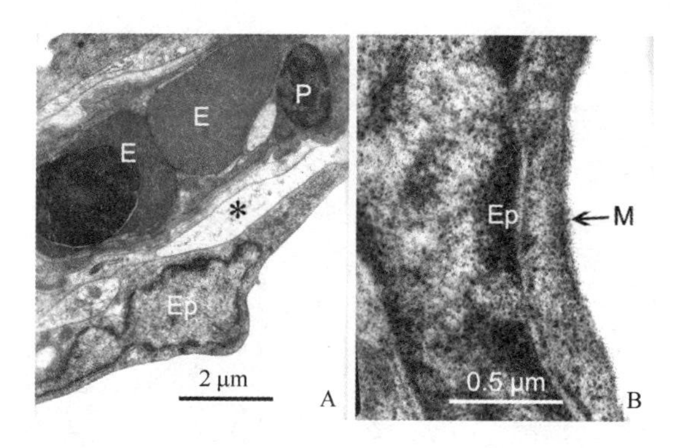

图 9-22　对照组鳃小片的组织结构（透射电镜）
E：红细胞，Ep：上皮细胞，P：柱细胞，M：高电子密度的上皮细胞膜，*：低电子密度物质

C4 组两个相邻的上皮细胞中间的部分也形成唇状隆起，与空白组相似（图 9-24：C）。柱细胞被弯曲变形的基膜紧密地包围。柱细胞和红细胞的形态轮廓均不规则。一些上皮细胞的内部电子密度较低（图 9-24：D）。上皮细胞中的一些圆形线粒体遭到破坏，有的细胞膜部分破裂，甚至露出基膜（图 9-24：E）。

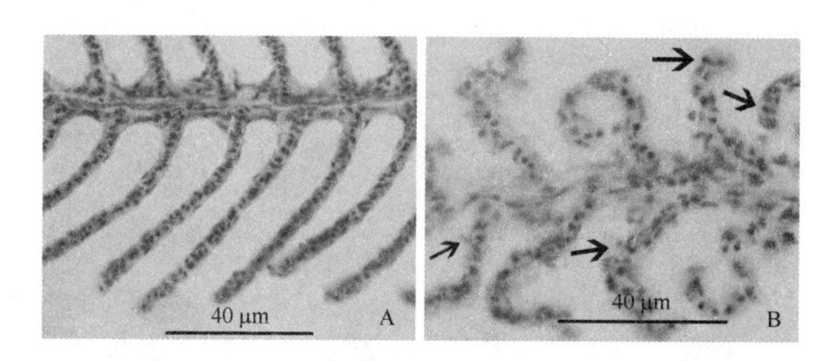

图 9-23　低盐度剧变试验中鳃丝结构。示空白组（A）和 C4 组（B）

4. 盐度 40 组

光镜观察结果显示，空白组的鳃组织形态与对照组和低盐度剧变空白组均相似（图 9-25：A）。但在高盐度剧变试验的 C4 组中的鳃小片上发现红细胞，显示出血（图 9-25：B）。

高盐度剧变试验的空白组上皮细胞内部电子密度低于细胞膜（图 9-26：A，B）。一些柱细胞和基膜的外形呈波浪状（图 9-26：A）。上皮细胞外部边缘清晰，在靠近外侧细胞膜的部位有一些电子密度较高的物质。

在高盐度剧变试验的 C4 组中，上皮细胞相近的部位隆起，呈“U”形或者唇状（图 9-26：C）。在上皮细胞中可见一些空泡和椭圆形线粒体。上皮细胞内部电子密

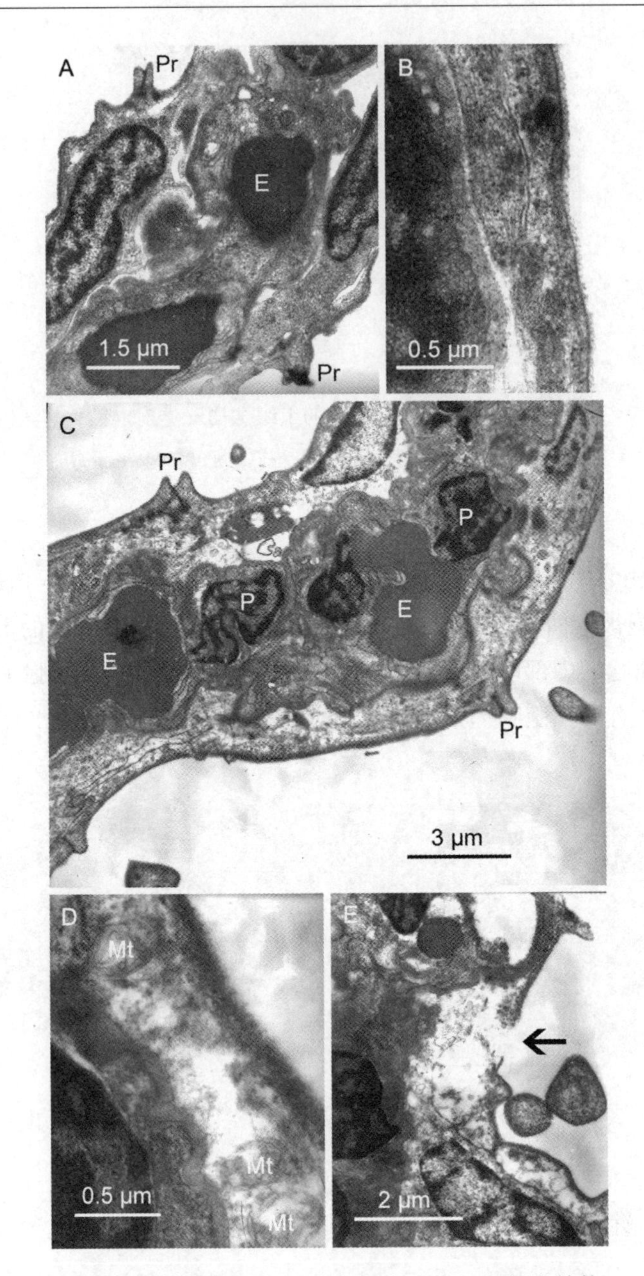

图 9-24　低盐度剧变试验中鳃小片的组织超微结构
空白组（A，B），C4（C，D，E）
E：红细胞，Ep：上皮细胞，M：上皮细胞膜，Mt：线粒体，
P：柱细胞，Pr：隆起，箭头：细胞膜破坏

度较低，并且一些上皮细胞已经破坏（图 9-26：C，D）。

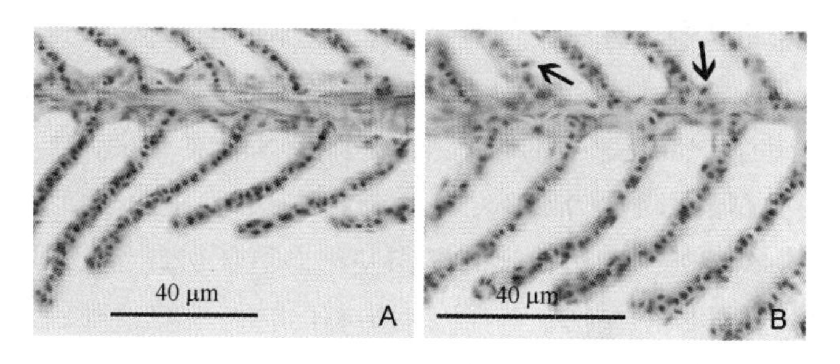

图 9-25　高盐度剧变试验中鳃丝结构。示空白组（A）和 C4 组（B）

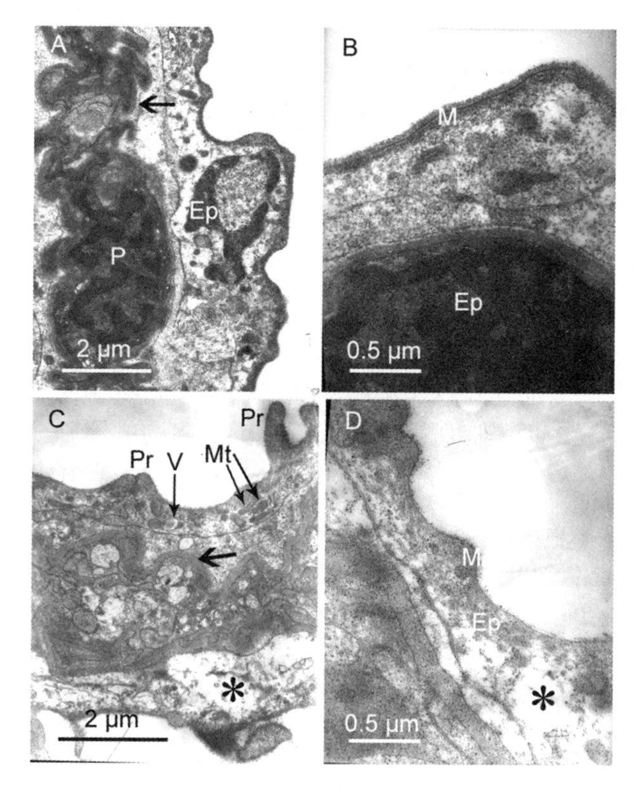

图 9-26　高盐度剧变试验中鳃小片的超微结构
示空白组（A，B）和 C4 组（C，D）
Ep：上皮细胞，M：上皮细胞膜，Mt：线粒体，P：柱细胞，Pr：隆起，V：空泡，大箭头：基膜，*：上皮细胞破坏

四、研究结果分析

盐度突变可以给水生生物带来许多生理学方面的影响。例如，当金赤鲷鱼 *Pagrus auratus* 的幼鱼从盐度 30 转移至 45 和 15 的水中，血浆渗透压，Na、K 和 Cl 离子的浓度等在 24 h 后都有所升高（Fielder et al，2007）。另外，铜暴露对海洋生物

带来更多不利的影响。铜可以导致鱼类鳃部水血屏障的距离增加、上皮细胞破坏和脱落、鳃小片融合、畸形和细胞增生肥大（Mazon et al，2002；Van Heerden et al，2004a，2004b）同时，Na^{+}/K^{+}-ATPase 活性、血浆 Na、K、Ca、Cl 的浓度以及渗透压都可以受到铜暴露的影响（Nussey，et al，1995；Grosell et al，2004；Monteiro et al，2005；De Boeck et al，2007）。鳃的损伤和出血可能引起细菌和寄生虫的入侵。生物损伤的症状，比如鳃的损伤，可能在铜暴露的时候很快出现，但鳃结构的恢复却很慢（Cerqueira and Fernandes，2002）。因此，我们应保护水环境，避免重金属污染，减轻对水生生物的压力。

本研究中，每个盐度中 4 个铜暴露组之间的体水分含量均无显著差异（$P>0.05$），显示铜并未明显影响幼鱼的渗透调节。其他相似的研究数据也显示，铜预暴露也不影响鱼体水分含量（$P>0.05$）（Abdel-Tawwab et al，2007b）。本研究中急性低盐度（盐度 10）刺激对体水分含量的影响不明显。原因可能是该鱼的鱼体等渗点接近盐度 10。

在铜暴露试验中，观察了各组鱼的活性。在低盐度试验中，暴露 12 h 后，高浓度组（C3 和 C4）组的部分鱼不活泼，游动也只是在试验桶的底部慢慢游动。部分鱼失去平衡，也不摄食。这种现象可能归咎于较大的盐度突变和较高的铜离子浓度。一些鱼的不正常行为可能是因为神经中毒或者缺氧而导致。中毒鱼的行为可能包括游泳缓慢，但是有研究人员发现，铜引起的虹鳟临界游泳速率的降低并非由鳃结构的损伤引起（Waser et al，2009）。有可能亚致死剂量的铜暴露导致血浆和白肌中氨排放增加，从而影响游泳速度（Beaumont et al，2003）。铜可以引起蛙类肌肉的收缩（Miller and Machay，1983），而铜也可能引起的鱼类肌肉的收缩，或者鱼类肌肉组织离子调节失败导致体液流失，从而影响游泳活动（Grosell et al，2004）。

本文研究了铜毒性对卵形鲳鲹盐度突变的影响，结果表明这可以导致其鳃的损伤和导致缺氧。盐度突变对卵形鲳鲹幼鱼的成活率无显著影响（$P<0.05$）。形态学观察发现，对照组和两个盐度突变空白组鳃小片的形态无明显差异。而盐度突变和铜暴露的联合作用却显示出较强的负面影响。在盐度突变和高剂量铜的胁迫下，鳃小片的形态变得弯曲，甚至卷曲。超微结构观察发现，铜暴露可以损伤鳃上皮并导致出血。铜离子的存在，使得盐度突变中幼鱼受到的胁迫被进一步放大。结果证明，铜暴露对于盐度突变的幼鱼，可以造成呼吸面积减小和鳃结构破坏，最终导致缺氧。这个发现说明，海洋中的幼龄生物在恶劣天气和重金属污染的联合作用下将受到更多的胁迫。因此，在评估金属污染物生态威胁的时候，单单以金属毒性数据作为评估的内容是不足的（Bao et al，2008）。暴雨的出现，或者地下水或河口水的入侵，可能影响一些指示生物对金属的积累，例如，网石莼（*Ulva reticulate*）（Mamboya et al，2009）。Chou et al（1999）研究了重金属胁迫和盐度突变对石斑鱼（*Epinephelus* sp.）鱼苗对传染性胰脏坏死病毒（IPNV）的敏感性。研究结果表明，低致病性的IPN病毒可以导致联合胁迫下石斑鱼鱼苗的高死亡率。显然，这种盐度突变和重金属暴露对水生生物带来了更多的生存压力。但是，有一些方法可以帮助水生生物减少重金属对其不良的影响：① 铜预暴露或者预驯化。齿缘墨角藻（*Fucus serratus*）这种藻类，预先铜暴露过以后，比未进行铜预暴露的藻显示出持续的低敏感性（Nielsen et al，2005）。铜驯化能增强虹鳟幼鱼对其他金属的耐受性（Hansen et al，2002）。铜驯化能减轻鲤Na流失，增加对铜毒性的抵抗和耐受（Hashemi et al，2008）。② 钙暴露。当水中Ca硬度增加，铜引起的鲶鱼死亡率明显从10 mg/L $CaCO_3$的90%降低为400 mg/L $CaCO_3$的5%（Perschbacher and Wurts，1999）。CaO可以减少铜对鱼的毒性（Das B. K and Das N.，2005）。Ca预暴露可能在降低铜毒性时起重要作用（Abdel-Tawwab et al.，2007b）。本研究中高盐度的C3和C4组死亡率低于低盐度，可能与Ca硬度不同有较大相关性。③ 投喂重金属。在环境铜毒性暴露之前投喂有机硒的鱼，表现出更高的活力（Abdel-Tawwab et al，2007a）。这些方法为在重金属污染地区从事水产养殖的人们提供了有用的信息。

第五节 不同盐度下人工选育卵形鲳鲹子代鳃线粒体丰富细胞结构变化

栖息于水生环境的硬骨鱼类在生存过程中需解决渗透压平衡的问题。鳃不仅是绝大多数鱼类的呼吸器官，且对于维持鱼体的离子和水平衡具重要作用，这些功能的实现与几乎存在于所有海水硬鱼类鳃丝上皮的线粒体丰富细胞密切相关。线粒体丰富细胞最初因具有分泌Cl^-的功能而被命名为泌氯细胞，但现已证明，其功能不仅限于Cl^-的分泌，而且对多种离子具有双向转运功能，因此，更适合命名为线粒体丰富细胞（Kaneko et al，2008）。线粒体丰富细胞细胞质中存在线粒体和微细小管系统，微细小管系统中的Na^+-K^+/ATPase可以制造跨细胞膜离子梯度和电化学梯度，对离子转运具关键作用。已有研究表明，在盐度变化过程中广盐性硬骨鱼类线粒体丰富细胞的大小、数量、形状及作用会发生适应性改变（Daborn et al，2001；Kaneko et al，2008；Martínez-Álvarez et al，2005）。

卵形鲳鲹为重要海水养殖鱼类。近年来，极端天气造成的养殖水体盐度急剧变化及养殖、运输过程的环境变化导致卵形鲳鲹大量死亡，对养殖产业造成重创。研究盐度对卵形鲳鲹鳃线粒体丰富细胞结构的影响，旨在了解其在极端及多变环境下的机体抗逆力，本实验以人工选育的卵形鲳鲹为研究对象，采用组织显微技术和透射电镜技术，研究其在不同盐度条件下鳃线粒体丰富细胞的超微结构变化，为良种选育的抗逆性研究提供理论依据。

一、不同盐度下鳃线粒体丰富细胞显微结构

1. 盐度 5

鳃丝上的鳃小片呈半圆形扁平囊状，排列紧密，近乎平行，平均每毫米鳃丝上具鳃小片 43~45 个。鳃小片上可观察到扁平细胞和血细胞，线粒体丰富细胞主要存在于鳃丝和鳃小片基部。三种细胞胞核均被苏木素染成浅蓝色，血细胞胞质被伊红染成浅红色，线粒体丰富细胞和扁平细胞胞质被伊红染成很浅的红色。线粒体丰富细胞数量较少，体积偏小，呈近椭圆形，长径 2. 71±0. 57 μm，短径 1. 83±0. 0. 43 μm，核较小，中位（图 9-27A）。

2. 盐度 20

平均每毫米鳃丝上具鳃小片 42~44 个。扁平细胞存在于鳃小片和鳃丝，鳃小片血管内存在大量血细胞。线粒体丰富细胞主要存在于鳃丝和鳃小片基部，数量增加，体积较大，近椭圆形，长径 3. 72±0. 62 μm，短径 2. 21±0. 14 μm，均显著大于盐度 5 组（$P<0.05$），核较小，中位。血细胞胞核被苏木素染成蓝色，胞质被伊红染成红色。线粒体丰富细胞和扁平细胞胞质被苏木素染成蓝色，胞质被伊红染成浅红色（图 9-27B）。

3. 盐度 30

平均每毫米鳃丝上具鳃小片 42~44 个。扁平细胞分布与盐度 20 组一致。线粒体丰富细胞主要存在于鳃丝和鳃小片基部，数量显著增加，体积明显增大，长径 4. 08±0. 38 μm，与盐度 20 组差异不显著（$P>0.05$）短径 3. 02±0. 14 μm，显著大于盐度 20 组（$P<0.05$），核较大，中位。H. E 染色结果与盐度 20 相同（图 9-27C）。

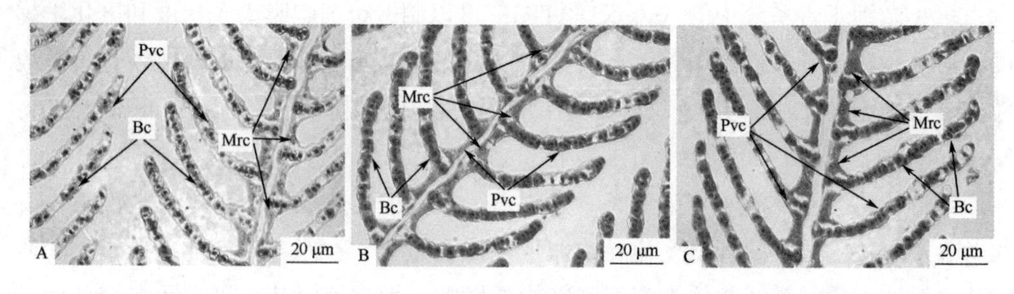

图 9-27　盐度对卵形鲳鲹鳃的影响

A：盐度 5；B：盐度 20；C：盐度 30；BC：血细胞；MRC：线粒体丰富细胞；PVC：扁平细胞

二、不同盐度下鳃线粒体丰富细胞超微结构

1. 盐度 5

线粒体丰富细胞顶膜内凹，波状，顶膜表面积明显增大且微脊发达（图 9-28A），细胞体积较大，胞质内充满发达的网状微细小管系统（图 9-28B），线粒体丰富，呈圆形、椭圆形及棒状等，内脊发达（图 9-28A，B）。扁平细胞表面存在微脊，覆盖于线粒体丰富细胞表面，与线粒体丰富细胞紧密连接，并与附细胞一起，三者共同构成较浅的顶端小窝，开口较大（图 9-28A，B）。附细胞为处于未分化状态的线粒体丰富细胞，可进一步分化成熟，体积较小，微细小管系统不发达，线粒体数量丰富，内脊较少（图 9-28A）。

2. 盐度 20

线粒体丰富细胞体积较大，呈近三角形的扁平细胞覆盖于其表面，并与之紧密连接（图 9-28C）。线粒体丰富细胞顶膜内凹明显，面积减小，与扁平细胞、附细胞构成较深的顶端小窝，开口较小（图 9-28C）。线粒体丰富细胞胞质内线粒体数量多，内脊不丰富，呈圆形、椭圆形及棒状等（图 9-28C，D），胞质内微细小管系统较多，分布不均匀，结构较松散，部分微细小管收缩成珠泡状结构，可观察到粗面内质网与珠泡结构相混杂（图 9-28D）。附细胞体积较小，结构与盐度 5 相同（图 9-28C）。

3. 盐度 30

线粒体丰富细胞和扁平细胞紧密连接，顶膜内凹明显，面积较小（图 9-28E）。线粒体丰富细胞、扁平细胞与附细胞共同构成较深的顶端小窝，开口较小（图 9-28E）。顶端小窝附近可见囊管（图 9-28F）。线粒体丰富细胞胞质内充满发达的网状微细小管系统（图 9-28F），线粒体数量多，呈圆形、椭圆形及棒状等，内脊丰富（图 9-28F）。附细胞体积增大，微细小管系统较发达，线粒体饱满，内脊不丰富（图 9-82E）。

三、研究结果分析

本研究结果表明，三个盐度组卵形鲳鲹线粒体丰富细胞分布无明显变化，主要分布于鳃丝和鳃小片基部，但细胞数量逐渐增多。盐度 20 和 30 组线粒体丰富细胞长径无显著差异（$P>0.05$），但明显大于盐度 5 组（$P<0.05$），三个盐度处理组细胞短径逐渐增大且差异显著（$P<0.05$），说明盐度 20 和 30 组线粒体丰富细胞体积明显大于盐度 5 组，且盐度 30 组的细胞比盐度 20 组更加饱满。可见，随着盐度升

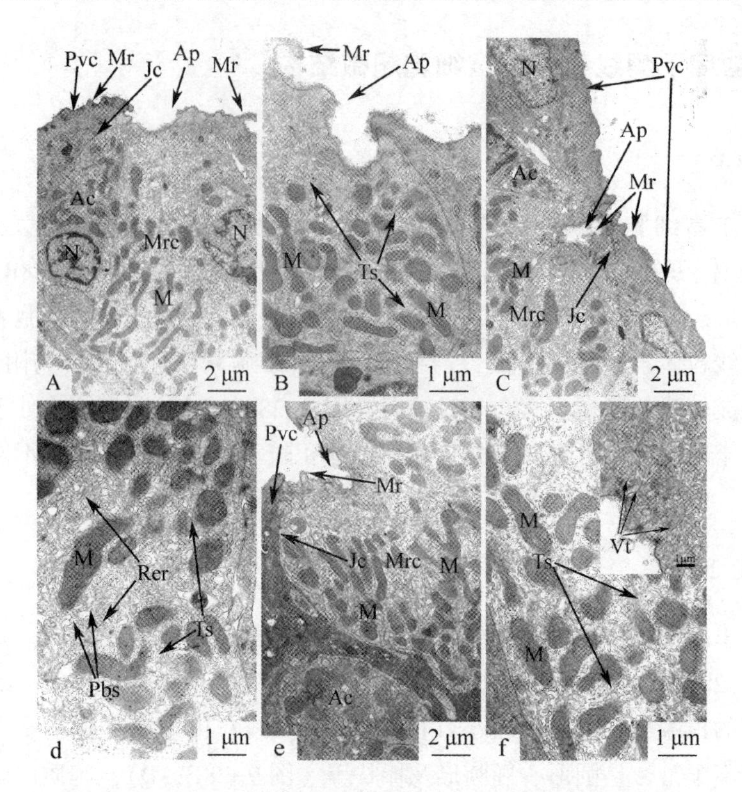

图 9-28　盐度对卵形鲳鲹鳃线粒体丰富细胞超微结构的影响

A：盐度 5；B：盐度 5；C：盐度 20；D：盐度 20；E：盐度 30；F：盐度 30；Ac：附细胞；Ap：顶端小窝；JC：紧密连接；M：线粒体；Mr：微脊；Mrc：线粒体丰富细胞；N：细胞核；Pbs：珠泡结构；Pvc：扁平细胞；Rer：粗面内质网；Ts：微细小管系统；Vt：囊管

高线粒体丰富细胞体积随之增大，数量增多，与纳氏鲟（*Acipenser naccarii*）、施氏鲟（*Acipenser schrenckii*）、蓝菲鲫（*Oreochromis aureus*）、鲈（*Lateolabrax japonicu*）及鲻（*Mugil cephalus*）等的研究结果相似（Carmona et al，2004；侯俊利等，2006；姜明等，1998；王艳，胡先成，2009；作者等，2012）。

透射电镜观察结果表明，三个盐度组线粒体丰富细胞表面均覆盖有扁平细胞。扁平细胞表面存在的微脊增加了与水分子的接触面积，有利于气体交换，与相邻细胞紧密连接，推测可防止金属离子的自由渗透（侯俊利等，2006）。扁平细胞和线粒体丰富细胞是鳃上皮的主要细胞，扁平细胞以被动运输的方式参与鳃的生理功能，而线粒体丰富细胞被认为是鳃发挥主动运输功能的主要位置（Evans et al，2005；作者等，2005，2011）。

在海水硬骨鱼类中，线粒体丰富细胞顶膜相对平滑，内凹明显，面积较小，通常与附细胞形成多细胞复合体，多细胞复合体共同形成一个顶端小窝，该线粒体丰富细胞的线粒体内脊发达，胞质内微细小管系统广泛分布，称为“海水型线粒体丰富细胞”（seawater-type MR cells）（Carmona et al，2004；Evans et al，2005）。存在于淡水鱼类中的线粒体丰富细胞被称为“淡水型线粒体丰富细胞”（freshwater-type MR cells），该型细胞胞质内同样存在线粒体和微细小管系统，但微细小管系统不发达，通常缺少附细胞，单独存在于鳃上皮的扁平细胞间，细胞顶膜面积较大，微脊较多，内凹不明显（Carmona et al，2004）。

本研究结果表明，盐度 20 和 30 组线粒体丰富细胞顶膜内凹较盐度 5 组更加明显，顶端小窝明显加深，与许氏平鲉（*Sebastes schlegelii*）及底鳉（*Fundulus heteroclitus*）的研究结果相似（Katoh et al，2001；Katoh & Kaneko，2003；王晓杰等，2006）。盐度 5 组线粒体丰富细胞顶膜面积明显大于盐度 20 和 30 组。三个盐度组线粒体丰富细胞胞质内线粒体数量均较多，盐度 5 和 30 组线粒体内脊最为丰富。在盐度变化过程中绝大多数硬骨鱼类的 Na^+/K^+ - ATPase 活性会发生适应性改变（Marshall，2002），海水生型广盐性硬骨鱼类在淡水适应过程中，随着盐度降低，进入鱼体的离子逐渐减少，同时，伴随线粒体丰富细胞体积缩小、数量减少，Na^+/K^+-ATPase 活性下降，当降到淡水或较低盐度时，鱼体内离子开始流失，需要从外界吸收离子，Na^+/K^+-ATPase 活性重新升高（魏渲辉等，2001），在等渗点附近，Na^+-K^+/ATPase 活力最低（Xu et al，2007）。作者等（2012）对卵形鲳鲹不同盐度下 Na^+/K^+-ATPase 活力的研究显示，其活力随盐度呈“U”形变化，在盐度 20 时，活力最低，表明卵形鲳鲹等渗点在盐度 20 附近。盐度高于或低于等渗点时，鱼体需要从外界吸收离子或从鱼体内向外分泌离子，以维持渗透压平衡，并且消耗比盐度 20 组更多的能量，因此，盐度 5 时卵形鲳鲹线粒体丰富细胞顶膜面积较大以降低离子渗透性，顶膜上发达的微脊进一步增大了顶膜面积，盐度 30 时顶膜面积较小以提高离子渗透性（魏渲辉等，2001）。

卵形鲳鲹盐度 5 和 30 组胞质内微细小管系统十分发达。盐度 20 组胞质内虽然也存在大量微细小管系统，但分布不均匀，结构松散，部分收缩成珠泡状结构，且可见粗面内质网与珠泡结构相混杂。Jiang et al（1998）对蓝菲鲫的研究认为粗面内质网与微细小管系统同源，两者随水体渗透压变化而发生结构上的互相转化，但转化机理尚不清楚。对施氏鲟（侯俊利等，2006）、蓝菲鲫（姜明等，1998）和许氏平鲉（王晓杰等，2006）在淡水和较低盐度下的研究表明，其线粒体丰富细胞内的微细小管系统不发达，但丰富度随盐度升高而增加，与本研究结果有所不同。许氏平鲉为黄渤海底层鱼类，水域盐度条件复杂多变，使其拥有区别于广盐性硬骨鱼类的独特渗透压调节系统（王晓杰等，2006），施氏鲟和蓝菲鲫均为淡水生型广盐性鱼类，其 Na^+/K^+-ATPase 活力随盐度升高而增加（魏渲辉等，2001），卵形鲳鲹为海水生型广盐性鱼类，其 Na^+/K^+-ATPase 活力随盐度呈现“U”形变化（作者等，2012），而微细小管系统丰富程度呈同样规律。可见，广盐性硬骨鱼类线粒体丰富细胞内微细小管丰富度与 Na^+/K^+-ATPase 活力的变化规律相同，同时说明，$Na^+/$

K^+-ATPase主要存在于微细小管系统（Dang et al，2000）。因此，微细小管系统对于卵形鲳鲹幼鱼从外界摄取离子及从体内向外分泌离子均发挥重要作用。淡水生型和海水生型广盐性硬骨鱼类在盐度适应过程中其线粒体丰富细胞超微结构变化存在一定差异，该差异主要体现于低渗透压环境下微细小管系统的发达程度。此外，在卵形鲳鲹盐度30组顶端小窝附近可见丰富囊管。微细小管系统通过囊管与顶膜相连，是线粒体丰富细胞转运离子的机制之一。

盐度20组卵形鲳鲹线粒体丰富细胞胞质内微细小管系统与盐度5和30组的差异，是由于盐度20在等渗点附近，渗透压调节压力较小，因此，微细小管系统不发达。由于微细小管系统中存在大量 Na^+/K^+-ATPase（Dang et al，2000），因此线粒体丰富细胞内 Na^+/K^+-ATPase 减少，使其在盐度20时 Na^+/K^+-ATPase 活力最低（作者等，2012）。

综上所述，经过30 d驯化后，不同盐度条件下卵形鲳鲹线粒体丰富细胞结构出现了一定差异。盐度5和20组线粒体丰富细胞同时具有“海水型线粒体丰富细胞”和“淡水型线粒体丰富细胞”特征，盐度5组线粒体丰富细胞顶膜面积增大明显，顶端小窝较浅，胞质内微细小管系统丰富，盐度20组顶膜面积较小，顶端小窝较深，微细小管系统不发达，盐度30组线粒体丰富细胞与“海水型线粒体丰富细胞”结构相同。线粒体丰富细胞的结构变化对广盐性硬骨鱼类适应复杂的外界渗透压环境具重要作用。

第六节　急性低氧胁迫对卵形鲳鲹选育群体血液生化指标的影响

溶解氧是水产动物养殖的限制因子，受到水体温度、盐度、pH等多种环境因子的综合影响，水中溶氧量直接关系到鱼类的生存、生长、酶活性和代谢水平（作者等，2010ab，2011ab；Bowden T J，2008；Well Z et al，2009）。血清生化指标是反映动物环境应激时体内物质代谢和组织器官机能状态变化的一个重要特征，而溶解氧水平则明显影响养殖鱼类的血液指标。作者等自2008年以来利用群体选育方法构建了具有生长优势的卵形鲳鲹基础群体，本节以该选育群体为研究对象，研究急性低氧胁迫对卵形鲳鲹血清各项生化指标的影响，以期为卵形鲳鲹的大规模养殖产业发展及其良种选育的抗逆性研究、病理和生理生化研究提供参考资料。

一、卵形鲳鲹急性低氧胁迫的行为特征

当停止充气后，水体中溶解氧迅速下降，到达窒息点以下时，鱼开始出现缺氧症状，呼吸频率增加，呼吸幅度加大，极度烦躁不安，上蹿下跳和打转，失去方向，肌肉出现颤抖，随后下沉，以各种姿势卧于水底濒临死亡。

二、急性低氧胁迫对卵形鲳鲹血清离子含量的影响

如表 9-2 所示，急性低氧胁迫后卵形鲳鲹血清离子含量与对照组相比都有不同程度的升高，其中钾、磷、尿素氮浓度上升趋势不明显（$P>0.05$），钠、氯、钙浓度与对照组相比均有显著性差异（$P<0.05$），铁浓度极显著高于对照组（$P<0.01$）。

表 9-2　卵形鲳鲹血清离子含量

参数	对照组	低氧组	*t*-检验
钾（mmol/L）K	3.93±1.53	5.83±3.06	$P>0.05$
钠（mmol/L）Na	167.30±0.13	172.93±2.94	$P<0.05$
氯（mmol/L）Cl	138.60±1.37	145.77±3.06	$P<0.05$
磷（mmol/L）P	2.63±0.79	3.84±0.79	$P>0.05$
铁（mmol/L）Fe	10.20±1.13	22.13±2.93	$P<0.01$
钙（mmol/L）Ca	2.71±1.73	3.00±0.09	$P<0.05$
尿素氮（mmol/L）N	0.79±0.56	0.83±0.25	$P>0.05$

三、急性低氧胁迫对卵形鲳鲹血清有机成分浓度的影响

由表 9-3 可见，急性低氧胁迫后，卵形鲳鲹的血清蛋白、尿酸、肌酐、血脂、血糖等指标的变化不同，其中肌酐、尿酸极显著高于对照组（$P<0.01$），总蛋白、总胆固醇显著低于对照组（$P<0.05$），葡糖糖、甘油三酯、白蛋白、球蛋白、白球比与对照组无显著差异（$P>0.05$）。

表 9-3　卵形鲳鲹血清中有机成分浓度

参数	对照组	低氧组	t-检验
葡萄糖（mmol/L）	5.10±1.55	11.52±5.19	$P>0.05$
总蛋白（g/L）	40.70±1.05	30.40±4.05	$P<0.05$
白蛋白（g/L）	16.20±2.53	14.57±3.42	$P>0.05$
球蛋白（g/L）	24.50±2.66	22.50±8.74	$P>0.05$
白球比（Albumin/Globulin）	0.66±0.03	0.67±0.09	$P>0.05$
总胆固醇（mmol/L）	4.63±0.53	3.55±0.62	$P<0.05$
甘油三酯（mmol/L）	0.67±0.14	0.99±0.60	$P>0.05$
肌酐（μmol/L）	22.00±1.36	36.33±4.93	$P<0.01$
尿酸（μmol/L）	28.00±3.53	110.33±19.13	$P<0.01$

四、急性低氧胁迫下卵形鲳鲹血清酶的变化

如表 9-4 所示，卵形鲳鲹血清中乳酸脱氢酶、乳酸脱氢酶同工酶、谷丙转氨酶、谷草转氨酶含量与对照组均无显著性差异（$P>0.05$）。肌酸激酶含量极显著高于对照组（$P<0.01$），肌酸激酶同工酶显著高于对照组（$P<0.05$），γ-谷氨酰转肽酶含量显著低于对照组（$P<0.05$），碱性磷酸酶略低于对照组（$P>0.05$）。

表 9-4　卵形鲳鲹血清酶含量

参数	对照组	低氧组	t-检验
谷丙转氨酶（U/L）	4.00±0.03	7.67±2.51	$P>0.05$
谷草转氨酶（U/L）	38.00±1.23	91.00±40.44	$P>0.05$
γ-谷氨酰转肽酶（U/L）	8.00±1.15	5.00±1.73	$P<0.05$
碱性磷酸酶（U/L）	58.33±19.85	52.00±11.4	$P>0.05$
肌酸激酶（U/L）	731.00±21.31	1828.67±58.85	$P<0.01$
肌酸激酶同工酶（U/L）	529.00±55.29	1241.00±342.69	$P<0.05$
乳酸脱氢酶（U/L）	309.00±15.3	342.00±144.01	$P>0.05$
乳酸脱氢酶同工酶（U/L）	2.00±0.52	7.00±4.58	$P>0.05$

五、研究结果分析

尾崎久雄（1982）指出，鱼类血液中几种无机成分的合适范围为：① 钠：占所有阳离子的大部分，板鳃鱼类大多数高达 200 mmol/L 以上，硬骨鱼类在 150～200 mmol/L；② 钾：一般在 10 mmol/L 以下；③ 钙：5 mmol/L 以下。④ 阴离子中氯为主要成分，板鳃鱼类为 200 mmol/L 左右，硬骨鱼类为 150～180 mmol/L。本实验测得卵形鲳鲹对照组血液无机成分在正常情况下的数值基本在上述范围内。急性低氧胁迫后卵形鲳鲹血清离子含量与对照组相比都有不同程度的升高，钠、氯离子浓度显著增高，但都在合适范围内，而铁极显著高于对照组。作者认为是由于环境水体较低的溶氧水平使鱼体产生应激反应，使鳃的扩散容量明显增大，以增加有效的呼吸面积，使水中的氧更容易扩散到血液中，严重的缺氧甚至使细胞受损，细胞膜的通透性加大，于是外界的离子渗透到机体中，故血清中离子含量增高，通常鱼类鳃上皮对氢离子的通透性最大，依次是水、钾、钠、氯、钙等（林浩然，1999），所以过多的钠、氯、钙进入到血液中，使其含量显著增高。通过血液运输的氧，绝大部分是以血红蛋白为载体的，当水中溶氧急速减少时，鱼体为了在低氧环境中能够摄取更多的氧气，以维持机体正常的生理机能，因此红细胞数量增加，血红蛋白和

氧的亲和力增强，以运输更多的氧分子从而导致血清中铁的含量极显著增加。

血糖的生成除了受胰岛素和肾上腺素的调节外，还要受机体的各种调节，极易受环境因子刺激而发生波动；肌肉和肝脏以糖元形式贮存糖，在血液中则以葡萄糖形式存在，因此，血糖量在机体总是处于一种动态平衡状态。葡萄糖是许多组织的必需燃料，因而恒定的血糖浓度对维持鱼体正常的生命活动有着重要作用，一般来说，运动活泼的鱼类较运动迟缓或底栖性的鱼类血糖值高，栖息于流水环境中的鱼类较在静水环境中的为高（尾崎久雄，1982）。在本研究中，急性低氧组血糖含量略高于对照组，可能是由于外界水环境溶氧量降低而使鱼体产生应激反应，通过肾上腺素的调节作用促使较多的血液进入次级鳃瓣进行气体交换，肾上腺素的分泌导致血糖升高，同时也说明肝糖元分解增加。甘油三酯、胆固醇和总蛋白水平受蛋白质分解代谢和肝糖元分解的影响（Andenen D E et al，1991；Viljayan M M et al)，低氧实验组除甘油三酯外，后两项变化显著，说明低氧胁迫后鱼体内蛋白质分解和肝糖元分解加快。尿酸和肌酐是指示鳃和肾机能状况的指标，血浆尿酸和肌酐含量水平升高预示着鳃和肾组织损伤而造成其机能紊乱（Burtis C A et al，1996），而肌酐浓度降低却没有很明显的临床意义。急性低氧胁迫后卵形鲳鲹血清蛋白、尿酸、肌酐等有着不同的变化，肌酐、尿酸显著高于对照组，说明急性低氧胁迫对卵形鲳鲹鳃和肾组织造成损伤，使其机能出现紊乱；鱼处于饥饿或患病时，血清蛋白含量明显下降，实验组血清总蛋白显著低于对照组，表明急性低氧胁迫后鱼体的代谢、物质运输和防御能力都处于不正常状态。

血清酶的变化能够反映机体代谢和物质转化的状况以及组织结构功能的不同状态，是机体组织细胞膜完整性的一个重要标志（冀德伟等，2009）。谷丙转氨酶和谷草转氨酶是广泛存在于动物细胞线粒体中的重要氨基转移酶，在肝细胞中含量最高。在正常情况下，肝细胞内的转氨酶只有少量被释放到血液中，因此，血清中的转氨酶活性较低。当血清中谷丙转氨酶和谷草转氨酶含量升高时，被认为是因为肝细胞受到损伤，其中谷丙转氨酶是肝脏损伤的重要指示酶。本研究急性低氧胁迫后卵形鲳鲹血清中谷丙转氨酶、谷草转氨酶含量都高于对照组，但与对照组均无显著性差异，说明急性低氧胁迫对卵形鲳鲹肝脏的损伤程度不大。肌酸激酶同工酶、乳酸脱氢酶、乳酸脱氢酶同工酶主要存在于心肌细胞中，医学上将这几种酶称为心肌酶，常通过测定其活性升高程度以反映心肌的受损程度（崔杰峰等，2000）；乳酸脱氢酶是在细胞内催化乳酸氧化成丙酮酸的重要酶，其在组织中的活力大大高于血液中的活力，若血液中乳酸脱氢酶活力升高则预示着肝脏、肾脏和肌肉等组织细胞结构发生改变、受到损伤（Berent D et al，2001）。在本实验中，急性低氧胁迫后卵形鲳鲹血清中乳酸脱氢酶、乳酸脱氢酶同工酶都高于对照组，表明急性低氧胁迫对卵形鲳鲹心脏和肌肉有一定的损伤。肌酸激酶和肌酸激酶同工酶含量明显高于对照组，表明心脏肌细胞受到损伤。γ-谷氨酰转肽酶含量显著低于对照组，笔者认为是由于急性低氧胁迫后鱼体的代谢、物质运输等都处于不正常状态所致。碱性磷酸酶在生物体内直接参与磷酸基团的转移和代谢过程，因而在生物体内的物质代谢和免疫防护中发挥作用（作者等，2011），碱性磷酸酶活性降低表明急性低氧胁迫可能对机体免疫力造成不利影响。

第七节　饥饿胁迫对卵形鲳鲹幼鱼消化器官组织学的影响

鱼类为维持生长、发育和繁殖等生命活动，必须从水环境中获得充足食物，以提供正常生命活动所需的能量。但在自然环境中，鱼类因环境改变、季节变化、食物短缺等而时常受到饥饿的胁迫，即使是在养殖生产中，也常因饵料供应不足、适口性差、或天气和技术等原因而造成不规则停食，导致饥饿发生。饥饿是影响鱼类生长、发育的重要环境因子，近年来饥饿对鱼类生长和生理生化影响的研究已成为鱼类消化生理学研究的重要领域，但饥饿对鱼类消化系统形态学和组织学的影响研究尚不多，对斜带石斑鱼（*Epinephelus coioides*）（宋海霞等，2008）、哲罗鱼（*Hucho taimen*）（张永泉等，2010）、褐菖鲉（*Sebastiscus marmoratus*）（江丽华等，2011）等的研究结果均表明，饥饿或营养不足对鱼类消化系统组织结构具有显著影响。因此，消化系统形态学和组织学的研究是鱼类消化生理研究中最直观的方法之一，可较好地反映鱼类的营养状况，对这一领域的研究有助于了解鱼类适应饥饿胁迫的生态对策，对渔业资源管理及水产养殖等方面的实践具有重要的指导意义。本研究探讨饥饿胁迫对卵形鲳鲹幼鱼消化器官组织学的影响，旨在揭示其在饥饿状态下的形态和组织学结构变化和耐受饥饿的能力，为渔业生产中制定合适的投饲策略提供参考资料。

一、饥饿胁迫对卵形鲳鲹幼鱼食道组织结构的影响

食道前端接于口咽腔，后端接于胃的贲门部，基本的组织学结构由内向外分为4层：黏膜层、黏膜下层、肌层、浆膜（图9-29a）。食道与胃分界处可以清晰观察到“食道-胃”过渡区，过渡区前段黏膜上皮为复层扁平上皮，后段为单层柱状上皮且有大量杯状细胞分布其中（图9-29b）。固有膜与黏膜下层之间分界不明显。食道的肌层发达，内环外纵，环肌厚度明显大于纵肌，浆膜层由薄层结缔组织组成，位于食道的最外层。与对照组相比较，饥饿3 d卵形鲳鲹幼鱼食道组织结构变化不明显（图9-29c）；饥饿6 d和9 d食道上皮层细胞排列开始不规则，黏膜下层和肌肉层逐渐疏松，有少部分组织出现断裂的现象，但是程度较轻（图9-29d、e）；饥饿12 d黏膜层上皮大部分脱落，很多部位断裂，上皮细胞排列不规则，细胞界限模糊（图9-29f）。

饥饿对卵形鲳鲹幼鱼食道管腔直径、管壁厚度、上皮层高度、皱襞高度和宽度、

杯状细胞大小的影响见表 9-5。随着饥饿时间的延长，食道管腔直径逐渐变窄，杯状细胞体积逐渐减小，管壁厚度、上皮层高度、皱襞高度和宽度逐渐下降。饥饿 3 d 各项可量指标略有下降，其中管壁厚度、皱襞高度、杯状细胞短径与对照组相比差异不显著（$P>0.05$）；饥饿 6 d 和饥饿 9 d 各项可量指标继续下降，其中皱襞高度和杯状细胞短径与对照组相比差异不显著（$P>0.05$）；饥饿 12 d 各项可量指标继续下降，除杯状细胞短径外其他指标与对照组相比差异显著（$P<0.05$），并且大部分指标与饥饿第 3 d 和第 6 d 差异显著（$P<0.05$）。

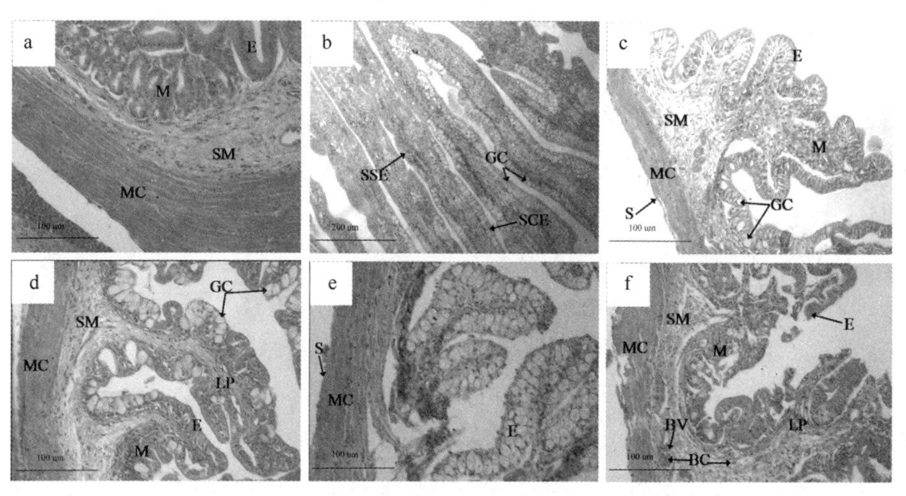

图 9-29　饥饿前后卵形鲳鲹幼鱼食道组织的比较

a：饥饿 0 d，200×；b：饥饿 3 d，100×；c：饥饿 3 d，200×；d：饥饿 6 d，200×；e：饥饿 9 d，200×；f：饥饿 12 d，200×

BC：血细胞；BV：血管；E：上皮；GC：杯状细胞；LP：固有膜；M：黏膜层；MC：肌层；S：浆膜；SCE：单层柱状上皮；SM：黏膜下层；SSE：复层扁平上皮

表 9-5　饥饿前后卵形鲳鲹幼鱼食道组织结构的变化

食道	饥饿 0 d	饥饿 3 d	饥饿 6 d	饥饿 9 d	饥饿 12 d
管腔直径（mm）	$1.917±0.045^{a}$	$1.648±0.079^{b}$	$1.512±0.115^{c}$	$1.515±0.221^{c}$	$1.365±0.222^{d}$
管壁厚度（mm）	$0.597±0.019^{a}$	$0.563±0.052^{ab}$	$0.506±0.073^{b}$	$0.528±0.094^{b}$	$0.393±0.061^{c}$
上皮层高度（μm）	$38.89±6.20^{a}$	$34.47±5.88^{b}$	$24.15±3.44^{c}$	$20.67±3.35^{cd}$	$17.62±3.33^{d}$
皱襞高度（μm）	$346.25±35.18^{a}$	$332.19±31.20^{a}$	$312.62±52.05^{a}$	$322.45±46.62^{a}$	$255.27±39.43^{b}$
皱襞宽度（μm）	$255.95±29.65^{a}$	$182.86±17.04^{b}$	$168.90±26.13^{b}$	$145.08±31.06^{c}$	$127.40±21.59^{c}$
杯状细胞长径（μm）	$15.61±2.02^{a}$	$11.83±1.12^{c}$	$13.56±1.42^{b}$	$12.89±1.91^{bc}$	$12.39±2.16^{bc}$
杯状细胞短径（μm）	$8.71±1.65^{a}$	$7.85±0.88^{a}$	$8.33±0.83^{a}$	$8.38±1.05^{a}$	$7.83±1.03^{a}$

注：同行中标有不同小写字母者表示饥饿组之间差异显著（$P<0.05$），标有相同小写字母者表示组间差异不显著（$P>0.05$）。后表同。

二、饥饿胁迫对卵形鲳鲹幼鱼胃组织结构的影响

胃的组织结构和食道一样由内向外分为4层，依次为黏膜层、黏膜下层、肌肉层和浆膜（图9-30a）。贲门部和盲囊部结构相似，黏膜上皮为单层柱状上皮，细胞排列紧密，细胞核位于基部，染色深，黏膜上皮凹陷形成胃小凹，含有少量空泡状杯状细胞。胃腺发达，为管状腺体，开口于胃小凹，腺细胞较周围细胞大，细胞核圆形，位于基部。胃幽门部皱襞高度和宽度较贲门部和盲囊部小。饥饿对胃贲门部、盲囊部和幽门部的影响相似，饥饿3 d胃的组织结构无明显变化（图9-30b）；饥饿6 d黏膜层细胞排列疏松，细胞间隙大，上皮层有少部分脱落（图9-30c、d）；饥饿9 d细胞界限不清楚，胃腺间的结缔组织增多，细胞排列疏松，上皮脱落情况较饥饿6 d的更严重（图9-30e、f）；饥饿12 d黏膜层上皮大量脱落、断裂，胃腺明显减少（图9-30g）。

胃贲门部、盲囊部和幽门部的管腔直径、管壁厚度、上皮层高度、皱襞高度和宽度、肌肉层厚度随饥饿时间的变化情况见表9-6至表9-8。随着饥饿时间的延长，胃贲门部、盲囊部和幽门部的管腔直径逐渐变窄，管壁厚度、上皮层高度、皱襞高度和宽度、肌肉层厚度逐渐下降。饥饿3 d，胃贲门部各项可量指标变化较明显，除皱襞宽度和肌肉层厚度外，其余各项与对照组相比差异显著（$P<0.05$）；胃盲囊部管腔直径变窄，上皮层高度、皱襞高度、皱襞宽度和肌肉层厚度下降，并与对照组差异显著（$P<0.05$），管壁厚度略有下降，与对照组差异不显著（$P>0.05$）；胃幽门部管腔直径、管壁厚度、皱襞宽度变化不明显，与对照组差异不显著（$P>0.05$），上皮层高度、皱襞高度和肌肉层厚度下降明显，与对照组差异显著（$P<0.05$）。饥饿6 d和9 d，除胃贲门部皱襞宽度、盲囊部管壁厚度和幽门部管腔直径外，其他各项可量指标下降明显，与对照组差异显著（$P<0.05$），饥饿6 d和9 d之间差异不显著（$P>0.05$）。饥饿12 d各项可量指标下降更加明显，与对照组差异显著（$P<0.05$）。

表9-6　饥饿前后卵形鲳鲹幼鱼胃贲门部组织结构的变化

胃贲门部	饥饿0 d	饥饿3 d	饥饿6 d	饥饿9 d	饥饿12 d
管腔直径（mm）	$2.713±0.201^{a}$	$2.339±0.192^{b}$	$2.122±0.136^{c}$	$1.825±0.096^{d}$	$1.650±0.087^{e}$
管壁厚度（mm）	$0.931±0.099^{a}$	$0.830±0.085^{b}$	$0.789±0.121^{bc}$	$0.739±0.075^{c}$	$0.552±0.031^{d}$
上皮层高度（μm）	$52.17±8.46^{a}$	$42.37±5.37^{b}$	$36.78±5.26^{c}$	$35.07±3.92^{c}$	$21.98±2.60^{d}$
皱襞高度（μm）	$327.35±23.88^{a}$	$288.04±26.72^{b}$	$267.46±15.91^{b}$	$266.29±30.99^{b}$	$218.17±25.66^{c}$
皱襞宽度（μm）	$528.44±34.72^{a}$	$492.92±53.52^{a}$	$487.34±58.75^{a}$	$488.45±44.78^{a}$	$375.91±32.28^{b}$
肌肉层厚度（μm）	$151.35±10.10^{a}$	$145.75±13.89^{ab}$	$133.30±10.54^{bc}$	$129.27±18.25^{c}$	$100.97±19.78^{d}$

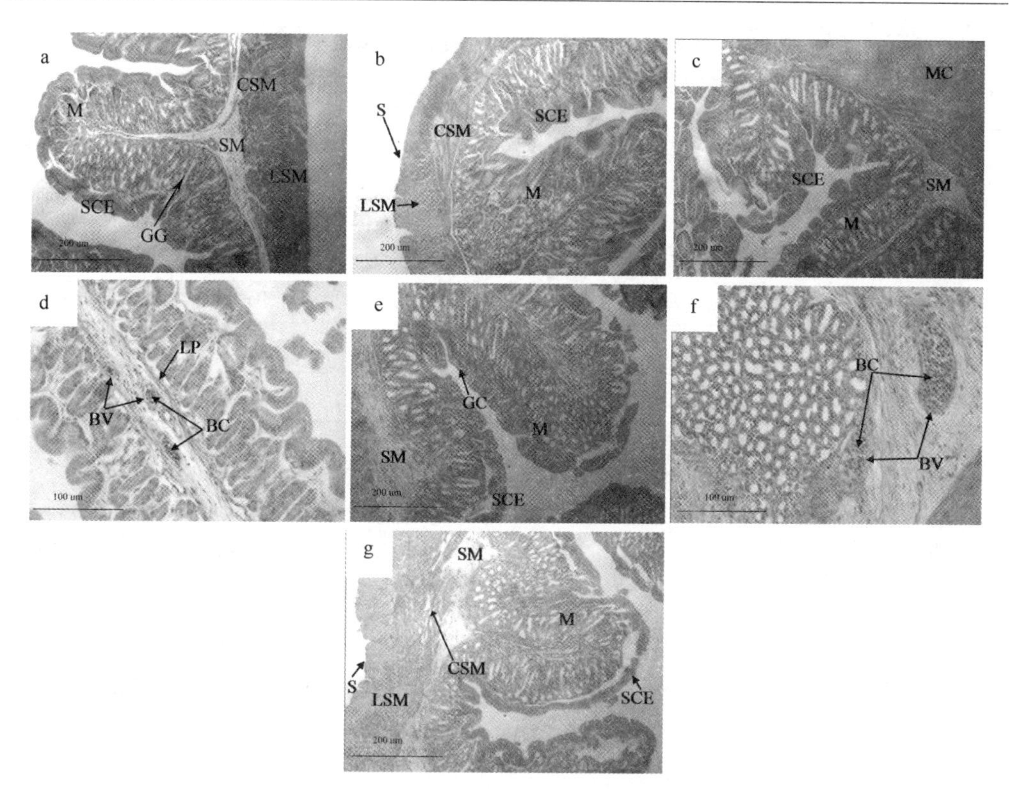

图 9-30　饥饿前后卵形鲳鲹幼鱼胃组织的比较

a：饥饿 0 d，100×；b：饥饿 3 d，100×；c：饥饿 6 d，100×；d：饥饿 6 d，200×；e：饥饿 9 d，100×；f：饥饿 9 d，200×；g：饥饿 12 d，100×

BC：血细胞；BV：血管；CSM：环肌；GC：杯状细胞；GG：胃腺；LP：固有膜；LSM：纵肌；M：黏膜层；MC：肌层；S：浆膜；SCE：单层柱状上皮；SM：黏膜下层

表 9-7　饥饿前后卵形鲳鲹幼鱼胃盲囊部组织结构的变化

胃盲囊部	饥饿 0 d	饥饿 3 d	饥饿 6 d	饥饿 9 d	饥饿 12 d
管腔直径（mm）	2. 377±0. 170[a]	2. 141±0. 178[b]	1. 988±0. 138[c]	1. 967±0. 206[c]	1. 667±0. 107[d]
管壁厚度（mm）	0. 802±0. 181[a]	0. 740±0. 118[a]	0. 739±0. 082[a]	0. 709±0. 107[a]	0. 507±0. 063[b]
上皮层高度（μm）	52. 16±5. 05[a]	42. 56±6. 56[b]	34. 62±3. 66[c]	32. 40±3. 06[c]	27. 26±3. 01[d]
皱壁高度（μm）	623. 39±49. 46[a]	530. 07±44. 55[b]	524. 57±44. 92[b]	514. 57±34. 22[b]	424. 69±46. 43[c]
皱壁宽度（μm）	323. 43±27. 71[a]	290. 30±27. 47[b]	248. 76±28. 78[c]	243. 29±23. 79[c]	237. 71±31. 43[c]
肌肉层厚度（μm）	148. 80±19. 29[a]	129. 69±21. 04[b]	122. 92±16. 30[b]	98. 59±8. 23[c]	95. 11±11. 06[c]

表 9-8　饥饿前后卵形鲳鲹幼鱼胃幽门部组织结构的变化

胃幽门部	饥饿 0 d	饥饿 3 d	饥饿 6 d	饥饿 9 d	饥饿 12 d
管腔直径（mm）	$1.361±0.129^{a}$	$1.321±0.129^{ab}$	$1.231±0.130^{b}$	$1.303±0.140^{ab}$	$1.298±0.034^{ab}$
管壁厚度（mm）	$0.478±0.079^{ab}$	$0.526±0.116^{a}$	$0.427±0.088^{b}$	$0.403±0.076^{b}$	$0.395±0.083^{b}$
上皮层高度（μm）	$39.51±3.88^{a}$	$30.16±2.61^{b}$	$28.01±4.96^{b}$	$23.56±1.71^{c}$	$21.52±2.26^{c}$
皱壁高度（μm）	$353.11±32.71^{a}$	$328.06±16.83^{b}$	$323.08±30.18^{b}$	$317.00±28.17^{b}$	$301.11±27.72^{b}$
皱壁宽度（μm）	$243.19±24.92^{a}$	$235.10±14.64^{ab}$	$217.63±31.19^{bc}$	$212.08±23.38^{cd}$	$195.46±10.33^{d}$
肌肉层厚度（μm）	$157.09±11.72^{a}$	$138.20±15.25^{b}$	$118.57±11.07^{c}$	$116.87±8.91^{c}$	$112.00±10.89^{c}$

三、饥饿胁迫对卵形鲳鲹幼鱼幽门盲囊组织结构的影响

幽门盲囊位于胃幽门部与前肠交界处，幽门盲囊肌肉层很薄，黏膜下层和浆膜层极薄，黏膜皱襞多，上皮较厚，内含有大量嗜酸性颗粒细胞和空泡状杯状细胞（图 9-31a、b）。嗜酸性颗粒细胞数量随饥饿时间的延长不断减少（图 9-31）饥饿 3 d 组织结构变化不明显（图 9-31c）；饥饿 6 d 和 9 d 黏膜层上皮组织间隙变大，黏膜下层结缔组织更加疏松（图 9-31d、e）；饥饿 12 d 细胞界限模糊，大量黏膜上皮出现脱落、断裂等（图 9-31f）。

饥饿对卵形鲳鲹幼鱼幽门盲囊管腔直径、皱襞高度和宽度、杯状细胞大小的影响见表 9-9。饥饿 3 d 管腔直径变窄，与对照组差异显著（$P<0.05$），皱襞高度和宽度、杯状细胞长径和短径略有下降，与对照组相比差异不显著（$P>0.05$）；饥饿 6 d 管腔直径比饥饿 3 d 变宽，但比对照组窄，与饥饿 3 d 和对照组相比差异均不显著（$P>0.05$），杯状细胞长径和短径略有下降，与对照组差异不显著（$P>0.05$），皱襞高度和宽度下降明显，与对照组差异显著（$P<0.05$）；饥饿 9 d 和 12 d 管腔直径、皱襞高度和宽度、杯状细胞长径和短径继续下降，与对照组差异显著（$P<0.05$），饥饿 9 d 和 12 d 之间差异不显著（$P>0.05$）。

表 9-9　饥饿前后卵形鲳鲹幼鱼幽门盲囊组织结构的变化

幽门盲囊	饥饿 0 d	饥饿 3 d	饥饿 6 d	饥饿 9 d	饥饿 12 d
管腔直径（mm）	$0.363±0.023^{a}$	$0.329±0.023^{bc}$	$0.341±0.038^{ab}$	$0.258±0.022^{d}$	$0.313±0.034^{c}$
皱壁高度（μm）	$105.28±10.35^{a}$	$99.76±11.17^{ab}$	$92.22±8.45^{bc}$	$90.02±8.69^{c}$	$91.96±7.28^{bc}$
皱壁宽度（μm）	$48.88±6.04^{a}$	$42.83±5.65^{b}$	$39.77±6.00^{bc}$	$37.94±2.84^{c}$	$35.42±4.11^{c}$
杯状细胞长径（μm）	$7.90±0.47^{a}$	$7.53±0.76^{ab}$	$7.41±0.80^{ab}$	$6.93±0.86^{b}$	$6.92±0.62^{b}$
杯状细胞短径（μm）	$5.66±0.50^{a}$	$5.20±0.55^{ab}$	$5.24±0.51^{ab}$	$4.78±1.12^{bc}$	$4.33±0.82^{c}$

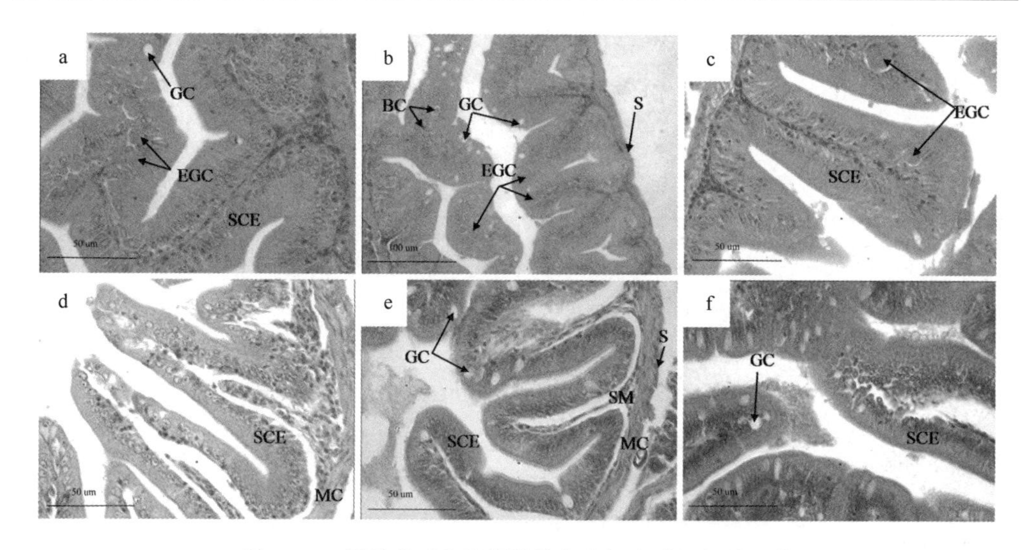

图 9-31　饥饿前后卵形鲳鲹幼鱼幽门盲囊组织的比较

a：饥饿 0 d，400×；b：饥饿 0 d，200×；c：饥饿 3 d，400×；d：饥饿 6 d，400×；e：饥饿 9 d，400×；f：饥饿 12 d，400×

BC：血细胞；EGC：嗜酸性颗粒细胞；GC：杯状细胞；MC：肌层；S：浆膜；SCE：单层柱状上皮；SM：黏膜下层

四、饥饿胁迫对卵形鲳鲹幼鱼肠道组织结构的影响

卵形鲳鲹幼鱼肠道可分为前、中、后肠三部分，中肠管腔直径最小，前肠次之，后肠最大。肠道组织也由黏膜层、黏膜下层、肌层和浆膜层构成（图 9-32a、b、c）。黏膜层由单层柱状上皮组成，细胞排列紧密，细胞核圆形，位于细胞基底部。黏膜层和黏膜下层中含有大量血细胞，上皮细胞之间含有少量嗜酸性颗粒细胞和大量空泡状杯状细胞，杯状细胞数量从前肠至后肠逐渐增多。后肠的皱襞高度明显高于前肠和中肠。饥饿对肠道组织结构的影响明显，饥饿 3 d 前、中、后肠的组织结构无明显变化（图 9-32d、e、f）；饥饿 6 d 前肠和中肠的组织结构变化不明显（图 9-32g、h），后肠的上皮细胞界限开始模糊，有些部位间隙变大，组织疏松（图 9-32i）；饥饿 9 d 肠道各部分有不同程度的损伤，后肠更严重（图 9-32j、k、l）；饥饿 12 d 肠道上皮组织出现脱落、断裂等现象（图 9-32m、n、o）。

饥饿对卵形鲳鲹幼鱼前、中、后肠管腔直径、管壁厚度、上皮层高度、皱襞高度和宽度、杯状细胞大小的影响见表 9-10 至表 9-12。饥饿 3 d，前肠管壁厚度、上皮层高度、皱襞高度和宽度、杯状细胞短径下降不明显，与对照组差异不显著（$P>0.05$）；中肠和后肠除上皮层高度和杯状细胞体积略有减小外其余指标无显著性差异（$P>0.05$）。饥饿 6 d 和 9 d，前肠管壁厚度和皱襞高度略有下降，与对照组差异不显著（$P>0.05$），管腔直径、上皮层高度、皱襞宽度、杯状细胞体积下降明显，与对照组差异显著（$P<0.05$）；中肠和后肠的各项可量指标逐渐下降，与对照组差异显著（$P<0.05$），饥饿 6 d 和 9 d 之间差异不显著（$P>0.05$）；饥饿 12 d 前、中、后肠各项可量指标下降更明显，与对照组差异显著（$P<0.05$）。

表 9-10　饥饿前后卵形鲳鲹幼鱼前肠组织结构的变化

前肠	饥饿 0 d	饥饿 3 d	饥饿 6 d	饥饿 9 d	饥饿 12 d
管腔直径（mm）	1.508 ± 0.103^{a}	1.152 ± 0.096^{b}	1.017 ± 0.116^{c}	1.010 ± 0.035^{c}	0.827 ± 0.049^{d}
管壁厚度（mm）	0.324 ± 0.010^{a}	0.299 ± 0.033^{ab}	0.310 ± 0.317^{ab}	0.302 ± 0.049^{ab}	0.285 ± 0.293^{b}
上皮层高度（μm）	30.13 ± 4.49^{a}	28.96 ± 3.43^{ab}	27.05 ± 2.78^{b}	23.73 ± 2.55^{c}	23.54 ± 1.94^{c}
皱壁高度（μm）	228.05 ± 32.26^{a}	231.58 ± 22.74^{a}	210.84 ± 14.71^{ab}	207.92 ± 19.90^{ab}	190.16 ± 27.64^{b}
皱壁宽度（μm）	83.35 ± 19.67^{a}	82.23 ± 12.48^{a}	63.53 ± 6.30^{b}	49.81 ± 6.66^{c}	51.22 ± 7.44^{c}
杯状细胞长径（μm）	9.42 ± 0.32^{a}	8.44 ± 0.86^{b}	7.50 ± 0.84^{c}	7.43 ± 0.90^{c}	6.90 ± 0.75^{c}
杯状细胞短径（μm）	6.27 ± 0.48^{a}	5.95 ± 0.65^{a}	5.35 ± 0.73^{b}	5.33 ± 0.66^{b}	4.95 ± 0.43^{b}

表 9-11　饥饿前后卵形鲳鲹幼鱼中肠组织结构的变化

中肠	饥饿 0 d	饥饿 3 d	饥饿 6 d	饥饿 9 d	饥饿 12 d
管腔直径（mm）	1.013 ± 0.050^{a}	0.982 ± 0.081^{a}	0.865 ± 0.086^{b}	0.761 ± 0.074^{c}	0.738 ± 0.036^{c}
管壁厚度（mm）	0.342 ± 0.040^{a}	0.313 ± 0.037^{ab}	0.284 ± 0.025^{b}	0.251 ± 0.039^{c}	0.243 ± 0.019^{c}
上皮层高度（μm）	29.54 ± 3.15^{a}	25.28 ± 3.43^{b}	23.58 ± 1.56^{bc}	22.13 ± 1.87^{cd}	20.97 ± 1.21^{d}
皱壁高度（μm）	203.89 ± 27.56^{a}	189.77 ± 25.58^{ab}	168.81 ± 18.55^{bc}	176.42 ± 21.12^{bc}	161.30 ± 17.34^{c}
皱壁宽度（μm）	64.54 ± 5.74^{a}	62.79 ± 6.14^{a}	56.27 ± 4.51^{b}	53.89 ± 6.01^{b}	51.51 ± 7.37^{b}
杯状细胞长径（μm）	8.75 ± 0.49^{a}	7.36 ± 0.77^{b}	7.18 ± 0.79^{b}	7.08 ± 0.63^{b}	7.09 ± 0.71^{b}
杯状细胞短径（μm）	6.70 ± 0.58^{a}	5.87 ± 0.59^{b}	5.85 ± 0.52^{b}	5.34 ± 0.63^{bc}	5.26 ± 0.60^{c}

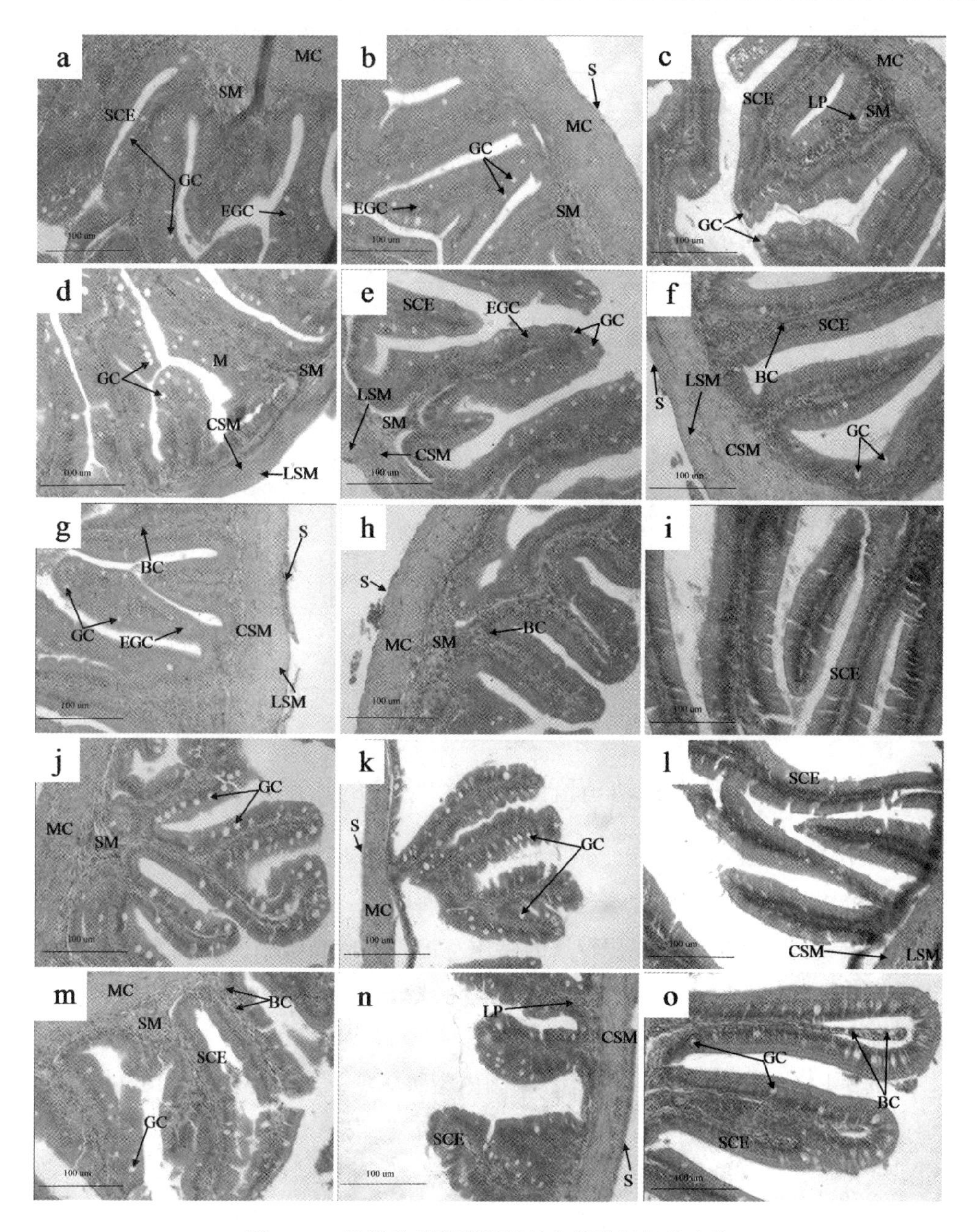

图 9-32　饥饿前后卵形鲳鲹幼鱼肠道组织的比较

a：前肠，饥饿 0 d，200×；b：中肠，饥饿 0 d，200×；c：后肠，饥饿 0 d，200×；d：前肠，饥饿 3 d，200×；e：中肠，饥饿 3 d，200×；f：后肠，饥饿 3 d，200×；g：前肠，饥饿 6 d，200×；h：中肠，饥饿 6 d，200×；i：后肠，饥饿 6 d，200×；j：前肠，饥饿 9 d，200×；k：中肠，饥饿 9 d，200×；l：后肠，饥饿 9 d，200×；m：前肠，饥饿 12 d，200×；n：中肠，饥饿 12 d，200×；o：后肠，饥饿 12 d，200×

BC：血细胞；CSM：环肌；EGC：嗜酸性颗粒细胞；GC：杯状细胞；LP：固有膜；LSM：纵肌；M：黏膜层；MC：肌层；S：浆膜；SCE：单层柱状上皮；SM：黏膜下层

表 9-12　饥饿前后卵形鲳鲹幼鱼后肠组织结构的变化

后肠	饥饿 0 d	饥饿 3 d	饥饿 6 d	饥饿 9 d	饥饿 12 d
管腔直径（mm）	1.595±0.077[a]	1.540±0.095[a]	1.547±0.068[a]	1.318±0.079[b]	1.282±0.084[b]
管壁厚度（mm）	0.507±0.088[a]	0.456±0.039[ab]	0.413±0.070[bc]	0.381±0.050[c]	0.412±0.055[bc]
上皮层高度（μm）	35.40±2.87[a]	29.70±3.01[b]	27.16±2.77[c]	23.39±2.69[c]	22.89±1.87[c]
皱壁高度（μm）	454.33±45.81[a]	439.10±58.07[a]	370.45±51.39[b]	355.15±44.37[bc]	315.54±30.67[c]
皱壁宽度（μm）	81.09±8.23[a]	80.50±12.74[a]	70.57±7.72[b]	59.09±5.16[c]	58.26±6.78[c]
杯状细胞长径（μm）	9.64±0.73[a]	7.98±0.69[b]	7.72±0.47[b]	7.62±0.48[bc]	7.14±0.63[c]
杯状细胞短径（μm）	6.61±0.65[a]	6.02±0.85[b]	4.92±0.59[c]	5.15±0.32[c]	5.13±0.41[c]

五、饥饿胁迫对卵形鲳鲹幼鱼肝胰脏组织结构的影响

卵形鲳鲹的胰脏不均匀分布于肝脏中，称为肝胰脏，但是仍然是两个各自独立的器官，分泌物由各自的导管输送。肝脏最外面覆盖着一层浆膜，内部由无数的肝小叶所构成，肝细胞内充满体积较大的脂质空泡，细胞核被挤到一侧，肝细胞彼此相连，排列呈索状，以中央静脉为中心向外呈放射状排列。肝静脉窦明显，其内可见淋巴细胞、红细胞等（图 9-33a、b、c）。

饥饿 3 d 和 6 d 肝细胞体积缩小，细胞内脂肪减少；血细胞数量增加，体积略有减小；胰腺泡细胞逐渐缩小（图 9-33d、e、f）；饥饿 9 d 肝细胞体积进一步缩小，肝组织变得疏松，细胞排列不规则，细胞界限模糊，肝静脉窦中出现大量黑色颗粒物质（图 9-33g）；饥饿 12 d 可见血管破裂，肝细胞血液浸润，血细胞体积减小，并出现降解现象，肝细胞几乎无细胞质，细胞界限模糊（图 9-33h、i）。

六、研究结果分析

卵形鲳鲹幼鱼消化道基本的组织结构由内向外分为 4 层：黏膜层、黏膜下层、肌层、浆膜。食道肌肉层较发达，环肌层厚度大于纵肌层，保证了食道迅速强大的收缩能力，利于将食物推向胃部。食道中含有大量皱襞，皱襞可以根据食物的大小和多少进行收缩和展平，有利于扩大食道管腔面积，便于食物的吞咽。食道上皮有

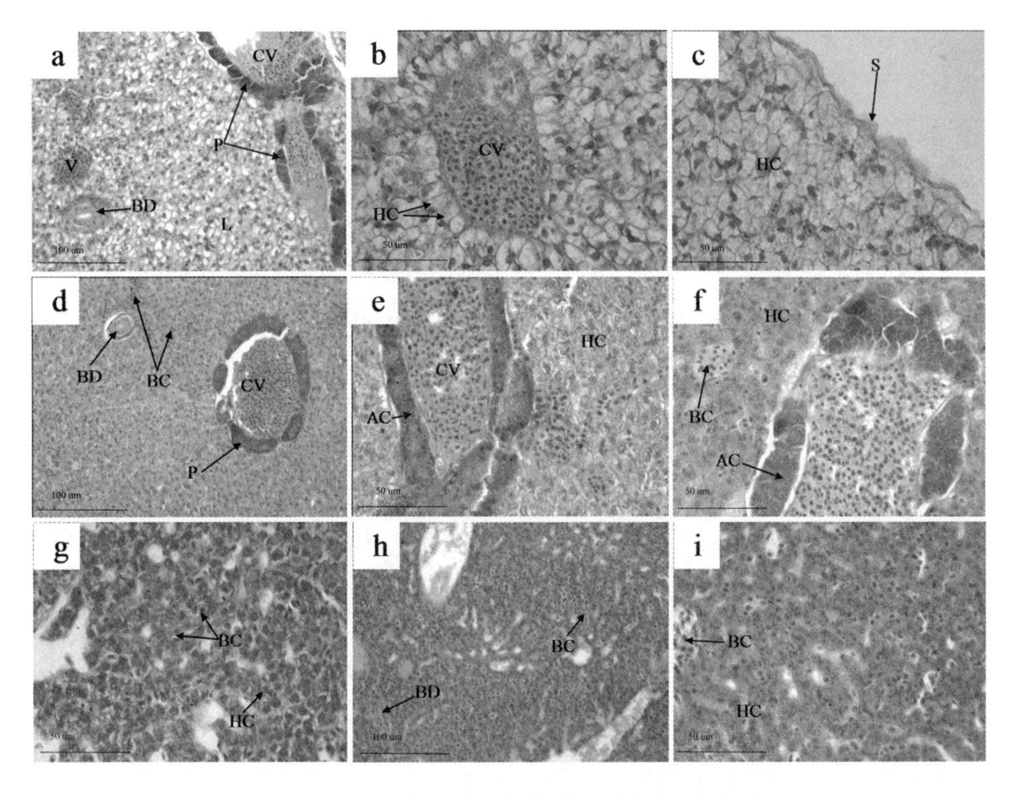

图 9-33　饥饿前后卵形鲳鲹幼鱼肝胰脏组织切片

a：饥饿 0 d，200×；b：饥饿 0 d，400×；c：饥饿 0 d，400×；d：饥饿 3 d，200×；e：饥饿 3 d，400×；f：饥饿 6 d，400×；g：饥饿 9 d，400×；h：饥饿 12 d，200×；i：饥饿 12 d，400×

AC：胰腺泡细胞；BC：血细胞；BD：胆管；CV：中央静脉；HC：肝细胞；L：肝脏；P：胰腺；S：浆膜；V：静脉

大量杯状细胞，能分泌大量黏液，具有润滑食物、保护上皮细胞免受机械损伤和起到对食物的初步消化等作用，这与区又君等（2008）对平鲷（*Rhabdosargus sarba*）消化系统形态学和组织学研究结果一致。

卵形鲳鲹幼鱼黏膜层上皮存在明显的“食道-胃”过渡区，并且过渡区后段有大量杯状细胞分布其中，杯状细胞可以分泌大量黏液和消化酶，对食物进行消化吸收，表明食道与胃在组织结构微观水平上具有一定的过渡性和连续性，并且食物的消化始于“食道-胃”过渡区，这与金头鲷（*Sparus aurata*）（Catalandi E et al，1987）、西伯利亚鲟（*Acipenser baerii*）（陈宁宁等，2011）和月鳢（*Channa asiatica*）（阮国良等，2004）等鱼类消化道组织学的研究结果相似。

与驼背鲈（*Cromileptes altivelis*）胃的组织结构特点和功能相似（作者等，2011），卵形鲳鲹幼鱼胃部肌肉层和胃腺都很发达，胃壁厚度、黏膜层明显大于其他部位，这增加了胃体的弹性和蠕动，当吞食大型食物时胃可以迅速膨大，并且促使食物和消化液充分接触，保证能充分地消化食物，特别是食物中的蛋白质。

卵形鲳鲹幼鱼幽门盲囊和肠道的组织结构相似，肠道细长，肠壁厚度比其他消化道部位薄，肠腔内分布密集的微绒毛，能显著增加肠道的消化、吸收面积，提高消化吸收效率。前肠和后肠肠腔直径大于中肠，前肠肠腔直径较大有利于大量食物在肠道暂时贮存，食物经前肠消化后大量减少，不需要中肠贮存，所以中肠肠腔直径较小，后肠肠腔直径较大，能够延长食物在肠腔中的停留时间，有利于食物进一步被消化吸收和食物残渣的排泄。黏膜层含有大量杯状细胞，从前肠到后肠杯状细胞数量逐渐增多，表明卵形鲳鲹幼鱼中肠的消化吸收能力大于前肠，这与鲻（*Mugil cephalus*）（作者等，2011）和湘云鲫（*Carassius auratus*）、湘云鲤（*Cyprinus carpio*）的研究结果（刘飞等，2001）一致。

鱼类在饥饿过程中，由于缺乏外来营养，为了维持机体正常的生命活动，必须要消耗自身的机体组织，利用机体的蛋白质、脂肪等作为能量来源，必然会使机体组织器官发生不同程度的变化。过度的饥饿将导致机体、器官受损，生长抑制和死亡（区又君等，2007ab）。本研究结果表明，饥饿同样使卵形鲳鲹幼鱼的消化器官发生了不同程度的变化。3 d 以内的短时间饥饿对卵形鲳鲹幼鱼消化器官组织结构影响不明显，随着饥饿时间延长，消化器官开始出现损伤，饥饿 6~9 d 对消化器官的损伤程度较轻，饥饿 12 d 消化器官损伤严重，例如消化道管腔变窄、变薄，黏膜上皮细胞界限变得模糊，上皮逐渐脱落、断裂，分泌细胞变小，等等。

短时间的饥饿对卵形鲳鲹幼鱼食道组织结构无明显影响，但随着饥饿时间的延长，食道黏膜上皮细胞界限开始模糊，上皮逐渐脱落、断裂。这与日本黄姑鱼（*Nibea japonica*）（楼宝等，2007）、美国红鱼（*Sciaenops ocellatus*）（李霞等，2002）和施氏鲟（*Acipenser schrencki*）（高露姣等，2004）幼鱼的研究结果不同，这三种鱼在饥饿后食道组织结构未发生明显变化。这可能是不同种类的鱼对饥饿的耐受性不同所导致的。

饥饿对卵形鲳鲹幼鱼胃肠组织结构具有明显影响，长时间的饥饿使上皮细胞界限模糊，排列不规则，黏膜层上皮与固有膜之间间隙变大、黏膜下层结缔组织变得更加疏松，上皮层出现断裂、脱落等；胃管腔直径、胃壁厚度、肌肉层厚度、上皮层高度、皱襞高度和宽度等随饥饿时间的延长，都有不同程度的降低。饥饿对美国红鱼（李霞等，2002）和南方鲇（*Silurus meridionalis*）（付世健等，1999）的影响与上述结果相似，饥饿后，这两种鱼都出现了胃皱襞和上皮细胞变小，胃腺和黏膜下层厚度明显减小等现象。但是也有部分鱼类的研究结果不同，如 Macleod M G（1978）的研究发现，饥饿 48 天后虹鳟（*Oncorhynchus mykiss*）胃组织结构无明显变化。饥饿对卵形鲳鲹幼鱼后肠的损害程度较前、中肠严重，这与饥饿对斜带石斑鱼（宋海霞等，2008）的影响有所不同。卵形鲳鲹幼鱼肠腔直径、肠壁厚度、上皮层高度、皱襞高度和宽度、杯状细胞大小等随饥饿时间的延长均不同程度降低，这与饥饿对日本黄姑鱼（楼宝等，2007）、美国红鱼（李霞等，2002）、施氏鲟（高露姣等，2004）幼鱼和南方鲇（付世健等，1999）的影响基本一致。

卵形鲳鲹幼鱼肝胰脏的损伤程度要较胃肠明显，饥饿第 3 d 可以清晰的观察到肝胰脏内脂肪明显减少，说明卵形鲳鲹幼鱼在饥饿过程中首先利用肝胰脏中的脂肪来补充自身的能量需要；随着饥饿时间延长，肝细胞受损伤并且损伤程度愈来愈严重。这与日本黄姑鱼（楼宝等，2007）和美国红鱼（李霞等，2002）的研究结果相似。

第十章 卵形鲳鲹养殖技术和养殖模式

近年来，随着我国社会经济的快速发展，我国的水产品养殖产业向着标准化和健康化发展，国内各大水产养殖产地建立了现代化水产标准化健康养殖基地，进一步推动了我国水产养殖业的健康、长远发展。

现代的水产养殖基地的建设规模越来越大，基地所具备的功能日趋多样化，能够开展多门类、多学科的水产科学研究、技术示范和生产活动，是现代大型水产基地需要具备的基本功能。

我国各地水产养殖基地的建设，由于受地理、自然环境和用途的不同，虽然存在着一些差异，但是总结各地的水产基地的建设格局，可以发现其中具有很多共同的特点和新的建设理念。这些新的建设理念可能就代表了水产基地建设的发展趋向。

第一节 养殖场建设地点的选择

养殖场需要有良好的道路交通、水电供给以及通讯等基础条件。新建、改建养殖场最好选择在“三通一平”的地方建场，如果不具备以上基础条件，应考虑这些基础条件的建设成本，避免因基础条件不足影响到养殖场的生产发展。

在建场之前，应首先进行地质、水文、气象、生物、社会环境等诸多方面的调查，在此基础上制定建设方案，经可行性论证，进行严密地设计和严格的施工，以较少的投资和较快的速度，获得最理想的工程效果。调查内容和选择条件有：

一、地质条件

沿海风浪较小的泥质或泥沙质的潮间带，以及潮上带的盐碱荒滩，均可建池养鱼。建池地点的地质结构应保证池底基本不漏水、不渗水，筑堤建闸较容易。应尽力避免在酸性土壤或潜在的酸性土壤处建池。

二、水文条件

调查该区的潮汐类型、潮流速度、潮差大小、历年最高潮位等潮汐状况、海区淤积和冲刷情况、风浪状况等，这是确定纳水方式、水闸位置及数目和高程、堤坝位置、高度和坡度等的必备数据。

三、气象条件

应调查当地气温、水温的周年变化，年降雨量及降雨集中季节、当地蒸发量和最大蒸发季节、台风、寒流多发期等。

四、水质条件

选择场址时必须对当地的水质条件进行认真分析，达到感官性状良好，化学成分无害。还必须考虑有充足的淡水水源，特别是盐度偏高、蒸发量较大、进水条件比较困难的沿海地区，或用地下卤水、盐田卤水做水源的鱼池，更需要有供水量稳定、质量好的淡水水源。

五、生态环境

应调查附近水域中生物资源状况，摸清当地自然生长的饵料生物，尤其是鱼类喜食的底栖生物的资源量及数量变动，尽量选择饵料生物丰富的地区建场。要注意鱼类敌害生物的种类、数量等，尤其要注意附近赤潮生物的出现季节和波及程度等。

六、生态平衡

近年来，一些地方池塘建得越来越多，养殖密度越来越大，已超过海区的负荷能力，导致海水富营养化，生态平衡遭到破坏。这些地区不宜继续建场。

七、社会条件

应考虑交通、电力、资金、土地、技术、劳力、历史特点和发展计划及其他社会、经济因素等。技术条件主要指有关的技术力量和技术设备。经济条件指当地的自身经济基础、物质基础及计划投产后的经济效益和社会效益，以及周边的种植业、养殖业状况及相互关系；四周交通、能源、建筑现状及总体规划；四周工厂设置和排放的废气、废水情况及影响等。

第二节　整体布局和设计

一、规划建设的原则

养殖场的规划建设要遵循技术先进、功能齐全、配置合理、适应性广、操作性美观协调和可持续发展的原则。

1. 技术先进

养殖基地建设采用的技术和工艺流程，应当融合当今国内外最新的理念和思路，代表未来水产养殖的发展方向，具有一定的前瞻性。

2. 功能分区

养殖场的建设依照不同的功能进行分区建设，各个功能区域既独立又相互联系。做到布局协调、结构合理，既满足生产管理需要，又适合长期发展需要。

3. 适应性广

养殖场的设施要适用和够用，不重复配置，以节省投资。车间里的水池、供水、加温、排污等设施适合进行多种类、多品种的育苗和养殖实验和生产，设施具有通用性，以提高设施的使用率。对于小水体的对比实验，采用小规格塑料或玻璃钢容器，一方面使车间的布局美观整洁；另一方面便于设施拆装、更改和移动。

4. 美观协调

规划布局整齐，各功能区和设施规格化，建筑物美观、有特色，与周边的自然环境融为一体，符合当地的区域发展规划和建设要求，引入园林式设计的概念，增加养殖场的绿化面积，营造一个优美的工作环境（图 10-1）。

图 10-1　种苗生产基地远眺

5. 因地制宜

充分利用地形结构规划建设养殖设施，既要合理又要经济，在养殖场设计建设中，要优先考虑选用当地建材，做到取材方便、经济可靠。

6. 搞好土地和水面规划

养殖场规划建设要充分考虑养殖场土地的综合利用问题，利用好沟渠、塘埂等土地资源，实现养殖生产的循环发展。做到以养鱼为主，合理安排各类池塘的建设面积和位置，而后安排相应的饲料地、其他农牧副业生产和设施的位置与面积。

7. 可持续发展

一方面为后续的建设留有足够的空间，另一方面各个功能设施有一定的弹性，便于将来设施的改良和改造。

二、养殖场的布局结构

养殖场的布局结构一般分为办公生活区、池塘养殖区、水处理区等。

1. 办公生活区

（1）办公生活区

包括员工的办公、会议、展示、学术、信息交流和住宿（含食堂和招待所）、停车场、生活设施、娱乐、运动的场所和设施、淡水储存池和绿化地等，生产办公楼的面积应根据养殖场规模和办公人数决定，适当留有余地，一般以 1 m^2/亩的比例配置为宜。

（2）消防系统

参照国家行业规范配备规范，在办公和员工宿舍、生产车间、仓库、配电房均设有自来水消防管道、配备干粉或泡沫灭火器以及其他消防和防雷设施。

（3）道路

场内主道路路面应为标准两车道，道路两旁有绿化带；全部道路为砼结构，按照城市道路的标准修建，路肩地下建设下水道，便于集雨排水（图 10-2）。

图 10-2　养殖场内的道路

(4) 绿化

预留发展用地、办公楼、宿舍楼、车间、池塘和道路两旁的空地全部进行人工绿化，以高大、遮荫树木作为主要绿化品种，点缀一些开花树木、低矮树木和绿篱，空地上种植人工草皮。

(5) 污水处理

由于养殖基地的排放污水主要是车间、实验室和养殖池塘废水，这些废水包含的污染物主要是有机质，直接排放有可能会导致局部海域富营养化。污水处理的模式可以参照食品行业或城市生活污水的处理模式。在建设设计时要注意基地的进水位置和排水口保持适当的距离，以免水源被排放废水混合、污染。水产养殖场的生活、办公区要建设生活垃圾集中收集设施和生活污水处理设施。常用的生活污水处理设施有化粪池等。化粪池大小取决于养殖场常驻人数，三格式化粪池应用较多。水产养殖场的生活垃圾要定期集中收集处理。

(6) 安全保卫设施

包括大门、围墙、围栏、门岗、照明等大门的位置和朝向要与周边的环境协调，便于车辆进出和人员通行。大门设计要有表面装饰方案，装饰物颜色要与内部建筑物颜色相协调，以增强大门的美观。大门内侧一般应建设水产养殖场标示牌。标示牌内容包括水产养殖场介绍、养殖场布局、养殖品种、池塘编号等。养殖场门卫房应与场区建筑协调一致，一般在 20~50 m^2，并兼有生活、仓储等功能。应充分利用周边的沟渠、河流等构建围护屏障，以保障场区的生产和生活安全。根据需要可在场区四周建设围墙、围栏等防护设施，有条件的还可以装设远红外监视设备。

2. 池塘养殖区

(1) 布局形式

养殖场的池塘布局一般由场地地形所决定，地势平坦场区的池塘排列一般采用“围”字形布局。狭长形场地内的池塘排列一般为“非”字形。池塘布局一般是以近水源处为起点，依次排列。亲鱼池、产卵池和孵化场。鱼苗塘紧靠孵化场，鱼种塘围绕鱼苗塘并与成鱼塘相邻。生产性能、面积和形状相同的鱼塘集中连片（图 10-3）。

图 10-3　鱼塘集中连片

（2）鱼塘水面与养殖场总面积的比例

养殖场除鱼塘外，还有堤埂、道路、水渠、房屋及其他各渔业设施等。一般水面50亩以下、单一经营的小型养殖场，鱼塘水面可占场总面积的80%左右。综合经营的大、中型养殖场，鱼塘水面占场总面积的60%~70%为宜。

（3）各类鱼塘间的配套比例

鱼塘配套比例主要根据养殖场的生产对象和生产需要而定。生产鱼种为主的中、小养殖场，鱼种塘面积可占到70%左右；以生产商品鱼为主的养殖场，成鱼塘的面积可占80%以上。

3. 鱼塘堤埂布局

鱼塘的堤埂布局，要根据养殖场的面积、规模、生产需要以及土质情况因地制宜地确定。

堤埂面宽不仅能够扩大种植面积，还可建畜、禽棚舍，作交通通道，修渠，插电杆，使水、电、路都由堤面通过。养殖场清塘排淤时，能够就近消淤肥土，有利于种植作物的生长。

堤埂堤坡的坡比最低限度为1∶2。堤坡的坡比大，能够减少施工时土方的运载量，节省挖塘工程造价，鱼塘投产后，可减少风浪的冲刷造成溜坡和塌堤。

第三节　养殖池塘设计建设与改造

一、鱼塘设计要点

鱼塘是养殖场的主体建筑，可分为鱼苗、鱼种、成鱼、亲鱼和越冬鱼塘。鱼塘设计应包括形状、面积、深度和塘底。

1. 鱼塘的形状和朝向

池塘形状通常为长方形，东西向，长宽比为（2~4）∶1。这样的鱼塘遮荫少，长宽比大的池塘水流状态较好，有利于拉网操作。为了充分利用土地、四周边角地带，根据地形也可安排一些边角塘。池塘的朝向应结合场地的地形、水文、风向等因素，尽量使池面充分接受阳光照射，有利于塘中浮游生物的光合作用和生产繁殖，满足水中天然饵料的生长需要。池塘朝向也要考虑是否有利于风力搅动水面，增加水中溶氧。

2. 鱼塘的面积及深度

鱼塘的面积取决于养殖模式、品种、池塘类型、结构等（表10-1）。面积较大的池塘建设成本低，但不利于生产操作，进排水也不方便。面积较小的池塘建设成本高，虽便于操作，但水面小，风力增氧、水层交换差。在南方地区，成鱼池一般5~15亩，鱼种池一般2~5亩，鱼苗池一般1~2亩。

表10-1　各类池塘标准参考表

类型	面积（亩）	保水深（m）	长：宽比
鱼苗塘	1.5~2.0	1.5~2.0	（2~3）：1
鱼种塘	2.0~5.0	2.0~2.5	（2~3）：1
成鱼塘	7.0~15.0	2.5~3.0	（2~4）：1
亲鱼塘	3.0~4.0	2.3~3.0	（2~3）：1
越冬塘	5.0~10.0	3左右	（2~3）：1

池塘水深是指池底至水面的垂直距离，池深是指池底至池堤顶的垂直距离。一般说来，鱼塘的垂直深度应比鱼塘最高水位高出30~50 cm。养鱼池塘有效水深不低于1.5 m，一般成鱼池的深度在2.5~3.0 m，鱼种池在2.0~2.5 m。池埂顶面一般要高出池中水面0.5 m左右。深水池塘一般是指水深超过3.0 m以上的池塘，深水池塘可以增加单位面积的产量，节约土地，但需要解决水层交换、增氧等问题。

3. 塘底

池塘底部要平坦，同时应有相应的坡度，并开挖设置相应的排水沟和集池坑。池塘底部的坡度一般为1：(200~500)。在池塘宽度方向，应使两侧向池中心倾斜。

图10-4　池塘底部

露天池塘采取方形圆角设计（图10-4），应有阶梯上落，水泥砂浆现浇护坡或铺设地膜，沙质池底，中间集污排水。池塘采取管道设有总排水涵道，两个或四个池塘的排水口共用一个排水涵井。

面积较大的池塘底部应建设有台地和沟槽（图 10-5）。台地及沟槽应平整，台面应倾斜于沟，坡降为 1∶(1 000~2 000)，沟、台面积比一般为 1∶(4~5)，沟深一般为 0.2~0.5 m。沟槽的作用有两个：一是便于排水捕捞底层鱼，二是干塘时给未捕净的鱼或鱼种一个存身之地，以减少受伤或死亡。

图 10-5　池塘底部的台地和沟槽

4. 塘堤

塘堤是池塘的轮廓基础，塘堤结构对于维持池塘的形状、方便生产以及提高养殖效果等的影响很大。塘堤分为堤面、堤高、坡三个方面，设计应根据土质状况、生产要求来确定。

(1) 堤面宽度

堤面宽度各地不一，大型养殖场的堤面宽度兼顾行车、种植、埋电杆、开渠、建分水井、清塘消淤等方面。一般主堤面宽 10~12 m，副堤面一般在 8 m 左右。

(2) 堤高

堤高就是从堤面到鱼塘底部的垂直高度。不同类型的鱼塘，它的堤高不一样。一般堤高都要比鱼塘最高水位高出 50 cm 左右。

(3) 坡比

所谓坡比就是堤高与坡底之比。坡比的大小要根据不同鱼塘不同土质等情况来确定。土质好，浅水小塘的坡比一般是 1∶(1.5~2)。深水大塘或土质差，其坡比可以加大到 1∶3。坡比大，便于施工、生产操作和管理，不易塌陷，还能在坡面上种植青饲料（图 10-6）。

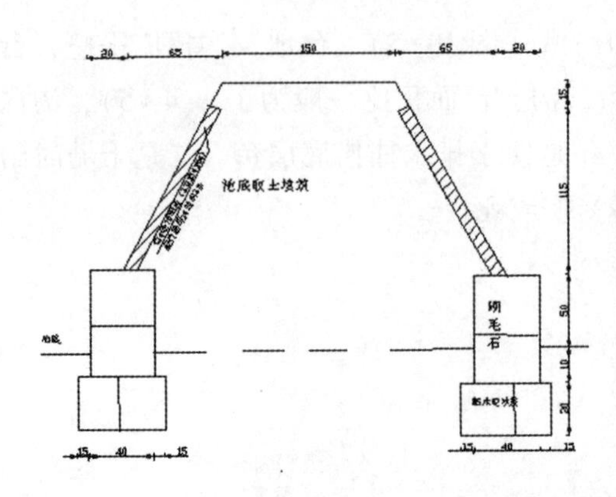

图 10-6　塘堤的坡比

5. 进排水系统设计要点

进、排水系统由水源、进水口、各类渠道、水闸、集水池、分水口、排水沟等部分组成。进排水渠道要畅通，鱼池进水与排水口应设斜对处。

6. 越冬设施

鱼类越冬设施是养殖场的基础设施。根据养殖特点和建设条件不同，越冬温室有面坡式日光温室、拱形日光温室等形式（图 10-7）。

图 10-7　越冬池（左：外部；中：顶部；右：内部）

养殖场的温室主要用于一些养殖品种的越冬和鱼苗繁育需要。水产养殖场温室建设的类型和规模取决于养殖场的生产特点、越冬规模、气候因素以及养殖场的经济情况等。

养殖场温室一般采用坐北朝南方向。这种方向的温室采光时间长、阳光入射率高、光照强度分布均匀。依据骨架结构不同，分为竹木结构温室、钢筋水泥柱结构温室、钢管架无柱结构温室等，顶部一般用塑料薄膜铺设，从顶面向下倾斜与地平面一般呈 30°角。

二、池塘改造

鱼池条件直接关系着鱼产量的高低。鱼塘改造主要是指鱼池水浅，堤埂过低，鱼池不能灌排水，塘底淤泥过厚，鱼塘形状不规则，不利于排涝和管理。另外由于使用多年，部分多年养鱼池塘的“老化”进程加速，有效养殖周期明显缩短，因此有必要对养殖池塘进行改造翻新。

1. 鱼塘老化的主要表现及危害

（1）养殖水体普遍发现富营养化

常见的鱼池水中溶解或者非溶解态有机物质的浓度增高，氮、磷含量上升，pH值和生化耗氧量超出正常范围，透明度下降，水色变绿，硅藻等常见的优势种类被鞭毛藻等代替。情况严重的地方，上述富营养化已经扩展到池外水域，生态平衡受到严重威胁。

（2）池底“黑化”程度加剧

养殖期内，几乎有一半以上的池底长期处于严重的还原状态，变黑和发臭异常迅速。有的在局部，有的则大面积发生。池底生物组成贫乏，多样性指数明显下降，可以充作饵料的底栖生物几乎绝迹。这种现象是鱼池老化的原因之一，对养殖生产非常不利。

（3）饵料利用效率下降

养殖过程中，一方面出现残饵数量不断增多，另一方面鱼的空胃率却不断提高。池养鱼类的活力变弱，饵料系数逐年有所提高。

（4）鱼类受到的主要危害

① 影响品质：由于池底黑化后发黑发臭，鱼类长期生活在这样的环境下会影响其体色及肉质，影响市场售价。

② 影响生长：鱼类喜清新的环境，底质受到污染而黑化后会产生有害物质，不利于鱼的生长。

③ 引发疾病，造成死亡：池底黑化，造成底部污染，易滋生细菌，细菌大量繁殖会导致鱼病发生，轻则影响生产，重则引起大量死亡。

2. 池塘老化的原因

① 由于养殖前未进行清淤或清淤不彻底，存留的淤泥中含有大量有机物质，水温适宜时发黑变臭。

② 放养密度过大，投饲量过大或投饲太集中，造成饲料过剩，一段时间内残饲及大量鱼类的排泄物及有机碎屑不能分解、转化而沉积在池塘底导致水体混浊，腐败变质，发黑发臭，继而污染池底。

③ 大量使用生石灰和漂白粉，致使塘底严重钙化，养殖池水自净能力下降，塘底对养殖池水的缓冲能力下降，并且钙化后的塘底易使养殖池水相对缺乏磷酸盐和可溶性硅酸盐。

④ 池底生长大量水草及藻类，条件不适时水草藻类死亡，时间过长引起腐烂变质，造成池底发黑。

3. 池塘整治主要采取的措施

（1）池塘维修

主要有修理闸门，清除闸门壁上的牡蛎、滕壶等附着生物，加固塘堤，整理堤面，使堤面适当向外倾斜，避免更多的雨水和有害物质进入池塘。

（2）底质改良

即将大塘改小塘，成鱼塘一般水面 8~15 亩为宜，鱼种池水面 3~5 亩，鱼苗池的面积应控制在 2~3 亩。清除污泥，处理底质。池塘底泥以壤土为好，其保肥、保水性能强；沙质土保水性能差；粘土易浑浊，常会因淤泥过厚、腐殖质发酵产生有害气体及大量耗氧，在拉网操作时也不方便。沙质底泥的改良可在池底补铺约20 cm厚的壤土或粘土，同时注意池壁防漏；粘土底质的改良可通过多次冲洗池塘，用人工或机械清除过多淤泥，同时加以 70 g/m^2 生石灰处理后曝晒；也可填砂铺底，或者铺设薄膜或水泥底等。底质处理完毕后再用 20 mg/L 微生态活菌制剂浸塘 5~7 d，分解有机物，改良土壤。

（3）浅塘改深塘

深水环境有利于鱼类适应气候的变化和栖息生活，并且可以通过提高放养数量、成活率提高产量。池塘挖深可将开挖的底泥铺在池埂上，也可另行挖土填高池埂。一般成鱼塘水深 2. 5~3 m，鱼种池水深 2 m 左右，鱼苗池水深在 1~1. 5 m。池塘改深后，在底土和池壁表面用高浓度的池底消毒剂全池喷洒，对池塘新环境进行彻底消毒。

（4）加强增氧设施的配备

老化的养殖池塘在养殖中后期时，水质容易变化，导致溶解氧下降，要尽可能地配置增氧设备，把死水塘改造成活水塘，其办法是：修建简易引水渠道，使鱼池和水源相通，和排水沟相连；采用机械抽水，定期更换鱼池用水；打机井引用地下水入塘。可按每 4. 5 亩养殖水面配备 2 台水车式增氧机+1 台沉管式增氧机+1 台射流式增氧机。

（5）改善进排水系统

进排水渠道必须独立，要求水体排灌方便，以防止新、老海水互相混杂或者出现海水“回笼”和“串池”；养殖场应有足够的贮水能力（贮水塘水体要求占鱼池总水体的 1/20 左右或者更多），避免接纳富含有机质的工业废水及生活废水污染养殖池塘。提倡在池塘增加中间排污设施（管道）。这是因为开动增氧设施时，池底污染物会在旋转作用力带动下集中至池中底凹部。不定期地开启中间排污设施闸门，可以在增氧机配合下把池底污物吸到池外污水处理沟，确保池塘内环境因子处在最佳控制范围内。

第四节　水源及处理

一、水源

1. 使用无污染的水源

水源条件：要求水量充足、清洁、不带病原生物以及人为污染等有毒物质，水的物理和化学特性要符合国家渔业水质标准，适合养殖鱼类的生活要求。检查水质须从物理、化学、生物三方面来进行。要求注排水系统的注水排水渠道分开，单注单排，避免互相污染（图 10-8）。

图 10-8　养殖水源进水口

2. 水色

水色随物化性质和生物生存的不同而异。如含铁化合物的水为黄色，腐殖土溶解在水中呈褐色、黄绿色、黄色或绿色，大量的碳酸钙溶解于水呈绿色，水中有蓝绿藻呈蓝绿色等。水色是标志着水的肥瘦度，建立养殖场应选择较肥的水源。

3. 水的酸碱度

过酸过碱的水均不宜鱼类生长，鱼类一般适于微碱性的水。

4. 气体溶解量

对于鱼类生存有关的气体，常指氧气（O_2），二氧化碳（CO_2），氮气（N_2），氨气（NH_3），硫化氢（H_2S）及沼气（CH_4）等。前三者是大气的组成者，后三者是水中的有机体分解所产生的。它们在水中的溶解量多少，对鱼类的呼吸、水中天然饵料繁殖皆有密切关系。鱼类一般喜欢生活在氧气充足的水中。

5. 有毒物质

如果水中有大量生物繁衍生长，则说明水质含有毒物不多或没有；如果水中生物极少，放入几尾小鱼又出现异常，则表明水中有毒物质含量较多。这种办法叫生物实验，这种小鱼叫试水鱼。但是，不管现场调查或者生物实验，都不能精确地反映水质的真正情况，因此，凡条件允许的地区，都应经环保、科研、学校等单位取样进行化学检验、水质检测。这是确定水质能否用于发展养鱼的最可靠办法。

养鱼水质要求及条件参照渔业水域水质标准见表 10-2。

表 10-2　渔业水域水质标准

编号	项目	标准
1	色、臭、味	不得使鱼虾贝藻类带异色、异臭、异味
2	漂浮物质	水面不得出现明显油膜或浮沫
3	悬浮物质	人为增加的量不得超过 10 mg/L，而且悬浮物质沉积于底部后，不得对鱼虾贝藻类产生有害影响
4	pH 值	淡水 6.5~8.5，海水 7.9~8.5
5	生物需氧量（5 d 20℃）	不超过 5 mg/L，冰封期不超过 3 mg/L
6	溶解氧	24 h 中，16 h 以上必须大于 5 mg/L；其余在任何时刻不得低于 3 mg/L；鲑科鱼类栖息水域除冰封期其余任何时候不得低于 4 mg/L
7	汞	不超过 0.000 5 mg/L
8	镉	不超过 0.005 mg/L
9	铅	不超过 0.1 mg/L
10	铬	不超过 1.0 mg/L
11	铜	不超过 0.01 mg/L

续表

编号	项目	标准
12	锌	不超过 0.1 mg/L
13	镍	不超过 0.1 mg/L
14	砷	不超过 0.1 mg/L
15	氰化物	不超过 0.02 mg/L
16	硫化物	不超过 0.2 mg/L
17	氟化物	不超过 1.0 mg/L
18	挥发性酚	不超过 0.005 mg/L
19	黄磷	不超过 0.002 mg/L
20	石油类	不超过 0.05 mg/L
21	丙烯腈	不超过 0.7 mg/L
22	丙烯醛	不超过 0.02 mg/L
23	六六六	不超过 0.02 mg/L
24	滴滴涕	不超过 0.001 mg/L
25	马拉硫磷	不超过 0.005 mg/L
26	五氯酚钠	不超过 0.01 mg/L
27	苯胺	不超过 0.4 mg/L
28	对硝基氯苯	不超过 0.1 mg/L
29	对氨基苯酚	不超过 0.1 mg/L
30	水合肼	不超过 0.01 mg/L
31	邻苯二甲酸二丁酯	不超过 0.06 mg/L
32	松节油	不超过 0.3 mg/L
33	1，2，3-三氯苯	不超过 0.06 mg/L
34	1，2，4，5-四氯苯	不超过 0.02 mg/L

二、水处理

养殖场的水处理包括源水处理、养殖排放水处理、池塘水处理等方面。养殖用水和池塘水质的好坏直接关系到养殖的成败，养殖排放水必须经过净化处理达标后，才可以排放到外界环境中。

1. 源水处理设施

养殖场在选址时应首先选择有良好水源水质的地区，如果源水水质存在问题或阶段性不能满足养殖需要，应考虑建设源水处理设施。源水处理设施一般有沉淀池、过滤池、杀菌消毒设施等（图 10-9）。

图 10-9　源水过滤装置

（1）沉淀池

沉淀池是应用沉淀原理去除水中悬浮物的一种水处理设施。沉淀池的水力停留时间应一般大于 2 h。

（2）过滤池

过滤可用沙滤池或压力滤器。砂滤池由多层大小不同的沙和砾石组成，利用水的重力通过沙滤池。常用的沙砾颗粒大小为细砂 1～2 mm，中砂 2～5 mm，砾石 5～15 mm。过滤池最好分成两个各自独立的部分，当一部分在使用时，另一部分可以进行洗涤或保养。当沙滤池表面杂物较多，过滤能力下降时，打开开关可进行反冲洗，使过滤池恢复过滤能力（图 10-10）。

图 10-10　海水过滤器

（3）杀菌、消毒设施

养殖场孵化育苗或其他特殊用水需要进行源水杀菌消毒处理。目前一般采用紫外杀菌装置或臭氧消毒杀菌装置，或臭氧-紫外复合杀菌消毒等处理设施。杀菌消毒设施的大小取决于水质状况和处理量。

紫外杀菌装置是利用紫外线杀灭水体中细菌的一种设备和设施，常用的有浸没式、过流式等。浸没式紫外杀菌装置结构简单，使用较多，其紫外线杀菌灯直接放在水中，即可用于流动的动态水，也可用于静态水。

臭氧是一种极强的杀菌剂，具有强氧化能力，能够迅速广泛地杀灭水体中的多种微生物和致病菌。

臭氧杀菌消毒设施一般由臭氧发生机、臭氧释放装置等组成。淡水养殖中臭氧杀菌的剂量一般为每立方水 1~2 g，臭氧浓度为 0.1~0.3 mg/L，处理时间一般为 5~10 min。在臭氧杀菌设施之后，应设置曝气调节池，去除水中残余的臭氧，以确保进入鱼池水中的臭氧低于 0.003 mg/L 的安全浓度。

2. 排放水处理设施

养殖过程中产生的富营养物质主要通过排放水进入到外界环境中，已成为主要的面源污染之一。对养殖排放水进行处理回用或达标排放是池塘养殖生产必须解决的重要问题。

目前养殖排放水的处理一般采用生态化处理方式，也有采用生化、物理、化学等方式进行综合处理的案例。

养殖排放水生态化处理，主要是利用生态净化设施处理排放水体中的富营养物质，并将水体中的富营养物质转化为可利用的产品，实现循环经济和水体净化。养殖排放水生态化水处理技术有良好的应用前景，但许多技术环节尚待研究解决。

（1）生态沟渠

生态沟渠是利用养殖场的进排水渠道构建的一种生态净化系统，由多种动植物组成，具有净化水体和生产功能。

生态沟渠的生物布置方式一般是在渠道底部种植沉水植物、吊养贝类等，在渠道周边种植挺水植物，在开阔水面放置生物浮床、种植浮水植物，在沟渠水中放养滤食性、杂食性水生动物，在渠壁和浅水区增殖着生藻类等（图 10-11）。

有的生态沟渠是利用生化措施进行水体净化处理。这种沟渠主要是在沟渠内布置生物填料如立体生物填料、人工水草、生物刷等，利用这些生物载体附着细菌，对养殖水体进行净化处理。

（2）人工湿地

人工湿地是模拟自然湿地的人工生态系统，它类似自然沼泽地，但由人工建造和控制，是一种人为地将石、砂、土壤、煤渣等一种或几种介质按一定比例构成基质，并有选择性地植入植物的水处理生态系统。人工湿地的主要组成部分为：人工基质；水生植物；微生物。人工湿地对水体的净化效果是基质、水生植物和微生物

图 10-11　生态沟渠

共同作用的结果。人工湿地按水体在其中的流动方式，可分为两种类型：表面流人工湿地和潜流型人工湿地。

人工湿地水体净化包含了物理、化学、生物等净化过程。当富营养化水流过人工湿地时，砂石、土壤具有物理过滤功能，可以对水体中的悬浮物进行截流过滤；砂石、土壤又是细菌的载体，可以对水体中的营养盐进行消化吸收分解；湿地植物可以吸收水体中的营养盐，其根际微生态环境，也可以使水质得到净化。利用人工湿地构筑循环水池塘养殖系统，可以实现节水、循环、高效的养殖目的。

（3）生态净化塘

生态净化塘是一种利用多种生物进行水体净化处理的池塘。塘内一般种植水生植物，以吸收净化水体中的氮、磷等营养盐；通过放置滤食性鱼、贝等吸收养水体中的碎屑、有机物等。

生态净化塘的构建要结合养殖场的布局和排放水情况，尽量利用废塘和闲散地建设。生态净化塘的动植物配置要有一定的比例，要符合生态结构原理要求。

生态净化塘的建设、管理、维护等成本比人工湿地要低。

3. 池塘水体净化设施

池塘水体净化设施是利用池塘的自然条件和辅助设施构建的原位水体净化设施。主要有生物浮床、生态坡、水层交换设备、藻类调控设施等。

（1）生物浮床

生物浮床净化是利用水生植物或改良的陆生植物，以浮床作为载体，种植在池塘水面，通过植物根系的吸收、吸附作用和物种竞争相克机理，消减水体中的氮、磷等有机物质，并为多种生物生息繁衍提供条件，重建并恢复水生态系统，从而改善水环境。生物浮床有多种形式，构架材料也有很多种。在池塘养殖方面应用生物浮床，须注意浮床植物的选择、浮床的形式、维护措施、配比等问题。

（2）生态坡

生态坡是利用池塘边坡和堤埂修建的水体净化设施。一般是利用砂石、绿化砖、植被网等固着物铺设在池塘边坡上，并在其上栽种植物，利用水泵和布水管线将池塘底部的水提升并均匀的布撒到生态坡上，通过生态坡的渗滤作用和植物吸收截流作用去除养殖水体中的氮磷等营养物质，达到净化水体的目的。

（3）水层交换设备

在池塘养殖中，由于水的透明度有限，一般 1 m 以下的水层中光照较暗，温度降低，光合作用很弱，溶氧较少，底层存在着氧债，若不及时处理，会给夜间池塘养殖鱼类造成危害。水层交换主要是利用机械搅拌、水流交换等方式，打破池塘光合作用形成的水分层现象，充分利用白天池塘上层水体光合作用产生的氧，来弥补底层水的耗氧需求，实现池塘水体的溶氧平衡。

水层交换机械主要有水车式增氧机（图 10-12a）、射流式增氧机（图 10-12b）、涌浪式增氧机（图 10-12c）、叶轮式增氧机等（图 10-12d）。

图 10-12　增氧机

第五节　池塘清整消毒

一、池塘及水体消毒的目的

池塘清整是为了改善池塘条件，为鱼种培育创造良好的生态环境。有些池塘由于多年养殖生产，池底淤泥增厚，池埂也因常年风吹雨淋及风浪冲击失修严重，甚至出现崩塌、漏水，对这样的池子应进行清整。在冬季或农闲时将池水排干，挖出池底淤泥，让池底自然曝晒至龟裂（图 10-13）。在海水鱼池塘养殖中，清理池塘是改善池塘环境条件，预防疾病的有效措施之一，它能提高苗种成活率，增加鱼产量。

图 10-13　干塘暴晒和清整

池塘养过鱼以后，由于死亡的生物体（浮游生物、细菌等）、鱼粪便、残存饵料和有机肥料等不断沉积，加上泥沙混合，使池底形成一层较厚的淤泥。池塘中淤泥过多时，当天热、水温升高后，大量腐殖质经细菌作用，急剧氧化分解，消耗大量的氧，使池塘下层水中的氧消耗殆尽，造成缺氧状态。在缺氧条件下，嫌气性细菌大量繁殖，对腐殖质进行发酵作用，而产生多量的有机酸、硫化氢和沼气等有毒物质，使水质恶化、危害鱼类。另外，各种致病菌和寄生虫大量潜伏，害鱼、杂鱼等也因注水而进入池内，这些都对鱼类生长不利。因此，必须做好池塘清整工作，而且每年都要重复 1 次。

二、清塘及水体消毒使用药物的原则

目前，国内鱼虾病害防治药物市场比较混乱，药物品种繁多，从中掺假的也不少。在使用清塘、消毒药物时，除了认清正宗厂家产品外，还要坚持以下原则：

① 尽量使用不污染环境且成本低的药物。

② 放养前的清塘及水体消毒，用药浓度宁大勿小，以达到彻底杀灭敌害生物的目的。

③ 放苗前的水体消毒要安排足够的时间，一定要待药性失效后才能放入鱼苗。

④ 养殖期间的水体消毒，要合理掌握药物浓度，既要达到杀灭敌害生物的目的，又不致于伤害鱼类。

⑤ 不要盲目施用剧毒农药，特别是残留大的农药。

三、常用的药物清整池塘的方法

1. 茶饼清塘

是山茶科植物的果实，榨去油后剩下的渣滓，茶籽饼在两广俗称茶麸，内含有皂角甙10%~15%，是一种溶血性毒素，能使鱼类红细胞溶化而死亡，使用浓度每立方米水体15~20 g。使用前先将茶饼砸碎成小块，放在木桶或水缸中加水浸泡，水温15℃时，浸泡2~3 d，水温高时浸泡24 h即可。选择晴天的中午，连浆带渣加水冲稀向全池泼洒。茶饼的药效很强，除杀死野杂鱼外，还能杀死贝类、虫卵及昆虫。清塘后10~15 d毒性消失。茶饼药力消失后，还有肥效作用，能促使藻类生长。若能与生石灰混合使用，效果更好。失效时间为2~3 d。

2. 鱼藤精清塘

毒杀鱼类效果很好，其有效成分是鱼藤酮。市售鱼藤精含鱼藤酮量不同，常见的有2.5%和7.5%两种，用药浓度一般为2~3 mg/L。但鱼藤酮在高温、阳光和空气中极易失效。因此，使用前必须先进行效果试验，以此调整用药量，才能达到杀死鱼类的目的。它具有用药量少、效果佳、消失快等优点，施药后7~8 d后可进行放养。

3. 生石灰清塘

生石灰水化后起强烈的碱性反应，放出大量的热，产生氢氧化钙（强碱），在短时间内使水的pH值迅速提高到11以上，同时释放出大量热能，具有强烈破坏细胞组织的作用，能杀死野鱼、水生昆虫和病原体等。并能使水澄清，还能增加水体钙肥，提高水体的pH值。施石灰前应尽量将水排干，使用浓度每立方米水体加生石灰400 g，淤泥多的塘，适当增大浓度。将石灰浆或粉均匀拨遍全池（图10-14）。清塘后10 d左右，毒性消失，即可进行放养。失效时间为7~8 d。在养殖期间，用于升高塘水pH值。使水提升1单位pH值的用量为10 mg/L。

4. 漂白粉清塘

漂白粉为白色颗粒状粉末，其吸收水分或二氧化碳时，产生大量的氯，因而杀菌效果比生石灰强。但露空时，氯易散失而失效，失效时间为4~5 d。漂白粉是使用了多年的第1代消毒剂。消毒方法是每亩平均水深1 m，用含氯量25%的漂白粉5 kg，先将漂白粉放入水桶内加水溶解，然后均匀泼遍全池。没完后，用搅板反复推拉水体，使其充分混合，3 d后可进水放养鱼种。

图 10-14　生石灰清塘

5. “六六六”清塘

“六六六”粉剂需 15~20 mg/L 以上对野鱼才有毒害作用。水深 1 m，每亩用药 10~13 kg。使用时，将药稀释，盛入喷雾器中均匀喷洒。

6. 滴滴涕清塘

常用的为 5%的可湿性滴滴涕，其毒性作用缓慢，药效持久性强，平均水深 1 m，每亩用量 1.5~2 kg。用时将乳剂溶于水中，剧烈拌动，徐徐加水，反复搅拌，使其充分乳化，均匀泼洒。

7. 氨水清塘

氨水（含氮 12.5%~20%）清塘可杀死鱼类等动物，但对植物和水生昆虫等杀害力差。氨水清塘的好处是失效快，且兼施肥。将池水排剩 20 cm 时，按每亩 10 kg 左右，进行全池泼洒。

8. 强氯精

强氯精的化学名称为三氯异氰尿酸，为白色粉末，含有效氯达 60%~85%，其化学结构稳定，能长期存放，1~2 年不变质。在水中分解为异氰尿酸、次氯酸，并释放出游离氯，能杀灭水中各种病原体，强氯精可称为第 2 代消毒剂。强氯精的出现，逐步代替了漂白粉的使用。通常用于放养前的水体消毒和养殖期间的水体消毒，前者使用浓度 1~2 mg/L，后者为 0.15~0.20 mg/L。失效时间为 2 d。

9. 敌百虫

敌百虫是一种有机磷酸酯。为白色结晶，易溶于水。其作用主要为抑制胆碱酯酶活性，使用浓度为2.0~2.5 mg/L，对鱼类杀伤力大。常用于放养前的清塘，以杀灭塘中敌害鱼类、白虾及蟹类。

10. 二氯异氰尿酸钠

二氯异氰尿酸钠为白色晶粉，含有效氯60%~64%，其化学结构稳定，比漂白粉有效期长4~5倍。一般室内存放半年后仅降低有效氯含量的40.16%。易溶于水。在水中逐步产生次氯酸。由于次氯酸有较强的氧化作用，极易作用于菌体蛋白而使细菌死亡，从而杀灭水体中的各种细菌、病毒。二氯异氰尿酸可称为第3代水体消毒剂。养殖中后期的水体消毒，应首选此药物。使用浓度为0.2 mg/L。失效时间为2 d。

11. 二氧化氯制剂

市面上销售的二氧化氯有固体和液体的。固体二氧化氯为白色粉末，分A、B两药，即主药和催化剂。使用时分别将A、B药加水溶化，混合后稀释，即发生化学反应，放出大量的游离氯和氧气，达到杀菌消毒效果。水剂的稳定性二氧化氯使用效果更好。二氧化氯制剂可称为第4代水体消毒剂，其还可以用于鱼虾鲜活饵料的消毒。前者使用浓度为0.1~0.2 mg/L，后者为100~200 mg/L。失效时间为1~2 d。

12. 碘

又称碘片，是由海草灰或盐冈中提取，为灰黑色或蓝黑色片状结晶。不溶于水，易溶于乙醇。其醇溶液溶解于水，能氧化病原体原浆蛋白的活性基因，对细菌、病毒有强大的杀灭作用。在水产养殖水体消毒中，一般使用碘的化合物或复合物，如碘化聚乙烯咯烷酮（PVP-1）、贝它碘、I碘灵等。我国已生产PVP-1，其消毒浓度为150 mg/L。碘与汞相遇产生有毒的碘化高汞，必须特别注意。

清塘后闸门进水要经过密网过滤，防止敌害鱼类入鱼塘。

第六节　基础饵料生物的培养

一、进水

清池之后，药效消失即可开闸进水。进水网的安装，外闸糟（总进水口）应装设1 cm左右网目的平板网，以阻止浮草、杂物进入网袖；内闸糟需安装40~60目筛绢锥形袖网，网长8~12 m。滤水网应严密安设，用综丝、橡胶或麻片塞严闸槽和闸底的缝隙。进水应缓慢，切勿因水流过急而冲破滤水网。每次进水前应首先检查滤水网是否破裂，并扎紧、扎牢网口，避免滑脱。

进水之后应将网袋内的鱼虾杂物倒出，扎好网口，挂在闸框上晾晒。以水泵提水直接入池的精养池，应在入池管口上安设筛绢袋或网箱，严防敌害生物入池。

二、培养基础饵料生物

在鱼苗入池前，要培养足够的基础饵料生物。因为基础饵料生物的适口性好营养全面，是任何人工饲料所不能代替的。是提高鱼苗的成活率，增强鱼苗的体质和加速鱼苗生长的重要物质基础。同时饲料生物特别是浮游植物对净化水质，吸收水中氨氮、硫化氢等有害物质，减少鱼病，稳定水质将起到重要作用。是养殖生产流程中的一个不可缺少的生产环节。海水鱼塘通常比淡水鱼塘的水质要瘦些。因此，清塘毒性消失后，要施基肥，应争取早施，施足量。使其促使饵料生物的生长，鱼苗入塘后，便能摄食到较多的天然饵料。

目前繁殖饵料生物的方法，一般是在清池后首先进水 50~60 cm，然后逐渐添加新水，并视水色情况适时适量施加肥料，使放苗时的水深和透明度都达到放苗要求。放苗后仍可根据情况继续施肥肥水。施肥的种类和方法：新建鱼池以施有机肥料（如禽、畜粪、绿肥和混合堆肥等）为好，这些肥料有的可以直接摄食，或者通过肥效的作用繁殖饵料生物，而且有机肥营养全面，耐久性强。施肥量为每公顷 1 500 kg左右，分 2~3 次投入，基肥的种类可根据各地具体情况而定，一般以猪、人、鸡鸭粪便为佳。然后，视池水肥瘦和肥料种类再加以调节水质。如果是旧塘，底泥有机物较多，可施肥或不施基肥。化肥的种类多用硝酸铵、硫酸铵、碳酸氢铵、磷酸二铵、尿素、复合磷肥等。施肥量应根据池水的肥度、生物组成而定，一般每次施氮肥 2 mg/kg（以含氮量计），磷肥 0.2 mg/kg（以含磷量计），前期每 2~3 d 施肥一次，后期每 7~10 d 施肥一次。当池水透明度达 30 cm 以下时，应停止施肥。若肥水后水又变清，或出现异常水色，可能是由于原生动物、甲藻等大量繁殖所致，可排掉池水，重新纳水引种肥池，也可以从浮游生物种类和生长状态良好的蓄水池或临近鱼池内引种。

此外，在鱼苗放苗前和养殖初期，还可从海滩、盐场贮水池中采捕蜾蠃蜚、钩虾、沙蚕、拟沼螺等饵料生物移植入池，使其在鱼池内繁殖生长，为鱼提供优质饵料。从防病的观念出发，要十分注意采捕环境，避免移入携带病毒的生物饵料。

施基肥应在鱼苗入池前 10~15 d，使池水肥沃后能繁殖较多的饵料生物，为下塘的鱼苗准备丰富的饵料，这样鱼苗入池后便能迅速生长。鱼苗下塘时透明度最好是 30 cm 左右。

三、水质培肥

为了增加池水中的营养物质，使浮游生物处于良好的生长、繁殖状态，促进光合作用并给鱼苗提供充足的天然饲料，施肥是水质管理的一项重要工作。鱼塘一般在清塘后施放基肥。在放养鱼苗后仍要不断施肥（称为施追肥）。其掌握的原则“及时追肥，少量勤施”，使池塘的肥度适中、稳定，水色经常保持浅褐带绿或浅绿色，这样水中能保持合适数量的浮游生物。如果水色变清，可能是鱼类吃掉浮游生物或青肥量不足。正常的情况下，化肥每 4~5 d 加追一次肥料。有机肥每周施一次。到中后期，由于投饵和鱼类排泄物等缘故，水质较肥可以适当少施或不施肥，防止池水过肥。

鱼苗水质要求较严格。如何掌握施肥的时间及用量适度，一般经验是根据水色及透明度来决定，其原则是及时追肥，少量勤施，以使肥度稳定。平常定性确定水质的好坏可用“一触，二尝，三闻，四观”法。即用手指捻水，滑腻感强的不是好水；口尝时苦涩不堪的不是好水，应是咸而无味的才是好水；鼻闻有腥臭味的不是好水；眼观水中的浮游种类组成缺乏，水色异常（发红，变暗），泡沫量大，且带杂色的不是好水。正常的海水泡沫为白色，泡沫量越大，表示海水的富营养化越严重。

理想的水色是由绿藻或硅藻所形成的黄绿色或黄褐色。这些绿藻或硅藻是池塘微生态环境中一种良性生物种群，对水质起到净化作用。目前最常用的培养水色的方法是在池水中按一定的比例施放氮肥和磷肥，一般施放氮磷肥的比例为 20∶1。

第七节　鱼苗放养及中间培育

一、鱼种放养

卵形鲳鲹鱼苗放养时间视各地鱼种培育时间的气候等情况有所不同，一般宜早不宜晚，早入苗生长期长，有利于提高产量。广东放养卵形鲳鲹的时间在 4—5 月放苗，海南放养时间为 3—4 月。福建放养时间为 5—6 月。一般放养 2~3 cm 的卵形鲳鲹苗，到年底可养成食用鱼。种苗要求体质健壮、鳞片完整、肉质肥满、体色光洁、游动活泼正常。

二、鱼苗放养前的准备

1. 拉网除野

在鱼苗下塘之前要用较密的网拉网 1~2 次，以清除塘中的野杂鱼、蛙卵、水生昆虫等敌害生物。

2. 检查水质及水温

在卵形鲳鲹鱼苗放养之前，首先要检查清塘药物的毒性是否已经消失。具体方法为取一盆池塘底层水，放入 20~30 尾鱼苗，放养 1 d，若鱼苗活动正常，则说明清塘药物的药性已经消失，即可放苗。若是用生石灰清塘，可测酸碱度，pH 值低于 9 时，表明药物毒性已经消失。同时要注意，鱼苗池的水温与放养鱼种池的水温差，不能超过 2℃。

三、适时放苗

鱼苗下塘要掌握好时期，这是非常关键的技术环节。鱼苗下塘时，应选择温暖晴天，避免雷雨天气，要分别测量苗袋及池塘的水温，若两者温差在 2℃以上，不能直接放苗，以免造成鱼苗死亡，应逐渐调节苗袋内的水温，使它与池塘中的温差在 2℃以下，才能将鱼苗放入池塘。具体操作方法是：将装有鱼苗的氧气袋直接放入池塘中 10~30 min（两者温差越大，放置时间越长），然后打开氧气袋，加入少量池塘水，每间隔 2 min 左右加水一次，直至袋内水温与池塘中的温差小于 2℃，方可将卵形鲳鲹鱼苗放入池塘。放苗时应细心操作，动作不宜过猛。鱼苗刚下塘时，对环境变化非常敏感，故应加强营养，增强体质。鱼苗过数后，放入预先安装在培育池中网目为 60~80 目的网箱中，投喂经 60 目纱绢搓洗过滤出来的熟蛋黄或全脂奶粉悬浊液，约经 10 min 后，就可将鱼苗轻轻放入池中。10 多天后，卵形鲳鲹鱼苗体壮活泼，群集逆流，再把池水加深到 1 m 左右。

四、放养密度

放养密度应根据培育方法、池塘条件、水质环境、人工饲料、培育管理水平等灵活掌握。专门养卵形鲳鲹的池塘，每亩可放 3.0~4.0 cm 的苗种 2 000~2 500 尾，或 6~7 cm 的苗种 1 500 尾。因单养不能充分发挥水体生产力，现多采用混养。混养时各种养殖种类搭配比例可根据各地实际情况而定。放养密度要适中，如放养过密，因饵料不足，鱼苗生长缓慢，生长规格不均匀，成活率低；如放养过稀，鱼苗生长快、成活率高、规格均匀，但经济效益低。所以，掌握适宜的放养密度，也是鱼苗培育关键技术之一。

五、鱼苗中间培育

鱼苗中间培育，也称中间暂养，我国南方称为标粗，也就是培养大规模苗种。卵形鲳鲹一般从育苗池出池的小苗，经 30 d 左右的培育，长到成大规格鱼种，再转到养成池继续饲养。这是从育苗到养成之间的一种过渡性生产措施。

1. 中间培育的意义

① 中间培育水体小，放苗集中，便于控制水环境和投饵管理，提高了鱼苗初期养殖成活率。

② 便于对所购鱼苗质量进行有效的监控和评判，选优汰劣，及早发现问题，避免造成以后的被动局面。

③ 就养成阶段而言，缩短了养殖周期，放苗时间和相应的进水时间可灵活掌握，使进水期尽量避开敌害鱼卵、病毒携带生物、赤潮等的多发期。并为两（多）茬养殖提供了保证。

④ 有利于养成池内基础饵料的生长繁殖。由于采取中间培育，推迟了养成池内的放养时间，为养成池的彻底清池和繁殖饵料生物赢得了时间。

⑤ 可以更加准确地掌握养成池的鱼苗数量。由于中间培育后计数的准确度高，加之规格大，抗逆性强、存活率相对稳定，为养成期的管理提供了较准确的参数。

然而，中间培育增加了生产管理环节，相应增加了劳动投入和生产成本。中间培育出的鱼苗出池搬运中，若不严格操作，造成大规模鱼苗机械损伤，也会给鱼病的传播打开方便之门，所以要严格认真对待，并结合各地情况，合理确定中间培育的时间和规格。

2. 中间培育设施

中间培育池一般为土池，面积可依据鱼苗需要量合理确定，从 2~5 亩不等，池深 1.2 m 左右，池底平整，坡度较大，向出苗闸门或涵洞方向倾斜，以便能排干全部池水。

3. 中间培育管理

中间培育池的放苗密度每公顷可放 2.5~3.0 cm 的鱼苗 45 000~60 000 尾，鱼苗下塘后，每天上下午各投一次浮游动物和初孵卤虫无节幼体，1 周后投喂混有配合饲料粉料的鱼糜，日投喂量为每万尾鱼苗 1 000~1 500 g，逐渐驯化为用卵形鲳鲹全价配合饲料投喂。经过 1 个月左右的培育，卵形鲳鲹长至 4~5 cm，这时可转入成鱼塘的养殖。为了保证卵形鲳鲹幼鱼生长迅速，应加强水质管理，适时进行换水和充气。

第八节　投饵技术

水、种、饵是养殖渔业生产的基础条件，科学喂料不仅有利于卵形鲳鲹的健康生长，而且可节约饲料，提高养鱼效益。为了获得较好的饲养效果，降低养鱼成本，投喂时应注意如下一些问题：

一、坚持“四定”原则

1. 定质

卵形鲳鲹是杂食性鱼类，可投喂全价配合饲料。可先用网箱将其驯食，使其有摄食人工饲料的习惯，用 15 d 左右，然后再在网箱周围上一层网约 50 m^2，把网箱降下让其自然走出网箱，每次投喂都要敲击食台，让其有摄食自然反应的习惯，在围网驯食 20 d 后把围网拆除，网箱培育期每天投喂 4 次，围网培育期每天 3 次，拆网后每天 1~2 次。另外，饲料颗粒大小不仅影响适口性，也影响消化率。选择投喂颗粒饲料的大小要注意适合各生长阶段的鱼吞食。鱼种阶段的颗粒料，其粒径大于摄食者的口径时，由于不能及时迅速被鱼种吞食，其大部分沉入水底或溶解在水中，增加了卵形鲳鲹摄食过程中的能量消耗；当粒径过小时，会加大摄食对象的摄食时间，过多消耗体内的能量，提高饵料系数，减少增重比。

2. 定位

在池塘中定点投饵，设饵料台或自动投饵机，一般选择池塘一边，池水深度适宜、堤岸行走方便的地方作为固定投饵点，最好再搭建一投料台，以扩大鱼食场、增加鱼群活动空间。实践证明，“定点”投饵好处有三：① 有利于养鱼人投饵，避免“满塘转”投饵之辛苦与不便；② 投饵集中于一点，有利于提高饲料利用率；③ 有利于观察检查鱼的摄食情况（图 10-15）。

图 10-15　饵料台和自动投饵机定点投饵

3. 定时

定时投喂能使鱼每天保持一定次数的饱食，其生长、同化效率和饲料转化率都会保持较高的水平。投喂次数过多，造成消化不完全，降低饲料利用率；投喂次数过少，每次投喂量必然很大，饲料损失严重。饲料营养价值高可适当少些，营养价值低可适当多些。水温、溶氧高时，可适当多些，反之则少或停止投喂。春季水温较低时，宜在上午 10：00 左右开始投喂。在夏季水温高，每日上午 8：00 投饵为好。刚入塘的鱼苗每天投饵两次为好，1 个月后可以每天一次。

4. 定量

是根据鱼体大小，在不同季节、时间有节制的投给饵料。投饲量过低，鱼处于半饥饿状态，生长发育缓慢；投饲量过高，不但饲料利用率低，还会败坏水质，滋生病害。适宜的投饲量是鱼最快生长速度和最高的饲料转化效率的保证。每日的投饵量可视鱼池天然饵料的多少、天气变化、水温、水质和鱼的摄食情况来决定，做到“看天、看水、看鱼”。正常的情况下投饵量为 2%～5%，并结合具体的情况灵活掌握。如果水瘦时多投，水色过浓时少投。天晴多投，闷热或连续大雨的天气，少投或不投。有浮头现象投饵时间要推迟和减少投饵量。发病时少投或暂不投。卵形鲳鲹有食进又吐出，再摄食新食物的习惯，吐出的食物会沉入底部或浮在池角，故投饵量不宜过多，避免污染水质。

二、驯化投喂

即让鱼形成摄食条件反射，这样能大大减少饲料浪费。方法：每次投喂之前，先用口哨吹响一会儿或用其他东西敲响一会儿，再喂鱼。一段时间后，鱼儿听到响声就会集聚摄食。

三、掌握科学的投喂技巧

投喂方法得当是获得好效益的重要因素。

1. 限量投喂

让鱼吃七八成饱 。很多养殖户在喂鱼时，担心鱼吃不饱，不仅喂到食场没有了鱼才停止，甚至有的晚上还加喂一餐，这是很不科学的，也是很不经济的。因为如果喂得过饱，许多食物没有经过消化吸收就排出体外，造成浪费，又污染水质。同时过饱的鱼类，易造成“虚胖”现象，易发生疾病。因此鱼吃得越饱，超过一定限度，饲料利用率就低，饵料系数也就越高。在喂鱼时，如果发现有 70%～80% 的鱼离开食场，就应当停止投喂，也就是以给鱼喂七八成饱为宜。在生产中，要定期抽样检查鱼的生长情况，适时调整投喂量。投喂量掌握在鱼体重的 2%～5%，根据水温、天气、鱼类活动等情况做出调整。

2. 均匀投喂

投喂时要注意投饲速度和时间，要耐心细致，注意方法，无论是采用手撒法还是投饵机投喂法，都要做到均匀投喂。饲料要撒得开，保证每尾鱼都有充分摄食的机会。投饲频率要适中，不能过快，过快时鱼来不及吃完，饲料就沉入池底，易造成浪费。也不能太慢，太慢时每次投喂时间过长，鱼抢食消耗体能太多，影响摄食。正常情况下，每次投喂持续时间控制在30~60 min为宜（视鱼的数量多少而定）。

3. 投喂新鲜饲料

发霉、结块或有异臭的饲料不投喂，以免发生鱼体中毒或诱发疾病。每批饲料均应掌握在保质期内用完。

4. 认真观察，做好记录

通过观察鱼类的摄食情况，能够及时了解饲料的适口性、鱼的摄食强度和鱼病发生情况，便于调整投喂量和诊治鱼病。

第九节　日常管理

饲养管理一切技术措施都是通过管理工作来发挥效能。应根据养殖场的设施条件和周围环境制定养殖场生产、生活区环境清洁消毒制度，池塘杂物清除和清洁卫生制度。在养殖场的工作场所附近应有固定的洗手设施和厕所，且卫生状况良好。各车间养殖废弃物应分别收集，有毒有害和不可降解物质应分类处理。管理工作必须精心细致，主要包括下面的内容：

一、巡塘

每天坚持巡塘，主要观察水质、鱼活动、浮头以及鱼病等情况，以此决定施肥投饵的数量以及是否要加水、用药等。发现问题及时清除池边杂草，合理注水、施肥等措施，使池水既有丰富的适口天然饵料，又有充足的溶解氧。在混养密度较大的情况下，夏季水温高，鱼的代谢加强，耗氧率增大，加之投饵，水质较差，可能在黎明前后或雷阵雨来临之前，由于气压低、无风、天气闷热时，可能产生浮头，严重时甚至会产生大量死亡。因此，每天至少应巡塘两次，黎明时一次，看有无鱼病和浮头状况，下午16：00—17：00一次，检查鱼类摄食情况。观察鱼类有无浮头的征兆，做到心中有数。巡塘时，要根据池中各种生物的状态，判断池水的溶氧状态，如池水呈白色或呈粉红色，说明池水溶氧不足，必须马上加新水，如果发现鱼严重浮头，日出后仍不见好转，就要马上打开增氧机，同时加注新水，进行抢救。特别严重时，还应大量泼洒增氧灵，进行抢救，尽量减少损失。

二、水质调控

饲养期间调控好各项水质指标，保持透明度40~50 cm，pH值8.2~9.0，溶解氧高于4.5 mg/L，有机物耗氧量6~10 mg/L，氨氮小于0.1 mg/L，浮游植物总生物量20~30 mg/L。注意水的气味，水体中的有机物夜间大量耗氧，或有毒物质大量溢出，引起鱼缺氧或中毒死亡。有风时水面如果出现泡沫，表明有机质过多，应尽快换水，采取必要的水质调控措施。

三、防盐度骤降

南方雨季时间长，连续暴雨会使水体盐度急剧下降，除及时排出上层水外，还可洒些粗盐、海水晶或抽取地下咸水资源经暴气过滤调节后加入池塘内，通过升高局部水体盐度来缓解外部水体环境变化造成不适应而死亡的现象。

四、做好日志记录

应建立日记，按时测定水温，溶氧量，记录天气变化情况，施肥投饵数量，注排水和鱼的活动情况等，如发现死鱼要及时捞出，并找出死亡原因，从而找出对应措施。检查堤坝是否有漏洞，如有应及时堵塞。

第十节　低温冰冻灾害对我国南方渔业养殖生产的影响、存在问题及防灾减灾措施

卵形鲳鲹的适温范围为16~36℃，耐低温能力差，每年12月下旬至翌年3月上旬为其越冬期。当水温下降至16℃以下时，卵形鲳鲹停止摄食，存活的最低临界温度为14℃，2 d的14℃以下温度累积出现死亡。

2008年1月10日以来，受北方冷空气和南方湿气流影响，广东省遇历史罕见的持续低温阴雨、强降温天气，部分地区出现几十年甚至百年未遇的低温天气，这次寒潮对广东渔业造成了毁灭性的打击，是广东发展水产养殖以来损失最为惨重的一次。由于广东省各地海水水产养殖的鱼类多属于热带或亚热带经济价值较高的品种，历史上从未发生过大规模冻死养殖海产品现象，多数养殖户没有心理准备和防寒设施。这次受持续一个多月的低温阴雨极端天气影响，导致网箱养殖户的海水鱼大面积死亡，据初步统计，广东沿海的网箱养殖鱼类死亡达90%。卵形鲳鲹则全军覆没。

全面开展灾后重建，让养殖者回到正常的生产、生活秩序之中，让经济建设回复到正常的轨道之上，就成了救灾工作的重中之重。然而，有效地规避极端、破坏性天气所带来的危害，必须被列为灾后重建的重要组成部分，科学规避自然灾害和

重建工作同样重要。

一、受灾原因

1. 低估了低温天气的严重性和危害性

广东省过去渔业寒潮受灾，主要在珠江三角洲地区，每次寒潮的持续时间不太长（10 d左右），一般是低温霜冻，很少有如此大面积的低温冰冻天气，因此渔业受灾情况只是个别现象，大多鱼类不会超过低温极限。当年突如其来的低温雨雪冰冻天气及其危害的严重性难以预料，令所有人都措手不及。

2. 对低温灾害麻痹大意或心存侥幸

在可查阅的指导水产养殖生产的所有工具书、技术推广和普及的书籍上，每谈到海水鱼类的越冬，都有这样一句话："广东、海南及福建南部沿海，水温终年偏高，都是鱼类生长的适温范围，所以不存在越冬度寒的问题。"

由于历年寒潮对大多数鱼类越冬影响不大，渔农逐渐放松了御寒越冬的防范意识，常常侥幸让各种暖水性鱼类自然越冬。低温天气刚开始时，作者曾建议一些养殖户注意给卵形鲳鲹防寒，但他们都无一例外认为"没事，这鱼不怕冷，不需要越冬"，结果，最后卵形鲳鲹全军覆没，连深水网箱养殖的都不能幸免。

池塘和海区的水温比气温变化慢，降温和升温都需要一定的过程，若寒潮持续时间短，水温还未降到极限温度就开始回暖，鱼即使受低温的影响，时间也较短，所以往年冬季死亡不严重。而2008年持续极端低温天气，使广东省大部分池塘水温降至8℃，北部山区低至3~5℃，而且持续较长时间，令一些在10℃以下就会冻死的畏寒品种和卵形鲳鲹等多种海水鱼遭到毁灭性打击。

3. 防寒设施不足

华南气候长期温和，水产养殖防冻害意识不强，大部分养殖户没有有效的防寒设备。海水养殖基本上长期不准备越冬设施，海上网箱的放置主要考虑防台风；池塘养殖没有搭保温大棚、没有越冬用的鱼沟、养殖水位一般不超过2 m深；有相当多的育苗室和室内养殖场条件简陋，加温设备不足，屋顶和四边是简易的搭配或黑布，可遮光但不保温。

4. 应急防寒成本高

水产养殖户习惯长期蓄养规模化的商品鱼、亲鱼和越冬鱼苗，以期翌年卖出更好的价钱。如此高密度、大规模的养殖量，要在寒潮发生后的短时间内全部做好防寒措施，其成本之大令许多渔户无法接受，同时，在人力、物力等方面也难以做到。

5. 鱼类低温致死的原因

主要认为有：

① 气温持续下降令水温降低到鱼类可忍受的极限温度以下。

② 鱼处于低温和极低温度的时间过长。

③ 大量死鱼令水质污染、缺氧和致病菌繁殖过快。

④ 死鱼现象在天气回暖后大幅度增加，这是因为部分鱼被冻伤后，未立即死亡，但器官和功能已受损，难以恢复，因此过一段时间后仍然死亡，加上在极低温度下被抑制的病菌，温度回暖后大量繁殖使受伤鱼感染；其次是一些未受冻灾影响的鱼类，由于在极低温度下抵抗力下降、停止摄食，当处于被污染的水质中时，极易被病菌感染，因此天气回暖后一段时间，这些鱼反而开始出现病症和逐渐死亡。

⑤ 还有一个重要原因，就是气温缓慢回暖后，水温回升慢，这样就出现了下层水温低于上层水温的现象。虽然水表温度略有升高，但生活于水中的鱼类仍处于低温环境中，随着低温时间的延长，鱼的死亡越来越严重。

⑥ 冻死下沉的鱼，一段时间后或水温回升后变质、上浮，也是令死鱼数大增的原因之一。

二、冻灾后南方渔业生产面临的问题和建议

一场冻灾过后，面临着不少问题

1. 环境污染问题

冻灾期间，大批量的死鱼源源不断地被捞起、运到岸上，来不及运走的死鱼，被到处乱扔，海面、河流、鱼塘到处漂浮着成片死鱼，养殖区到处臭气熏天。大量死鱼造成池塘和水质污染，在灾后可能导致暴发疫病流行和大规模赤潮。

2. 冻灾对今后渔业生产的长期性影响

一场冻灾，令水产养殖业元气大损，产业遭受重创，由于亲鱼和鱼苗都全军覆没，在往后几年内难以恢复。尤其是海水鱼养殖业，一夜之间起码倒退回十年前的状态，有些种类更是从“零”开始，并且回复到十几年前靠进口鱼苗发展养殖生产的现象。

灾后复产难，首先难在苗种供应紧张。当年鱼类繁殖和养殖所需的受精卵和鱼苗供应紧张已成定局。南方唯一没有受冻灾影响的三亚，成为供应灾后复产的亲鱼、受精卵和鱼苗的主要来源；但三亚的供应量有限，只有重走进口鱼苗的老路，而以往鱼苗的主要来源地台湾也无法避免地受冻灾影响，所以另一个主要的种苗和受精卵的来源就是东南亚国家。

恢复养殖业生产难，其次是资金筹措困难。冻灾令大部分养殖户血本无归、复产无力，水产养殖不缺技术，但买苗、投苗、饵料、水电、肥料、租金、汽油等都需要资金投入，如果没有资金，要迅速恢复生产就是一句空话。

第三难在恢复生殖群体不容易。培育成熟亲鱼，最快的也要 2～3 年才能成熟，大部分要 4~5 年上才可以用于催产。往往是养殖户直接挑选比较大的成体，高价买回来以后，还要养数年才成熟，而这些亲鱼通常价格非常高，要恢复冻灾前的产卵、生殖群体规模，除了资金，时间上也是个大问题。

3. 错失冻害影响的科研良机

抗灾、救灾、复产，政府和科研部门做了大量工作，然而，却忽略了利用难得的机会进行深层次冻害现场的科学研究。例如，在冻灾开始出现时，未能及时跟踪调查不同温层分布，低温天气前后不同水层温度的变化，鱼应该在什么时候置于哪个温层才不至于死亡；解释各种鱼冻伤的主要部位、出现死亡时间、掌握何种时机才能有效救治；同种鱼类在同个水域养殖，为何有些会冻死、另外的却没事；自然海区水流对水温变化和鱼类冻害的影响；为何天气回暖反而大量死亡、死亡以冻伤为主还是发病为主；如何保住灾后还存活的鱼，减少损失，等等。这些问题都非常值得我们去研究，并且是在实验室内做不出来的，不仅是一次冻灾，在每年冬天寒潮来时，只要有冻死鱼，都会出现回暖后死亡增加的现象，而且不仅仅是“死鱼在温度回升后才浮起来”那么简单。现场的第一手资料，对今后渔业生产、抗灾复产都具有不可忽视的重要指导意义。

在北方，每年的冰雪比南方的冻灾要大得多，依然可以安然无恙，因为北方的池塘养殖和工厂化养殖防寒措施和设备完善，越冬对于他们来说是一项常规性的工作，而网箱养殖业就不太发达。在南方，网箱养殖业蓬勃发展，养殖密度和规模非常大，如果在每年冬季来临时都纷纷将大批养殖鱼类转移到陆地上、或将渔排都往避风的海区转移，无论从成本、人力物力、工作量和空间上来说都是不现实的。

4. 增强防灾意识和应急处置措施。

冻灾充分暴露了南方水产养殖业防寒抗灾措施的相对脆弱性，也使我们能够有机会重视和思考水产养殖业被长期忽视的潜在问题，增强政府和从业人员对大的冰雪灾害及其他灾害的预防意识和应急处置措施。

① 工厂化养殖和池塘养殖应增设和完善防寒措施和设备，网箱养殖应有一套完整的防寒措施、并常备防寒物资，做到寒潮一来马上能够进入防寒越冬状态。

② 政府应有意识地提醒渔民注意防范和规避风险，在灾害之前提早进入预防应急状态。

③ 出台相关政策，尽早推行政策性水产保险。

④ 加强标准化原良种场的建设，完善防寒抗冻配套设施和基础设施的建设。

⑤ 调整养殖品种和养殖方法。目前我国水产品市场品种多样，对丰富人民的菜篮子工程和渔民增收发挥了极大的作用。不宜因为一次冻灾而因噎废食、不再养殖非耐寒品种，应根据不同种类的特点选择在不同季节进行养殖生产和上市时间，不能赶在冬季前上市的鱼，应提前做好御寒措施。

⑥ 筛选重要经济性状和抗寒性状，研究抗寒品种的选育技术。

⑦ 建立灾害监测预报预警系统和应急处置措施，充分发挥涉渔科研部门的技术支撑作用。

5. 具体措施

切断不同温层对流及风力造成的交换。寒灾期间，雨水较冷，比重大，容易往下沉，加速池塘底部降温，强烈的北风作用会使池塘水表面和池底产生缓慢交替作用，使池塘底部水温迅速下降。在池塘北面 1/3 地方两边打上木桩，拉上钢丝绳，上面拉薄膜，以阻止冰冷雨水往下沉。或在池塘北面搭建挡风棚，阻挡北风直接吹到池塘表面，减缓池水对流作用，从而减慢池水降温。在具薄膜大棚的池塘，可在大棚内燃烧碳、柴等以增加温度。有条件的地方，在池塘底部用热水管注入热水，或温泉水，使池塘底部形成热岛，有利于鱼类聚集御寒。

注意事项：① 在寒流袭击期间，切不可因为池塘水位低而加水，以免鱼类应激冻死。② 露天池塘晚上不能用太阳灯加温，因灯光引诱鱼类到池塘表层低温区而冻伤，易引发水霉病而死亡。③ 尽量不开动增氧机或搅动池水，减少池塘水对流，减慢池塘底部水温下降速度，以免鱼类受惊应激冻死。

寒灾期间池塘卫生管理办法：

① 做好冻死鱼的无害化处理。首先对死鱼及时清捞，再运送到远离水源、养殖区和居住区的地点，进行集中处理。处理方法一般采用深埋法，掩埋时先在坑底铺垫 2 cm 厚生石灰，然后将死鱼置于坑中，最后撒一层生石灰，再用土覆盖，土层厚度应不少于 0.5 m，并使之与周围持平，注意填土不要太夯实，以免尸腐产气造成气泡冒出和液体渗漏。

② 做好病害防治工作。加强病害监测，对冻伤的鱼及时进行治疗或起捕出售，防止冻伤后水霉病、小瓜虫病等病害的发生；防止发生暴发性疾病；水体消毒、杀虫最好选用刺激性小的药物（如碘制剂、中草药等），并视水质情况可适当使用底质和水质改良剂。

第十一节　网箱养殖

海水网箱的种类很多，而且由于分类依据的不同而不同。如按网箱的大小可分为小体积网箱 4~20 m^2、中型网箱 20~50 m^2、大型网箱 50~100 m^2 和超大型网箱 100~400 m^2；按网箱的形状可分为方形网箱、圆形网箱、多角网箱和双锥体网箱；按组合形式可分为单个网箱和组合式网箱；按固定形式可分为浮动式网箱、固定式网箱、可翻转网箱及沉下式网箱等。

选用什么类型、什么规格的网箱以及如何组合成渔排，养殖者应根据养殖场所处的区域自然条件、水深情况、生产规模和养殖品种等综合考虑而确定。在一个养殖场内各养殖户选用网箱类型、规格和渔排组合方式也不尽相同。

目前，我国卵形鲳鲹网箱养殖主要采用浮筏式框架网箱养殖和深水网箱养殖两种方式。

一、浮筏式框架网箱

浮筏式框架网箱养殖（图 10-16）是将网衣挂在浮架上，借助浮架的浮力使网箱浮于水的上层，网箱随潮水的涨落而浮动，而保证养鱼水体不变。

浮筏式框架网箱，俗称鱼排。其基本结构都是由浮架、箱体（网衣）、沉子等组成。

图 10-16 浅海筏式网箱

1. 浮架

浮架由框架和浮子两部分构成。多采用平面木结构组合式。常常 6 个、9 个或 12 个组合在一起，每个网箱为 3 m×3 m、4 m×4 m、5 m×5 m 的框架。框架以 8 cm 厚、25 cm 宽的木板连接，接合处以铁板和大螺丝钉固定。框架的外边，每个网箱加 2 个 50 cm×90 cm 的圆柱形泡沫塑料浮子（浮力 150 kg），网箱内边每边（长 3 m）加 1 个浮子。架上缘高出水面 20 cm 左右。

2. 箱体

亦即网衣，国内多采用聚乙烯网线（14 股左右）编结。其水平缩结系数为 0.707，以保证网具在水中张开，网衣的形状随框架而异，大小应与框架相一致。网高随低潮时水深而异，一般网高为 3~5 m。网衣和网目应根据养殖对象的大小而定，尽量节省材料并达到网箱水体最高交换率为原则，最好以破一目而不能逃鱼为度，如体重50~100 g的鱼的可采用3 cm左右的网目。随着鱼体增大至200 g左右时，可增加网目至4.5~5 cm。盖网多用合成纤维细网线编制而成，有的也用塑料遮光以减弱阳光的直射，降低藻类附生程度，增加摄食和安全感。

3. 沉子

网衣的底部四周要绑上铅质、石头或砂袋沉子，以防止网箱变形。一般是在网衣的底面四周装上一个比上部框架每边小5 cm的底框。底框可由0.025~0.03 m镀锌管焊接而成，也可以在底框的四角各缚几块砖头或石块，以调节重力。

二、深水网箱

深水网箱（图10-17）是与传统浅海筏式网箱相比而言的，是指在相对较深，通常水深在20 m以上的海域，设置和进行鱼类养殖的网箱。其主要构件为：

图10-17　深水网箱

1. 框架

多采用高密度聚乙烯（HDPE）管架，管子通常直径为100~315 mm，上部扶手及支撑架通常用直径125 mm的管材、下部浮架用直径200~315 mm的管2~3列，管内充填入发泡苯乙烯材料，使管架自身具有浮力。多数制成圆形，直径12.5~57.3 m（即周长40~180 m），少数制成六角形。高密度聚乙烯塑料管架不会生锈，充分地把材料的柔韧性与高强度有机地结合起来，使箱架不仅可以随波逐流，还具有抗击台风巨浪的能力。在外力作用导致瘪变时，具有一定的复压能力。并可在材料中作抗老化、抗海水腐蚀的工艺处理，提高了使用年限，一般使用寿命在10年以上。

2. 箱体

箱体材料的主要部分是网衣。现在常用的有锦纶线（PA）、涤纶线（PES）、乙纶线（PE）、丙纶线（PP）、维纶线（PVA）、氯纶线（PVC）。其中乙纶线网具已被全面推广应用。但化纤网易附着贝、藻类生物，耐热性差，网袋在水中易变形。在使用时，每年常需换几次网，侧网下部还需挂重锤或装置金属框，也有底网改用金属网，在风浪较大海区，上部网衣常用两层网。

3. 浮子

常用发泡苯乙烯或包上树脂的苯乙烯。发泡苯乙烯浮子的优点是浮力大、耐摩擦、不易损坏，一般用 50 cm×80 cm 的浮子，浮力为 150 kg 左右。

4. 沉子

沉子多用镀锌管做材料，通常将 6 分镀锌管弯成与网箱底形状相同的平面框架。

5. 固定装置

网箱用桩或锚固定。锚的大小依水域的风浪、流速和鱼排的大小而定。海水网箱常用重 50~70 kg 的铁锚；深水网箱锚还可用重几吨的混泥土块。

6. 附属设施

（1）工作平台

管理人员工作及休息的地方，也是小型仓库。是兼顾管理、监控、记录投饵、贮藏、休息的地方。

（2）监控设施

包括水质的自动监控、记录、水下监视设施等。

（3）投饵系统

投饵由手工改为机械，现又提升为电脑自动控制。可以精确的定时、定量、定点自动投饵，自动记录逐日投饵时间、地点及数量。

（4）水力洗网机

为及时清除网衣上的附着物，使用高压水枪洗网机。

（5）工作船

船上配备有起吊机，便于换网操作和起鱼收获，还可兼作人员、饵料及其他物资的运输。

三、海区选择

选择有岛屿屏障，海底地势平缓，坡度小，底质为泥质或泥沙质，水深 10 m 以上，潮流通畅，海区表层海流流速为 0.16 m/s，流向平直而稳定；养殖期水温常年保持在 16~28℃，年平均盐度为 18~28，pH 值 7.8~8.5；养殖区周围无直接工业“三废”及农业、生活等污染源。卵形鲳鲹为暖水性洄游鱼类，海区最好选择在有淡水注入的海区，如越冬需考虑海区最低水温。网箱底距离海底以最低潮位计，以 2 m 左右为宜，风浪平静，交通便利。

四、网箱布局

要统筹规划、合理布局。合理利用海域，防止过密养殖和单一种类养殖对海区生态环境生成破坏。养殖区水面积不能过大，不能超过使用海域面积的 1/15~1/10。留出足够的区间距和沿岸流通道。尽可能发展鱼、虾、贝、藻综合养殖，使各种养殖生物之间在生态位上产生互补，海洋环境得到自然净化。在海域功能上，除了养殖还要综合考虑航道、停船等多种功能。深水网箱采用 4 个网箱为一组，逐组固定，每组养殖水体为 2 200~2 400 m^3，组与组之间，留间距 80 m 左右宽度的养殖区通道。网箱养殖区连续养殖两年以上，宜休养一年以上。

五、养殖容量的控制

海水网箱养殖是在人工控制条件下进行的高密度集约化养殖方式，生产效率和高技术条件要求也高。网箱养鱼密度高，投饵量大，对养殖场及其周围水域环境的影响被称为自身污染。网箱养殖对水质和沉积环境的影响，主要是残饵和有机代谢物。养殖过程人工投放的饵料只有一部分被鱼类摄食，被鱼类摄食的部分，以粪便的形式排出，粪便或溶于水中，或沉积于海底；未被鱼类摄食的部分，或流入水中，或成为海底沉积。从而形成网箱养殖自身污染的物质来源。

由于投喂的饵料含蛋白质较高，因而氮、磷排放量，有机物、悬浮物的排放量都有所增加。据报道，网箱养殖饵料 52%~76%的氮将以颗粒态和溶解态的形式进入海水环境中。此外，养殖过程中投入的饵料只有 5%~30%的磷被鱼利用，16%~26%溶解在水中，51%~59%以颗粒态存在。所谓养殖容量是指养殖自身产出的污染物质对于特定的渔场环境所能容许的负荷量。网箱养殖如果是鱼类，养殖容量的控制主要是氮和磷的容许负荷。如果是养虾还需考虑到有大量硫化物被排出。养殖容量是一个动态概念，与饵料质量、投喂方式、养殖生物的种类及其不同的生长阶段和环境状况都有很大关系。目前国内外尚未形成比较成熟的量化计算方法，多从经验上作判断，在一般情况下，海区安排网箱的密度控制在平均每亩水面 6~8 个为宜（按网箱规格为 3 m×3 m×3 m 计算）。亦即，在一个约 20 hm^2 的养殖场内安排网箱的总量 2 000 个左右为合理；养殖容量总体控制在 400 t 以下为宜。

六、养殖密度的控制

养殖密度的含义包括两个方面：养殖场的养殖鱼类总量控制（平均养殖密度）和每个网箱里单位水体的养殖量控制（kg/m^3）。在上述总量控制的前提下，每个网箱里单位水体的最大养殖量要根据海区的自然条件合理确定。事实上，从投苗至养成，随着鱼类生长养殖密度也在不断增大。因此，要随着鱼类生长不断作调整。一般来说，养殖场内的网箱保持5%~10%的空箱作为生产操作周转使用。对于在养的网箱，鱼类养成后特别是接近收获期一个网箱满负荷养殖量控制在150~160 kg以内为好。投苗期控制在50 kg以下，但要根据品种和种苗规格而定。在实际生产中根据不同的养殖种类和气象情况和其他环境条件以及生产者的经验进行具体操作。

七、鱼种质量与规格

网箱养殖鱼种要求种质优良、体质健壮、规格整齐、无病、无伤、无畸形，放养规格≥200 g/尾。

八、鱼种运输方法和密度

鱼种在运输前应进行拉网锻炼2~3次，鱼种运输前应停食1~2 d。运输密度视海区水温、运输距离与鱼种规格而定。海区水温在16~28℃，鱼种规格在200 g/尾时，活水船最大运输密度为80~100尾/m^3；敞口容器汽车运输，具充气设备，最大运输密度80~90尾/m^3。鱼种规格大于200 g时，运输密度适当降低。

海上运输选择在小潮水期间进行，以活水船运输为好。长途运输有专人押运，经常检查运输工具和鱼种的活动情况，发现问题及时采取有效措施进行处理。鱼种运输要求快装、快运、快卸，谨慎操作。鱼种运输抵达目的地以后，保持连续充气。放养操作时，搬运工具用用柔软的网具。

九、种苗投放

鱼种放养前1 d将洗净消毒后检查无破损的网衣系挂于网箱框架上，并潜水对网箱锚泊系统进行一次全面检查，网衣水面部分内侧加挂密围网，以防浮性饵料随潮流流失。

选择潮流平缓时放养（图10-18），200 g/尾的卵形鲳鲹放养密度为25~30尾/m^3。低温季节选择在晴天的午后，高温季节宜选择在天气阴凉的早晚进行。鱼种入箱前用淡水浸泡消毒，有些地方则在放苗前用聚维酮碘10 g加海水50 kg制成药液，将鱼苗放入药液浸泡3~5 s进行消毒。

放养的鱼种入箱后一般需经2~3 d时间适应网箱环境；根据不同鱼类的特性，采用纯养或混养，降低生产成本。采用混养时，其他鱼种的放养比例应≤15%比较合适。

投放鱼苗时，先解开网箱网衣的三条边绳，将装鱼苗鱼排靠近网箱，解下渔网，收紧网口，用绳子绑住网口，缓慢从主浮管下把渔网拖到网箱中心，系好解下的边绳，然后解开网口，缓慢收起装苗鱼排渔网，盖上网盖。这种方法也可以用于升降式网箱。

图 10-18　计数投苗

十、投喂

1. 饵料种类

种苗饲养饵料主要有 2 种类型，鲜杂鱼和人工配合饲料。因卵形鲳鲹的口较小，鲜杂鱼一定要鲜，搅碎防止鱼骨卡住喉咙。人工配合饲料有硬颗粒饲料、软颗粒饲料或膨化饲料，鲜饲料和冷冻饲料应新鲜、无污染、不得腐败变质；冷冻饲料须经解冻后使用。

软颗粒饲料是以配合饲料与下杂鱼混合搅碎后用大规格鱼种颗粒饵料机制成，每天根据需要现做现投，其中还可以拌进防治病害的药物（主要是中草药）及维生素、鱼油等营养物质。制作软颗粒饵料时，混合料不能太湿。应以手抓不沾手，紧捏可成团为度。颗粒大小应依鱼口径大小而不同。15～20 cm 的鱼饵粒径为 5～10 mm，成鱼饵粒径可达 20～30 mm。

2. 投饵量

鱼种在放养 1～2 d 后就能摄食，投饵量按鱼体规格而定：100 g 以下为鱼体重的 4%～6%；100～300 g 为鱼体重的 3%～4%；300 g 以上为鱼体重的 2%～3%。

3. 投饲原则

投料应根据鱼的品种、养殖季节、鱼的体长或重量、天气变化以及饲料种类而灵活 掌握；成鱼养殖一般每日 1～3 次投喂，夏秋季宜早晚进行（早上 8：00，下午 17：00），冬春季宜中午进行。做到：小潮水平缓多投，大潮水急流少投；风浪小时多投，风浪大时少投或不投；水清多投，水浑少投；水温适宜多投，水温低时少投或不投；拉网后及捕鱼上市前不投。采用“慢、快、慢”三步节奏投饲，全面照顾体质强弱不同的鱼类。饱食率控制在70%~80%（图10-19）。

图10-19 网箱投喂

4. 起网收鱼

可以用一张两角配有重物四角系有10 m绳子5 m×6 m左右的渔网竖直放入水中，配有重物的两角在水下拉平，然后倾斜收起渔网，多次重复以上操作，直到剩余的数量很少，解下配重砣，收拢网底，把鱼聚到一起，然后再次重复以上操作直至把鱼收完。

十一、日常管理

加强安全检查，为防止逃鱼，要经常对网箱进行检查。在台风过后，检查网箱有无破损，有无逃鱼的现象发生；网箱下海一段时间，有污损生物附着在网箱主浮管和网衣上，要及时消除网箱附着物；对每天水温、盐度、鱼摄食、天气变化以及鱼病等做详细的记录。

1. 注意灾害性天气变化

经常留意灾害性天气及周围海域环境的变化，遇到超过10级以上的强热带风暴及台风、洪水、赤潮袭击等时，应注意做好如下应对措施：

当收到台风或热带风暴预报时，提前1~2 d将网箱下沉至预定深度（海面5 m以下）以避开灾害的袭击；台风到来前1 d饲料用量减半，台风到来期间停止喂料（通常台风停料期为3 d）。台风过后第一次喂料量只占常量的1/3，料中混入少量健胃利湿中草药或肠胃消炎药。

当洪水冲污、暴雨倾盆时要加固网箱，及时除去漂浮物，防止污染物入网。

当冷空气侵袭，会使水温急剧下降，可适当降低网箱水位，提前设置越冬鱼巢，投喂优质饵料，减少惊扰。在盛夏季节，如遇水温过高，可采取在网箱上设置遮阳网，水面上放置遮阳物，改善水体交换等措施进行缓解。

当养殖海区有大片带状或块状物出现，水色多以红褐色为主的情况时，应疑为赤潮。这时要报有关部门进行水中浮游生物测定。若鱼类无不良反应，摄食正常，表明该赤潮毒性较小，但要当心晚上出现浮头。赤潮出现当天，鱼类反应异常出现狂游或急躁不安，在无其他病症和征兆情况下而突然死去时，应将网箱移至远离赤潮区或投放大量硫酸铜，撒上粘土。

2. 注意突发性水质污染

一方面要注意观察掌握陆地工厂及生活污水的排放情况，发现问题应采取相应的对策，另一方面要禁止养殖区残留药物随意倒进海区。

3. 注意全面性网箱检查

每天喂养鱼的时候都需要全面检查网箱的网衣和框架，发现网衣破损应立即采取补救措施，框架附着物过多要及时清理，每月检查一次水下固定系统，台风过后立即对网箱水面、水下部分进行全面、细致检查。发现破损要马上采取补救措施。每年至少清理一次水下固定系统。

4. 注意经常性养殖记录

主要是经常观察并记录鱼的活动、摄食、生长、病害、水温、水质环境以及网箱的安全、防逃、防盗设施等情况，定期测量鱼的体长、体重，据此调整投饵量，提高养殖效果。

第十二节　养殖模式及其效益分析

一、池塘养殖实例

卵形鲳鲹池塘养殖可分单养和混养两种类型。混养是当前较普遍的一种养殖方式，有卵形鲳鲹与海水鱼类混养；卵形鲳鲹与虾蟹贝混养，卵形鲳鲹与淡水鱼类混养等多种方式。

1. 单养

（1）池塘养殖

广东省珠海市水产养殖（海水）技术推广站 2003 年度分别在金湾区三灶镇及平沙镇两地养殖户进行该品种精养殖试验，其收到的经济效益是可喜的。养殖结果见表 10-3。

表 10-3　卵形鲳鲹池塘养殖情况

地点	养殖面积	放苗量	放苗时间	养殖周期	产量	养殖总成本	总产值	利润
三灶镇	25 亩	4 万尾	6 月 10 日	186 d	10 800 kg	14. 5 万元	21. 7 万元	7. 2 万元
平沙镇	11 亩	2. 1 万尾	5 月 3 日	202 d	5 750 kg	8. 2 万元	12. 3 万元	4. 1 万元

（2）高位池养殖

深圳市农科中心水产技术应用研究所 2002 年 4 月至 2003 年 10 月在大鹏镇高位池进行卵形鲳鲹养殖试验，2 年共养殖卵形鲳鲹 26 亩，鱼苗投放密度为 2 000 尾/亩，经 4 个月养殖均达到上市要求。成品鱼平均规格：体重 453. 66 g、体长 22. 63 cm、全长 28. 85 cm。平均亩产 900 kg、饵料系数 1. 47，成活率 95. 8%。按市场价每千克 20 元计算，每亩产值 3. 6 万元，扣除水电、饵料、药品、人工等成本费用，毛利约 2. 0 万元。

广东恒兴集团有限公司 2014 年 4 月 18—9 月 10 日在徐闻利用 3 口 10 亩的高位池养殖卵形鲳鲹，每亩放养体长 2. 5 ~ 3. 0 cm 的鱼苗 2 500 尾，投喂膨化颗粒饲料，经 144 d 的养殖结果见表 10-4，总成本见表 10-5。

表 10-4　高位池养殖卵形鲳鲹经济效益

塘号	放苗量（尾）	成活率（%）	单价（元）	产量（kg）	产值（元）	总成本（元）	饵料系数	利润（元）
1	25 000	92. 2	13. 2	12 678	334 686	249 747	1. 85	84 939
2	25 000	91. 3	13. 2	12 554	331 426	251 825	1. 89	79 601
3	25 000	98. 4	13. 2	12 915	340 956	250 146	1. 82	90 810

表 10-5　高位池养殖卵形鲳鲹总成本构成

塘号	鱼苗成本（元）	饲料成本（元）	电费成本（元）	药品成本（元）	人工成本（元）	制造费用成本（元）	总成本（元）
1	10 000	178 247	20 000	5 000	6 500	30 000	249 747
2	10 000	180 325	20 000	5 000	6 500	30 000	251 825
3	10 000	178 646	20 000	5 000	6 500	30 000	250 146

注：制造费用包括管理费用、塘租、折旧、低值用品 4 项。

根据两表可计算得投入产出比为 1 ∶ 1. 34，投资回报率为 33. 9%，亩利润为 8 511. 7元。

（3）越冬养殖

珠海市于2004年的11月中旬到次年的3月下旬在2口水面积为10亩，深2.5m的池塘进行了越冬养殖试验。养殖海水盐度在10～12，pH值7.0～9.0，并有丰富的淡水资源。池底装置有充气式管道增氧，池塘上盖薄膜冬棚作挡风保温作用，并配备必要的加温装备，保温棚内的气温在18℃，水温在16℃以上。养殖饲料在鱼苗5 cm以下用鱼花开口粉料，5 cm以上用1 mm的膨化饲料投喂，每日投喂4～5次。养殖情况见表10-6。

表10-6　卵形鲳鲹越冬养殖试验结果

塘号	面积（亩）	放苗量（尾）	天数	出塘规格（g/尾）	产量（kg）	成活率（%）
塘1	10	40 000	136	128	3 840	75.0%
塘2	10	40 000	136	132	3 775	71.5%

3月底至4月初，经越冬养殖的鱼苗，规格一般在110～160 g，再经2个半月的开塘换塘养殖一般可达600 g以上。在休渔期间，出塘价格一般在38元/kg以上，养殖效益相当可观，

而且养殖的收益要比夏季养殖的收益增加150%以上，而养殖成本增加4～5元/kg，也是充分利用养殖塘的养殖时间，是农民创收的另一种途径。

（4）北方池塘半咸水养殖

连云港市海洋与水产科学研究所等2008年5月下旬从海南购进2～3 cm卵形鲳鲹苗种10 000尾，经过18 h 10 min的运输，卵形鲳鲹苗种的运输成活率100%。苗种放养在一口4亩、水深2.1 m的塘中，投喂卵形鲳鲹专用饲料，每日投饵3次：6：00、12：00、20：00，各时间段投喂饵料的比例为2∶1∶3。养殖期间池水盐度为9～15，每次换水盐度差小于2，整个式养期间溶氧保持在4 mg/L以上，pH为7.8～8.9，氨氮5 mg/L以下，放养初期水温26℃，10月下旬收获时为16.5℃。

经过近150 d的池塘养殖，鱼平均规格为0.35 kg/尾，共收鱼1 232 kg，养殖成活率35.2%，平均出鱼308 kg/亩，投喂饵料总计1 632 kg，饵料系数为1∶1.32。以55元/kg进行销售计算，收入67 760元，扣除饵料费9 048元、苗种费11 090元、水电、塘租、人工等13 120元，纯收入共计34 502元，亩平均纯收入为8 625.5元。

2. 混养

混养是利用各种鱼虾蟹类的不同食性和栖息水层，达到更充分发挥水体潜力和充分而合理地利用池中各种饵料，是提高池塘生产力的有效措施。

（1）卵形鲳鲹的引进咸、海水池养与越冬试验

东莞市水产技术推广中心站1994—1999年利用咸水池塘进行卵形鲳鲹商业性饲养和越冬试验。池塘4~6口，每口池塘面积0.4~0.42 hm^2，水深1.8~2.5 m，供水盐度变幅0.2~21，pH值在6.8~7.8。

越冬设在内陆土池，采用近饱和古海盐渍矿床溶化盐水稀释后按比例添加适量的K^+、Mg^{2+}、Ca^{2+}、CO_3^{2-}等作咸、海水水源；面积1 000~1 200 m^2，水深2.5 m，简易尼龙膜大棚覆盖。池内安置有增氧机。

幼鱼的引进、暂养和中间培育。卵形鲳鲹幼鱼每年分批从台湾经香港引进，其中越冬幼鱼叉长8~12 cm，体重10.8~38.2 g；9—11月购进的当年早期幼鱼叉长2.5~3 cm，体重0.35~0.75 g，泡沫箱尼龙袋充氧包装。越冬幼鱼包装用水盐度12~15，当年幼鱼为20~24，经室内盐度淡化驯养后，前者直接放入饲养池，后者进入中间培育池。多数中间培育池也是越冬池，放养量为20~30尾/m^2。

投饲。中间培育池内的早期幼鱼，以投喂海产冰鲜鱼搅碎的鱼糜为主，添加适量的海水鱼添加剂；日投饲量从占总体重的15%~20%逐渐减小为5%~10%，日投饲次数由2~3次减小为1次。越冬期间投饲量视棚内水温，水中溶氧量而相应增减，一般投饲量为鱼体重的5%~10%。饲投喂量冰鲜鱼糜（块）为鱼体总重的6%~7%，专用干颗粒料为2%~3%。

1995—1998年间，共进行累计池塘15口，面积6.14 hm^2的卵形鲳鲹幼鱼单养和混养，结果见表（表10-7和表10-8）。

表10-7　卵形鲳鲹的池塘单养密度、产量和成活率

年度	饲养面积（池塘口数）（hm^2）	放养		收获		饲养天数（d）	成活率（%）
		规格（cm）	密度（hm^2）	规格（g）	均产（kg/hm^2）		
1995	0.8（2）	10~12	20 000	425	7097.5	240~270	83.5
1996	1.22（3）	10~12	25 000	432	8 672.4	240~270	80.8
1997	0.8（2）	9~13	22 500	458	8 800.5	240~270	85.4
1998	1.22（3）	9~13	15 000	678	8 512.3	240~270	83.5

表10-8　卵形鲳鲹的池塘混养品种、密度、产量和成活率

年度	饲养面积（池塘口数）（hm^2）	饲养品种	放养		收获		饲养天数（d）	成活率（%）
			密度/尾（hm^2）	均初重（g）	均初重（g）	平均产量（kg/hm^2）		
1995	0.84（2）	卵形鲳鲹	20 000	22.5	393	6 303.7	260	80.5
		黄鳍鲷	4 500	43.3	252	1 054.6		93.0

续表

年度	饲养面积（池塘口数）(hm^2)	饲养品种	放养		收获		饲养天数(d)	成活率(%)
			密度/尾(hm^2)	均初重(g)	均初重(g)	平均产量(kg/hm^2)		
1996	0.42 (1)	卵形鲳鲹 黄鳍鲷	20 000 10 000	21.3 40.4	418 243	6671.3 2267.2	265	79.8 93.3
1998	0.84 (2)	卵形鲳鲹 黄鳍鲷	20 000 10 000	19.8 45.8	375 246	6 337.5 2 271.2	258	84.5 92.7

（2）卵形鲳鲹分别与斑节对虾和南美白对虾混养

珠海市于2004年4月至2004年10月，用6个池塘（面积约为10亩/个）进行试验。其中1、2号塘混养斑节对虾，3、4号塘混养南美白对虾，5、6号塘为纯养殖卵形鲳鲹。

试验用卵形鲳鲹平均体长3.0~4.0 cm，平均体重4.2 g/尾，每亩投放1 800尾。斑节对虾和南美白对虾规格分别为1.1 cm、0.8 cm，斑节对虾苗放苗密度0.8万/亩，南美白对虾1.5万/亩。放苗前培育适量藻类、枝角类和桡足类作为虾苗的前期饵料，对虾养殖20~30 d后放养卵形鲳鲹鱼苗。对虾在投放卵形鲳鲹鱼苗前投喂0#虾料，放养鱼苗后，对虾不再投喂，自行觅食鱼料残饵、鱼粪、浮游生物。试验结果如表10-9所示。

表10-9　卵形鲳鲹分别与斑节对虾、南美白对虾混养效益情况

塘号	鱼产量(kg)	卵形鲳鲹成活率（%）	虾产量(kg)	对虾成活率(%)	虾产值(元)	合计利润(元)
1号塘	5 500	81.4	750	28	37 500	76 000
2号塘	5 050	75.0	30	1	1 500	31 000
3号塘	5 450	80.6	1 200	64	20 400	60 000
4号塘	5 400	80.1	1 500	80	25 500	65 000
5号塘	5 480	80.6	0		0	35 000
6号塘	5 500	81.4	0		0	35 500

由上表可以看出2种对虾都能与卵形鲳鲹搭配养殖。斑节对虾与卵形鲳鲹混养，若不发生重大病害，能够得到很好的综合效益。同时，还试验每亩套养15~20尾300 g的鳙鱼，可以摄食水体过多的藻类，到卵形鲳鲹收成时同样达到上市规格。但斑节对虾易于发病，稍有不慎对虾就全军覆灭，大量的死虾对卵形鲳鲹也构成威胁，万一出现这种情况要妥善处理好。与南美白对虾混养，虽然比成功混养斑节对虾的

利润要低，但南美白对虾的抗病力相对比斑节对虾强，其投入的成本也比斑节对虾要低，密度不宜太大。

广西壮族自治区北海市2009年在所辖铁山港区营盘镇青山头海水养殖基地开展卵形鲳鲹与南美白虾全生态混养技术研究示范，试验池塘面积80亩。项目通过应用微生物ATP菌、纯中药苦参碱、胆汁酸等技术，有效防控养殖病害，养殖获得成功。项目亩产对虾335 kg，总产量26.8T，平均规格49尾/kg；亩产卵形鲳鲹832 kg，总产量66.6 t，平均规格0.707 kg/尾，成活率90.5%；总销售收入221.5万元，利润总额105.5万元。带动推广鱼虾混养面积达1 200亩，取得较好经济效益。

（3）卵形鲳鲹与斑节对虾和鲻鱼混养

2005年，福建省龙海市水产技术推广站用3口面积为12亩的虾塘改造后试养卵形鲳鲹，池内建面积1~1.5亩的暂养池，养殖水盐度5~12，5月中旬，每亩放养2 500尾体长2.5~3.0 cm的经淡化鱼苗，先投放于暂养池培育，每亩混养200尾体长5~6 cm的鲻鱼苗，4 000尾体长1.5 cm的淡化斑节对虾苗，直接投入大塘。卵形鲳鲹在投入暂养池中第二天起投喂浮游动物和初孵卤虫无节幼体，1周后投喂混有30%鳗鱼粉的鱼糜，每天投喂2~3次，日投喂量为每万尾鱼苗1 000~1 500 g，逐渐驯化为用0#卵形鲳鲹全价配合饲料投喂。经过20 d的培育，卵形鲳鲹长至4~5 cm，打通暂养池，让鱼种进入大塘。根据生长情况选择投喂不同型号的饲料，根据气候和水质情况灵活调整投饵量。水温20℃时，每天投喂2次，日投饵量为鱼体重的8%~10%，水温25~30℃时，每天投喂3~4次，日投饵量为鱼体重的15%以上，混养的鱼虾不另行投饵。经6个月的养殖，卵形鲳鲹体重达400~500 g，3口池塘共收获卵形鲳鲹15 185 kg，斑节对虾1 322 kg，规格为35~42尾/kg，鲻鱼2 100 kg。养殖期间共投入各类型号的卵形鲳鲹配合饲料32 100 kg，饵料系数为1.72。总产值58万元，扣除饲料费24.05万元，苗种费用8.56万，药品费用2.78万，塘租、维修及劳力开支3.4万，纯收入14.2万元。

（4）卵形鲳鲹与黄鳍鲷+金钱鱼+鲈鱼+鳙鱼五鱼混养

广州番禺海鸥岛石楼海鸥水产养殖基地经过摸索，总结出以黄鳍鲷为主，五鱼混养的模式。每亩放养密度为；黄鳍鲷7 000~8 000尾、金钱鱼1 200尾、卵形鲳鲹500尾、鲈鱼80尾 、鳙鱼20尾。在清明后先放黄鳍鲷，1~2个月后再放金钱鱼，再过1个月投放卵形鲳鲹；再过3个月，放入鲈鱼苗，而鳙鱼的放养时间较为随意。五种鱼都要先标粗再放养。黄鳍鲷长至200 g即可上市，从鱼苗养至成鱼大约需要1年半的时间，由于采用多鱼混养和循环养殖，几乎每个季度都有鱼上市，总体收益非常可观。

3. 卵形鲳鲹滩涂多级综合生态养殖

根据之前的研究结果和生产经验可知，鱼虾混养的环境和经济效益都比单养的要高。这主要是混养中的营养物质能被更充分地利用。尽管如此，在养殖的中后期，仍有大量由残饵和代谢直接产生或初级生产力间接产生的悬浮或溶解的有机和无机物质不能被利用。这些物质容易导致水质的恶化。一个既能充分利用营养物质，又能降低环境污染的高效养殖模式成为养殖业迫切的需要。

作者等（2010）设计了一个半封闭式的多级综合养殖体系（integrated multi-trophic aquaculture，IMTA 体系），并在广东汕尾市长沙湾滩涂地带作为一个试点进行为期 3 个月的养殖试验。在体系中，卵形鲳鲹和南美白对虾、锯缘青蟹混养，近江牡蛎单养。通过对水质，营养盐去除率，特定生长率，成本利润率等的统计和分析来估算该养殖体系的环境和经济效益。

基础设施包括 3 口鱼虾混养池塘，1 个牡蛎养殖池，3 个水闸，1 条进水沟和 1 条排水沟，总面积 10.26 hm^2。每口池塘设有 1 台增氧机，1 个大饵料台用于鱼饵料的投喂，8 个小饵料台用于虾蟹的饲喂和日常监测。

卵形鲳鲹鱼苗、南美白对虾苗和近江牡蛎购自苗种场，锯缘青蟹苗来自海区天然苗种。放苗前 1 个月，池塘进水 20 cm，并用生石灰（1.2 kg/m^2）全池消毒，以杀灭野杂鱼和调节底泥 pH 值。1 周后注水至 1.5 m，使用漂白粉 20 kg/亩进行水体消毒，5 d 后加入腐熟的鸡粪（60 g/m^2）以培养浮游生物。待水体透明度达 40 cm 时放入苗种。卵形鲳鲹、南美白对虾和锯缘青蟹的混养比例为 1.2 尾∶90 尾∶1.3 只，而牡蛎的放养密度为 2.3 个/m^2，放养规格如表 10-10 所示。涨潮时，水流从海区通过闸门 a 流进入水沟，然后通过闸门 b 流进鱼池，鱼池的养殖废水再流入牡蛎池，最终在退潮时经闸门 c 流出体系，如图 10-20 所示。

表 10-10　IMTA 体系和对照组中各养殖品种的放养情况

组别	卵形鲳鲹			南美白对虾		锯缘青蟹		近江牡蛎	
	体长（cm）	体重（g）	放养密度（尾/m^2）	体重（g）	放养密度（尾/m^2）	体重（g）	放养密度（只/m^2）	体重（g）	放养密度（个/m^2）
IMTA 体系	6.56±0.18	10.47±0.79	1.2	1.73±0.12	90	2.23±0.11	1.3	202±10.64	2.3
对照组	6.47±0.15	10.53±0.72	1.2	1.71±0.10	90	2.23±0.10	1.3	201±10.71	2.3

养殖期间，虾蟹不投饵，卵形鲳鲹每天人工投喂 3 次颗粒饲料（06：00，10：00，17：00），日投饵量按 5%递增。每天开 2 次增氧机（05：00—06：00 和 14：00—15：00）。每个月随机捞取 30 尾卵形鲳鲹测量其形态性状，而虾、蟹和牡蛎则半月测量一次，除浮游生物量是先固定然后带回实验室镜检外，其他水质指标均是现场测定。

在整个实验过程中，水质监测数据如表 10-11 所示。水体温度的变化范围为 28.9

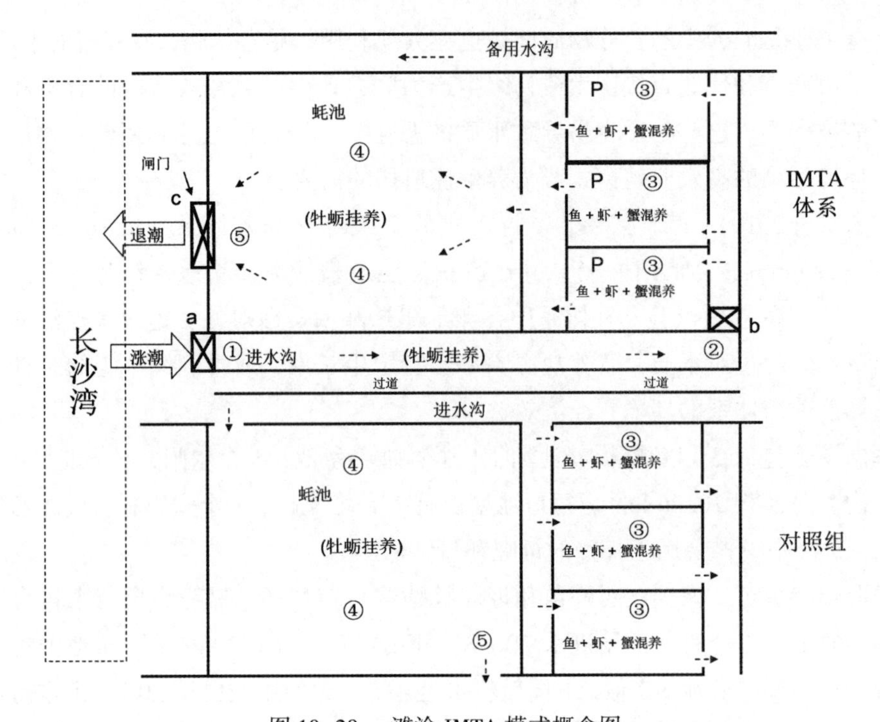

图 10-20　滩涂 IMTA 模式概念图

①~⑤为水样采集点；a，b，c 为闸门；P 代表混养池；虚箭头表示系统内水流方向

~33.3℃，盐度的变化范围为 16.8~25.7，pH 则变化范围为 8.29~8.32。实验组混养池塘中的溶氧显著高于对照组（$P<0.05$），而牡蛎单养池则差异不显著。整个体系中硫化物的浓度与对照组相比无明显差异（$P>0.05$）。对照组混养池中的氨氮（260 μg/L）、硝态氮（8.77 mg/L）、亚硝态氮（48.25 μg/L）和活性磷（0.81 mg/L）浓度均高于实验组，但只有氨氮含量差异达到了显著水平（$P<0.05$）。营养盐去除率通过实验组和对照组的浓度差异来估算，总氮和活性磷的去除率分别为 53.38%和 58.02%。对照组蚝池中的浮游植物量显著低于实验组，而对照组池塘则与实验组无明显差异。IMTA 体系中入水沟和排水沟中所有的水质监测指标比较均差异不显著。

收成数据如表 10-12 所示。IMTA 体系中各养殖品种重量的增加，特定生长率，成活率和产量都比对照组高。在相同养殖时间内，实验组卵形鲳鲹（387.1 g/尾）和牡蛎（256.3 g/只）的体重增加量显著高于对照组（362.3 g/尾和 238.6 g/尾，$P<0.05$）。南美白对虾的成活率均很低，仅有 16.5%（对照混养池）至 20.8%（实验组）；体系中锯缘青蟹的成活率为 60.4%，显著高于对照组的 52.8%。体系中各养殖品种的总产量与对照组相比也存在显著差异，其中卵形鲳鲹实验组产量 4 236.2 kg/hm^2对照组产量 3 943.4 kg/hm^2，南美白对虾实验组产量 2 658.3 kg/hm^2，对照组产量为 2 049.3 kg/hm^2，锯缘青蟹实验组产量为 1 667.2 kg/hm^2，对照组为 1 433.2 kg/hm^2，牡蛎实验组产量为 5 535.3 kg/hm^2，对照组为 5 142.1 kg/hm^2。

表 10-11　IMTA 体系不同单元水质监测结果

水质因素	IMTA 体系					对照组	
	进水沟（①）	蚝池（②④）		混养池（③）	排水沟（⑤）	对照混养池	对照蚝池
温度（℃）（10：00）	28. 96±0. 38^{a}	28. 95±0. 36^{a}	28. 96±0. 37^{a}	28. 95±0. 37^{a}	28. 96±0. 38^{a}	28. 95±0. 37^{a}	28. 96±0. 38^{a}
温度（℃）（14：00）	33. 31±0. 20^{a}	33. 32±0. 20^{a}	33. 32±0. 21^{a}	33. 32±0. 21^{a}	33. 31±0. 20^{a}	33. 33±0. 21^{a}	33. 32±0. 21^{a}
盐度	16. 80~25. 70	16. 80~25. 70	16. 80~25. 70	16. 80~25. 70	16. 80~25. 70	16. 80~25. 70	16. 80~25. 70
pH 值	8. 30±0. 16^{a}	8. 29±0. 17^{a}	8. 32±0. 18^{a}	8. 31±0. 18^{a}	8. 30±0. 17^{a}	8. 31±0. 18^{a}	8. 30±0. 16^{a}
溶解氧（mg/L）	5. 05±0. 44^{ab}	5. 35±0. 11^{a}	4. 25±0. 07^{b}	4. 42±0. 08^{b}	4. 69±0. 38^{b}	3. 43±0. 12^{c}	4. 33±0. 15^{b}
氨氮（μg/L）	114. 00±6. 00^{c}	104. 00±5. 10^{c}	210. 00±24. 70^{ab}	182. 50±24. 90^{b}	121. 20±6. 30^{c}	260. 00±42. 50^{a}	170. 70±13. 60^{bc}
硝态氮（mg/L）	0. 58±0. 05^{c}	1. 48±0. 13^{c}	6. 53±0. 28^{b}	7. 65±0. 47^{ab}	0. 63±0. 07^{c}	8. 77±0. 20^{a}	1. 54±0. 17^{c}
亚硝态氮（μg/L）	10. 25±0. 85^{c}	22. 75±0. 48^{c}	35. 00±1. 63^{b}	39. 70±2. 80^{ab}	14. 80±1. 24^{c}	48. 25±0. 48^{a}	21. 81±0. 67^{c}
硫化物（μg/L）	35. 00±4. 28^{c}	83. 30±3. 33^{b}	122. 50±4. 79^{a}	131. 60±4. 63^{a}	66. 70±5. 10^{bc}	154. 70±4. 82^{a}	94. 20±3. 54^{b}
活性磷（mg/L）	0. 32±0. 01^{b}	0. 34±0. 01^{b}	0. 46±0. 02^{b}	0. 64±0. 02^{ab}	0. 34±0. 01^{b}	0. 81±0. 03^{a}	0. 33±0. 01^{b}

注：表中①~⑤表示体系中不同的采样点，数据上标字母不同代表有显著差异（$P<0.05$）相同则无显著性差异（$P>0.05$）。

表 11-12　各养殖品种的增重、特定生长率、成活率和产量

组 别	卵形鲳鲹				南美白对虾				锯缘青蟹				近江牡蛎			
	增重（g/尾）	特定生长率（%/d）	成活率（%）	产量（kg/hm）	增重（g/尾）	特定生长率（%/d）	成活率（%）	产量（kg/hm）	增重（g/尾）	特定生长率（%/d）	成活率（%）	产量（kg/hm）	增重（g/尾）	特定生长率（%/d）	成活率（%）	产量（kg/hm）
IMTA 体系	387. 1^{a}	4. 01^{a}	91. 2^{a}	4 236. 2^{a}	14. 2^{a}	2. 34^{a}	20. 8^{a}	2 658. 3^{a}	213. 6^{a}	5. 07^{a}	60. 4^{a}	1 667. 2^{a}	256. 3^{a}	0. 26^{a}	93. 9^{a}	5 535. 3^{a}
对照组	362. 3^{b}	3. 93^{a}	90. 7^{a}	3 943. 4^{b}	13. 8^{a}	2. 31^{a}	16. 5^{b}	2 049. 3^{b}	208. 8^{a}	5. 04^{a}	52. 8^{b}	1 433. 2^{b}	238. 6^{b}	0. 19^{a}	93. 7^{a}	5 142. 1^{b}

注：数据上标字母不同代表有显著差异（$P<0.05$），相同则无显著性差异（$P>0.05$）。

IMTA 体系的经济产值整体上要优于普通的混养，如表 10-13 所示。实验组总成本比对照组低 2.3%，相差不大，但 IMTA 模式所产生的总产值和纯利润却比对照组分别高出 48.97%和 123.48%。相同的养殖品种和放养密度下，体系的耗能量仅为对照组的 61.26%，而且在养殖过程中不需要使用药品。IMTA 体系的成本利润率比对照组的总和高出 2 倍多，创收效益明显。

表 10-13　IMTA 体系的经济效益

组别	成本（万元）					产值（万元）				纯利润（万元/hm²）	成本利润率
	苗种	饵料	电费	药品	其他*	卵形鲳鲹	南美白对虾	锯缘青蟹	近江牡蛎		
IMTA 体系	12.94	8.45	0.68	0	4.19	7.93	9.22	5.20	45.06	5.14	1.57
对照组	12.99	8.44	1.11	0.13	4.19	7.38	7.10	4.47	26.30	2.30	0.68

注：指包括人工、管理费用、租金、折旧费用、设备及其他基础设施费用等。

本研究中设计的滩涂多级综合生态养殖模式的优点在于能有效地将养殖过程中残留的饵料，有机或无机物质从一个单元输送到另一个单元作为其营养物质。涨潮时，海水从闸门 *a*，*b* 流进体系；退潮时约 1/5 的水体又从闸门 *c* 流出（图 10-18）。海水经过入水沟后浊度降低了，溶解氧浓度增加了，说明吊养在水渠中的牡蛎能有效地滤食水体中的悬浮有机物。理论上讲，牡蛎滤食浮游植物，一定程度上会降低植物对氨氮的吸收，加之牡蛎自身代谢，氨氮含量原本应该会升高的，但实际上却降低了.（表 10-11）。这可能是入水沟中牡蛎的挂养比例最佳，使其对藻类的滤食能力保持在合理水平，这样不仅能控制浮游植物过度生长，而且还能使藻类保持在对数生长期，提高了其对水体中营养盐的吸收效率，而氨氮可能是浮游植物吸收最快的营养盐（Bufford M A et al，2004；NunesJ P et al，2003），Luis R M et al（2006）在南美白对虾，长牡蛎（*Crassostrea gigas*）和波浪鬼帘蛤（*Chione fluctifraga*）混养实验中研究结果发现，牡蛎放养密度最大的实验组水体中氨氮含量也低于对照组。此外，一些不能被滤食的悬浮颗粒物也在水沟中沉淀下来，流入池塘的水体水质得到一定程度上的净化。

放养方式和结构一直是国内外学者研究的兴趣点之一，科学的放养方式和最佳放养结构对养殖生态效益和经济效益的提升都具有重大的意义。本研究中滩涂 IMTA 体系的一个放养方式优越性在于将单养与混养有机地结合起来了，这样不仅可以增加生态位层次，还能充分利用水体空间。在混养池塘中，卵形鲳鲹生活在上层水体，而南美白对虾和锯缘青蟹则生活在下层；它们需要的食物来源也不同，卵形鲳鲹以颗粒饲料为食，而虾和蟹则以残饵，底栖生物等为食。而在放养结构上一个值得探讨的地方是混养品种的选择。卵形鲳鲹是一种肉食性鱼类，早期若将虾苗与其混养而不设置任何保护措施的话，虾苗肯定会成为被猎食的对象。从本研究中南美白对虾相当低的成活率（20.8%）可以看出，这是其中一个原因。但是长沙湾地区80%的混养池塘都选择这种放养方式，而且先前的研究也证明该混养方式可行（NunesJ P et al，2003）。可能的原因是南美白对虾的放养密度非常高，能保证一定群体存活下来；其次卵形鲳鲹主要以颗粒饲料为食，使猎食行为能有所缓和；再者，卵形鲳鲹能将病虾和死虾清除干净，有效地切断了病源；这样一来，南美白对虾在池塘中不仅仅是猎物，更重要的是起到了诱食剂的作用，能提高卵形鲳鲹的摄食能力。而南美白对虾处于一定的应激状态，体质在一定程度上得到增强。当然，这种放养方式是否比其他方法更优越还不清楚，需要进一步研究。

本研究中，牡蛎是单养以避免混养时其他个体对其摄食和存活的影响。混养池塘中缺少滤食者，浮游植物会随着营养盐浓度的升高而迅速增长，时间一长水质很容易恶化。而利用滩涂的水文特征，涨潮时水不断地流进IMTA体系，同时将池塘中大量的浮游植物和未被利用的有机物转移到蚝池中作为牡蛎的饵料。本结果中较高的氨氮（53.38%）和活性磷去除率（58.02%）表明近江牡蛎在系统中起到了良好的生物净化作用。

该体系中卵形鲳鲹的特定生长率为4.01，比普通的混养（3.93）和海区网箱单养（2.96）（唐志坚等，2008）都要高，表明该模式下卵形鲳鲹的生长速度提高了35.47%。主要有2个原因：一是饵料的种类。中国南方个体养殖户饲养的卵形鲳鲹主要投喂天然饵料，如鱼糜、鱿鱼等（罗杰等，2008），而本研究中则主要投配方颗粒饲料。有研究表明，投喂天然饵料的鱼性腺发育和生殖细胞的成熟较快。而投喂颗粒饲料的鱼则将营养更多的用于生长（方卫东，2005；Hacherro-Cruzado I，et al，2009）。而较低的盐度和良好的水质可能是产生上述现象的第二个原因。体系中所有品种的体重增加量、成活率、产量等都比对照组高，这可能是由于体系中生境较好，营养物质得到了更充分的利用。Hopkins J S et al（1993）在高密度南美白对虾养殖池塘中混养文蛤，结果表明文蛤可以减少浮游植物量，净化水质，进而提高养殖产量。胡家财等（1995）对虾、贝套养的研究结果表明该养殖方式有利于池塘水域生态环境的稳定，经济效益显著。

本研究对滩涂IMTA体系的经济效益分析仅基于养殖场水平上所产生的经济价值，而诸如劳动岗位提供，社会收入，食品安全等社会效益均未纳入计算范围。比较IMTA体系和对照组的总成本，最大差异在于电费，体系中约61.26%的电能被潮汐能所代替。单养池塘间的成本与收入差值要大于混养池间的差值，说明多元化的养殖模式更易于降低养殖风险，保持产值的稳定。结果中（表10-13）所体现的2.30%的成本降低和123.48%的利润增长很清楚地证明了这点。

综述所述，尽管该体系的养殖容量仍需进一步研究，但目前的研究证明了在滩涂地区推行IMTA模式不仅能降低养殖对环境的污染，而且能节约能源，提高经济效益。

二、网箱养殖实例

1. 卵形鲳鲹海水网箱养殖试验

广东省水产技术推广总站与有关单位合作，于2005年开展卵形鲳鲹海水网箱养殖试验，试验地点位于阳江市闸坡港海水网箱养殖区，试验在10口规格为6 m×6 m×6 m的网箱中进行。使用膨化饲料，鱼种规格130~140 g。试验从2005年7月14日开始，至2005年10月16日结束，共收获商品鱼26.42 t，平均体重达491 g，平均成活率97.44%；平均相对增重率259.25%；饲料系数平均为2.29。使用试验膨化饲料喂养的卵形鲳鲹生长良好。按试验料1包（20 kg）115元计算，养殖卵形鲳鲹的饲料成本为13.16元/kg，卵形鲳鲹商品鱼市价为26元/kg（表10-14）。

表10-14　卵形鲳鲹海水网箱养殖试验结果

箱号	放养规格（g）	放养数量（尾）	收获时间	收获鱼总重量（kg）	用饲料量（kg）	死亡数量（尾）	平均体重（g）	成活率（%）	相对增重率（%）	饲料系数
1	140	4 500	9.30	2 276.0	3 820	140	522	96.89	261.27	2.32
2	140	5 500	9.27	2 852.5	4 560	270	545	95.09	270.45	2.19
3	135	5 500	10.16	3 114.5	5 500	147	582	97.33	348.15	2.32
4	135	5 500	9.27	2 958.5	4 600	129	551	97.65	313.78	2.08
5	120	5 700	9.20	2 513.0	3 840	118	450	97.93	267.40	2.10
6	120	5 800	9.20	2 426.5	3 780	136	428	97.66	248.63	2.18
7	130	6 000	10.16	2 759.0	5 500	149	472	97.52	284.62	2.78
8	135	5 700	9.9	2 672.5	3 560	82	476	98.56	247.30	1.87
9	140	5 500	10.16	2 637.5	5 200	151	493	97.25	292.86	2.78
10	140	5 500	9.9	2 211.0	3 140	88	409	98.40	187.14	2.18
合计（平均）		55 200		26 421	43 500	1 410	491	97.44	259.25	2.29

2. 海水流速对网箱养殖卵形鲳鲹生长的影响对比试验

福建泉州市海洋与渔业环境监测站2000—2004年分别在马銮湾、火烧屿、鳄鱼屿和猴屿4个海区进行卵形鲳鲹网箱养殖，探讨在养殖模式和饲料投喂技术相同条件下，海水流速度对网箱养殖卵形鲳鲹生长的影响。结果显示，海水流速最慢的马銮湾海区养殖效果最好，海水流速最快的猴屿养殖效果最差（表 10-15）。

表 10-15　各养殖水域网箱养殖卵形鲳鲹的情况

养殖海区	海水流速（cm/s）	初始体重（g/尾）	终末体重（g/尾）	增重（g/尾）	日投饵（次）	养殖时间（d）	箱总增重（kg）	饲料系数
马銮湾	5~15	2~5	26~35	24~30	5~6	30	13. 2~16. 5	2. 5
		26~35	524~680	498~645	3~4	180	265. 0~344. 5	
火烧屿	10~25	2~5	24~30	22~25	5~6	30	6. 0~7. 5	3. 0
		24~30	322~475	298~455	3~4	180	144. 0~216. 0	
鳄鱼屿	15~30	2~5	17~23	15~18	5~6	30	6. 5~6. 75	3. 8
		17~23	195~318	173~295	3~4	180	77. 4~129. 0	
猴 屿	>35	2~5	7~14	5~9	5~6	30	2. 0~3. 6	4. 5
		7~14	155~259	148~245	3~4	180	57. 0~95. 0	

3. 深水网箱卵形鲳鲹养殖试验

① 南海水产研究所于 2005 年 7 月在广东湛江用深水网箱进行卵形鲳鲹养殖试验，试验选在湛江特呈岛东南海域，该海域水深 8~12 m，盐度 20~28，潮流性质为不正规半日潮，流速在 0. 85 m/min 以内。深水网箱为圆形，网箱直径 13 m，网深 6 m，深水网箱 4 个为一组，网箱间距 10 m，网衣圆台形，网箱底部用水泥块作为沉子。试验深水网箱的养殖水体约 500 m^3。试验于 2005 年 7 月 17 日放苗，苗种规格为 7~9 cm，平均体重为 16. 8 g，共投放苗种 30 000 尾，放养密度为 60 尾/m^3。投喂卵形鲳鲹专用饲料，日投喂 3 次。11 月 14 日收网起鱼，养殖周期 118 d，共起鲜鱼 29 020 尾，平均规格为 430 g/尾，共重 12 479 kg，每立方米产鱼 24. 9 kg。饵料系数为 1. 95。平均成活率为 96. 7%。

② 为配合湛江港区清障行动，引导港区鱼排养殖户实现顺利转产，广东省海洋渔业局与湛江国联水产开发股份有限公司 2012 年 7 月在湛江南三岛西南面海域组织实施广东省深水网箱项目，并进行卵形鲳鲹养殖试验。养殖水域水深 12~15 m，海域终年水温为 14~33℃，盐度 21~32，pH 值 7. 8~8. 2，透明度 0. 8~1. 2 m，深水网箱框架的材质为 HDPE（高密度聚乙烯），架构为圆形双浮管式，浮管直径 280 mm，箱体直径 12. 7 m，周长 40 m。绞捻无结网衣，网深 5. 5 m，网箱内的养殖水体约为 600 m^3。7 月购进苗（6~8 cm）300 000 尾，经过 15 d 标粗养殖，鱼苗的规格达 8~10 cm，标粗成活率 80%。将鱼苗转移到深水网箱中进行成鱼养殖，共计投苗 16 只网箱，每只网箱投苗约 1. 5 万尾。养成期每天投料 2~3 次，饲料选用卵形鲳鲹专用膨化料，日投饵率为鱼体重的 2%~5%，2013 年 4 月分批收获，收获产量 96 t，尾重 580 g，成活率 55%，饵料系数 2. 5。按单价 30 元/kg 计，总产值为 288 万元，扣

除成本 252 万元（人工 24 万元；饲料 197 万元；鱼苗 21 万元；油料及其他 10 万元），总利润为 36 万元。

4. 卵形鲳鲹深水网箱养殖密度试验

湛江特呈岛深水网箱养殖基地和广东海洋大学（2009）在一组 4 个深水网箱中分别按照 40 尾/m³，50 尾/m³，60 尾/m³，80 尾/m³ 的密度，放养规格 12～14 g/尾的卵形鲳鲹苗种进行为期 100～122 d 的养殖试验。结果如表 10-16 和 10-17 所示：40～50 尾/m³ 放养密度的各项生长指标优于 60～80 尾/m³，40～50 尾/m³ 的日均增重、饲料系数、成活率和利润分别为 4.32～4.23 g/d、1.75～1.80、91.7%～90.3%、43.0～44.6 元/m³，60～80 尾/m³ 分别为 3.83～3.12 g/d、1.92～2.10、89.6%～86.4%、23.4～17.4 元/m³。过高的放养密度不利于卵形鲳鲹生长，并且增大了饲料系数，增加了养殖成本。在深水网箱中放养规格为 12～14 g /尾的卵形鲳鲹，养殖密度以 40～50 尾/m³ 为宜。

表 10-16　不同放养密度下卵形鲳鲹放养和收获时的情况

放养密度（尾/m³）	放养（n=100）			收获（n=收获总数量）			投饵量（kg）	饲料系数	成活率（%）
	规格（g/尾）	数量（万尾）	总重（kg）	规格（g/尾）	数量（万尾）	总重（kg）			
40	14.3 ± 0.6	2.0	286.0	446.10 ±16.76	1.834 0	8 181.5	13 817.1	1.75	91.7
50	14.3± 0.6	2.5	357.5	436.10±10.81	2.257 5	9 845.0	17 077.4	1.80	90.3
60	14.3 ± 0.6	3.0	429.0	416.20±11.99	2.688 0	11 187.5	20 656.2	1.92	89.6
80	12.5 ± 0.4	4.0	500.0	387.10±13.26	3.456 0	13 378.2	27 044.2	2.10	86.4

表 10-17　不同密度养殖卵形鲳鲹的产量和经济效益情况

放养密度（尾/m³）	养殖时间（d）	产量（kg/m³）	成本（元/kg）	产值（元/m³）	利润（元/m³）
40	102	16.36	16.68	316.0	43.0
50	102	19.68	16.93	378.0	44.6
60	107	22.37	17.81	422.0	23.4
80	122	27.37	18.60	492.0	−17.4

5. 卵形鲳鲹不同养殖方式的比较

广东海洋大学 2004 年在高位池塘和海区网箱进行养殖卵形鲳鲹的比较试验。9

个月的养殖中，通过定期测量鱼的体长、体重，比较这两种养殖方式的成活率和生长情况。结果显示，在高位池养殖和海区网箱养殖的成活率分别为 88.6% 和 90.3%，两者差别不明显，但卵形鲳鲹在高位池塘养殖比在自然海区网箱养殖生长快（表 10-18）。

表 10-18　高位池、网箱养殖卵形鲳鲹的成活率及产量

试验条件	总放养数（尾）	放养密度	成活率（%）	收获规格		总产量（kg）	单产
				平均体长（cm）	平均体重（g）		
高位池 0.347 hm^2	5 200	15 000 尾/hm^2	88.6	27.4	514.9	2 374	6 841.5 kg/hm^2
网箱 64 m^3	1 600	25 尾/m^3	90.3	25.3	442.7	659.3	10.3 kg/m^3

经济效益及生产成本构成见表 10-19 和表 10-20。高位池总收入 75 968 元，投入产出比 1∶1.52，单位利润为 75 034 元/hm^2，而网箱养殖的总产值为 19 120 元，投入与产出比为 1∶1.48，二者差别不明显，单位利润为 97 元/m^3。

表 10-19　卵形鲳鲹高位池、网箱养殖成本构成（元）

项目	高位池养殖	网箱养殖
租金	4 160	1 000
苗种费	9 360	2 880
饲料	20 511	6 646
工资	9 600	1 500
药费	1 700	900
电费	4 600	/
总成本	49 931	12 926

注：苗种 1.8 元/尾；饲料 1.6 元/kg。

表 10-20　高位池、网箱养殖卵形鲳鲹经济效益对比

试验条件	总产量（kg）	单价（元/kg）	总产值（元）	总成本（元）	投入产出比	总利润（元）
高位池	2 374	32	75 968	49 931	1∶1.52	26 037
网箱	659	29	19 120	12 926	1∶1.48	6 194

6. 传统网箱和深水网箱养殖卵形鲳鲹的对比试验

广东海洋大学2007年分别在湛江深水网箱养殖区和传统网箱养殖区各选取一只网箱进行卵形鲳鲹养殖试验。养殖鱼为经标粗的大规格苗种（体长8~10 cm，体重10~15 g），两种网箱的放养密度都为45尾/m³，深水网箱放养数量为22 500尾，传统网箱为600尾。养殖时间为124 d，结果如表10-21和表10-22所示。结果表明，深水网箱养殖卵形鲳鲹比传统网箱生长快，饵料系数低，成活率较高，经济效益也优于传统网箱。

表10-21　两种方式养殖卵形鲳鲹的收获情况

养殖方式	商品鱼规格（g/尾）	总产量（kg）	单位产量（kg/m³）	饵料系数	收获数量（尾）	成活率（%）
传统网箱	350.2	1 687.4	12.98	2.26	4 819	80.3
深水网箱	421.1	8 640.9	17.28	2.05	20 520	91.2

表10-22　两种方式养殖卵形鲳鲹的经济效益情况

养殖方式	养殖成本（元/kg）	产值（元/m³）	总产值（元）	总成本（元）	利润（元/m³）	总利润（元）
传统网箱	17.93	264.6	34 398	30 255.1	31.9	4 147
深水网箱	17.10	346.0	173 000	147 759.4	50.4	25 200

第十一章　卵形鲳鲹营养及饲料

目前，卵形鲳鲹在我国已形成了从苗种-饲料-养殖-加工-内销-出口等完整的产业链。卵形鲳鲹配合饲料的研发与推广应用将为建立卵形鲳鲹健康养殖模式，提高其经济效益，改善养殖水域生态环境提供重要的物质保证。

第一节　卵形鲳鲹肌肉的化学成分

一、卵形鲳鲹肌肉的营养成分和含肉率

周歧存等（2004）对海水网箱养殖卵形鲳鲹背部肌肉的主要营养成分组成（以干重计）进行测定，结果显示，卵形鲳鲹的蛋白质含量为 74.36% ± 0.15%；脂肪为 18.90% ± 0.40%，灰分 5.40% ± 0.02%；总糖 0.23% ± 0.05%；能量23 891.70±45.90 J/g。据农新闻等（2008），卵形鲳鲹平均含肉率为 68.60%。

二、养殖卵形鲳鲹肌肉氨基酸分析

对卵形鲳鲹肌肉的氨基酸组成进行分析，结果见表 11-1。

表 11-1　卵形鲳鲹肌肉中氨基酸的组成（以干重计）
（周歧存等，2004）

<table>
<tr><td rowspan="2">氨基酸总量</td><td colspan="9">必需氨基酸（%）</td></tr>
<tr><td>含量</td><td>占总量</td><td>苏氨酸
Thr</td><td>缬氨酸
Val</td><td>蛋氨酸
Met</td><td>异亮氨酸
Ile</td><td>亮氨酸
Leu</td><td>苯丙氨酸
Phe</td><td>赖氨酸
Lys</td></tr>
<tr><td>74.00</td><td>33.25</td><td>44.93</td><td>3.65</td><td>4.36</td><td>2.45</td><td>4.58</td><td>2.62</td><td>5.87</td><td>9.72</td></tr>
<tr><td></td><td>天门冬酸
Asp</td><td>谷氨酸
Glu</td><td>丝氨酸
Ser</td><td>甘氨酸
Gly</td><td>丙氨酸
Ala</td><td>酪氨酸
Tyr</td><td>脯氨酸
Pro</td><td>组氨酸
His</td><td>精氨酸
Arg</td></tr>
<tr><td></td><td>6.20</td><td>10.49</td><td>2.28</td><td>4.65</td><td>4.31</td><td>2.78</td><td>3.78</td><td>1.68</td><td>4.58</td></tr>
</table>

从氨基酸测定结果看，卵形鲳鲹的肌肉中均含 16 种氨基酸（色氨酸、半胱氨

酸未测)，包括人体所需的各种必需氨基酸，其组成齐全，含量丰富。必需氨基酸的分析表明，赖氨酸含量较高，占氨基酸总量的7%以上；蛋氨酸和亮氨酸含量较低，含量均在3%以下。从表11-1还可以看出，在非必需氨基酸中谷氨酸含量最高，谷氨酸在人体代谢中具有重要生理作用，为脑组织生化代谢的首要氨基酸，具健脑作用，并在肌肉和肝组织中具解氨毒作用。

三、养殖卵形鲳鲹肌肉脂肪酸分析

张少宁等（2010）比较了卵形鲳鲹不同组织器官的总脂含量，由表11-2可见，肝脏总脂含量最高，白肌总脂含量最少。4种组织总脂含量差异明显，而同部位雌雄鱼体内总脂含量差异并不显著。

表11-2 卵形鲳鲹体内不同组织器官总脂含量（$x±s$）

（张少宁等，2010） $g/g\ m_d$

组织器官	白肌		红肌		肝脏		脾脏	
	♀	♂	♀	♂	♀	♂	♀	♂
总脂含量	0.108 ±0.018	0.138 ±0.085	0.323 ±0.022	0.335 ±0.108	0.509 ±0.105	0.377 ±0.063	0.202 ±0.008	0.190 ±0.144♂

取卵形鲳鲹白色肌肉、红色肌肉、肝脏和脾脏，用气相色谱-质谱（GC-MS）联用分析仪分析各组织器官脂肪酸组成（表11-3）。结果共鉴定出23种主要脂肪酸，同组织雌雄间总脂及脂肪酸组成无明显差异，不同组织间差异明显；肝脏中总脂含量最高，白色肌肉中总脂含量最低；脾脏、白色肌肉中含有丰富的高度不饱和脂肪酸，有较高的食用价值，而肝脏中含有高比例的饱和脂肪酸和单不饱和脂肪酸，多不饱和脂肪酸含量较低，是鱼体内重要的储能器官。

表11-3 卵形鲳鲹各组织脂肪酸含量（%）

（张少宁等，2010）

序号	脂肪酸	白肌		红肌		肝脏		脾脏	
		♀	♂	♀	♂	♀	♂	♀	♂
1	C14：0	1.95	1.91	2.82	2.82	2.96	2.99	1.76	1.83
2	C15：0	0.90	1.22	0.51	0.87	0.64	0.50	0.59	1.44
3	C16：0	24.64	24.36	25.09	25.57	28.55	28.87	29.53	28.16
4	C16：1（n-7）	3.33	3.18	4.93	5.12	3.70	5.82	4.26	3.88
5	C17：0	0.28	0.28	0.46	0.46	0.53	0.55	/	/

续表

序号	脂肪酸	白肌		红肌		肝脏		脾脏	
		♀	♂	♀	♂	♀	♂	♀	♂
6	C18：0	7.38	7.19	10.03	10.78	10.55	10.19	9.20	7.64
7	C18：1（*n*-9）	21.97	22.44	23.37	22.57	24.99	22.15	16.20	17.74
8	C18：1（*n*-7）	2.60	2.56	3.97	3.18	5.37	5.12	4.23	3.86
9	C18：2（*n*-6）	12.81	12.35	12.41	12.12	9.18	10.59	12.74	13.09
10	C18：3（*n*-3）	0.91	0.77	1.09	0.91	0.41	0.85	0.84	0.81
11	C20：0	0.41	0.46	/	/	/	/	0.38	0.38
12	C18：2（*n*-7）	/	/	/	/	/	/	1.33	1.37
13	C20：1（*n*-9）	1.52	1.72	2.23	2.41	3.07	2.65	0.11	0.12
14	C20：2（*n*-7）	0.82	0.86	0.94	0.84	1.02	1.29	1.22	1.08
15	C20：3（*n*-3）	/	/	/	/	0.55	0.59	/	/
16	C20：4（*n*-6）	1.55	1.51	0.60	0.44	0.50	0.59	2.73	2.15
17	C20：5（*n*-3）	1.73	1.37	1.34	0.95	0.07	0.37	2.41	2.35
18	C22：1（*n*-9）	0.62	0.66	0.71	1.07	1.10	0.90	0.37	0.45
19	C22：4（*n*-6）	0.51	0.49	/	/	/	/	/	/
20	C22：5（*n*-3）	1.52	1.54	1.33	1.54	0.91	0.85	/	/
21	C22：6（*n*-3）	13.64	14.06	6.82	6.15	2.30	3.13	10.16	11.59
22	C24：0	0.09	0.11	0.23	0.30	0.26	0.30	0.10	0.05
23	C24：1（*n*-9）	0.31	0.37	0.60	0.83	0.68	0.79	0.41	0.32
24	其他	0.49	0.62	0.50	1.06	0.66	0.90	1.44	1.70
饱和脂肪酸		36.65	35.50	39.14	40.81	43.49	43.40	41.56	39.50
单不饱和脂肪酸		30.36	30.94	35.80	35.17	40.91	37.43	25.58	26.37
多不饱和脂肪酸		33.49	32.94	24.54	22.96	14.94	18.27	31.42	32.43
n-3 多不饱和脂肪酸		17.80	17.74	10.58	9.55	3.69	5.20	13.41	14.75
n-6 多不饱和脂肪酸		14.87	14.35	13.01	12.56	9.68	11.18	15.47	15.24
（*n*-6）/（*n*-3）		0.84	0.83	1.23	1.32	3.08	2.14	1.16	1.12

四、养殖卵形鲳鲹肌肉矿物质组成

养殖卵形鲳鲹肌肉中含有许多重要矿物元素，除了 Na、P、Ca 之外，还含有 Fe、Zn、Cu、Mn 等微量矿物元素。从表 11-4 中可以看出，肌肉中 Na 和 Ca 元素含量较高，而 Na、Ca 和 P 等元素具有重要的生理机能，不仅有利于维持肌体的电解质平衡，促进新陈代谢，而且能够增进肌肉兴奋，维持心肌节律，促进神经传导，参与蛋白质、脂肪和碳水化合物代谢。这些鱼类的微量元素也比较丰富，Fe、Zn 和 Mn 的含量也较高，而 Fe、Zn 和 Mn 等微量元素是构成金属酶或金属酶激活因子的重要成分，在酶系统中发挥重要作用；同时这些微量元素还是激素等生物活性物质的组分，对机体免疫功能也有重要影响。

表 11-4　养殖卵形鲳鲹肌肉矿物元素（以干重计）

（周歧存等，2004）　　**mg/100 g**

矿物元素	Na	P	Ca	Fe	Zn	Cu	Mn
干重	285	233	102	1.050	2.528	—	0.164

第二节　卵形鲳鲹的营养需求

卵形鲳鲹的营养需要主要有五大类：蛋白质、脂肪、碳水化合物、矿物元素和维生素。

一、蛋白质

蛋白质是与生命及与各种形式的生命活动紧密联系在一起的物质。机体中的每一个细胞和所有重要组成部分都有蛋白质参与。机体内蛋白质的种类很多，性质和功能各不相同，但都是由 20 多种氨基酸按不同比例组合而成的，并在体内不断进行代谢与更新。

被鱼摄入体内的蛋白质经过消化分解成氨基酸，吸收后在体内主要用于重新按一定比例组合成鱼体蛋白质，同时新的蛋白质又在不断代谢与分解，时刻处于动态平衡中。因此，饵料蛋白质的质和量、各种氨基酸的比例，关系到鱼体蛋白质合成的质和量，尤其是亲鱼的繁育、仔稚幼鱼的生长发育以及商品鱼的养殖，都与饵料中蛋白质的质和量密切相关。

蛋白质需要量即为能满足鱼类营养需求并获得最佳生长的最少蛋白质含量。蛋白质是决定鱼类生长的关键营养物质，也是饲料中开支最大的部分，确定配合饲料中蛋白质的最适需要量，这在鱼类营养与饲料的研究和养殖生产上极为重要。

刘兴旺等（2007）进行为期 8 周的摄食生长试验。以鱼粉和豆粕为蛋白源设计 6 种试验饲料，蛋白质梯度分别为 30.32%、35.56%、41.48%、47.86%、51.70%和 54.70%。养殖试验在海水网箱中进行，每种饲料投喂 3 个网箱（1.5 m×1.0 m×2.0 m），每个网箱放养初始体质量 24.39±0.23 g 的卵形鲳鲹 30 尾。试验结果表明，饲料蛋白水平对卵形鲳鲹特定生长率（SGR）及饲料效率（FER）有显著影响。随着饲料蛋白水平的升高，试验鱼 SGR 及 FER 均显著增加（$P<0.05$），而饲料蛋白水平高于 41.38%时，各组无显著差异。饲料蛋白水平为 47.86%组的卵形鲳鲹获得最好的 SGR 和 FER。随着饲料蛋白水平升高，卵形鲳鲹鱼体蛋白质量分数也显著增加（$P<0.05$）。根据折线模型确定卵形鲳鲹幼鱼适宜的蛋白质需要量为 45.75%（图 11-1）。

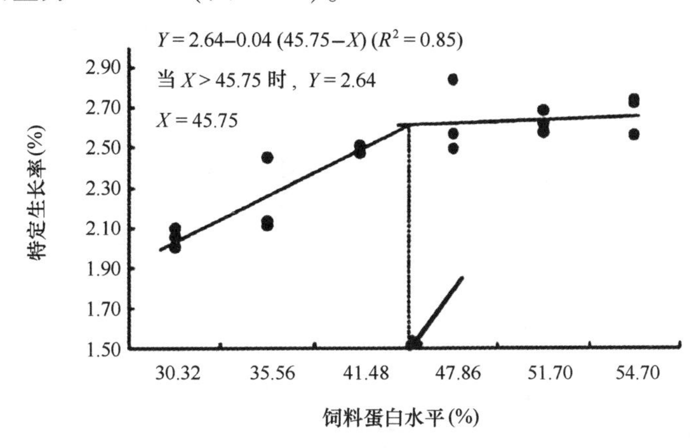

图 11-1　饲料蛋白水平与卵形鲳鲹特定生长率的关系

（刘兴旺等，2007）

刘兴旺等（2011）以鱼粉、豆粕为蛋白源，豆油、鱼油为脂肪源，配制 9 种不同蛋白能量水平的饲料，蛋白质 3 个水平（38%、43%、49%），每个蛋白水平设 3 个脂肪梯度（6%、10%、14%），其蛋白能量比为 19.3～27.4 mg/kJ。卵形鲳鲹初始质量为 25.02±0.160 g，每个处理设 3 个重复，每个网箱（1.5 m×1.0 m×2.0 m）放养卵形鲳鲹苗 20 尾，养殖试验持续 8 周。结果显示，卵形鲳鲹特定生长率随饲料蛋白水平的升高而显著升高（$P<0.05$）。投喂含 43% 或 49%蛋白质、6%脂肪饲料的卵形鲳鲹表现出较好的特定生长率。饲料中不同的脂肪水平未表现出蛋白质节约效应，较高的脂肪水平反而抑制了卵形鲳鲹的特定生长率、饲料效率和蛋白质效率。卵形鲳鲹鱼体蛋白和脂肪含量分别随饲料蛋白质和脂肪水平的上升而显著升高（$P<0.05$）。在该试验条件下，卵形鲳鲹幼鱼饲料中最适蛋白质、脂肪水平和蛋白能量比分别为 43%、6%和 24.4 mg/kJ。

杜强等（2011）设计 6 个不同赖氨酸水平的饲料组（赖氨酸的实际含量分别为 2.28%、2.46%、2.63%、2.73%、2.95%、3.28%），旨在探讨卵形鲳鲹幼鱼对赖氨酸的需求量。每个网箱（1.0 m×1.0 m×1.5 m）投放卵形鲳鲹幼鱼（平均初始体重为 14.78±0.41 g）20 尾，每组饲料 3 个重复，每天饱食投喂 2 次（08：00 和 16：00），试验期为 56 d。结果表明，随着饲料中赖氨酸含量的增加，增重率和特定生长率逐渐升高，赖氨酸含量为 2.95% 和 3.28% 的组显著高于赖氨酸含量为2.28%、2.46%和2.63%的组（$P<0.05$）；当饲料赖氨酸含量为2.95%时达到最大值，此时增重率和特定生长率分别为523.32%和3.26%/d，然而在赖氨酸含量为2.95%和3.28%的组中这2项指标没有显著性差异（$P>0.05$）。饲料系数随着饲料赖氨酸含量增加先降低后升高，赖氨酸含量为2.95%时饲料系数最小，为1.37。饲料中赖氨酸含量对卵形鲳鲹全鱼和肌肉营养成分组成以及血清葡萄糖、甘油酯及总胆固醇含量没有显著影响（$P>0.05$）。通过折线模型分析得出，卵形鲳鲹幼鱼生长的饲料赖氨酸适宜需求量为饲料干重的2.94%，占饲料蛋白质含量的6.70%（图11-2）。

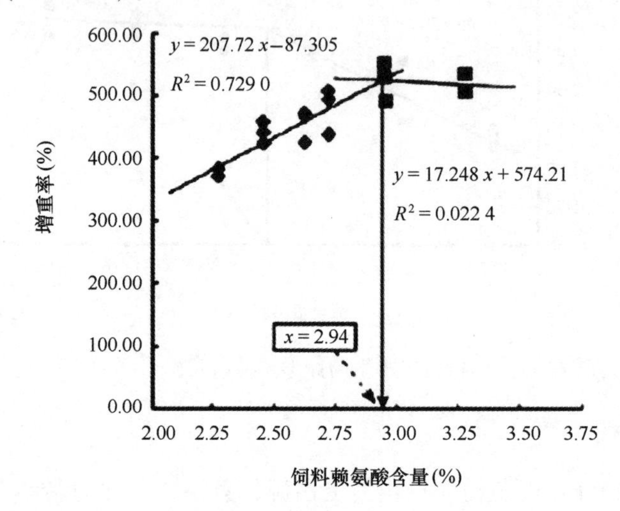

图11-2 饲料赖氨酸含量对卵形鲳鲹增重率的影响

（杜强等，2011）

鱼粉是水产饲料原料中最优质的蛋白源，随海洋渔业资源逐渐衰竭，鱼粉的数量逐年减少，价格大幅上升。寻找其他廉价高效的蛋白原料，部分或全部替代鱼粉，降低饲料成本，已成为饲料研发人员的迫切任务。赵丽梅等（2011）采用单因子试验设计，选用初始体重为60±4 g的卵形鲳鲹，随机分成5个处理，每个处理3个重复，每个重复20尾鱼，饲养在浮式海水网箱中，进行为期65 d的试验。在对照组配方中鱼粉用量为51%的基础上，分别用13%、24%、34%和44%的发酵豆粕代替配方中9%、16%、23%和31%的鱼粉用量，研究发酵豆粕代替鱼粉对卵形鲳鲹生长性能的影响。试验结果表明：在卵形鲳鲹饲料中用发酵豆粕代替23%的进口鱼粉，卵形鲳鲹的增重率、特定生长率、饲料系数与对照组无显著性差异（$P>0.05$）。在该试验条件下，发酵豆粕代替25%的鱼粉用量对卵形鲳鲹的生产性能不会产生不良影响。

二、脂肪

脂类物质具有重要的生物功能，脂肪是鱼体的能量提供者。脂肪的生理功能：

① 鱼体内储存能量的物质并供给能量 1 g 脂肪在体内分解成二氧化碳和水并产生 38 kJ（9 kcal）能量，比 1 g 蛋白质或 1 g 碳水化合物高一倍多。

② 构成一些重要生理物质，脂肪是生命的物质基础是鱼体内的三大组成部分（蛋白质、脂肪、碳水化合物）之一。磷脂、糖脂和胆固醇构成细胞膜的类脂层，胆固醇又是合成胆汁酸、维生素 D_3 和类固醇激素的原料。

③ 保护内脏、缓冲外界压力内脏器官周围的脂肪垫有缓冲外力冲击保护内脏的作用。减少内部器官之间的摩擦。

④ 提供必需脂肪酸。

⑤ 脂溶性维生素的重要来源 鱼肝油和奶油富含维生素 A、维生素 D，许多植物油富含维生素 E。脂肪还能促进这些脂溶性维生素的吸收。

张伟涛等（2009）探讨猪油、鱼油和混合油（鱼油+猪油 1∶1）在 2%和 4%添加水平及降脂因子（复合肉碱、胆汁酸）条件下对卵形鲳鲹生长、生理机能以及体脂肪酸组成的影响。饲喂等蛋白（43%）、但粗脂肪含量不同（6.95%~9.62%）的 7 种膨化饲料，进行 56 d 的网箱养殖试验。结果表明：

（1）鱼油与猪油的养殖性能、生理指标的比较对比

2%鱼油组与 2%猪油组，4%鱼油组与 4%猪油组，尾特定生长率、饲料系数和蛋白质效率，以及血脂四项（总胆固醇（CH）、甘油三酯（TG）、高密度脂蛋白（HDL-C）和低密度脂蛋白（LDL-C））生化指标，均差异不显著（$P>0.05$）；混合油组与 4%鱼油组、4%猪油组，尾特定生长率、饲料系数和蛋白质效率，以及血清 CH、TG 和 LDL-C 含量均差异不显著（$P>0.05$）。结果显示：猪油可以作为替代油源，全部或部分替换鱼油，对养殖效果没有产生影响。

（2）在各试验组饲料粗蛋白水平不变的情况下，降低 3%进口鱼粉、增加 2%油脂的养殖性能、生理指标的比较

对比 2%鱼油、35%鱼粉组与 4%鱼油、32%鱼粉组，P2 组较 P4 组，尾特定生长率提高 0.06%，两组间差异不显著（$P>0.05$），饲料系数降低 0.18，蛋白质效率提高 14.87%，两组间饲料系数与蛋白质效率均存在显著性差异（$P<0.05$）；黏液、肝脏和血清 T-SOD 活力存在显著性差异（$P<0.05$），活力分别升高 36.26、61.98 和 10.34；肝脏 GOT 活力存在显著性差异（$P<0.05$），活力升高 173.14；血清 HDL-C含量存在显著性差异（$P<0.05$），升高 0.26。对比 2%猪油、35%鱼粉组与 4%猪油、32%鱼粉组，前者较后者的尾特定生长率提高 0.10%，两组间差异不显著（$P>0.05$），饲料系数降低 0.21，蛋白质效率提高 14.74%，两组间饲料系数与蛋白质效率均存在显著性差异（$P<0.05$）；肝脏和血清 T-SOD 活力存在显著性差异（P

<0.05)，活力分别升高 16.79、9.22；肝脏 GOT 活力存在显著性差异（$P<0.05$），活力升高 142.04。显示降低 3%进口鱼粉用量而增加 2%油脂，养殖效果不如高鱼粉（35%）低油脂组，说明卵形鲳鲹对于鱼粉等优质的蛋白原料具有更强的需求，对其消化吸收及利用能力更强。

（3）使用降脂因子（复合肉碱、胆汁酸）的养殖性能、生理指标的比较

对比 4%鱼油添加降脂因子组与 4%鱼油组，4%猪油添加降脂因子组与 4%猪油组，添加降脂因子（复合肉碱、胆汁酸），鱼油组鱼体的成活率、尾特定生长率、饲料系数以及蛋白质效率影响不显著（$P>0.05$）；猪油组鱼体的成活率和尾特定生长率影响不显著（$P>0.05$），但是饲料系数和蛋白质效率影响显著（$P<0.05$）。同时，添加降脂因子（复合肉碱、胆汁酸），都提高了鱼体黏液 LSZ 活力、肝脏 T-SOD 和 GOT 活力，说明降脂因子对提高动物体免疫和防御力具有一定的功效。本试验条件下，鱼油组卵形鲳鲹饲料配方中可长期添加复合肉碱 220 mg/kg，胆汁酸 100 mg/kg。

（4）脂肪酸代谢分析

随着油脂添加水平的升高（2%→4%），猪油组鱼体各组织器官脂肪酸组成与相应饲料脂肪酸组成相关性增强，而鱼油组鱼体各组织器官脂肪酸组成与相应饲料脂肪酸组成相关系数降低（皮肤和肌肉除外）；*n*-3PUFA 含量（多数组织器官中）以及 *n*-6PUFA（各组织器官）的含量较饲料中都减少，*n*-3PUFA 减少主要是 C18∶3*n*-3 和 C22∶6*n*-3，*n*-6PUFA 的减少主要是 C18∶2*n*-6，而在鱼体各个组织器官中增加的脂肪酸种类主要是 C20∶5*n*-3 和 C20∶4*n*-6，即鱼体可将-C18∶3*n*-3 和 C18∶2*n*-6 经过加长和去饱和转化成 C20∶5*n*-3 和 C20∶4*n*-6 等高不饱和脂肪酸，说明鱼体对饲料脂肪酸具备一定的转化能力，主要表现为 *n*-3 系列、*n*-6 系列多不饱和脂肪酸在鱼体内部存在着向 *n*-3、*n*-6 高不饱和脂肪酸转化的能力。卵形鲳鲹各组织器官中 C16∶0 和 C18∶1*n*-9 含量最高，说明这些脂肪酸在组织细胞中起着重要的结构和生理功能作用。

三、碳水化合物

碳水化合物亦称糖类化合物，是自然界存在最多、分布最广的一类重要的有机化合物。主要由碳、氢、氧所组成。葡萄糖、蔗糖、淀粉和纤维素等都属于糖类化合物。

糖类化合物是一切生物体维持生命活动所需能量的主要来源。它不仅是营养物质，而且有些还具有特殊的生理活性。

碳水化合物是为鱼体提供热能的三种主要的营养素中最廉价的营养素。食物中的碳水化合物分成两类：鱼体可以吸收利用的有效碳水化合物，如单糖、双糖、多糖和鱼体不能消化的无效碳水化合物，如纤维素。

由于传统的观点认为水产养殖动物先天性的胰岛素分泌不足，糖酶活性较低，

对碳水化合物的利用有限，所以目前对卵形鲳鲹碳水化合物营养方面的研究报道较少。Lin S et al（2012）在基础饵料中分别添加 0（对照）、2 g、4 g 和 6 g 壳寡糖（COS）/千克，配制四种卵形鲳鲹实验饵料，每种饵料设三个重复，分别放养在规格为（1.5 m×1.0 m×2.0 m）的网箱中，每个网箱放养 80 尾鱼（初始平均体重 10.8±0.05 g）。经过 8 周的饲养试验，结果，随着饲料 COS 水平上升高直到 4 g/kg，体重和特定生长率（SGR）明显增加，添加水平 4 g/kg 和 6 g/kg 两组的养殖效果没有显著差异。随着饵料 COS 水平提高，饵料转换率（FCR）下降，白细胞总数，白细胞分类计数，呼吸爆发，溶菌酶和超氧化物歧化酶活性显著升高，在 4 g/kg 水平时到达峰值，添加水平 4 g/kg 和 6 g/kg 两组的免疫学参数没有显著差异。用哈维氏弧菌感染，结果，添加 COS 的各试验组的 COS 能提高鱼的反应，改善鱼对哈维氏弧菌感染的抗性。特别时 4 g/kg COS 添加组的鱼在实验的 56 d 当中，生长、存活率和免疫反应均显示出相当大的改善。

四、无机盐

无机盐即无机化合物中的盐类，旧称矿物质，在生物细胞内一般只占鲜重的 1%~1.5%，目前已经发现 20 余种，其中大量元素有钙 Ca、磷 P、钾 K、硫 S、钠 Na、氯 Cl、镁 Mg，微量元素有铁 Fe、锌 Zn、硒 Si、钼 Mu、铬 Cr、钴 Co、碘 I 等。虽然含量很低，但是作用非常大。

无机盐对组织和细胞的结构很重要，硬组织如骨骼、鳞片和牙齿，大部分是由钙、磷和镁组成，而软组织含钾较多。体液中的无机盐离子调节细胞膜的通透性，控制水分，维持正常渗透压和酸碱平衡，帮助运输普通元素到全身，参与神经活动和肌肉收缩等。

由于新陈代谢，每天都有一定数量的无机盐从各种途径排出体外，因而必通过饲料予以补充。在合适的浓度范围有益于鱼体的健康，缺乏或过多都能致病。

吴玉波等（2013）在网箱中进行 6 周饲养试验以检验饲料中硒酵母添加水平对卵形鲳鲹生长、食物利用及鱼体组成的影响。设计 HF（鱼粉含量为 45%）和 LF（鱼粉含量为 35%）两种配合饲料，在 LF 饲料配方中分别按 0（对照）、0.5%、1.0%、1.5%、2.0%、2.5%的比例添加硒酵母，以鲜杂鱼作为对比饲料。试验鱼初始体重为 10.19±0.63 g，试验期间每日按饱食量投喂 2 次。结果显示，饲料中硒酵母添加水平对卵形鲳鲹摄食率（FI）、饲料系数（FCR）、氮储积率（NRE）、肥满度和肝重指数、鱼体组成、氮和磷废物排放量（TNW 和 TPW）无显著影响（$P>0.05$）。除添加 1.5%硒酵母处理中鱼体的增重（WG）低于对照组外（$P<0.05$），其余处理组与对照组之间无显著差异（$P>0.05$）；添加 2.0%硒酵母处理组中鱼体的磷储积率（PRE）显著低于对照组（$P<0.05$），其余处理组与对照组之间无显著差异（$P>0.05$）。相比之下，摄食饲料 HF、LF 和鲜杂鱼对 WG 无显著影响（$P>$

0.05)，但摄食鲜杂鱼组 FI、FCR、TNW 和 TPW 均高于摄食饲料 HF 和 LF 的鱼（$P<0.05$），而 NRE 和 PRE 低于后两者（$P<0.05$）。研究表明，投喂含 35%鱼粉的配合饲料时卵形鲳鲹生长速度和食物利用效率明显高于投喂鲜杂鱼时，而氮和磷废物排放量显著低于后者；当饲料鱼粉含量超过 35%时，在配方中添加 0.5%～2.5%的硒酵母不会显著增加卵形鲳鲹生长速度和食物利用效率（图 11-3）。

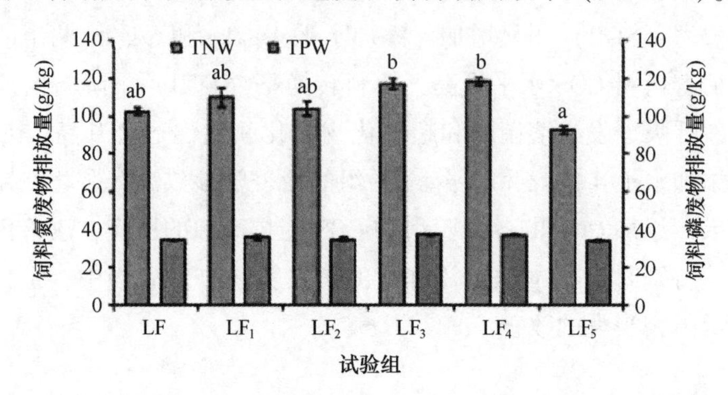

图 11-3　不同饲料硒酵母添加水平下卵形鲳鲹的饲料氮、磷排放量

（吴玉波等，2013）

注：图中柱上字母标号不同者表示差异显著（$P<0.05$）。

五、维生素

维生素是鱼类机体为维持正常的生理功能而必须从食物中获得的一类微量有机物质，在鱼体生长、代谢、发育过程中发挥着重要的作用。维生素不是构成机体组织和细胞的组成成分，它也不会产生能量，它的作用主要是参与机体代谢的调节。大多数的维生素，机体不能合成或合成量不足，不能满足机体的需要，必须经常通过饲料中获得。机体对维生素的需要量很小，日需要量常以毫克（mg）或微克（μg）计算，但一旦缺乏就会引发相应的维生素缺乏症，对鱼体健康造成损害。

肌醇（inositol）是一种水溶性维生素；维生素 B 族中的一种，肌醇和胆碱一样是亲脂肪性的维生素，又称为环己六醇，可促进细胞新陈代谢、助长发育、增进食欲，用于治疗肝脂肪过多症、肝硬化症。黄忠等（2011）配制肌醇为 350 mg/kg、458 mg/kg、507 mg/kg、720 mg/kg 和 1 050 mg/kg 的 5 种饲料，投喂初始质量为（8.30±0.11）g 的卵形鲳鲹 56 d，评估肌醇对卵形鲳鲹生长、饲料利用和血液指标的影响。摄食 w（肌醇）为 720 mg/kg 的饲料组的鱼增重率和特定生长率显著高于其他组（$P<0.05$），脏体比不受肌醇的影响。458 mg/kg、507 mg/kg 和 720 mg/kg 3 个饲料组的成活率显著高于 350 mg/kg 和 1 050 mg/kg 2 个饲料组（$P<0.05$）；507 mg/kg饲料组全鱼的水分显著高于 720 mg/kg 饲料组以外的其他组（$P<0.05$），脂肪显著低于 720 mg/kg 饲料组以外的其他组（$P<0.05$），粗蛋白无显著差异（$P>$

0.05）。随着肌醇质量分数的增加，血糖浓度先升高后下降，720 mg/kg 饲料组血糖浓度最高，显著高于 350 mg/kg 和 458 mg/kg 饲料组（$P<0.05$）；507 mg/kg 饲料组的低密度脂蛋白胆固醇浓度显著低于 1 050 mg/kg 饲料组以外的其他组（$P<0.05$）；添加肌醇能显著降低血液甘油三酯浓度，但对血液总蛋白、尿素氮、总胆固醇和高密度脂蛋白胆固醇没有影响。

第三节　卵形鲳鲹人工配合饲料

一、主要的饲料原料

1. 鱼粉

将全鱼或除去可食部分的剩余物经蒸煮、压榨、干燥、粉碎后即成鱼粉。属营养成分高的动物性蛋白源，各种必需氨基酸的比例较为平衡，接近鱼体的必需氨基酸构成，也是多种维生素和矿物质的重要来源。日本的北洋鱼粉蛋白质含量 60%~70%，脂肪 2%~6%；秘鲁鱼粉蛋白质含量 62%以上，脂肪 7%~10%。衡量鱼粉质量的好坏，除营养成分外，还应考虑胃蛋白酶消化率、新鲜度、组织胺含量。

2. 大豆粕（饼）

大豆粕是所有粕饼类中数量最多的一种饲料原料，富含蛋白质 40%~45%，其中赖氨酸约占干物质的 3.1%。类脂质 3.5%~4.5%，无氮浸出物 27.1%~33.3%，灰分 4.5%和少量维生素，生物价值较高。大豆含有抗胰蛋白酶、血球凝集素、脲酶等物质，降低了动物对其蛋白质的消化吸收率，加热蒸煮后，则可提高蛋白质的消化率。

3. 花生饼（粕）

花生饼（粕）是以脱壳花生果为原料，经压榨或浸提取油后的副产物。花生饼、粕的营养价值较高，其代谢能是饼、粕类饲料中最高的。富含维生素及矿物质等多种营养成分。其营养价值相对高于其他饼，与大豆饼相当。是饲料厂最理想的优良原料。花生饼含有 13.67%的水分、粗蛋白质含量可达 48%以上，含 6.37%的脂肪、3.77%的纤维素、31.56%的无氮浸出物、7.22%的矿物质。

4. 玉米

玉米为一年生禾本科植物，又名苞谷等。据测定，每 100 g 玉米含热量 196 kcal，粗纤维 1.2 g，蛋白质 3.8 g，脂肪 2.3 g，碳水化合物 40.2 g，另含矿物质元素和维生素等。玉米中含有较多的粗纤维，比精米、精面高4~10倍。玉米中的维生素B_6、烟酸等成分，具有刺激胃肠蠕动、加速粪便排泄的特性。玉米油富含维生素E、维生素A、卵磷脂及镁等含亚油酸高达50%。

5. 面粉

面粉是一种由小麦磨成的粉末。按面粉中蛋白质含量的多少，可以分为高筋面粉、低筋面粉及无筋面粉。面粉（小麦粉）是中国北方大部分地区的主食。高筋面粉的蛋白质含量平均为13.5%，通常蛋白质含量在11.5%以上就可叫做高筋面粉。低筋粉蛋白质6.5%~8.5%。靠近麦粒外皮的蛋白质含量比靠近中央的多，硬质小麦蛋白质含量高，一般用于生产高筋粉；软质小麦用于生产低筋粉。

5. 纤维素

纤维素是由葡萄糖组成的大分子多糖。不溶于水及一般有机溶剂。是植物细胞壁的主要成分。纤维素是自然界中分布最广、含量最多的一种多糖，占植物界碳含量的50%以上。棉花的纤维素含量接近100%，为天然的最纯纤维素来源。麻、麦秆、稻草、甘蔗渣等，都是纤维素的丰富来源。食物中的纤维素（即膳食纤维）对人类和动物机体的健康也有着重要的作用。

6. 大豆卵磷脂

大豆卵磷脂（又称大豆蛋黄素），是精制大豆油过程中的副产品。市面上粒状的大豆卵磷脂，是大豆油在脱脂过程中沉淀出来的磷脂质，再经加工、干燥之后的产品。大豆磷脂的一般组成是：磷脂酰胆碱PC（卵磷脂）25%~32%、磷脂酰乙醇胺PE（脑磷脂）15%~22%、磷脂酰肌醇PI（肌醇磷脂）15%左右、磷脂酰甘油PG（神经鞘磷脂）16%左右、磷脂酸PA4%左右、其他磷脂8%左右。

7. 鱼油

鱼油是鱼体内的全部油类物质的统称，它包括体油、肝油和脑油。鱼油是鱼粉加工的副产品，是鱼及其废弃物经蒸、压榨和分离而得到的。鱼油的主要成分是甘油三酯、磷甘油醚、类脂、脂溶性维生素，以及蛋白质降解物等。

8. 乌贼膏

乌贼膏系天然海洋乌贼（鱿鱼）内脏提浸物，经先进生产工艺处理，发酵、杀菌后烘干制成的膏体。具有浓烈的乌贼（鱿鱼）内脏腥香味，本品富含胆固醇、二十碳五烯酸（EPA）、二十二碳六烯酸（DHA）及维生素A和维生素D。乌贼膏的营养成分：粗蛋白≥32（%）；脂肪≥18（%）；水分≤33（%）；盐分≤3.5（%）；

灰分≤8（%）；酸价≤35（mgkoh/g）；盐基氮≤300（meq/g）。

9. 啤酒酵母

用于酿造啤酒的酵母。多为酿酒酵母的不同品种。细胞形态与其他培养酵母相同，为近球形的椭圆体，与野生酵母不同。啤酒酵母是啤酒生产上常用的典型的上面发酵酵母。菌体维生素、蛋白质含量高，可作食用、药用和饲料酵母，还可以从其中提取细胞色素 C、核酸、谷胱甘肽、凝血质、辅酶 A 和三磷酸腺苷等。

二、卵形鲳鲹饲料的配方

饲料配方是指通过不同饲料原料的最优组合来满足给鱼类的营养需求，例如用鱼粉、豆粕、玉米等原料以一定的比例混合加工成饲料来饲喂鱼，保证鱼能正常生长。同时，由于人类社会是一个经济社会，保证鱼能正常生长还不够，还需要做到很多其他要求，如生长快速、投资少、收益大。这样，人类就必须人为改变动物的营养需求来达到一定的目的。

根据卵形鲳鲹的食性和不同发育阶段的饵料要求。饵料质量要求精而鲜，在可能范围内饵料品种要多样化，营养成分要丰富、全面，而且是鱼喜食的饵料。同时饵料要新鲜，不变味不变质。性腺发育的快慢与营养适宜密切相关。卵细胞的繁殖和生长，需要大量的营养，卵中需要积累丰富的物质以供胚胎发育的需要，卵子大量卵黄的积累需要来自蛋白质。因此，亲鱼培育的饵料要比成鱼养殖需要更多的营养。

周歧存等（2004）研制了一种卵形鲳鲹配合饲料（专利号：200410026486），其特征是包括如下组分：蒸气鱼粉 20~40 kg、膨化豆粕 5~20 kg、花生粕 5~15 kg、肉粉 3~10 kg、乌贼内脏粉 2~10 kg、啤酒酵母 2~7 kg、面粉 15~30 kg、大豆卵磷脂 0.5~2.0 kg、海鱼油 1~5 kg、大豆油 1~5 kg，复合维生素 0.1~0.5 kg、复合矿物盐0.3~1.5 kg。

刘兴旺等（2011）研制了一种低鱼粉卵形鲳鲹配合饲料（专利号：201110152283），其特征在于含有以下重量百分比的组分：鱼粉 6%~10%，大豆浓缩蛋白 30%~40%，豌豆粉 5%~10%，啤酒酵母 1%~3%，牛磺酸 0.5%~2%，*L*-肉碱 0.1%~0.5%，紫贻贝粉 3%~6%，复合氨基酸混合物 1.8%~4%。

第五节　卵形鲳鲹的能量收支与体氮维持量

一、摄食水平对卵形鲳鲹幼鱼的生长和能量收支的影响

黄建盛等（2010）在水温 28±1℃ 条件下，投喂人工配合饲料，研究摄食水平

1%、2%、3%、4%、5%（每日投喂量占初始实验鱼湿重的质量百分比）及饱食对卵形鲳鲹幼鱼（初始体重 5.77±0.45 g）生长及能量收支的影响。结果表明，卵形鲳鲹幼鱼特定生长率、转化效率、摄食率随着摄食水平的提高而增长，摄食水平达4%时干重特定生长率与饱食组差异无显著性（$P>0.05$），摄食水平达 5%时，湿重、蛋白质和能量生长率与饱食组差异无显著性（$P>0.05$）；摄食水平达 4%时能值转化效率与饱食组差异无显著性（$P>0.05$），摄食水平达 5%时，干重、蛋白质转化效率与饱食组差异无显著性（$P>0.05$）；摄食水平达 2%时干重、蛋白质表观效率与饱食组差异无显著性（$P>0.05$），摄食水平达 4%时，能量表观效率与饱食组差异无显著性（$P>0.05$）。生长能分配率随摄食水平升高而显著增加（$P<0.05$），代谢能、排粪能及排泄能分配率的变化则相反（表 11-5）。

表 11-5　不同摄食水平下卵形鲳鲹幼鱼的能量收支

（黄建盛等，2010）

摄食水平（%）	生长能/摄食能 G/C	代谢能/摄食能 R/C	排粪能/摄食能 F/C	排泄能/摄食能 U/C	生长能/同化能 G/A	代谢能/同化能 R/A
1	−15.06±1.75a	78.46±1.19a	8.57±0.47a	28.03±0.09a	−23.79±2.97a	−123.79±2.97a
2	23.85±0.41b	59.16±0.84b	6.52±0.13b	10.47±0.45b	28.73±0.38b	72.27±0.38b
3	30.68±1.11c	55.12±1.19c	5.97±0.35b	8.23±0.26c	35.76±1.33c	64.24±1.33c
4	37.79±0.49d	50.24±0.30d	5.00±0.31c	7.37±0.32d	42.67±0.25d	57.33±0.25d
5	43.48±1.32e	44.19±1.41e	5.10±0.24c	7.23±0.33d	49.60±1.56e	50.40±1.56e
饱食	48.94±1.02f	39.94±1.78f	4.97±0.38c	6.15±0.37e	55.07±1.62f	44.93±1.62f

注：表中数据为 $x \pm Sx$，同列数间有一个上标字母相同者表示两者差异不显著（$P>0.05$），字母无一相同者表示两者差异显著（$P<0.05$）。

二、卵形鲳鲹仔鱼能量与体氮维持量

为了解卵形鲳鲹仔稚鱼的代谢变化情况，为建立卵形鲳鲹的能量收支模式和研制该鱼幼体专用饲料提供理论依据，作者采用舆石等（1982）研究真鲷方法，测定卵形鲳鲹仔稚鱼在安定状态下的耗氧量。并由此测算维持体重摄饵量。鱼类每消耗 1 L 氧相当于消耗 20.1 kJ 的热量，蛋质和糖类的热价为 17.2 kJ。脂肪的热价为 38.9 kJ。试验测定结果，卵形鲳鲹仔稚鱼所摄食的轮虫含粗蛋白 45.82%，粗脂肪 16.11%，糖类 25.93%，设仔稚鱼对饵料的平均消化率为 80%，这样轮虫的可利用能为 14.9 kJ。由以上数据结合稚鱼耗氧率测定结果，便是维持体重摄饵量。然而，考虑到鱼类在天然条件下的总代谢消耗量为其基础代谢的两倍，故将计算结果乘以 2。将维持体重摄饵量乘以轮虫的蛋白质含量，再除以 6.25，即为体氮维持量。从表 11-6可以看出，卵形鲳鲹和其他鱼类一样，其幼体的耗氧率和单位体重的氮维持量随着鱼体生长而逐步降低。

表 11-6　卵形鲳鲹仔稚鱼的体氮维持量（20℃）

体重	耗氧率	发热量		维持体重摄饵量	体氮维持量
（mg/尾）	（mL/h）	（kJ/（kg 体重·h）	（kJ/（kg 体重·d）	（mg/（kg 体重·h）	（mg/（kg 体重·d）
0. 30	3. 128	62. 889	1 509. 33	202. 98	14. 84
0. 41	2. 714	54. 555	1 309. 33	176. 09	12. 91
0. 76	2. 503	50. 306	1 207. 35	162. 37	11. 90
1. 49	2. 162	43. 464	1 043. 14	140. 29	10. 29
2. 81	1. 958	39. 354	944. 49	127. 02	9. 31

注：1 mL 氧＝0. 714 mg。

至今为止，有关卵形鲳鲹的营养需求虽已做了不少研究，但远不能满足其高效环境友好型配合饲料研发的需要，还存在许多空白，为此，应大力加大研究力度，推进该鱼高效环境友好型系列配合饲料的开发，以促进其养殖标准化、规范化、集约化和产业化的可持续发展。

① 在完善卵形鲳鲹各生长阶段的蛋白质和脂肪营养需求的基础上，开展卵形鲳鲹碳水化合物、必需氨基酸、必需脂肪酸、维生素和矿物质的营养需求、适宜蛋白能量比及其能量代谢等研究，建立其可消化氨基酸平衡模式，为完善卵形鲳鲹的营养标准提供基础数据。

② 大力开展卵形鲳鲹各种养殖模式（如池塘养殖、网箱养殖、工厂化养殖、单养、混养等）条件下的营养需求研究，以获得各种养殖模式下的营养需求参数，为开发卵形鲳鲹各养殖模式下的高效配合饲料配方积累基础数据。

③ 深入开展环境因子对卵形鲳鲹营养代谢的影响以及饲料中营养素含量对卵形鲳鲹营养代谢及养殖环境的影响，为生产出高效环境友好型卵形鲳鲹配合饲料提供理论支持。

④ 深入研究卵形鲳鲹营养与其免疫的关系，以期通过营养调控手段改善鱼体自身的免疫力，以促进卵形鲳鲹健康养殖，生产出安全的商品鱼。

⑤ 系统研究卵形鲳鲹亲体和早期幼体的营养需求，开发出亲鱼专用配合饲料和早期幼体配合饲料，推进卵形鲳鲹种苗生产产业的健康发展。

⑥ 开展卵形鲳鲹对常用饲料原料消化率的研究，为研发其配合饲料筛选优质饲料原料提供参考。强化卵形鲳鲹配合饲料加工工艺研究，生产出能满足其消化生理和摄食习性的膨化配合饲料。同时，研究卵形鲳鲹配合饲料投喂技术体系研究，以提高摄食率和饲料转化率。

第十二章　卵形鲳鲹种质资源特性与遗传育种

第一节　海水鱼类人工选育的方法和研究概况

近30多年以来，海水鱼类养殖业迅速发展，养殖面积和规模越来越大，养殖的种类、数量越来越多。2008年，中国海水养殖产量1 340.32万t，占海水产品产量的51.59%，其中，鱼类产量达74.75万t，并保持着增长的态势（小远，2008）。但是，作为世界第一水产养殖大国，在每年输出数百万吨水产品的同时，更应该清楚地看到中国海水养殖业存在的主要问题与矛盾。尤其是海水鱼类遗传育种工作起步较晚，研究基础薄弱，大多数养殖种类的繁育问题没有攻破，现有的一些养殖品种由于缺乏科学的管理和育种，经几代繁殖后品质逐步衰退，这在很大程度上制约了海水鱼类养殖业的发展；因此，如何提高养殖的科技含量，培育出生长快、肉质好、饵料转化率高、抗逆性强的优良品种成为了当前海水鱼类育种的主要任务。

改变育种对象遗传性质的常规方法有两个：一个是选择，即挑选作为亲本用的个体；另一个是遗传操作，即控制亲本的交配方式，如近交和杂交（楼允东，1999）。但是无论用何种方法，最终都要经过挑选亲本进行繁殖这一步骤，可见选择是育种工作中一个极为重要的环节。选择育种的主要目的是从某一个原始材料中或某一群体中选出最优良的个体或类型，满足特定的生产目的和要求。鱼类选择育种的方法包括自然选择和人工选择，人工选择又包括个体选择、系谱选择、家系选择、家系内选择、混合选择和后代测定。目前水产养殖领域选择育种研究主要集中在贝类，虾类及淡水鱼类，而对于海水鱼类的选择育种的报道相对较少；选育的性状大多是生长速度（Kathleen G N et al，2008；Smith I R et al，1995；William R W et al，2009；Dean R J et al，2005；Newkirk G F et al，1983；Crenshaw J W et al，1991；Bernard C，2004），饵料转化率（Kari K et al，2005；Boujard T et al，1996；Albert K I et al，2008），抗病性能（James C et al，2009；Britt B，et al，2006；Richard S T et al，2007；Palti Y et al，2007；Geert F W et al，1996；Mark H et al，2005），性成熟年龄（Wild V et al，1994；Daniel D H et al，1997；Benedikte H P et al，2003；Arve J B et al，1996；Dimitri A P t al，1996；Shearer K et al，2006），产卵时间（Alam M A et al，2006；Cheryl D Q et al，2004；Sakamoto T et al，1999；Herlin M et al，2008；Neira R et al，2006）等方面。

一、选择效应的计算

选择本身并不能产生新基因，它可以增加鱼类某一种群体内具有育种价值的基因频率，降低育种不需要的基因频率，可以控制变异的发展方向，促进变异的积累，创造新的品质（Falconer D S et al，1996）。在育种过程中，人们关注的是由选择所产生的变化，这种变化指被选择的亲本后代与未选择的亲本之间的平均表型差异，反应在数值上即群体平均值的改变，遗传学中称之为选择反应或遗传获得，用 R 表示；而被选择的亲本所具有的平均优势称为选择差，指被选择的亲本个体的平均表型值偏离选择前亲代中所有个体平均表型值的程度，用 S 表示，是度量选择反应（R）的一个参数。根据 Falconer et al（1996）的推导，当选择对象的生殖力和存活力与所选择的性状表型值不相关时，选择效应和选择差的比值则等于遗传力，用 h^2 表示，从而得出选择效应公式为：$R=h^2S$。为了减小误差，数据处理过程中变异程度，也即用表型标准差 σ_p 来表示选择差，被标准化的选择差称为选择强度，用符号 i 表示，$i=S/\sigma_p$，从而期望选择效应也就可以写成 $R=ih^2\sigma_p$。如 Bolivar et al（2002）对海水养殖罗非鱼（*Oreochromis niloticus*）的体质量进行家系内选择，结果得出第一代的选择强度为 5，遗传力为 0.14 平均标准差为 7.15 g，由此推出第一个世代的选择效应为 0.7 g；经 12 代选择后的遗传获得比较明显。如果想得到每年的选择效应而不是每一代的，那么就要除以世代间隔的时间，以 L 表示年计算：$R/\text{year}=ih^2\sigma_p/L$。不同的选择方法其选择效应的表达方式也不一样。

二、人工选育的方法

1. 个体选择

个体选择是依据个体本身的表型值进行选择。具体地说，选留或淘汰亲鱼，主要取决于个体生产性能或某种经济性状的优劣，优者留种而劣者淘汰。个体选择的主要方向包括个体的外形评定、生长发育和生产性能的测定等。个体的性能资料通常能从其亲属资料中得到补充，如作为个体系谱组成部分的双亲、全同胞或半同胞，或它的后裔。根据个体本身性能而进行的个体间比较也常常称为性能测验，这种选种方法不仅简单易行，并且无论正反方向选择，都能取得明显的遗传效应，如 Fevolden er al（2002）比较海水养殖虹鳟（*Oncorhynchus mykiss*）选育个体在应激环境下血液中皮质醇水平和溶菌酶活力发现，虽然两者呈显著负相关，但亲本对子代的遗传贡献都比较大，选择效果明显。由于只是对表型值进行选择，所以个体选择效果的有无和大小与被选择性状的遗传力关系极为密切。只有遗传力高的性状，个体选择才能取得良好效果，而遗传力低的性状如果进行个体表型值选择，由于选择反应不大，选择的效果一般不能确实肯定。一般经验认为，个体选择对于遗传力为0.20以上的性状是适宜的（李云峰，2007）。Bernard C（2004）对河鳟（*Salmo trutta fario*）的生长速度的个体选择，其遗传力为0.25，结果得出第一年选择组的体长平均增加6.2%，体质量增加21.5%。Vandeputte M et al（2009）对精养和混养的欧洲黑鲈（*Dicentrarchus labrax*）的体质量进行选择，其遗传力分别为0.34和0.60，结果体质量分别增长23%和42%。对于个体选择的选择效应的估测，可以利用以下公式（Falconer D S, et al, 1996）。

$$\because h^2 = \frac{V_A}{V_P} = \frac{\sigma_A^2}{\sigma_P^2}$$

$$\therefore R = i\sigma_p h^2 = i\sigma_p \frac{\sigma_A^2}{\sigma_P^2} = i\frac{\sigma_A^2}{\sigma_P} = i\sqrt{\sigma_A^2 h^2}$$，其中 V_P，V_A

分别表示表现型方差和加性遗传方差；h^2 表示选择个体的遗传力。

一般来说，通过提高选择强度而获得更大遗传改进量的潜力是有一定限度的，因为要提高选择强度，就要加大选择压力和选择差，这就要减少留种数量；而留种数量太少时，容易发生近交，从而导致不良后果。Dupont-Nivet et al（2006）通过计算机模拟不同数量的交配亲本对个体选择效果的影响发现差别很大，当亲本数量为1 000时，遗传力只有0.1，且近亲交配出现的概率高；而当亲本数量增加到5 000时，遗传力达到0.5，近交现象也降低了。对于表型标准差的大小，也要具体分析，过大的标准差可能存在着与环境离差太大的问题。通过提高遗传力而获得更大遗传改进量的潜力也有限，因为对于一个特定性状来说，要提高其遗传力不容易，只有尽可能控制饲养管理条件，减少环境影响变异，以提高估计遗传力的可靠性。

2. 系谱选择

系谱是记载选择对象的祖先的编号、名字、出生年月日、生产性能、生长发育表现、种用价值和鉴定成绩等方面资料的文件。系谱选育是建立在选育对象的亲本、祖代以及更遥远的祖先的性能或育种值基础上的。系谱上的各种资料，来自日常的各种原始记录。系谱一般记载3~5代，这已足够鉴定种鱼之用，因为代数太远的祖先，对种鱼的影响很小（吴仲庆，2000）。其原理是根据父母和其他祖先的表型值，来推断其后代可能出现的品质，以便在出生后不久，即能基本确定后备个体的选留。审查系谱时，可将多个系谱各方面资料，直接进行有针对性地分析对比，即亲代与亲代比，祖代与祖代比。具体比较内容是，各祖先个体的体质量、生产力、外形评分、后裔成绩等指标的高低，经全面权衡后，决定个体的选留。传统的系谱选择方法需要记载的资料太多，数据处理繁琐，不适合应用于鱼类这种亲本数量较多的物种的选育上。目前主要运用于鱼类系谱分析的是基于分子标记的系谱分析法。利用分子标记的特异性，不仅减少了工作量，还大大缩短了研究的时间，因为无需等到个体长大至可测量尺寸再取样。Sekino M et al（2003）分别抽取了牙鲆（*Paralichthys olivaceus*）3个家系中24 h，1个月和4个月大的个体，利用微卫星标记分析了其系谱结构，并对其选育效果进行了测算，结果发现备选亲本对子代的遗传贡献发生了高度偏移；其中一个家系的选择效果明显，另外两个较低。

审查系谱时应注意：凡在系谱中，母本的生殖力大大超过种群平均数，父本经后裔测验证明为良，或所选后备亲鱼的同胞也都性能优越，这样的系谱应给予较高的评价；审查重点应放在亲代的比较上，更高代数的遗传相关对选择意义不大；比较生产性能时应注意其年龄和代数是否相同，若不同，则应进行必要的校正；注意系谱各个体的遗传稳定程度；在研究祖先性状的表现时，注意其在表型上有无遗传缺陷，需要结合当时的管理水平和环境条件考虑其性能；对一些系谱不明，来源不清的亲鱼，即使个体本身的表型优良，开始也应控制使用，直到取得后裔测验证明后才可确定其使用范围。一般地讲，系谱选择的准确性不可能很高，很少单独用于育种，在海水鱼的育种上通常用于遗传与环境的交互效应分析以及选择性状的遗传力分析。Fishback et al（2002）利用分子系谱估测环境和遗传的交互效应对海水养殖虹鳟选育群体生长性状的影响，结果表明单个性状的估测意义不大，要想获得准确的结果必须综合多种方法分析多个性状。Dupont-Nivet et al（2008）利用分子标记系谱分析遗传力和遗传与环境因素对欧洲黑鲈生长的影响发现选育群体母体效应较小，遗传力为0.38~0.44，遗传与环境的互作关系明显。

3. 家系选择

根据某个或某几个性状明显优于其亲属、生产性能显著高于其亲属的混有不同类型的原始群里选出一些优良个体留种，建立几个或若干个家系并繁殖后代，逐代与原始群体及对照品种相比较，选留那些符合原定选择指标的优良系统，进而进行品系性能测定，这叫家系选择（Falconer D S et al，1996）。早在20世纪，挪威对大西洋鲑（*Salmo salar*）、芬兰对虹鳟利用家系选育，分别成功地选育出优质大西洋鲑家系和虹鳟家系，它们的每代生长速度均提高10%（李鸿鸣等，2002）。在家系选择中，只根据家系均值，而不考虑家系内偏差，选留或淘汰亲本，并不是以个体表型值的大小为依据，而是以家系均值的大小为依据，以家系为单位进行选择，整个家系要么被选择，要么被淘汰。而个体表型值除了作为家系均值的组成因素外，它本身在选择上没有特别的意义。育种者可根据实际情况，确定家系的选留或淘汰标准，高于标准者为优秀家系，是选留对象；低于标准的为普通家系或较差家系，是淘汰的对象。陈松林等（2008）在对牙鲆不同家系抗病性能测定时，将成活率设置成4个梯度来判断其抗病能力，结果筛选出抗病力强、较强、一般和差的家系数分别为3个、17个、33个和6个。

家系分为两种，由相同的亲本产生的称为全同胞家系；由同父异母或者同母异父产生的称半同胞家系。后裔选择和同胞选择是家系选择的两种特殊形式，当所选性状不能在个体上直接测量时，这两种方法具有特殊的价值，那便是通过对子代的表型特征的观测来判断亲本的性状，并估测其育种值。李云明等（2009）对大黄鱼（*Pseudosciaena crocea*）4个家系第三代个体的肌肉营养成分差异分析，结果得出其肉质遗传变异尚少，需继续进行家系选育。家系选育的好坏关键在于正确运用好近亲交配和系的建立。近交和选择是家系选育中建系的重要手段。对任一给定的选择强度，与个体选择比较，家系选择会提高近交率。Neira R et al（2006）对银大马哈鱼（*Oncorhynchus kisutch*）的收获体质量进行连续4代选择后，奇数年出生的个体平均近交率达10%。一个群体近交繁殖，如果不经选择，后代群体中的显性基因数目和隐性基因数目的比值并不改变。累代近交繁殖，可以使原来混杂的群体或杂种个体不断的纯合化，使隐性基因的纯合体百分率增加，隐性性状因而有表现机会。但若能在近交繁殖的同时进行严格选择，可以积累有利基因，并减少隐性基因，防止近亲繁殖带来的不良后果。生产上，从一个混杂的群体或一个杂交体中分离出的种种不同的家系，各系间成员彼此有明显的差异，通过近亲繁殖可以分离出若干性状性状良好、个体整齐的家系、小家系或自交系，每系内的个体由于有比较高度而又相同的纯合百分率，就有基本一致的表现型，性状就稳定，该家系才是纯系，通过繁育成为改良品种。这也就说明了在选择过程中应用近亲繁殖的必要性。

家系选择也有一定的适用范围：所选性状的遗传力低；个体间的差异主要由遗传因素造成；当共同环境因子造成家系成员间很相似时，家系选择无效，因为此时家系间表现出的差异可能是环境因素引起的，而选择的目的是区别遗传原因产生的差异；家系较大时，家系选择优于个体选择。共同环境条件下，家系平均观测值可能接近于基因型值。家系中的成员数越多，这种估测效果越好。家系选择的选择效应可以通过以下公式来计算（朱军，1996）：

$$R_f = i\sigma_f h_f^2 \quad \because \sigma_f = \sqrt{\frac{1+(n-1)r}{n}} \cdot V_P = \sqrt{\frac{1+(n-1)r}{n}} \cdot \sigma_P;$$

$$r = \frac{(n-1)\sigma_B^2}{(n-1)\sigma_P^2} = \frac{MS_B - \sigma_P^2}{(n-1)\sigma_P^2}$$

$$h_f^2 = \frac{V_{A(f)}}{V_{P(f)}} = \frac{\dfrac{[1+(n-1)r_A]}{n}}{\dfrac{[1+(n-1)r]}{n}} = \frac{[1+(n-1)r_A]}{[1+(n-1)r]} \cdot \frac{V_A}{V_P} = \frac{[1+(n-1)r_A]}{[1+(n-1)r]} \cdot h^2$$

$$\therefore R_f = i\sigma_f h_f^2 = i\sqrt{\frac{1+(n-1)}{n}} \cdot \sigma_P \cdot \frac{[1+(n-1)r_A]}{[1+(n-1)r]} \cdot h^2$$

$$= i\sigma_P h^2 \left[\frac{[1+(n-1)r_A]}{\sqrt{n[1+(n-1)r]}}\right]$$

其中，R_f 表示家系选择的效果；i 表示家系间的选择强度；σ_f 表示家系均值标准差；h_f^2 表示家系均值遗传力；h^2 表示家系遗传力；σ_P 表示表型标准差；n 代表家系数，r 表示组内相关；r_A 表示遗传相关；MS_B 表示组间均方；V_A 表示加性遗传方差，V_P 表示表型方差，$V_{A(f)}$ 表示家系均值加性遗传方差，$V_{P(f)}$ 表示家系均值表型方差。

家系选择虽有两个主要的缺点：家系间如果太密集很容易造成近交；家系之间只传递 50%的加性遗传方差，也就是说只有一半的变异可用，另一半在家系内传递。但是家系选择以其个体数多，环境差异低，收获遗传力大的特点，不失为遗传力较低性状选育的有效方法。

4. 家系内选择

家系内选择与家系选择相反，是根据个体表型值与家系均值的离差而进行的选择，即从每个家系中挑选个体表型值高的个体。根据家系内偏差 P_w 进行选择，而完全不考虑家系均值 P_f 的高低。这种方法对下一代而言，至少保留了每个家系中的一个成员，所以，家系内选择对减缓种群近交问题大有益处。当家系间的差异主要由环境差异（可能因为不同的家系进行了不同的处理）引起时，家系内选择最为有效，这是其优越于其他方法之处。这种情况为寻求家系内遗传差异，例如组成家系的同胞之间的差异，提供了更多机会（林祥日，2005）。Gall G A E et al（1988）比较了 6 种选择方法对虹鳟母本生殖能力的选择效果，结果发现家系内选择、混合选择及同胞选择的效果最为明显。与家系选择相比，家系内选择的另一个最重要的优势在于其所需要的育种空间比较小，因此很适合于在实验室进行。家系内选择的选择效应为（朱军，1996）：

$$R_W = i\sigma_P h^2\left[\sqrt{\frac{n-1}{n(1-r)}}(1-r_A)\right],$$

其中 σ_P 表示表型标准差，h^2 表示遗传力，n 代表家系数，r 表示组内相关，r_A 表示遗传相关。但是和其他选择方法相比，家系内选择效率相对较低。Gall G A E et al（1988）通过比较各种选育方式对虹鳟体重的选择效应发现，家系内选择的效率要比综合选择的效率低 2 倍。

5. 后代测定

后代测定又称亲本选择，是根据后代的平均表型值来评价其亲本的育种值的个体选择方法，也就是在一致的条件下，对种鱼的后代进行对比测验，然后按各自后代的平均成绩，决定对亲本的选留与淘汰。后代测定法所依据的原理是：每一后代从每一个亲本得到一半的遗传性。后裔选择的准确性高，因为亲鱼的优良性能已由其后代所证实。因此，它是评定选育对象种用价值最可靠的方法。但亲鱼的选定时间太长，因为必须等到其后代达到可测量的尺寸且有了生产记录以后，才能得到选择所依据的资料，这样就大大地延长了世代间隔，减慢了遗传进展。而且也不能将所有后代都留到生产性能成绩表现出来的年龄，那将导致由饲养管理而带来经济负担过重的问题。这使得对于那些只产一次卵或者在产卵过程中及过后出现高死亡率的鱼类来说，如大西洋鲑，后代测定很难进行。

在家畜的育种中，后裔选择适用于利用年限较长且公畜利用率较高的动物，如奶牛的选种，因为后裔选择需时间长，耗费较多。而应用于鱼类育种上，为提高选择的准确性和选择反应，应注意以下几点：用于选育的雌、雄鱼应尽可能在品种、年龄、大小、生理等方面相似，以减小误差；后裔与后裔之间及后裔与亲代之间的饲养管理条件应尽可能一致，即应混养，以减少群间效应；如 Vandeputte M et al（2001）在对黑鲈的品系测验中，后裔的选择严格按照随机且等概率从混养家系中挑选，以减小实验误差；选择指标要全面，不仅要重视后裔的繁殖能力表现，同时还要注意其生长发育、体形外貌及对环境的适应性。

6. 综合选择

综合选择就是在选择育种的过程中综合各种方法从而使用最好的方法来掌握个体的育种值、个体特征、全近交或半近交等信息。综合选择法的目的就是为了得到最大的遗传获得。其他的选育方法都是综合选择的一部分。简单的综合选择方法一般是将家系选择和个体选择综合起来，利用家系偏差来体现个体的平均表型值。通常分为以下几个步骤：① 建立几个家系，进行异质型、非亲缘的亲鱼间杂交，从而鉴定出其生产性能，如生殖能力、生长速度、肉质、抗性等；② 在几个较好的家系中进行选择。如果家系较大可以适当增大选择压力与强度（Bolivar R B et al，2002）；③ 对后代亲鱼进行检测。Bentsen H B et al（2002）设计综合选择法以避免高近交率，连续 15 代选择后得出亲本选留至少要 50 对，且每代每对要挑选 30~50 个后代进行严格且标准的测验，否则近交会减少 30%多的选择效果。

三、问题与展望

海水养殖业是海洋渔业的重要组成部分，优良的养殖品种又是海水养殖业发展的原动力，但目前世界上除挪威和中国外，大多数国家的水产业还处于以捕捞为主、养殖为辅的阶段（李鸿鸣等，2002）。其次，由于海水鱼类育种还处于摸索阶段，各项技术还很不成熟，对于优良性状的获得与优良品种的构建与保持仍然存在很多尚未解决的问题。对于海水鱼类的育种研究滞后于淡水鱼类及其他海洋生物的原因，作者归纳为 3 个方面：

1. 养殖品种的繁殖周期长

一些重要的经济海水鱼类养殖品种的性成熟较长，如黄姑鱼（*Nibea albiflora*）3

龄性成熟，红拟石首鱼（*Sciaenops ocellatus*）4 龄性成熟（区又君，2009）；还有部分养殖品种存在性逆转的现象，且性逆转的时间较长，如赤点石斑鱼（*Epinephelus akaara*）3 年才性成熟，6 龄性逆转（区又君等，2008）。这样长的世代间隔时间大大增加了养殖的成本和风险，提高了选择育种的难度。

2. 人工育种历史较短

中国的海水鱼类养殖虽历史悠久，但直到 20 世纪 50 年代末才开始对海水鱼类养殖品种的人工繁育进行研究（谢启浪等，2009）；与其他养殖品种相比，海水鱼类育种工作起步较晚，可用于推广养殖的新品种相对较少。2008 年中国通过全国水产原种和良种审定委员会审定的 79 个水产新品种中获准推广的海水鱼类就只有大菱鲆（*Scophthatmus maximus*）和漠斑牙鲆（*Paralichthys lethostigma*）（汤娇雯等，2009 ）。尽管育种技术发展迅速，培育出了大黄鱼、牙鲆、大菱鲆等一些优良品种，但育种过程中出现的疾病防治、种质衰退等问题仍需长时间、深层次的研究。

3. 基础研究不够深入

中国是人口大国，前期的农业科学研究大都致力于解决人民的温饱问题，对农作物的研究较为深入；而对水产养殖，尤其是海水养殖的关注则相对较晚，所进行的科学研究累积不够。虽然中国目前已取得大黄鱼等部分海水鱼类人工繁育成功，但海水鱼种类繁多，仍有大部分重要经济养殖品种的基础研究尚浅，对其繁殖和发育机制还了解不深，苗种繁育技术不成熟，养殖用苗还依赖于捕捞海区的野生苗或从国外进口。沿海地区也有部分养殖户自己培育亲鱼和鱼苗，但这种自发性的行为技术含量低，缺乏科学的管理，苗种生产不稳定，无法保证鱼苗质量。

随着现代技术的发展，鱼类育种的方法越来越多，单纯的选择育种不足以实现育种的目的，因为选择育种主要是利用表型差异进行优良性状的选择，也就是说对于遗传力低的性状难以获得理想的选择效果。具体分两种情况：① 待选择群体没有遗传变异存在；② 本身存在遗传变异，但是群体不表现出来，也就是说没有遗传变异效应。所以制定选择计划前要对待选择物种的育种值作科学的估测（Sonesson A K et al，2005；Nielsen H M et al，2008），进一步摸清选择育种的影响因素，提高选择过程中的可控性。同时，应在合理情况下尽量综合各种育种的方法，将选择育种，细胞工程育种，基因工程育种等结合起来，以弥补选择育种中的不足，实现育种目标。可见，走农业选种、育种，提纯复壮之路，提高选择育种的技术含量，在选择的过程中综合各种方法使得各种优良性状能最大程度的在种鱼上体现出来，同时去除不良性状以选育出具有优良性状并能稳定遗传给后代的新品种也是未来海水鱼类育种研究的主要方向。

第二节　卵形鲳鲹细胞遗传学特性

染色体是细胞内具有遗传性质的物体，易被碱性染料染成深色，所以叫染色体(染色质)；其本质是脱氧核甘酸，是细胞核内由核蛋白组成、能用碱性染料染色、有结构的线状体，是遗传物质基因的载体。舒琥等（2007）对卵形鲳鲹胸腔注射PHA及秋水仙素溶液，取头肾细胞经空气干燥法制片，姬姆萨染色和核型分析，选取来自不同个体、分散良好、形态清晰、数目完整的卵形鲳鲹100个中期分裂相细胞（图12-1)，用显微镜进行观察统计，确定染色体2n数目．得出卵形鲳鲹的染色体众数为48。根据Levan等的命名和分类标准以及测量、计算结果，得出卵形鲳鲹染色体的相对长度和臂比列于表12-1。卵形鲳鲹的48条染色体中有1对亚中部着丝点染色体（*sm*)，3对中部着丝点染色体（*m*)，20对端部着丝点染色体（*t*)，核型公式为$2n=2sm+6m+40$，*t* NF=56，其核型各项参数见表12-1。

表12-1　卵形鲳鲹染色体组型数据

染色体序号	相对长度（%）	臂比	类型
1	6. 85±0. 46	1. 46 ±0. 31	m
2	6. 77± 0. 37	1. 68±0. 26	m
3	6. 23±0. 18	1. 13±0. 84	m
4	7. 75±0. 27	1. 75±0. 06	sm
5	7. 18±0. 42	∞	t
6	6. 92 ± 0. 51	∞	t
7	6. 87± 0. 43	∞	t
8	6. 79 ± 0. 33	∞	t
9	6. 33±0. 19	∞	t
10	6. 14±0. 45	∞	t
11	5. 92±0. 52	∞	t
12	5. 83±0. 24	∞	t
13	5. 81±0. 34	∞	t
14	5. 59±0. 21	∞	t
15	5. 31±0. 44	∞	t
16	5. 24±0. 25	∞	t

续表

染色体序号	相对长度（%）	臂比	类型
17	5.16±0.23	∞	t
18	5.12±0.35	∞	t
19	5.08±0.37	∞	t
20	5.06±0.27	∞	t
21	4.91±0.28	∞	t
22	4.82±0.83	∞	t
23	4.63± 0.42	∞	t
24	4.14±0.13	∞	t

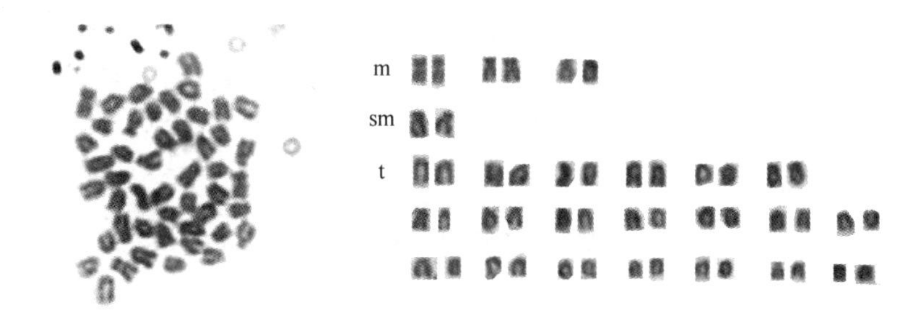

图 12-1　卵形鲳鲹中期染色体分裂相及其核型

第三节　卵形鲳鲹生化遗传学特征

同工酶广义是指生物体内催化相同反应而分子结构不同的酶。在生物学中，同工酶可用于研究物种进化、遗传变异、杂交育种和个体发育、组织分化等。区又君等（2008）采用聚丙烯酰胺垂直板梯度凝胶电泳对卵形鲳鲹的 6 种组织的 5 种同工酶进行了研究，探讨其同工酶系统的遗传基础，为卵形鲳鲹的遗传多样性分析和品种改良提供有价值的生化遗传指标。

一、酯酶（EST）

卵形鲳鲹不同组织的 EST 电泳图谱见图 12-2。

卵形鲳鲹的 EST 同工酶由 2 个位点 *Est*-1 和 *Est*-2 控制，其在组织中的表达有明显的组织特异性，肌肉、脾脏、心脏和脑组织中记录 1 个位点，在肌肉和脾脏中表达微弱，在心脏和脑表达明显；肝脏和肾脏中 2 个位点都有表达，而且表达明显。

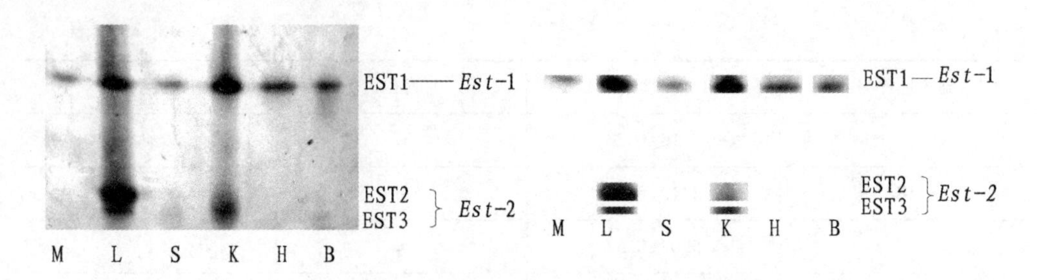

图 12-2 卵形鲳鲹不同组织的 EST 电泳图谱

M. 肌肉；L. 肝脏；S. 脾脏；K. 肾脏；H. 心脏；B. 脑

二、乳酸脱氢酶（LDH）

不同组织的 LDH 酶谱见图 12-3。

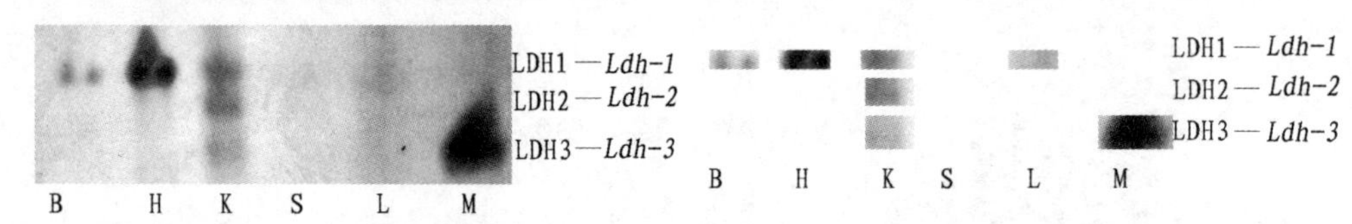

图 12-3 卵形鲳鲹不同组织的 LDH 电泳图谱

M. 肌肉；L. 肝脏；S. 脾脏；K. 肾脏；H. 心脏；B. 脑

记录到的 LDH 由 3 个基因座位编码，分别记为 *Ldh*-1、*Ldh*-2、*Ldh*-3，如图 12-3 所示。组织差异性表现在脾脏没有记录到 LDH，心脏和脑记录到 *Ldh*-1 的表达，肌肉记录到 *Ldh*-3，肾脏记录到 *Ldh*-1、*Ldh*-2 和 *Ldh*-3 的表达。LDH 的活性在各个组织中也存在差异，肌肉和心脏的活性最强，脑和肾脏次之，肝脏和脾脏最低。

三、苹果酸脱氢酶（MDH）

不同组织的 MDH 见图 12-4。

卵形鲳鲹的 MDH 分为 2 个区，由 2 个位点编码。*Mdh*-1 表达为 MDH1 和 MDH2 2 条酶带，*Mdh*-2 表达为 MDH3 1 条酶带。各组织的 LDH 具有一定的组织差异性：肝脏的活性最强，而且可以观察到 3 条酶带；心脏的活性次之，可以观察到 MDH1 和 MDH3；脾脏可以检测到 MDH2 和 MDH3；肌肉、脾脏和脑的活性较低，可以检测到 MDH1 和 MDH3。

四、苹果酸酶（ME）

不同组织的 ME 见图 15-5。

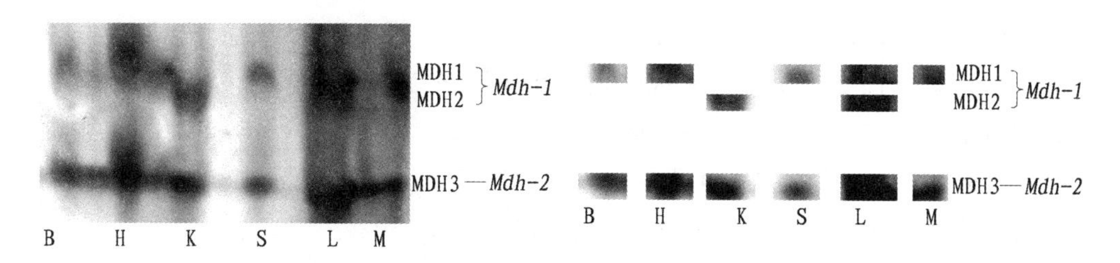

图 12-4　卵形鲳鲹不同组织的 MDH 电泳图谱

M. 肌肉；L. 肝脏；S. 脾脏；K. 肾脏；H. 心脏；B. 脑

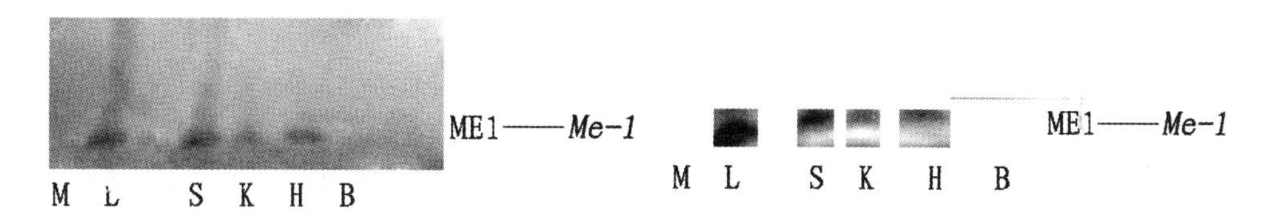

图 12-5　卵形鲳鲹不同组织的 ME 电泳图谱

M. 肌肉；L. 肝脏；S. 脾脏；K. 肾脏；H. 心脏；B. 脑

卵形鲳鲹的 ME 同工酶只检测到 1 条酶带，由 1 个基因座位编码。肝脏的活性最强，脾脏、肾脏和心脏次之，肌肉和脑组织没有检测到 ME。

五、天门冬氨酸氨基转移酶（AST）

不同组织的 AST 同工酶见图 12-6。

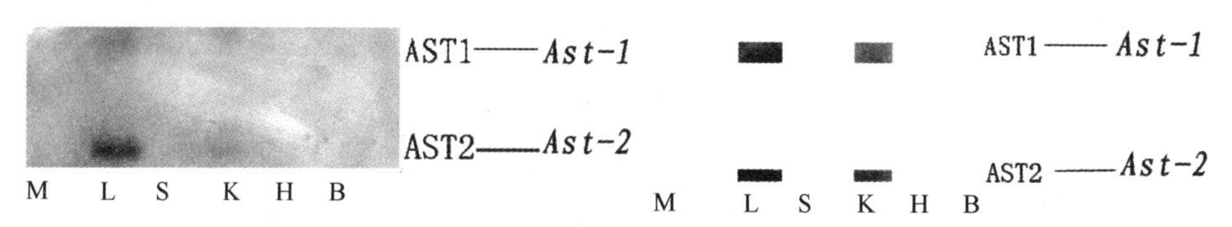

图 12-6　卵形鲳鲹不同组织的 AST 电泳图谱

M. 肌肉；L. 肝脏；S. 脾脏；K. 肾脏；H. 心脏；B. 脑

卵形鲳鲹的 AST 记录到 3 条酶带，由 2 个基因座位编码。在肝脏中的活性最强，肾脏次之，其他的几种组织没有检测到 AST。

六、研究结果分析

1. 卵形鲳鲹同工酶的表达具有明显的组织特异性

5 种同工酶在卵形鲳鲹不同组织中表达的座位数、异聚体形成的能力及活性的强弱都有差异。EST 同工酶在肝脏和肾脏表达了 2 个座位，其他的 4 种组织只表达了1个座位。LDH同工酶在肾脏表达了3个座位，在肌肉、肝脏、心脏和脑都只表达了1个座位，而在脾脏中没有表达。MDH同工酶在6种组织中都检测到2个座位，但每个座位的表达产物并不一样，酶活性强弱也不一样。ME同工酶在肝脏、脾脏、肾脏和心脏中都检测到1个座位，在肌肉和脑中没有发现ME。AST在肝脏和肾脏检测到2个基因座位，其他的4种组织没有发现。

从上述结果分析表明，卵形鲳鲹不同组织同工酶表达有明显的组织特异性，其酶谱特征在不同组织中均有差异，尤其是肝脏、肾脏中的EST、MDH和肾脏中LDH的表达式样明显不同于其他组织。鱼类同工酶组织特异性的存在是机体在特定环境下适应生存条件及组织分化并特异性执行各自功能的结果。例如，EST属于水解酶类，能催化酯键水解，对于酯类代谢和生物膜的结构与功能具有一定的作用，因此，卵形鲳鲹的EST在肝、肾中表达较明显。LDH是参与糖酵解的关键性酶，卵形鲳鲹LDH3催化乳酸形成，在肌肉等厌氧代谢组织中活性强，是对嫌气组织无氧酵解特性的适应；LDH1与乳酸利用有关，在心、肾、脑等的好气组织中占优势。MDH是糖代谢三羧酸循环过程中最重要的酶，在细胞中的功能主要是使苹果酸脱氢酶参与糖酵解的有氧代谢，因此在卵形鲳鲹的肝脏、肌肉和心脏表达强烈。

卵形鲳鲹同工酶组织特异性，表现在以下几个方面：

（1）位点的表达

某些位点的同工酶仅限于某种组织特有，在其他组织中，该同工酶不表达或活性太低而检测不出。如*Est*-2仅在肝脏和肾脏中表达，*Ldh*-2仅在肾脏中表达。

（2）位点表达的程度即酶活性的强弱

一方面，同一位点在不同组织中的相对含量或表达的数量差别很大，如*Est*-1在肝脏和肾脏中的表达很强，*Ldh*-3在肌肉中的表达很强，而这些位点在其他组织中表达较弱；另一方面，不同位点在不同组织中相对活性不同，如肌肉中*Mdh*-1较*Mdh*-2编码的酶活性强，而在脑组织中恰好相反。这些差异也是和所在组织和器官的功能密切相关的。酯酶除了维持细胞正常的能量代谢外，还能水解大量非生理存在的酯类化合物，认为可能与机体的解毒作用密切相关，EST2只在肝脏和肾脏中出现且活性较强，因而有可能参与解毒功能，而肝脏是机体的重要解毒器官。*Mdh*-1是线粒体型，*Mdh*-2是上清液型，卵形鲳鲹脑组织中*Mdh*-1活性较弱可能说明脑细胞线粒体有氧代谢不发达。

（3）等位基因表达上的差异

由于复等位基因的存在，不同的组织中会有不同的等位基因表达，结果同一位点上的酶谱表型在不同组织中有明显差异，或有时等位基因编码的亚基不一定完全表达或不能通过电泳鉴定其产物，即存在“亚等位基因”或“无效基因”。结果也导致不同组织中同一位点的酶谱表型出现差异，如*Mdh*-1在肝脏中表达为MDH1和MDH2，在肾脏中表达为MDH2，在其他的4种组织中表达为MDH1，MDH是二聚体酶，在肝脏有 2 条酶带，其他 5 种组织只有 1 条酶带，可能存在哑等位基因。

2. 卵形鲳鲹同工酶组织特异性与功能相关

不同组织同工酶活性的差异是同工酶组织特异性的一种表现，这种差异与其组织的生理功能相关。

EST 属于水解酶类，能催化酯键水解，对于酯类代谢和生物膜的结构与功能具有一定作用。在硬骨鱼类中 EST 一般认为是单体或二聚体，由多个位点编码，多态现象非常普遍，EST 酶谱非常复杂（邓思平等，2004；姜建国等，1997；刘文彬等，2003）。对卵形鲳鲹各组织的 EST 电泳分析可知，它的酶谱比较简单，总共只有 3 条酶带，其中在肝脏的活性高于其他组织，这可能与肝脏的解毒等作用有关（尹绍武等，2007）。

LDH 是参与糖酵解的关键性酶，催化丙酮酸与乳酸间的相互转化，在肌肉和心脏组织中活性高，可在有氧状态下，催化乳酸转化为丙酮酸而进入三羧酸循环，通过有氧氧化呼吸从而获得较多的生物能量来保证其收缩功能的正常进行（邓思平等，2002）。卵形鲳鲹 LDH3 催化乳酸形成，在肌肉等厌氧代谢组织中活性强，是对嫌气组织无氧酵解特性的适应；LDH1 与乳酸利用有关，在心、肾、脑等的好气组织中占优势（王信海等，2007）。

MDH、ME 是生物氧化的重要酶类，主要催化苹果酸与丙酮酸、草酰乙酸之间的相互转化，这些酶的大量存在，利于将物质经三羧酸循环转化为能量以供肌肉收缩所需。在细胞中的功能主要是使苹果酸脱氢参与糖酵解后的有氧代谢（丁少雄等，2003）。因此，MDH 在心脏、肝脏和肾脏等有氧代谢旺盛的组织中染色较深。卵形鲳鲹的 MDH 含量非常丰富，特别是在肝脏中，这说明肝脏的有氧代谢很旺盛。

AST 是一种磷酸吡哆醛蛋白质，也可以作用于 *L*-苯丙氨酸、*L*-酪氨酸和 *L*-色氨酸。AST 的活性器官是肝，它的活性可作为鱼肝、肾功能破坏的检测指标之一（冯秀妮等，2006）。在卵形鲳鲹中，肝脏和肾脏可检测出 AST，其中在肝脏中的含量比较丰富。

第四节　卵形鲳鲹选育研究

一、卵形鲳鲹 3 个养殖群体的微卫星多态性分析

微卫星 DNA（Microsatellites DNA）是广泛分布于真核生物基因组中的一种中度重复序列。微卫星标记以其多态性丰富，共显性遗传的优点被广泛应用于群体遗传结构分析，性状分析，种质鉴定，遗传作图等领域。

作者等（2011）从已报道的布氏鲳鲹 12 对微卫星引物（Gong Ping et al，2009）

中筛选出 10 对，同时从 GenBank 中检索得到卵形鲳鲹功能基因序列，用 SSRHunter 软件查找其中包含微卫星位点的序列，用 Primer Premier 5.0 软件设计出 2 对引物，送上海生工生物工程技术服务公司合成。再从合成的 12 对引物中筛选出 6 对重复性好、特异性强的卵形鲳鲹微卫星引物分别对海南、深圳、福建 3 个地区的卵形鲳鲹养殖群体的遗传差异进行分析。结果如下：

1. PCR 扩增结果

6 对微卫星引物均能在 3 个卵形鲳鲹养殖群体中扩增出较清晰条带，片段大小为 125-276 bp，且大部分具有多态性。部分样本的变性聚丙烯酰胺凝胶电泳结果如图 12-7 所示。

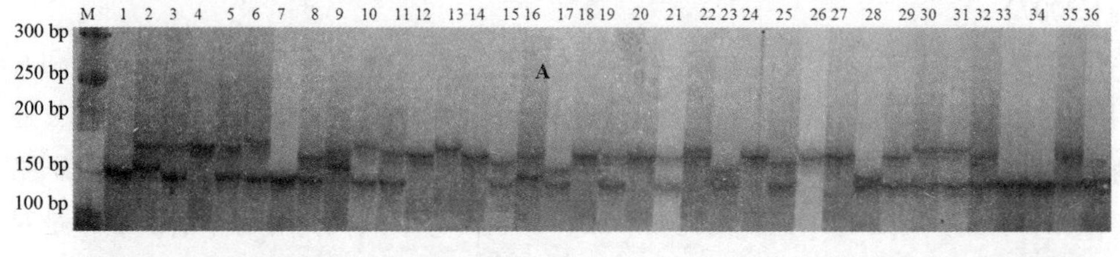

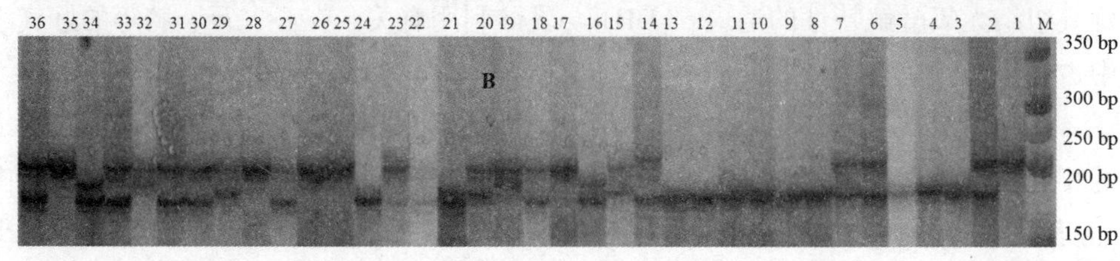

图 12-7　3 个卵形鲳鲹群体微卫星聚丙烯酰胺凝胶电泳图（A：引物 TB014，B：引物 TBG008）
A. 1-12：海南群体（HN）；13-26：福建群体（FJ）；27-36：深圳群体（SZ）；B. 1-12：深圳群体（SZ）；13-26：福建群体（FJ）；27-36：海南群体（HN）；M：分子量标记

2. 群体内遗传结构

6 对微卫星引物在 3 个养殖群体中共检测出 21 个等位基因，平均等位基因数（*N*a）为 3.67~3.83，平均有效等位基因数（*N*e）为 2.43~3.03，平均观测杂合度（*H*o）0.48~0.66，平均期望杂合度（*H*e）为 0.56~0.64，平均多态信息含量（PIC）为 0.49~0.55（表 8-2）。Hardy-Weinberg 平衡偏离程度和多态信息含量在 3 个群体中的差异都不明显（$P>0.05$）（表 12-2）。

表 12-2　6 个微卫星位点在卵形鲳鲹 3 个养殖群体中的遗传多态性

位点	海南群体						深圳群体						福建群体					
	N_a	N_e	H_o	H_e	d	PIC	N_a	N_e	H_o	H_e	d	PIC	N_a	N_e	H_o	H_e	d	PIC
TB014	6.00	3.27	0.63	0.71	0.09	0.65	6.00	2.49	0.52	0.61	0.14	0.55	6.00	2.75	0.58	0.65	0.09	0.58
TB018	2.00	1.56	0.40	0.36	-0.12	0.29	2.00	1.53	0.24	0.35	0.31	0.29	2.00	1.95	0.58	0.50	-0.19	0.37
Tca13	2.00	1.92	0.60	0.49	-0.25	0.36	2.00	1.86	0.72	0.47	-0.57	0.36	2.00	1.90	0.65	0.48	-0.36	0.36
TBG008	6.00	3.99	0.43	0.76	0.42	0.71	6.00	3.82	0.52	0.75	0.30	0.70	6.00	5.41	0.58	0.83	0.28	0.79
TBG034	3.00	2.72	0.63	0.64	-0.01	0.55	3.00	2.78	0.52	0.65	0.19	0.57	3.00	2.96	0.61	0.67	0.07	0.59
TBG016	3.00	2.94	0.37	0.67	0.44	0.59	3.00	2.10	0.35	0.53	0.34	0.47	4.00	3.22	0.94	0.70	-0.36	0.63
平均值	3.67	2.73	0.51	0.61	0.58	0.53	3.67	2.43	0.48	0.56	0.70	0.49	3.83	3.03	0.66	0.64	-0.46	0.55

3. 群体间遗传变异

(1) Hardy-weinberg 平衡遗传偏离指数

各个位点的 Hardy-weinberg 平衡遗传偏离指数（d）-0.39~0.36，其中 5 个位点的 d 值大于 0。海南（0.10）、深圳（0.12）体的平均 Hardy-Weinberg 平衡遗传偏离指数要高于福建群体的，卡方检验后并对 p 值作 Bonferroni 校正分析发现 3 个群体间差异均不显著（>0.05）（表 12-3）。

(2) 遗传距离和遗传相似性系数

参照 Nei 的计算方法得出 3 个养殖群体的遗传距离都很小，遗传相似性程度很高（表 12-3），说明 3 个群体间的亲缘关系较近。按 UPGMA 方法，利用 Mega 4.0 软件构建系统发生树，可以看出，深圳和福建群体聚为一支，海南群体单独为一分支（图 12-8）。

表 12-3 卵形鲳鲹 3 个群体的遗传距离和相似性系数

群体	海南群体	深圳群体	福建群体
海南群体	—	0.912 9	0.921 3
深圳群体	0.091 2	—	0.942 9
福建群体	0.081 9	0.058 7	—

注：对角线以上为相似性系数，以下为遗传距离。

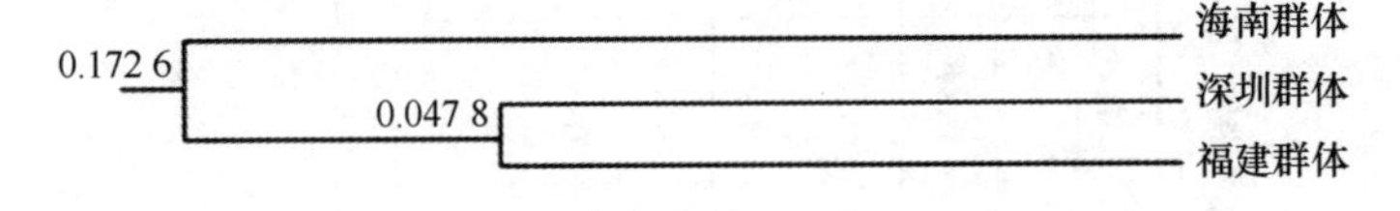

图 12-8 卵形鲳鲹 3 个群体的聚类分析

4. 研究结果分析

(1) 微卫星引物的种间适用性分析

微卫星引物是依据微卫星 DNA 的侧翼序列而设计的，而邻近物种的侧翼序列具有较高的同源性，利用已获得的微卫星引物对近缘物种进行分子标记研究不失为一种快速简单的方法。在水产领域，国内外类似的研究也很多。全迎春等（2006）筛选了 6 072 对斑马鱼的微卫星引物对 3 种鲤鱼的遗传多样性进行分析，其中有 563 对表现出较明显的多态性。郭昱嵩等（2010）利用 37 对勒氏笛鲷 *Lutjanus russelli* 的微卫星引物对同属的其他 9 种笛鲷进行种间适用性分析表明 23 对引物能应用于其他种，并且有 10 对引物对笛鲷属 10 种鱼类都呈现多态性，能进行遗传多样性分析。

Ulrike S（2006）利用鳉属 *Cyprinodon* 的 35 对微卫星引物对同属的 6 种鳉的遗传结构进行研究，有 11 对引物表现出中度或高度多态性。Mcquown E C et al（2000）利用 108 对铲鲟微卫星引物对同属的另外 3 种鲟进行了研究分析。从理论上说，亲缘关系越近的物种微卫星的种间适用性越强。本研究利用 12 对布氏鲳鲹 *T. blochii* 的微卫星引物对同属的卵形鲳鲹进行种间研究，发现 5 对引物能体现出中度或高度多态性，可用于遗传多样性分析。

（2）遗传多样性分析

早在 20 世纪 80 年代初，Botstein D et al（1980）就提出多态信息含量（PIC）可作为衡量群体内遗传多样性指标，当位点的 PIC>0.5 时，则该位点具有高度多态性；0.25<PIC<0.5 时为中度多态位点，PIC<0.25 则为低度多态性位点。本实验所检测的 6 个微卫星位点中，平均多态信息含量范围为 0.33~0.76 之间，有 4 个位点为高度多态性位点，2 个中度多态性位点，无低度多态性位点。3 个群体中海南和福建群体的平均多态信息含量分别为 0.53 和 0.55，遗传变异较深圳群体（PIC=0.48）丰富；从 3 个群体的平均多态性位点所占总位点的比率来看，海南群体和福建群体高度多态性位点所占总位点的比例均为 67%，深圳群体高度多态性位点占总位点比率为 50%，ANOVA 方差检验发现差异不明显（$P>0.05$），3 个养殖群体的遗传变异都比较丰富。衡量群体遗传多样性的另一重要参数为遗传杂合度，它反应了各个群体在检测位点上的遗传变异。Yue G H et al（2006）运用 14 对微卫星标记分析亚洲红龙鱼的遗传变异，发现其平均观测杂合度为 0.78，遗传多样性非常高。本研究得出 3 个群体的平均期望杂合度（H_e）为 0.56~0.64，从育种的角度上分析，这表明 3 个群体作为育种对象具有较高的选择潜力。

本实验虽在取材方面经过了深入的调查，但仅能确定所采集的卵形鲳鲹来自不同地方的养殖群体，其亲本来源无法确定。而 3 个群体作为养殖品种之所以出现较高的遗传多样性可能存在以下两个方面的原因：一是群体本身具备较为广泛的遗传背景。卵形鲳鲹在热带、亚热带海域分布较为广泛，位于南北纬 32°之间的国家均有养殖，我国是从 20 世纪 80 年代开始引进，苗种培育技术也是近些年来才逐渐成熟，亲本大都是从国外引进或者捕捞的野生个体，遗传背景较为宽广。二是不同群体间的基因流。卵形鲳鲹在我国南方沿海池塘和网箱养殖较多，苗种流动频繁，增加了不同群体间基因交流的机会。李先仁等（2009）分析尼罗罗非鱼 8 个养殖群体的遗传差异，结果发现其群体的平均多态信息含量范围为 0.53~0.64，分析认为不同群体间的基因流是导致 8 个养殖群体出现较高遗传多样性的原因之一。

（3）群体 Hardy-Weinberg 平衡遗传偏离分析

一个群体若被认为是处于 Hardy-Weinberg 平衡，则该群体具有稳定的基因和基因型频率，且世代保持不变（Falconne D S et al，1996）。微卫星 DNA 本身是选择中性的，理想群体中各等位基因的频率是稳定的（杜博等，2008）。本实验结果表明卵形鲳鲹3个养殖群体都轻微偏离遗传平衡，偏离的大小我们用Hardy-Weinberg平衡遗传偏离指数（d）来衡量。$d>0$，表明群体杂合子过剩；$d=0$，表示群体基因型分布处于平衡状态；$d<0$，表示群体杂合子缺失。6个位点中有5个位点表现为杂合子过剩；3个群体中海南和深圳群体的平均d值分别为0.10和0.12，表现为杂合子过剩；福建群体的平均d值为-0.08，表现为杂合子缺失，遗传平衡标准经χ^2检验后对p值作Bonferroni校正，发现差异并不明显（$P>0.05$）。刘丽等（2008）利用微卫星标记分析青石斑鱼群体遗传多样性，发现杂合子过剩和缺失与种群本身的结构有密切关系，可能是过度捕捞导致群体结构和性别比例受到影响。郭昱嵩等（2010）的研究认为，目前笛鲷属鱼类开展的大规模育苗及养殖可能是导致该鱼种杂合子缺失的原因之一。从本实验结果来看，由于3个群体的Hardy-Weinberg平衡遗传偏离的程度非常小，所以还不能确定出现这种现象的原因，既可能是人为干扰，如人工定向选择导致检测位点的等位基因未正常分离；也可能是由于亲本群体太小，交配不随机，导致亲本的基因频率不相等，具体原因有待更细微的研究。但可以推断的是，在卵形鲳鲹苗种培育的过程中，扩大亲本的数量，引进外来群体，或者开发优良品种以改变目前养殖群体的遗传结构是有必要的。

（4）群体亲缘关系比较

随着分子标记的大量开发与广泛应用，用于测定群体间的遗传距离的标记越来越多，微卫星DNA以其在基因组中的大量分布和高度多态性的特征，被认为是能更客观地反映群体间的遗传变异和遗传距离（蒋家金等，2008）。地理隔离、人工选择、基因交流、遗传瓶颈、环境变化等都是影响群体遗传结构的因素，对群体的遗传结构进行聚类分析能反映出群体的亲缘关系。本实验对3个群体的遗传距离和相似性系数进行计算，发现群体相似度都在90%以上，其中福建和深圳群体的遗传相似度系数（I）为0.94，亲缘关系最近。现代杂种优势理论认为，亲本的遗传距离越大，杂种优势越明显，这也为我们今后卵形鲳鲹的杂交育种和人工繁育提供了一点启示：要尽量多引进其他与我国南方主要养殖群体遗传距离大的种群进行杂交才能获得较理想的杂种优势。系统发生树上海南群体单独1支，福建和深圳群体聚为1支，但这并不能说明3个群体就一定为各地域群体，因为本实验所采取的实验材料为当地养殖亲鱼的子代，而亲鱼既有从附近海区捕捞的个体，也有多年饲养的个体，很难确切地区分各自来源，这和Cardenas L et al（2009）对太平洋东南海域竹荚鱼养殖群体的遗传结构研究结果相似，想准确定义其来源还需要与野生群体以及其他外来群体做进一步的比较研究。

（5）卵形鲳鲹优良品种开发的前景探讨

卵形鲳鲹以其肉质鲜美、生长速度快、市场接受力强的特点成为我国南方沿海池塘和网箱养殖的主要品种。但该鱼对低温的耐受能力较差，水温下降至16℃以下时停止摄食，存活的最低临界温度为14℃，2 d 14℃以下的温度累积便出现死亡，使其进一步推广受到限制；加之目前养殖的苗种来源范围较窄，且群体间基因交流频繁，导致不利性状累积，使得卵形鲳鲹品种改良与新品种开发的要求日趋迫切。本实验虽未对野生群体进行研究，但就对我国目前主要养殖群体的研究结果来看，单纯的选择育种难以获得理想的结果，要想有所突破，有两种方法：一是将细胞工程和基因工程结合起来，改良不利性状，开发优良性状，构建优良品种；二是广泛引进外来群体，扩大亲本的遗传变异与距离，通过长期人工选择充分挖掘潜在特性，筛选出具有优良性状并能稳定遗传的新品种。

二、相同养殖条件下卵形鲳鲹3个选育群体生长特性的比较

卵形鲳鲹是我国南方浅海网箱养殖、抗风浪深水网箱养殖、池塘养殖、鱼塭养殖和立体生态养殖等的重要代表性养殖鱼类，也是我国华南地区养殖产业规模较大、产量较高的主导品种之一。由于卵形鲳鲹不耐低温（区又君，2008），养殖群体未经选育，加上目前养殖的苗种来源范围较窄，群体间基因交流频繁，导致不利性状累积，生长慢、成活率低、病害多、品质差等种质退化现象已出现，使卵形鲳鲹品种改良与新品种开发的要求日趋迫切。作者等2008年以来对卵形鲳鲹进行了人工选育研究，本研究在海南陵水构建了海南、深圳和福建3个选育群体（作者等，2010，2011），对选育群体在相同养殖条件下的生长特性进行比较分析、评价，为卵形鲳鲹的生长、抗逆择优选育等遗传育种研究提供必要的基础依据。

1. 群体间的生长比较

卵形鲳鲹3个选育群体不同阶段的形态性状和体重生长比较如图12-9所示。从性状差异上看，以体重的绝对生长最为明显，其次是体高、全长和体长；从生长差异上看福建群体体重的绝对生长最快，其次是海南群体，深圳群体相对较慢。

对各群体日增重和特定生长率进行分析（表12-4），初始阶段各群体间平均体重无显著差异（$P>0.05$），经过6个月的人工选择后，选择组的生长状况明显优于未经选择的对照组。福建群体6月龄的均重达441.33 g，极显著高于深圳群体（352.83 g，$P<0.01$），与海南群体相比差异显著（$0.01<P<0.05$）。海南、深圳、福建群体的特定生长率分别比对照组提高24.06%/d、7.19%/d和24.84%/d；比较群体间的绝对增重率和特定生长率，福建群体比海南群体分别高0.23 g/d和2.79%/d，比深圳群体高0.49 g/d和9.41%/d。

以体重为依变量（y），全长（x_1），体长（x_2），体高（x_3）为自变量建立生长方程，分别为：

海南群体：$y_1=-680.863+32.413x_1+5.44x_2+3.786x_3$

深圳群体：$y_2=-625.227+18.81x_1+6.913x_2+26.934x_3$

福建群体：$y_3=-715.359+1.321x_1+24.961x_2+49.846x_3$

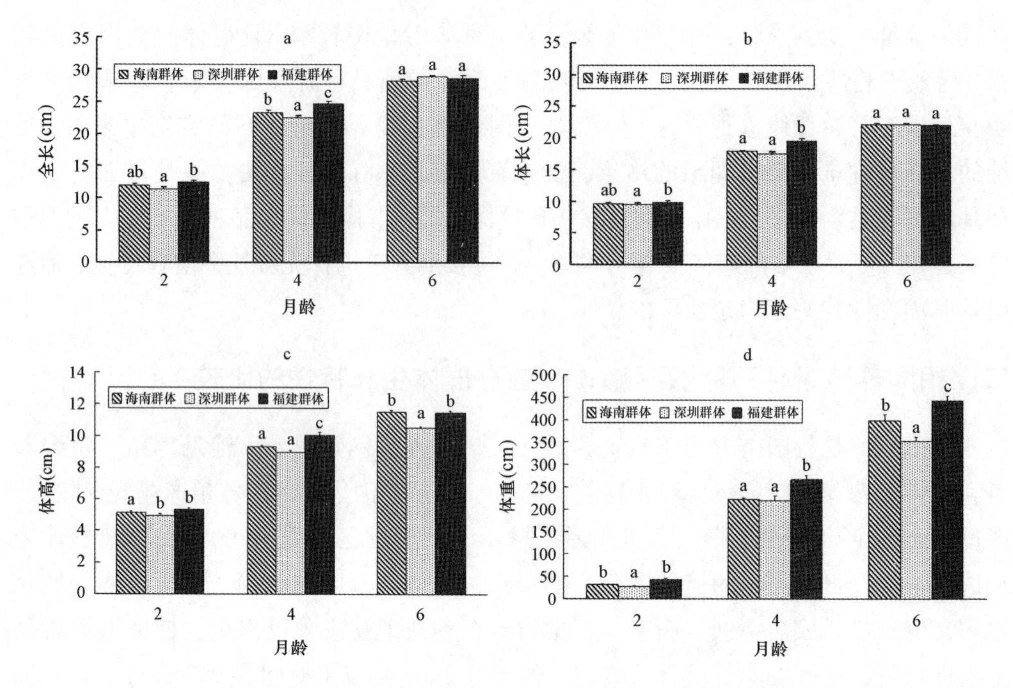

图 12-9　卵形鲳鲹选育群体的生长相关性状表型值比较

相同月龄上方的不同小写字母表示 3 个群体间存在显著差异（$P<0.05$）

表 12-4　卵形鲳鲹选育群体的绝对增重率和特定生长率

项目		初始均重（g）	6 月龄均重（g）	前 6 个月绝对增重率（g/d）	前 6 个月特定生长率（%/d）
海南群体	选择组	4.66±0.59	398.00±13.59^{b}	2.19^{ab}	47.00^{a}
	对照组	4.62±0.45	195.97±9.45	1.06	22.94
深圳群体	选择组	4.78±0.41	352.83±7.67^{a}	1.93^{b}	40.38^{b}
	对照组	4.73±0.65	287.33±10.16	1.57	33.19
福建群体	选择组	4.86±0.55	441.33±11.10^{c}	2.42^{a}	49.79^{a}
	对照组	4.89±0.49	224.77±7.68	1.22	24.95

注：同行数值上方不同小写字母表示 3 个群体间的差异显著（$P<0.05$）。

2. 群体内的生长变异比较

卵形鲳鲹 3 个选育群体主要形态性状和体重的变异程度如图 12-10 所示。在各群体内，早期生长过程中（2 月龄）生长性状的变异系数表现为体重最大，其中海南群体的变异系数表现为体重>体长>体高>全长，深圳群体的变异系数表现为体重>体长>全长>体高，福建群体的变异系数表现为体重>体高>体长>全长。在各群体间，2 月龄时海南群体全长的变异程度低于深圳和福建群体，但呈逐步增大趋势，到 4

月龄时超过福建和深圳群体达到最高值（0.097 2）；深圳和福建群体体长的变异系数分别为0.143 8和0.138 4，大于海南群体（0.096 6）；体高的变异程度为福建群体（0.147 1）>海南群体（0.099 3）>深圳群体（0.088 9）；而体重的变异程度为福建群体>深圳群体>海南群体；到6月龄时，各群体的主要形态性状和体重的变异程度逐渐趋于相近。

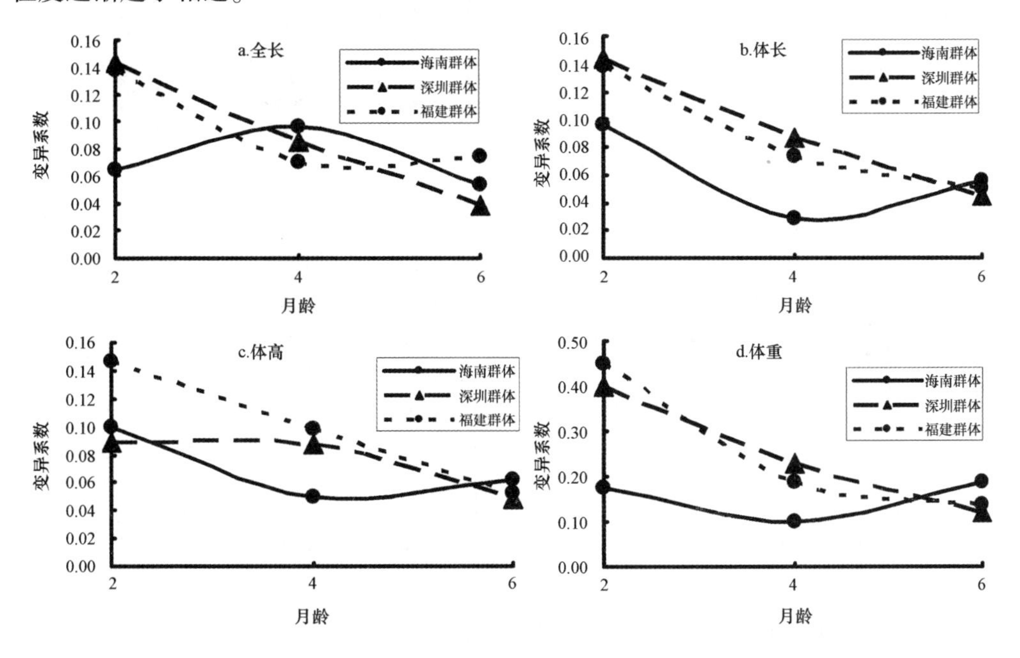

图12-10　卵形鲳鲹选育群体全长、体长、体高和体重的变异系数

为了进一步观测各选育群体内个体的生长变异情况，对3个群体6月龄的主要形态性状全长、体长和体高与体重进行分析，其分布区间及频率如图12-11所示。海南和福建群体中以全长为28~29 cm的个体所占比例最多，分别为40.00%和43.33%，且均有全长大于31 cm的个体；深圳群体中以全长为29~30 cm的个体最多（33.33%）。海南和深圳群体中有体长为24~25 cm的个体，比例均为6.67%；海南和福建群体体长为22~23 cm的个体所占比例最多，分别为43.33%和36.67%，而深圳群体以体长为21~22 cm的个体最多（50.00%）；3个群体中体长在23~24 cm的个体以福建群体最多（16.67%），其次是海南（13.33%）、深圳群体（6.67%）。体高在11~12 cm的个体在福建和海南群体中所占的比例均是最高的，分别为60.00%和56.67%，且福建群体中12~13 cm的个体所占的比例是3群体中最高的（26.67%），而深圳群体中10~11 cm的个体所占比例最高（73.33%），且无12 cm以上个体。从体重的分布来看，福建群体整体较重，450~500 g的个体占43.33%，而海南群体以体重为400~450 g的居多（30.00%），深圳群体则以350~400 g个体居多（36.67%）。

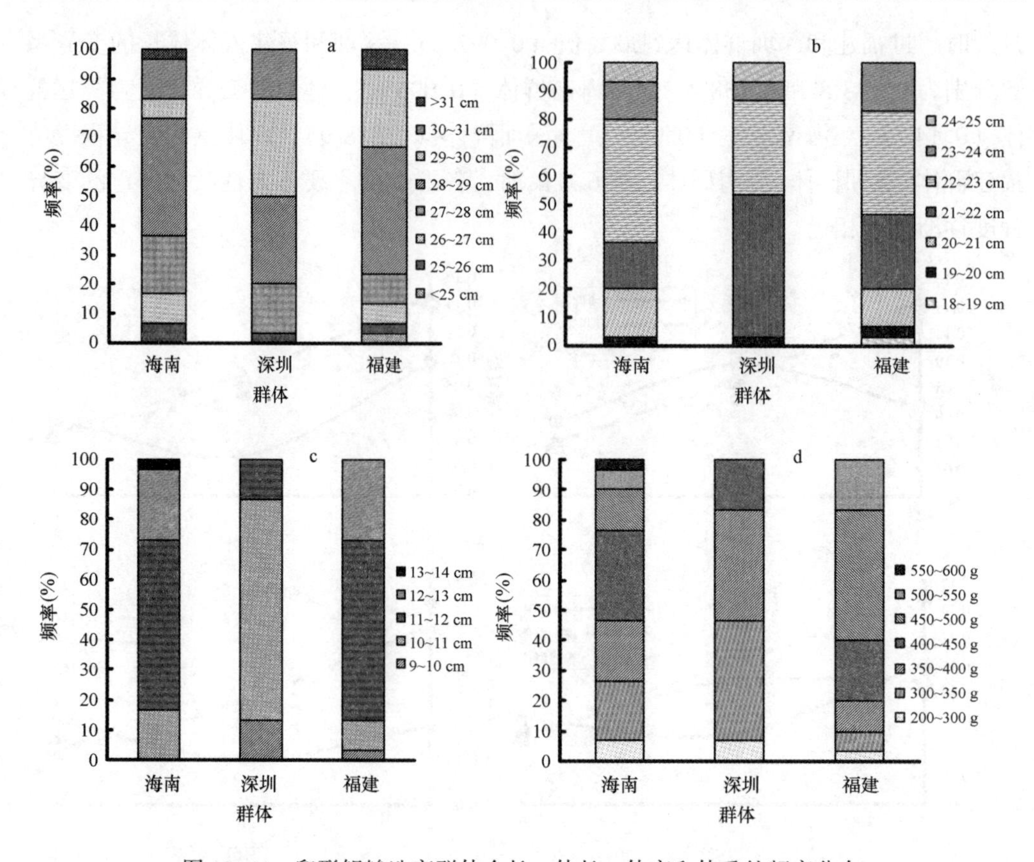

图 12-11　卵形鲳鲹选育群体全长、体长、体高和体重的频率分布

4. 研究结果分析

本研究采用群体选择法，以生长速度为主要选择目标，按照良种选育的技术路线和一定的比例进行筛选，主要目的是对筛选后群体在相同养殖条件下每个阶段的生长性能和筛选结果进行比较分析、评价，为下一步的选育种提供参考，而在每个阶段的测定都是随机取样的。经过多次人工选择后，构建了海南、深圳和福建 3 个选育群体，从生长速度的比较结果来看，群体间已表现出明显的差异，这种差异可以认为是由群体遗传背景不同和人工选择的作用引起的，因为 3 个群体都是在相同的养殖环境和管理水平下生长的，将环境误差降到了最低；虽然 3 个群体间对水温和盐度的适应可能会略有差异，但长期的生产实践和研究表明，这种差异是非常微小的，可以忽略。何毛贤等（2007）建立了 7 个马氏珠母贝（*Pinctada martensi*）家系，通过分析发现家系间的大小（或生长）已表现出明显差异，由于避免了人为和环境因素对其生长的影响，所以认为这些差异是由遗传背景不同引起的。我们对 3 个群体未经选育前的遗传背景研究表明，其遗传多样性丰富，但群体间遗传距离较小（作者等，2011），对选育过程中的实验设计、选择强度、时间间隔和指标筛选

等提出较高要求。但从各选育群体的均重、绝对增重率、特定生长速率等指标都明显大于对照组来看，人工选择的效果已经显现。李思发等（1998）通过比较尼罗罗非鱼5个品系的绝对增重率和瞬时增重率，得出吉富品系具有明显的生长优势。本研究通过比较卵形鲳鲹3个群体的绝对增重率和特定生长率，结果表明福建群体比海南、深圳群体具有更好的生长优势。

在动物育种过程中，具有经济价值的大多数性状都是数量性状（Falcone D S et al，1996），这些性状表现为连续变异，它不同于遗传分离引起的变异，因此对其研究取决于度量，而不是计数。本研究中通过变异系数和不同生长区间频率分布等指标来度量卵形鲳鲹选育群体间及各主要性状间的变异情况。变异系数对于鱼类主要反映了某群体某性状的一致性程度，在遗传上则表明了该群体遗传变异程度的大小，对于养殖生产，群体的体重变异系数越小，成鱼出池规格差异就越小，养殖效益就越高。从卵形鲳鲹3个群体间的体重变异程度来看，福建群体早期变异最大，深圳群体次之，海南群体变异相对较平稳。结合变异程度相近时间段各群体体重的分布比例可知，海南群体体重分布范围较广（200~600 g），而福建群体分布较为集中，43.33%为体重450~500 g的个体，说明其群体变异较小，群体规格更整齐。颉晓勇等（2009）对吉富品系尼罗罗非鱼选育系F6、F7和F8当年鱼生长对比研究表明，选育使得群体生长速度更为整齐。梁政远（2009）对吉富罗非鱼选育群体生长比较的研究也表明，吉富罗非鱼经过选育后个体规格更为整齐，适合养殖和推广，表明吉富罗非鱼依然具有较大的选择育种潜力。本研究到6月龄时，各群体的主要形态性状和体重的变异程度逐渐趋于相近，表明选育使卵形鲳鲹各群体生长速度更为整齐均匀，符合养殖生产的需要。生长差异既有可能是由于遗传背景不同引起，也可能是由于人为定向选择造成的，具体原因还有待进一步研究。综合生长速度和变异比较的结果可推断，福建群体表现出较强的生长优势，可做进一步选育。

三、卵形鲳鲹不同月龄选育群体主要形态性状与体质量的相关性分析

通径分析是分析原因对结果相对重要性的一种多元统计方法，现已广泛应用于研究遗传相关、确定综合选择指数、剖分性状间的相关系数等，并被证明在研究多个相关变量间关系中具有准确、直观等优点。越来越多的国内外学者对养殖品种的部分重要经济性状进行相关和通径分析，作者2008年以来开展卵形鲳鲹的人工选育研究，利用群体选育方法构建了具有生长优势的海南陵水、广东深圳和福建诏安3个基础群体（作者等，2011），由于决定选育性状的基因表达具有时空效应，因此对选育群体的形态性状从1月龄到13月龄进行了连续跟踪测量，分析全长、体长及体高对体质量的直接和间接影响，建立最优线性回归方程，以便分阶段分析影响体重的形态性状，为其人工选择育种提供必要的技术参数。

1. 不同月龄卵形鲳鲹表型性状参数

如表 12-5 所示，1 月龄各性状的变异系数均高于其他月龄，体质量在各性状中的离散程度最大，变异系数高达 95%，其次是体高，全长最小；其后的月份各性状的离散程度相对较低且平稳；7～13 月龄，全长的变异系数逐渐超过体长和体高，仅次于体质量（图 12-12）。表明卵形鲳鲹在幼鱼阶段优先增长体质量，然后再增长体长。

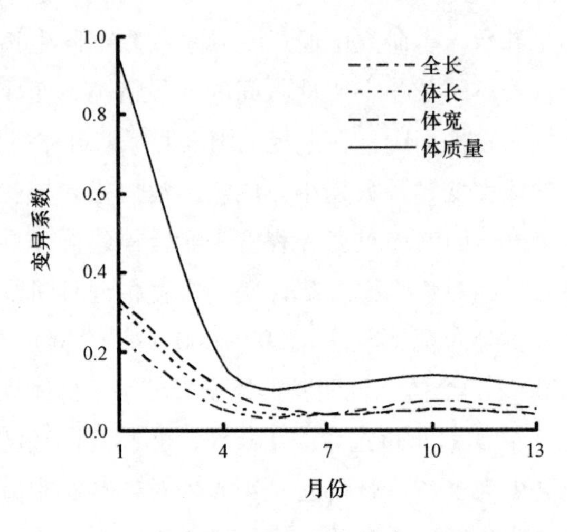

图 12-12　卵形鲳鲹不同生长时期各性状变异程度

2. 性状间的相关系数

不同月龄卵形鲳鲹各形态性状间及与体质量之间的相关分析结果见表 12-6。除 4 月龄群体的体高与全长、体长、体质量之间的相关性都不显著外（$P>0.05$），其他月龄群体各性状两两之间的相关性均达到了极显著水平（$P<0.01$）。结合图 12-12 推断从第 4 个月开始，卵形鲳鲹的生长由增加体质量转变为形态增长。其中各性状与体质量之间的相关系数 r 在 1 月龄时是全长>体高>体长，4 月龄是全长最大，也是所观测性状中相关性最大的，为 0.948，体长次之，从 7～13 月龄则是体高>体长>全长。

表 12-5　不同月龄卵形鲳鲹 4 个性状的表型统计量

性状	1 月龄			4 月龄			7 月龄			10 月龄			13 月龄		
	平均数	标准差	变异系数	平均数	标准差	变异系数	平均数	标准差	变异系数	平均数	标准差	变异系数	平均数	标准差	变异系数
全长（cm）	3.08	0.70	0.23	18.12	0.97	0.05	25.77	1.00	0.04	28.62	2.13	0.07	35.88	1.77	0.05
体长（cm）	2.21	0.69	0.31	14.70	0.97	0.07	20.26	0.72	0.04	21.93	1.11	0.05	27.70	1.09	0.04
体高（cm）	1.08	0.35	0.33	7.55	0.73	0.10	11.07	0.49	0.04	11.47	0.61	0.05	13.36	0.53	0.04
体质量（g）	0.48	0.46	0.95	98.38	17.13	0.17	302.30	37.09	0.12	441.33	60.98	0.14	720.33	81.99	0.11

表 12-6　不同月龄卵形鲳鲹各性状间的相关系数

性状	1 月龄			4 月龄			7 月龄			10 月龄			13 月龄		
	全长	体长	体高	全长	体长	体高	全长	体长	体高	全长	体长	体高	全长	体长	体高
体长	0.960**	1		0.925**	1		0.851**	1		0.817**	1		0.813**	1	
体高	0.800**	0.778**	1	0.017	0.018	1	0.727**	0.705**	1	0.740**	0.796**	1	0.676**	0.731**	1
体质量	0.901**	0.828**	0.835**	0.948**	0.900**	0.080	0.782**	0.836**	0.899**	0.784**	0.887**	0.892**	0.833**	0.833**	0.880**

注：** 表示差异极显著，$P<0.01$。

3. 各形态性状对体重的通径系数

根据所获得的各性状间的相关系数，建立不同月龄卵形鲳鲹形态性状对体质量的通径系数正规方程组：

$$1\text{月龄}\begin{cases}p_{0.1} + 0.960p_{0.2} + 0.800p_{0.3} = 0.901\\ 0.960p_{0.1} + p_{0.2} + 0.778p_{0.3} = 0.828\\ 0.800p_{0.1} + 0.778p_{0.2} + p_{0.3} = 0.835\end{cases}$$

$$4\text{月龄}\begin{cases}p_{0.1} + 0.925p_{0.2} + 0.017p_{0.3} = 0.948\\ 0.925p_{0.1} + p_{0.2} + 0.018p_{0.3} = 0.900\\ 0.017p_{0.1} + 0.018p_{0.2} + p_{0.3} = 0.080\end{cases}$$

$$7\text{月龄}\begin{cases}p_{0.1} + 0.851p_{0.2} + 0.727p_{0.3} = 0.782\\ 0.851p_{0.1} + p_{0.2} + 0.705p_{0.3} = 0.836\\ 0.727p_{0.1} + 0.705p_{0.2} + p_{0.3} = 0.899\end{cases}$$

$$10\text{月龄}\begin{cases}p_{0.1} + 0.817p_{0.2} + 0.740p_{0.3} = 0.784\\ 0.871p_{0.1} + p_{0.2} + 0.796p_{0.3} = 0.887\\ 0.740p_{0.1} + 0.796p_{0.2} + p_{0.3} = 0.892\end{cases}$$

$$13\text{月龄}\begin{cases}p_{0.1} + 0.813p_{0.2} + 0.676p_{0.3} = 0.833\\ 0.813p_{0.1} + p_{0.2} + 0.731p_{0.3} = 0.833\\ 0.676p_{0.1} + 0.731p_{0.2} + p_{0.3} = 0.880\end{cases}$$

求得各通径系数如表 12-7 所示。

表 12-7　各形态性状对体质量的通径系数

通径系数	1 月龄	4 月龄	7 月龄	10 月龄	13 月龄
$P_{0.1}$	1.139	0.800	-0.031	0.046	0.333
$P_{0.2}$	-0.521	0.158	0.422	0.455	0.179
$P_{0.3}$	0.328	0.063	0.624	0.496	0.525

4. 显著性检验

（1）线性关系显著性检验—F 检验

以体质量为依变量，其他 3 个变量为自变量，对不同月龄回归方程进行 F 检验。以 1 月龄卵形鲳鲹为例，因为 $S\tilde{S}_R = P_{0.1}r_{10} + P_{0.2}r_{20} + P_{0.3}r_{30} = 0.869$，故 $S\tilde{S}_r = 1 - S\tilde{S}_R = 0.131$；而 $df_R = m = 3$，$df_r = n - m - 1 = 838 - 3 - 1 = 834$，所以 $F = \dfrac{S\tilde{S}_R/m}{S\tilde{S}_r/(n-m-1)}$

$= 1\ 901.44$，由于 $F=1\ 901.44>F_{0.01(3,834)}\approx 2.969$，所以 $P<0.01$，说明体质量（y）与全长（x_1）、体长（x_2）和体高（x_3）之间存在极显著的线性关系，可以进行通径分析。又因为 $d_{0.e}=1-R^2=1-S\tilde{S}_R=S\tilde{S}_r=0.131$，所以 $P_{0.e}=\sqrt{d_{0.e}}=0.362$。依此类推，最终求得各月龄回归方程的 F 检验统计量如表 12-8 所示，结果表明各月龄回归方程均显著，可以对体质量（y）与全长（x_1）、体长（x_2）、体高（x_3）进行通径分析。

表 12-8　各月龄回归方程 F 检验统计量

统计量	1 月龄	4 月龄	7 月龄	10 月龄	13 月龄
$S\tilde{S}_R$	0.869	0.906	0.890	0.882	0.888
$S\tilde{S}_r$	0.131	0.094	0.110	0.118	0.112
df_R	3	3	3	3	3
df_r	834	648	513	392	228
F	1 901.44**	2 081.87**	1 383.55**	976.68**	602.57**
$p_{0.e}$	0.362	0.307	0.332	0.344	0.335

注：** 表示差异极显著，$P<0.01$。

（2）通径系数显著性检验—F 检验

根据相关系数矩阵的逆矩阵，分别计算检验通径系数 $P_{0.1}$，$P_{0.2}$，$P_{0.3}$ 显著性的 F 统计量的值，$F_i=\dfrac{P_{0.i}^2/c_{ii}}{S\tilde{S}_r/(n-m-1)}$。各月龄通径系数的 F 检验值如表 12-9 所示。除 7 月龄通径系数（$P_{0.1}=-0.031$，表 12-7）和 10 月龄通径系数（$P_{0.1}=0.046$，表 12-7）不显著（$P>0.05$）外，其他月龄的通径系数均达到了极显著的水平（$P<0.01$）。

表 12-9　各月龄通径系数 F 检验值

F 值	1 月龄	4 月龄	7 月龄	10 月龄	13 月龄
F_1	588.483 9**	636.969 7**	1.092 2	1.946 9	73.296 6**
F_2	135.003 4**	24.844 9**	215.929 8**	154.265 9**	18.160 7**
F_3	245.699 0**	27.351 9**	807.085 0**	287.573 1**	250.221 1**

注：** 表示差异极显著，$P<0.01$。

（3）通径系数差异显著性检验—t 检验

采用 t 检验法检验 3 个通径系数两两之间的差异显著性，应用线性内插法求得

临界 t 值和由公式 $S_{p0.i-p0.j}=\sqrt{S\tilde{S}_r/(n-m-1)}\cdot\sqrt{c_{ii}+c_{jj}-2c_{ij}}$，$t_{ij}=\frac{P_{0.i}-P_{0.j}}{S_{p0.i-p0.j}}$ 算得各月龄 3 个通径系数两两间的 t 统计量的值如表 12-10 所示。结果表明 10 月龄通径系数 $P_{0.2}$ 与 $P_{0.3}$ 之间差异不显著（$t_{23}=-0.7369$，$P>0.05$），13 月龄通径系数 $P_{0.1}$ 与 $P_{0.2}$ 之间差异显著（$t_{12}=2.1056$，$0.01<P<0.05$），其他通径系数两两间的差异均达到了极显著水平（$P<0.01$）。

表 12-10　各月龄通径系数差异 t 检验统计量

t 值	1 月龄	4 月龄	7 月龄	10 月龄	13 月龄
$t_{0.05}$	1.978 6	1.978 9	1.979 2	1.979 5	1.979 8
$t_{0.01}$	2.614 0	2.614 8	2.615 4	2.615 9	2.616 6
t_{12}	18.575 4**	10.322 2**	-8.428 4**	-6.651 3**	2.105 6*
t_{13}	14.257 2**	21.727 6**	-15.409 6**	-9.046 6**	-3.423 5**
t_{23}	-16.779 2**	2.796 0**	-5.035 6**	-0.736 9	-5.440 5**

注：* 表示差异显著，$0.01<P<0.05$；** 表示差异极显著，$P<0.01$。

5. 直接作用与间接作用分析

各月龄形态性状对体质量的通径分析结果如表 12-11 所示。7 月龄和 10 月龄个体全长（x_1）对体质量（y）的直接作用分别为-0.031 和 0.046，均不显著，说明该生长阶段全长对体质量的影响较小，主要通过体长和体高起间接作用。而其他月龄个体全长（x_1）、体长（x_2）、体高（x_3）对体质量（y）的直接作用均极显著（$P<0.01$），其中 1 月龄和 4 月龄个体全长对体质量的直接作用最大，7 月龄、10 月龄和 13 月龄个体则是体高对体质量的影响最大。

表 12-11　各月龄形态性状对体质量的通径分析

年龄	性状	相关系数 (r_{i0})	直接作用 ($p_{0.i}$)	间接作用			
				总和 $\sum$	全长 x_1	体长 x_2	体高 x_3
1 月龄	x_1	0.901**	1.139**	-0.238		-0.500	0.262
	x_2	0.828**	-0.521**	1.348	1.093		0.255
	x_3	0.835**	0.328**	0.506	0.911	-0.405	
4 月龄	x_1	0.948**	0.800**	0.147		0.146	0.001
	x_2	0.900**	0.158**	0.742	0.740		0.002
	x_3	0.080	0.063**	0.017	0.014	0.003	

续表

年龄	性状	相关系数 (r_{i0})	直接作用 ($p_{0.i}$)	间接作用			
				总和 ∑	全长 x_1	体长 x_2	体高 x_3
7月龄	x_1	0.782**	-0.031	0.813		0.359	0.434
	x_2	0.836**	0.422**	0.414	-0.026		0.440
	x_3	0.899**	0.624**	0.275	-0.023	0.298	
10月龄	x_1	0.784**	0.046	0.739		0.372	0.367
	x_2	0.887**	0.455**	0.423	0.038		0.395
	x_3	0.892**	0.496**	0.396	0.034	0.362	
13月龄	x_1	0.833**	0.333**	0.501		0.146	0.355
	x_2	0.833**	0.179**	0.655	0.271		0.384
	x_3	0.880**	0.525**	0.356	0.225	0.131	

注：** 表示差异极显著，$P<0.01$。

6. 各性状对体质量的决定程度分析

各月龄形态性状对体质量的决定系数见表12-12。1月龄和4月龄均以全长对体质量的决定系数最大，其次是全长和体长共同对体质量的决定系数；7月龄以体高对体质量的决定作用最大，其次是体长和体高的共同作用，全长的决定作用最小；10月龄体长和体高的共同作用最大，13月龄则是体高对体质量的决定作用最大。各月龄误差对体质量的决定系数均排在第4及以后，表明整体误差较小。决定程度分析结果与通径分析结果变化趋势一致。

表12-12　各月龄形态性状对体质量的决定系数

决定系数	1月龄	4月龄	7月龄	10月龄	13月龄
$d_{0.1}$	1.297	0.640	0.001	0.002	0.111
$d_{0.2}$	0.271	0.025	0.178	0.207	0.032
$d_{0.3}$	0.108	0.004	0.389	0.246	0.276
$d_{0.e}$	0.017	0.009	0.012	0.014	0.013
d_{12}	-1.139	0.234	-0.022	0.034	0.097
d_{13}	0.598	0.002	-0.028	0.034	0.236
d_{23}	-0.266	0.0004	0.371	0.359	0.137

7. 各自变量对回归方程估测可靠程度 R^2 总贡献分析

1 月龄和 4 月龄各自变量对回归方程的总贡献大小依次为全长>体长>体高，7 月龄和 10 月龄则为体高>体长>全长，13 月龄体高对回归方程的总贡献最大，体长最小（表 12-13）。

表 12-13　各自变量对回归方程估测可靠程度 R^2 总贡献

总贡献	1 月龄	4 月龄	7 月龄	10 月龄	13 月龄
$p_{0.1}r_{10}$	1.026	0.758	−0.024	0.036	0.277
$p_{0.2}r_{20}$	−0.431	0.142	0.353	0.404	0.149
$p_{0.3}r_{30}$	0.274	0.005	0.561	0.442	0.462

8. 建立最优线性回归方程

剔除通径系数检验不显著变量，建立以体质量（y）为依变量，全长（x_1）、体长（x_2）、体高（x_3）为自变量的最优线性回归方程，分别为：

1 月龄：$\hat{y} = -1.525 + 0.749x_1 - 0.345x_2 + 0.425x_3$，调整决定系数为 0.869；

4 月龄：$\hat{y} = -210.799 + 14.181x_1 + 2.790x_2 + 1.480x_3$，调整决定系数为 0.906；

7 月龄：$\hat{y} = -634.492 + 20.766x_2 + 46.601x_3$，调整决定系数为 0.890；

10 月龄：$\hat{y} = -725.06 + 26.532x_2 + 50.987x_3$，调整决定系数为 0.882；

13 月龄：$\hat{y} = -1298.545 + 15.456x_1 + 13.459x_2 + 81.721x_3$，调整决定系数为 0.888。

各月龄群体全长、体长、体高估算体质量的多元线性回归方程的拟合度良好（86.9%~90.6%）。

9. 研究结果分析

（1）不同生长时期形态性状对体质量的影响

本研究中卵形鲳鲹 1 月龄群体各性状的变异系数最大，13 月龄最小，这主要是早期鱼苗生长较快，形态变异大；同时在选育的过程中鱼被定期筛选，具有生长优势、大小均匀的鱼被选留，越到后期群体被选择的次数越多，规格也就越趋一致，故变异系数较前期的低。各月龄群体全长、体长、体高与体质量之间的线性关系均极显著，剩余项对体质量的相对决定程度均较低，回归方程的可靠程度在 85%以上，说明方程拟合度良好，影响体质量的主要性状已经找到。

不同月龄群体形态性状对体质量的影响效果存在差异。如王新安等（2008）和马爱军等（2008）分别对3月龄和6月龄大菱鲆（*Scophthalmus maximus*）幼鱼表型性状与体质量之间的关系进行分析表明，影响3月龄幼鱼体质量的主要形态性状是全长、体高和体厚，影响6月龄的则是全长、体长和体高。本研究中1月龄和4月龄卵形鲳鲹对体质量影响最大的性状为全长，7月龄至13月龄则为体高，原因可能是在早期生长阶段体长的增长速度最快，后期则主要增长体高。可见不同月龄群体间影响体质量的重点形态性状并不是固定不变的。

（2）通径分析的实用性

相关分析、多元回归分析等方法在水产动物选育上已有不少报道（Wang C H et al, 2006; Vandeputte M et al, 2004; Debowski P et al, 1999），但通常是两变量间表型关系的综合作用，不能确实反映自变量对因变量影响的大小，只能作为多元分析的基础。通径分析在农业和畜牧业中的应用非常广泛，并已有不少报道（Debowski P et al, 1999; Bogyo T P et al, 1988; Zhu J et al, 1994; Ahmed M et al, 2000），通径分析优于相关分析之处在于前者不仅能正确反映变量间的真实关系，还能将性状相关剖分为直接作用和间接作用。本研究中各月龄全长对体质量的相关系数均极显著，但7月龄和10月龄个体全长对体质量的直接作用分别为-0.031和0.046，均不显著，可见通径分析才能确定主要性状。这点与宋春妮等（2010）对日本蟳（*Charybdis japonica*）的研究结果一致。

从统计学的角度来说，自变量个数和性质的变化都会改变通径分析结果，所选性状越多，研究结果越可靠，但重点性状却越难得到体现。较多研究选择自变量的方式是以自变量对因变量的表型相关系数达到显著水平为入选条件，但本研究不作如此处理，因为表型相关程度并不能客观体现自变量对因变量的影响程度。本研究中4月龄群体的体高与体质量之间的表型相关不显著（$P>0.05$），但通径分析表明体高对体质量的直接作用却达到了极显著水平，说明以通径系数显著性作为自变量选择尺度虽然分析更复杂，但据此建立的回归方程更可靠，现实意义更大。

（3）卵形鲳鲹数量性状关系对选育的指导意义

基因连锁和基因多效性的存在，使生物体不同的性状间存在不同程度的相关性。这反映在选择育种实践中，有的性状可通过直接选择获得较满意的成效，而有的性状则很难获得理想的结果，但可通过与其相关性较高性状的选育达到间接选育的目的。此外，在对某一性状进行选育的过程中，也可能会对其他性状产生正向或负向效应（马爱军等，2008）。卵形鲳鲹体质量性状在养殖过程中容易受环境的影响，在选择育种的过程中若以体质量作为直接选择的指标可能会因环境因素的干扰而产生较大的系统误差，利用通径分析方法查明影响体质量的主要性状，进行间接选择则可以最大程度地减小误差。本研究结果表明，7月龄和10月龄群体的最优回归方程剔除了全长，可依据体长和体高对体质量进行间接选择，而1月龄、4月龄和13

月龄卵形鲳鲹群体全长、体长和体高对体质量的直接影响均极显著，故选育时都要纳入考虑范围。由于1月龄全长和体长呈高度正相关（表12-5），故可只测全长与体高，以减少工作量。

第十三章　卵形鲳鲹病害及其防控技术

当前，随着人民生活水平的逐步提高，水产品的安全问题日益备受关注。由于受到自然环境恶化的影响，以及海水养殖规模的不断扩大，养殖品种不断增多，养殖密度不断加大，单位面积产量也不断增加，海水鱼病已成为我国海水养殖业持续发展的一大障碍。鱼病防治已经成为养鱼的重要工作。由于各种原因导致鱼病的发生，呈现发病率高、传播快、分布面广的趋势。鱼类栖息于水中，环境因素比较复杂又不易被察觉，一旦发病很难控制，难以及时和准确诊断，治疗也有一定困难，严重者常常会引起大批鱼死亡，即使生病不死亡也会严重影响其生长，这严重影响养殖户的经济效益。因此在鱼类养殖生产中，鱼病的预防工作显得非常重要。实践证明，只有贯彻全面预防，积极治疗，防重于治的方针，加强饲养管理，增强鱼体抗病力，采取综合性的预防措施，才能减少或杜绝鱼病发生，保证养殖鱼类的单位面积产量和质量。

在卵形鲳鲹养殖生产中，鱼病是影响其成活率的重要因素，在目前养殖的众多鱼类中，卵形鲳鲹的抗病能力较强，在粗放养殖中疾病较少，但是由于近几年养殖强度的增加和密度的增大，并采取提大留小经常捕捞的方法，鱼体不同程度上受到损伤，养殖卵形鲳鲹经常出现疾病并导致死亡，它们包括病毒病、细菌病、真菌病、寄生原虫病及甲壳类等引起的疾病。

第一节　水产病害发生的机制

对鱼病的发生，不能只考虑一个方面的因素，而要把外界环境条件和鱼体本身的内在因素结合起来，才能正确地了解鱼类生病的原因，从而及时、准确地防治鱼病。科学预防，防重于治。导致鱼类发病发生原因有鱼体内部机能变化和外界环境因素两种

一、鱼内部机能变化

1. 种属差异

鱼类生病除了受外界环境条件的影响外，更主要的是看鱼体本身对疾病是否具有抵抗能力。不同物种的鱼类对同一病原有不同的敏感性，同种鱼类对不同病原也

有不同的感受性，同种鱼类不同的生活阶段对同种病原的敏感性也不尽相同。在同一水体里，同种病原只感染某一种类。不同种类和年龄的鱼类，特异性免疫和非特异性免疫的机能也不同，其疾病的发生与否也是不同的。

2. 生理机能

一些鱼类生长发育到某一阶段时，生理上会发生变化。一般来说，鱼类幼体对病原体的防御机制不健全，导致防御薄弱，对疾病的抵抗力差。环境压力打破鱼类与环境之间的平衡与协调，引起鱼体内正常生理状态的紊乱。外界环境的各种刺激能引发鱼体内的保护屏障抵御有害的环境因子，但是长时间的处于生理紧张状态，鱼体耗能过多，生长速率减慢，机体的特异性和非特异性免疫防御体系的功能会受到抑制，疾病抵抗力下降，使病原趁虚而入。

3. 生活特性

不同种鱼类均有各自的生物学特性，对栖息环境要求、营养要求等各不相同，对各种变化具有一定的适应能力。但当外在变化超过其最大承受力时，机体内部生理机制会急剧变化，导致体内新陈代谢紊乱，机体衰退，生病，甚至死亡。

二、外界环境因素

1. 自然生态条件

（1）养殖水体的温度

鱼类是变温动物，在正常情况下，它的体温随外界水温的变化而变化，但其对水温的要求不尽相同。一旦受到高温或寒潮袭击，使水温突然大幅度变化，鱼体无法适应而无法承受，各种生物对温度有其耐受上限和下限，超过一定阀值便会致死。鱼苗运输和下塘入水时，要求池水温度与原生活水体的水温相差不要超过2℃，鱼种不超过4℃。温差过大，就会导致鱼苗、鱼种的大量死亡。另外，水温的变化还会引起致病菌的繁殖，从而导致疾病发生。

（2）养殖水体的水质

盐度：不同鱼类对盐度的要求不同，不同生长期也有一个适盐范围。这是由不同机体生理特性所决定的。水体盐度改变受潮汐和海流的影响，也受暴雨和洪水的影响。虽然鱼类会本能地调节和回避，但若超过其适应能力，也会导致其机体细胞渗透压的调节失控而死亡。pH值：在海水环境中，鱼类最适水质酸碱度pH值为7.6~8.5的弱碱范围，且日波动小于0.5，其幼体的适宜范围略小些，这种水质条件对鱼类和其他水生生物有利，对水环境有利。当pH值偏高（大于9）或偏低（小于7）均会使鱼类产生不适，生理机能发生障碍，生长受抑制。溶解氧：水中溶解氧以4~6 mg/L为宜，每升水中溶氧含量低于1 mg时，鱼就会出现“浮头”，如果不及时采取增氧措施，就会使鱼窒息死亡。若溶氧过饱和时则会导致气泡病的发生，特别是在幼体阶段，容易引起大量死亡。

（3）养殖水体的底质

鱼类对水质好坏十分敏感，水质污染会影响其生命活动。许多鱼类的产卵场多在河口和内湾，而种苗孵化场和养殖场则多建在水源丰富的河边、湖边和海湾沿岸，这些地方受到工农业排污的严重威胁，有机氯、有机磷、重金属等的毒性极大，若各类污水不经处理而直接排放，会对养殖动物产生严重的影响，轻则使其胚胎发育畸形，抑制生长，重则引起大量死亡。排放到水体中的生活污水会造成水质富营养化，打破水体中硝酸盐、磷酸盐、硅酸盐之间的平衡．使水体透明度降低、碱度或硬度改变、有益浮游生物种群和数量减少、有害生物递增，从而导致赤潮发生，造成局部水产动物大量死亡。

2. 人为因素

（1）放养密度不当和混养比例失调

混养的品种及比例和放养密度与鱼病的发生有很大的关系。如比例搭配不当，以致饵料不足，营养不良，削弱了鱼类的抗病力，也浪费了可利用的水体。

（2）饲养管理不善

没有根据鱼体逐日的需要量投饵，造成养殖鱼时饥时饱，摄食不均，有的甚至投喂霉变、营养不全、带有寄生虫卵和致病菌的饵料，结果不仅降低鱼类的生长速度，而且还削弱了鱼体的抗病能力，导致鱼病流行。

（3）机械性损伤

养殖生产中更换网箱、收网捕鱼和运输鱼种等过程中很容易擦伤鱼体，使其易于感染细菌、水霉等致病病原体。如水霉就是寄生在受伤部位的。

3. 病原体

能够使鱼体致病的生物，称鱼病病原体。常见的病原体有病毒、细菌、真菌、藻类、原生动物、吸虫、线虫、棘头虫、绦虫、蛭类、钩介幼虫、甲壳动物等。由病毒、细菌、真菌和藻类等侵袭引起的鱼病，通常称为传染性鱼病；由原生动物、吸虫、线虫、绦虫、甲壳动物等寄生虫引起的鱼病，称为寄生性鱼病。

第二节　鱼病诊断程序和用药注意事项

鱼类的病害种类分为病原性疾病和非病原性疾病，前者包括病毒性疾病、细菌性疾病、真菌性疾病、藻类性疾病、原虫性疾病、蠕虫性疾病、甲壳动物疾病、蛭病、钩介幼虫病、其他寄生虫病等。后者包括藻类中毒、饲料中毒、重金属化学中毒、机械损伤、环境和水质恶化、营养缺乏等病害。若按患病部位分类，则可分为皮肤病、鳍病、鳃病、胃肠病、其他组织器官病以及肿瘤等。

一、正常鱼与病鱼的鉴别

① 正常鱼游泳活泼，反应灵敏；病鱼则活动缓慢，反应迟钝，离群独游，或打转，做不规则的狂游，失去平衡。

② 体色或体形：正常鱼体色鲜艳有光泽，体表完整；病鱼体色褪色或变黑，或呈白色层块状，无光泽，或有红点、白点或斑块，或鳞片脱落、长毛，或鳍条缺损，或黏液增多，或鱼体消瘦，腹部膨大，或肛门红肿外突等。

③ 摄食：正常鱼投饵后即见抢食，食欲旺盛，病鱼则食欲减退，缓游不摄食，甚至接触鱼饵也不摄食。

④ 脏器：鳃、肠道、肝脏、脾脏、鳔、胆囊等脏器和组织，病鱼和健康鱼也有明显的差别。例如，病鱼脏器充血发炎，组织糜烂、坏死等，其症状视疾病的类型而异。

二、现场调查内容

鱼病检测和诊断要做好现场调查工作，初步判断鱼病的种类，内容包括：

① 发病鱼种类、大小及死鱼数；病鱼的活动与症状；水体中养殖鱼类的种类、数量、鱼体大小和苗种来源；病程的长短，死亡高峰，发病的时间；养殖场周围的水源和工厂排污情况，日常防病措施和发病后已采取的措施等。

② 详细了解鱼塘或网箱养殖管理过程中的放养密度、投饵种类、质量、数量、用药情况等的放养密度；每天的投喂时间、次数和数量，饲料的种类和质量，饲料的来源、储藏和消毒情况，池塘的清塘情况，发病塘或网箱周围的池塘或网箱的情况，日常饲养管理和发病史等。

③ 了解养殖水域温度、盐度、pH 值、水质理化因子变化以及有无工农业排放的有毒污水进入养殖水域等情况。

三、病鱼诊断程序

在对鱼病进行正式检测与诊断时，应严格遵循如下程序：

1. 取材

应选择发病晚期的鱼做材料，为了有代表性，一般应检查 3~5 尾，死亡已久和腐烂的病鱼不宜作为检查材料。未检查到的材料鱼，应在原塘水中饲养以保持鲜活状态。

2. 检查顺序

用肉眼检查患病的鱼，检查时按体表、鳃、内脏的顺序进行，注意辨别属于单独病原体致病还是多种病原体复合感染。

（1）体表

目检头部、吻、口腔、眼及眼眶四周，鳃盖、鳞片、鳍、肛门、尾部等部位有无异常，是否有一些大型的寄生虫或胞囊，各部位是否有充血、发炎、溃疡、浮肿、斑痕、鳞片脱落、鳍缺损等症状。镜检需刮取体表、鳍等部位的黏液，放在有清水的载玻片上，

盖上盖玻片，镜检是否有致病性原虫、蠕虫、甲壳类等寄生虫。病毒性肠炎型出血病与细菌性肠炎的区分为：前者肠道充血但无腹水，肠管内无血脓，细菌性烂鳃和寄生虫鳃病区分：前者鳃丝边缘腐烂，鳃丝末端软骨外露。后者鳃丝肿大，黏液增多且附泥，鳃盖胀开无法闭合。

（2）血液

从心脏或尾动脉抽取少量血液，滴一滴在载玻片上，或者将吸取的血液全部注入一培养皿中，再取血清交界处的血滴一滴在载玻片上，盖上盖玻片，检查是否有细菌、异常血球或寄生原虫等。

（3）鳃

剪下少许鳃丝放在玻片上，用镊子或解剖针把鳃丝逐一分开，盖上盖玻片，镜检，判断是否有细菌、真菌、原虫、蠕虫和甲壳类等寄生虫。

（4）内部器官

外表检查完后即可检查内部器官：从肛门沿腹线或侧线剪开，除去一边腹腔壁，露出整个内脏，解剖时勿剪破胆囊。记录有无大型寄生虫和胞囊，观察各组织器官的大小及颜色深浅。从咽喉和靠肛门处剪断消化道，取出整个内脏，在解剖盘中小心分开各个器官，按心脏、膀胱、胆囊、肝胰脏、肾脏、肠系膜、胃肠道、性腺、鳔、脂肪组织、脑、髓、肌肉等顺序镜检。也可根据镜检和目检结果，侧重检查特定部位。胃肠道可从胃、前肠向后肠剪开，检查前、中后段，注意胃肠食物充盈情况，胃肠壁有无发炎溃疡，肠内黏膜的颜色以及多寡，有无大型寄生虫或胞囊。然后刮取少许胃、肠壁黏膜，放在加有生理盐水的载玻片上，盖上盖玻片镜检。其他脏器可用压片法检查。

3. 诊断

病鱼的诊断比较复杂，要靠长期的实践和经验积累。有的疾病是单一感染的；有些疾病是多种病原并发感染；有些鱼病单凭目检就可作出诊断，而大多数病鱼还要靠镜检，才能作出诊断；有的鱼病单凭镜检不能确认，必须经过病毒学或细菌学

检测、生化或组织病理学等检测手段才能得出结论。随着水产养殖业的发展，养殖品种趋于多样化，以及新的养殖品种携带的新病原，诊断难度也在不断增大。病原菌的分析要与病原的毒性、侵袭力、数量以及外界环境因素综合起来考虑。少数病原体在正常条件下不足以致鱼死亡，只有在环境恶化、病原体毒力增强、感染强度较大、鱼体防御功能难以克服时，才能导致死亡。只有严格遵循科学程序，在鱼病的诊断过程中才能做到检测全面，诊断准确。

四、用药注意事项

养殖病害频繁发生导致养殖者盲目使用渔药，尤其是在夏季高温季节，在鱼病容易暴发和流行的季节，给生产造成重大损失，因此，注意用药过程中的几个问题。

① 鱼类栖息在水中，生病后往往不易于发现，通常在发现后已有部分鱼死亡。而且，鱼在发病后一般都已停食，内服药不易奏效，只能通过外用药的方法杀灭水体中的病原体，避免感染健康鱼，挽救一些病情较轻的鱼，对于病情较重的鱼是很难救治的。因此，一定要坚持防重于治的原则。鱼病的预防，包括水质调节、保证饵料质量、生态环境的改良、人工免疫等，是一个综合性的预防过程。

② 鱼病的发生也由外部环境改变而引发，也有的是由于鱼体受机械损伤而后感染致病菌所致，要准确诊断鱼病后再采取对症下药措施。而目前许多养殖人员一看到鱼生病，就凭经验滥用药，几种渔药同时使用，且不间断使用，结果是鱼的死亡不降反升。另外，用药初期，养殖人员看到池塘中鱼的死亡数量往往有不减反增的现象，则认为是用药无效，马上换药，造成药物间产生拮抗作用。

③ 有些养殖人员在治疗鱼病时，长期使用同一种抗菌或抑菌类药物，不注意轮换用药，甚至将抗菌、抑菌类药物作为预防性药物，最终势必就会产生耐药性，鱼一旦发病，再用抗生素类药物疗效下降。因此，对养殖水域中的病原体进行抗菌类药物敏感性监测，及时了解病原体的耐药性程度，可有效指导合理用药。

④ 在生产中，当鱼病发生时，很多人采取停食的方法治疗鱼病。在实践中确实遇到很多停食或减少投喂而死亡量下降的情况。对一些水质恶化诱发的鱼病采取这种方法，会减少养殖水体内有机物及有毒物质的积累，起到缓解水质快速下降的作用，对鱼病治疗是有益的，但对由其他原因而引起的疾病，这种做法会起到相反的效果，因此，要具体情况具体分析，不能一概而论。

⑤ 一些养殖者用药后麻痹大意，不认真观察，认为用药后，鱼类的病情就会好转，殊不知天气、水质、营养、鱼体的免疫力状态等都会不断变化，从而诱发鱼病，一旦不注意加强观察和管理，发病后及时采取有效措施，就会造成大量死鱼事件。因此，用药前应做好增氧工作，用药后 12 h 内安排专人值班观察，发现中毒、浮头等问题及时采取措施。

第三节　水产养殖药害及其预防对策

目前在养殖生产过程中使用药物防治病害时，因客观或主观因素，致使养殖鱼类死亡、中毒或产生应激的情况时有发生，这不仅会给养殖业带来巨大经济损失，也会使养殖者对药物的有效性与合理性产生怀疑。因此，要注意药物事故的发生，采取有效措施防止该类事故的发生。

一、药害的表现

水产养殖上用于防治病害的化学药物主要有抗菌抑菌类、驱杀虫类及消毒剂等，它们是防治水产养殖动物疾病中最常用的渔药，但若使用不当，就会引起养殖鱼类的中毒或发生死亡、应激等现象。药害事故对养殖鱼类的毒害作用，是在施药后的短期内，鱼类发生集体死亡或出现异常活动的现象，如狂游、跳跃、痉挛、呼吸急促等。通常情况下，因施用有机磷或硫酸铜、菊酯类杀虫剂等发生药害事故时，同一养殖水体中养殖动物一般不分品种、个体大小或年龄等，均会发生中毒或死亡现象；有时因某一养殖品种对特定药物的药物敏感性不同，会只使某一种养殖动物出现中毒或死亡现象。

发生养殖鱼类药物中毒后，通常在一定时间内会引起鱼类出现摄食量下降或厌食、闭口症等。如敌百虫等杀虫剂使用过量或口服后，一般都会出现厌食现象。药害事故的毒害作用还有因药物残毒引起养殖鱼类出现生长缓慢或出现畸形等。药害事故发生后的另一个毒害作用，是对养殖水质的破坏。外用的杀虫、杀菌药物，它们均有杀灭或抑制养殖水体中的浮游生物的功能，如果使用过量或使用不当，则常引起养殖水体中浮游生物大量死亡，从而引起水色变浑浊，或发黑等不良现象。

二、引发药害事故的原因

引发药害事故的原因一般可分为两类：一类是用药量过大而引起的药害事故，一类是因用法不当而引起的药害事故。用药过量引起的药害事故可分为轻微中毒与深度中毒，轻微中毒常表现为鱼类狂跳、呼吸急促等；深度中毒则多表现为狂游、痉挛等现象，严重时常发生大量死亡。发生用药过量现象多与养殖者的用药习惯不良有关，一方面，养殖者选定某种药物后多根据用药经验确定用药量，不习惯按用药说明书规定的用药量使用，且常忽视水质、水温、养殖品种及其规格等因素；更有甚者是使用杀虫剂时，认为用药到用药后鱼发生跳跃才有药效，其实，这是鱼类已产生应激反应或已中毒的表现。另一方面，养殖生产者过分相信于使用原料药的药效，按《兽药管理规定》，原料药是禁止在水产养殖动物上外用或口服的；将农药直接用于水产养殖动物后，常会导致养殖动物的中毒反应，其残毒对养殖动物的毒副作用也较大，更会因用药剂量难以把握而常发生药害事故。三是目前渔药标准的制定过程中，用药剂量的确定并不很科学，环境因素对药效的影响方面考虑得不够，药效不稳定，也致使养殖者盲目加大用药量，从而导致药害发生。因用法不当引起的药害事故多发生水产养殖动物大量死亡的现象。

用法不当的原因有人为原因，也有自然因素。人为原因有忽略药物禁忌，忽视混养品种的存在，未注意不同规格的鱼体对药物的耐药性等。因自然因素引起的多表现为养殖水体的有机物、水色、透明度、水深、天气等对药物作用的影响等。

三、预防药害事故发生的措施

为有效防止药害事故的发生，应注意每个用药环节，以保证用药的安全、有效。预防措施主要有：

① 选用的药物须是通过 GMP 认证的厂家生产的产品，且注意“三证”齐全。

② 严格按照使用说明书用药。

③ 注意药物禁忌与药物对养殖动物的刺激性。

④ 使用药物全池泼洒时应充分考虑水质因素。

⑤ 用药前要关注天气情况，避开暴雨、闷热天气，不得在养殖水体缺氧状态时使用杀虫剂或杀菌剂。

⑥ 注意搭配剂量和原则，注意药物配伍禁忌。

⑦ 用药后要观察养殖动物的活动情况和摄食情况，发现有药害时要及时采取措施。

四、渔药事故的急救

发生药害事故后，通常采用加水或大换水的方法，以稀释养殖水体的药物浓度，同时开动增氧机增氧；或是使用解毒药物化解药害，重金属类用多糖解毒，农药用还原剂解毒，藻类用有机酸解毒，消毒杀菌剂用过氧化物解毒。

第四节　药物防治技术

为避免鱼病发生和流行对养殖生产造成重大经济损失，应结合各生产阶段鱼病发生的特点认真做好防治工作。在用药物防治鱼病时，为获得理想效果，要注意以下几点：

一、正确诊断鱼病

在鱼病诊断过程中，要正确认识疾病发生的原因及条件，以了解疾病的本质，制定行之有效的治疗方法和预防措施。诊断方法有以下几点：

1. 肉眼观察法

用肉眼直接观察从患病鱼体病灶部位找出病原体，如锚头蚤等大型寄生虫等，或根据病鱼的病症来判断，如病毒、细菌引起的疾病等。

2. 显微镜检查法

用肉眼难以观察到的小型寄生虫病等，可用显微镜检查，有时并发多种病原体混合性疾病，也需借助显微镜观察来判断。

3. 进行水质分析

在上述诊断的基础上，还查不出原因时，要对水质进行分析，测定水体中的有毒有害物质及溶解氧、氨氮、硫化氢、重金属离子、药物等。

4. 现场检查法

到发病现场了解鱼病发生的过程，即开始死鱼的时间、每天死亡的数量及病鱼的活动情况、死鱼时的池塘环境条件等；了解往年同一时间鱼病发生情况，及与周边环境、投饵、运输、投养、投网操作、饲养管理等相关情况。诊断确诊后要及时用药。因为只有在鱼病发生的早期，病鱼还有一定的摄食能力时，及时投喂药饵才有效果，不能简单地靠外用药物对池塘消毒，否则疾病是难以控制的。

二、慎用抗生素

抗生素或称抗菌素依其作用可分为两大类：第一类为杀菌性抗生素。包括青霉素、氨基甙类等；第二类为抑菌类抗生素。包括磺胺类等。抗生素如使用不当，在杀灭病原生物的同时，也抑制了有益微生物的生存、生长及扩繁。滥用抗生素类药物还会导致病原体产生耐药性，使得用药剂量逐渐加大，药效失灵。因此，在防治鱼病时，应有针对性地选用抗生素类药物，最好是对病原菌有专一杀灭性的抗生素，而不应盲目采用广谱性的、对非致病菌有杀灭能力的抗生素，以免杀灭鱼体内有益微生物，破坏鱼体内的微生态平衡而降低鱼体免疫力。

三、结合生态防治鱼病

鱼病的发生和流行与生态环境密切相关，因而药物防治鱼病的同时，需要结合生态防治方法。一是适时放养鱼种。鱼种运输的最适温度为8~15℃，此时方便鱼体运输、放养等操作，减少鱼体的机械损伤，降低疾病感染几率。二是合理混养。这实际上是稀释了同一水体内同种鱼的放养密度，同时利用不同鱼种类的食性及生活习性差异，科学利用养殖水层，创造良好的养殖生态环境，对防病有积极作用。三是优化养殖环境。如改善养殖水质和底质环境，改善饲料质量和投喂量、提供充足的溶氧条件、利用有益微生物制剂调节水体生态等，保证良好的养殖环境，可大大减少疾病的发生。

四、合理选择和使用药物

应避免长期使用同一种药物来防治鱼病，以免病原体产生耐药性或抗药性，从而导致药物疗效不佳甚至无效。同时，还应注意药物的可靠性和安全性，有些药物在生物体内有富集作用，如抗生素类、激素类等，使用这类药物有时会影响养殖水产品的质量和人类健康。使用这类药物要合理安排休药期或另选副作用和毒性较小、疗效稍差的药物替代。此外，还要注意养殖种类对药物的适应性和敏感性等。

五、避免配伍禁忌

在药物配合使用时能增加药效，提高防治效果，但若配伍不当，将会产生物理或化学反应，降低药物或失效，甚至产生副作用。因此，在联合用药时，要利用药物间的协同作用，避免配伍禁忌。

六、水产养殖中常用的免疫增强剂

合理选择和使用免疫增强剂，可以增强鱼类的抵抗能力，减少疾病的发生。水产养殖中常用的免疫增强剂：一是维生素类，维生素 A、维生素 C、维生素 E 等，这些维生素类不仅是鱼类正常生长所需，也能增强鱼类的特异和非特异性免疫应答。二是微量元素类，如铜、铁、锌等，在调节鱼类机体免疫能力方面起着重要作用，对细胞免疫、体液免疫以及抗感染能力等方面都有不同程度的影响。三是寡糖类，分普通性寡糖和功能性寡糖两大类，后者还具有提高动物的免疫机能的作用，具有体液免疫功能和细胞免疫功能，也可增强鱼类的非特异性免疫，提高免疫功能。四是中草药物，许多中草药物能够增强水产养殖动物的免疫能力，提高机体的免疫功效。

七、如何使病鱼能摄食足够的药量

在养殖生产过程当中，当鱼发病时，由于病鱼摄食不到足够的药量，无法有效地缓解鱼的病情。应采取一些措施让病鱼摄取到足够的药量。一是药饵在水体中要有较好地稳定性，防止药饵入水后散失而达不到用药目的。二是投喂药饵时，用药量的计算要准确；将药物添加于饲料中，在投喂后 30~40 min 能使鱼吃完为度；如在 1 h 内吃完，则说明投喂量过多。三是为保持鱼体中药物的有效浓度，药饵应每天投喂 2~4 次。四是内服药饵 1 个疗程为 3~5 h，待鱼停止死亡后，再继续投喂 2 d，不要过早停药，以巩固疗效。五是用药前应先减少投饲量或停喂。投喂药饵前先投喂饲料，让健康鱼体吃饱后先行离开摄食区，再投喂药饵，以便病鱼能摄食到足够的药饵。药饵投喂要均匀撒入池塘内，预防病鱼散游而吃不到药饵或摄入量较低。投喂药饵时，最好是选择风浪较小的地方或上风口处投喂，由水流冲击而向下游扩散，使病鱼都能摄取到药饵，并增加日投喂次数至 4 次。要注意施药期间及病鱼刚愈后切勿大换水，以免再刺激鱼体而引起应激反应，引起鱼病的反复。在使用内服药时，最好是也配合施放外用药，在放养前先行药浴处理，以杀灭体内病原体，起到防病作用。

八、使用外用药的注意事项

① 细菌性病与寄生虫病复合感染时，应先治寄生虫病后治细菌性病。

② 准确估计存池（箱）的鱼总重和计算水体总量，保证用药量足安全。对网箱养殖鱼类病害进行防治用药时，对水体的计算应将网箱四周外围水体计算在内，如 5 m×5 m×4 m 的网箱，水体最少要按 7 m×7 m×5 m 来计算。

③ 外用药的有效杀菌（虫）的浓度，一般情况下，要维持 1~2 h 才能达到理想的效果。因此，对网箱鱼类病害进行防治时应注意，由于风浪和水流及药液的沉降作用，网箱内的药量很快就被稀释而失去效果，为此应间隔一定时间（10~15 min）复药 1~2 次，连续 2~3 d。

④ 不使用违禁鱼药和农药，确保产品质量。

九、常用药物及使用浓度和方法

1. 高锰酸钾

用药浓度为 10~20 mg/L，药浴 10~30 min，可杀灭鱼体表及鳃上的细菌、原虫（形成胞囊及孢子的除外）和单殖吸虫等。高锰酸钾溶液宜现用现配，且药液用水应选择含有机物较少的清水，药浴时应注意避光。

2. 漂白粉

用药浓度 10~20 mg/L，漂白粉含有效氯 30%。浸泡时间为10~30 min，可杀灭体表及鳃上的细菌。

3. 漂白粉和硫酸铜合剂

浓度为每 1 m^3 水体中加入漂白粉（含有效氯 30%）和硫酸铜分别为 10 g 和 8 g，充分溶解。药浴时间为 10~30 min，可杀灭鱼体表及鳃上的细菌和原虫（形成胞囊和孢子的除外）。

4. 硫酸铜和硫酸亚铁合剂

以 5∶2 的比例将硫酸铜和硫酸亚铁制成合剂，浓度为 8 mg/L，浸泡时间为10~30 min，可杀灭鱼体表及鳃上的原虫（形成胞囊和孢子的除外）。药浴时鱼的数量不要太多，以免造成缺氧。

不能用金属容器盛或进行药浴。药浴时间长短视水温、水质及鱼种的体质而定，灵活掌握，以鱼刚发生焦躁不安的应激反应即可；可先用少量鱼做试验，以保证鱼种安全；药浴后连药液一同轻轻倒入鱼池中，以防擦伤鱼体；药液配制后只能药浴一批鱼种，不可重复使用，以免药液稀释达不到效果。

第五节　卵形鲳鲹的常见疾病及防控

一、病毒性疾病

病毒性神经坏死病（Viral nervous necrosis，VNN），是一种严重危害海水鱼类鱼苗的一种病毒性疾病。感染的鱼种类繁多，包括 5 个目 17 科的 40 多种鱼类。病原为病毒性神经坏死病毒（Viral nervous necrosis Virus，VNNV），属野田村病毒科（Nodaviridae）乙型野田村病毒属（β-nodavirus），病毒颗粒直径 25~30 nm，为无囊膜二十面体病毒，衣壳由 180 个亚单位组成。

据许海东等（2010）报道，2008 年 5 月，湛江市一网箱养殖场的卵形鲳鲹幼鱼发生大规模死亡，调查发现病鱼呈现体色发黑、反应迟钝、呈螺旋状或旋转游动等典型的病毒性神经坏死症症状，在鱼体没有发现寄生虫或细菌感染，PCR 检测发现病鱼感染了鱼类神经坏死病毒（NNV）。利用已经发表的 NNV 核酸序列设计引物，克隆外壳蛋白基因并测序，根据同源性比较和系统进化分析，该病毒与斜带石斑神经坏死病毒（ECNNV）碱基相似率达 99.2%，属于赤点石斑鱼神经坏死病毒基因型（RGNNV）（图 13-1）。同时进行人工感染试验，采用 4 种方法感染该病毒，累计死亡率均达 100%，并对感染样品进行克隆测序鉴定，证明导致此次卵形鲳鲹大规模死亡的病原为神经坏死病毒。

VNN 的防治措施：对苗种场、良种场实施防疫条件审核、苗种生产许可管理制度。同时加强疫病监测，掌握流行病学情况。通过培育或引进抗病品种，提高抗病能力。另外应加强饲养管理，改善繁育场卫生条件、降低放养密度。在繁殖鱼苗时，采用 PCR 技术检测隐性带病毒亲鱼，剔除带毒怀卵雌鱼，切断病毒垂直传播的途径。

```
  1 ATG GTA CGC AAA GGT GAG AAG AAA TTG GCA AAA CCC GCG ACC ACC AAG GCC GCG AAT CCG   60
  1  M   V   R   K   G   E   K   K   L   A   K   P   A   T   T   K   A   A   N   P   20
 61 CAA CCC CGC CGA CGT GCT AAC AAT CGT CGG CGT AGT AAT CGC ACT GAC GCA CCT GTG TCT  120
 21  Q   P   R   R   R   A   N   N   R   R   R   S   N   R   T   D   A   P   V   S   40
121 AAG GCC TCG ACT GTG ACT GGA TTT GGA CGT GGG ACC AAT GAC GTC CAT CTC TCA GGT ATG  180
 41  K   A   S   T   V   T   G   F   G   R   G   T   N   D   V   H   L   S   G   M   60
181 TCG AGA ATC TCC CAG GCC GTC CTC CCA GCC GGG ACA GGA ACT GAC GGA TAC GTC GTT GTT  240
 61  S   R   I   S   Q   A   V   L   P   A   G   T   G   T   D   G   Y   V   V   V   80
241 GAC GCA ACC ATC GTC CCC GAC CTC CTG CCA CGA CTG GGA CAC GCT GCT AGA ATC TTC CAG  300
 81  D   A   T   I   V   P   D   L   L   P   R   L   G   H   A   A   R   I   F   Q  100
301 CGA TAC GCT GTT GAA ACA TTG GAG TTT GAA ATT CAG CCA ATG TGC CCC GCA AAC ACG GGC  360
101  R   Y   A   V   E   T   L   E   F   E   I   Q   P   M   C   P   A   N   T   G  120
361 GGT GGT TAC GTT GCT GGC TTC CTG CCT GAT CCA ACT GAC AAC GAC CAC ACC TTC GAC GCG  420
121  G   G   Y   V   A   G   F   L   P   D   P   T   D   N   D   H   T   F   D   A  140
421 CTT CAA GCA ACT CGT GGT GCA GTC GTT GCC AAA TGG TGG GAA AGC AGA ACA GTC CGA CCT  480
141  L   Q   A   T   R   G   A   V   V   A   K   W   W   E   S   R   T   V   R   P  160
481 CAG TAC ACC CGT ACG CTC CTC TGG ACC TCG TCG GGA AAG GAG CAG CGT CTC ACG TCA CCT  540
161  Q   Y   T   R   T   L   L   W   T   S   S   G   K   E   Q   R   L   T   S   P  180
541 GGT CGG CTG ATA CTC CTG TGT GTC GGC AAC AAC ACT GAT GTG GTC AAC GTG TCG GTG CTG  600
181  G   R   L   I   L   L   C   V   G   N   N   T   D   V   V   N   V   S   V   L  200
601 TGT CGC TGG AGT GTT CGA CTG AGC GTT CCA TCT CTT GAG ACA CCT GAA GAG ACC ACC GCT  660
201  C   R   W   S   V   R   L   S   V   P   S   L   E   T   P   E   E   T   T   A  220
661 CCC ATC ATG ACA CAA GGT CCC CTG TAC AAC GAT TCC CTT TCC ACA AAT GAC TTT AAG TCC  720
221  P   I   M   T   Q   G   P   L   Y   N   D   S   L   S   T   N   D   F   K   S  240
721 ATC CTC CTA GGA TCC ACA CCA CTG GAT ATT GCC CCT GAT GGA GCA GTC TTC CAG CTG GAC  780
241  I   L   L   G   S   T   P   L   D   I   A   P   D   G   A   V   F   Q   L   D  260
781 CGT CCG CTG TCC ATT GAC TAC AGC CTT GGA ACT GGA GAT GTT GAC CGT GCT GTT TAT TGG  840
261  R   P   L   S   I   D   Y   S   L   G   T   G   D   V   D   R   A   V   Y   W  280
841 CAC CTC AAG AAG TTT GCT GGA AAT GCT GGC ACA CCT GCA GGC TGG TTT CGC TGG GGC ATC  900
281  H   L   K   K   F   A   G   N   A   G   T   P   A   G   W   F   R   W   G   I  300
901 TGG GAC AAC TTC AAT AAG ACG TTC ACA GAT GGC GTT GCC TAC TAC TCT GAT GAG CAG CCC  960
301  W   D   N   F   N   K   T   F   T   D   G   V   A   Y   Y   S   D   E   Q   P  320
961 CGT CAA ATC CTG CTG CCT GTT GGC ACT GTC TGC ACC AGG GTT GAC TCG GAA AAC TAA     1017
321  R   Q   I   L   L   P   V   G   T   V   C   T   R   V   D   S   E   N   *      340
```

图 13-1　卵形鲳鲹神经坏死病毒湛江株 PNNV 测序结果及其推导的氨基酸序列

二、细菌性和真菌病疾病及其防治

1. 细菌性疾病

（1）美人鱼发光杆菌病

美人鱼发光杆菌是引起鱼类“巴斯德氏菌病”的病原菌，它不但宿主多样，致病性强，而且影响范围广泛，使得欧洲、北美洲、日本的海水养殖业遭受了严重的损失，并且该病在近几年已经蔓延到中国部分地区，从患病的鱼体中分离到致病菌为美人鱼发光杆菌杀鱼亚种（*Photobacterium damselae* subsp. Piscicida），美人鱼发光杆菌杀鱼亚种的感染能导致卵形鲳鲹大批的死亡。腹腔注射后的 3~7 d 是死亡的高峰期，累积死亡率高达 63. 3%，到第 21 d 累积死亡率仅上升至 73. 3%。浸泡组的累积死亡率较低，到第 21 d 累积死亡率才达到 30%。通过腹腔注射和浸泡致病的卵形鲳鲹在临床症状上可分为急性和慢性，通过观察，发现腹腔注射途径的以急性型病例为主，而浸泡感染的主要以慢性型症状。感染的卵形鲳鲹仍表现为游动速度快，活力和摄食好，当发现鱼活力下降，拒绝摄食，在桶底慢游时，卵形鲳鲹则会很快死亡。部分急性型症状的鱼通常在感染 7 d 内死亡，但鱼体表症状不明显，解剖濒死的病鱼通常发现鳃部轻微出血，腹腔有积液，在脾脏和肾脏会出现灶状坏死（图 13-2-1和图 13-2-2）。而慢性型症状的鱼通常在感染 7 d 后，仅少数的鱼会死亡，鱼活力下降，摄食量减少，解剖濒死的病鱼能观察到肾脏和脾脏肿大呈暗红色，在其表面和实质布满直径0.5~1.0 mm白色颗粒状结节，也可在心脏内观察到少量的白色坏死结节（图13-2-3和图13-2-4）。

对于该细菌病，目前未见有效的治疗方法，主要预防方法是加强日常管理，改善池塘环境。对重病鱼和死鱼应及时除掉。病原体对氯霉素、四环素和氨卞青霉素等都有敏感性。可用这些药物之一混入饵料中投喂，每千克每天用20~50 mg，连喂5 d以上。

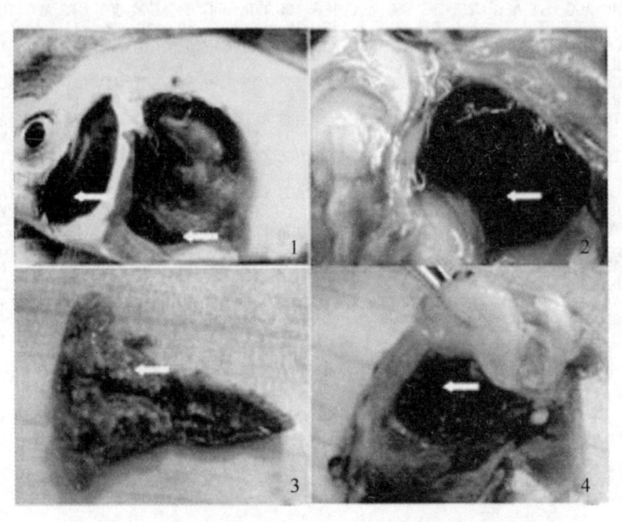

图13-2　美人鱼发光杆菌感染卵形鲳鲹的临床症状

（仿苏友禄等，2012）

1. 鳃部轻微出血（白色箭头），腹腔有积液（白色箭头）；2. 脾脏灶状坏死（白色箭头）；3. 肾脏肿大，布满白色颗粒状结节（白色箭头）；4. 脾脏肿大，布满白色颗粒状结节（白色箭头）

（2）肠炎

卵形鲳鲹肠炎是伴随卵形鲳鲹养殖整个过程的常见病，也是导致卵形鲳鲹的养殖过程最重要的死亡原因，如果处理不好，往往会导致养殖成活率偏低，生长过慢，是影响经济效益的一个非常重要因素。

病源：经细菌检测为嗜水气单胞杆菌。

症状：鱼体色彩正常，游泳速度较慢，整箱鱼吃料速度下降，无脱鳞与黏液减少现象，全身无寄生虫，取濒死的病鱼和刚死的病鱼检查表明，病鱼体表没有明显的病灶，色泽也很正常，只是有的病鱼有胀腹症状，有的在肛门处有黄色黏稠状液体流出；剖开腹腔后发现，病鱼腹腔内有数量不等的腹水，肠道有严重的溃疡，肝脏颜色变白。

处理方法：① 平时控制饲料投喂量，以鱼达到八成饱为指标；② 投料前，对饲料进行泡水软化处理，避免直接大量投喂干燥膨化饲料；③ 肠炎出现后，使用诺菌素与多维进行药饵投喂，每天两次，连续 4 d；如果病情严重，则再加入肠炎灵（商品名，主要成分盐酸黄莲素）处理；投喂抗生素土霉素，按 50 mg/kg 鱼比例投喂，投喂 5~7 d 为一个疗程。

（3）链球菌病

病原是一种链球菌（*Streptococcus* sp.）：链球菌病现已成为造成世界水产养殖巨大经济损失的主要疾病，链球菌病最初主要在日本造成危害，而现在在世界各地广泛肆虐，并严重危害各种淡水养殖鱼类，半咸水养殖鱼类和海水养殖鱼类。

在日本，鲹科竹筴鱼的疾病几乎全是细菌性疾病。在作为竹筴鱼主要产地的静冈县，链球菌病、链球菌病·弧菌病并发症与弧菌病为竹筴鱼主要疾病，1992 年链球菌病所造成的竹筴鱼损失仅次于弧菌病，占竹筴鱼损失量的 13%。患病竹筴鱼狂游。外部主要症状在于眼球突出、白浊，随着病情加重，眼球脱落，尾柄形成隆起患部，鳃盖内侧发红。主要内部症状在于呈现心外膜炎，肝褪色，并淤血。

鱼类链球菌病属于条件性传染性疾病，该病发生主要归因于饲养环境恶化和饲养管理不当。无论是海面网箱，还是陆上水池养殖，水体溶氧偏低或放养密度偏大均易诱发链球菌病发生，并加剧链球菌病危害。作为预防措施，合理调整放养密度、适量投喂优质饲料、及早捞出死鱼病鱼均至关重要。水池养殖，应该加强水体交换，确保饲养环境清洁。治疗方法：① 2%~3%的戊二醛药浴 10 min；② 氟苯尼考，每千克鱼每天用 20~50 mg 拌饲投喂，连喂 3~7 d；③ 每千克鱼每天用强力霉素 20~50 mg 拌饲投喂，连喂 3~7 d；④ 磺胺嘧啶及增效剂甲氧苄氨嘧啶（2∶1），每千克鱼每天 0.3 g 拌饲投喂，连喂 6 d，每天 1 次。

（4）弧菌病

弧菌是引起海水养殖鱼类细菌性疾病的最重要的病原菌之一。由弧菌引起的疾病，流行面积广，发病率高，给养殖业造成了巨大危害。鳗弧菌（*Vibrio anguillarum*）被认为是鱼类的重要致病菌，它可以侵染大多数海水鱼，是对海水养殖鱼类危害最大的弧菌，现在已报道至少有 40 多种鱼可被鳗弧菌感染，主要症状是以全身性出血为特征的败血症。症状早期体色发黑，平衡失调；随着病情的发展，鳍条充血发红，肛门红肿，有的病鱼体表出现出血性溃疡；病鱼肠道通常充血，肝脏肿大呈土黄色或出现血斑，眼球突出，角膜混浊，肝脏苍白，有时伴有腹水症状。在患病的卵形鲳鲹身上，还分离到创伤弧菌（*Vibrio vulnificus*）。

相比较而言，由于使用方便、见效快和疗效好等优点，使用抗生素仍是控制水产动物疾病的主要手段。对患鳗弧菌病的鱼，用盐酸土霉素拌入饲料中投喂，每千克鱼每天用药 100 mg，连喂 5 d，可取得一定效果。药敏实验研究表明，氧氟沙星、环丙沙星、培氟沙星、罗红霉素和海鱼宁等对致病菌有较强的抑制作用。

（5）诺卡氏菌病

是感染多种海水养殖鱼类的一种细菌性慢性疾病，病鱼体表较完好，背鳍基部呈现灰白色突起溃烂，鳃发白，眼球突出（有的溃烂），内脏（肾、脾、肝）出现大量白色结节（直径0.05~0.2 mm），（图13-3）。显微镜观察未发现寄生虫。发病个体反应迟钝，食欲下降，上浮水面离群独游，逐渐消瘦直至最终死亡。

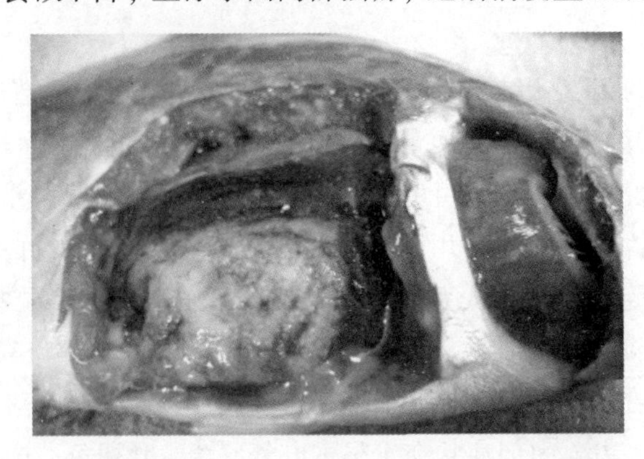

图13-3　卵形鲳鲹病鱼肾、脾、肝均出现大量白色结节

（仿王瑞旋等，2010）

从患结节病的卵形鲳鲹体内分离到长或短的丝状分枝状杆菌，用分离得到的菌株进行回归感染，证实为此次卵形鲳鲹结节病的病原菌，经鉴定该菌为鰤鱼诺卡氏菌（*Nocardia seriolae*）。

诺卡氏菌广泛分布在土壤、活性污泥、水、动植物和人的组织中，在海水中的含量并不高，当养殖鱼类体质虚弱、免疫力低下时，通过呼吸或饵料而感染。由于病原诺卡氏菌生长缓慢，因此受感染的鱼类在发病初期通常未出现外部症状或症状不明显，但病情持续时间长，发病率和死亡率均较高，早期阶段很难进行疾病的诊断和防治。

在药物防治研究方面，纸片扩散法结果显示20种受试药物中仅对环丙沙星、氯霉素、链霉素等中度敏感，试管稀释法结果显示8种药物中仅对1 mg/L的盐酸恩诺沙星和盐酸环丙沙星敏感，而环丙沙星和氯霉素均为水产禁用药物。另外，有研究表明大部分鰤鱼诺卡氏菌仅对卡那霉素和噁喹酸敏感，但卵形鲳鲹实验菌株对卡那霉素并不敏感。虽然病原对一些抗生素有敏感性（如复方新诺明、恩诺沙星等），但当疾病发生后这些抗生素也很难达到治疗效果。因此在疾病的高发季节，只能是合理使用部分药物进行预防，关键在于增强养殖个体的体质，提高其抗病力，同时改善养殖环境。

2. 真菌病的防治

鱼醉菌病是由鱼醉菌寄生在竹筴鱼、鰤鱼等80多种海、淡水鱼类的各种器官组织内形成大小不同、密密麻麻的灰白色结节，引起病鱼大批死亡的一种疾病。病原为霍氏鱼醉菌，属藻菌纲。感染方法，一种是通过摄食病鱼或病鱼的内脏而引起；另一为由鱼直接摄取球形合胞体，或通过某种媒介（如蜇水蚤等）被鱼摄入而引起。虹鳟、红点鲑、各种热带鱼、鲱、竹狭鱼及野生海水鱼，鳕、鲐、大西洋鲱等都会感染发病。在欧美和日本均有流行，可引起养殖鱼类大批死亡，对野生鱼类则严重影响资源。

霍氏醉菌可寄生在鱼的肝脏、肾脏、脾脏、心脏、胃、肠、幽门垂、生殖腺、神经系统、鳃、骨骼肌、皮肤等处，寄生处均形成大小不同（1~4 mm）、密密麻麻的灰白色结节；疾病严重时，组织被病原体及增生的结缔组织所取代，当病灶大时，病灶中心发生坏死。如主要侵袭神经系统，则病鱼失去平衡，摇摇晃晃游动；鱼醉菌侵袭肝脏，可引起肝脏肿大，比正常鱼的肝大 1.5~2.5 倍，肝脏颜色变淡；鱼醉菌侵袭肾脏，则肾脏肿大，腹腔内积有腹水，腹部膨大；鱼醉菌侵袭生殖腺，则病鱼会失去生殖能力；当皮肤上有大量寄生时，皮肤像砂纸样，很粗糙。

防治方法：主要是及时清除病鱼和死鱼，防止继续传染。不要用带菌鱼或病鱼作饲料。

三、寄生虫性疾病及其防治

1. 淀粉卵涡鞭虫病

病原为眼点淀粉卵涡鞭虫（*Amtyloodium ocellatum*）。该虫隶属于肉足鞭毛门、植鞭纲。

（1）主要症状及诊断

主要寄生在病鱼的鳃、皮肤和鳍等处，严重感染的病鱼肉眼看上去有许多小白点。病鱼游泳缓慢，浮于水面挣扎，停止摄食，鳍条、腹部充血，口张大，鳃的开闭不规则。重病鱼鳃表面形成一层米汤样的白膜，鳃上的虫体一般附着在鳃小瓣之间，寄生很多时成为淡灰色团块；虫体周围的鳃小瓣上皮增生、愈合，将虫体包围起来，严重者组织崩坏，软骨外露，呼吸机能发生障碍，窒息死亡。有时病鱼继发感染细菌或真菌。

（2）流行情况

该虫能侵害很多种海水或咸淡水鱼类，对宿主无专有性，美国海水养殖的卡州鲳鲹（*Trachinotus carolinus*）也受其害。

（3）防治方法

① 降低育苗池放养密度。发病时，要及时隔离，育苗工具要严格消毒，不能交叉使用；② 治疗用硫酸铜或螯合铜 0.8~1.0 g/m^3 全池泼洒，12 h 后换水，隔天重复 1 次；③ 用淡水浸洗病鱼 2~3 min，隔 3~4 d 后再重复 1 次。

2. 车轮虫病

车轮虫（*Trichodina* sp.）是世界性鱼病中常见的种类（图 13-4）。

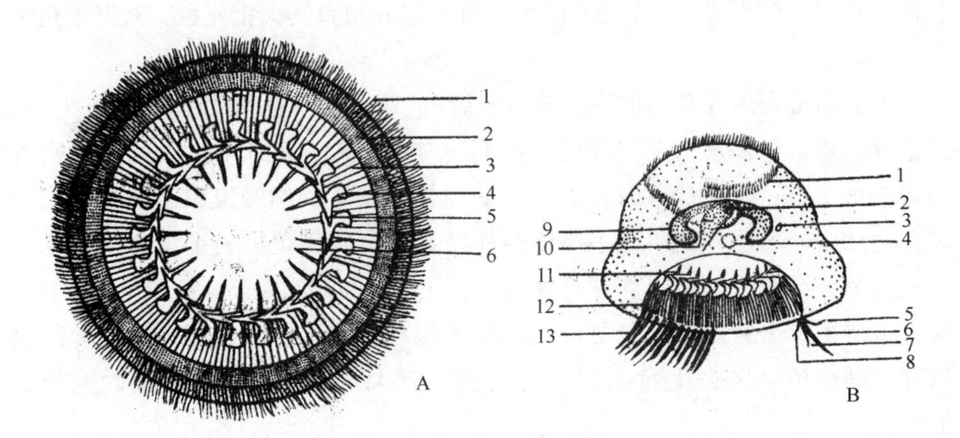

图 13-4　车轮虫

（A 自孟庆显，1994；B 仿湖北省水生生物研究所，1979）

A. 反口面观：1. 纤毛；2. 缘膜；3. 辐线环；4. 齿沟；5. 齿体；6. 齿棘；

B. 侧面观（模式图）：1. 口沟；2. 胞口；3. 小核；4. 伸缩泡；5. 上缘纤毛；6. 后纤毛带；7. 下缘纤毛；8. 缘膜；9. 大核；10. 胞咽；11. 齿环；12. 辐线；13. 后纤毛带

（1）主要病原

能引起该病的车轮虫有十几种，在体表寄生的主要有显著车轮虫、杜氏车轮虫。侵袭鳃的主要有卵形车轮虫、微小车轮虫、球形车轮虫及小袖车轮虫。

（2）主要症状

鱼的体表或鳃组织黏液多，形成一层黏液层；初期病鱼在池壁、池底摩擦或在水面跳跃，继而体表呈一层白色薄膜，鱼体消瘦，发黑，游动缓慢，食欲减退或丧失，浮头，呼吸困难，鳃组织潮红，因二次细菌感染，体表出现潮红出血、鳞片脱落。大鱼较有耐受性，小鱼或鱼苗常因鳃溃烂而死亡。

（3）流行情况

车轮虫适宜水温 20～28℃，流行于 4—7 月。在海水鱼类中已发现有 70 多种鱼患车轮虫病，主要危害幼鱼和苗种。

（4）防治方法

预防方法：① 苗种放养前用淡水浸洗 5～10 min，或用 10 mg/L 的硫酸铜溶液浸洗 15～20 min；② 控制放养密度，保持水质良好，流行季节每月可施药 2～3 次。

治疗方法：

网箱养殖：① 50%的硫酸铜硫酸亚铁合剂（5∶2）和 50%的细砂混合后挂袋；

② 1/2 500 醋酸淡水溶液浸洗 10~15 min；③ 3~5 mg/L 的醋酸铜溶液浸泡 5~10 min；④ 同时配合投喂抗生素，以防细菌感染；④ 100 mL/m^3 福尔马林淡水溶液浸泡 10 min。

池塘养殖：① 硫酸铜与硫酸亚铁合剂（5∶2），每立方米水用药 1.0~1.2 g，全池泼洒；② 福尔马林，每立方米水用药 30~50 mL，全池泼洒；③ 代森铵，每立方水用药 0.5 g，全池泼洒；④ 全池泼洒阿维菌素，每立方水用药 0.04~0.06 g。

3. 隐核虫病

刺激隐核虫是一种鱼类专性寄生虫，寄生于热带、亚热带海水鱼身体引起“白点病”（图 13-5）。刺激隐核虫的宿主范围很广泛，除软骨鱼类对刺激隐核虫有较强抵抗力外，海水硬骨鱼类普遍能被刺激隐核虫感染，严重感染会导致鱼类大量死亡。近年来在中国南海海水养殖区“白点病”年年暴发，对水产养殖业造成了很大损失，特别是卵形鲳鲹的死亡率可达到 100%，美国海水养殖的卡州鲳鲹也有受到侵害的报道。

图 13-5　患隐核虫病的卵形鲳鲹

（中国水产养殖网 2012 年 7 月 10 日）

（1）病原

刺激隐核虫（*Cryptocaryon irritans*）。海水小瓜虫（*Ichthyophthirius marinus*）是其同物异名。隐核虫属纤毛动物门，寡膜纲，膜口目，小瓜虫科。

（2）流行

发病水温为 10~30℃，25~30℃最易发病；夏季和秋季为易发季节。

（3）症状

隐核虫主要寄生在鱼的体表和鳃上，在眼角膜和口腔等其他地方也可寄生。虫体钻入鱼的鳃和皮肤的上皮组织下，以宿主鱼的组织为食，并不断地转动其身体，宿主鱼组织受到刺激后，形成白色膜将虫体包住，所以肉眼看上去病鱼体表和鳃上有许多小白点。发病鱼的皮肤和鳃因受刺激分泌大量的黏液，严重者体表形成一层混浊的白膜。

（4）防治方法

① 对已养殖过的池塘或水泥池在放养鱼前用含氯消毒剂或高锰酸钾等浓溶液（150~200 g/m^3）彻底消毒；② 淡水浸泡病鱼 3~10 min，消毒后的病鱼需移入新池；③ 硫酸铜全池泼洒，使池水成 1 g/m^3 的浓度；④ 网箱养殖时，适当降低鱼苗的放养密度。发病后及时治疗，死鱼及时捞出，不可随意丢弃水中。低平潮时定期在网箱壁上泼洒生石灰水；⑤ 流行季节，在网箱中吊挂硫酸铜片 2~4 片，每隔 3~5 d再吊挂。

4. 锚首虫病

（1）分类地位

锚首虫科（Ancyrocephalidae）是扁形动物门、吸虫纲、单殖亚纲的一科。

（2）流行

寄生于淡水与海水鱼类，通常为鳃寄生。许海东等（2010）在卵形鲳鲹鳃部发现少量锚首虫（*Ancyrocephalus* sp.）。

（3）症状

病鱼体色发黑，鳃部色泽变淡、肿胀、体表黏液增多、食欲减退，常成群浮于水面，呼吸困难。

（4）治疗措施

尚未成熟的防治方法，建议使用咪唑类药物进行防治。注意安全用药。

5. 本尼登虫病

（1）病原

病原为本尼登虫（*Benedenia* sp.）属扁形动物门、吸虫纲、单殖亚纲。

（2）流行情况

该病主要危害大多数海水养殖鱼类的鱼种和成鱼。流行季节为 6 月下旬至 11 月中旬，高峰期为 7 月下旬至 9 月中旬。近年来，本尼登虫发病期大大延长，6 月中旬至 12 月都有发生。河口附近受淡水影响的海域受害较轻。

（3）病害症状

部分病鱼体表有白点，并扩展成白斑块，有的鱼体整个尾鳍溃烂，眼睛变白，似白内障症状，严重者，眼球红肿充血突出或脱落，体表肌肉溃疡，头部磨损呈蜂窝状裸露，充血发炎，病鱼焦躁不安，不断狂游，或摩擦网衣使鳞片脱落，造成继发性感染，食欲减退，有的呆滞于水面，体力衰弱，游动迟缓，陆续死亡。

（4）防治方法

① 淡水浸泡：在本尼登虫繁殖期，鱼体尚未大量寄生该虫时，定期用淡水浸泡

5～20 min；

② 适时换网：高温期一般 5～10 d 换网一次，换网时结合使用高锰酸钾消毒，及时消除黏附在网衣上的本尼登虫卵，从而降低水中幼虫密度。

③ 药物挂袋：在本尼登虫鱼病流行季节（6—10 月）之前，可用药物在网箱四角形成一个消毒区，每口网箱挂三氯异氰尿酸片剂 5～6 片，挂袋深度 50～60 cm，可清除水体中的本尼登虫及其他致病菌、病原体，从而达到净化水体的作用，达到预防目的。

6. 双杯虫病

（1）病原

双杯虫病的病原为鲳鲹双杯虫（*Bicortylophora trachinoti*），体长 3～4 mm，微白色（图 13-6）。

图 13-6　鲳鲹双杯虫（仿 Yamaguti）

（2）流行情况

据 Sindermann（1974）报道，美国海水养殖的卡州鲳鲹感染了鲳鲹双杯虫。

（3）病害症状

此病寄生在鳃和体表，主要吸食鱼血，寄生在皮肤上时，也吃黏液和表皮细胞，鱼的上皮细胞受到破坏，严重感染并且环境条件对鱼不利时可引起死鱼，也可由伤口继发感染细菌病。

（4）防治方法

此病的预防主要是防止过密放养，特别在密闭循环系统中养鱼时更应注意。治疗可用 250 mg/L 的福尔马林浸洗病鱼 35 min。

7. 鱼虱病

（1）病原

寄生桡足类引起的疾病，鱼类的寄生桡足类已知有 1 500 种以上，主要分布在剑水蚤目（Cyclopoida）、鱼虱目（Caligoida）和颚虱目（Lenaeopodoida）3 个目。常见的有东方鱼虱（*Caligus orientalis*）（图 13-7），为海水和半咸水中常见的一种，体外寄生的节肢动物。

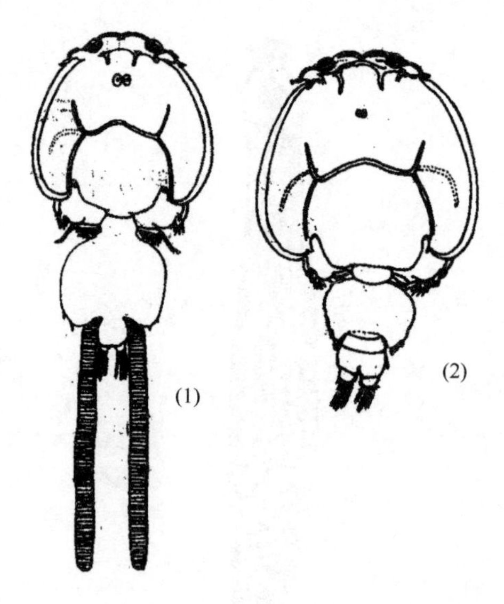

图 13-7　东方鱼虱

（1）雌体；（2）雄体　（自 Gussev，1951）

（2）流行情况

日本海、我国黄海、渤海、东海及南海均有发现，对养殖种类的危害较为严重。

（3）病害症状

其附着幼体前端较尖，顶端向前伸出管状的额丝，借以牢固地吸附在鱼体上。成体前端呈盾状，管状额丝消失。可寄生在鱼体上，也能在水中做短期的自由游泳生活，以寻找新的宿主。病鱼体色发黑或灰白，离群，动作呆滞，或时而狂游，食量降低，并有摩擦身体的现象，重者消瘦死亡。

（4）防治方法：可慢慢向池内换进淡水，或以 0.3～0.4 mg/L 敌百虫（90%晶体）全池泼洒，效果较为明显。网箱养殖可用淡水加 90%的晶体敌百虫 10 mg/kg 药浴 10 min。

8. 鲺病

（1）病原

病原为鲺（*Argulus*），全世界已记载有 100 多种，绝大多数寄生于淡水鱼类，仅少数寄生海水鱼。

（2）流行情况

鲺广泛地寄生于各种鱼类（图 13-8）。从稚鱼到大鱼都可被寄生，鱼越小受害越严重。流行季节一般在 5—10 月。

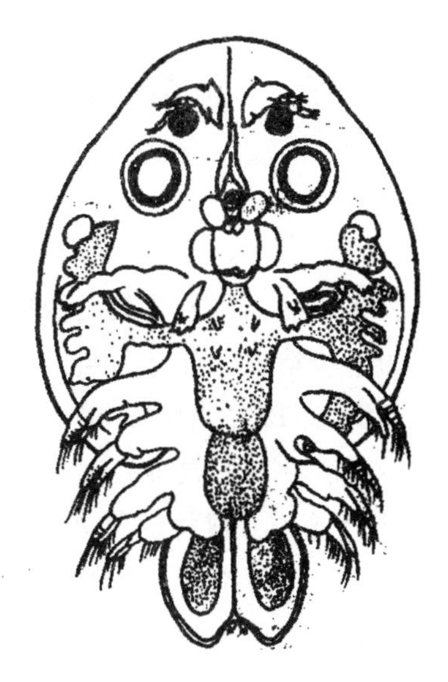

图 13-8　雄鲺腹面观（模式图）

（自宋大详，1980）

（3）病害症状

鲺用吸盘附着在鱼体上将毒液注入鱼体，吸取鱼体营养。被寄生的鱼皮肤受到破坏，黏液增多，并发生溃疡或继发性感染细菌病，严重时引起大批死亡。

（4）防治方法

预防方法同鱼虱病。可用淡水浸洗 15~30 min。

第十四章　卵形鲳鲹的捕捞、运输、上市

近年来，随着养殖渔业生产的发展和人们生活水平的提高，市场对水产品的需求量也越来越大。鲜活水产品物流业的迅速发展，长距离跨市跨省运输鱼苗和成鱼已成为养殖业不可缺少的重要生产环节。

第一节　鱼苗出池

一、拉网锻炼

鱼苗出池前几天，要拉网锻炼 2~3 次。其目的是使鱼苗适应密集的环境，以利于出池计数和运输；检查鱼苗的生长情况，估计鱼苗产量，以便作好分配计划。拉网锻炼的方法：第 1 次拉网，将鱼苗围集在网中，检查鱼的体质，估计数量后随即放回池内，或略提出水面十几秒钟估看一下数量后迅速放回池中。第 1 次拉网后隔 1 d进行第 2 次拉网。将鱼苗转入网箱中，或将鱼种密集于网中，让其顶水自动进入网箱内，将网箱在池内徐徐推动，以免鱼浮头，密集 2 h 左右（视鱼苗的忍耐程度而定）放回池内。这次拉网应尽量将鱼苗捕尽。如果鱼苗系自养自用，不运输，第 2 次拉网进箱密集锻炼后，则可分池饲养。注意事项：动网不宜过早，特别是长鳞时期不宜动网；出现阴雨天、鱼苗浮头、鱼苗体弱等现象也不能动网。动网前 1~2 d，应停止施肥和投饵，清除池中杂草和杂物。应在晴天的上午或下午进行拉网锻炼（图 14-1）。

出池可采用苗先用短网、漏网鱼苗再用长网相结合捉苗比较“干净”，短网做成规格 4 m×1 m 或 0. 8 m，成吊池状，可供两人操作，特点是易使用，效率高。而长网则根据鱼塘尺寸而定。操作时，先用短网捉苗，两张短网，4 人操作，相向包围全池，可将鱼池中 80%的鱼苗起捕，剩余漏网之鱼苗，则再用长网来补充，这样鱼池中的鱼苗就可基本被捕捉完（图 14-2）。

二、出池

第 2 次拉网后，隔 1 d 再拉第 3 次网，将鱼苗捕起，转入网箱，约 0. 5 h 后，清除网箱底部污物，用鱼筛分出不同规格的鱼苗分装网箱，便可计数出池。如长途运

图 14-1 拉网锻炼

图 14-2 拉网捕苗

输，应将鱼苗放入水质较清的池塘网箱中“吊养”1 夜，第 2 d 清晨即可装运。计数一般采用筛量法和数个法。筛量法是先确定 1 个塑料筛中的个数（抽样数筛内鱼苗的平均数），然后乘以筛数，即得总数。数个法是用小盘（或筛）舀鱼苗，每 5 个 1 次，一直数下去，此法适宜少量鱼苗计数（图 14-3）。

图 14-3　鱼苗计数

第二节　鱼苗运输

在进行鱼苗运输之前，首先要认识到运输的对象在运输中所处的环境与原来的生活环境有所不同。由于环境的显著差异，会使鱼苗的生理状况发生变化，严重者会威胁鱼苗的生存，直接影响鱼苗运输的成活率。

一、溶解氧

水中溶氧不足会使鱼苗在运输过程中无法正常呼吸，若严重缺氧，还会造成鱼苗窒息死亡，从而影响成活率。一般运输时，水中溶解氧应保持在 5 mg/L 以上。因此，鱼苗运输时要保证供应氧气。

1. 供氧的方法

① 在运输途中常注入配备好的新水，可增加水中含氧量，新水的温度、盐度要与旧水基本相似。

② 对运输器进行适度的振荡，使水时有波动，以增加水与空气的接触面，增加溶解氧。要注意运输器不能摇动过猛，以免伤害鱼体。

③ 在运输器内水面上设置一些网状板，使之不断慢速回转，以增加水的振荡。

④ 在运输过程中要安装充气机或增氧机，可随时进行增氧。

⑤ 可供给纯氧。

2. 供氧设备

（1）压缩氧气瓶

用于数量少的运输。在氧气瓶口装有调压阀，以控制流量，用塑胶管通入容器底部，并在端部装气石，使气泡量多而小，增加水中溶氧面积，达到增氧目的。

（2）增氧机

一般用充气式增氧机和喷水式增氧机，也有用钢梳式和射流式增氧机，具有增氧、搅水和曝气三方面的功能。安装增氧机时要注意安全，在增氧机周围应设置安全隔离网。

（3）充氧机

在运输的水槽底部设置一塑胶管与充氧机相通，通过塑胶管在运输水体中排出气泡，使水体流动产生气体交换，以增加溶解氧。目前，在船上或汽车上以 TFDE 型 1 000 W 单相无刷交流同步发电机组做电源，93 W 或 120 W 电磁式空气压缩机作气源增氧。

二、温度

鱼类是变温动物。体温随所处水温的变化而变化。各种鱼类都有自身的适温范围，超出适温范围就容易死亡。在运输途中一定要控制好水温。温度高，鱼体的代谢率与耗氧量以及由此而产生的二氧化碳与氨氮含量也高；同时溶解氧降低，使鱼体内血液和氧的亲和力也减弱了。所以在换水、加新水或加冰时，要防止温度急剧突变。水温突变，鱼体内部机能不能立即调节至适应此变化，鱼易患病。可降低水温。夏季气温太高，可在水面上放些碎冰，使其渐渐融化而降低水温。冬季水温太低，要采取防冻措施。水温的变化，一般以温差不超过 5℃ 为宜。

三、二氧化碳

鱼类在水中呼吸会排出二氧化碳，使水中的二氧化碳浓度增加。经测定证实，二氧化碳对鱼类的危害浓度为 60~80 mg/L，此时即使水中溶解氧处于饱和状态，鱼类仍不能正常呼吸，会窒息死亡。一般运输期间，水槽中所含的二氧化碳浓度为 20~30 mg/L。如果二氧化碳的浓度超过此范围，应往水中充气，排除二氧化碳，并增加水中的溶解氧，保持鱼体正常的生活环境。

四、氨氮

由于鱼苗排出的粪便、残饵、污物及细菌的作用，水中氨氮含量不断提高，当水中的氨氮积累到达一定浓度时，会减弱鱼体的吸氧能力，妨碍活体的正常呼吸。氨对鱼体的危害大，一般浓度超过 0. 012 mg/L 时，鱼就有致命的危险。通常是水温升高时，鱼类的排氨增加，且小鱼的排氨量较大鱼多。所以运输量时要大量补充氧，以免鱼苗中途中毒致死，造成经济损失。

五、pH值

水中pH值的变化，会对鱼类造成影响。当水中的酸性提高到一定限度时，鱼类降低了从周围水环境吸取氧气的能力，即使在溶氧丰富的水中，鱼也会感到“氧气”不足。

六、鱼体的渗透压

鱼类的体表有分泌黏液或鳞片，可以保持体内渗透压平衡。在运输过程中，由于运输器材的振动，鱼苗的体表常会因受到水箱或网箱的器具的机械碰伤，导致鳞片和黏液脱落，表皮擦破，使体内渗透压失去平衡，降低了鱼苗对疾病的抵抗力。所以应当尽量减少鱼体表面的损伤，以保持正常的渗透压。

七、鱼苗体质

在运输之前，若鱼苗体质健壮，对不良环境的适应能力强，运输的成活率就高。当鱼苗被捕捉放入运输器材中时，因对新的环境不适应或受到惊吓，定会乱游动并且激烈挣扎，这样一来，会使肌肉收缩。此时如果没有充足的充氧血来补充，将会产生大量的乳酸积累在肌肉血管中，导致血液的pH值降低；因酸性血液对氧的利用率较低，鱼在24 h内不易恢复正常，所以在运输之前一定要挑选健壮个体，以保证成活率。

八、防止细菌的繁殖

鱼苗在运输过程中若处于不适环境时，会大量分泌黏液和排泄物。这些分泌物会成为细菌的培养剂，使病菌大量迅速繁殖。一方面病菌会使鱼苗染上病害；另一方面，病菌的繁殖要消耗氧气，降低了水中的溶解氧含量，容易使鱼苗因缺氧而死亡。此外，在运输过程中，若鱼苗的消化道留有残余食物，细菌也会随着进入肠、胃中大量繁殖，加上在运输时鱼苗本身体力较弱，更易感染疾病。为提高鱼苗运输的成活率。鱼苗在运输前的暂养中，要用药物消毒鱼体，并进行“消肚”，排出粪便，从而避免或减轻运输途中水的污染和恶化，提高鱼苗的成活率。

第三节　提高鱼苗运输成活率的主要措施

在鱼苗运输中要保持成活率，以取得较好的经济效益。因此在整个运输过程中，必须改善运输环境，要充分利用现代的科学技术，减少鱼苗在运输过程中的生理变化。根据运输的对象，通常可采用的措施有以下几点。

一、充氧

目前大多采用充氧机，或投入增氧剂药物如过氧化氢（H_2O_2）或硫酸铵$(NH_4)_2SO_4$，可以增加水中溶解氧的含量。

二、降温

大多数水生动物都可以通过降低温度使其处于冬眠状态，来减缓其机体的新陈代谢，以提高运输成活率。一般可直接向装运鱼苗的容器中直接投入冰块，放置冰袋或已预冷的蓄冷袋。最好采用机械制冷装置控制运输水体的温度，以保证运输成活率。

三、添加剂

为控制和改善运输环境，提高运输成活率，可在水中适当加入一些光合细菌或硝化细菌，以保持良好的水质。

四、运输密度

常用的鱼水之比为1：（1~3），具体比例视品种、体质、运输距离、温度等因素而定。一般是距离近、水温低、运输条件较好时及体质好、耐缺氧力强的品种的运输密度可大些。

五、运输途中管理

运输途中要经常检查鱼苗的活动情况，如发现浮头，应及时换水。换水操作要细致，先将水舀出1/3或1/2，再轻轻加入新水，换水切忌过猛，以免鱼体受冲击造成伤亡。若换水困难，可采用击水、送气或淋水等方法补充水中溶氧。另外要及时清除沉积于容器底部的死鱼、粪便，以减少有机物耗氧量。

第四节 运输方法

一、运输前的准备工作

① 准备好运输工具。主要是交通工具、装运工具及增氧换水设备。检查运输工具和充气装置，以免运输途中发生故障。

② 调查了解运输途中各地的水源和水质情况，联系并确定好沿途的换水地点。

③ 根据路途和运输量，组织和安排具有一定技术经验的运输管理人员，以做好

起运、装运和装卸的衔接工作。

④ 做好鱼苗运输前的苗种处理

把好质量关，这是提高运输成活率的先决条件 。要选择规格整齐、身体健壮、体色鲜明、游动活泼的鱼苗进行运输，不能使用鳞片脱落、身体损伤、盲眼的鱼苗，体表已溃疡带有病菌的苗种更不能使用。

鱼苗从孵化工具中取出后，应先放到网箱中暂养，使其能适应静水和波动，并在暂养期间换箱 1~2 次，使鱼苗得到锻炼，同时借换箱的机会除去死鱼、污物和鱼的分泌物，以提高途中成活率。

鱼苗起运前要拉网锻炼 2~3 次。

二、运输方式

1. 空运

适合远距离运输，运输速度快、时间短、成活率高。但要求包装严格，运输密度小，包装及运输费用高。

包装使用双层聚乙烯袋充气，放入航空专用包装箱内。常用的包装袋一般长 80 cm×55 cm，加海水 3~5 kg，水温控制在 20~25℃，有些地方设计将袋口突出约 15 cm，宽 10 cm。加水后装进一定数量的鱼苗，把袋中的空气挤出，同时把与氧气瓶相连的橡皮管或塑料管从袋口通入，扎紧袋口，即可开启氧气瓶的阀门，慢慢通入氧气，然后抽出通气管，将袋口折转并用橡皮筋扎紧，平放于纸箱或泡沫塑料箱中(图 14-4)。

图 14-4　鱼苗薄膜袋充氧包装

使用聚乙烯袋运输还应注意：① 使用前应检查是否破裂，并避免袋子与地面直接接触；② 为防止袋在途中破裂，装苗后应轻拿轻放，并平放一包装箱中，置于平地上；③ 充氧要适中，一般以袋表面饱满有弹性为度，不能过于膨胀，以免温度升高或剧烈震动时袋子破裂。特别是空运时，充气更不宜多。

空运运输时间不宜超过 12 h。鱼苗在运输前一天应停止喂食，以免在运输途中反胃吐食及排泄粪便造成污染水质，缺氧死亡。包装时使用砂滤海水，水温应根据季节自然水温情况，适当予以调节。夏季气温较高时，泡沫箱内应适当加一些碎冰以防中途水温升高。

运输密度：不同规格苗种的参考装袋密度见（表 14-1）。

表 14-1　不同规格苗种的装袋密度

体长 （cm）	0.8~1.0	1.0~1.5	1.5~2.0	2.0~2.5	2.5~3.0
密度 （尾/袋）	10 000~15 000	2 000~2 500	1 500~2 000	1 000~1 500	500~800

鱼苗运抵目的地后，不要立即开袋放苗，应先将装鱼苗的袋子放在池塘中浸 0.5 h，使袋内外水温接近（一般温差不宜超过 5℃），然后解开扎口加水逐渐缩小温差，再放鱼苗入池，否则容易发生死亡。

2. 陆运

运输密度大，成本低。但远距离运输，时间太长，会影响成活率。陆运一般使用箱式货车进行，车上配备空袋、纸箱（或泡沫箱）、氧气和水等，以便途中应急，运输途中，不能日晒、雨淋、风吹，最好用空调保温车辆运输，运输方法有密封包装运输和敞开式运输两种。

（1）密封包装运输

包装方法和运输密度同空运，只是不需航空专用包装，外层纸箱可省掉，以降低运输成本。

（2）敞开式运输

使用鱼篓、大塑料桶、帆布桶等进行运输（图 14-5）。

帆布桶口开阔，便于换水。因此常应用于汽车的长途运输。帆布桶有方形和圆形两种。四周有木架或铁架支撑，体积 1 m^3 左右。用后可以折叠，携带方便，经久耐用。使用时装水至桶高的 3/5~3/4。运输使用新鲜砂滤海水，运输途中使用充氧装置或充气泵，以充纯氧效果为佳，每立方米水要有 2 个以上散气石。运输过程中，宜拉一条分支管至驾驶室，随时监看，防止断气。也可使用空气压缩机代替氧气瓶。夏季气温较高时要适当降温，运输时间超过 4 h，中途要更换新鲜海水，更换的海水

图 14-5　鱼苗陆上运输

理化条件要与原运输海水相接近。

木桶：口小底大的圆柱形，用 1 cm 厚的木板箍成。高 1 m，底径 70 cm。有中央开一圆孔的桶盖，防止水溅出桶外。近桶底处开一圆孔，塞以木栓，供排水用。用一击水板以增氧。

鱼篓用竹篾编成，上圆下方，用塑料薄膜（大小和竹篓同）挂在篓内，使不漏水。篓的口径约 90 cm，高 77 cm，底 70 cm 见方。运鱼时可盛水 400 kg。

运输密度：一般每立方米水体可放全长 3~5 cm 鱼苗 1 万尾。

陆上运输，应防止因车辆及道路交通情况等原因造成延误，延长运输时间，影响鱼苗的成活率。如中途需换水，要事先确定换水地点，确保衔接工作顺利。

3. 水运

运输量大，成本低，沿海可做长距离运输。但运输时间长，受天气、风浪影响大。

将鱼苗装到船的活水舱内，开启水循环和充氧设备，使海水进入活水鱼舱内进行循环，整个运输途中，鱼苗始终生活在新鲜海水中。这种运输方式，相对要求鱼苗规格较大，但对鱼苗的影响小，途中管理方便，可操作性强，成活率高。通过大江大河入海口和被污染水域时应关闭活水舱孔，利用水泵抽水进行内循环，以免水质变化太大，造成鱼苗死亡。长距离运输途中要适当投喂。

运输密度：100~150 g/尾规格的个体，密度为 50~75 kg/m^3；体长 4 cm 的个体，密度为 1 000~1 500 尾/m^3。

第五节　商品鱼的收获

一、池塘收获

当鱼体重达到500 g/尾的规格即可捕捞上市，用拖网进行全池捕捞（图14-6），每口池塘最好一次性捕完。目前卵形鲳鲹池塘养殖大多数采用高密度养殖方法。而捕捞收获均采取采用轮捕措施，卵形鲳鲹苗投放的数量多，幼鱼生长快，养殖的中后期必须进行捕大留小，稀疏密度，更有利后期的生长。所以池塘养殖卵形鲳鲹的捕捞是常年进行的生产，这样可定期向市场提供商品鱼，其余部分留在原池中继续饲养，随捕随卖。

图14-6　池塘收获

目前池塘养殖卵形鲳鲹捕捞的方式主要有两种，撒网捕捞和拖网捕捞。撒网一般捕捞量较小，但操作方便，适合于小量生产的需要。拖网捕捞渔获量大，适合于大批量商品鱼上市的需要，但工作量大，一般需要集中安排较多的人力进行生产，由于池塘养殖卵形鲳鲹存在多种规格，捕捞时，无论采用的是撒网还是拖网，渔网的网眼要选择合适，过小会对个体较小、未达商品规格的幼鱼产生伤害。至秋末，一次性收获出售。收获时先排掉大部分池水，然后用网从池子的排水端向进水端拉网，一般需拉网2~3遍才能将鱼全部捕出，最后放干池水，彻底收获。池塘收获应注意以下几点：

1. 选择好捕捞时间

要选择在晴天、鱼不浮头的黎明前后捕捞。这时捕捞对池鱼的影响最小，又能及时将捕起的鲜鱼供应早市。阴霾、闷热天气和池鱼有浮头或有鱼病发生等情况时，不宜拉网捕鱼，以免引起大量死鱼，造成不必要的经济损失。

2. 捕前停食或少饲

捕捞前一天应停食或减少投饲量，切忌为增加上市鲜鱼的体重而大量投喂精料。因为鱼饱食后耗氧量增大，捕时受惊跳跃、逃窜，容易引起伤亡。捕捞前 1 d 应清除池中木桩、树枝、漂浮杂物等，减少拉网和分拣鱼的时间，把损失减少到最小。

3. 讲究捕捞的方法

面积较大、鱼较密的池塘，不宜全池捕捞，以捕捞半池或 1/3 池为宜。以防捕鱼量太大来不及分拣造成鱼类的损伤和死亡。拉网操作要迅速而谨慎，尽量减少声响，以免惊动池鱼。把鱼围拢后，应先迅速而轻快的将网中尚未达到商品规格的小鱼拣回原池，再拣上市的大鱼，并谨防小鱼因密集挤压而受损伤或窒息死亡，导致损失。

4. 加强捕捞之后的管理

捕后的池塘，鱼活动加剧，耗氧量增大，且在捕捞时搅动了池底淤泥残渣，底部有机物质翻起，加快了氧化分解速度，也大大增加了耗氧量，故而池水的溶氧会迅速降低，极易引起池鱼缺氧浮头，需要及时冲注新水或开动增氧机增氧，并可根据水质情况，按每亩 5 kg 左右生石灰对水全池泼洒，使因拉网泛起的有机物絮凝下沉池底，改良和调节水质，以确保鱼的安全。

二、网箱养鱼的起网收获

网箱中的鱼群养到预定时间就可“挑大留小”分箱分疏或挑出达出售规格的鱼，留下小的在原箱续养，这叫“挑大留小”方法（图 14-7），这样可以两个好处：一是把网箱中大的挑出后，留下原箱的鱼群生长速度会明显加快，有利于提高群体产量；二是可以避免出现商品鱼超规格、价格降低。起网捕鱼、挑鱼的具体操作如下：

1. 准备工作

被确定要挑鱼的网箱，应提前 1 d 停喂饲料，如果已喂饱了就不能再强行操作，否则很容易出现死亡事故；如果只停喂半天的，则应在起网操作之前，每隔 0.5 h 拉一次网，让箱中鱼群充分跳跃，增强活动力，能加速排清肠道内消化物，要进行 2~3 次，如此可减少起捕所引起的损失。另外，还要先准备好一个独立的可移动的浮式网箱。

图 14-7　网箱养鱼起网收获

2. 起捕时间

一般是选在下午太阳下山前进行。如在夏天高温季节，可以选在上午 9：00 左右进行。

3. 操作程序

把浮动箱挂靠在将要挑鱼的网箱旁边，然后解掉挑鱼箱的四角沉子，用一根长毛竹从网箱一边穿过底部，两头则架在鱼排上（竹竿一定要比网箱的宽长 0.5 m 左右），由网箱的一边滚到另一边，把网衣从竹竿的一边拉到另一边，网箱里的鱼群就会被集中到网箱的一边，然后就由 3~4 个工人蹲在鱼排上，用捞网（抄网）捞出鱼并把大的挑出抛入活动箱，小的抛回原箱竹子的另一边，并由另一个工人专门记数。挑完鱼后抽取竹竿，挂好沉子即完成整个挑鱼工作。装满商品鱼的活动箱可随时拉到码头售鱼，如未立即出售，则还可以投喂饲料，直到售鱼前1 d停喂。

三、活鱼运输

近年活鱼市场急速成长，且以高经济价值鱼类为主。市场上冰鲜鱼与活鱼价差几乎达一倍以上。如何以活鱼状态送至消费者手中，是目前活鱼运输迫切需要解决的问题，它将在一定程度提高养殖者的经济效益。

成鱼运输方法一般用活鱼运输车和活水船。

1. 活鱼运输车（图 14-8）

由水箱、真空泵和洒水装置组成水箱分为两种，一种为大帆布袋，洒水装置是由真空泵将鱼箱内的水抽起．再从上方向水面喷淋；另一种为按车厢大小设计的不锈钢水箱，洒水装置为按三面固定于水箱壁上部的管道。

图 14-8　活鱼运输车

2. 活水船（图 14-9）

在船的底舱两侧开数个小窗口或开多个圆洞，平时以木塞堵住避免漏水，运输活鱼时再将木塞去除，水即可从小窗口或圆洞流入船舱中。在行船时可利用行船压力使水形成对流，不断地输进新水排出旧水，使舱内的水为活水，以增加氧气，可减少途中加水、换水或增加氧气设备等程序的困扰。采用活水船供氧应注意以下几点：

图 14-9　活水船

① 洞口应安装铁丝网，以防鱼从窗口跑出。

② 应随时将舱内的污物及死鱼捞出，以防止水质污染。

③ 船舱上、中、下层均开数个洞，以便舱内水的循环。同时舱内水应保持在1 m以上，若水线太低容易使鱼因过热而死。

④ 停船时，应停靠在有水流的地方，并使船的侧面面向水流，以便水流的进出，防止缺氧死鱼。

⑤ 活水船的装载量，一般每吨水体可装50～75 kg活鱼，但应根据不同季节而增减。天气凉或较冷时数量可增加，天气热时应适当减少。活水船需有增氧设备，以备不时之需。

附　录

一、渔用配合饲料的安全指标限量

附录1　渔用配合饲料的安全指标限量

项目	限量	适用范围
铅（以Pb计）(mg/kg)	≤5.0	各类渔用配合饲料
汞（以Hg计）(mg/kg)	≤0.5	各类渔用配合饲料
无机砷（以As计）(mg/kg)	≤3	各类渔用配合饲料
镉（以Cd计）(mg/kg)	≤3 ≤0.5	海水鱼类、虾类配合饲料 其他渔用配合饲料
铬（以Cr计）(mg/kg)	≤10	各类渔用配合饲料
氟（以F计）(mg/kg)	≤350	各类渔用配合饲料
游离棉酚（mg/kg)	≤300 ≤150	温水杂食性鱼类、虾类配合饲料 冷水性鱼类、海水鱼类配合饲料
氰化物（mg/kg)	≤50	各类渔用配合饲料
多氯联苯（mg/kg)	≤0.3	各类渔用配合饲料
异硫氰酸酯（mg/kg)	≤500	各类渔用配合饲料
噁唑烷硫酮（mg/kg)	≤500	各类渔用配合饲料
油脂酸价（KOH）(mg/kg)	≤2 ≤6 ≤3	渔用育苗配合饲料 渔用育成配合饲料 鳗鲡育成配合饲料
黄曲霉素 B_1 (mg/kg)	≤0.01	各类渔用配合饲料
六六六（mg/kg)	≤0.3	各类渔用配合饲料
滴滴涕（mg/kg)	≤0.2	各类渔用配合饲料
沙门氏菌（cfu/25 g)	不得检出	各类渔用配合饲料
霉菌（cfu/g)	$\leq 3\times10^4$	各类渔用配合饲料

二、渔用药物使用准则

（一）渔用药物

1. 用以预防、控制和治疗水产动植物的病、虫、害，促进养殖品种健康生长，增强机体抗病能力以及改善养殖水体质量的一切物质，简称“渔药”。

2. 生物源渔药

直接利用生物活体或生物代谢过程中产生的具有生物活性的物质或从生物体提取的物质作为防治水产动物病害的渔药。

3. 渔用生物制品

应用天然或人工改造的微生物、寄生虫、生物毒素或生物组织及其代谢产物为原材料，采用生物学、分子生物学或生物化学等相关技术制成的、用于预防、诊断和治疗水产动物传染病和其他有关疾病的生物制剂。它的效价或安全性应采用生物学方法检定并有严格的可靠性。

4. 休药期

最后停止给药日至水产品作为食品上市出售的最短时间。

（二）渔用药物使用基本原则

1. 渔用药物的使用应以不危害人类健康和不破坏水域生态环境为基本原则。

2. 水生动植物增养殖过程中对病虫害的防治，坚持“以防为主，防治结合”。

3. 渔药的使用应严格遵循国家和有关部门的有关规定，严禁生产、销售和使用未经取得生产许可证、批准文号与没有生产执行标准的渔药。

4. 积极鼓励研制、生产和使用“三效”（高效、速效、长效）、“三小”（毒性小、副作用小、用量小）的渔药，提倡使用水产专用渔药、生物源渔药和渔用生物制品。

5. 病害发生时应对症用药，防止滥用渔药与盲目增大用药量或增加用药次数、延长用药时间。

6. 食用鱼上市前，应有相应的休药期。休药期的长短，应确保上市水产品的药物残留限量符合 NY 5070 要求。

7. 水产饲料中药物的添加应符合 NY 5072 要求，不得选用国家规定禁止使用的药物或添加剂，也不得在饲料中长期添加抗菌药物。

（三）渔用药物使用方法

附录2　渔用药物使用方法

渔药名称	用途	用法与用量	休药期（d）	注意事项
氧化钙（生石灰）calcii oxydum	用于改善池塘环境，清除敌害生物及预防部分细菌性鱼病	带水清塘：200～250 mg/L（虾类：350～400 mg/L） 全池泼洒：20 mg/L（虾类：15～30 mg/L）		不能与漂白粉、有机氯、重金属盐、有机络合物混用
漂白粉 bleaching powder	用于清塘、改善池塘环境及防治细菌性皮肤病、烂鳃病出血病	带水清塘：20 mg/L 全池泼洒：1.0～1.5 mg/L	≥5	1. 勿用金属容器盛装。 2. 勿与酸、铵盐、生石灰混用
二氯异氰尿酸钠 sodium dichloroisocyanurate	用于清塘及防治细菌性皮肤溃疡病、烂鳃病、出血病	全池泼洒：0.3～0.6 mg/L	≥10	勿用金属容器盛装
三氯异氰尿酸 trichlorosisocyanuric acid	用于清塘及防治细菌性皮肤溃疡病、烂鳃病、出血病	全池泼洒：0.2～0.5 mg/L	≥10	1. 勿用金属容器盛装。 2. 针对不同的鱼类和水体的pH，使用量应适当增减
二氧化氯 chlorine dioxide	用于防治细菌性皮肤病、烂鳃病、出血病	浸浴： 20～40 mg/L，5～10 min 全池泼洒：0.1～0.2 mg/L，严重时0.3～0.6 mg/L	≥10	1. 勿用金属容器盛装。 2. 勿与其他消毒剂混用
二溴海因	用于防治细菌性和病毒性疾病	全池泼洒：0.2～0.3 mg/L		
氯化钠（食盐）sodium choiride	用于防治细菌、真菌或寄生虫疾病	浸浴：1%～3%，5～20 min		

续表

渔药名称	用途	用法与用量	休药期（d）	注意事项
硫酸铜（蓝矾、胆矾、石胆）copper sulfate	用于治疗纤毛虫、鞭毛虫等寄生性原虫病	浸浴：8 mg/L（海水鱼类：8～10 mg/L），15～30 min 全池泼洒： 0.5～0.7 mg/L（海水鱼类：0.7～1.0 mg/L）		1. 常与硫酸亚铁合用。 2. 广东鲂慎用。 3. 勿用金属容器盛装。 4. 使用后注意池塘增氧。 5. 不宜用于治疗小瓜虫病
硫酸亚铁（硫酸低铁、绿矾、青矾）ferrous sulphate	用于治疗纤毛虫、鞭毛虫等寄生性原虫病	全池泼洒：0.2 mg/L（与硫酸铜合用）		1. 治疗寄生性原虫病时需与硫酸铜合用。 2. 乌鳢慎用
高锰酸钾（锰酸钾、灰锰氧、锰强灰）potassium permanganate	用于杀灭锚头鳋	浸浴： 10～20 mg/L，15～30 min 全池泼洒：4～7 mg/L		1. 水中有机物含量高时药效降低。 2. 不宜在强烈阳光下使用
四烷基季铵盐络合碘（季铵盐含量为50%）	对病毒、细菌、纤毛虫、藻类有杀灭作用	全池泼洒：0.3 mg/L（虾类相同）		1. 勿与碱性物质同时使用。 2. 勿与阴性离子表面活性剂混用。 3. 使用后注意池塘增氧。 4. 勿用金属容器盛装
大蒜 crow's treacle，garlic	用于防治细菌性肠炎	拌饵投喂：10～30 g/kg 体重，连用4～6 d（海水鱼类相同）		
大蒜素粉（含大蒜素10%）	用于防治细菌性肠炎	0.2 g/kg 体重，连用4～6 d（海水鱼类相同）		
大黄 medicinal rhubarb	用于防治细菌性肠炎、烂鳃	全池泼洒： 2.5～4.0 mg/L（海水鱼类相同） 拌饵投喂：5～10 g/kg 体重，连用4～6 d（海水鱼类相同）		投喂时常与黄芩、黄柏合用（三者比例为5∶2∶3）

续表

渔药名称	用途	用法与用量	休药期(d)	注意事项
黄芩 raikai skullcap	用于防治细菌性肠炎、烂鳃、赤皮、出血病	拌饵投喂：2~4 g/kg 体重，连用 4~6 d（海水鱼类相同）		投喂时常与大黄、黄柏合用（三者比例为 2：5：3）
黄柏 amur corktree	用防防治细菌性肠炎、出血	拌饵投喂：3~6 g/kg 体重，连用 4~6 d（海水鱼类相同）		投喂时常与大黄、黄芩合用（三者比例为 3：5：2）
五倍子 Chinese sumac	用于防治细菌性烂鳃、赤皮、白皮、疖疮	全池泼洒：2~4 mg/L（海水鱼类相同）		
穿心莲 common andrographis	用于防治细菌性肠炎、烂鳃、赤皮	全池泼洒：15~20 mg/L 拌饵投喂：10~20 g/kg 体重，连用 4~6 d		
苦参 lightyellow sophora	用于防治细菌性肠炎、竖鳞	全池泼洒：1.0~1.5 mg/L 拌饵投喂：1~2 g/kg 体重，连用 4~6 d		
土霉素 oxytetracycline	用于治疗肠炎病、弧菌病	拌饵投喂：50~80 mg/kg 体重，连用 4~6 d（海水鱼类相同，虾类：50~80 mg/kg 体重，连用 5~10 d）	≥30（鳗鲡） ≥21（鲶鱼）	勿与铝、镁离子及卤素、碳酸氢钠、凝胶合用
噁喹酸 oxolinic acid	用于治疗细菌肠炎病、赤鳍病、香鱼、对虾弧菌病，鲈鱼结节病，鲱鱼疖疮病	拌饵投喂：10~30 mg/kg 体重，连用 5~7 d（海水鱼类 1~20 mg/kg 体重；对虾：6~60 mg/kg 体重，连用 5 d）	≥25（鳗鲡） ≥21（鲤鱼、香鱼） ≥16（其他鱼类）	用药量视不同的疾病有所增减
磺胺嘧啶（磺胺哒嗪） sulfadiazine	用于治疗鲤科鱼类的赤皮病、肠炎病，海水鱼链球菌病	拌饵投喂：100 mg/kg 体重连用 5 d（海水鱼类相同）		1. 与甲氧苄氨嘧啶（TMP）同用，可产生增效作用。 2. 第一天药量加倍

续表

渔药名称	用途	用法与用量	休药期（d）	注意事项
磺胺甲噁唑（新诺明、新明磺）sulfamethoxazole	用于治疗鲤科鱼类的肠炎病	拌饵投喂：100 m/kg体重，连用5~7 d		1. 不能与酸性药物同用。 2. 与甲氧苄氨嘧啶（TMP）同用，可产生增效作用。 3. 第一天药量加倍
磺胺间甲氧嘧啶（制菌磺、磺胺-6-甲氧嘧啶）sulfamonomethoxine	用鲤科鱼类的竖鳞病、赤皮病及弧菌病	拌饵投喂：50~100 mg/kg体重，连用4~6 d	≥37（鳗鲡）	1. 与甲氧苄氨嘧啶（TMP）同用，可产生增效作用。 2. 第一天药量加倍
氟苯尼考 florfenicol	用于治疗鳗鲡爱德华氏病、赤鳍病	拌饵投喂：10.0 mg/kg体重，连用4~6 d	≥7（鳗鲡）	
聚维酮碘（聚乙烯吡咯烷酮碘、皮维碘、PVP-1、伏碘）（有效碘1.0%）povidone-iodine	用于防治细菌烂鳃病、弧菌病、鳗鲡红头病。并可用于预防病毒病：如草鱼出血病、传染性胰腺坏死病、传染性造血组织坏死病、病毒性出血败血症	全池泼洒：海、淡水幼鱼、幼虾：0.2~0.5 mg/L 海、淡水成鱼、成虾：1~2 mg/L 鳗鲡：2~4 mg/L 浸浴： 草鱼种：30 mg/L，15~20 min 鱼卵： 30~50 mg/L（海水鱼卵25~30 mg/L），5~15 min		1. 勿与金属物品接触。 2. 勿与季铵盐类消毒剂直接混合使用

注1：用法与用量栏未标明海水鱼类与虾类的均适用于淡水鱼类。

2：休药期为强制性。

（四）禁用渔药

严禁使用高毒、高残留或具有三致毒性（致癌、致畸致突变）的渔药。严禁使用对水域环境有严重破坏而又难以修复的渔药，严禁直接向养殖水域泼洒抗菌素，严禁将新近开发的人用新药作为渔药的主要或次要成分。禁用渔药见附表3。

附录3 禁用渔药

药物名称	化学名称（组成）	别名
地虫硫磷 fonofos	0-2基-S苯基二硫代磷酸乙酯	大风雷
六六六 BHC（HCH） Benzem，bexachloridge	1，2，3，4，5，6-六氯环已烷	
林丹 lindane，agammaxare，gamma-BHC gamma-HCH	γ-1，2，3，4，5，6-六氯环已烷	丙体六六六
毒杀芬 camphechlor（ISO）	八氯莰烯	氯化莰烯
滴滴涕 DDT	2，2-双（对氯苯基）-1，1，1-三氯乙烷	
甘汞 calomel	二氯化汞	
硝酸亚汞 mercurous nitrate	硝酸亚汞	
醋酸汞 mercuric acetate	醋酸汞	
呋喃丹 carbofuran	2，3-氢-2，2-二甲基-7-苯并呋喃-甲基氨基甲酸酯	克百威、大扶农
杀虫脒 chlordimeform	N-（2-甲基-4-氯苯基）N′，N′-二甲基甲脒盐酸盐	克死螨
双甲脒 anitraz	1，5-双-（2，4-二甲基苯基）-3-甲基1，3，5-三氮戊二烯-1，4	二甲苯胺脒
氟氯氰菊酯 flucythrinate	（R，S）-α-氰基-3-苯氧苄基-（R，S）-2-（4-二氟甲氧基）-3-甲基丁酸酯	保好江乌　氟氰菊酯
五氯酚钠 PCP-Na	五氯酚钠	
孔雀石绿 malachite green	$C_{23}H_{25}ClN_2$	碱性绿、盐基块绿 孔雀绿
锥虫胂胺 tryparsamide		
酒石酸锑钾 anitmonyl potassium tartrate	酒石酸锑钾	

续附表

药物名称	化学名称（组成）	别名
磺胺噻唑 sulfathiazolum ST，norsultazo	2-（对氨基苯碘酰胺）-噻唑	消治龙
磺胺脒 sulfaguanidine	N_1-脒基磺胺	磺胺胍
呋喃西林 furacillinum，nitrofurazone	5-硝基呋喃醛缩氨基脲	呋喃新
呋喃唑酮 furazolidonum，nifulidone	3-（5-硝基糠叉胺基）-2-噁唑烷酮	痢特灵
呋喃那斯 furanace，nifurpirinol	6-羟甲基-2-［-5-硝基-2-呋喃基乙烯基］吡啶	P-7138 （实验名）
氯霉素 （包括其盐、酯及制剂） chloramphennicol	由委内瑞拉链霉素生产或合成法制成	
红霉素 erythromycin	属微生物合成，是 *Streptomyces eyythreus* 生产的抗生素	
杆菌肽锌 zinc bacitracin premin	由枯草杆菌 *Bacillus subtilis* 或 *B. leicheniformis* 所产生的抗生素，为一含有噻唑环的多肽化合物	枯草菌肽
泰乐菌素 tylosin	S. fradiae 所产生的抗生素	
环丙沙星 ciprofloxacin（CIPRO）	为合成的第三代喹诺酮类抗菌药，常用盐酸盐水合物	环丙氟哌酸
阿伏帕星 avoparcin		阿伏霉素
喹乙醇 olaquindox	喹乙醇	喹酰胺醇羟乙喹氧
速达肥 fenbendazole	5-苯硫基-2-苯并咪唑	苯硫哒唑氨甲基甲酯
己烯雌酚 （包括雌二醇等其他类似合成等雌性激素） diethylstilbestrol，stilbestrol	人工合成的非甾体雌激素	乙烯雌酚，人造求偶素

续附表

药物名称	化学名称（组成）	别名
甲基睾丸酮 （包括丙酸睾丸素、去氢甲睾酮以及同化物等雄性激素） methyltestosterone，metandren	睾丸素 C_{17} 的甲基衍生物	甲睾酮甲基睾酮

（五）无公害食品

水产品中渔药残留限量 NY 5070—2002（摘录）

附录4　水产品中渔药残留限量

药物类别		药物名称		指标（MRL）（μg/kg）
		中文	英文	
抗生素类	四环素类	金霉素	Chlortetracycline	100
		土霉素	Oxytetracycline	100
		四环素	Tetracycline	100
	氯霉素类	氯霉素	Chloramphenicol	不得检出
磺胺类及增效剂		磺胺嘧啶	Sulfadiazine	100 （以总量计）
		磺胺甲基嘧啶	Sulfamerazine	
		磺胺二甲基嘧啶	Sulfadimidine	
		磺胺甲噁唑	Sulfamethoxaozole	
		甲氧苄啶	Trimethoprim	50
喹诺酮类		噁喹酸	Oxilinic acid	300
硝基呋喃类		呋喃唑酮	Furazolidone	不得检出
其他		己烯雌酚	Diethylstilbestrol	不得检出
		喹乙醇	Olaquindox	不得检出

三、食品动物禁用的兽药及其他化合物清单

（农业部公告第193号）

为保证动物源性食品安全，维护人民身体健康，根据《兽药管理条例》的规定，我部制定了《食品动物禁用的兽药及其他化合物清单》（以下简称《禁用清单》），现公告如下：

1.《禁用清单》序号1～18所列品种的原料药及其单方、复方制剂产品停止生

产，已在兽药国家标准、农业部专业标准及兽药地方标准中收载的品种，废止其质量标准，撤销其产品批准文号；已在我国注册登记的进口兽药，废止其进口兽药质量标准，注销其《进口兽药登记许可证》。

2. 截至2002年5月15日，《禁用清单》序号1~18所列品种的原料药及其单方、复方制剂产品停止经营和使用。

3. 《禁用清单》序号19~21所列品种的原料药及其单方、复方制剂产品不准以抗应激、提高饲料报酬、促进动物生长为目的在食品动物饲养过程中使用。

附录5　食品动物禁用的兽药及其他化合物清单

序号	兽药及其他化合物名称	禁止用途	禁用动物
1	β-兴奋剂类：克仑特罗 Clenbuterol、沙丁胺醇 Salbutamol、西马特罗 Cimaterol 及其盐、酯及制剂	所有用途	所有食品动物
2	性激素类：已烯雌酚 Diethylstilbestrol 及其盐、酯及制剂	所有用途	所有食品动物
3	具有雌激素样作用的物质：玉米赤霉醇 Zeranol、去甲雄三烯醇酮 Trenbolone、醋酸甲孕酮 Mengestrol acetate 及制剂	所有用途	所有食品动物
4	氯霉素 Chloramphenicol、及其盐、酯（包括：琥珀氯霉素 Chloramphenicol succinate）及制剂	所有用途	所有食品动物
5	氨苯砜 Dapsone 及制剂	所有用途	所有食品动物
6	硝基呋喃类：呋喃唑酮 Furazolidone、呋喃它酮 Furaltadone、呋喃苯烯酸钠 Nifurstyrenate sodium 及制剂	所有用途	所有食品动物
7	硝基化合物：硝基酚钠 Sodium nitrophenolate、硝呋烯腙 Nitrovin 及制剂	所有用途	所有食品动物
8	催眠、镇静类：安眠酮 Methaqualone 及制剂	所有用途	所有食品动物
9	林丹（丙体六六六）Lindane	杀虫剂	水生食品动物
10	毒杀芬（氯化烯）Camahechlor	杀虫剂、清塘剂	水生食品动物
11	呋喃丹（克百威）Carbofuran	杀虫剂	水生食品动物
12	杀虫脒（克死螨）Chlordimeform	杀虫剂	水生食品动物
13	双甲脒 Amitraz	杀虫剂	水生食品动物
14	酒石酸锑钾 Antimony potassium tartrate	杀虫剂	水生食品动物
15	锥虫胂胺 Tryparsamide	杀虫剂	水生食品动物
16	孔雀石绿 Malachite green	抗菌、杀虫剂	水生食品动物
17	五氯酚酸钠 Pentachlorophenol sodium	杀螺剂	水生食品动物
18	各种汞制剂 包括：氯化亚汞（甘汞）Calomel、硝酸亚汞 Mercurous nitrate、醋酸汞 Mercurous acetate、吡啶基醋酸汞 Pyridyl mercurous acetate	杀虫剂	动物

续附表

序号	兽药及其他化合物名称	禁止用途	禁用动物
19	性激素类：甲基睾丸酮 Methyltestosterone、丙酸睾酮 Testosterone propionate 苯丙酸诺龙 Nandrolone phenylpropionate、苯甲酸雌二醇 Estradiol benzoate 及其盐、酯及制剂	促生长	所有食品动物
20	催眠、镇静类：氯丙嗪 Chlorpromazine、地西泮（安定）Diazepam 及其盐、酯及制剂	促生长	所有食品动物
21	硝基咪唑类：甲硝唑 Metronidazole、地美硝唑 Dimetronidazole 及其盐、酯及制剂	促生长	所有食品动物

注：食品动物是指各种供人食用或其产品供人食用的动物。

四、关于禁用药的说明

（一）氯霉素

该药对人类的毒性较大，抑制骨髓造血功能造成过敏反应，引起再生障碍性贫血（包括白细胞减少、红细胞减少、血小板减少等），此外该药还可引起肠道菌群失调及抑制抗体的形成。该药已在国外较多国家禁用。

（二）呋喃唑酮

呋喃唑酮残留会对人类造成潜在危害，可引起溶血性贫血、多发性神经炎、眼部损害和急性肝坏死等残病。目前已被欧盟等国家禁用。

（三）甘汞、硝酸亚汞、醋酸汞和吡啶基醋酸汞

汞对人体有较大的毒性，极易产生富集性中毒，出现肾损害。国外已经在水产养殖上禁用这类药物。

（四）锥虫胂胺

由于砷有剧毒，其制剂不仅可在生物体内形成富集，而且还可对水域环境造成污染，因此它具有较强的毒性，国外已被禁用。

（五）五氯酚钠

它易溶于水，经日光照射易分解。它造成中枢神经系统、肝、肾等器官的损害，对鱼类等水生动物毒性极大。该药对人类也有一定的毒性，对人的皮肤、鼻、眼等黏膜刺激性强，使用不当，可引起中毒。

（六）孔雀石绿

孔雀石绿有较大的副作用：它能溶解足够的锌，引起水生动物急性锌中毒，更严重的是孔雀绿是一种致癌、致畸药物，可对人类造成潜在的危害。

（七）杀虫脒和双甲脒

农业部、卫生部在发布的农药安全使用规定中把杀虫脒列为高毒药物，1989 年已宣布杀虫脒作为淘汰药物；双甲脒不仅毒性高，其中间代谢产物对人体也有致癌作用。该类药物还可通过食物链的传递，对人体造成潜在的致癌危险。该类药物国外也被禁用。

（八）林丹、毒杀芬

均为有机氯杀虫剂。其最大的特点是自然降解慢，残留期长，有生物富集作用，有致癌性，对人体功能性器官有损害等。该类药物国外已经禁用。

（九）甲基睾丸酮、己烯雌粉

属于激素类药物。在水产动物体内的代谢较慢，极小的残留都可对人类造成危害。

甲基睾丸酮对妇女可能会引起类似早孕的反应及乳房胀、不规则出血等；大剂量应用影响肝脏功能；孕妇有女胎男性化和畸胎发生，容易引起新生儿溶血及黄疸。

己烯雌粉可引进恶心、呕吐、食欲不振、头痛反应，损害肝脏和肾脏；可引起子宫内膜过度增生，导致孕妇胎儿畸形。

（十）酒石酸锑钾

该药是一种毒性很大的药物，尤其是对心脏毒性大，能导致室性心动过速，早博，甚至发生急性心源性脑缺血综合征；该药还可使肝转氨酶升高，肝肿大，出现黄疸，并发展成中毒性肝炎。该药在国外已被禁用。

（十一）喹乙醇

主要作为一种化学促生长剂在水产动物饲料中添加，它的抗菌作用是次要的。由于此药的长期添加，已发现对水产养殖动物的肝、肾能造成很大的破坏，引起水产养殖动物肝脏肿大、腹水，造成水产动物的死亡。如果长期使用该类药，则会造成耐药性，导致肠球菌广为流行，严重危害人类健康。欧盟等禁用。

五、海水养殖用水水质标准

NY 5052—2001 无公害食品 海水养殖用水水质

附录 6　海水养殖水质要求

序号	项　目	标　准　值
1	色、臭、味	海水养殖水体不得有异色、异臭、异味
2	大肠菌群，个/L	≤5 000，供人生食的贝类养殖水质≤500
3	粪大肠菌群，个/L	≤2 000，供人生食的贝类养殖水质≤140
4	汞，mg/L	≤0. 000 2
5	镉，mg/L	≤0. 005
6	铅，mg/L	≤0. 05
7	六价铬，mg/L	≤0. 01
8	总铬，mg/L	≤0. 1
9	砷，mg/L	≤0. 03
10	铜，mg/L	≤0. 01
11	锌，mg/L	≤0. 1
12	硒，mg/L	≤0. 02
13	氰化物，mg/L	≤0. 005
14	挥发性酚，mg/L	≤0. 005
15	石油类，mg/L	≤0. 05
16	六六六，mg/L	≤0. 001
17	滴滴涕，mg/L	≤0. 000 05
18	马拉硫磷，mg/L	≤0. 000 5
19	甲基对硫磷，mg/L	≤0. 000 5
20	乐果，mg/L	≤0. 1
21	多氯联苯，mg/L	≤0. 000 02

六、海水盐度、相对密度换算表

附录7　海水17.5℃时，海水盐度与相对密度的相互关系

盐 度	比 重	盐 度	比 重	盐 度	比 重	盐 度	比 重
1.84	1.001 4	5.70	1.004 4	9.63	1.007 4	13.57	1.010 4
1.91	1.001 5	5.83	1.004 5	9.76	1.007 5	13.70	1.010 5
2.03	1.001 6	5.96	1.004 6	9.89	1.007 6	13.84	1.010 6
2.17	1.001 7	6.09	1.004 7	10.03	1.007 7	13.96	1.010 7
2.30	1.001 8	6.22	1.004 8	10.16	1.007 8	14.09	1.010 8
2.43	1.001 9	6.36	1.004 9	10.28	1.007 9	14.23	1.010 9
2.56	1.002 0	6.49	1.005 0	10.42	1.008 0	14.36	1.011 0
2.69	1.002 1	6.62	1.005 1	10.55	1.008 1	14.49	1.011 1
2.83	1.002 2	6.74	1.005 2	10.68	1.008 2	14.61	1.011 2
2.95	1.002 3	6.88	1.005 3	10.81	1.008 3	14.75	1.011 3
3.08	1.002 4	7.01	1.005 4	10.94	1.008 4	14.89	1.011 4
3.21	1.002 5	7.14	1.005 5	11.08	1.008 5	15.01	1.011 5
3.35	1.002 6	7.27	1.005 6	11.20	1.008 6	15.15	1.011 6
3.48	1.002 7	7.40	1.005 7	11.34	1.008 7	15.28	1.011 7
3.60	1.002 8	7.54	1.005 8	11.47	1.008 8	15.41	1.011 8
3.73	1.002 9	7.67	1.005 9	11.60	1.008 9	15.53	1.011 9
3.87	1.003 0	7.79	1.006 0	11.73	1.009 0	15.67	1.012 0
4.00	1.003 1	7.93	1.006 1	11.86	1.009 1	15.81	1.012 1
4.13	1.003 2	8.06	1.006 2	12.00	1.009 2	15.93	1.012 2
4.26	1.003 3	8.19	1.006 3	12.12	1.009 3	16.07	1.012 3
4.40	1.003 4	8.31	1.006 4	12.26	1.009 4	16.20	1.012 4
4.52	1.003 5	8.45	1.006 5	12.39	1.009 5	16.33	1.012 5
4.65	1.003 6	8.59	1.006 6	12.52	1.009 6	16.46	1.012 6
4.78	1.003 7	8.71	1.006 7	12.65	1.009 7	16.59	1.012 7
4.92	1.003 8	8.84	1.006 8	12.78	1.009 8	16.73	1.012 8
5.05	1.003 9	8.97	1.006 9	12.92	1.009 9	16.85	1.012 9
5.17	1.004 0	9.11	1.007 0	13.04	1.010 0	16.98	1.013 0
5.31	1.004 1	9.24	1.007 1	13.17	1.010 1	17.12	1.013 1
5.44	1.004 2	9.37	1.007 2	13.31	1.010 2	17.25	1.013 2
5.57	1.004 3	9.51	1.007 3	13.44	1.010 3	17.38	1.013 3

续附表

盐度	比重	盐度	比重	盐度	比重	盐度	比重
17.51	1.013 4	21.72	1.016 6	25.91	1.019 8	30.12	1.023 0
17.65	1.013 5	21.85	1.016 7	26.05	1.019 9	30.25	1.023 1
17.77	1.013 6	21.98	1.016 8	26.18	1.020 0	30.37	1.023 2
17.90	1.013 7	22.11	1.016 9	26.31	1.020 1	30.51	1.023 3
18.04	1.013 8	22.25	1.017 0	26.45	1.020 2	30.64	1.023 4
18.17	1.013 9	22.38	1.017 1	26.58	1.020 3	30.77	1.023 5
18.30	1.014 0	22.50	1.017 2	26.71	1.020 4	30.90	1.023 6
18.43	1.014 1	22.64	1.017 3	26.83	1.020 5	31.03	1.023 7
18.57	1.014 2	22.77	1.017 4	26.97	1.020 6	31.17	1.023 8
18.69	1.014 3	22.90	1.017 5	27.11	1.020 7	31.29	1.023 9
18.82	1.014 4	23.03	1.017 6	27.23	1.020 8	31.43	1.024 0
18.96	1.014 5	23.16	1.017 7	27.36	1.020 9	31.56	1.024 1
19.09	1.014 6	23.30	1.017 8	27.49	1.021 0	31.69	1.024 2
19.22	1.014 7	23.42	1.017 9	27.63	1.021 1	31.82	1.024 3
19.35	1.014 8	23.56	1.018 0	27.75	1.021 2	31.94	1.024 4
19.49	1.014 9	23.69	1.018 1	27.89	1.021 3	32.09	1.024 5
19.61	1.015 0	23.82	1.018 2	28.03	1.021 4	32.21	1.024 6
19.74	1.015 1	23.95	1.018 3	28.15	1.021 5	32.34	1.024 7
19.88	1.015 2	24.08	1.018 4	28.28	1.021 6	32.47	1.024 8
20.01	1.015 3	24.22	1.018 5	28.41	1.021 7	32.60	1.024 9
20.14	1.015 4	24.34	1.018 6	28.55	1.021 8	32.74	1.025 0
20.27	1.015 5	24.47	1.018 7	28.68	1.021 9	32.86	1.025 1
20.41	1.015 6	24.61	1.018 8	28.80	1.022 0	32.99	1.025 2
20.53	1.015 7	24.74	1.018 9	28.94	1.022 1	33.13	1.025 3
20.66	1.015 8	24.87	1.019 0	29.07	1.022 2	33.26	1.025 4
20.80	1.015 9	25.00	1.019 1	29.20	1.022 3	33.39	1.025 5
20.93	1.016 0	25.14	1.019 2	29.33	1.022 4	33.51	1.025 6
21.06	1.016 1	25.26	1.019 3	29.46	1.022 5	33.65	1.025 7
21.19	1.016 2	25.39	1.019 4	29.60	1.022 6	33.78	1.025 8
21.33	1.016 3	25.53	1.019 5	29.72	1.022 7	33.91	1.025 9
21.46	1.016 4	25.66	1.019 6	29.85	1.022 8	34.04	1.026 0
21.58	1.016 5	25.79	1.019 7	29.98	1.022 9	34.17	1.026 1

续附表

盐 度	比 重	盐 度	比 重	盐 度	比 重	盐 度	比 重
34. 31	1. 026 2	36. 13	1. 027 6	37. 95	1. 029 0	39. 78	1. 030 4
34. 43	1. 026 3	36. 26	1. 027 7	38. 08	1. 029 1	39. 90	1. 030 5
34. 56	1. 026 4	36. 39	1. 027 8	38. 22	1. 029 2	40. 04	1. 030 6
34. 70	1. 026 5	36. 52	1. 027 9	38. 35	1. 029 3	40. 17	1. 030 7
34. 83	1. 026 6	36. 65	1. 028 0	38. 48	1. 029 4	40. 30	1. 030 8
34. 96	1. 026 7	36. 78	1. 028 1	38. 60	1. 029 5	40. 43	1. 030 9
35. 08	1. 026 8	36. 91	1. 028 2	38. 73	1. 029 6	40. 53	1. 031 0
35. 21	1. 026 9	37. 04	1. 028 3	38. 87	1. 029 7	40. 68	1. 031 1
35. 35	1. 027 0	37. 18	1. 028 4	39. 00	1. 029 8	40. 81	1. 031 2
35. 48	1. 027 1	37. 30	1. 028 5	39. 13	1. 029 9	40. 95	1. 031 3
35. 61	1. 027 2	37. 43	1. 028 6	39. 25	1. 023 0	41. 08	1. 031 4
35. 73	1. 027 3	37. 56	1. 028 7	39. 38	1. 023 1	41. 20	1. 031 5
35. 87	1. 027 4	37. 69	1. 028 8	39. 52	1. 023 2	41. 33	1. 031 6
36. 00	1. 027 5	37. 83	1. 028 9	39. 65	1. 023 3	41. 46	1. 031 7

七、常见计量单位换算表

长度：

1 千米（公里，km）= 1 000 米（m）

1 米（公尺，m）= 100 厘米（cm）

1 厘米（cm）= 10 毫米（mm）

1 毫米 = 1 000 微米（μm）

1 市尺 * = 1/3 米

1 市寸 * = 3. 331 厘米

1 英寸 * = 2. 54 厘米

面积：

1 公顷（ha）= 100 公亩（a）= 15 亩*

1 公亩（a）= 100 平方米（m^2）

1 平方米（m^2）= 10 000 平方厘米（cm^2）

1 亩* = 666. 67 平方米（m^2）

体积（容积）：

1 立方米（m^3）= 1 000 000 立方厘米（cm^3）

1 立方厘米（cm^3）= 1 000 立方毫米（mm^3）

1 升（L）= 1 000 立方厘米（cm^3）= 1 000 毫升（mL）

1 毫升（ml）= 1 000 微升（μL）

重量：

1 吨（t）= 1 000 千克（公斤，kg）

1 千克（kg）= 1 000 克（g）

1 克（g）= 1 000 毫克（mg）

1 毫克（mg）= 1 000 微克（μg）

1 微克（μg）= 1 000 毫微克（mμg 或 ng）

1 毫微克（mμg 或 ng）= 1 000 微微克（pg）

* 为非法定计量单位

mg　微克（milligram）

ng　毫微克（nanogram）

pg　微微克（picogram）

根据英华大辞典：

pico　微微（μμ）10^{-12}

nano 毫微　10^{-9}

micro 微　10^{-6}

八、海洋潮汐简易计算方法

从事海水养殖，必须掌握潮汐涨落时间，使鱼、虾养殖池能及时进、排水，可利用“八分算潮法”近似算出。“八分算潮法”只要知道当地的高潮间隙和低潮间隙，就可以算出任何一天的高、低潮时间。高潮间隙与低潮间隙可在当地水文气象站查知。

“八分算潮法”的计算公式如下：

上半月高潮时=（农历日期-1）×0.8+高潮间隙

下半月高潮时=（农历日期-16）×0.8+高潮间隙

低潮时=高潮时±0.612（适用于海潮）

江潮或受河流影响的内湾的低潮时可用下面公式计算：

上半月低潮时=（农历日期-1）×0.8+低潮间隙

下半月低潮时=（农历日期-16）×0.8+低潮间隙

计算出的高潮时或低潮时±12.24 就可以得出当天另一次高潮或低潮时间。

九、SC/T 2044-2014 卵形鲳鲹　亲鱼和苗种

本标准按照 GB/T 1.1-2009 给出的规则起草。

请注意本标准的某些内容可能涉及专利。本标准的发布机构不承担识别这些专利的责任。

本标准由农业部渔业局提出。

本标准由全国水产标准化技术委员会海水养殖分技术委员会（SAC/TC156/SC2）归口。

本标准起草单位：中国水产科学研究院南海水产研究所。

本标准主要起草人：区又君、李加儿、李刘冬。

1　范围

本标准规定了卵形鲳鲹（*Trachinotus ovatus*）亲鱼和苗种的来源、规格、质量要求、检验方法和检验规则。

本标准适用于卵形鲳鲹亲鱼和苗种的质量评定。

2　规范性引用文件

下列文件对于本文件的应用是必不可少的。凡是注日期的引用文件，仅注日期的版本适用于本文件。凡是不注日期的引用文件，其最新版本（包括所有的修改单）适用于本文件。

GB 11607　渔业水质标准

GB/T 18654.2　养殖鱼类种质检验　第 2 部分：抽样方法

GB/T 18654.3　养殖鱼类种质检验　第 3 部分：性状测定

GB/T 18654.4　养殖鱼类种质检验　第 4 部分：年龄与生长的测定

SC/T 1075 鱼苗、鱼种运输通用技术要求

SC/T 7014-2006　水生动物检疫实验技术规范

3　亲鱼

3.1　亲鱼来源

3.1.1　捕自自然海区的亲鱼。

3.1.2　由自然海区捕获的苗种或由省级以上原（良）种场和遗传育种中心生产的苗种经人工养殖培育的亲鱼。

3.2　亲鱼年龄

亲鱼宜在 4 龄以上。

3.3　亲鱼质量要求

亲鱼质量应符合表 1 的要求。

表 1　亲鱼质量要求

项目	质量要求
外部形态	体型、体色正常，鳍条、鳞被完整，活动正常，反应灵敏，体质健壮
体长	480 mm 以上
体重	3 300 g 以上
性腺发育情况	在繁殖期，亲鱼性腺发育良好，腹部略微膨大

4　苗种

4.1　苗种来源

4.1.1　从自然海区捕获的苗种。

4.1.2　由符合第 3 章规定的亲鱼繁殖的苗种。

4.2　苗种规格要求

全长达到 30 mm 以上。

4.3　苗种质量要求

4.3.1　外观要求

体型、体色正常，游动活泼，规格整齐，对外界刺激反应灵敏。

4.3.2　苗种质量

全长合格率、伤残率、畸形率应符合表 2 的要求。

表 2　苗种质量要求

单位为百分率

项目	要求
全长合格率	≥95
伤残率	≤3
畸形率	≤1

4.3.3　检疫

不得检出刺激隐核虫病和神经坏死病毒病。

5　检验方法

5.1　亲鱼检验

5.1.1　外部形态

在充足自然光下肉眼观察。

5.1.2　体长、体重

按 GB/T 18654.3 的规定执行。

5.1.3　年龄

年龄主要依据鳞片上的年轮数确定，按 GB/T 18654.4 规定的方法执行。

5.1.4　性腺发育情况

采用肉眼观察、触摸相结合的方法。

5.2　苗种检验

5.2.1　外观要求

把苗种放入便于观察的容器中，加入适量水，用肉眼观察，逐项记录。

5.2.2　全长合格率

按 GB/T 18654.3 的规定测量全长，统计计算全长合格率。

5.2.3　伤残率、畸形率

肉眼观察，统计伤残和畸形个体，计算求得伤残率和畸形率。

5.2.4　检疫

5.2.4.1　刺激隐核虫病

用肉眼感观诊断和显微镜检查。

5.2.4.2　神经坏死病毒病

采用上游引物 5′-CGTGTCAGTCATGTGTCGCT-3′，下游引物 5′-CGAGTCAA-CACGGGTGAAGA-3′，按 SC/T 7014-2006 中的 8.2.8 检测。

6　检验规则

6.1　亲鱼检验规则

6.1.1　检验分类

6.1.1.1　出场检验

亲鱼销售交货或人工繁殖时逐尾进行检验。项目包括外观、年龄、体长和体重，繁殖期还包括繁殖期特征检验。

6.1.1.2　型式检验

检验项目为第 3 章规定的全部项目，在非繁殖期可免检亲鱼的繁殖期特征。有下列情况之一时应进行型式检验：

a）更换亲鱼或亲鱼数量变动较大时；

b）养殖环境发生变化，可能影响到亲鱼质量时；

c）正常生产满两年时；

d）出场检验与上次型式检验有较大差异时；

e）国家质量监督机构或行业主管部门提出要求时。

6.1.2　组批规则

一个销售批或同一催产批作为一个检验批。

6.1.3　抽样方法

出场检验的样品数为一个检验批，应全数进行检验；型式检验的抽样方法按 GB/T 18654.2 的规定。

6.1.4　判定规则

经检验，有不合格项的个体判为不合格亲鱼。

6.2　苗种检验规则

6.2.1　检验分类

6.2.1.1　出场检验

苗种在销售交货或出场时进行检验。检验项目为外观、可数指标和可量指标。

6.2.1.2　型式检验

检验项目为第4章规定的全部内容。有下列情况之一时应进行型式检验：

a）新建养殖场培育的苗种；

b）养殖条件发生变化，可能影响到苗种质量时；

c）正常生产满一年时；

d）出场检验与上次型式检验有较大差异时；

e）国家质量监督机构或行业主管部门提出型式检验要求时。

6.2.2　组批规则

以同一培育池苗种作为一个检验批。

6.2.3　抽样方法

每批苗种随机取样应在100尾以上，观察外观、伤残率、畸形率，可量指标、可数指标每批取样应在50尾以上，重复两次，取平均值。

6.2.4　判定规则

经检验，如病害项不合格，则判定该批苗种为不合格，不得复检。其他项不合格，应对原检验批取样进行复检，以复检结果为准。

7　运输要求

7.1　亲鱼运输

随捕随运，活水车（船）或塑料袋充氧运输，运输前应停止喂食1 d以上，装鱼、运输途中换水和放养的水温温差应小于2℃，盐度差应小于5。运输用水应符合GB 11607的规定。

7.2　苗种运输

运输方法按SC/T 1075的要求执行，苗种运输前应停止喂食1 d。

资料来源：中华人民共和国水产行业标准（SC/2044—2014）

参考文献

蔡文超，区又君，李加儿，等．2012. 卵形鲳鲹免疫器官的早期发育．南方水产科学，8（5）：39-45.

蔡文超，区又君，李加儿．2009. 南海区养殖条石鲷的胚胎发育．南方水产，5（4）：31-35。

陈世杰．1995. 台湾人工繁殖海水鱼苗种名辑．福建水产，（1）：81.

陈丕茂．2009. 南海北部放流物种选择和主要种类最适放流数量估算．中国渔业经济，27（2）：39-50.

陈傅晓，唐贤明，谭围，等，2011. 卵形鲳鲹深水网箱养殖风险对策分析．中国渔业经济 29（4）：145-150.

陈四海，区又君，李加儿．2011. 鱼类线粒体 DNA 及其研究进展．生物技术通报，（3）：13-20.

陈伟洲，许鼎盛，王德强，等．卵形鲳鲹人工繁殖及育苗技术研究．台湾海峡，2007，26（3）：435-442.

陈兼善原著．于名振增订．1956. 台湾脊椎动物志（中册）．台北：台湾商务印书馆：517-518.

陈世喜．2016. 卵形鲳鲹肝及鳃组织在急、慢性低氧胁迫下生理病理变化及 LDH-A 表达研究．上海：上海海洋大学硕士学位论文．

陈世喜，王鹏飞，区又君，等，2017. 急性和慢性低氧胁迫对卵形鲳鲹幼鱼鳃器官的影响．南方水产科学，13（1）：124-130.

陈世喜，王鹏飞，区又君，等，2016. 急性和慢性低氧胁迫对卵形鲳鲹幼鱼肝脏组织和抗氧化的影响．动物学杂志，51（6）：1049-1058.

成庆泰，郑葆珊．1987. 中国鱼类系统检索（上册）．北京：科学出版社：313-314.

邓思明，熊国强，詹鸿禧．1985. 鲹科鱼类侧线管系统的形态特征及其在分类上的应用．鱼类学论文集（第四辑），北京：科学出版社：41-60.

杜涛，罗杰．2004. 布氏鲳鲹人工育苗试验的研究．海洋水产研究 25（4）：46-50.

杜强，林黑着，牛津，等，2011. 卵形鲳鲹幼鱼的赖氨酸需求量．动物营养学报，23（10）：1725-1732.

范春燕，区又君，李加儿，等．2011. 卵形鲳鲹消化酶活性的研究Ⅴ 大规格幼鱼消化酶活性在不同消化器官中的分布及盐度对酶活性影响．海洋渔业，33（4）：423-428.

范春燕，区又君，李加儿，等．2012. 急性盐度胁迫对卵形鲳鲹幼鱼 Na^+-K^+-ATP 酶活性和渗透压的影响．台湾海峡，31（2）：218-224.

范春燕．2011. 盐度和低氧胁迫对卵形鲳鲹生理因子的影响．上海：上海海洋大学硕士学位论文.

方永强，戴燕玉，洪桂英．1996. 卵形鲳鲹早期卵子发生显微及超微结构的研究．台湾海峡，15（4）：407-411.

房子恒. 2013. 不同盐度对半滑舌鳎幼鱼生长的影响及其生理生态学机制的研究. 青岛：中国海洋大学硕士学位论文：5-6.

《福建鱼类志》编写组. 1985. 福建鱼类志（下卷）. 北京：科学出版社，87-89.

甘炼，郭邦勇，刘丽，等，2009. 池养条件下卵形鲳鲹仔、稚鱼生长与摄食特性. 华南农业大学学报，30（（4）：74-77.

高晓霞. 2015. 养鱼好方法 黄鳍鲷：五鱼混养，养出好收成. 海洋与渔业，(9)：34-35.

勾效伟. 2008. 4种不同食性鱼类消化道组织学、组织化学研究. 湛江：广东海洋大学硕士学位论文.

古恒光，周银环. 2009. 卵形鲳鲹深水网箱养殖密度试验. 渔业现代化，36（4）：33-37.

古恒光，周银环. 2009. 传统网箱和深水网箱养殖卵形鲳鲹的对比试验。水产养殖（12）：5-7.

古群红，宋盛宪，梁国平. 2010. 金鲳鱼（卵形鲳鲹）工厂化育苗与规模化快速养殖技术. 北京：海洋出版社.

郭根喜. 2006. 我国深水网箱养殖产业化发展存在的问题与基本对策. 南方水产，2（1）：66-70.

何永亮，区又君，李加儿. 2009. 卵形鲳鲹早期发育的研究. 上海海洋大学学报，18（4）：428-434.

何永亮. 2009. 卵形鲳鲹早期发育阶段的研究. 上海：上海海洋大学硕士学位论文.

冯广朋. 2006. 马来西亚海水养殖业现状. 渔业现代化，(5)：50-52.

黄小华，郭根喜，陶启友. 2007. 射流式吸鱼泵关键技术研究及设计. 南方水产，3（3）：41-46.

黄郁葱，简纪常，吴灶和，等. 2008. 卵形鲳鲹结节病病原的分离与鉴定. 广东海洋大学学报，28（4）：49-53。

黄建盛，陈刚，张健东，等. 2010. 摄食水平对卵形鲳鲹幼鱼的生长和能量收支的影响. 广东海洋大学学报，30（1）：18-23.

黄卉，李来好，杨贤庆，等. 2010. 卵形鲳鲹贮藏过程中品质变化动力学模型。食品科学，31（20）：490-493.

黄卉，李来好，杨贤庆，等. 2011. 卵形鲳鲹在冰藏过程中鲜度变化. 食品工业科技，32（12）：421-423.

黄忠，林黑着，牛津，等. 2011. 肌醇对卵形鲳鲹生长、饲料利用和血液指标的影响. 南方水产科学，7（3）：39-44.

吉磊，区又君，李加儿. 2011. 卵形鲳鲹3个养殖群体的微卫星多态性分析. 热带海洋学报，30（3）：62-68.

吉磊，区又君. 2010. 海水鱼类人工选育的方法和研究概况. 海洋科学，34（10）：101-107.

吉磊. 2011. 卵形鲳鲹选育群体微卫星标记、生长比较、形态性状与体重相关性分析和生态养殖研究. 上海海洋大学硕士学位论文.

蒋小珍，韦嫔媛，陈晓汉，等. 2015. 卵形鲳鲹性腺组织学观察及简易性别判定方法建立. 西南农业学报，28（1）：428-432.

揭小华，彭雄，黄波，等. 2015. 乳酸脱氢酶编码基因在肿瘤中表达及其转录调控机制的研究进展. 肿瘤（11）：1271-1277.

金鲳鱼养殖技术专题—2008年该养品种推荐：金鲳鱼. 南渔专题04期. www. bbwfish. com

雷霁霖主编，2005. 海水鱼类养殖理论与技术．北京：中国农业出版社，928-936.

李加儿，区又君．1996. 北美鲳鲹和其它鯵科鱼类的养殖．南海研究与开发，(3)：69-74.

李加儿．1993. 南海区鱼类苗种生产和放流增殖概况。第4届关于培养海洋水产资源的研究者协议会中方研究者发表论文，东京：6-12（日文版：11-18，韩文版：13-23）．财团法人 日本国海外渔业协力财团.

李加儿．1994. 中国南海海域における鱼类の增殖放流の概况。海洋水产资源の培养に关する研究者协议会论文集-I 。东京：312-318. 财团法人 日本国海外渔业协力财团。

李加儿，区又君．2003. 我国海水鱼类种苗生产现状及发展途径探讨．南海海洋渔业可持续发展研究，北京：科学出版社，18-24.

李加儿．2003. 我国海水鱼类养殖现状及健康亲鱼养殖和种苗培育．第14届中日韩海洋资源培养科技人员研讨会论文．北京：11月19-20日．财团法人 日本国海外渔业协力财团.

李加儿，区又君，刘匆．2007. 红笛鲷和卵形鲳鲹鳃的扫描电镜观察与功能探讨．海洋水产研究，28（6）：45-50.

李加儿，区又君．2011. 海水鱼类繁育技术．水产生物繁育技术．北京：化学工业出版社，111-149.

李加儿．2005. 卵形鲳鲹的人工繁育．见：麦贤杰，黄伟健，叶富良，李加儿，王云新，等．海水鱼类繁殖生物学和人工繁育．北京：海洋出版社，177-182.

李加儿．2009. 卵形鲳鲹养殖关键技术．重要养殖品种与养殖模式关键技术．中国水产科学研究院：151-160.

李金兰，陈刚，张健东，等．2014. 温度、盐度对卵形鲳鲹呼吸代谢的影响．广东海洋大学学报，2014，34（1）：30-36.

李明华．2007. 印尼和马来西亚海水鱼类养殖．水产科技，39-41.

李显育．2009. 金鲳鱼养殖技术与成本效益分析．水产前沿，(11)：32-33.

李样红，彭树锋，周全耀，等．2014. 卵形鲳鲹深水网箱养殖技术研究．科学养鱼，44（5）：44-45.

黎祖福，陈刚，宋盛宪，等．2005. 南方海水鱼类繁殖与养殖技术．北京：海洋出版社，106-115.

黎文辉，黄旭君．2012. 卵形鲳鲹深水抗风浪网箱养殖效果的观察．水产工程，(8)：254-255.

林锦宗．1995. 卵形鲳鲹亲鱼培育技术研究．“八五”水产科研重要进展，298-300，农业部渔业局.

罗奇，区又君，李加儿，等．2010. 卵形鲳鲹消化酶活性的研究Ⅱ 盐度和昼夜变化对幼鱼消化酶活性的影响．海洋渔业，32（1）：54-58.

罗奇．2010. 生态因子对卵形鲳鲹消化酶、磷酸酶活性的影响．上海：上海海洋大学硕士学位论文.

刘灵芝，钟广蓉，熊莲，等．2009. 过氧化氢酶的研究与应用新进展．化学与生物工程，26（3）：15-18.

刘汝建．2013. 盐度和温度胁迫对卵形鲳鲹选育群体生理机能的影响．上海：上海海洋大学硕士学位论文.

刘汝建，区又君，李加儿，等.2013. 盐度、温度对卵形鲳鲹选育群体肝抗氧化酶活力的影响．动物学杂志，48（3）：428-436.

刘兴旺，王华朗，张海涛，等．2010. 豆粕和发酵豆粕替代鱼粉对卵形鲳鲹摄食生长的影响．中国饲料（18）：27-30.

刘贤敏，刘晋，刘康，等.2011 年华南地区金鲳鱼养殖报告．当代水产，（2）：27-28.

刘兴旺，许丹，张海涛，等．2011. 卵形鲳鲹幼鱼蛋白质需要量的研究．南方水产科学，7（1）：45-49.

刘兴旺，王华朗，张海涛，等．2011. 卵形鲳鲹幼鱼饲料中适宜蛋白能量比的研究．水产科学，30（3）：136-139.

刘旭佳，黄国强，彭银辉.2015. 不同溶氧变动模式对鲻生长、能量代谢和氧化应激的影响．水产学报，39（5）：679-690.

刘雪华.2012. 海水流速对网箱养殖卵形鲳鲹生长的影响．水产养殖，33（7）：16-18.

刘锡强，马学坤，刘康，等.2014. 华南地区金鲳鱼养殖报告．当代水产，（2）：27-29.

刘敏，陈晓，杨圣云.2014. 中国福建南部海洋鱼类图鉴（第二卷）．北京：海洋出版社，165-166.

刘瑞玉.2008. 中国海洋生物名录．北京：科学出版社，982-983.

柳琪，区又君．2006. 鱼类早期发育阶段摄食行为研究．南方水产，2（1）：71-75.

满其蒙，徐力文，区又君，等.2012. 鰤鱼诺卡氏菌感染卵形鲳鲹的组织病理学研究．广东农业科学，39（21）：132-135.

满其蒙，冯娟，区又君，等．2013. 15 株鱼源致病性鰤鱼诺卡氏菌的聚类分析．南方水产科学，9（5）：86-92.

满其蒙，徐力文，冯娟.2013. 卵形鲳鲹鰤鱼诺卡氏菌病的药物防治．科学养鱼，（4）：62-63.

毛瑞鑫，刘福军，张晓峰，等．2009. 鲤鱼乳酸脱氢酶活性的 QTL 检测．遗传，31（4）：407-411.

孟庆闻，苏锦祥，缪学祖．1995. 鱼类分类学．北京：中国农业出版社，674.

农新闻，米强，朱瑜，等.2008. 卵形鲳鲹的含肉率及肌肉营养价值研究．中国水产，（9）：73-75.

区又君.1995. 中国南海区鱼类人工种苗生产概况．中山大学学报论丛，（3）：113-119.

区又君.1998. 我国海水经济鱼类苗种生产向产业化发展存在的问题及对策．中国水产（12）：9.

区又君，李加儿.1996. 一种海水裸腹蚤（*Moina* sp.）的大量培养．福建水产（1）：39-41.

区又君.1998. 中国海水鱼类苗种生产的现状．中越水产养殖研讨会论文集 1-9. 中国水产科学研究院，越南水产部科技司编．（中、越、英文）

区又君.1998，我国海水经济鱼类苗种生产的现状及展望．南海资源开发研究—南海海洋资源开发利用与可持续发展战略研讨会论文集，广州：广东经济出版社，649-660.

区又君.2001. 保护渔业资源应成为一项系统工程．中国渔业经济，（4）：34.

区又君.2001. 海水鱼类网箱养殖．南方农村报，10 月 4 日．农科专刊，8.

区又君，李加儿.2005. 卵形鲳鲹的早期胚胎发育．中国水产科学，12（6）：786-789.

区又君．2008. 南方海水鱼类灾后复产关键技术．科学养鱼，（5）：71.

区又君．2008. 春寒未过，渔业防寒抗灾不可掉以轻心．中国水产，(3)：3.

区又君．2008. 低温雨雪冰冻灾害对我国南方渔业生产的影响分析、存在问题和建议．见：《中国科协 2008 防灾减灾论坛特邀报告 专题报告文集》，202-206.

区又君．2013，卵形鲳鲹苗种扩繁与养殖产业．鱼类种子工程与可持续发展科技论坛论文集，中国工程院农业学部，中国水产科学研究院编，66-67.

区又君．2008. 低温冰冻灾害对我国南方渔业生产的影响、存在问题和建议．中国渔业经济，6（4）：89-93.

区又君．2008. 初夏季节要预防暴发车轮虫病．海洋与渔业（4）：46.

区又君．2008. 石斑鱼苗种标粗放养注意事项．海洋与渔业（6）：49.

区又君．2008. 海水鱼台风洪水季节要防灾害性天气影响．海洋与渔业（7）：42-43.

区又君．2008. 海水鱼高温期预防爆发性流行病．海洋与渔业（8）：45-46.

区又君．2008. 卵形鲳鲹的人工繁育技术．海洋与渔业海洋与渔业（9）：24-25.

区又君．2008. 海水鱼冬季来临前争取时机上市．海洋与渔业（10）：47-48.

区又君．2008. 海水鱼冬季要注意越冬保种．海洋与渔业（11）：49.

区又君，罗奇，李加儿．2010. 卵形鲳鲹消化酶活性的研究Ⅲ. pH 对幼鱼和成鱼消化酶活性的影响．海洋渔业，32（4）：417-421.

区又君，罗奇，李加儿，等．2011. 卵形鲳鲹消化酶活性的研究Ⅰ. 成鱼和幼鱼消化酶活性在不同消化器官中的分布及其比较．南方水产科学，7（1）：50-55.

区又君，罗奇，李加儿，等．2011. 卵形鲳鲹消化酶活性的研究Ⅳ. 养殖水温和酶反应温度对幼鱼酶活性的影响．海洋渔业，33（1）：28-32.

区又君，罗奇，李加儿．2011. 卵形鲳鲹碱性磷酸酶和酸性磷酸酶的分布及其低温保存．南方水产科学，7（2）：49-54.

区又君，何永亮，李加儿．2011. 卵形鲳鲹消化系统的胚后发育．台湾海峡，30（4）：533-539.

区又君，何永亮，李加儿．2012. 卵形鲳鲹胚后发育阶段鳃的分化和发育．中国水产科学，19（1）：13-21.

区又君，李加儿，勾效伟．2012. 卵形鲳鲹消化道的形态学、组织学和组织化学．大连海洋大学学报，27（1）：38-43.

区又君，何永亮，李加儿，等．2012. 卵形鲳鲹胚后发育阶段的体色变化和鳍的分化．热带海洋学报，31（1）：62-66.

区又君，苏慧，李加儿，等．2013. 饥饿胁迫对卵形鲳鲹幼鱼消化器官组织学的影响．中山大学学报（自然科学版），52（1）：100-110.

区又君，吉磊，李加儿，等．2013. 卵形鲳鲹不同月龄选育群体主要形态性状与体质量的相关性分析．水产学报，37（7）：961-969.

区又君，刘汝建，李加儿，等．2013. 不同盐度下人工选育卵形鲳鲹（*Trachinotus ovatus*）子代鳃线粒体丰富细胞结构变化．动物学研究，34（4）：411-416.

区又君，范春燕，李加儿，等．2014. 急性低氧胁迫对卵形鲳鲹选育群体血液生化指标的影响．海洋学报，36（4）：126-131.

区又君，范春燕，李加儿，等．2014. 盐度对卵形鲳鲹幼鱼渗透压调节和饥饿失重的影响．生态学报，34（24）：7436-7443.
区又君，李加儿，李刘冬．2014. 卵形鲳鲹亲鱼和苗种．中华人民共和国水产行业标准，SC/T 2044-2014. 中国农业出版社.
区又君，吉磊，李加儿，等．2015. 相同养殖条件下卵形鲳鲹 3 个选育群体生长特性的比较．应用海洋学学报，34（2）：177-182.
区又君，李加儿，蔡文超 .2015. 卵形鲳鲹肾脏显微和超微结构观察．海洋渔业，37（5）：434-441.
区又君，李加儿，江世贵，等．2015. 卵形鲳鲹 花鲈 军曹鱼 黄鳍鲷 美国红鱼高效生态养殖新技术．北京：海洋出版社：1-31.
区又君，陈世喜，王鹏飞，等 .2017. 卵形鲳鲹的低氧耐受性及低氧胁迫下能量代谢和鳃器官的氧化应激．南方水产科学，13（3）：120-124.
齐旭东，区又君，2008. 卵形鲳鲹不同组织同工酶表达的差异．南方水产 4（3）：38-42.
邱英华．2010. 汶莱水产养殖概况．水产前沿，（6）：42-43.
邱名毅，钟鸿干 .2012. 金鲳鱼养殖与加工市场分析．水产前沿，（5）：86-87.
邱名毅．2014. 2013 年海南省海水养殖渔情分析报告．水产前沿，（5）：92-94.
沈世杰 .1984. 台湾鱼类检索．南天书局（台湾），256.
沈世杰 .1993. 台湾鱼类志．台北：国立台湾大学动物学系，341.
深圳市水产养殖技术推广站 .1998. 金鲳鱼苗人工繁育研究总结报告.
深圳市水产养殖技术推广站 .1999.“金鲳（卵形鲳鲹）鱼苗人工繁殖研究”通过专家鉴定．水产科技（1）：12.
孙典荣，陈铮．2013. 南海鱼类检索．海洋出版社，北京：508-509.
苏友禄，冯娟，郭志勋，等．2011. 3 种美人鱼发光杆菌疫苗对卵形鲳鲹的免疫效果．华南农业大学学报，32（3）：105-110.
苏友禄，冯娟，郭志勋，等．2012. 美人鱼发光杆菌杀鱼亚种感染卵形鲳鲹的病理学观察．海洋科学，36（2）：75-81.
苏慧，区又君，李加儿，等 .2012. 卵形鲳鲹消化酶活力的研究Ⅵ. 饥饿对幼鱼存活和消化酶活力的影响．海洋渔业，34（1）：45-50.
苏慧，区又君，李加儿，等．2012. 饥饿对卵形鲳鲹幼鱼不同组织抗氧化能力、Na^+/K^+-ATP 酶活力和鱼体生化组成的影响．南方水产科学，8（6）：28-36.
苏慧，2012. 饥饿胁迫对卵形鲳鲹幼鱼生理生化影响的初步研究．上海：上海海洋大学硕士学位论文.
唐志坚，张璐，马学坤．2008. 卵形鲳鲹和南美白对虾池塘混养技术．内陆水产（9）：24-25.
唐兴本，陈百尧，袁合侠．2009. 北方池塘养殖金鲳的体会．科学养鱼，（4）：23-24.
陶启友，郭根喜．2006. 卵形鲳鲹深水网箱养殖试验．科学养鱼，（2）：39.
陶启友，郭根喜．2006. 卵形鲳鲹深水网箱养殖应注意的几点问题．齐鲁渔业，23（9）：26-27.
万程文 .2016. 高位池金鲳鱼的养殖技术．水产前沿（1）：73-74（转 76）
谭树华，罗少安，梁芳，等．2005. 亚硝酸钠对鲫鱼肝脏过氧化氢酶活性的影响．淡水渔业，35（5）：16-18.

唐兴本，陈百尧，龚琪本，等．2009．北方池塘半咸水养殖卵形鲳鲹试验．中国水产，（5）：39-40.

汪开毓，陈霞，黄锦，等．2011．无花果多糖对鲫鱼非特异性免疫功能的影响．水生生物学报，35（4）：630-637.

王江勇，郭志勋，黄剑南，等．2006．一起卵形鲳鲹幼鱼死亡原因的调查．南方水产，2（3）：54-56.

王朝明，罗莉，张桂众，等．2010．饲料脂肪水平对胭脂鱼幼鱼生长、体组成和抗氧化能力的影响．淡水渔业，40（5）：47-53.

王辅明，朱祥伟，马永鹏，等．2009．低浓度五氯酚暴露对稀有鮈鲫体内SOD活性、GSH和HSP70含量的影响．生态毒理学报，4（3）：415-421.

王刚，李加儿，区又君，等．2010．卵形鲳鲹幼鱼耗氧率和排氨率的初步研究．动物学杂志，45（3）：116-121.

王刚，李加儿，区又君，等．2010．卵形鲳鲹胚胎及早期仔鱼耗氧量的研究．生态科学，29（6）：518-523.

王刚，李加儿，区又君，等．2011．温度、盐度、pH对卵形鲳鲹幼鱼离体鳃组织耗氧量的影响．南方水产科学，7（5）：37-42.

王刚，李加儿，区又君，等．2011．环境因子对卵形鲳鲹幼鱼耗氧率和排氨率的影响．动物学杂志，46（6）：80-87.

王刚．2011．卵形鲳鲹呼吸代谢的研究．上海：上海海洋大学硕士学位论文.

王巧宁，颜天，周名江．2012．近岸和河口低氧成因及其影响的研究进展．海洋环境科学，31（5）：775-778.

王瑞旋，刘广锋，王江勇，等．2010．养殖卵形鲳鲹诺卡氏菌病的研究．海洋湖沼通报，（1）：52-58.

王瑞旋，冯娟，苏友禄，等．2010．卵形鲳鲹美人鱼发光杆菌杀鱼亚种的分离鉴定．中国水产科学，17（5）：1020-1027.

王以康．1958．鱼类分类学．上海：上海科学技术出版社，348-349.

王玉堂．2010．水产养殖用药常识与注意事项（一）．中国水产，（2）：53-56.

王玉堂．2010．水产养殖用药常识与注意事项（二）．中国水产，（3）：53-56.

王玉堂．2010．水产养殖用药常识与注意事项（三）．中国水产，（4）：57-58.

王玉堂．2010．水产养殖用药常识与注意事项（四）．中国水产，（5）：55-58.

辛玉文．2008．浅谈鱼病的检测与诊断．科学养鱼，（11）：57-58.

韦钦胜，王守强，臧家业，等．2009．海洋低氧现象的研究及相关问题初探．海洋开发与管理，26（6）：54-59.

韦钦胜，于志刚，夏长水，等．2011．夏季长江口外低氧区的动态特征分析．海洋学报（中文版），33（6）：100-109.

魏玉婷，王小洁，麦康森，等．2011．饲料中的维生素E对大菱鲆幼鱼生长、脂肪过氧化及抗氧化能力的影响．中国海洋大学学报（自然科学版），41（6）：45-50.

吴玉波，韩华，王岩．2013．饲料中硒酵母添加水平对卵形鲳鲹生长、食物利用及鱼体组成的影响. 饲料工业，34（11）：13-17.
夏伟 . 2012. 运动训练对鲤鱼（*Cyprinus carpio*）幼鱼游泳能力的影响及其代谢机制探讨．重庆：重庆师范大学硕士学位论文：20-22.
许鼎盛，王德强，陈伟洲，等 . 2006. 卵形鲳鲹人工繁殖及育苗技术研究．海水健康养殖与水产品质量安全．北京：海洋出版社，171-176.
许忠能 . 2007. 大亚湾惠阳海水网箱养殖生态系统的物质循环研究．广州：暨南大学博士学位论文.
许晓娟，李加儿，区又君，等 . 2008. 深水网箱养殖卵形鲳鲹血液指标．动物学杂志，43（6）：109-116.
许晓娟，李加儿，区又君 . 2009. 盐度对卵形鲳鲹胚胎发育和早期仔鱼的影响．南方水产 5（6）：31-35.
许晓娟，区又君，李加儿． 2010. 延迟投饵对卵形鲳鲹早期仔鱼阶段摄食、成活及生长的影响．南方水产，6（1）：37-41.
许晓娟，李加儿，区又君． 2010. 卵形鲳鲹仔鱼的饥饿和补偿生长．生态系统水平的海水养殖业．北京：海洋出版社 . 221-226.
许晓娟．几种因子对卵形鲳鲹早期生长发育影响及血液学指标研究．上海：上海海洋大学硕士学位论文，2009.
许晓娟，李加儿，区又君 . 2009. 鱼类消化系统研究进展．水产科学，28（6）：350-354.
许海东，区又君，郭志勋，等 . 2010. 神经坏死病毒对卵形鲳鲹的致病性及外壳蛋白基因序列分析. 上海海洋大学学报，19（4）：482-488.
许海东 . 2010. 卵形鲳鲹病毒性神经坏死病及其 LAMP 快速检测方法研．上海：上海海洋大学硕士学位论文.
杨正勇，徐忠，冷传慧，等 . 2011. 鲆鲽类产业技术体系经济岗位团队．穿越转型的漩涡—中国鲆鲽类养殖经济及其转型研究．北京：中国农业出版社，21-23.
严天鹏． 2007. 金鲳低盐度养殖试验小结．渔业致富指南，（5）：48-49.
姚国成． 2002. 广盐性鱼类健康养殖新技术．渔业现代化，（3）：10-13.
殷名称 . 1995. 鱼类生态学．北京：中国农业出版社：38-51.
余廷基，董聪彦 . 1992. 金鲳养殖试验．台湾省水产试验所 92 年度试验工作报告，172-174.
亚 . 2006. 印尼养殖卵形鲳鲹在日颇受青睐．现代渔业信息，2006，21（7）：46.
于娜，李加儿，区又君，等． 2011. 盐度胁迫对鲻鱼幼鱼鳃丝 Na^+/K^+-ATP 酶活力和体含水量的影响．动物学杂志，46（1）：93-99.
尹飞，孙鹏，彭士明，等． 2011. 低盐度胁迫对银鲳幼鱼肝脏抗氧化酶、鳃和肾脏 ATP 酶活力的影响．应用生态学报，22（4）：1059-1066.
张仁斋． 1964. 南海六种经济鱼类的卵子及仔鱼形态的观察．海洋渔业资源论文选集（续集），26-42.
张赐玲． 1993. 黄腊鲳的繁养殖．福寿新杂志（台湾），1：61-65.
张邦杰，梁仁杰 . 1998. 河口近岸鱼类的池塘养殖现状及在华南沿海地区的发展前景．南海资源开发研究——南海海洋资源开发利用与可持续发展战略研讨会论文集．广州：广东经济出版社，

625-636.

张邦杰，梁仁杰，毛大宁，等.1999. 卵形鲳鲹的咸水池养。河口近岸鱼类池养生物学与驯养技术（技术报告）. 东莞市水产研究所、东莞市东合成养殖场.

张邦杰，梁仁杰，王晓斌，等.2001. 卵形鲳鲹 *Trachinotus ovatus*（Linnaeus）的引进、咸、海水池养与越冬。现代渔业信息，16（3）：16-20.

张其永，洪万树，邵广昭.2000. 网箱养殖卵形鲳鲹和布氏鲳鲹分类性状的研究. 台湾海峡 19（4）：499-505.

张少宁，徐继林，侯云丹，等.2010. 卵形鲳鲹不同组织器官脂肪酸组成含量的比较. 食品科学，31（10）：192-195.

张伟涛.2009. 卵形鲳鲹 *Trachinotus ovatus* 对饲料脂肪利用的研究. 苏州：苏州大学硕士学位论文.

张春霖，成庆泰，郑葆珊，等.1955. 黄渤海鱼类调查报告. 北京：科学出版社，115-116.

郑文莲. 1981. 中国鲹科鱼类鳞片的比较研究，I. 胸鳍区及尾柄区鳞片的形态特征. 鱼类学论文集（第一辑），北京：科学出版社：33-48.

郑文莲. 1981. 中国鲹科等耳石形态的比较研究. 鱼类学论文集（第二辑）. 北京：科学出版社：39-54.

郑文莲. 1987. 鲹科鱼类的嗅觉器官及其在分类上的意义. 热带海洋，1987，6（1）：2-10.

郑石勤，林烈堂.1990. 黄腊鲹人工繁殖成功. 养鱼世界，(4)：140-146.

郑石勤. 2012. 台湾养殖黄腊鲹以长鳍为主流. 水产前沿，(12)：73-77.

中国水产科学研究院. 中国水产科学研究院中长期发展规划（2009-2020 年）.

中国水产科学研究院.2008. 中国水产科学发展报告（2005-2007）. 北京：海洋出版社.

中国养殖业可持续发展战略研究项目组.2013. 中国养殖业可持续发展战略研究（水产养殖卷）. 北京：中国农业出版社.

中国水产科学研究院.1999. 21 世纪处我国渔业科技重点领域发展战略研究. 北京：中国农业科技出版社.

中国水产学会.2007. 2006-2007 水产学学科发展报告. 北京：中国科学术出版社.

中国科学院动物研究所，中国科学院海洋研究所，上海水产大学，1962. 南海鱼类志. 北京：科学出版社，392-394.

周永灿，朱传华，张本，等.2001. 卵形鲳鲹大规模死亡的病原及其防治. 海洋科学，25（4）：40-43.

周歧存，郑石轩，郑献昌，等.2004. 华南沿海重要网箱养殖鱼类营养成分比较研究. 热带海洋学报，23（2）：88-92.

朱元鼎，张春霖，成庆泰.1963. 东海鱼类志. 北京：科学出版社，260-261.

朱世华，郑文娟，邹记兴，等. 2007. 基于细胞色素 b 序列的鲹科分子系统发育。动物学报，53（4）：641-650.

Assem S S, El-Serafy S S, El-Garabawy M M, et al, . 2005. Some biochemical aspects of reproduction in female *Trachinotus ovatus*（Carangidae）. Egyptian Journal of Aquatic Research 31（1）：315-327.

Batistic M, Tutman P, Bojanic D, et al, . 2005. Diet and diel feeding activity of juvenile pompano（*Trachinotus ovatus*）（Teleostici：Carangidae）from the southern Adriatic, Croatia . J. Mar. Biol.

Ass. U. K. , 85, 1533-1534.

Bunentello J A, III D M G, Neill W H. 2000. Effects of water temperature and dissolved oxygen on daily feed consumption, feed utilization and growth of channel catfish (*Ictalurus punctatus*) [J] . Aquaculture, 182 (s 3/4): 339-352.

Chou R, Lee H B, Lim H S. 1995. Fish farming in Singapore: A Review of seabass (*Lates calcarifer*), mangrove snapper (*Lutjanus argentimaculatus*) and snubpopano (*Trachinotus blochii*) . In: Kevan L Main, Cherl Rosenfeld (Eds) Culture of high-valus marine fhishes in Asia and the United States. Proceeding of a Workshop in Honolulu, Hawaii August 8-12, 1994, 57-65.

Dai C X, Gao Q, Qiu S J, et al, . 2009. Hypoxia-inducible factor-1 alpha, in association with inflammation, angiogenesis and MYC, is a critical prognostic factor in patients with HCC after surgery . BMC Cancer, 9 (1): 418-428.

D'Alencon C A, Pena O A, Wittmann C, et al, . 2010. A high-throughput chemically induced inflammation assay in zebrafish. BMC Biol, 8 (1): 1-16.

Evans L C, Liu H, Pinkas G A, et al, . 2012. Chronic hypoxia increases peroxynitrite, MMP9 expression, and collagen accumulation in fetal guinea pig hearts. Pediatric Research, 71 (1): 25-31.

Firth J D, Ebert B L, Pugh C W, et al, . 1994. Oxygen-regulated control elements in the phosphoglycerate kinase 1 and lactate dehydrogenase A gene: similarities with the erythropoietin 3′ enhancer. Proceedings of the National Academy of Sciences, 91 (14): 6496 -6500.

Firth J D, Ebert B L, Ratcliffe P J. 1995. Hypoxic Regulation of Lactate Dehydrogenase A. Journal of Biological Chemistry, 270 (36): 21021-21027.

Foster E L, Lam W P, Chan C V, et al, 2007. Perinatal hypoxia induces anterior chamber changes in the eyes of off spring fish. The Journal of Reproduction and Development, 53 (6): 1159-1167.

Galli G L J, Richaards J G. Mitochondria from anoxia-tolerant animals reveal common strategies to survive without oxygen. Journal of Comparative Physiology B, 2014, 184 (3): 285-302.

Gopakumar G, Nazar A K A, Jayakumar R, et al, . 2012. Broodstock development through regulation of photoperiod and controlled breeding of silver pompano, *Trachinotus blochii* (Lacepede, 1801) in India. India Journal of Fisheries, 59 (1): 53-57

Jonathan C, Myron Z. 1973. Pampono, *Trachinotus ovatus* L. (Pisces, Carangidae) and its adaptability to variours saline conditions. Aquaculture 2 : 241-244.

Juan P L, D A D, Connie R A. 1998. The effects of dietary protein level on growth, feed efficiency and survival of juvenile Florida pompano (*Trachinotus carilinus*) . Aquaculture, 169: 225-232.

Julian R, Benny O M, Azila A, et al, . 2011. Betanodavirus infection in golden pompano, *Trachinotus blochii*, fingerlings cultured in deep - sea cage facility in langkawi, Malasia. Aquaculture, 315: 327-334.

Juniyanto, N. M. , Akbar, et al, . 2008. Breeding and seed production of silver pompano (*Trachinotus blochii*, Lacepede) at the mariculture development center of Batam. Aquacult. Asia Mag. , (2): 46-48.

Leis J M, Hay A C, Lockett M M, et al, . 2007. Ontogeny of swimming speed in larvae of pelagic-spawning, tropical, marine fishes. Marine Ecology Progress Series, 349: 255-267.

Li J E. 1995. A review of the nursery and growout culture techniques for marine finfish in China. Culture of high value marine fishes, Proceeding of workshop in Honolulu, Hawaii, August 8 - 12, 1994: 113-119.

Liao I C, Su MS and Chang S L. 1995. A Review of the nursery and growout techniques for high value marine finfishes in Taiwan. In: Kevan L Main, Cherl Rosenfeld (Eds) Culture of high-valus marine fishes in Asia and the United States. Proceeding of a Workshop in Honolulu, Hawaii August 8-12, 1994, 121-137.

Liao I C. 1993. Finfish hatchery in Taiwan: Recent advances: In C S Lee, M S Su and I C Liao (Eds) Finfish Hatchery in Asia: Proceding of Finfish Hatchery in Asia' 91. TML Conference Proceedings, 3: 1-25. Tungkang Marine Laboratory, Taiwan Fisheries Research Institute. Tungkang, Pingtung, Taiwan.

Lin Shimei, Mao S H, G Y. Dietary administration of chitooligosaccharides to enhance growth, innate immune response and disease resistance of *Trachinotus ovatus*. Fish & Shellfish Immunology, 32: 909-913.

Marty R. 2014. Develpoment of a semipurified test diet for determinging amino acid reqirememnts of Florida pampano *Trachinotus carilinus* reared under low-salinity conditions. Aquaculture, 420-421: 49-56.

Mohamed H M. 1999. Age determination of *Trachinotus ovatus* (L.) based on otolith weight. J KAU: Mar Sci 10: 149-155.

Ou Y J , Li J E , Cai W C. 2014. Effect of Cu toxicity at different salinity on selective group of juvenile pompano *Trachinotus ovatus*. Journal of tropical oceanography , 33 (4): 26-32.

Pero T, Niksa G, Valter K, et al, . 2004. Preliminary information on feeding and growth of pompano, *Trachinotus ovatus* (Linnaeus 1758) (Pisces; Carangidae) in captivity. Aquaculture International 12: 387-393.

Pferiffer T. J. , Riche M. A. 2011. Evaluation of a low-head recirculating system used for rearing Florida pompano to market size . J World Aquacult, Soc. 42, 198-208.

Riley K L. , Charles R W, David C, 2009. Development and growth of hatchery-reared larval Florida pompano (*Trachinotus carilinus*) . Fishery Bulletin, 107 (3): 318-328.

Song S B, Xu Y, Zhou B S. 2006. Effects of hexachlorobenzene on antioxidant status of liver and brain of common carp (*Cyprinus carpio*) . Chemosphere, 65 (4): 699-706.

Thurson R V, Phililips G R, Russo R C, et al. Increased toxicity of ammonia to rainbow trout (*salmo gairdneri*) resulting from reduced concentrations of dissolved oxygen. Canadian Journal of Fisheries & Aquatic Sciences, 2011, 38 (8): 983-988.

Timothy J P, Marty A. R. 2011. Evaluation of a Low-head recirculating aquaculture system used for rearing Florida pompano to market size. Journal of the world aquaculture society, 42 (2): 198-208.

Tutman P, Glavic N, Kozul V, et al, . 2004. Preliminary information on feeding and growth of pompano (*Trachinotus ovatus*) (Linnaeus 1758) (Pisces; Carangidae) in captivity. Aquaculture International, 12: 387-393

Wade O W. 1995. Aquaculture of the Florida pompano and other Jacks (Family Carangidae) in the

Western Atlantic, Gulf of Mexico and Caribean Basin: Status and potntial. In: Kevan L Main, Cherl Rosenfeld (Eds) Culture of high-valus marine fhishes in Asia and the United States. Proceding of a Workshop in Honolulu, Hawaii August 8-12, 1994, 185-206.